대화

사이언스 클래식 26

대화

천동설과 지동설, 두 체계에 관하여

GALILEO GALILEI

Dialogo

갈릴레오 갈릴레이

이무현 옮김

사이언스북스
SCIENCE BOOKS

천동설에 종지부를 찍은 마지막 결정타

⁂

갈릴레오 갈릴레이는 이탈리아의 위대한 과학자이다. 그는 타고난 대천재였으며, 합리적·과학적인 사고와 실험을 통해 고리타분하고 그릇된 철학을 타파하고, 근대 과학을 정립하는 데 크게 기여했다. 그래서 갈릴레오는 근대 과학의 아버지 또는 실험 과학의 아버지라 불린다. 그의 일생은 아리스토텔레스 학파 철학자들과 가톨릭 교회 성직자들과의 불화 및 대결로 점철되어 있으며, 그가 1632년에 출판한 『대화: 천동설과 지동설, 두 체계에 관하여』는 그 대결의 절정판이라 할 수 있다. 그가 이 책 때문에 종교 재판에 회부되어 자신의 신념을 부정해야 했던 것은 매우 유명한 일화로서, 과학에 대한 종교의 간섭과 탄압의 상징과 같은 사건이었다.

갈릴레오는 1564년에 이탈리아 토스카나 대공국의 피사에서 태어났다. 그의 아버지는 음악가였으며, 집안의 경제적 형편은 매우 어려웠다. 그래서 그의 아버지는 갈릴레오를 의사로 만들 생각이었다. 갈릴레오는 처음에는 아버지의 뜻을 따랐지만, 곧 자신이 수학 및 물리학에 탁월한 재능이 있음을 깨닫고, 아버지를 설득해 수학자의 길을 걷게 되었다.

갈릴레오는 피사 대학에서 공부를 시작했다. 그가 공부한 수학은, 에우클레이데스의 『기하학 원론』 및 고대의 위대한 수학자 아르키메데스의 업적들이었다. 갈릴레오 직전 세대의 수학자로서, 3차 방정식의 풀이법을 발견한 것으로 유명한 니콜로 타르탈리아(Niccolò Tartaglia, 1499~1557년)가 『기하학 원론』을 이탈리아 어로 번역해 놓은 바 있다. 그리고 아르키메데스가 살았던 곳이 시칠리아 섬 시라쿠사였으니, 이탈리아에서는 아르키메데스의 저작들을 쉽게 구할 수 있었다. 아르키메데스는 수학자이자 물리학자였으며, 정적분의 개념을 사용해서 원의 넓이와 둘레 길이, 구의 부피와 겉넓이 등을 구했다.

갈릴레오도 수학자이자 물리학자였으니, 아르키메데스의 연구 업적들은 갈릴레오의 학문적 취향과 잘 맞아떨어졌다. 그래서 그 분야의 연구에 매달린 것이다. 갈릴레오는 아르키메데스의 업적들을 바탕으로, 그것들을 좀 더 연구, 발전시킬 수 있었으며, 피사 대학에서 교수직을 얻게 되었다. (갈릴레오 직전 세대에, 이탈리아에서 3차 방정식 및 4차 방정식의 풀이법이 발견되었지만, 갈릴레오는 대수학 분야에는 흥미가 없었다.)

갈릴레오는 물리학 분야에서 물체의 낙하 법칙을 연구했다. 그 당시는 아직 물리학과 철학이 뚜렷하게 구분되지 않던 시대였으며, 아리스토텔레스의 철학 및 역학 이론이 물리학을 지배하고 있었다. 그러나 아리스토텔레스의 역학은 실험과 관찰에 바탕을 두지 않고 있었기 때문에, 자연의 실제 현상과 어긋나는 것이 오히려 더 많았다. 그렇지만 당시의 보수적인 철학자들은 아리스토텔레스의 낡은 이론에 필사적으로 묶여 있었으며, 그것으로부터 추호라도 벗어나는 것을 용납하지 않았다.

갈릴레오는 실험과 관찰을 통해 올바른 낙하 법칙을 연구해 나갔지만, 그것을 기존 철학자들이 받아들이도록 만들 수는 없었다. 피사의 사탑에서 벌어진 낙하 실험은 그 상징적인 사건이었다. 갈릴레오는 많은 학생들을 모아 놓고, 무겁고 큰 쇠공과 아주 작은 쇠공을 떨어뜨려서, 그것들이 동시에 바닥에 떨어짐을 실증해 보여 주었다. 그 결과는 아리스토텔레스의 가르침에 어긋나는 것이었다. 피사 대학의 실력자인 프란체스코 부오나미치를 비롯한 기존의 교수들은 이 실험에 노발대발했다. 그것은 아리스토텔레스의 권위에 대한 명백한 도전이었다. 피사 대학과의 계약 기간이 끝나자, 갈릴레오는 결국 피사 대학을 떠나야 했다.

1592년 12월에 갈릴레오는 베네치아 공국의 파도바 대학에 자리를 잡았다. 그때 갈릴레오의 나이는 28세였으며, 이후 파도바에서의 18년은 갈릴레오가 연구 활동을 가장 활발하게 한 인생의 황금기였다. 파도바 대학은 그 당시 유럽의 일류 대학으로서, 유럽 전역에서 많은 학생들과 우수한 학자들이 모여들고 있었다. 갈릴레오는 대학에서 주로 수학과 천문학을 강의했다. 물리학에 대한 갈릴레오의 업적들 중에 가장 중요한, 물체의 낙하 법칙을 이 당시의 연구를 통해서 정립할 수 있었다. 토목, 측량 등의 실용적인 분야를 연구, 강의하기도 했으며, 여러 가지 계산에 활용할 수 있는 특수한 컴퍼스를 개발하기도 했다. 한편으로 아리스토텔레스 학파 철학자들과의 크고 작은 대립과 마찰은 여전히 계속되었다.

갈릴레오는 파도바에서 여러 사람들과 교류를 하게 되었다. 베네치아의 귀족인 조반니 프란체스코 사그레도는 파도바 대학에 와서 공부를 하면서, 갈릴레오와 친밀하게 지내게 되었다. 사그레도는 후일 베네치아의 외교관으로서 활동했으며, 사망할 때까지 갈릴레오와 친밀한 관계를 유지했다. 갈릴레오는 파도바 대학의 철학 교수 체사레 크레모니니와도 친하게 지냈다. 크레모니니는 아리스토텔레스 학파 철학자로서, 아리스토텔레스의 철학에 목숨을 건 사람이었다. 크레모니니는 가톨릭 교회의 가르침보다 아리스토텔레스를 더 우선시했기 때문에, 가끔 교회와 충돌이 일어나기도 했다. 갈릴레오는 아리스토텔레스의 철학 및 역학 이론을 둘러싸고 크레모니니와 격렬하게 논쟁을 벌이기도 했지만, 두 사람 사이가 틀어지지는 않았다.

파도바는 베네치아의 지배를 받고 있었으며, 갈릴레오는 베네치아를 자주 방문하게 되었다. 베네치아는 아드리아 해의 끝부분에 위치하고 있는 도시로서, 밀물·썰물의 규모가 매우 컸다. 갈릴레오의 고향인 토스카나 대공국의 해안 도시들에서 구경하던 밀물·썰물과는 차원이 달랐다. 갈릴레오는 (훗날 그의 아내가 되는) 마리나 감바(Marina Gamba, 1570~1612년)와 같이 곤돌라를 타면서, 베네치아의 운하에 바닷물이 밀려들고 빠져나가는 엄청난 규모에 크게 감탄했다. 밀물·썰물의 원인은 갈릴레오의 일생동안 계속 수수께끼로 남아 있었으며, 훗날 그의 인생에 운명처럼 지대한 영향을 끼치게 된다.

갈릴레오가 오랜 타향살이에 지쳐서 고향을 사무치게 그리워하던 무렵인 1609년에, 그의 일생을 뒤바꾼 획기적인 사건이 발생했다. 그것은 바로 망원경의 개량과 망원경을 사용한 천체 관측이었다. 유럽에서 망원경은 1600년대 초에 네덜란드의 안경 제작자들이 최초로 발명했다. 몇 년 후에는 유럽의 몇몇 대도시에서 잡상인들이 3~4배 확대 성능의 망원경을 판매할 정도로 보급이 되었다. 갈릴레오는 망원경을 손에 넣고 난 뒤, 그 광학적 원리를 파악하고 나서, 훨씬 더 뛰어난 성능의 망원경을 제작하기 시작했다. 갈릴레오는 먼저 10배 확대 성능의 망원경을 제작했고, 그 후 30배 확대 성능의 망원경을 제작하는 데 성공했다. 그는 이 망원경들을 사용해 천체를 관측하기 시작했는데, 망원경을 사용한 천체 관측은 갈릴레오가 역사상 최초였다.

믿을 수 없는 놀라운 광경들이 갈릴레오의 눈앞에 펼쳐지기 시작했다. 달은 높은 산과 깊은 골짜기가 있어서, 그 험준한 지형은 마치 지구와 비슷했다. 금성은 마치 달처럼 그 모습이 변했다. 어떠한 별자리를 살펴보더라도, 기존에 알려진 것들에 비해서 수십 배 더 많은 별들을 발견할 수 있었다. 그러나 가장 놀라운 발견은 목성에 딸린 4개의 위성들이었다. 그것들은 목성을 중심으로 회전하면서, 목성을 따라 움직이고 있었다. 지구가 우주의 회전의 중심이 아님이 증명된 것이다. 갈릴레오는 이 놀라운 발견들을 정리해서, 1610년에 『별들의 소식(*Sidereus Nuncius*)』이라는 책을 베네치아에서 출판했다.

유럽의 지식계는 발칵 뒤집어지고 말았다. 이 책에 나오는 모든 발견들이 아리스토텔레스의 가르침과 어긋나기 때문이었다. 대부분의 철학자들은 갈릴레오의 발견을 전적으로 부인했으며, 망원경으로 보이는 모든 것들이 허상이라고 치부했다. 그러나 갈릴레오의 책은 불티나게 팔려 나갔으며, 천문학자들은 앞다투어 망원경을 제작하기에 바빴다. 성능 좋은 망원경들이 점차 널리 보급되자, 갈릴레오의 발견은 부인할 수 없는 사실이 되었다. 갈릴레오는 유럽 전역에 명성을 떨친 유명 인사가 되었다.

망원경 덕분에 갈릴레오는 개인적으로도 큰 이득을 얻게 되었다. 토스카나 대공의 수학자로 임명되어서, 간절하게 바라던 자신의 고향 토스카나 대공국으로 금의환향했으며, 경제적 안정을 얻을 수 있었다. 대공 코시모 2세와 모후 크리스티나 여사는 갈릴레오의 열렬한 후원자였다. 이들의 보호 덕분에 갈릴레오는 철학자들과의 싸움에 좀 더 자신 있게 임할 수 있었다.

그 시대에는 프톨레마이오스의 천동설과 아리스토텔레스의 철학이 유럽의 지식계를 지배하고 있었다. 코페르니쿠스가 1543년에 『천구의 회전』을 출판한 이후, 천문학자들은 차츰 코페르니쿠스의 지동설 이론을 받아들이고 있었다. 그러나 아리스토텔레스 학파 철학자들과 로마 가톨릭 교회 성직자들은 지동설에 대해 결사적으로 반대하고 있었다. 지구의 공전(연주 운동)에 대해 반대하는 것은 물론이고, 지구의 자전(일주 운동)에 대해서도 반대하고 있었다. 오늘날의 상식과 지식으로 판단컨대, 지구의 자전을 인정하지 않는다면, 지구를 제외한 우주 전체가 일사분란하게 24시간에 한 바퀴씩 엄청난 속력으로 회전해야 하는데, 이는 도저히 성립할 수 없는 엉터리 이론이다. 그러나 그 당시는 상식과 합리적인 사고가 지배하는 시대가 아니었다.

갈릴레오가 토스카나 대공국으로 귀향한 직후인 1610년대 초, 갈릴레오는 독일의 성직자인 크리스토퍼 샤이너와 해의 흑점에 대해서 편지를 주고받게 되었다. 망원경이 보급되고 나서, 몇몇 천문학자들은 망원경을 사용해 해를 관측하기 시작했다. 처음에는 망원경으로 직접 해를 들여다보았는데, 사실 이 방법은 매우 위험했다. 망원경은 햇빛을 수백배로 모으기 때문에, 실명할 가능성이 있다. 그 후 망원경 아래에 흰 종이를 놓고, 해의 상을 맺은 다음, 그 상을 종이에 그리는 방법이 개발되어, 훨씬 더 정확하면서 안전한 방법으로 관찰할 수 있게 되었다.

해를 관측하게 되자, 해의 표면에서 얼룩덜룩한 검은 점들이 발견되었다. 그 점들은 일정한 방향으로 규칙적으로 움직이면서, 한편으로는 불규칙하게 온갖 형태로 변화하고 있었다. 샤이너는 해의 흑점들이 본성이 무엇인지 갈릴레오에게 문의했다. 갈릴레오는 해의 흑점들은 지구의 구름과 사실상 본성이 같다고, 즉 해의 표면에서 일어나는 어떤 변화라고 답했다. 그렇지만 샤이너는 이 정답을 도저히 받아들일 수 없었다. 해는 천체들 중에서도 가장 고귀한 존재인데, 그 표면에 어떤 얼룩이 생긴다는 것은 절대 있을 수 없는 일이었다. 샤이너는 해의 매우 가까이에서 작은 천체들이 회전하는 것이라고 흑점들을 설명했다. 갈릴레오는 세 차례에 걸쳐 편지를 보내면서 샤이너를 설득했지만, 샤이너는 옹고집이었다.

갈릴레오는 그 편지들을 묶어서 책으로 출판했다. 사실, 갈릴레오는 샤이너에 대해 어떤 나쁜 감정도 없었다. 다만 명백한 진리를 외면하는 그가 안타까울 따름이었다. 그렇지만 샤이너는 이 사건 때문에 갈릴레오에게 원한을 품게 되었다. 샤이너의 입장에서는 갈릴레오가 일생일대의 원수였다. 샤이너는 평생 동안 갈릴레오에게 복수할 기회만을 노리고 있었다.

1615년에 갈릴레오는 로마를 방문했다. 갈릴레오는 로마 교황청으로부터 지동설을 승인받고 싶었지만, 그의 노력은 실패로 끝났다. 1616년에 로마 교황청의 종교 재판소에서는 갈릴레오에게 코페르니쿠스의 지동설을 지지하지 말라는 선고를 내렸다. 그 당시 교황청에게 종교적, 과학적 이론을 제공한 사람은 파도바 출신의 성직자 프란체스코 인골리였다. 인골리는 파도바에서 갈릴레오와 알고 지낸 사이였으며, 그 당시 두 사람은 천동설, 지동설 체계에 대해서 의견을 나눈 것으로 추측된다.

인골리가 지지한 것은 튀코 브라헤의 태양계 체계였다. 즉 태양이 지구를 중심으로 공전하고, 다른 모든 행성들이 태양을 중심으로 공전하는 체계였다. 튀코가 이 체계를 제시한 이유는, 자신의 초정밀 관측으로도 (지구가 공전한다면 관측할 수 있는) 별들의 연주 시차를 측정할 수 없었기 때문이다. 튀코의 체계에서는 지구가 움직이지 않고 고정되어 있으니, 로마 교황청은 이 체계를 승인하고 있었다.

종교 재판소에서는 "태양이 고정되어 있다는 것은 철학적으로 어리석고 터무니없으며, 신학적으로 이단이다. 왜냐하면 성경의 여러 구절들과 명백하게 어긋나기 때문이다."라고 보고했다. 그리고 갈릴레오에게 판결문을 전달했다. "태양이 우주의 중심에 정지해 있고 지구가 그 둘레를 움직인다는 이론에 대해, 이 이론과 견해를 가르치거나 변호하거나 논의하는 것을 완전히 금지하며, 차후 이에 관해서 그 어떠한 방법으로든, 말을 통해서든 글을 통해서든, 지지하거나 가르치거나 변호하는 것을 완전히 금지한다." 판결문이 전달된 이후, 갈릴레오는 교황 바오로 5세(Paulus V, 1552~1621년)를 알현할 수 있었다. 다행히 교황은 갈릴레오를 따뜻하게 환대해 주었으며, (판결문에 복종한다는 전제하에) 갈릴레오의 신병을 보호해 주겠다고 약속했다.

토스카나 대공국의 모후 크리스티나 여사는 구약성경의 유명한 구절을 인용하면서, 지구가 과연 실제로 움직이는지 갈릴레오에게 문의했다. 갈릴레오는 크리스티나 여사에게 답하면서, 교회가 과학 연구에 간섭하면 안 된다는 유명한 주장을 펼쳤다. 그렇지만 갈릴레오는 당분간 자제할 수밖에 없었다. 천문 관측을 통해서 코페르니쿠스의 지동설을 지지해 주는 온갖 증거들을 차곡차곡 쌓아 나가고 있었지만, 당분간 출판 또는 성직자들이나 철학자들과의 논쟁은 피할 수밖에 없었다.

그 후 1620년대가 되면서, 갈릴레오는 로마의 분위기가 호의적으로 바뀌었다고 판단했다. 갈릴레오는 『시금저울』이라는 책을 출판하려고 준비하고 있었다. 이 책은 천체들의 움직임, 고체와 유체의 회전, 강물의 흐름, 응집력 등을 다루고 있었다. 한편으로 기존의 천문학자, 철학자들에 대한 통렬한 풍자와 해학이 들어 있어서, 재미있게 읽을 수 있는 책이었다. 갈릴레오는 이 책에서 "자연은 수학이라는 언어로 쓰여 있다."라는 유명한 명언을 남겼다.

이 책이 출판되어 나올 무렵, 갈릴레오와 친교를 맺고 있던 마페오 바르베리니(Maffeo Barberini, 1568~1644년) 추기경이 교황 우르바누스 8세(Urbanus Ⅷ)로서 취임했다. 갈릴레오는 이 책을 교황 우르바누스 8세에게 헌정했으며, 교황은 갈릴레오의 탁월한 글솜씨에 감탄했다. 1624년에 갈릴레오는 로마에 가서 교황 우르바누스 8세를 알현하고 코페르니쿠스 이론에 대한 금지를 해제해 달라고 간곡하게 부탁했다.

교황 우르바누스 8세는 1616년 당시에 자신이 금지 조치에 반대하기는 했지만, 이제 와서 바꿀 수는 없다고 답했다. 그렇기는 하지만, 코페르니쿠스의 지동설 이론을 프톨레마이오스의 천동설 이론과 비교하는 방식으로 책을 써도 좋다고, 교황은 갈릴레오에게 친히 허락을 했다. 그러나 지구의 움직임이 사실인 것처럼 보여서는 절대 안 된다. 우르바누스 8세는 밀물·썰물에 대한 갈릴레오의 이론을 알고 있었다. 그는 그것이 멋진 공상이라고 생각했다. 그러나 전지전능하신 신은 어떠한 방법으로든 밀물·썰물을 낳을 수 있음을 갈릴레오는 분명하게 밝혀야 한다. 초라한 인간의 지성을 가지고, 신의 행위의 수수께끼를 이해할 수 있으리라고 가정해서는 안 된다.

갈릴레오는 피렌체로 돌아온 뒤, 일생일대의 위대한 작품을 쓰기로 즉시 계획을 세웠다. 『대화』를 구상하기 시작한 것이다. 이 책은 세 명의 등장 인물인 살비아티, 사그레도, 심플리치오가 나흘에 걸쳐 대화를 나누는 형식으로 되어 있다. 살비아티, 사그레도는 갈릴레오의 절친한 친구들이었으며, 갈릴레오의 연구 및 관측에 크게 도움을 준 바 있었다. 심플리치오는 가공의 인물인데, 아리스토텔레스 연구가인 심플리치우스의 이름을 빌린 것이다. 살비아티는 코페르니쿠스의 지동설을 변호하고 있고, 심플리치오는 프톨레마이오스의 천동설 및 아리스토텔레스의 철학을 대변하고 있다. 사그레도는 심판 역할을 맡았으며, 건전한 상식을 가진 지식인을 대변하고 있다. 살비아티는 절친한 동료 학자를 여러 번 언급하는데, 갈릴레오 갈릴레이 본인을 가리킨다.

갈릴레오는 이 책을 이탈리아 어로 저술, 출판했다. 그 당시 유럽의 모든 과학 서적들은 라틴 어로 저술, 출판되고 있었으니, 이탈리아 어로 저술한 갈릴레오의 결정은 매우 이례적이었다.(조선 시대에 학자가 전문 서적을 한글로 저술, 출판한 셈이라고 할 수 있다.) 갈릴레오가 이 책을 저술하면서 염두에 둔 독자들이, 철학자와 과학자들은 물론이고, 건전한 상식을 가진 일반인들을 대상으로 하고 있음을 알 수 있다.

다만 이 책의 구성에서 옥의 티라면, 천동설 및 아리스토텔레스 학파의 이론이 살비아티의 입을 빌려서 나온다는 것이다. 심플리치오가 원고로서 천동설 및 아리스토텔레스 학파의 이론을 내세워서 지동설을 공격하고, 살비아티가 피고로서 코페르니쿠스의 지동설을 변호하도록 구성했다면, 세 사람 사이의 대화가 더욱 활기 넘치고 재미있게 구성되었을 것이다.

첫째 날의 대화는 우주의 일반적인 구조와 그것을 이해하는 데 필요한 실험적, 논리적 과정에 대한 것이다. 지구와 천체들의 비슷한 점과 다른 점을 다루었으며, 망원경을 써서 관측한 달의 생김새를 소개하고 있다. 살비아티는 여러 가지 발견을 "린체이(Lincei) 학회의 회원이자 우리의 절친한 동료 학자"의 공으로 돌리고 있다. 갈릴레오는 책 전체에서 살비아티로 하여금 아리스토텔레스의 여러 가지 주장들을 공격하며 비웃도록 했다. 사실, 프톨레마이오스보다 아리스토텔레스가 훨씬 더 자주 비판의 대상이 되었다.

둘째 날의 대화는 지구의 자전에 관한 것으로, 이 책에서 가장 핵심이 되는 부분이다. 당시 철학자들이 지구가 움직이지 않는 증거로 제시한 것들을 소개한 다음, 살비아티가 그 증거들을 조목조목 반박하고 있다. 왜냐하면 지구가 자전을 하든 안 하든 지구상의 모든 사물들을 관측한 결과는 똑같기 때문이다.

셋째 날의 대화는 지구의 공전에 관한 것이다. 살비아티는 천문학 현상들을 설명하면서, 코페르니쿠스의 태양계 체계가 최소한 프톨레마이오스의 체계만큼 그럴 법하다는 것을 보인다. 사실, 코페르니쿠스의 체계가 더 간단하고 이해하기 쉬움을 보여 주고 있다. 해의 흑점들이 해의 표면에서 움직이는 궤적을 이용해 해의 자전축이 지구의 공전 궤도면(황도면)으로부터 기울어져 있음을 보여 주며, 지구의 공전을 이용해 외행성의 역행 현상을 설명하고 있다. 이 둘은 지구의 공전을 증명하는 유력한 증거였다.

넷째 날의 대화는 밀물과 썰물을 다루고 있다. 여기서 갈릴레오는 지구의 공전과 자전 운동을 가지고 밀물과 썰물을 설명하려고 한다. 밀물과 썰물에 대한 갈릴레오의 생각은 틀린 것이기는 하지만, 그가 『대화』를 저술한 중요한 동기는 바로 이 이론의 소개였다.

갈릴레오가 쓴 원고는 로마 교황청의 검열을 거쳐 출판을 허락받았으며, 1632년 2월에 1,000권의 『대화』가 피렌체에서 인쇄되어 나왔다. 갈릴레오의 친구들은 이 책의 내용에 감탄을 했지만, 그의 적들은 경악을 금치 못 했다. 갈릴레오는 많은 과학적 발견과 논쟁을 통해 수많은 적을 만들어 놓은 상태였다. 아리스토텔레스 학파 철학자들은 물론이고 제수이트(Jesuit, 예수회) 교단의 학자들도 갈릴레오에게 등을 돌린 지 오래였다. 특히 샤이너는 갈릴레오를 불구대천의 원수로 여기고 있었다. 그러나 그 누구보다도, 교황 우르바누스 8세가 『대화』의 내용에 노발대발했다.

원래 갈릴레오는 지동설을 수학 가설로서 다룬다는 조건으로 이 책의 출판을 허락받았다. 그러나 갈릴레오가 지동설을 실제 사실이라고 주장함이 너무나 명백했다. 교황은 밀물과 썰물이 지구의 공전, 자전으로 인해 생겨난다는 이론에 특히 격노했다. 게다가 교황 스스로 말했던 "누구든 자신의 이상한 상상을 갖고 신의 전지전능하심을 제한하려 하는 것은 참람한 짓이다."라는 말이 머리 나쁜 심플리치오의 입을 통해서 튀어나왔다. 심플리치오가 바로 교황 우르바누스 8세를 상징한다고 의심하기에 충분한 대목이었다. 교황은 갈릴레오를 로마로 압송해 종교 재판에 회부하도록 명령했다.

종교 재판소는 갈릴레오에게 유죄 선고를 내렸으며, 갈릴레오는 자신의 죄를 시인하고 참회를 해야 했다. 갈릴레오는 1633년 6월 22일 수요일, 로마에 있는 산타 마리아 소프라 미네르바 교회에서 다음의 참회 성사를 읽었다.

> 저 갈릴레오 갈릴레이는 피렌체의 고 빈첸초 갈릴레이의 아들이며, 나이 일흔이며, 여기 재판정에서 이단 행위에 대한 재판을 맡으신 대주교 앞에서 무릎을 꿇고, 제 눈앞에 성경을 놓고 거기에 손을 얹고 맹세하건대, 저는 하느님의 보호 아래 로마 교황청과 가톨릭 교회가 믿고 가르치고 설교하는 모든 조목을 믿어 왔으며, 앞으로도 믿을 것임을 맹세합니다.
>
> 이 종교 재판소에서 제게 해가 세계의 중심에 있고 움직이지 않는다는 잘못된 생각을 버리고, 이런 틀린 개념을 절대로 갖지도, 옹호하지도, 가르치지도 말라고 명령했으며, 이 생각은 성경과 어긋남을 알린 바 있습니다. 그러나 제가 써서 출판한 책에서 이 저주받을 개념을 다루었으며, 거기에서 이 개념을 지지하기 위해 많은 이유들을 꿰어 맞추고 아무런 해답도 제시하지 않았는데, 이런 행동이 이단으로 오해를 받게 되었습니다. 해가 세계의 중심에 있고 움직이지 않고, 지구는 중심에 있지 않고 움직인다고 제가 믿고 있다는 오해와, 제게 정당하게 쏠리는 이 강한 의혹을, 대주교와 모든 교인의

마음에서 없애고 싶습니다.

그러므로 저는 진심으로 말하건대, 이런 틀린 개념과 이단, 그리고 교회의 가르침과 어긋나는 다른 어떠한 실수든 포기하고, 저주하고, 혐오할 것입니다. 그리고 저는 앞으로 다시는 입을 통해서든 글을 통해서든 이와 비슷한 오해를 일으킬 수 있는 말을 하지 않을 것을 맹세합니다. 다른 사람들이 이단 행위를 하면 저는 그를 이 종교 재판소에 고발할 것이며, 제가 지금 있는 이 위치에 놓이도록 만들 것입니다. 저는 이 재판정에서 제게 요구하는 어떠한 속죄 행위라도 지키고 따를 것임을 맹세합니다.

하느님에 맹세코 절대 그럴 리는 없지만, 제가 만에 하나 이 약속과 맹세와 언명을 어길 때에는, 이 판결문에 따른 의무를 다하지 않을 경우에 대해서, 성스러운 교회법과 다른 일반법 또는 특별법의 규정에 따른 모든 처벌과 고통을 감수할 것을 맹세합니다. 신이시여, 저를 도와주소서.

저 갈릴레오 갈릴레이는 성경에 손을 얹고 위와 같이 맹세하고, 서약하고, 약속하고, 다짐합니다. 증인들 입회하에 제 손으로 이 맹세를 쓰고 이것을 읽습니다.

1633년 6월 22일, 로마 미네르바 교회에서

저 갈릴레오 갈릴레이는 위와 같이 제 손으로 이 맹세를 썼습니다.

갈릴레오가 이 서약서를 읽은 다음에 "그래도 지구는 돈다."라고 중얼거렸다는 유명한 일화가 있다. 물론, 그 자리에서 다른 사람들이 듣도록 큰 소리로 이렇게 말하지는 않았을 것이다. 참회 성사를 읽은 직후에 그것을 부인하는 말을 했다면, 도저히 용서받을 수 없는 상황이었다. 갈릴레오는 그 정도 분별력은 있는 사람이었다.

종교 재판이 끝나고 나서, 갈릴레오는 귀향해서 가택 연금 상태에 놓이게 되었다. 그 어떠한 책도 출판하는 것이 금지되었으며, 가택 연금 상태는 그가 사망할 때까지 풀리지 않았다. 그렇지만 그의 자택에서 사람들을 만나는 것은 허용되었다. 어느 정도 시간이 흐르자, 절친한 동료 학자들이 조심스레 갈릴레오를 찾아오기 시작했다. 유럽의 먼 나라에서 갈릴레오를 만나려고 찾아오는 학생 또는 학자도 있었다. 갈릴레오는 아마 절친한 동료들에게 "그래도 지구는 돈다."라고 나지막하게 중얼거렸을 것이다. 갈릴레오의 유머 감각을 보면, 충분히 있을 수 있는 일이었다. 한 가지 분명한 사실은, 후세 사람들이 이 말을 지어낸 것이 아니라는 점이다. 갈릴레오의 생전에 이미, 절친한 동료들 사이에는 이 말이 널리 회자되고 있었다.

과학사의 관점에서 보면, 『대화』는 갈릴레오가 남긴 최대의 역작이며, 천동설에 종지부를 찍는 마지막 결정타였다. 갈릴레오의 종교 재판을 놓고서, 그가 교회의 압력에 굴복한 것은 비겁한 짓이었으며, 자신의 신념을 꺾지 않고 순교자의 길을 택했어야 한다는 주장도 없지 않다. 그러나 이러한 견해는 매우 잘못된 것이다.

서양에서 지동설 이론을 처음 주장한 것은 피타고라스 학파였으며, 그 후 아리스타르코스가 천체 관측을 바탕으로 지동설을 주장했다. 아리스타르코스는 그 당시 기존의 학자들로부터 강한 박해를 받았다. 자신의 새로운 이론을 뒷받침할 수 있는 증거(즉 별들의 연주 시차)를 제시하지 못했기 때문이다. 탁월한 주장은 탁월한 증명을 요구하는 법이다.

그러나 그 후 코페르니쿠스는 정밀한 천체 관측을 바탕으로 자신의 이론을 제시했으며, 갈릴레오의 망원경을 사용한 관측은 지구의 공전 운동을 뒷받침하는 강력한 증거들을 충분히 많이 제공했다. 해의 흑점에 대한 관측은 지구의 공전에 대한 확실한 증거로서, 『대화』의 셋째 날에 상세한 설명이 나온다. 즉 코페르니쿠스와 갈릴레오는 그들의 탁월한 주장을 뒷받침하는 탁월한 증명을 제시한 것이다.

그렇지만 기존의 철학자들과 성직자들은 고집불통으로 갈릴레오의 증거들을 부인했다. 피사 대학의 시피오 키아라몬티는 갈릴레오의 『대화』에 대해 반박하면서, "동물들은 팔다리와 근육이 있어서 움직이지만, 지구는 팔다리와 근육이 없어서 움직이지 않는다."라는 유명한 망언을 남겼다. 샤이너는 해의 흑점에 대해서 갈릴레오보다 훨씬 더 정밀한 관측 기록들을 출판했지만, 그 본성을 끝내 외면했다. 교회 성직자들은 성경의 글자 한 자 한 자에 목숨을 걸 뿐, 눈으로 볼 수 있는 현상들을 인정하지 않았다. 갈릴레오가 이런 옹고집인 사람들을 설득하는 것은 절대 불가능했다. 갈릴레오의 책은 열린 마음을 가진 과학자들과 건전한 상식을 지닌 교양인들을 대상으로 할 뿐이었다.

갈릴레오의 『대화』는 1,000권이 인쇄되어서 불티나게 팔렸다. 로마 교황청에서 금서로 판결한 이후 인쇄소를 압수·수색했지만, 이미 압수할 책조차 남아 있지 않았다. 몇 년 뒤에는 라틴 어 번역본도 출판되었다. 갈릴레오의 사상은 유럽 전역으로 퍼져 나갔으며, 로마 교황청에서 그것을 봉쇄할 방법은 없었다. 갈릴레오가 그 후 『새로운 두 과학: 고체의 강도와 낙하 법칙에 관하여(*Discorsi e Dimostrazioni Matematiche intorno a Due Nuove Scienze Attinenti alla Meccanica ed i Movimenti Locali*)』를 출판한 결과를 놓고 보면, 갈릴레오가 종교 재판에서 비굴하게 목숨을 구걸한 행위는 매우 현명한 결정이었다. "과학은 순교자를 필요로 하지 않는다. 시간이 지나면 과학은 진실이 확립되게 마련이다. 순교자는 종교에서나 필요할 뿐이다." (다비트 힐베르트(David Hilbert, 1862~1943년))

1600년에 있었던 조르다노 브루노(Giordano Bruno, 1548~1600년)의 화형과 1633년의 갈릴레오의 종교 재판 이후, 이탈리아에서 과학의 연구는 매우 위축되었다. 르네상스의 찬란한 예술과 문화, 3차 방정식의 발견과 출판, 갈릴레오의 위대한 물리학적, 천문학적 업적으로 빛나던 이탈리아였지만, 과학자들은 교황청의 압력을 의식하지 않을 수 없었다. (그러한 분위기에서, 예를 들어 『종의 기원(*On the Origin of Species*)』과 같은 연구는 절대 불가능했다.) 그 결과, 이탈리아는 유럽의 변방 국가로 전락하게 되었다.

그 후 1638년에 갈릴레오는 『새로운 두 과학』을 출판했다. 갈릴레오는 고체의 강도에 관한 이론과 물체의 낙하 법칙을 '새로운 두 과학'이라 불렀다. 갈릴레오는 이 책에서 물체의 낙하 법칙을 완성해 놓았으며, 뉴턴의 운동 법칙 중 제1법칙과 제2법칙을 (거의) 완벽하게 제시해 놓았다. 책의 구성은 『대화』와 비슷하게, 세 명이 이야기를 나누는 형식으로 되어 있었다. 그렇지만 『대화』와 같은 치열한 대결은 없으며, 주로 살비아티가 갈릴레오의 온갖 이론들을 설명하는 형식으로 되어 있다. 갈릴레오는 부록을 추가해 놓았는데, 그 내용은 그가 젊은 시절에 연구했던 아르키메데스의 정적분 이론이었다. 교황청은 갈릴레오에게 출판 금지령을 내린 상태였다. 그래서 갈릴레오는 자신의 원고를 멀리 네덜란드로 빼돌려서, 『새로운 두 과학』을 네덜란드에서 출판했다.

『대화』는 과학의 역사에서 10대 명저 안에 드는 과학의 고전이다. 뿐만 아니라 최고의 과학자가 탁월한 글솜씨를 발휘해 당시의 최첨단 과학 이론을 알기 쉽게 설명해 놓은 책으로서, 최초의 과학 교양서적이라고 할 수 있다. 독자 여러분들이 이 책을 읽고, 진리를 밝히기 위해 일생을 바친 갈릴레오 갈릴레이의 고뇌와 환희, 그 아픔을 기억하기 바란다.

2016년 봄

이무현

토스카나 대공께

※

공경해 마지않는 토스카나 대공께

사람과 다른 짐승들과의 차이는 매우 큽니다. 그러나 사람들 사이의 차이도 그에 못지않을 겁니다. 하나와 천을 비교할 수 있겠습니까? 그러나 천 명이 한 명만 못하다는 말이 있으니, 한 명이 천 명보다 더 값어치가 있을 수 있습니다. 이런 차이는 정신의 능력에서 생깁니다. 이것이 바로 철학자와 비철학자의 차이입니다. 철학을 받아들이고 소화할 줄 아는 사람은 일반 대중과 다릅니다. 그 차이는 그가 다루는 소재에 따라 더욱 차이가 납니다.

더 높이 쳐다보는 사람은 더욱 뚜렷하게 표가 납니다. 눈을 높이는 방법은, 자연이라는 위대한 교재를 보는 것입니다. 이것이야말로 철학의 소재로서 알맞습니다. 자연의 어떤 부분이든 하느님의 창조물이니 멋진 조화를 이루고 있습니다. 그렇지만 하느님의 일과 하느님의 창조력을 가장 잘 드러내는 부분이야말로 가장 값어치가 있는 부분입니다. 우리가 알아낼 수 있는 자연 중에서 우주의 구조야말로 으뜸가는 중요한 사항입니다. 그것은 다른 모든 것을 포함하니 그만큼 중요하며, 다른 모든 것들의 규칙을 정하고 기준이 되는 고귀한 사항입니다.

그러므로 탁월한 지성을 가져서 남들과 구별되는 사람을 들라면, 프톨레마이오스와 코페르니쿠스를 첫손 꼽아야 합니다. 그들은 눈을 들어 하늘을 보며 우주의 구조를 연구했습니다. 제가 쓴 이 책은 그들의 업적을 바탕으로 이야기를 전개한 것입니다. 이 책을 당신께 헌정하게 되어 저로서는 무한한 영광입니다. 우주의 구조에 대해 연구한 사람들 중 가장 뛰어난 사람들이 그 두 명이며, 이 책은 그들의 가르침을 밝혀 설명하고 있습니다. 그들의 위대함이 손상되지 않도록 하기 위해서, 당신께서 이 책을 후원해 주십시오. 당신의 후원은 이 책에 큰 힘이 될 것입니다.

이 두 사람 덕분에 저는 많은 것을 배우게 되었습니다. 제가 쓴 이 책은 상당 부분이 그들의 업적이며, 이것은 또한 당신께 속하는 것입니다. 제가 여유롭고 편안하게 책을 쓸 수 있었던 것은 당신 덕분이며, 당신께서 늘 저를 도와주셨고 후원해 주셨기에 마침내 이 책을 출판할 수 있게 되었습니다.

당신께서 이 책을 기꺼이 받아 주시면 저로서는 무한한 영광입니다. 진리를 찾는 사람들이 이 책에서 지식과 실용의 열매를 얻을 수 있다면, 그것은 당신에게서 나온 것임을 밝힙니다. 당신께서 사람들을 그렇게 도와주시니, 당신의 영토에서는 어느 누구도 압제와 고통에 시달리지 않습니다. 당신의 경건하심과 관대하심, 번영을 기원하면서, 저의 보잘것없는 책을 바칩니다.

당신의 충실한 종

갈릴레오 갈릴레이

차례

인물 소개

※

필리포 살비아티(Filippo Salviati, 1582~1614년)

피렌체의 부유한 귀족. 갈릴레오의 절친한 친구이자 린체이 학회의 동료 회원. 아마추어 과학자로서 수학, 천문학 등에 관심을 가짐. 피렌체 근교에 있는 그의 별장으로 갈릴레오를 초대해 해의 흑점에 대해 연구하도록 함.

조반니 프란체스코 사그레도(Giovanni Francesco Sagredo, 1571~1620년)

베네치아의 귀족이자 외교관. 갈릴레오의 절친한 친구임. 아마추어 과학자로서 자석, 광학, 역학, 온도 측정법 등에 관심을 가짐. 영국의 윌리엄 길버트(William Gilbert, 1544~1603년)와 편지를 주고받아 친밀하게 교류함. 베네치아의 영사로서 시리아에 부임한 일이 있음.

심플리치오(Simplicio)

가공의 인물. 그리스의 철학자이자 아리스토텔레스 연구가인 심플리치우스(Simplicius, 490~560년)의 이름에서 따왔음.

동료 학자

갈릴레오 갈릴레이 본인.

니콜라우스 코페르니쿠스(Nicolaus Copernicus, 1473~1543년)

폴란드의 천문학자. 1543년 『천구의 회전(*De Revolutionibus Orbium Coelestium*)』을 출판해 지구가 해를 중심으로 공전한다는 지동설을 주장함.

시피오 키아라몬티(Scipio Chiaramonti, 1565~1652년)

피사 대학의 철학 교수. 튀코, 케플러, 갈릴레오의 이론에 반대하는 글을 씀. 1621년 『튀코에 반대함(*Anti-Tycho*)』을, 1628년 『새로운 별들의 종족(*De Tribus Novis Stellis*)』을 출판함. 갈릴레오는 『시금저울(*Il Saggiatore*)』에서 키아라몬티를 호의적으로 언급했지만, 『대화』에서 그를 강하게 비판함. 키아라몬티는 갈릴레오의 『대화』에 대해 반박하면서, "동물들은 팔다리와 근육이 있어서 움직이지만, 지구는 팔다리와 근육이 없어서 움직이지 않는다."라는 유명한 말을 남겼음.

아리스타르코스(Aristarkhos, 기원전 310?~230년)

고대 그리스의 천문학자. 지구가 움직인다고 주장했으며, 달과 해의 크기, 거리 등등을 계산했음.

아리스토텔레스(Aristoteles, 기원전 384~322년)

고대 그리스의 위대한 철학자. 플라톤의 제자. 윤리학, 정치학, 천문학, 물리학 등등 많은 분야를 연구하고 저서를 남김. 그러나 그의 자연철학은 실험, 관찰에 바탕을 두지 않았기에 틀린 것이 많았으며, 그것을 바로잡는 데 가장 크게 공헌한 사람이 갈릴레오임.

아르키메데스(Archimedes, **기원전** 287~212**년**)

고대 그리스의 위대한 수학자이자 물리학자. 지렛대의 원리와 부력의 법칙 등을 발견했으며, 정적분의 기본 개념을 발견해서, 구의 부피 등 여러 가지 수학적 계산에 활용함.

아폴로니오스(Apollonios, **기원전** 262~190**년**)

고대 그리스의 수학자. 『원뿔곡선(*Conics*)』을 저술해서 포물선, 타원, 쌍곡선의 성질을 밝힘.

안토니오 로렌치니(Antonio Lorenzini, 1540?~?**년**)

이탈리아의 아마추어 과학자. 1604년에 등장한 새 별(케플러의 초신성)에 대해 기술한 『토론(*Discourse*)』을 1605년 파도바에서 출판했는데, 케플러와 갈릴레오는 그것을 강하게 비판했음. 천문학에 대한 또 다른 책을 1605년 파리에서 출판했는데, 케플러가 그것도 비판했음.

요아네스 게오르기우스 로허(Joannes Georgius Locher, ?~?**년**)

샤이너의 제자. 샤이너의 권유에 따라서 1614년 『새로운 천문학 현상에 대한 논란과 수학적 토론(*Disquisitiones Mathematicae, de Controversiis et Novitatibus Astronomicis*)』을 출판함.

요하네스 데 사크로보스코(Johannes de Sacrobosco, 1195~1256년)

영국의 수학자이자 천문학자. '할리우드의 존(John of Hollywood)'이라는 이름으로 알려지기도 함. 우주가 공 모양이라고 설명했음. 천문학 입문서인 『천구에 관하여(*Treatise on the Sphere*)』를 쓴 것으로 유명하며, 이 책은 갈릴레오의 시대에도 팔릴 정도로 인기가 있었음.

요하네스 케플러(Johannes Kepler, 1571~1630년)

독일의 천문학자. 튀코의 정밀한 관측 결과들을 바탕으로 행성들의 운행에 대한 세 가지 법칙을 발견함. 1604년의 초신성을 관측, 그것이 실제로 천체임을 증명함. 케플러는 갈릴레오와 더불어 지동설을 대변하는 두 거두였음. 그러나 갈릴레오는 케플러의 가장 중요한 업적인 행성 운행 법칙을 무시했으며, 케플러는 갈릴레오의 가장 중요한 업적인 물체의 낙하 법칙에 대해 무지했음.

에우클레이데스(Eukleides, **기원전** 325?~270?년)

고대 그리스의 수학자. 『기하학 원론(*Elements*)』 13권을 저술해서 당시의 수학을 집대성함. 그가 채택한 공리, 정의들과 증명, 추론 방법은 후대의 수학에 지대한 영향을 끼침. 『기하학 원론』은 그 후 2,000여 년 간 수학의 표준 교과서로 사용됨.

윌리엄 길버트(William Gilbert, 1544~1603년)

영국의 의사. 1600년 『자석(*De Magnete*)』을 출판해 당시에 알려져 있던 자석의 성질을 정리해 놓음.

체사레 마르실리(Cesare Marsili, 1592~1633년)

아마추어 과학자. 린체이 학회 회원.

체사레 크레모니니(Cesare Cremonini, 1550~1631년)

아리스토텔레스 학파의 저명한 철학자. 페라라 대학, 파도바 대학 철학 교수를 역임했음.

코시모 2세(Cosimo II de'Medici, 1590~1621년)

토스카나 대공국을 통치한 대공. 갈릴레오의 제자. 그의 아버지인 페르디난도 1세가 1609년에 사망하자 그가 대공으로 취임함. 1610년 갈릴레오를 '토스카나 대공의 철학자이자 제일 수학자'로 고용함. 그는 갈릴레오를 적들의 공격으로부터 보호해 주었으며, 경제적 어려움 없이 연구에 전념할 수 있도록 해 주었음. 그의 어머니이자 페르디난도 1세의 부인인 크리스티나(Christina de'Medici, 1565~1637년) 여사는 갈릴레오의 열렬한 후원자였음.

크리스티안 부르스타이젠(Christian Wursteisen, 1544~1588년)

바젤에서 태어나 그곳에서 학위를 받음. 사크로보스코의 『천구에 관하여』에 대한 해설서를 1568년에 출판했으며, 그 책에서 코페르니쿠스를 언급함.

크리스토퍼 샤이너(Christopher Scheiner, 1573~1650년)

제수이트 신부. 수학, 광학, 천문학을 연구함. 1601년 독일 잉골슈타트에 부임했으며, 그곳에서 해의 흑점과 대기로 인한 굴절을 연구, 발표함. 해의 흑점에 관해 갈릴레오와 여러 차례 편지를 교환했지만, 그 본성을 놓고서 의견이 서로 달라 갈릴레오와 첨예하게 대결함. 갈릴레오는 해의 흑점이 지구의 구름과 같다고 주장했지만(결론적으로, 갈릴레오의 판단이 옳았음), 샤이너는 그것들이 해의 가까이에서 공전하는 작은 천체들이라고 주장함. 그 후 인스부르크, 프라이부르크를 거쳐 1624년 로마에 부임함. 로마에서 해의 흑점에 대한 정밀한 관측 도면들을 담은 『태양의 변화(*Rosa Ursina*)』를 출판하면서, 갈릴레오를 신랄하게 비난함. 샤이너는 갈릴레오를 종교 재판에 회부하는 데 앞장섰으며, 교회의 입장에서 갈릴레오를 공격하는 이론을 제공했음. 갈릴레오의 『대화』를 비판하는 책인 『태양 운동 입문(*Prodromus pro Sole Mobile*)』을 저술했는데, 교황청이 이 책의 출판을 금지했기 때문에, 그의 사후 1651년에 출판됨.

클라디우스 프톨레마이오스(Claudius Ptolemaeus, 90?~168?년)

로마 제국의 이집트 알렉산드리아에서 활동한 천문학자. 『알마게스트(*Almagest*)』를 저술해 그 당시의 천문학을 집대성함. 주전원 이론을 도입해 행성의 운항을 정확하게 기술하는 데 성공했으며, 『알마게스트』는 1543년에 코페르니쿠스의 『천구의 회전』이 출판될 때까지 천문학의 가장 중요한 교본으로 널리 사용됨.

튀코 브라헤(Tycho Brahe, 1546~1601년)

당대의 가장 뛰어난 천문 관측자. 1572년에 나타난 새 별(튀코의 초신성)이 시차가 없음을 관측하고 새 별이 다른 별들처럼 먼 곳에 있다고 주장함. 튀코는 뛰어난 관측자였지만 연주 시차를 발견할 수 없었기에 지구의 공전을 믿지 않음. 다른 모든 행성들이 해를 중심으로 공전하고, 해는 지구를 중심으로 공전하는 우주 체계를 주장함.

페르디난도 2세(Ferdinando II de'Medici, 1610~1670년)

토스카나 대공국을 통치한 대공. 그의 아버지인 코시모 2세가 1621년에 사망하자 그가 대공으로 취임함. 갈릴레오는 『대화』를 그에게 헌정했지만, 갈릴레오가 종교 재판에 회부되었을 때, 아직 어렸던 그는 갈릴레오를 보호해 주지 못함.

프란체스코 부오나미치(Francesco Buonamici, 1535~1603년)

피사 대학의 철학 교수. 아리스토텔레스 학파의 권위자. 갈릴레오도 그에게서 배운 것으로 추측됨. 운동에 관한 저술 『운동(*De Motu*)』을 1591년에 출판했는데, 갈릴레오는 그것을 "말장난"이라고 비판했음. 갈릴레오는 부오나미치와의 불화 때문에 피사 대학을 떠나야 했음.

프란체스코 인골리(Francesco Ingoli, 1578~1649년)

이탈리아의 성직자이자 법학자. 파도바 대학에서 교회법을 공부해 학위를 받았으며, 그곳에서 갈릴레오와 만난 것으로 추측됨. 1616년 1월에 코페르니쿠스의 지동설을 반박하는 과학적, 성서적 증거들을 제시한 질의서를 갈릴레오에게 보냈으며, 그가 여기서 제시한 증거들은 1616년에 로마 교황청이 코페르니쿠스의 지동설을 금지하는 데 주된 근거로 사용됨.

플라톤(Platon, **기원전** 427~347**년**)

고대 그리스의 철학자. 아테네에서 아카데미를 설립했으며, 그 정문에 "기하학을 모르는 자는 이 문으로 들어오지 말라."라고 써 놓았음.

존경하는 독자들에게

⁂

몇 년 전에 로마 교황청은 지구가 움직인다고 주장하는 피타고라스 학파의 의견을 금하는 칙령을 내렸다. 이것은 우리 시대에 유행하는 위험한 사조를 막기 위한 온당한 조치였다. 이 칙령이 분별 있는 심리에 의해서 나온 것이 아니라 맹목적인 격정에 의해서 잘못 내려진 것이라고 주장하는 경솔한 사람들이 있다. 천문학 관측에 대해 아는 것이 전혀 없는 성직자들이 성급하게 금지령을 내려서 지성적인 사색을 방해하고 있다는 불평이 있다.

이런 오만하고 무례한 불평을 듣고, 나는 가만히 있을 수가 없었다. 그 현명한 결정에 대해서 잘 알고 있기 때문에, 나는 이 세상 넓은 무대에 나서서 진실을 증언하기로 결심했다. 당시에 나는 로마에 있었다. 재판정에서 가장 높은 고위 성직자가 나를 반겨 주었으며, 그들은 나를 칭찬해 주었다. 그들은 그 칙령을 미리 내게 알려 준 다음에 공표했다.

나는 이 책을 통해서 우리 이탈리아, 특히 로마에서도 이 문제에 대해 외국 못지않게 잘 알고 있음을 밝히겠다. 알프스 너머 사람들이 상상하는 것 이상으로 잘 알고 있다. 코페르니쿠스의 지동설에 대한 모든 사항들을 다루겠다. 이 모든 것들은 로마 교황청의 검열을 거쳤음을 밝힌다. 우리도 지적 즐거움을 마음껏 추구할 수 있으며, 매우 심오한 이론을 발견하고 연구할 수 있는 환경 속에 살고 있다.

이것을 보이기 위해서, 나는 이 책에서 코페르니쿠스 편인 것처럼 꾸몄다. 순수한 수학 이론으로서의 지동설이 지구가 움직이지 않는다는 이론에 비해 더 낫다는 점을 조목조목 밝혔다. 그러나 그것이 실제로 그렇다는 말은 아니고, 일부 소요학파 철학자들의 주장에 비해 더 낫다는 말이다. 사실 이 사람들은 걷지도 않으니 소요학파라는 이름을 붙일 값어치조차 없다. 그들은 그늘을 숭배하며, 정당한 자료들을 바탕으로 사색을 하지 않고, 그릇되게 이해한 몇몇 원리들을 바탕으로 철학을 전개한다.

이 책은 세 가지 중요한 내용을 다루고 있다. 첫째, 지구에서 행하는 모든 실험은 지구가 움직이지 않음을 증명할 수 없음을 밝혔다. 왜냐하면 지구가 움직이든 가만히 있든, 아무런 차이도 생기지 않기 때문이다. 옛날 사람들이 몰랐던 여러 관측 결과들을 써서 이것을 밝히겠다. 둘째, 천체들의 온갖 움직임을 자세히 연구해서, 코페르니쿠스의 지동설이 올바름을 확실하게 밝혔다. 새롭게 잘 생각하면, 천문학을 훨씬 더 단순하게 만들 수 있다. 그러나 자연이 실제로 그렇게 되어 있다는 말은 아니다. 셋째, 내가 생각해 낸 교묘한 개념을 설명하겠다. 바다에 밀물·썰물이 생기는 것은 지구가 움직이기 때문일지도 모른다는 생각을 나는 오래전에 말했다. 내 이런 생각은 사람들의 입을 통해서 널리 퍼졌으며, 이것을 바탕으로 심오한 이론을 전개하는 사람도 나타났다. 누구든 내가 설명한 것을 받아들인다면, 나를 보고 남의 이목을 끌기 위해서 이런 중요한 문제를 함부로 다루고 있다고 나무라지는 않을 것이다. 그러니 지구가 움직인다는 가정을 바탕으로, 이것이 실제일 듯함을 밝힐 필요가 있다.

다른 나라 사람들이 연구를 많이 했을지도 모르지만, 우리도 그들 못지않게 이론을 연구했음이, 이것을 보면 명백해질 것이다. 지구가 움직이지 않는다고 우리가 믿는 까닭은, 지동설을 지지하는 사람들의 온갖 설명을 몰라서가 아니다. 수학 가설로서 아주 잘 알고 있다. 그러나 우리의 종교, 신앙심, 하느님의 전능함, 사람의 사고 능력의 한계를 잘 알고 있기 때문이다.

이 내용은 사람들이 이야기를 하듯이 다루는 것이 적당해 보인다. 그렇게 하면 수학 법칙처럼 엄격하게 얽매일 필요 없이, 자유롭게 온갖 소재들을 다룰 수 있다. 주된 줄거리 못지않게 재미있는, 딸린 이야기들이 많이 있다.

몇 년 전, 나는 베네치아에서 조반니 프란체스코 사그레도와 만나 많은 이야기를 나누었다. 그는 귀족이며 날카로운 통찰력을 지니고 있었다. 그리고 피렌체 출신의 필리포 살비아티를 만났다. 그는 귀족이며 큰 부자였지만, 그 때문에 그가 훌륭한 사람이라는 말은 아니다. 그는 탁월한 지혜를 지니고 있었고, 뛰어나게 사색을 잘 했으며, 그것에서 즐거움을 찾았다. 나는 이 두 사람과 소요학파 철학자 한 사람과 같이 이야기를 나눈 적이 여러 번 있었다. 이 소요학파 철학자는 아리스토텔레스의 철학을 잘 설명해 큰 명성을 얻었는데, 그것이 오히려 해가 되어서 진리를 이해하지 못하고 있었다.

사그레도와 살비아티가 한창 나이에 세상을 떠났으니, 내 비통한 심정을 표현할 길이 없다. 나는 이 책 속에 그들을 되살려서, 그들의 명성이 영원하도록 만들겠다. 내 힘을 다해서 애를 쓰겠다. 그들이 이 주제를 놓고 이야기를 나누도록 만들겠다. 이 위대한 두 영혼은 내 가슴에 영원히 살아 있을 것이며, 내 영원한 사랑의 표시인 이 조그마한 선물을 이들이 기꺼이 받아 주기 바란다. 이들의 지혜와 이들의 뛰어난 말솜씨를 기억에 되살리면서, 내가 이 글을 쓰는 것을 이들이 도와주기 바란다. 소요학파 철학자도 한 자리 차지하도록 해야 하겠다. 그는 심플리치우스의 해석을 아주 좋아하니, 그의 본명을 숨기고, 심플리치우스의 이름을 빌리도록 하자.

이 사람들은 여러 번 만나서 온갖 이야기들을 나누었는데, 진리에 대한 그들의 욕망은 충족된 것이 아니라, 갈수록 더 커졌다. 그래서 이들은 모든 일들을 제쳐 두고, 어느 날 적당한 장소에서 만나 하느님이 창조하신 하늘과 지구의 신비에 대해서 꼼꼼하게 따져 보기로 했다. 이들은 사그레도의 집에서 만났다. 간단한 인사를 나눈 다음, 살비아티가 이야기를 시작했다.

첫째 날 대화

※

나오는 사람들 | **살비아티, 사그레도, 심플리치오**

살비아티 우리가 오늘 만나서 아리스토텔레스와 프톨레마이오스 편인 사람들, 코페르니쿠스 편인 사람들이 지금까지 제시한 자연에 대한 법칙들에 대해서, 그 성질과 과연 어느 편이 옳은지 가능한 한 자세하고 분명하게 토론하자고 어제 약속을 했지. 코페르니쿠스는 지구가 하늘에서 움직이는 물체들과 같다고 했어. 즉 행성처럼 둥그런 공이라고 했지. 소요학파 철학자들은 이 가설이 틀렸다고 주장하는데, 그들의 주장을 검토해 보세. 그들의 주장은 무엇이고, 그것의 설득력이나 그 영향은 어떠한가?

그들의 주장에 따르면, 우선 자연계는 완전히 다른 두 물질들로 되어 있다고 가정을 해야 하네. 하나는 하늘의 물질이고, 다른 하나는 지구의 기본 물질이지. 하늘의 물질은 절대 변하지 않고, 영원하다. 그러나 지구의 기본 물질은 일시적이고, 바뀔 수 있다. 이런 주장은 아리스토텔레스가 쓴 책 『천문(*De Caelo*)』에서 나왔어. 아리스토텔레스는 몇 가지 일반적인 가정을 한 다음, 그것들로부터 이 의견을 이끌어 내서 실험과 구체적인 보기를 통해 확인을 했어. 이런 방법을 따라서, 나도 우선 내 의견을 마음껏 제시하고 설명하겠네. 그다음에 자네들이 비판하도록 하게. 특히 심플리치오가 심하게 따지겠지. 심플리치오는 아리스토텔레스의 이론을 철저하게 신봉하고 지키려 하니까.

소요학파 철학자들 논리의 첫 단계는, 아리스토텔레스가 세상이 완전하고 완벽하다고 증명했다는 거야. 아리스토텔레스가 말하기를, 선이나 면은 그렇지 않지만, 입체는 길이, 폭, 높이를 갖고 있다. 그러므로 3차원밖에 없는데, 세상은 이 3차원을 모두 갖고 있고, 모두 갖고 있으니 완벽하다고 했어.

이 사실을 확실하게 하려면, 그가 엄밀한 추론을 통해서, 선의 크기는 그 길이만이 있고, 거기에다 폭을 더하면 면이 되고, 거기에다 높이 또는 깊이를 더하면 입체가 되며, 이 3차원밖에 더는 없다고 증명을 했어야지. 그래서 3이 있으면 완벽하게 되어, 전부가 완성된다고 보였어야지. 아주 짤막하고 간단하게 이야기할 수 있었을 텐데 …….

심플리치오 아리스토텔레스가 '이어진 것'에 대해 정의한 다음, 두 번째, 세 번째, 네 번째 글에서 명쾌하게 증명하지 않았던가? 거기에 보면, 3이 전부이자 모든 것이니까, 3차원 이외에는 없다고 증명해 놓았어. 그리고 이 사실은 피타고라스 학파 권위자들도 글을 통해 밝히고 있네. 그들에 따르면, 모든 것은 3으로 결정된다. 시작, 중간, 끝. 그러니 3이 전부가 아닌가?

그리고 또 다른 이유도 있네. 3은 신에 제물을 바칠 때 쓰는 수이지. 그게 마치 자연 법칙인 것처럼 말일세. 게다가 우리는 '전부'라는 말은 셋이 있을 때는 사용하지만, 그보다 적을 때는 사용하지 않거든. 둘이 있으면 '양쪽'이라고 말하겠지. 그러니 '전부'라는 말은 셋이 있어야 사용하네.

이 모든 것들이 두 번째 글에 나오거든. 그다음, 세 번째 글을 보면, 이것들에 덧붙여 설명해 놓았네. 전부, 완전, 완벽은 모두 같은 말이다. 그러므로 도형들 중에 입체만이 완벽하다. 입체만이 3에 의해서 결정되며, 3이 전부이다. 입체는 세 방향으로 자를 수 있으며, 따라서 가능한 모든 방향으로 자를 수 있다. 선은 한 방향으로 자를 수 있고, 면은 두 방향으로 자를 수 있다.

왜냐하면 모든 도형들은 그들의 차원에 해당하는 수만큼의 방향으로 자를 수 있고, 그 수만큼의 방향으로 이어져 있기 때문이다. 즉 선은 한 방향으로 이어져 있고, 면은 두 방향으로 이어져 있다. 그러나 입체는 모든 방향으로 이어져 있다.

게다가 네 번째 글에 보면, 잠시 다른 말이 나온 다음, 이 문제를 또 다른 방법으로 증명하고 있지 않나? 보게. 변화란 뭔가 부족한 것이 있어야 일어난다. 선에서 면으로 갈 때 변화가 일어난다. 왜냐하면 선은 폭이 없기 때문이다. 하지만 완벽한 것은 아무것도 부족한 것이 없고, 모든 관점에서 완전하다. 그러므로 입체는 한 단계 넘어서 다른 어떤 모양으로 바뀔 수가 없다.

이것들을 보면, 길이, 폭, 높이, 이 3차원 이외의 다른 차원은 없으며, 입체는 이 모두를 갖추었으니 완벽하다는 것을 아리스토텔레스가 충분히 증명했지?

살비아티 시작, 중간, 끝이 있는 것은 완벽하다고 말해야 한다. 이게 설득력이 있는 말인가? 솔직히 말해서, 그런 이유들은 이 말이나 마찬가지로 별 설득력이 없어.

3이 완벽한 수라고 인정해야 할 까닭이 뭐가 있나? 3을 갖고 있는 것들이 3이 완벽한 수라고 확언이라도 하던가? 예를 들어 다리의 개수가 3인 것이 2나 4인 것보다 완벽하다고 자네는 생각하는가? 또는 원소의 수가 4개라고 할 때, 4가 완벽하지 않은 수인가? 원소의 수가 3개라면, 더 완벽한 것인가?

그러니 이런 미묘한 말장난들은 그만두는 것이 좋아. 자기가 주장하려는 것은 실험에 바탕을 둔 과학처럼 엄밀하게 증명을 해서 보여야지.

심플리치오 자네는 이런 모든 이유들을 비웃고 있군. 하지만 이것들은 피타고라스 학파가 주장한 것이고, 그들은 수의 연구에 크게 기여를 했는데. 자네도 수학자로서 피타고라스 학파의 철학적 주장에 동조하면서, 지금은 그들의 신비한 비밀을 비웃고 있군.

살비아티 피타고라스 학파는 수의 연구를 매우 값어치 있게 여겼지. 그리고 플라톤 자신도 사람들의 이해력을 찬양하면서, 그것이 신성의 영역에 들어간다고 여겼어. 단지 수의 성질을 이해한다는 이유만으로 ……. 나도 잘 아네. 내 생각도 이와 별 차이가 없어.

하지만 이런 신비한 비밀들이 피타고라스와 그 학파 사람들이 수의 연구를 더욱 숭배하도록 만들었다는 것은 잘 모르는 사람들이 지껄인 바보 같은 말이야. 나는 그 말을 조금도 믿지 않네.

내가 알기로, 그 학파 사람들은 그들이 소중하게 여기는 것을 대중들이 비방하고 경멸하는 것을 막고자 했어. 그래서 그들은 수에 대한 가장 중요한 비밀이나 비율이 없는 것, 무리수 등등 그들이 연구한 것을 발표하는 일이 불경스러운 행위라고 저주를 했어. 그런 비밀을 폭로하는 자는 죽어서 지옥에 떨어진다고 했지.

내 생각에는, 그들 중 한 사람이 남들이 수의 신비에 대해 캐묻자, 보통 사람들의 호기심을 충족시키고 남들이 더 이상 귀찮게 굴지 못하도록 하기 위해서 시시한 이야기를 지껄이고는, 그게 수의 신비라고 말한 것 같아. 아마 그 이야기가 사람들 사이에 퍼졌겠지. 아주 똑똑하고 신중한 처신이었지.

자네 이런 일화를 들어 본 일이 있나? 어떤 국회 의원의 어머니가 국회의 비밀에 대해 말해 달라고 끈덕지게 조르더래. 그래서 어머니의 호기심을 충족시키려고, 적당한 거짓말을 꾸며서 들려주었는데, 어머니와 다른 여자들이 그 이야기를 믿고 있다가 국회 의원들의 웃음거리가 되었다더군.

심플리치오 내가 뭐 피타고라스 학파의 심오한 비밀을 캐려고 드는 건 아니네. 하지만 지금 이 문제에 대해 생각해 보면, 아리스토텔레스가 3차원밖에 없다는 것을 증명하려고 쓴 이유들을 믿어도 될 것 같아. 만약 더 그럴듯한 증명법이 있었다면, 아리스토텔레스가 그걸 빼먹었을 리가 없지.

사그레도 자네가 한 말에다 "그가 알았거나 또는 그것이 그에게 생각났거나"라는 말을 덧붙여야 할 것 같군. 살비아티, 내가 이해할 수 있도록 잘 설명해 주면 고맙겠네.

살비아티 자네뿐만 아니라 심플리치오를 위해서 설명해 주겠네. 사실, 자네는 이미 그것을 이해하고 있네. 단지 그것을 의식하지 못하고 있을 뿐이지. 그것을 더 쉽게 이해할 수 있도록, 여기 몇 가지 그림을 그리겠네. 내가 종이와 펜을 준비해 왔네.

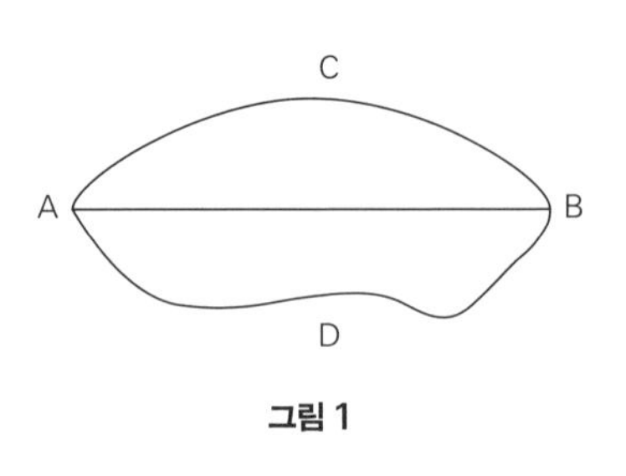

그림 1

우선 여기에 두 점 A와 B를 표시하자. 그다음, 곡선 ACB와 ADB를 그리자. 그다음, 선분 AB를 긋자. 자네들이 보기에, 양 끝점 A, B 사이의 거리는 어떤 선이 나타내는가? 그렇게 생각하는 까닭은?

사그레도 내가 보기에, 곧은 선분이 거리를 결정하네. 곡선은 아니야. 그 까닭은, 곧은 선분은 더 짧고, 단 하나만 있어. 또 특별하고 분명하게 확정이 돼. 하지만 곡선들은 무수히 많고, 제각각이고, 서로 다르고, 길이가 더 길어. 내가 보기에는, 단 하나로 분명하게 확정이 되는 것을 잡아야지.

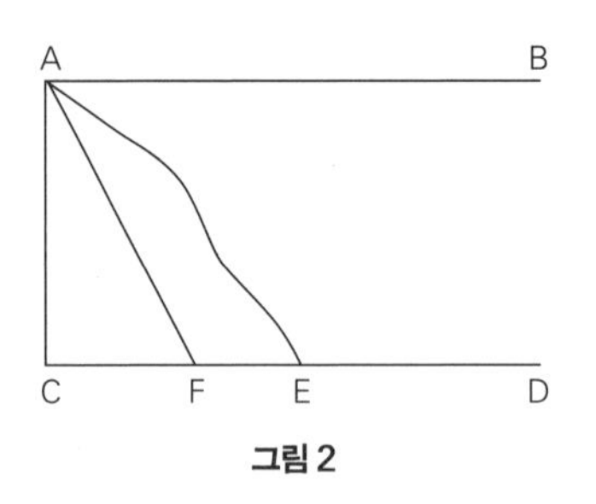

그림 2

살비아티 그렇다면 곧은 선분을 두 점 사이 거리를 재는 자로 사용하세. 이제 AB에 평행한 직선을 하나 긋자. 그것을 CD로 나타내자. 그러면 이들 사이에 어떤 평면도형이 생기는데, 그 폭은 어떻게 되는가? 점 A에서 출발해 어떤 길을 따라 직선 CD로 가야 할까? 두 직선 사이의 거리를 결정하려면 말일세. 곡선 AE를 따라 길이를 잴까? 아니면 곧은 선분 AF

를 따라 길이를 잴까? 아니면 ……?

심플리치오 선분 AF를 따라 재어야지. 곡선은 안 된다고 이미 말했잖아?

사그레도 하지만 여기서는 둘 다 안 돼. 선분 AF가 비스듬하게 놓여 있잖아? 직선 CD와 직각을 이루는 선분을 그어야 하네. 그게 가장 짧은 길이니까. 점 A에서 다른 직선 CD로 그을 수 있는 선분은 무수히 많고, 그들은 길이도 길고 제각각이지만, 그들 중에서 직각을 이루는 것은 단 하나뿐이니까.

살비아티 자네가 선택한 것과, 또 그것을 선택한 이유는 아주 뛰어나군. 이제 첫 번째 차원은 한 선분으로 결정되었네. 두 번째 차원(폭)은 또 다른 선분으로 결정되었는데, 이 선분은 쭉 곧을 뿐만 아니라 길이를 결정하는 선분과 직각을 이루어야 하네. 이제 평면 도형의 경우 두 차원을 정의했네. 하나는 길이이고, 다른 하나는 폭이야.

이제 높이에 대해서 생각해 보세. 예를 들어 이 탁자는 저 아래 밑바닥부터 재어서 높이가 얼마인가? 맨 위에 한 점을 잡은 다음, 거기에서부터 밑바닥에 있는 무수히 많은 점들에 이르도록 온갖 종류의 선들을 그을 수 있어. 직선, 곡선, 긴 것, 짧은 것, ……. 이들 중에서 어떤 것을 길이라고 해야 하는가?

사그레도 탁자 위에 줄을 묶은 다음에, 납덩어리를 하나 달아. 그것을 자유롭게 늘어뜨리면, 줄이 아래로 당겨지겠지. 줄이 바닥에 간신히 닿도록 했을 때, 그 줄의 길이가 바로 그 점에서 바닥으로 그을 수 있는, 가장 곧고 가장 짧은 선분의 길이이지. 그러니 이게 바로 높이이지.

살비아티 맞았어. 밑바닥이 조금도 기울지 않고 평평하다고 가정하고, 줄이 바닥에 닿은 점에서 두 직선을 그어. 하나는 바닥 면의 길이, 다른 하나는 바닥 면의 폭을 재기 위해서. 그러면 이들이 줄과 만드는 각은 몇 도인가?

사그레도 그야 물론 직각으로 만나지. 줄은 수직으로 내려오고, 바닥면은 완전히 평평하다고 했으니까.

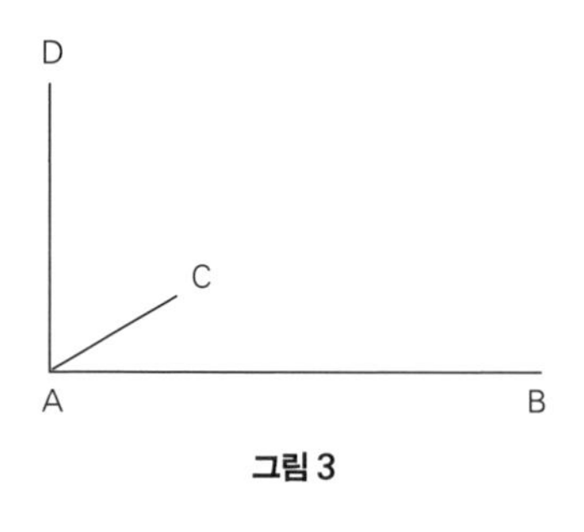

그림 3

살비아티 그렇다면 어떤 점을 잡아서, 그 점을 원점이라고 놓으세. 그 점에서 어떤 직선을 그어서, 첫 번째 차원, 즉 길이를 재는 자로 사용하도록 하세. 그러면 폭을 재는 직선은 이 직선과 직각을 이루며 뻗어 나가지. 세 번째 차원은 높이이고, 그것을 나타내는 직선은 다른 두 직선과 직각을 이루며, 역시 같은 점에서 뻗어 나가지. 그러니 이들은 엇비스듬하게 만나는 것이 없어.

3개의 직선들이 직각으로 만나면서, 3개의 차원을 결정해. AB는 길이, AC는 폭, AD는 높이. 3개의 가장 짧고, 확정적이고, 유일한 선분들이지. 이 점에서 다른 선분들은 이들과 직각을 이루며 만나도록 할 수가 없으니까, 그리고 차원이란 서로 직각을 이루며 만나는 선분들의 수로 결정이 되니까, 3차원이 있고, 더 이상의 차원은 없다.

그러니 3이 있으면 모두 있는 것이고, 3을 모두 갖추었으면 모든 방향으로 나눌 수 있고, 그런 것들은 완전하다. 등등.

심플리치오 왜 다른 선분을 그을 수 없단 말인가? 점 A에서 아래로 선분을 그으면 되지. 그러면 다른 모든 것들과 직각을 이루는데?

살비아티 한 점에서 3개보다 더 많은 선분이 만나서 직각을 이루도록 할 수는 없네!

사그레도 아니, 내가 보기에 심플리치오가 하는 말은, 선분 DA를 아래로 길게 늘이라는 이야기야. 그런 식으로 하면, 다른 두 선분도 반대 방향으로 늘일 수 있지. 그러나 이건 처음 셋과 사실상 같아. 차이가 있다면, 처음에는 세 선분이 한 점에서 만나기만 했는데, 이제는 셋이 서로 교차하고 있지. 하지만 그런다고 해서 새로운 차원이 생기지는 않아.

심플리치오 이 논리 전개가 확실하게 결론을 내림은 나도 인정하네. 하지만 아리스토텔레스가 말했듯이, 물리적인 현상에 대해서 꼭 수학적으로 증명해야 하는 것은 아니지.

사그레도 물론, 증명할 방법이 없다면 말할 것도 없지. 하지만 증명을 손에 쥐고 있다면, 그것을 써야 하지 않겠나? 이에 대해 더 이상 시간을 허비하지는 마세. 내가 보기에, 살비아티는 세상은 완벽한 물체라는 자네와 아리스토텔레스의 의견에 대해 증명 없이 동의할 것 같아. 아마 그렇겠지. 하느님이 만든 것이니 말일세.

살비아티 맞아, 그래. 그러니 전체에 대한 일반적인 고려는 일단 제쳐 두고, 우선 부분에 대해서 검토해 보세. 아리스토텔레스는 전체 물질을 두 종류의 서로 다르고 대조적인 물질들로 나누었지. 하나는 하늘의 물질이고, 다른 하나는 지구의 기본 물질이야. 하늘의 물질은 절대 불변이어서, 썩지도 않고, 바뀌지도 않으며, 그것을 뚫고 지나갈 수도 없다. 반대로 지구의 기본 물질들은 계속 바뀌고, 변화한다. 그는 이 차이를 비롯해 여러 가지 다양한 기본적인 운동을 근본 원리로 채택했어. 이를 바탕으로 논리를 전개했지.

그는 일상 접하는 실제 세상에서 벗어나서, 이론적이고 이상적인 세상을 생각한 다음, 체계적으로 검토해 나갔지. 자연계란 바로 운동 원리들이니, 자연의 물체들은 기본적인 운동을 갖춰야 했어. 그는 세 종류의 기본적인 운동이 있다고 했어. 원운동, 직선운동, 그리고 이 둘이 섞인 운동. 앞의 두 종류 운동은 단순하다고 했어. 왜냐하면 선들 중에서 원과 직선이 가장 단순하니까.

그다음, 논의하는 범위를 좁혀서 이 운동들을 새롭게 정의를 했어. 단순한 운동 중에서 원운동은 어떤 중심을 놓고 도는 것이다. 그리고 직선운동은 위 또는 아래로 움직이는 것이다. 위로 움직이는 것은 중심에서 멀어지는 것이고, 아래로 움직이는 것은 중심으로 가까이 가는 것이다.

이로부터 그는 모든 단순한 운동이 세 종류뿐이라고 추론했어. 중심에 가까워짐, 중심에서 멀어짐, 중심을 따라 회전함. 이 사실은 앞에서 말한 물체에 대한 성질과 멋지게 조화를 이룬다고 말했어. 물체는 3차원이고, 운동도 마찬가지로 세 종류가 있다.

이렇게 운동을 정의한 다음, 자연 물질들 중 어떤 것은 단순하고, 어떤 것은 여럿으로 구성되어 있다고 했어. 예를 들어 불이나 흙처럼 자연의 운동 원리에 따르는 물질들은 단순한 물질들이다. 단순한 물질들은 단순하게 움직이고, 여럿으로 구성된 물질들은 여러 운동 형태를 결합한 모양으로 움직인다. 뿐만 아니라 여럿으로 구성된 물질은 어떤 성분이 가장 크냐 하는 것이 움직임을 좌우한다고 말했어.

사그레도 살비아티, 잠시만 멈추게. 이 논리는 하도 이상한 점이 많아서, 온갖 의문들이 쏟아지는군. 자네 이야기를 정신 차리고 들으려면, 지금 이 의문들을 제기해야 하겠군. 아니면 이 의문들을 기억하느라 자네 이야기에 집중하지 못하겠어.

살비아티 그럼 잠시 중단하겠네. 사실 나도 같은 위험에 빠져 있어. 꼭 난파할 것만 같아. 사나운 파도를 뚫고 바위 사이로 항해를 하자니, 잘못하면 방위를 잃을 것 같아. 내가 자네의 어려운 문제들을 더 키우기 전에 그것들을 말해 보게.

사그레도 아리스토텔레스는 실제 세계에서 벗어나 어떤 이상적인 세계로 가서, 거기에서 세상을 만드는 어떤 체계를 설명했지. 자연계의 물질이 자연스럽게 움직인다는 것은 당연한 말 같아. 자연이 바로 운동의 원리이니까. 그런데 여기서부터 의심이 생기기 시작했어.

자연계의 물질들 중에는 움직이는 것도 있고 움직이지 않는 것도 있다는 사실을 아리스토텔레스는 왜 말하지 않았는가? 자연계란 운동하는 것의 원리와 운동하지 않는 것의 원리라고 그는 정의했잖아? 만약 모든 물질이 움직이는 성질이 있다면, 움직이지 않는 것의 원리를 자연의 정의에 넣을 필요가 없었겠지. 그렇지 않다면, 움직이지 않는 것을 이 자리에서 설명해 놓았어야지.

그다음에 아리스토텔레스는 단순한 운동에 대해서 설명을 했어. 그는 도형의 성질에 따라서 결정했어. 단순한 운동은 단순한 선을 따라 움직이는 것이다. 여기서 단순한 선이란 직선과 원을 말한다. 이것은 기꺼이 받아들이지. 원기둥을 따라 돌아 올라가는 나선은 모든 부분이 서로 같은 모양이고, 따라서 단순한 선이라고 주장할 수도 있어 보이지만, 이것을 갖고 말다툼하지는 않겠네.

하지만 원운동은 중심을 따라 도는 것이고(그는 다른 낱말들을 써서 이 정의를 되풀이하고 싶어 하는 것 같아.) 직선운동은 중심으로부터 위 또는 아래로 움직이는 것이라니, 이런 식으로 제한하는 것은 참기가 힘들구먼. 게다가 이런 말들은 현존하는 세상에나 적용할 수가 있어. 그러니까 이미 완성되었을 뿐만 아니라 우리가 살고 있는 이 세상 말일세.

쭉 곧게 움직이는 것이 쭉 곧은 선처럼 단순하다면, 그리고 단순한 운동은 자연스러운 운동이라면, 어떤 방향으로 움직이든 자연스러운 운동이지. 위로 가든 아래로 가든, 앞으로 가든 뒤로 가든, 오른쪽으로 가든 왼쪽으로 가든, 어떠한 방향으로 가든지 간에 그게 쭉 곧게 움직인다면, 단순한 자연 물체에 어울리는 운동이라고 봐야지. 만약 그렇지 않다면, 아리스토텔레스의 가설이 잘못된 것이지.

그리고 아리스토텔레스는 세상에 단 한 종류의 원운동만이 있다고 말하는 것 같아. 따라서 위 또는 아래로 움직이는 운동도 단 하나의 중심만을 놓고 말하고 있어. 이걸 보면, 그가 무슨 속임수를 쓰는 것 같아. 즉 그는 설계도가 지시하는 대로 집을 짓는 것이 아니라, 이미 다 지어진 집에다 설계도를 적당하게 맞추고 있어. 만약 세상에 현존하는 원운동들이 1,000종류라면, 중심이 1,000개가 있을 것이고, 따라서 위 또는 아래로 움직이는 운동도 1,000종류가 있겠지.

또 그는 단순한 운동과 섞인 운동이 있다고 말했지. 원운동과 직선운동은 단순한 운동이고, 이 둘로 구성되어 있으면 섞인 운동이지. 자연계의 물체들 중에서 자연의 운동 원리에 따라서 단순하게 움직이는 것들은 단순한 물질로 구성된 것들이고, 그렇지 않은 것들은 여러 물질들로 구성된 것이라고 했어. 단순한 운동은 단순한 물체, 섞인 운동은 섞인 물체.

그런데 섞인 운동이라는 말이, 이제는 원운동과 직선운동을 섞어 놓았다는 뜻으로 쓰이지가 않아. 그런 운동은 어쩌면 존재할 수도 있지. 그러나 그가 말한 섞인 운동은 존재할 수가 없어. 마치 한 직선을 따라 반대 방향으로 움직이는 두 운동을 결합해서, 약간 위로 올라가면서 동시에 약간 아래로 내려가도록 만드는 것이 불가능한 것처럼.

이렇게 터무니없고 불가능한 것을 수습하기 위해서, 아리스토텔레스는 여러 물질로 구성된 물체는, 그중 가장 큰 성분을 구성하는 물질의 성질에 따라 움직인다고 했거든. 이런 논리를 따르다 보니, 곧은 직선을 따라 움직이는 운동도 어떤 경우에는 단순하고, 어떤 경우에는 섞인 운동이 돼. 그러니 운동이 단순하다는 것은, 움직이는 궤적이 단순하다는 것만으로 결정되는 것이 아니야.

심플리치오 단순하고 절대적인 움직임은, 가장 큰 성분을 구성하는 물질의 성질 때문에 나오는 움직임에 비해 훨씬 빠르다고 했는데, 이게 둘을 구별하기에 충분하지 않나? 순수한 흙덩어리는 나무 막대에 비해 훨씬 빨리 떨어지잖아?

사그레도 그래. 맞다, 맞아. 만약에 자네 말처럼 단순한 운동을 그렇게 구별한다면, 세상에 존재하는 온갖 종류의 수많은 섞인 운동들을 보여야 할 뿐만 아니라 단순한 운동을 구별해 낼 수 없게 돼.

게다가 속력이 빠르냐 느리냐 하는 것이 운동이 단순한지 아닌지를 결정한다면, 단순한 물체들은 절대로 단순하게 움직일 수가 없네. 왜냐하면 자연 상태에서 직선운동을 하는 물체는 속력이 계속 빨라지거든. 그러니까 단순함이 계속 바뀐단 말일세. 하지만 단순함이란 글자 그대로 절대 바뀔 수가 없지.

그보다 더 큰 문제는, 자네 말은 아리스토텔레스의 이론에 또 다른 흠이 생기도록 만들어. 그가 섞인 운동에 대해 정의할 때는 속력이 느리다는 말이 전혀 없었거든. 그런데 자네는 지금 그게 꼭 필요하고 본질적인 것인 듯 말하고 있잖아.

더군다나 그런 구별이 별 쓸모가 없는 것이, 여러 물질로 구성된 물체들 중 상당히 많은 수는, 순수한 물질로 구성된 물체보다 더 빨리 움직이거나 더 느리게 움직이지. 예를 들어 납과 나무를 흙과 비교해 보게. 이 운동들 중에 어떤 것이 단순하고, 어떤 것이 섞인 것인가?

심플리치오 단순한 물질로 구성된 물체가 움직이는 것이 단순한 운동이고, 여러 물질로 구성된 물체가 움직이는 것이 섞인 운동이지.

사그레도 아주 좋은 답이군. 심플리치오, 하지만 자네가 한 말을 잘 생각해 보게. 조금 전에 자네는 물체의 움직임을 보면 단순한 운동과 섞인 운동을 구별할 수 있고, 그에 따라서 물체의 구성 물질이 순수한지 섞여 있는지 구별할 수 있다고 했네. 그런데 지금 자네는 물체의 구성 물질에 따라서 단순한 것과 섞인 것을 구별한 다음, 그에 따라서 움직임이 단순한 운동인지 섞인 운동인지 구별하려고 하네. 이런 식으로 해서는 운동이고 구성 성분이고 어느 것 하나도 알아낼 수가 없어.

뿐만 아니라 자네는 지금 속력이 빠르다고 해서 단순한 운동임이 아닌 것을 인정했네. 그러고 나서 단순한 운동을 정의할 수 있는 또 다른 조건을 찾으려 하고 있어. 아리스토텔레스는 한 가지 조건으로 만족해했지. 즉 움직이는 궤적이 단순한 것. 그런데 자네 말을 따르자면, 단순한 운동은 단순한 선을 따라서, 어떤 일정한 속력으로, 단순한 물체가 움직이는 것이 되겠군.

그건 자네 마음대로 하도록 하게. 아리스토텔레스가 말한 것으로 돌아가서, 그는 섞인 운동이란 직선운동과 원운동을 합친 것이라고 말했는데, 자연 상태에서 그렇게 움직이는 물체가 뭐 하나라도 있는가? 그는 제시한 것이 없어.

살비아티 아리스토텔레스가 주장한 말로 돌아가세. 우리가 하려는 것은 그가 마음속으로 세워 놓았던 목표에 이르는 것이지, 그의 발길이 그를 안내했던 곳을 찾으려는 것은 아니야. 여기까지 그는 조리 정연하게 이론을 전개했네. 그는 이렇게 이론을 전개하다가, 갑자기 딱 잘라서 위로 움직이는 운동에는 불, 아래로 움직이는 운동에는 흙이 대표적이라는 것이 누구나 잘 알고 있는 명백한 사실인 것처럼 가정하고 있어. 이 둘은 우리 모두에게 익숙한데, 자연계에는 이들 이외에 원운동을 하는 어떤 물체가 있을 거야. 이 물체는 아마 훨씬 더 멋진 물체일 거야. 왜냐하면 원운동은 직선운동보다 훨씬 더 완벽하니까.

원운동이 직선운동보다 얼마나 더 완벽한가를 보이기 위해서, 아리스토텔레스는 원이 직선보다 훨씬 더 완벽하다고 주장하고 있어. 원은 완전하고, 직선은 불완전하다. 만약에 직선이 한없이 길다면, 그건 끝이 없다. 만약에 직선이 유한하다면, 그 바깥으로 더 늘일 여지가 있다. 그러므로 직선은 불완전하다.

이것이 바로 아리스토텔레스의 이론으로 만든 우주 구조에서 가장 핵심이 되고 근본이 되는 중요한 성질이야. 하늘에 있는 물체들의 온갖 성질들이 여기서 나와. 중력이나 부력 같은 것이 없고, 새로이 생기지도 않으며, 상하지도 않고, 모든 변화에 대해 영향을 받지도 않는다. 단지 부분적으로 움직임이 바뀔 뿐이다. 이 모든 성질들이, 단순한 물체가 원운동을 하는 것으로부터 나온다고 했거든. 이와 반대로, 중력, 부력, 상하는 것 등등은 모두 직선운동을 하는 물체에 딸린 성질이라고 말했어.

만약 근본 성질이 잘못되었다면, 그것을 바탕으로 만든 모든 것들이 잘못되지 않았을까 의심하는 것이 당연하지. 아리스토텔레스가 지금까지 도입한 것을 보면, 일반적인 첫 번째 원리들을 근본으로 이론을 전개해 갔지. 그다음에 구체적인 이유와 실험들을 통해 그 이론을 강화했지. 이 모든 것들을 일일이 검토하고, 그 중요성을 재 봐야 할 거야.

그가 지금까지 말한 것만 보더라도, 많은 어려운 문제들이 생겨 나와. 근본 원리와 기본이 되는 것들은 튼튼하고 확실하게, 단단히 확립되어야지. 그래야만 그 위에 튼튼한 집을 지을 수 있어. 그러니 문제점들이 더 커지기 전에 눈을 돌려서 잘 살펴보면, 좀 더 곧고 확실한 길을 찾을 수 있을지도 몰라. 그러고 나면 근본 원리들을 좀 더 튼튼한 건축 방법에 따라 확립할 수 있을 거야.

그러니 아리스토텔레스가 주장한 것을 따라가는 일을 잠시 멈추세. 나중에 적당한 때에 다시 자세히 검토하도록 하지. 그가 지금까지 내린 결론에는 나도 동의를 하네. 즉 세상은 모든 차원을 갖춘 형태이고, 따라서 가장 완벽한 것이다. 따라서 세상은 가장 잘 질서가 잡힌 것이고, 각 부분들은 서로 간에 최고로 완벽한 질서에 따라서 배치되어 있다. 이 사실은 자네들뿐만 아니라 어느 누구라도 부인하지 않을 거야.

심플리치오 그럼. 누구나 다 수긍할 걸세. 이 관점은 바로 아리스토텔레스가 주장한 것이지. 그 이름 자체가 바로 세상의 완벽한 질서에서 따온 것이니까.

살비아티 이 원리를 확립했는데, 이것을 써서 당장 이끌어 낼 수 있는 결론은 다음과 같아. 세상의 모든 물질들이 본성에 따라서 움직인다고 하면, 그들이 움직이는 길은 반드시 원이 되어야 하며, 직선이나 다른 곡선이 될 수 없다. 그 이유는 명백하고 분명해.

만약에 어떤 물체가 직선을 따라 움직이면, 그 위치가 계속 바뀌거든. 움직이면 움직일수록 원래 위치에서 점점 멀어질 뿐만 아니라 그것이 지나는 모든 곳에서부터 점점 더 멀어져. 만약 이런 움직임이 자연 원리에 맞는 운동이라면, 이 물체는 처음에 자기에게 맞는 위치에 있지 않았다는 말이잖아? 그러니까 이 물체에 관해서는, 세상이 완벽하고 질서 있게 자리 잡은 것이 아니었지. 하지만 이 세상은 모든 것이 완벽하다고 가정했잖아? 그러니까 모든 물체는 자연 원리에 따라서 자리를 바꿀 수가 없네. 즉 직선운동은 불가능하다.

뿐만 아니라 직선운동은 본질적으로 끝이 없어. 왜냐하면 직선이란 한없이 길고, 계속 이어져 있으니까. 그러니 어떤 물체든 자연적으로 직선을 따라 움직이는 것은 불가능하다. 닿을 수 있는 목적지도 없는데, 어디를 향해 움직인단 말인가? 유한한 끝점이 없잖아? 자연은 불가능한 일을 시도하지 않는다고 아리스토텔레스가 말했잖아? 그러니 도착하는 것이 불가능하다면, 움직이지도 말아야지.

직선과 직선을 따라 움직이는 운동은 한없이 연장할 수 있지만, 자연이 그곳 어딘가 유한한 점에 끝을 정해 놓고, 물체로 하여금 거기로 가도록 자연 성질을 줄 수 있다고 말하는 사람도 있겠지.

하지만 이런 일은 태초의 혼동 속에서나 일어날 수 있지. 그때는 온갖 물질들이 뒤죽박죽 혼란스럽게 움직였을 테니까, 그들을 바로잡으려고 자연이 직선운동을 시켰을 수도 있어. 질서가 잘 잡힌 것을 움직여서 뒤죽박죽이 되게 만드는 것과 마찬가지로, 거꾸로 뒤죽박죽인 것들을 옮겨서 질서가 잘 잡히도록 만들 수 있지.

그러나 배치를 잘 해서 일단 완벽하게 자리를 잡으면, 그 물체들은 직선으로 움직이려는 본성이 조금도 없이 다 사라져야 해. 직선으로 움직이면, 제 위치에서 벗어나 혼란만 올 뿐이니까.

그러므로 직선운동은 태초에 세상을 만들기 위해서 물질들을 움직일 때나 있었어. 하지만 일단 세상이 다 만들어졌으면, 물질들은 가만히 제자리에 있어야 한다. 움직이는 것은 원운동만이 가능하다.

플라톤의 말처럼, 조물주가 세상을 창조한 다음, 모든 물체들을 제 위치에 두기 위해서 얼마간 직선운동을 시켰을 것이다. 그다음에 이들이 정해진 위치에 닿자, 하나씩 하나씩 회전시키기 시작했다. 그러니까 직선운동을 원운동으로 바꾼 다음, 계속 이런 상태로 움직이도록 했다는 거야. 아주 웅대한 개념이지. 과연 플라톤다운 발상이야.

이 개념에 대해서, 나의 절친한 친구이자 린체이 학회의 회원인 학자와 토론한 적이 있어. 그 사람은 다음과 같이 말했어.

"어떤 물체가 정지해 있더라도, 움직이려는 본성을 갖고 있다면, 그러면 그 물체를 자유롭게 놓아 주었을 때, 어떤 특정한 곳을 향해서 움직이려는 경향이 있어야만, 그 물체는 움직이게 돼. 만약 그 물체가 모든 곳에 대해서 무관심하다면, 어떤 장소를 다른 장소와 비교해서 그리로 움직여야 할 까닭이 없으니까, 아예 움직이지 않겠지. 만약 어떤 곳을 향해 움직이려는 경향이 있다면, 그 물체는 점점 빨리 움직이게 돼.

가장 느린 속력부터 시작해서 어떤 속력을 얻든지 간에 우선 그보다 느린 모든 속력을 거친 다음에야 얻을 수 있어. 처음에는 정지 상태에 있지. 정지해 있는 것은 가장 느린 상태야. 움직이기 시작해서 어떤 속력을 얻으려면, 그보다 느린 속력, 그보다 더 느린 속력, 또 그보다 더 느린 속력 등 이런 모든 느린 속력을 거쳐야만 해.

처음 움직일 때의 속력과 가장 가까운 속력을 거친 다음, 점점 더 빨라지는 것이 이치에 맞지. 그런데 이 물체는 처음에 가장 느린 상태에 있었거든. 정지해 있었단 말이야. 속력이 점점 빨라지는 것은 이 물체가 계속해서 움직일 때 일어나는 현상이고, 이것은 물체가 어떤 목표 지점을 향해서 갈 때 일어나.

그러니 물체에 자연적으로 이런 경향이 있다면, 이 물체는 가장 짧은 길을 택하려고 하네. 그러니까 직선을 따라 움직여. 그러므로 정지해 있는 물체에다 어떤 속력을 주려고 하는 경우, 자연은 어떤 시간과 공간을 통해서, 그 물체에 직선운동을 주게 돼."

이것을 받아들인 다음, 예를 들어 하느님이 목성을 만들었다고 생각해 보세. 그다음에 어떤 일정한 속력을 주어서, 영원히 그 속력으로 움직이도록 만들고 싶어. 그렇다면 플라톤의 말처럼, 하느님은 목성을 어떤 직선을 따라 가속하도록 만든 다음, 원하는 속력을 얻었을 때 직선운동을 원운동으로 바꾸어서, 영원히 일정한 속력으로 돌도록 만들었겠지.

사그레도 이 이론은 아주 멋지고 재미있구먼. 하지만 한 가지 의문이 생기는군. 이 의문을 자네가 해결해 주면 좋겠어. 어떤 물체가 정지해 있다가 움직이기 시작해서, 그 본성에 따라서 어떤 위치로 가려고 할 때, 그 물체가 어떤 속력을 얻기 위해서는 그보다 느린 모든 속력의 상태를 거쳐야 한다는데, 그보다 느린 속력의 단계는 한없이 많이 있으니까, 그 모든 단계들을 거치자면, 어떤 속력을 얻는 게 아예 불가능하겠군. 그러니까 자연이 목성을 만든 다음, 일정한 속력을 주어서 원운동을 하도록 만들고 싶지만, 그 속력을 주는 것이 불가능하겠군.

살비아티 내 말은, 자연이나 하느님이 자네가 말한 일정한 속력을 단숨에 주는 것이 불가능하다는 것은 아니야. 단지 실제로 속력을 줄 때, 그런 식으로 하지 않는다는 말이야. 그렇게 되는 것은 자연 현상을 벗어나는 일이고, 따라서 기적이라고 해야 하겠지.

어떤 무거운 물체가 일정한 속력으로 움직이다가 정지해 있는 물체와 부딪쳤다고 해 보세. 정지해 있던 물체는 가볍고 힘이 약하다고 해 보세. 하지만 무거운 물체가 가벼운 물체에다 자신의 속력을 순식간에 전하는 것은 불가능하네. 그 증거로, 이들이 부딪칠 때 꽝 소리가 나잖아? 만약 무거운 물체가 닿았을 때, 가벼운 물체가 순식간에 같은 속력을 얻는다면, 부딪치는 소리가 아예 안 나지.

사그레도 그렇다면 돌멩이가 정지해 있다가 움직이기 시작해 지구 중심을 향해서 떨어질 때, 그 돌멩이는 어떤 속력보다 느린 모든 속력들의 단계를 거쳤단 말인가?

살비아티 나는 그렇다고 믿어. 사실 나는 그걸 확신하네. 뿐만 아니라 자네도 나처럼 확신을 하도록 만들 수도 있어.

사그레도 만약 이것만 확실하게 배운다면, 오늘 종일 다른 것 하나도 못 배운다 하더라도, 오늘 보낸 시간은 값어치가 있다고 치겠네.

살비아티 자네 말을 들으니, 자네가 어려워하는 까닭은, 주어진 짧은 시간 동안에 무수히 많은 느린 속력의 단계를 거쳐야 하는 것을 받아들이지 못해서이군. 더 앞으로 나아가기 전에, 내가 자네의 어려움을 해결해 주겠네. 이건 어렵지 않아.

물체는 움직일 때 모든 속력의 단계를 거치지만, 어느 단계든 머무르지 않아. 그러니 매우 짧은 시간 동안 수많은 단계를 거쳐야 하더라도, 아무리 짧은 시간이라도 무수히 많은 순간들을 포함하고 있으니까, 속력의 단계들에 대응하도록 순간들을 배당할 때, 순간들의 수가 부족할 리가 없지. 아무리 짧은 시간을 잡더라도 말이야.

사그레도 그건 이해가 가. 하지만 쇠공이나 다른 어떤 물체들이 떨어지는 것을 보면, 속력이 하도 빨라서, 백 길 높이를 맥박이 열 번 뛰기도 전에 떨어지는데, 그렇게 엄청나게 빠른 것이 처음 움직일 때는 하도 느려서, 만약 가속이 되지 않고 그런 속력으로 움직인다면, 같은 높이를 하루 종일 걸려야 떨어질 수 있다고 한다면 …….

살비아티 하루 아니라 1년, 10년, 100년, 1,000년이 걸린다고 말하지 그래? 자네를 설득하기 위해서 자세하게 설명을 해 주겠네. 먼저 다음 질문에 대답을 해 주게. 어떤 공이 아래로 떨어지면, 속력은 점점 더 빨라지고, 운동량은 커진다. 이건 틀림없는 사실이지?

사그레도 그럼, 확실하지.

살비아티 공이 떨어질 때, 어떤 순간에서든 그 공이 얻은 운동량은, 그 공을 출발점으로 도로 올릴 수 있을 만큼이다. 이 생각에 동의하는가?

사그레도 전적으로 동의하네. 하지만 그러기 위해서는, 운동량 전부를 조금의 방해도 받지 않고 그 공이나 그와 같은 무게의 공을 위로 올리는 데에만 쓸 수 있어야 하겠지. 예를 들어 지구 중심을 뚫고 지나가는 굴이 있고, 거기로 공이 떨어진다고 하면, 지구 중심을 지나 반대쪽으로 떨어진 높이만큼 위로 올라가게 될 거야.

이런 현상은 진자로 실험을 해 보면 확인할 수 있어. 수직 상태로 정지해 있는 것을 손으로 잡아당긴 다음, 손을 놓아서 자유롭게 움직이도록 하면, 수직 상태가 되도록 떨어진 다음, 같은 거리만큼 지나 움직이거든. 사실, 줄과 공기의 저항, 기타 방해하는 현상 때문에 약간은 높이가 줄어들지. 이런 현상은 물을 봐도 알 수 있어. 관을 통해서 아래로 내려가면, 내려간 높이만큼 위로 올라갈 수 있거든.

살비아티 아주 정확하게 잘 말했어. 어떤 물체가 움직일 때, 그것이 얻은 운동량은, 원래 위치에서부터 운동의 목적지인 중심을 향해 나아간 것을 잰 것임은 의심할 여지가 없지? 그렇다면 똑같은 두 물체가 서로 다른 길을 따라서, 아무런 방해도 받지 않고 중심을 향해서 같은 정도만큼 떨어졌다면, 얻은 운동량이 같을 테니까, 자네 문제가 해결되었군.

사그레도 그게 무슨 소린가? 이해를 못 하겠는데.

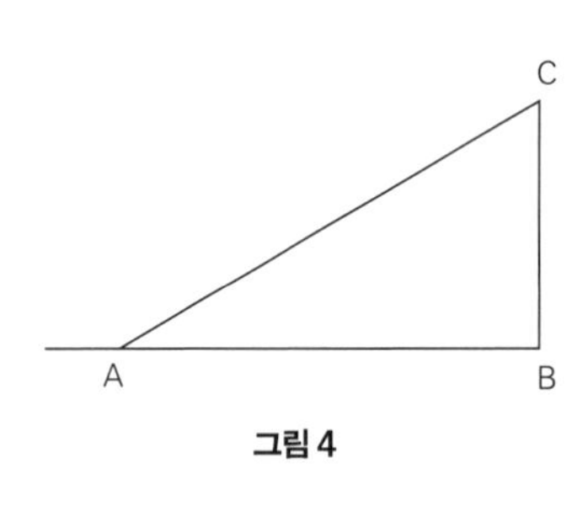

그림 4

살비아티 그림을 그려서 설명하는 것이 좋겠군. 직선 AB를 지평선과 평행하도록 그리겠네. 그다음, B에서 수직으로 선분 BC를 세우자. 그다음, CA를 비스듬하게 긋자. 선분 CA가 어떤 경사면이라고 생각하세.

이 경사면을 아주 매끄럽도록 닦자. 어떤 단단한 물질로 완벽하게 둥근 공을 만들어서, 이 경사면을 따라 굴리자. 이것과 똑같은 공 하나는 CB를 따라 수직으로 떨어지도록 하자. 그러면 경사면 CA를 따라 내려온 공이 A에 닿았을 때 얻은 운동량은, 다른 공이 CB를 따라 수직으로 떨어져 B에 닿았을 때 얻은 운동량과 같겠지?

사그레도 그럼, 확실하지. 둘 다 중심을 향해 나아간 정도가 같으니까. 그리고 내가 이미 말했지만, 이들이 얻은 운동량은 이들을 원래 높이로 되올리기에 딱 맞는 양이야.

살비아티 이 공들을 수평면 AB 위에 놓으면 어떻게 되는가?

사그레도 꼼짝 않고 가만히 있지. 수평면은 조금도 기울지 않았으니까.

살비아티 그런데 경사면 CA를 따라 공이 내려올 때, CB를 따라 수직으로 떨어지는 것에 비해 속력이 느린가?

사그레도 아마 그렇겠지. 아니, 조금 이상한데. 언뜻 생각하면, CB를 따라 수직으로 떨어지는 것이 경사면 CA를 따라 움직이는 것보다 훨씬 빠를 것 같아. 하지만 그게 사실이라면, 공이 경사면을 따라 내려가 A에 닿았을 때 얻은 속력이나 운동량이, 공이 수직으로 떨어져 B에 닿았을 때 얻은 속력이나 운동량에 비해 작을 텐데 ……. 두 원리는 서로 모순이 되는군.

살비아티 내가 딱 잘라서 말하겠는데, 수직으로 떨어진 것이나 경사면을 따라 내려간 것이나 속력은 같아. 이게 거짓말처럼 들리나? 하지만 이건 틀림없는 사실이야. 수직으로 떨어지는 것이 경사면을 따라 내려가는 것보다 더 재빠른 것이 사실인 것처럼.

사그레도 내가 듣기에는 이 두 법칙은 서로 모순이군. 심플리치오, 자네 생각은 어떤가?

심플리치오 내가 보기에도 이들은 서로 모순이네.

살비아티 자네들 지금 장난치는 건가? 잘 알면서도 모르는 체하는 거지? 심플리치오, 자네에게 묻겠는데, 한 물체가 다른 물체보다 빠르다면, 그건 어떤 개념을 갖고 하는 말인가?

심플리치오 내 생각에는, 같은 시간 동안에 한 물체가 다른 물체보다 더 먼 거리를 움직이거나, 또는 같은 거리를 더 짧은 시간 동안에 움직이는 것을 말하지.

살비아티 맞아, 잘 알고 있군. 그렇다면 두 물체가 속력이 같다면, 그건 어떤 개념을 갖고 하는 말인가?

심플리치오 같은 시간 동안에 같은 거리를 지난다는 말이지.

살비아티 그것뿐인가?

심플리치오 속력이 같다는 말에 대해서는 이게 맞는 정의 같은데.

사그레도 거기에다 또 다른 정의를 덧붙일 수 있지. 움직인 거리들의 비율이 그때 걸린 시간들의 비율과 같다면, 둘은 같은 속력이라고 정의할 수 있지. 이게 좀 더 일반적인 정의이겠군.

살비아티 그래, 맞았어. 이 정의는 같은 시간 동안에 같은 거리를 지나는 것을 내포하고 있지. 그리고 거리가 다르더라도 지나는 데 걸리는 시간이 그에 비례하면, 속력이 같지. 이 그림을 다시 보세. 속력이 빠르다는 말은 무슨 뜻인지, 그 개념을 정의한 다음, 물체가 CB를 따라 떨어질 때 그 속력이 CA를 따라 내려가는 것에 비해 빠르다고 생각한 이유를 말해 보게.

심플리치오 내가 그렇게 생각하는 이유는, 한 공이 CB 거리 전부를 지나는 동안, 다른 한 공은 경사면 CA에서 CB만큼의 거리도 움직이지 못하기 때문일세.

살비아티 맞는 말이야. 그렇다면 수직으로 움직이는 것이 경사면을 따라 움직이는 것보다 더 빠르다는 것이 증명이 되었군. 이제 이 그림을 자세히 보고, 두 물체가 CA와 CB를 따라 움직일 때 속력이 같다는 법칙을 확인해 보세.

심플리치오 아무리 봐도 모르겠는데. 그건 방금 한 말과 어긋나지 않는가?

살비아티 사그레도, 자네 생각은 어떤가? 자네가 잘 알고 있고, 또 나를 대신해서 정의까지 해 준 것을, 내가 자네에게 가르치고 싶지는 않은데.

사그레도 내가 정의한 것에 따르면, 두 물체가 움직일 때 이들이 속력이 같다는 말은, 그들이 지나간 거리의 길이 비율이 거기에 걸린 시간의 비율과 같다는 말이지. 이 정의를 여기에다 적용하면, CA를 지나는 데 걸리는 시간과 CB를 지나는 데 걸리는 시간의 비율은, 선분 CA와 CB의 길이 비율과 같겠군. 그런데 이게 가능한가? CB를 따라 움직이는 것이

CA를 따라 움직이는 것보다 더 빠르잖아?

살비아티 하지만 이건 틀림없는 사실이야. 내가 설명해 주지. 이 공들은 속력이 점점 빨라지지 않나?

사그레도 그건 사실이야. 그렇지만 수직으로 떨어질 때, 경사면을 따라 내려가는 것에 비해 더 빨리 가속이 돼.

살비아티 그렇다면 수직으로 떨어지는 경우, 경사면을 따라 내려가는 것과 비교해서 가속이 더 크니까, 이 두 선분에서 같은 길이의 짧은 부분을 잡아내면, 수직 선분에서 잡은 부분이 경사면에서 잡은 부분보다 항상 속력이 더 빠른가?

사그레도 아니, 그렇지는 않아. 경사면에서 어떤 구간을 잡아서, 그 부분의 속력이 수직 선분에서 잡은 구간의 속력보다 더 빠르게 할 수 있어. 수직 선분에서는 점 C 근처에서 구간을 잡고, 경사면에서는 C에서 멀찍이 떨어진 곳에서 구간을 잡으면 돼.

살비아티 그렇다면 "수직으로 떨어질 때, 경사면을 따라 내려가는 것보다 속력이 빠르다."라는 말은 늘 성립하는 것이 아니라, 출발점 근처에서 생각한 경우만 성립하는군. 이런 제한을 두지 않으면, 이 말은 틀리게 될 뿐만 아니라 그 반대로 될 수도 있겠군. 그러니까 경사면을 따라 움직이는 것이, 수직으로 떨어지는 것에 비해 더 빠를 수도 있어. 왜냐하면 경사면에서 어떤 구간을 잡아서, 물체가 거기를 지나는 데 걸리는 시간이, 같은 길이의 구간을 수직 선분에서 잡았을 때, 그 부분을 지나는 데 걸리는 시간보다 더 짧도록 할 수가 있으니까.

경사면을 따라 내려갈 때의 그 속력이, 수직으로 떨어지는 것과 비교해서, 어떤 곳에서는 더 빠르고 다른 어떤 곳에서는 느리니까, 경사면의 어떤 부분은 수직선의 어떤 부분과 비교할 때, 지나는 데 걸리는 시간의 비율이 그 길이의 비율보다 더 작을 것이고, 경사면의 다른 어떤 부분은 수직선의 어떤 부분과 비교할 때, 지나는 데 걸리는 시간의 비율이 그 길이의 비율보다 더 클 거야. 예를 들어 두 공이 점 C의 위치에 정지해 있다가 움직이기 시작한다고 하자. 하나는 수직선 CB를 따라 떨어지고, 다른 하나는 경사면 CA를 따라 떨어진다.

수직으로 떨어지는 공이 CB 구간 전부를 지날 때, 그 시간 동안 경사면을 따라 움직이는 공은 겨우 CT 구간을 지난다. 이 길이는 CB에 비해 훨씬 짧다. CT와 CB를 지나는 데 같은 시간이 걸리니까, 시간의 비율은 선분 CT와 CB의 길이 비율보다 훨씬 크다. 왜냐하면 어떤 것이든 작은 것과 비교할 때의 비율은, 큰 것과 비교할 때의 비율보다 더 크기 때문이다.

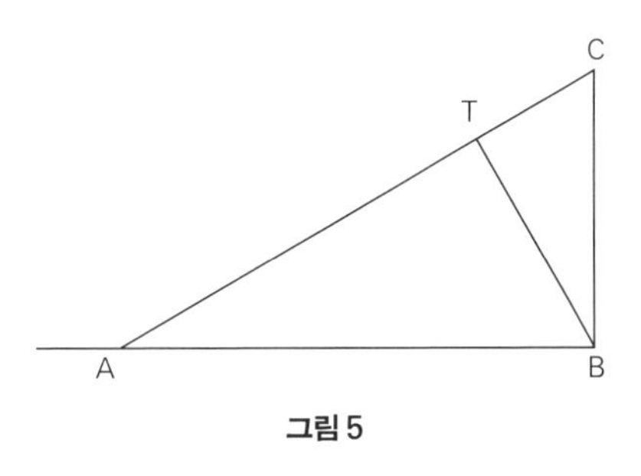

그림 5

반대로 경사면 CA에서 CB와 길이가 같고, 그 구간을 지나는 데 CB를 지나는 것과 비교해서 더 짧은 시간이 걸리는 구간을 잡을 수 있다면, 그 구간은 CB와 비교할 때, 시간의 비율이 길이의 비율보다 더 작다. 경사면과 수직선에서 구간들을 어디에서 잡느냐에 따라, 시간의 비율과 길이의 비율이 더 커지기도 하고 작아지기도 하니까, 구간을 잡기에 따라서 시간의 비율이 길이의 비율과 같아질 수도 있겠지?

사그레도 내가 갖고 있던 큰 의문이 해결되었군. 언뜻 생각하니 모순인 것 같았던 성질들이 가능한 것일 뿐만 아니라 꼭 필요한 것이었군. 하지만 이 가능하고 필요한 성질을 써서, CA를 지나는 데 걸리는 시간과 CB를 지나는 데 걸리는 시간의 비율이, CA와 CB의 길이 비율과 같다는 것을 증명할 수 있을지 모르겠군. 그걸 증명해야만 CA와 CB를 따라 떨어질 때 속력이 같다고 확실하게 말할 수 있지.

살비아티 지금 당장은 자네의 의구심을 해소한 걸로 만족하겠네. 이것을 확실하게 공부하는 것은, 나중에 기회가 있을 때 하세. 내 동료 학자가 이런 운동에 대해 연구해 놓은 것이 있는데, 나중에 볼 기회가 있을 거야.

거기에 보면, 한 물체가 CB 구간을 떨어지는 동안, CA를 따라 움직인 물체는 겨우 점 T까지 움직인다는 것을 증명해 놓았어. 점 B에서 경사면 AC에 직각이 되도록 선을 그었을 때, AC와 만나는 지점이 바로 점 T야.

AC를 따라 움직이는 물체가 A에 닿았을 때, 수직으로 떨어지는 물체는 어디쯤 가고 있는지 알고 싶으면, 점 A에서 선분 CA와 직각이 되도록 선을 그어. 그 선을 길게 늘이고, 또 수직선 CB를 길게 아래로 늘여서, 둘이 만나는 점을 잡아. 그 점이 바로 수직으로 떨어지는 물체가 다다른 곳이야.

이것을 보면, CB를 따라 움직이는 것이 CA를 따라 움직이는 것에 비해 더 빠르다는 말이 사실임을 알 수 있어. C를 출발점으로 해서 두 운동을 비교하면 말일세. 왜냐하면 CB는 CT보다 더 길지. CB를 길게 늘인 것이 점 A에서 선분 CA와 직각이 되도록 그은 선과 만나는 점을 잡으면, C에서 그 점까지 거리는 CA 길이보다 훨씬 더 길지. 그러니 그것을 따라 움직인 것은, CA를 따라 움직인 것에 비해 훨씬 더 빠르지.

하지만 CA를 따라 움직인 운동을 그 시간 동안 수직으로 떨어진 운동과 비교하지 말고, CB를 떨어지는 동안의 운동과 비교하면, 경사면 CA를 따라 움직여서 점 T를 지나 A에 닿을 때까지 걸린 시간과, 다른 물체가 CB를 지나는 데 걸린 시간과의 비율이, CA와 CB의 길이 비율과 같다고 해도 터무니없는 말이 아니지.

이제 원래 목적으로 돌아가세. 우리가 보이고 싶은 것은, 무거운 물체가 정지해 있다가 움직일 때 어떤 속력을 얻으려면, 그보다 느린 모든 속력의 단계를 거쳐야 한다는 것이야.

이 그림을 다시 보세. 물체들이 수직선 CB와 경사면 CA를 따라 내려가는 경우, 맨 아래 점 B와 A에 닿았을 때, 같은 속력을 얻는다는 사실에 우리는 동의를 했네. 이 성질을 써서 생각건대, 만약 또 다른 경사면 AD가 AC보다 더 평평하게 놓여 있다면, 이 경사면을 따라 움직이는 물체는 AC를 따라 움직이는 것보다 더욱 느릴 거야. 이건 의문의 여지가 없지? 그렇다면 수평면 AB로부터 어떤 경사면을 극히 작은 높이로 세우면, 공이 그 경사면을 따라 내려오는 데 얼마든지 긴 시간이 걸리도록 할 수 있지.

만약 공을 수평면 AB 위에 올려놓으면, 시간이 한없이 흘러도 그 공이 움직여 A에 닿을 수가 없어. 그러니까 속력은 경사가 줄어드는 것에 따라 얼마든지 느려지지. 그러므로 점 B 위에 아주 가까이에 어떤 점을 잡아서, 그 점과 A를 연결해 경사면을 만들면, 그 경사면을 따라 내려가는 데 1년 넘게 걸리도록 만들 수 있어.

그다음, 자네들이 알아야 할 사실이 있네. 공이 점 A에 닿았을 때 얻은 속력은, 만약 공이 더 이상 빨라지거나 느려지지 않고 계속 그 속력으로 움직인다면, 경사면을 내려오는 데 걸린 것과 같은 시간 동안 경사면 길이의 두 배 거리를 지날 수 있어. 예를 들어 어떤 공이 경사면 DA

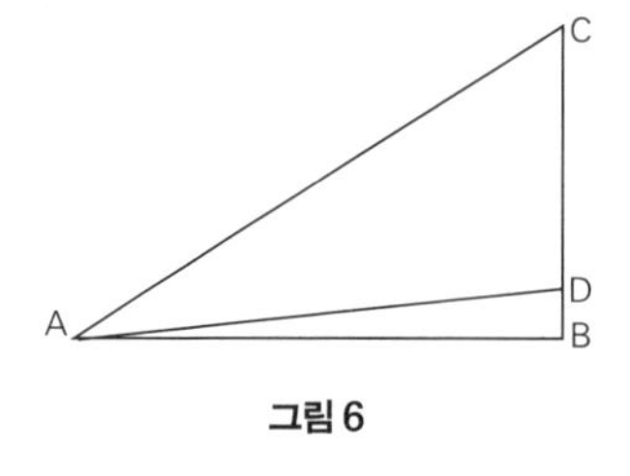

그림 6

를 1시간 걸려 지났다면, 그 공이 A에 닿았을 때의 속력으로 계속 움직인다면, 그 공은 다음 1시간 동안 DA 거리의 두 배를 움직이게 돼.

이미 앞에서 말했지만, 선분 CB에서 어떠한 점을 잡든 그 점에서 물체가 움직이기 시작해서 하나는 수직으로 떨어지고, 다른 하나는 경사면을 따라 움직이면, 점 B와 점 A에 닿았을 때의 속력은 같아. 그러니까 점 B 바로 위 아주 가까이에 점을 잡으면, 물체가 거기에서 움직이기 시작해 B에 닿았을 때의 속력이 하도 느려서, 만약 그 속력으로 계속 움직인다면, 경사면 길이의 두 배를 지나는 데 1년, 10년, 100년이 걸리도록 할 수 있어.

어떤 물체에 대해 그 움직임을 방해하는 모든 외부 요인과 부수적인 요인들을 제거했다 치고, 그 물체가 자연 법칙에 따라서 떨어질 때, 경사면의 기울기가 점점 작아지면, 속력도 그에 따라 점점 느려져서, 마침내 경사면이 수평면과 일치하면, 느린 정도가 무한대가 되어 속력이 0이 된다는 것을 사실이라고 받아들이세. 그리고 물체가 경사면의 어떤 점을 지날 때의 속력은, 그 점을 지나는 수평 직선을 그어서, 그것이 수직선과 만나는 점을 잡았을 때, 물체가 수직으로 떨어지는 경우 그 만나는 점을 지날 때의 속력과 같다는 것을 사실이라고 받아들이세. 이 두 사실을 받아들이면, 물체가 정지해 있다가 움직이기 시작하면, 무수히 많은 종류의 느린 속력 단계를 거쳐야 함을 보일 수 있어.

그러니 어떤 일정한 속력을 얻으려면, 우선 직선을 따라 움직여야 해. 얻으려는 속력이 느리냐 빠르냐에 따라서 짧은 거리 또는 긴 거리를 움직여야지. 그리고 그것이 지나는 경사면이 완만하냐 가파르냐에 따라서 지나야 할 거리가 달라지지. 그러니 어떤 경사면이 매우 완만하다면, 원하는 속력을 얻기 위해서 물체가 매우 먼 거리를 움직여야 하는데, 이는 시간도 많이 걸리지.

수평면 위에 놓여 있을 때에는 아무런 속력도 자연히 얻을 수가 없어. 왜냐하면 이런 상태에서는 물체가 움직이지 않기 때문이야. 그런데 위로 굽지도 않았고 아래로 굽지도 않은 수평면을 따라 움직이는 것은, 중심을 따라 도는 원운동이야. 그러니까 원운동을 자연스럽게 얻기 위해서는, 그보다 앞서 직선운동이 있어야 해. 하지만 일단 속력을 얻으면, 그다음은 계속 일정한 속력으로 영원히 움직이게 돼.

이 사실은 자세하게 설명할 수 있네. 다른 방법을 써서 증명할 수도 있어. 하지만 우리가 다루는 주제에서 너무 멀리 벗어나고 싶지 않군. 이 이야기는 나중에 다시 기회가 있으면 하도록 하지. 사실 이 이야기는 증명하는 데 꼭 필요한 것은 아니고, 고상한 이론을 제시하기 위해서 보인 것이니까.

내가 재미있는 이야기를 해 주지. 내 동료 학자가 관찰한 사실인데, 아주 멋진 결론이 나와. 조물주가 이 우주를 창조할 때, 해(태양)는 중심에 놓이고 움직이지 않고, 우리가 볼 수 있는 여러 행성들은 제각각 일정한 궤도를 따라 일정한 속력으로 움직이도록 만들려고 계획했다고 하자. 그리고 이 모든 행성들은 한 장소에서 만들었다고 가정해 보자. 그다음, 이들에게 속력을 주기 위해서, 이들이 해를 향해서 떨어지도록 만들어. 이들의 속력이 점점 빨라져서 조물주가 처음에 계획했던 속력을 얻으면, 그 순간부터 이들이 정해진 궤도를 따라 정해진 속력으로 원운동을 하도록 만들어. 자, 행성들은 해로부터 얼마나 멀리, 얼마나 높은 곳에서 만들어졌을까? 과연 행성들은 모두 같은 장소에서 만든 것일까?

이것을 연구하려면, 아주 뛰어난 천문학자들이 행성들이 움직이는 궤도의 크기와 도는 데 걸리는 시간을 정확하게 재어야지. 이런 관측 결과를 바탕으로, 예를 들어 목성이 토성보다 얼마나 빨리 움직이는지 계산해 봐야지. 실제로 목성은 토성보다 더 빨리 움직이니까, 둘이 같은 높이에서 떨어졌다면, 목성이 토성보다 더 떨어져야지. 실제로도 그래. 목성의 궤도는 토성의 궤도보다 더 안쪽에 있으니까.

더 자세하게 계산을 해서, 목성과 토성의 속력 비율, 궤도 사이의 거리, 자연 상태에서 물체가 떨어질 때의 가속도의 비율 등을 구하고 연구하면, 그들이 원래 떨어지기 시작한 점이 궤도의 중심에서 얼마나 멀리 떨어져 있나 구할 수 있어. 이걸 계산해 보니 둘이 일치했어. 그다음, 만약에 화성이 그 지점에서 떨어져 현재의 궤도로 가면 어떻게 되나 계산했는데, 역시 관측 속력과 이렇게 계산한 속력이 일치했어. 지구의 경우도 마찬가지야. 금성, 수성 모두 이렇게 계산한 결과와 실제 속력이 거의 일치했어. 정말 멋진 결론이지?

사그레도 이건 정말이지 너무 기발하고 멋진 이론이군! 이런 것을 엄밀하게 계산해 내는 것은 아마 매우 어렵고, 시간도 많이 걸리겠지? 아마 너무 어려워서, 나는 봐도 이해를 못 하겠지? 만약 그렇지 않다면, 한번 보고 싶군.

살비아티 실제로 이 계산은 매우 길고 복잡해. 내가 지금 여기서 계산하려면, 제대로 할 수 있을 것 같지가 않군. 이건 나중에 기회가 있으면 다시 생각하도록 하세.

심플리치오 나는 수학을 잘 모르니까 혹시 엉뚱한 이야기를 해서 방해가 되더라도, 너무 심하게 나무라지는 말게. 비율이 더 크다느니 더 작다느니 하면서 속력에 대해 설명했는데, 그 설명만으로는 도저히 이해할 수 없네.

아직도 의구심을 떨쳐 버릴 수가 없어. 아니, 도저히 믿을 수가 없어.

납으로 된 100파운드 정도 나가는 무거운 공을 높은 곳에서 떨어뜨리면, 그 공은 오십 길 정도 높이를 맥박이 네 번 뛰는 동안에 떨어지거든. 그런데 그 공이 모든 느린 속력의 단계를 거쳐야 한다니? 이렇게 빨리 움직이는 것이, 잠시나마 아주 느린 속력을 가져서, 만약 그 속력으로 움직이면, 1,000년 걸려도 한 뼘 거리만큼 움직이지도 못할 정도라니……. 이 말을 믿을 사람이 어디 있겠는가? 만약 이게 사실이라면, 내가 납득할 수 있도록 설명해 주게.

사그레도 살비아티, 자네 같이 학식 있는 사람들은 이런 어려운 표현들에 너무 익숙해 있기 때문에, 그게 일반 대중들에게는 낯설고 어렵다는 사실을 깜박하는 경우가 있어. 그러니 우리 같은 사람들과 이야기할 때는, 좀 더 쉽게 설명해 주는 사람이 필요해. 나는 자네에 비하면 훨씬 부족하니까, 내가 심플리치오에게 설명을 해서, 의구심을 덜어 주는 것이 좋겠군. 나는 좀 더 구체적인 증거를 대겠네.

쇠공이 떨어지는 것에 대해 생각해 보세. 심플리치오, 내가 묻는 것에 대해 답을 해 주게. 어떤 상태에서 다른 상태로 바뀔 때, 두 상태가 서로 가깝다면, 두 상태가 완전히 동떨어진 것에 비해 바뀌는 것이 더 자연스럽고, 더 쉽게 일어나겠지?

심플리치오 그야 물론 인정하네. 예를 들어 쇠를 달군 다음에 식히면, 열이 10에서 9로 떨어지지, 10에서 바로 6으로 떨어지지는 않을 걸세.

사그레도 그래, 맞아. 그다음 질문에 답을 해 보게. 어떤 쇠공을 똑바로 위로 던져 올리면, 그 속력이 점점 느려져서, 가장 높은 곳에 이르렀을 때 멈추지 않나? 이렇게 속력이 점점 줄어들어서 점점 느려질 때, 그 바뀌는 정도가 10에서 11로 넘어가는 것이, 10에서 12로 넘어가는 것보다 먼저 일어나겠지? 그리고 1000에서 1001로 넘어가는 것이, 1002로 넘어가는 것보다 먼저 일어나겠지? 간단히 말해서, 그와 가까운 상태로 넘어가는 것이, 그와 먼 상태로 넘어가는 것보다 먼저 일어나겠지?

심플리치오 아마 그렇겠지.

사그레도 정지해 있는 것은 가장 느린 상태, 즉 느린 정도가 무한대인 상태이지. 그런데 다른 상태들 중에서 하도 느려서, 정지 상태와 가장 가까운 상태인 것이 존재할 수 있나? 그러니 공이 점점 느려져 멈추기까지, 그 공은 더욱더 느린 상태를 거치게 되고, 따라서 한 뼘 움직이는 데 1,000년이 걸릴 정도의 속력인 상태도 거치게 돼. 공이 정지 상태에서 아래로 움직이기 시작하면, 그 공이 올라올 때 거쳤던 느린 속력의 단계들을 거꾸로 밟아 내려가니까, 그 공이 그렇게 느린 상태를 가지는 것이 불가능하다거나 이상하다고 생각하지 말게. 만약 그렇지 않다면, 그 공이 움직이기 시작한 다음, 어떤 단계들을 건너뛰고 원래 상태와 거리가 먼 다른 어떤 상태가 된단 말인가?

심플리치오 이 논리가 미묘한 수학적 증명보다 더 설득력이 있군. 이제는 믿겠네. 살비아티, 원래 우리가 이야기하려고 했던 것으로 돌아가도 될 것 같네.

살비아티 그렇다면 우리가 주제에서 벗어났던 곳으로 되돌아가세. 원래 하려고 했던 이야기를 계속하겠네. 내가 기억하기로, 질서가 잘 잡힌 세상에서 직선운동은 필요가 없다는 것을 증명하려는 참이었지? 그런데 원운동은 이것과 달라. 원운동의 경우는 운동의 중심이 한 장소에 고정되어 있어서 절대 움직이지 않아.

고정된 중심의 둘레를 따라 일정한 거리를 유지한 채 물체가 회전하는 것이 원운동인데, 원운동은 그 물체나 주위 다른 것들을 뒤죽박죽으로 만드는 일이 없어. 왜냐하면 원운동은 본질적으로 유한하고 끝이 있기 때문이지. 뿐만 아니라 원둘레의 모든 점들은 원운동의 시작점이자 끝점이야. 그들은 모두 원둘레 상의 원래 위치에 머물러 있어. 다른 모든 점들은 원의 안에 있거나 또는 바깥에 있어서, 원운동을 방해하거나 늦추는 일이 없이 다른 일을 할 수 있어. 원운동을 하는 물체는 계속 끝점에서 떠나면서 끝점에 도착하니, 원운동이야말로 본질적으로 완벽한 유일한 운동이지.

물체가 어떤 목적지를 향해 가려는 경향이 있다면, 물체가 그 목적지로 가까이 가는 경우, 속력이 점점 빨라지지. 반대로 물체가 그 목적지와 반대 방향으로 움직이는 경우, 속력이 점점 느려지지. 왜냐하면 그 목적지로부터 멀어지고 싶지가 않으니까, 멀어지는 것을 꺼리는 경향이 생기거든.

그런데 원운동의 경우, 물체는 계속 그 목적지에서 떠나면서, 그 목적지에 도착하고 있거든. 그러니까 빨라지게 하려는 힘과 늦추려는 힘이 크기가 같아. 이 두 힘이 상쇄되니까, 속력은 빨라지지도, 느려지지도 않아. 즉 일정한 속력으로 움직이게 돼. 이렇게 속력이 일정하고 움직임이 유한하니까, 이 물체는 회전하는 것을 되풀이하며 영원히 같은 운동을 계속하지.

한없이 긴 직선을 따라 움직이거나 가속 또는 감속이 되는 경우에는, 이런 현상이 자연히 나타날 수가 없어. 내가 여기서 '자연히'라는 말을 쓴 까닭은, 직선운동이 감속이 되는 경우는 힘을 받고 있으니 영원할 수가 없고, 직선운동이 가속이 되는 경우는 결국에 가서 어떤 목적지에 닿을 것이기 때문에 한 말이야. 만약에 목적지가 없다면, 그 물체는 아예 그 방향으로 움직이지 않았겠지. 왜냐하면 도달하는 것이 불가능하다면, 아예 움직이지 않는 것이 자연의 순리이니까.

그러므로 이 우주에서 중요한 몫을 차지하는 물체들이 자신의 정해진 위치에 잘 배열되어 있다면, 그 물체들은 원운동만 할 수 있다. 그러니 자연에서 직선운동이 일어나는 경우는, 그 구성 물체들이 자신의 정해진 위치에서 벗어나 무질서하게 있을 때, 그것들을 자연이 정해 준 위치로 가장 빨리 보내기 위해서 일어난다.

그러니 내가 보기에, 우주의 모든 물체들이 완벽한 질서를 유지하려면, 움직이지 않고 가만히 있거나, 아니면 원을 따라서 움직여야 하네. 원을 따라서 움직이지 않으려면, 아예 꼼짝도 않고 가만히 있어야 한다. 정해진 조화를 깨뜨리지 않으려면, 원운동만이 가능하다.

그런데 아리스토텔레스는 이 지구가 우주의 중심에 있고, 절대 움직이지 않는다고 말했는데, 그런 그가 어떤 물체들은 자연히 움직이고, 어떤 물체들은 자연히 움직이지 않는다는 것을 말하지 않은 것이 참 이상해. 그는 운동하는 것과 정지해 있는 것을 근본 원리로 해서 자연을 정의했는데도 말이야.

심플리치오 아리스토텔레스는 뛰어난 능력을 가졌지만, 그가 생각을 해서 꼭 필요한 것이 아니면 확언하지 않았던 것 같아. 그의 철학은 인간의 어떠한 재치와 재능도 실험과 관찰만 못하다는 것에 바탕을 두거든. 어떤 결과를 보고도 그것을 부인하는 사람은 눈이 멀어 마땅하다고 말했으니까.

자, 보게. 물이나 흙과 같이 무거운 물체들은 아래로 내려가려는 힘이 있다는 것은, 장님이 아닌 다음에야 누구나 다 볼 수 있는 사실 아닌가? 즉 이는 자연이 직선운동을 하는 물체들을 위해 만든 최종 목적지인 우주 중심을 향해서 가는 것일세. 그리고 불이나 공기는 똑바로 하늘로 올라간다는 것은, 누구나 다 아는 사실 아닌가? 하늘이 바로 위로 올라가려는 물체들의 목적지이지.

이것은 너무나 명백한 사실이고, 전체에 대해 성립하는 원리는 부분에 대해서도 적용할 수 있으니, 흙의 경우 자연스러운 운동은 아래로 직선운동을 하는 것이고, 불의 경우 위로 직선운동을 하는 것이라는 게 당연하고 명백한 법칙이지.

살비아티 자네가 말한 것들을 바탕으로 인정할 수 있는 사실은, 지구의 일부분인 흙을 전체(원래 흙이 자연히 놓여 있는 곳)에서 떼어 내면, 그것이 제 위치에서 벗어나 엉뚱한 곳에 있으니까, 원래 위치로 가기 위해서 직선운동을 해서 빨리 떨어진다는 것뿐이야. 물론, 전체에 대해 성립하는 것은 부분에 대해서도 성립하지. 같은 원리로 생각하면, 지구를 자연이 정해 준 원래 위치로부터 옮겨 놓으면, 지구는 직선운동을 해서 제자리로 돌아갈 거야. 자네가 주장한 온갖 것들을 다 고려하더라도, 이게 인정할 수 있는 전부야.

이 문제들을 엄밀하게 따지려는 사람은, 흙이 원래 자신이 있던 지구로 돌아갈 때, 움직이는 길이 직선이 아니라고 따지며 덤빌 거야. 그게 원이나 다른 곡선을 따라 움직이지 않고, 꼭 직선을 따라 움직인다고 증명하는 것이 어디 쉬운 일인가? 프톨레마이오스와 아리스토텔레스가 한 실험이나 이에 대해 답한 것을 보더라도, 그렇게 단순한 문제가 아님을 알 수 있어.

그리고 지구의 각 부분들이 우주의 중심을 향해 움직이는 것이 아니고, 단지 지구 전체와 합치기 위해서 움직인다면(즉 지구 전체를 만들고 그 형태를 유지하기 위해서, 지구 중심을 향해 움직이려는 경향이 있다면), 지구 전체를 옮겼을 때, 그것이 원래 위치로 돌아가려고 하는 어떤 중심과 전체라는 것을 우주에서 찾을 수 있겠는가? 그런 경우에도 부분에 대응하는 전체라는 어떤 개념이 존재하겠는가?

내가 보기에, 자네도 그렇고 아리스토텔레스도 그렇고, 지구가 실제로 우주의 중심이라고 증명한 적이 없어. 우리가 차차 공부하다 보면 자네도 깨닫겠지만, 만약 실제로 우주의 중심이 있다면, 그것은 지구가 아니라 해일 거야.

지구의 각 부분들은 서로 협력해서 전체를 만들려고 하지. 그러니 이들은 서로 모여서, 가장 좋은 방법으로 한 덩어리가 되려고 하니까, 공처럼 둥근 모양이 돼. 그러니 해나 달, 기타 다른 천체들도 모양이 둥근 까닭은, 그 구성 성분들이 모두 자연히 모이려는 경향을 공통으로 갖고 있기 때문일 거야. 만약 그 일부분을 떼어 내면, 그것도 곧 전체와 합치려고 자연히 움직일 거야. 그러니 직선운동은 지구상의 물체들뿐만 아니라 하늘에 있는 물체에도 적용이 돼.

심플리치오 어떻게 그런 식으로 말할 수가 있는가? 과학의 근본 원리들뿐만 아니라 우리가 직접 눈으로 보는 실험 결과들까지 부인하려 하는군. 그래서야 어떻게 그릇된 선입관에서 벗어날 수 있겠는가? 아예 설득하려 하지도 말아야 하겠군. 명백한 진리를 부인하는 사람과는 논쟁을 할 필요도 없지. 내가 입을 다물고 있더라도, 그건 자네의 억지에 동의하기 때문이 아닐세.

방금 말한 것을 보게. 무거운 물체가 똑바로 아래로 떨어지는 사실을 의심하다니? 무거운 물체는 똑바로 지구 중심을 향해 떨어진다는 사실을 어떻게 부인할 수 있는가? 어떤 탑이 똑바로 연직으로 서 있고, 그 위에서 돌멩이를 떨어뜨리면, 그 돌멩이는 탑에 나란히 스쳐 내려가 땅에 떨어지지. 납으로 된 추를 줄에 매달아 아래로 늘어뜨리면, 돌멩이는 바로 납추가 닿는 지점에 떨어지지. 납추를 늘어뜨린 바로 거기에서 돌멩이를 떨어뜨리면 말일세. 이걸 보면, 돌멩이는 지구 중심을 향해서 똑바로 아래로 떨어짐이 명백하지 않은가?

그리고 지구를 구성하는 물질들이 우주의 중심을 향해서 움직이는가 하는 문제는, 아리스토텔레스가 그렇다고 증명을 했네. 그는 반대되는 운동을 이용해서 이걸 확실하게 증명했네. 무거운 물체는 가벼운 물체와 반대이다. 그런데 가벼운 물체는 똑바로 위로 올라간다. 즉 우주의 가장자리를 향해서 움직인다. 따라서 무거운 물체는 반대로 우주의 중심을 향해서 움직인다. 그런데 마침 지구가 우주의 중심에 놓여 있어서 둘의 중심이 일치하니까, 물체는 지구의 중심을 향해서 움직인다.

그다음, 해나 달의 일부분을 떼어 놓으면, 그게 어디로 움직일까 하는 문제는 완전히 허튼 생각일 뿐이네. 왜냐하면 이런 일은 불가능하기 때문이지. 아리스토텔레스가 증명했듯이, 하늘에 있는 모든 것들은 절대 바뀌지 않네. 쪼갤 수도 없고, 부술 수도 없어.

설령 그런 일이 가능하다 하더라도, 그리고 그렇게 했을 때 각 부분들이 원래처럼 모인다 하더라도, 그건 그 구성 성분들이 무겁거나 가벼워서 그렇게 되는 것이 아닐세. 아리스토텔레스가 증명했듯이, 하늘에 있는 물체들은 무겁지도, 가볍지도 않네.

살비아티 내가 이미 말했지만, 자네의 그런 논리를 따지고 들면, 무거운 물체가 과연 똑바로 아래로 떨어지는지 의심하는 것이 정당하다는 것을 자네도 인정하게 될 거야. 두 번째 문제에 대해서는, 아리스토텔레스가 잘못 생각한 것이 너무나 명백한데, 자네가 그걸 깨닫지 못하고 있다니 이상하군. 아리스토텔레스가 가정한 것에는 문제가 있어. 그 사람이 말한 것을 보면 …….

심플리치오 어떻게 그런 식으로 아리스토텔레스를 매도할 수 있는가? 아리스토텔레스는 삼단 논법을 발명했네. 그는 증명, 반증, 궤변과 거짓을 찾는 방법 등등 모두를 처음으로 상술해 놓았어. 한마디로 말해서, 아리스토텔레스는 논리학의 전부를 만든 사람일세. 그런 그가 말을 애매모호하게 해서 문제가 되는 것을 가정하다니? 어떻게 그런 일이 있을 수가 있는가? 우선 아리스토텔레스에 대해서 잘 알아보게. 그다음에 반박을 하든지 말든지 하게.

살비아티 심플리치오, 지금 우리는 진리를 찾기 위해서 논쟁을 하고 있네. 내가 혹 실수를 하면, 지적해 주게. 기꺼이 받아들이겠네. 나는 아리스토텔레스의 생각을 따라가고 있네. 만약 그렇지 않다면, 언제라도 질책해 주게. 자네가 마지막으로 한 말에 대해서, 내가 답하고 의문점을 설명하겠네.

우리가 철학적으로 사색할 수 있게 해 주는 근본은 바로 논리이지. 하지만 어떤 장인이 악기를 아주 잘 만든다 하더라도, 그 악기를 연주하는 실력은 형편없을 수도 있지. 그러니 논리학을 만든 사람이라 하더라도, 실제로 논리를 전개하는 것이 서투를 수도 있어. 많은 사람들이 시에 대한 이론은 잘 알고 있으면서, 정작 짧은 시 한 수를 못 짓거든. 어떤 사람들은 레오나르도 다빈치(Leonardo da Vinci, 1452~1519년)의 작품들을 보고 즐거움을 얻지만, 간단한 색칠조차 할 줄 모르거든.

악기를 연주하는 방법을 가르치는 선생은 악기를 만든 사람이 아니야. 악기를 연주하는 사람이 가르치지. 시를 많이 읽어야만 시 쓰는 법을 배울 수 있네. 그림을 그리는 법을 배우려면, 많이 그려 보고, 구상해 봐야지. 논리도 마찬가지야. 증명하는 법을 배우려면, 증명이 가득 들어 있는 책을 봐야지. 그건 논리학 책이 아니라 수학 책에 있네.

우리의 문제로 돌아가서, 아리스토텔레스가 가벼운 물체의 움직임에 대해서 본 것은, 불이 지구의 표면을 벗어나 위로 움직여서, 지표에서 멀어진다는 것이 전부야. 이건 물론 지구보다 더 큰 어떤 가장자리를 향해서 움직이겠지. 아리스토텔레스는 달의 궤도를 향해서 움직인다고 말했어. 하지만 달의 궤도가 우주의 가장자리라고 그가 증명한 것도 아니고, 둘의 중점이 같다고 증명한 것도 아니야. 그러니 그렇게 움직인다고 해서, 우주의 가장자리로 움직인다는 보장이 없어.

가벼운 물질은 지구의 중심에서 멀어지는데, 그는 지구의 중심이 우주의 중심이라고 가정한 거야. 그러니까 지구라는 커다란 공이 우주의 중심에 놓여 있다고 가정한 것이지. 이것이 바로 우리가 의구심을 갖고 따지던 것이 아닌가? 아리스토텔레스가 증명하려고 한 것이 이것 아닌가? 이래도 잘못을 깨닫지 못하겠나?

사그레도 내가 보기에, 아리스토텔레스가 주장한 이론은 또 다른 면에서 흠이 있고 불확실해. 설령 불이 우주의 가장자리를 향해서 직선운동을 한다고 인정하더라도 말일세.

원의 중점에서 움직이기 시작하는 것은 물론이고, 원 내부의 다른 어떠한 점에서부터 움직이든지 간에 직선을 따라 계속 움직이면 원둘레에 닿게 돼. 그러니까 가장자리로 움직이는 경우는 이게 사실이야. 하지만 같은 직선을 따라서, 반대 방향으로 움직이면 원의 중심에 닿느냐 하면, 그건 사실이 아니야. 그건 중점에서부터 움직이기 시작했거나 중점에서 그 점을 향해서 그은 직선을 따라서 움직이거나 하는 경우에만 사실이야. 그러니까 "불은 똑바로 직선운동을 해서, 우주의 가장자리로 간다. 지구를 구성하는 흙은 무거우니까, 같은 직선을 따라서 반대 방향으로 움직여서, 우주의 중심으로 간다."라는 말은, 불이 따라 움직이는 직선이 우주의 중심을 지나는 경우에만 성립하지.

이 직선이 지구의 중심을 지나는 것은 확실하네. 왜냐하면 지표면과 수직을 이루니까. 여기서 그 결론을 이끌어 내려면, 지구의 중심이 우주의 중심과 일치한다고 가정할 수밖에 없어. 만약 일치하지 않으면, 불을 구성하는 입자들과 흙을 구성하는 입자들은 우주의 중심을 지나는 한 직선을 따라서 움직이겠지. 그런데 이게 거짓임을 실험을 통해서 보일 수 있어. 실제로 불은 항상 지구 표면과 수직이 되는 선을 따라서 올라가거든. 그러니까 한 직선이 아니라 지구의 중심에서 우주의 사방팔방으로 뻗어 나가는 무수히 많은 직선들을 따라서.

살비아티 자네가 아주 재치 있게 논리를 전개해서, 아리스토텔레스의 이론에 명백한 잘못이 있을 뿐만 아니라 또 다른 불합리한 점이 있다는 것을 보였군. 지구는 공 모양으로 둥글게 생겼으니까, 중심이 있는 것이 확실해. 모든 무거운 물체들은 지구의 중심을 향해서 움직이지. 이렇게 말할 수 있는 까닭은, 이들이 모두 지구 표면과 수직으로 움직이기 때문이지. 지구 중심을 향해서 움직이는 것은, 그들 모두에게 공통이 되는 전체를 향해서 움직이는 것이지.

자, 우리가 마음을 관대하게 가지고, 이들이 지구 중심을 향해서 가는 것이 아니라 우주 중심을 향해서 간다는 이론을 버려 보세. 그러면 우주의 중심이란 것이 있는지 없는지조차 모르잖아? 설령 있다고 하더라도, 그건 공상의 점일 뿐, 뭔가 표시가 있는 것도 아니잖아?

마지막 문제에 대해서 심플리치오가 말한 것을 생각해 보세. 해든 달이든 다른 어떤 천체든 일부를 떼어 내면, 그것이 나머지 천체를 향해 움직일 것인가 논하는 것은 어리석을까? 아리스토텔레스가 하늘에 있는 모든 물체들은 절대 불변이라 쪼갤 수도 없고, 부술 수도 없다는 것을 증명했으니, 그런 일은 불가능하다고?

내가 보기에, 아리스토텔레스가 하늘의 물질들과 땅의 물질들을 구별한 것은, 무슨 근거가 있어서가 아니고, 단지 그들의 운동이 다르다는 것을 바탕으로 추측한 것에 불과해. 그러니 원운동이 하늘에 있는 물체들만 가질 수 있는 특별한 성질이 아니라, 움직이는 물체 모두에게 공통된 성질임을 보이면, 다음 둘 중 한 가지 결론을 택해야 할 걸세. 생길 수 있다/생길 수 없다, 바뀔 수 있다/바뀔 수 없다, 쪼갤 수 있다/쪼갤 수 없다 따위로 하늘에 있는 물질과 땅에 있는 물질들을 구별하는 것은 무의미하며, 이것들은 우주의 모든 물질들에 공통으로 적용이 된다. 또는 아리스토텔레스가 원운동을 보고, 이런 성질들이 하늘에 있는 물질들에 해당하는 특별한 성질이라고 추리한 것은 틀렸으며, 큰 실수였다.

심플리치오 이런 식으로 사색을 하다가는, 모든 자연 법칙들을 다 뒤엎어 버리겠군. 하늘과 땅과 우주 전체가 큰 혼란에 빠져서, 무질서하게 되겠군. 하지만 소요학파 철학은 아주 튼튼하니까, 그게 폐허가 되고, 그 위에 새로운 과학이 들어설 리는 절대 없네.

살비아티 그럼, 하늘과 땅에 대해서 걱정할 필요는 없지. 자연 법칙들이 부서져 폐허가 되지 않을까 걱정할 필요도 없네. 자네 말에 따르면, 하늘은 절대 불변이고, 부술 수가 없으니, 걱정을 하면 그건 기우이지. 땅에 대해서 내가 하려는 일은, 땅이 하늘의 물질들처럼 되도록 만들려는 것이니, 땅을 완벽하게 하고, 고귀하게 만들려는 것이지. 원래 땅은 하늘에 속하는 것이었는데, 소요학파 철학자들이 쫓아내 버렸어.

자연 법칙들은 우리의 논쟁을 통해서 혜택을 받을 거야. 왜냐하면 내 이론이 옳다고 밝혀지면, 새로운 것을 성취하는 것이고, 만약 내 이론이 틀렸다고 밝혀지면, 기존 이론들이 그만큼 더 강화될 것이니까. 자네가 몇몇 철학자들에 대해서 염려하고 있다는 것을 나는 잘 아네. 자네가 그들을 변호하고 도와주게. 과학 자체는 진보하게 될 걸세.

논점으로 돌아가세. 아리스토텔레스는 하늘과 땅의 물질들이 완전히 달라서, 하늘의 물질들은 새로 생기지도 않고, 상하지도 않고, 바뀌지도 않지만, 반면에 땅의 물질들은 상할 수도 있고, 바뀔 수도 있다고 주장했어. 이 주장을 뒷받침하는 증거가 있다면, 뭐든 좋으니까 다 제시해 보게.

심플리치오 아직은 아리스토텔레스를 변호할 필요조차 없겠는데. 아리스토텔레스는 위풍당당하게 버티고 서 있으며, 패배하기는커녕 아직 공격을 받지도 않았네. 자, 아리스토텔레스가 먼저 포문을 열 텐데, 방어를 해 보게.

아리스토텔레스는 다음과 같이 말했네. "어떤 것이 새로 생기는 것은 그와 성질이 반대되는 것으로부터 비롯된다. 같은 이유로, 반대되는 것에 의해서 반대되는 것으로 바뀔 수 있다." 그러니까 어떤 것이 새로 생기거나 바뀌는 일은 반대되는 것이 있는 경우에만 가능하지. "그런데 반대되는 물질은 움직일 때 반대 방향으로 움직인다. 그러므로 하늘에 있는 물체들은 반대되는 물질들이 없다. 왜냐하면 원운동은 그에 반대되는 운동이 없기 때문이다. 자연은 새로 생기지도 않고 바뀌지도 않는 물질에 대해서, 그에 반대되는 것이 존재하지 않게 했다."

이 원칙을 확립했으니, 그에 따라서 하늘에 있는 물체들은 늘지도, 줄지도 않고, 바뀌지도 않은 채, 영원히 그 모습을 유지하네. 그런 환경은 영원히 죽지 않는 신들이 살기에 알맞지. 신을 믿는 사람은 누구나 이 생각에 동의할 거야.

그다음, 아리스토텔레스는 이 결론을 눈으로 확인하라고 말하네. 우리가 기억을 통해서, 또는 전해 내려오는 것을 통해서 알아보면, 과거의 어느 때든 하늘에 있는 것들은 조금도 바뀐 것이 없네. 멀든 가깝든 하늘의 어떠한 부분이든지 간에 말일세.

아리스토텔레스는 많은 방법을 써서, 원운동에 반대되는 운동이 없다는 것을 증명했네. 그 증명 모두를 열거할 필요는 없겠지만, 단순한 운동은 다음 세 가지 뿐이라는 것이 분명하게 증명되었네. 중심을 향해서, 중심에서 멀리, 중심 둘레를 움직이는 것. 이들 중에서 중심을 향해서 아래로 움직이거나, 중심에서 멀리 위로 움직이는 것은 직선운동인데, 이들은 서로 반대임이 명백하지. 어떤 것이든 하나에 대해서만 반대가 될 수 있으니까, 원운동에 대해 반대가 될 운동은 남아 있지가 않네.

자, 이 교묘하고 확실한 논리 전개를 보게. 아리스토텔레스는 하늘이 절대 불변이라는 것을 증명했네!

살비아티 글쎄 ……. 이건 아까 내가 문제를 제기한 바로 그 부분이 아닌가? 하늘의 물체들에 해당하는 운동이 땅의 물체들에게는 적용되지 않는다는 주장을 내가 부인하면, 그것으로부터 이끌어 낸 결론들은 아무 짝에도 쓸모가 없게 되지. 내가 밝히겠는데, 자네는 원운동이 천체들에게만 해당된다고 말했지만, 원운동은 땅 위의 물체들에게도 적용이 되네. 따라서 자네가 주장한 것들 중에서 다른 부분들이 맞다면, 다음 셋

중 한 가지가 성립하네. 이건 이미 이야기했지만, 되풀이하겠네. 땅 위의 물체들이 하늘의 물체들과 마찬가지로 절대 불변이거나, 또는 하늘의 물체들이 땅의 물체들과 마찬가지로 변화하고 바뀌거나, 또는 운동이 다른 것은 물체들이 바뀌고 생기는 것과 아무런 상관이 없거나.

아리스토텔레스나 자네가 한 말은, 많은 법칙들을 내포하고 있어. 그것들을 당연하다고 가볍게 받아들여서는 안 돼. 그것들을 자세히 따져보도록 하세. 그러기 위해서, 그것들을 가능한 한 알기 쉽도록 분명하게 구별해 말하는 것이 필요하네. 사그레도, 내가 혹시 같은 말을 되풀이하더라도 너무 지루해 하지 말게. 많은 사람들 앞에서 토론하는 것을 듣는 셈 치게.

심플리치오, 자네가 말했지.

"새로 생기거나 바뀌는 일은, 반대되는 것이 있는 경우에만 일어날 수 있다. 반대되는 것은 자연의 단순한 물질들 중에서 반대로 움직이는 것에서만 찾을 수 있다. 반대로 움직이는 것은 직선을 따라서 반대쪽 끝을 향해서 움직이는 것만 있다. 이런 운동은 중심을 향해서, 또는 중심에서 점점 멀어지도록 움직이는 것, 두 종류만 있다. 자연 물체들 중에서 이렇게 움직이는 것은 흙, 물, 그리고 다른 두 기본 물질들뿐이다. 그러므로 생성, 소멸, 변화는 이런 지구의 물질들에게만 일어나는 일이다.

세 번째 단순한 운동은 원운동, 즉 중심을 따라 도는 것이다. 이것에는 반대되는 운동이 없다. 왜냐하면 다른 두 운동이 서로 반대되고, 하나는 다른 하나에 대해서만 반대가 될 수 있기 때문이다. 그러므로 자연 물체들 중에서 원운동을 하는 것에는 반대되는 것이 없으며, 따라서 절대 불변이다. 그런데 원운동은 하늘에 있는 물체들에만 해당한다. 따라서 하늘에 있는 물체들만이 절대 불변이다."

첫째로, 지구가 과연 그렇게 빨리 돌아서 24시간 동안에 한 바퀴 완전히 회전하는지 확인하는 것이, 생기고 바뀌는 일이 과연 반대되는 것에서 유래하는지, 또는 생기고 바뀌고 반대되는 것 등등이 과연 실제로 자연에 있는지 확인하는 것보다 쉬울 거야. 지구는 매우 크고, 우리 곁에 있으니까.

그리고 심플리치오, 만약 자네가 나에게 자연이 어떻게 하기에 약간의 신 포도주가 수천 마리의 파리들을 낳을 수 있는가 설명해 준다면, 자네가 어떤 것들이 반대이고, 어떤 것들이 변하는지 설명해 주는 경우보다 더욱 자네를 존경하겠네. 나는 이게 어떻게 해서 그렇게 되는지 통 이해하지 못하고 있거든.

또 궁금한 것이 있네. 어떻게 해서, 그리고 왜 이렇게 반대되고 상하고 하는 성질이 갈까마귀에게는 너그럽고, 비둘기에게는 잔인한가? 왜 사슴에게는 관대하고, 말에게는 참지 못하는가? 왜 전자에게는 긴 생명을 주고, 그러니까 상하지 않도록 하면서, 후자에게는 그렇게 짧은 생명을 주었는가? 복숭아나무와 올리브 나무를 같은 땅에 심어 봐. 똑같이 춥고 더운 날씨를 겪고, 같이 비를 맞고 바람에 흔들리도록. 간단하게 말해서, 반대되는 것들을 똑같이 겪도록 만들어. 그럼에도 복숭아나무는 왜 그렇게 빨리 죽고, 올리브 나무는 수백 년 살게 되는가?

그리고 우리가 엄격하게 자연 현상에 대해서만 국한해 보면, 과연 어떤 물질이 완전히 바뀌어서, 원래 물질이 완전히 없어지고, 대신에 아주 다른 새로운 물질이 생기는 일이 실제로 있는지, 난 모르겠네. 물체를 한 면에 대해서만 생각한다면, 그리고 완전히 다른 어떤 면에 대해서 생각한다면, 단순하게 어떤 부분이 바뀌거나 해서 변화하는 것이 가능하겠지. 즉 상하거나 새로운 것이 생기거나 하지 않으면서 말이야. 이런 식으로 바뀌는 일이야 늘 일어나니까.

내가 다시 말하겠는데, 자네는 지구가 변화할 수 있기 때문에 원운동을 할 수 없다고 나를 설득하려 하지만, 자네가 하려는 일은 내가 하려는 일보다 훨씬 힘이 들 거야. 나는 그게 반대임을 자네에게 보일 거야. 내 주장들도 어렵기는 하지만, 결론은 확실하게 나올 거야.

사그레도 살비아티, 잠시만 이야기를 멈추게. 나도 그런 어려움들에 휩싸여 있으니까, 이런 설명을 들으니 반갑기는 한데, 자네 설명을 따라서 결론에 이르려면, 우리 모두가 주제에서 벗어나야 할 경우가 생길 거야. 그러니 우선은 첫 번째 논쟁거리를 따라 가도록 하고, 나중에 따로 적당한 기회를 만들어 생성, 소멸, 변화에 대해서 이야기하도록 하세. 자네와 심플리치오가 동의한다면, 이뿐만 아니라 우리가 주제를 다루다가 파생되는 다른 것들에 대해서도 이런 식으로 하면 될 거야. 이런 것들은 따로 기억해 두었다가, 다른 날 적당한 때에 자세하게 다루도록 하세.

지금 다루는 주제로 돌아가세. 아리스토텔레스는 원운동이 하늘의 물체들에게만 해당되고, 땅의 물체들은 원운동을 않는다고 말했지. 자네 말마따나 이걸 부인하면, 생기고, 바뀌고, 소멸하는 등의 성질들이, 땅의 물체들은 물론이고 하늘의 물체들에게도 해당이 되겠지. 그렇다면 자연에 실제로 생성과 소멸이 있는지 없는지 하는 것은 따지지 말고, 과연 지구가 어떻게 움직이는지, 또는 아예 움직이지 않는지 연구하는 것이 좋겠군.

심플리치오 자연계에 생성과 소멸이 실제로 있는지 없는지 의심하다니……. 내 귀를 믿을 수가 없군. 이런 일이야 늘 일어나지 않는가? 이에 대해서 아리스토텔레스가 책을 2권이나 썼어. 과학의 근본 원리를 부인하고, 너무나 명백한 사실들을 의심하다니. 그런 식으로 막 나가면, 어떠한 것이든 증명하고, 어떠한 모순이든 주장할 수 있을 걸세.

풀, 나무, 동물 들이 생기고 죽고 하는 것은 늘 보아 오지 않았는가? 지금까지 눈을 감고 살았단 말인가? 반대되는 것들로 바뀌는 것을 보고, 경외하지 않았던가? 흙은 바뀌어서 물이 되고, 물은 공기가 되고, 공기는 불이 되고, 공기는 모여서 구름이 되고, 비, 눈, 폭풍우가 되지 않는가?

사그레도 그럼, 그거야 우리도 늘 보아 왔지. 그런 면에서 아리스토텔레스가 주장한, 반대되는 것들이 생성과 변화를 낳는다는 이론에 우리도 동의하네. 하지만 아리스토텔레스가 인정한 이 법칙들을 바탕으로 하늘의 물체들도 땅의 물질들과 마찬가지로 생성되고 변화할 수 있다는 것을 증명한다면 어떻게 할 텐가?

심플리치오 불가능한 일을 하겠다는 말이군.

사그레도 심플리치오, 이들은 서로 반대가 아닌가?

심플리치오 뭐가?

사그레도 이들 말이야. 바뀔 수 있다/바뀔 수 없다, 생길 수 있다/생길 수 없다, 소멸할 수 있다/소멸할 수 없다.

심플리치오 그럼, 서로 반대이지.

사그레도 그렇다면 말이야, 하늘의 물체들이 생성되지도, 소멸하지도 않는 것이 사실이라면, 하늘의 물체들이 생성되고, 소멸한다는 것을 증명하겠네.

심플리치오 그런 궤변이 어디 있나?

사그레도 내 말을 들어 보게. 그다음에 비판하도록 하게.

하늘의 물체들은 절대 생성되지도, 소멸하지도 않는다. 그러므로 그들은 반대되는 물체를 가진다. 반대되는 물체란 생성되고 소멸하는 물체를 말한다. 그런데 반대되는 것이 있으면, 그것은 생성되고 소멸할 수 있다. 그러므로 하늘의 물체들은 생성되고 소멸한다.

심플리치오 내가 말하지 않았나? 그건 궤변에 불과하다고. 어떤 말을 두 갈래로 사용해서, 연쇄식 궤변이 된 것일세. 크레타 사람이 "크레타 사람은 모두 거짓말쟁이이다."라고 말한 것과 비슷하지. 그 사람도 크레타 사람이면서, 크레타 사람은 모두 거짓말쟁이라고 말했으니까. 크레타 사람들이 모두 거짓말쟁이라면, 그도 거짓말쟁이인데, 그는 참말을 했네. 그는 참말을 했는데, 크레타 사람 모두가 거짓말쟁이라고 했으니, 그는 거짓말을 한 것이지. 이런 식의 궤변은 아무리 따져도 빙빙 돌기만 할 뿐, 아무런 결론도 나오지 않네.

사그레도 이름은 잘 갖다 붙였군. 어디 한번 이걸 풀어서 거짓을 폭로해 보시지.

심플리치오 그걸 풀어서 거짓을 폭로하라고? 그게 모순임은 당장 눈에 보이지 않는가? 하늘의 물체들은 생성되거나 소멸하지 않는다. 따라서 하늘의 물체들은 생성되고 소멸한다! 그리고 하늘의 물체들과 반대되는 것은 없네. 지구의 물체들은 위로 올라가거나 아래로 내려가니, 부력과 중력이라는 반대되는 성질을 가지고 있지. 하지만 하늘의 물체들은 원운동을 하고 있고, 원운동에는 반대되는 운동이 없으니까, 하늘의 물체들은 불변이다!

사그레도 진정하게, 진정해. 반대되는 것들이 물체들을 바뀌게 만든다고 했는데, 그럼 이 반대되는 것들은 바로 그 물체 안에 있는가? 아니면 다른 물체와의 관계로 존재하는가? 예를 들어 물기가 흙을 바뀌게 만든다고 할 때, 물기는 그 흙 안에 있는가? 아니면 공기나 물 같은 다른 물질에 들어 있는가?

내 생각에, 자네는 위로 올라가거나 아래로 내려가는 것, 부력이나 중력을 가지는 것 등등 자네가 반대되는 것이라고 원래 지정한 것들이, 같은 물체 안에는 있을 수가 없다고 말할 것 같아. 젖거나 마른 것, 뜨겁거나 차가운 것도 마찬가지겠지. 그러니 어떤 물질이 변화한다고 하면, 그건 그 물질과 반대되는 다른 어떤 물질 때문이라고 말하겠지.

그러므로 하늘에 있는 물체들이 변화하도록 하려면, 그 물체들과 반대되는 것이 자연계에 있으면 되겠지. 그런데 땅의 물질들이 바로 그런 것들이지. 변화하는 것은 불변인 것과 반대이니까.

심플리치오 아니, 그것만으로는 충분하지 않네. 물질들이 바뀌고 변화하는 것은, 반대되는 것들과 서로 접하고 뒤섞이는 경우에만 생기네. 그래야만 반대되는 성질들이 실제로 쓰이게 되니까. 그런데 하늘의 물체들은 땅의 물체들과 떨어져 있어서 서로 접촉하지 않고 있네. 그러니 땅의 물체들로부터 아무런 영향도 받지 않네. 비록 그들은 지구의 물체들에게 영향을 끼치지만 말일세. 하늘의 물체들이 생성되고 소멸한다는 것을 보이려면, 그들 안에서 반대되는 것들이 있다고 보여야 하네.

사그레도 좋아. 내가 반대되는 것들을 보여 주지. 자네가 물질들의 반대되는 성질이라고 처음 지목한 것은, 위 또는 아래로 움직이는 운동이지. 물체들이 이렇게 움직이도록 만드는 근본 원인도 서로 반대가 되겠지. 그런데 위로 움직이는 것은 가볍기 때문이고, 아래로 내려가는 것은 무겁기 때문이니까. 가볍고 무거운 것은 서로 반대이지. 그러니 물체들이 가볍게 되도록 하거나 무겁게 되도록 하는 근본 원인은 서로 반대가 되지. 그런데 자네는 가벼운 것은 엷기 때문이고 무거운 것은 빽빽하기 때문이라고 했거든. 그러니 엷은 것과 빽빽한 것은 서로 반대이지.

이 두 성질들은 하늘에서 얼마든지 흔하게 볼 수 있어. 별들은 하늘에서 빽빽한 부분이지. 별들의 밀도는 하늘의 다른 부분에 비해서 거의 무한대가 될 거야. 이건 명백하네. 왜냐하면 하늘의 다른 부분은 아주 투명하지만, 별들은 완전히 불투명하거든. 그리고 완전히 투명하거나 투명하지 않거나 하는 성질은, 밀도가 낮아 엷거나 밀도가 높아서 빽빽하거나 하는 것에서 나오니까. 따라서 하늘의 물체들도 그들 사이에 서로 반대되는 것이 있네. 이제 그들도 땅의 물질들처럼 생성되고 소멸하겠지. 아니면 반대되는 것이 생성과 소멸의 원인이 아니겠지.

심플리치오 둘 다 틀렸네. 왜냐하면 하늘의 물체들에 대해서는 빽빽하거나 엷은 것이 땅의 물질들과는 달리 반대되는 성질이 아니기 때문이지. 왜냐하면 이 성질들이 차갑다 또는 뜨겁다라는 반대되는 두 성질에서 유래한 것이 아니기 때문일세. 이 성질들은 상대적으로 많다 또는 적다는 것뿐이지. 많다거나 적다는 것은 상대적으로 반대가 될 뿐, 이런 하찮은 개념은 생성, 소멸과 아무런 관계도 없네.

사그레도 그래? 빽빽하거나 엷은 것은 물질들이 무겁거나 가벼운 것의 원인이고, 무겁거나 가벼운 것은 아래 또는 위로 움직이도록 만드는 원인이고, 이 반대되는 운동은 생성과 소멸의 원인인 줄 알았더니, 그게 아니군. 빽빽하다거나 엷다는 것이 같은 크기 안에 물질이 얼마나 많게 또는 적게 들어 있느냐 하는 것만으로는 부족하군. 뜨겁다거나 차갑다거나 하는 근본적으로 반대되는 성질 때문에 성기거나 배거나 해야지, 그렇지 않으면 아무 쓸모가 없겠군.

이게 사실이라면, 아리스토텔레스가 우릴 속였군. 처음부터 그 이야기를 했어야지. 생성되고 소멸하는 물질들은 위 또는 아래로 움직이는 것들이며, 이런 움직임은 부력 또는 중력 때문이며, 이것은 엷거나 빽빽하기 때문이며, 이것은 물질이 적거나 많기 때문이며, 이것이 뜨겁거나 차가운 것에서 유래한 것이어야 한다고 처음부터 말했어야지. 그런데 그는 위 또는 아래로 움직이는 것 때문이라고 말하고 치웠으니 …….

내가 분명하게 말하겠는데, 물체가 반대로 움직이는 것을 알기 위해서 무겁고 가볍고 하는 것을 구별하는 경우라면, 빽빽하거나 엷은 것이 꼭 차갑거나 뜨거운 것에서 유래할 필요는 없네. 어떠한 이유 때문이든 마찬가지야. 이 경우 차갑거나 뜨거운 것은 상관이 없어. 실험을 하면 알 수 있어. 쇠를 벌겋게 달구면 아주 뜨겁지만, 그건 차가울 때와 마찬가지로 무겁고, 움직이는 것도 마찬가지거든.

이건 제쳐 두고, 하늘의 물체들이 엷다거나 빽빽하다거나 하는 성질이 뜨겁거나 차갑거나 하는 것에서 유래하지 않음은 어떻게 아는가?

심플리치오 왜냐하면 그런 성질은 하늘의 물체들에게 해당하지 않기 때문일세. 하늘의 물체들은 뜨겁지도, 차갑지도 않네.

살비아티 또다시 끝이 없는 바다에 휘말려 들어서, 빠져나오지 못할 것 같군. 나침반도 없고, 별빛도 없고, 노도 없고, 키도 없이 항해를 하는 것 같군. 이런 경우에는 해안을 따라 가거나 빙 돌아서 가거나 해야지, 잘못하면 완전히 항로를 잃을 거야. 우리의 주된 문젯거리에 매달리기 위해서, 다른 일반적인 문제들은 잠시 제쳐 두세. 자연계에서 직선운동이 필요한지 어떤지, 그것이 어떤 물체에 해당되는지 하는 문제들은 제쳐 두고, 증명과 관찰 그리고 특정한 실험에 대해서 생각해 보세.

아리스토텔레스, 프톨레마이오스 등등 많은 사람들이 지구는 움직이지 않는다고 말했는데, 그들의 주장을 모두 제시한 다음, 그것들을 검토해 보세. 그다음에 지구가 달이나 다른 행성과 마찬가지로 자연계에 있는 물체의 하나이며, 원운동을 한다는 설득력 있는 논리를 제시해 보겠네.

사그레도 나는 아마 후자를 더 쉽게 받아들일 수 있을 거야. 자네 주장은 아리스토텔레스에 비해 훨씬 체계적이고 총괄적이거든. 자네 논리는 나에게 단 하나의 의문점도 남지 않도록 이해를 시키는데, 그 사람 논리는 고비마다 계속 막히게 만들거든. 우주의 모든 부분들이 아주 완벽하게 질서를 이루며 배치되어 있어서 완전히 질서가 잡혀 있다면, 직선운동은 자연계에서 존재할 수 없다는 것을 자네가 증명했는데, 심플리치오가 왜 그것을 수긍하지 않는지 알 수 없군.

살비아티 사그레도, 잠시 말을 멈추게. 나에게 좋은 생각이 떠올랐어. 이 설명을 들으면, 심플리치오도 아마 납득할 거야. 심플리치오가 아리스토텔레스를 하도 숭배해서, 그가 한 말에서 낱말 하나라도 어긋나면 불경스럽다고 외면하지만 않는다면 말이야.

우주를 구성하는 성분들이 모든 면에서 가장 완벽하게 질서를 이루며 제 위치에 자리 잡고 있다면, 원운동이나 정지해 있는 것 이외의 일들은 생길 수 없음이 분명하네. 직선운동은 물체들이 자연이 정해 준 위치에서 어쩌다가 벗어나 전체와 떨어질 때, 자신의 위치로 되돌아가기 위해서 움직이는 경우 이외에는 용도가 없네. 이건 이미 앞에서 말했지.

이제 지구 전체에 대해서 생각해 보세. 지구나 또는 다른 어떤 세상의 물체들이 자연에 따라서 가장 적합한 위치를 지키기 위해서 어떻게 움직여야 하는지 생각해 보세. 우선 한 가지 방법은, 제 위치에 가만히 있으면서 절대 움직이지 않는 것이지. 또 다른 가능한 방법은, 제 위치에 있으면서 스스로 빙글빙글 회전하는 것이지. 마지막 방법은, 어떤 중심이 있어서 그 원둘레를 따라서 움직이는 것이야.

이 세 가지 중에서, 아리스토텔레스와 프톨레마이오스, 그리고 그들을 추종하는 사람들은, 첫 번째 방법이 실제 관측한 결과이고, 늘 그 상태를 유지한다고 주장하지. 그러니까 꿈쩍도 않고 가만히 있다는 거야. 그렇다면 아예 처음부터 그것의 자연 성질은 움직이지 않고 가만히 있는 것이라고 말할 것이지, 무엇 때문에 그 자연 성질이 아래로 움직이는 것이라고 주장하는가? 실제로 그건 아래로 움직이지 않았고, 앞으로도 절대 아래로 움직이지 않을 텐데 말이야.

직선운동은 흙, 물, 공기, 불 또는 다른 어떤 근본 구성원들이 전체에서 떨어져 나가 제 위치에서 벗어나 있을 때, 그것들을 원래 위치로 보내기 위해서 자연이 쓰는 방법이지. 원운동을 적당하게 적용해 제 위치로 보낼 수가 없다면 말일세. 근본 법칙들을 이런 식으로 잡으면, 결과들과 더 잘 맞을 것 같아. 아리스토텔레스는 직선운동이 원소들에게 딸린 자연적인 근본 성질이라고 했지만, 그보다 이 설명이 나을 것 같아.

다음 사항은 명백해. 소요학파 사람들은 하늘의 물체들은 생성되고 소멸하지 않고 영원하며, 땅의 물체들은 그렇지 않아서 생성되고 소멸한다고 믿고 있는데, 그렇다면 아주 긴 세월이 흐른 뒤, 해와 달 기타 별들은 여전히 존재하며, 옛날이나 다름없이 움직이는데, 지구는 다른 물질들과 더불어 소멸해 사라져서 우주에서 찾을 수 없게 되지 않을까 물어보게. 그 사람들은 절대 그렇지 않다고 답을 할 거야. 그러니까 생성과 소멸은 부분에 해당하는 일이지, 전체에 해당하는 것이 아니야. 전체와 비교할 때, 매우 작고 보잘것없는 부분에만 해당하지.

아리스토텔레스는 생성과 소멸이 반대로 움직이는 직선운동에서 생긴다고 말했지. 그러니 작은 부분들에 대해 그런 운동이 일어난다고 쳐. 그러면 그 부분들은 생성되고 소멸하겠지. 하지만 지구 전체와 구성원들은 원운동을 하거나, 또는 움직이지 않고 제자리에 있다고 하세. 완벽한 질서를 영원히 유지하려면, 그렇게 하는 방법밖에 없지.

지구뿐만 아니라 불과 공기의 대부분도 마찬가지일 거야. 소요학파 사람들이 이 원소들에 대해서 자연에 따른 본능적인 운동이라고 부여한 것이 있는데, 실제 이 원소들은 그렇게 움직이지 않았고, 그렇게 움직이지 않고 있으며, 앞으로도 그렇게 움직이지 않을 거야. 자연이 준 성질에 따라서 이 원소들은 움직여 왔고, 움직이고 있으며, 앞으로도 움직일 것이데, 소요학파 사람들은 이걸 부인할 수밖에 없었어.

그 사람들은 공기나 불이 위로 움직인다고 말했는데, 그런 운동은 이 원소들 모두에게 해당하는 것이 아니고, 이들 중 일부 입자에게만 해당하는 것이야. 일부 입자들이 자신의 위치에서 벗어난 경우에만, 질서를 바로잡기 위해서 그렇게 움직이는 거야. 실제 이들은 끊임없이 원운동을 하고 있거든. 그런데 소요학파 사람들은 그걸 초자연적이라고 말하고 있어. 비정상적인 운동은 오래 계속될 수 없다고 아리스토텔레스가 여러 번 말했는데, 그걸 잊은 모양이지?

심플리치오 이 모든 문제에 대해서 그에 맞는 답이 있지만, 지금은 생략하겠네. 나중에 그에 맞는 실험과 논리를 통해서 밝히도록 하지. 아리스토텔레스가 말했듯이, 실험과 관찰은 사람의 말보다 더 중요하니까.

사그레도 그렇다면 지금까지 말한 것들을 모두 모아서, 우리가 검토하려고 하는 두 가지 주장 중에서 어느 쪽이 더 그럴듯한지 따지도록 하세.

하나는 아리스토텔레스가 주장한 것으로, 달의 궤도 아래에 놓여 있는 모든 물체들은 생성되고 소멸하며, 하늘에 있는 모든 물체들은 절대 바뀌거나 새롭게 생기거나 상하지도 않으므로, 이들은 완전히 다르다는 이론이라네. 이 이론은 기본 운동들의 차이에서 이끌어 낸 것이야.

다른 하나는 살비아티가 주장하는 것으로, 지구를 구성하는 것의 대부분은 가장 알맞은 위치에 놓여 있으며, 따라서 자연계에 존재하는 구성 물질들에게 직선운동은 필요가 없다. 지구는 하늘에 있는 물체들과 마찬가지이며, 그들이 가지는 모든 특권을 지구도 가진다.

지금까지 한 이야기들을 종합해 보면, 살비아티의 주장이 아리스토텔레스의 주장보다 옳은 것 같아. 그러니 심플리치오, 자네가 어떤 구체적인 실험이나 관측, 예를 통해서 아리스토텔레스의 이론을 변호해 보게. 물리 실험이든 천문 관측이든 다 좋아. 과연 지구는 천체들과 다른지, 지구는 우주의 중심에 있고 움직이지 않는지, 지구는 달이나 목성, 기타 행성들과 완전히 다른 까닭이 뭔지 ……. 그다음에 살비아티 자네가 조목조목 응답을 하게.

심플리치오 좋아. 지구가 하늘의 물체들과 완전히 다르다는 두 가지 유력한 증거가 있네. 첫째로, 생성되고, 소멸하고, 바뀌는 물체들은 생성되지 않고, 소멸하지 않고, 바뀌지 않는 물체들과 완전히 다르다. 지구는 생성되고, 소멸하고, 바뀐다. 하지만 천체는 생성되지 않고, 소멸하지 않고, 바뀌지 않는다. 따라서 지구는 하늘에 있는 물체들과 완전히 다르다.

사그레도 종일 같은 이야기만 되풀이하다가 겨우 거기에서 벗어났는데, 자네 첫 번째 주장은 우리를 다시 원점으로 끌고 가는군.

심플리치오 아니야. 내 말을 끝까지 들어 보게. 이건 다르네. 앞에서는 소전제를 연역적으로 증명했지만, 지금 여기서는 귀납적으로 증명할 테니까. 들어 보면 다르다는 걸 알 거야. 대전제는 사실인 것이 명백하니까, 소전제만 증명하겠네.

실제로 관찰을 해 보면, 지구의 물질들은 끊임없이 새로 생기고, 바뀌고, 사라지는 것을 알 수 있다. 그런데 하늘에 있는 물체들은 이런 일이 없다. 우리 눈으로 관찰을 하든 옛날 사람들의 기억이나 기록을 더듬어 보든, 이런 일은 절대 없다. 따라서 하늘의 물체들은 영원히 불변이다. 그런데 땅의 물질들은 계속 바뀌니까, 하늘의 물체들과 완전히 다르다.

두 번째 주장은, 근본적이고 본질적인 성질로부터 이끌어 낸 것일세. 이것은 다음과 같네. 본래 어둡고 빛이 안 나는 물체와 밝게 빛나는 물체는 완전히 다르다. 땅은 어둡고 빛이 없다. 그런데 하늘의 물체들은 밝고, 빛으로 가득 차 있다.

자, 이 주장들에 대해서 답을 해 보게. 그러지 않으면, 이런 것들이 쌓일 거야. 나는 얼마든지 더할 수 있어.

살비아티 첫 번째 주장에 대해서 묻겠네. 자네는 관찰을 통해 안다고 했는데, 좀 더 구체적으로, 지구에는 어떤 변화가 있는데 하늘에는 없단 말인가? 지구는 변화하고, 하늘은 변화하지 않는다는 근거가 뭔가?

심플리치오 지구에는 풀, 나무, 동물 들이 태어나고 죽고 하지. 그리고 비, 바람, 폭풍우, 태풍이 일어나. 한마디로 말해, 지구의 생김새는 계속 바뀌거든. 그러나 하늘의 물체에서는 이런 변화를 볼 수가 없네. 천체는 늘 같은 위치에 있으며, 그 생김새도 바뀌지 않네. 사람들이 기억하기로는, 어떤 새로운 것도 생기지 않았고, 어떤 오래된 것도 없어지지 않았네.

살비아티 자네같이 그렇게 직접 눈으로 보거나 관찰할 수 있는 것만 믿는다면, 중국이나 미국은 천체와 마찬가지이겠군. 이탈리아에서 생기는 변화들은 많이 보았겠지만, 중국이나 미국에서 어떠한 변화가 일어나는 것은 자네가 본 적이 없을 테니까. 그러니 거기에는 아무런 변화도 일어나지 않겠군.

심플리치오 중국이나 미국에서 일어나는 일들을 내 눈으로 직접 본 것은 아니지만, 그 일들은 믿을 만한 근거가 있네. 그리고 전체에 대해 성립하는 이론은 각 부분에 대해서도 적용할 수 있지. 그 나라들은 우리나라와 마찬가지로 지구에 있으니까, 변화가 일어나게 마련이지.

살비아티 다른 사람이 하는 말을 듣고 추론하는 것보다 직접 관찰하면 더 좋을 텐데. 왜 자네 눈으로 직접 보지 않나?

심플리치오 중국이나 미국은 너무 멀리 떨어져 있어서 볼 수가 없네. 하도 멀리 있어서, 변화가 있다 하더라도 우리 눈으로는 볼 수가 없지.

살비아티 자, 자네가 한 말에 대해서 생각해 보게. 자네의 주장이 거짓임이 은연중에 드러났구먼. 지구상의 가까운 곳에서 일어나는 변화는 볼 수 있지만, 미국에서 일어나는 일은 너무 멀어서 볼 수가 없다고 했지. 그런데 달은 미국보다 수백 배 더 멀리 떨어져 있으니, 변화를 보기가 더욱 어렵지. 소식을 듣고서 멕시코에 어떤 일이 일어났다고 믿으면서, 달로부터는 아무런 소식도 없기에 변화가 없다고 믿는단 말인가?

하늘에서 아무런 변화도 못 본 것은, 설령 어떤 변화가 있었다 하더라도 너무 멀어서 볼 수가 없었기 때문이고, 다른 사람들도 마찬가지라서 그 변화를 보고 자네에게 일러 주었을 리는 없기 때문이지. 그러니 그걸 바탕으로 하늘에는 아무런 변화도 없다고 추리해서는 안 되네. 마치 지구 위에서 일어나는 일처럼, 눈으로 보고 아무런 변화도 없다고 결론을 내리려 하면 안 되지.

심플리치오 지구에서 일어나는 변화들 중에 어떤 것은 하도 엄청난 규모여서, 만약 달에서 그런 변화가 일어났다면, 여기 지구에서 관측할 수 있었을 것이네. 아주 옛날의 기록을 보면, 지브롤터 해협이 없었고, 아프리카와 유럽이 나지막한 산맥으로 이어져 있었다고 하네. 그 산맥이 바닷물을 막고 있었지. 그런데 어떤 이유 때문인지 산맥이 갈라졌으며, 그 틈으로 바닷물이 쏟아져 들어와서, 지중해가 생겼네. 어때, 굉장히 큰 변화이지? 멀리서 보았을 때, 뭍과 물의 생김새가 완전히 달라졌을 테니, 달에 사람이 살고 있었다면, 그 변화를 보았을 거야.

마찬가지로, 달에 그런 변화가 있었다면, 지구에 사는 사람들이 보았을 걸세. 그런데 그런 것을 보았다는 기록은 역사의 어디를 봐도 없어. 그러므로 하늘에 있는 물체들이 변화한다는 것은 아무런 근거도 없는 주장일세.

살비아티 나는 그런 엄청난 변화가 달에서 일어났다고 주장하는 것이 아니야. 물론, 그런 변화가 없었다고 확언할 수도 없지. 그런 변화가 있었다면, 여기 지구에서 보았을 때, 달의 부분들이 밝고 어두운 모양이 약간 달라졌겠지. 누군가가 달의 모양을 정밀하게 관찰을 하고, 그 모양을 정확하게 그려서, 오랜 세월이 흘렀지만 달의 표면에는 그런 큰 변화가 없었다고 확언할 수 있게 해 주는가?

달의 생김새에 대해서 사람들이 기껏 한다는 말은, 사람 얼굴과 비슷하다는 거야. 어떤 사람들은 사자 주둥이와 비슷하다고 말하고, 어떤 사람들은 카인이 등에 가시나무를 짊어진 모습이라고 말하지. 그러니까 "하늘의 물체들은 절대 불변이다. 왜냐하면 달이나 다른 어떤 천체에서도 변화가 일어난 것을 지구에서 관측한 적이 없다."라고 말하는 것은 설득력이 없네.

사그레도 심플리치오의 첫 번째 주장을 들으니, 또 한 가지 의문이 생기는군. 이에 대해 답을 해 주게. 심플리치오, 지구는 지중해가 생기기 전에도 변화하는 성질이 있었단 말인가? 아니면 지중해의 대홍수 때부터 변화하는 성질이 생겼단 말인가?

심플리치오 그야 물론, 대홍수 이전부터 생성되고, 소멸하는 성질이 있었지. 하지만 지중해의 대홍수는 워낙 큰 변화이어서 달에서도 볼 수 있었다는 말일세.

사그레도 그렇다면 말이야, 그 변화가 있기 전에도 지구에서는 생성과 소멸이 되풀이되고 있었는데, 그러면 달의 경우에도 그런 큰 변화 없이 생성과 소멸이 되풀이될 수 있잖아? 지구의 경우에도 그것이 꼭 필요한 조건이 아닌데, 굳이 달에게 그 조건을 강요할 필요가 있는가?

살비아티 아주 날카로운 지적이군. 내가 보기에, 심플리치오는 아리스토텔레스와 다른 소요학파 사람들이 한 말의 뜻을 약간 바꾼 것 같아. 원래 그 사람들이 한 말은, 어떠한 별도 새로 생기거나 사라져 버린 일이 없으니, 하늘은 불변이라는 거야. 하늘에서 별 하나란, 지구에서 도시 하나보다 더 작은 부분일 거야. 그런데 지구에서는 수없이 많은 도시들이 흔적도 없이 사라졌어.

사그레도 심플리치오가 이 대목을 원래 뜻과 다르게 바꾼 이유는, 아리스토텔레스와 그의 문하생들이 이 희한한 개념 때문에 너무 큰 짐을 지게 되지 않을까 걱정을 해서 그런 걸 거야. 생각해 보게. "별이 새로 생기거나 사라지는 경우가 없으니, 하늘은 절대 불변이다."라는 것보다 더 웃기는 말이 어디 있나?

지구가 완전히 사라져 없어지고, 그 자리에 새로운 세상이 생기는 것을 본 사람이 있나? 철학자들은 누구나 하늘에 있는 별들 중에서 지구보다 작은 것은 거의 없고, 대부분이 지구보다 훨씬 크다고 믿고 있잖아? 그러니 하늘의 별이 소멸하는 것은 지구 전체가 부서지는 것보다 더 장엄한 광경이겠지.

하늘에서 물체들이 새로 생기거나 소멸한다는 것을 확인하려면, 별이라는 엄청나게 큰 물체가 생기거나 소멸해야 한다니! 이 문제는 아예 포기하는 것이 낫겠군. 지구라든가 또는 우주의 어떤 어마어마한 물체가 오랜 세월 그대로 있다가, 아무런 흔적도 없이 사라져 버리는 일이 과연 가능할까?

살비아티 심플리치오가 만족하도록 만들기 위해서, 그리고 그가 실수하지 않도록 하기 위해서 우리 시대에 있었던 놀라운 일들에 대해 말하겠네. 아리스토텔레스가 지금 살아 있다면, 이 일들을 관찰하고 자기 생각을 바꾸었을 거야. 그가 사색하는 방법을 보면 알 수 있어. 천체들이 절대 불변이라고 그가 주장한 까닭은, 새로운 별이 생기거나 기존의 별이 사라지는 것을 본 일이 없기 때문이지. 만약 그런 것을 보았다면, 그는 자기 의견을 바꾸었을 거라고 암시하고 있어.

그리고 그는 실제로 관측하는 것을 사색하는 것보다 더 중요시했어. 만약에 그가 실제로 보는 것을 고려하지 않았다면, 그는 변화가 눈에 띄지 않는 것을 바탕으로 불변성을 주장하지는 않았을 거야.

심플리치오 아리스토텔레스는 우선 선험적으로 그의 이론의 바탕을 만들었네. 천체들이 불변이라는 것을, 자연스럽고 명백하며 분명한 원리들을 바탕으로 보였거든. 그다음에 경험을 통해서 자신의 이론을 뒷받침했네. 관찰과 예로부터 전해 오는 기록을 통해서 확인했거든.

살비아티 자네가 말하는 것은, 그가 자신의 주장을 글로 쓰는 방법에 대한 것일 뿐, 실제로 그가 그것에 대해 연구한 방법은 그렇지 않을 거야. 내가 보기에, 그는 우선 관찰, 실험 등의 방법을 써서 자신이 내린 결론이 옳다는 확신을 얻었어. 그다음에 그는 증명을 할 방법을 찾았어. 실험 과학은 대개의 경우 이런 식으로 진행이 돼. 이렇게 되는 까닭은, 만약에 결론이 참이라고 하고 어떤 분석 방법을 쓰다가 보면, 이미 증명이 된 법칙이나 어떤 공리들이 나오게 되는 경우가 있거든. 하지만 만약에 결론이 거짓이면, 아무런 알려진 사실도 끌어내지 못하고 계속 나아가게 되겠지. 그러다가 어떤 불가능한 일이나 틀렸음에 확실한 것과 부딪치게 될 때까지.

피타고라스는 자신의 법칙을 증명한 다음 황소 백 마리를 제물로 바쳤다고 하는데, 그전에 이미 직각삼각형의 빗변의 제곱은 다른 두 변의 제곱을 더한 것과 같다고 확신하고 있었음이 분명하네. 결론이 확실하면, 그 증명법을 찾는 데 크게 도움이 돼. 실험 과학의 경우에 말이야.

아리스토텔레스가 어떻게 나아갔든, 선험적인 이유가 경험에 바탕을 둔 인식보다 먼저 나왔든 또는 그 순서가 다르든, 별 상관이 없어. 아리스토텔레스 스스로 여러 번 밝혔지만, 그는 논리보다 눈으로 관찰하는 것을 더 쳐주었어. 그리고 선험적인 주장의 힘에 대해서는 이미 검토를 했으니까.

우리 주제로 돌아가세. 우리 시대에 하늘에서 있었던 일들을 관측한 결과들은, 모든 철학자들을 만족시킬 수 있을 거야. 생기거나 소멸하는 일들이, 하늘의 어떤 별을 대상으로 벌어지는 것을 보았거든. 달의 궤도보다 훨씬 먼 곳에서 혜성들이 생기거나 사라지는 것을 뛰어난 천문학자들이 관측했거든. 그리고 1572년과 1604년에 새로운 두 별이 태어났는데, 이들이 행성들보다 더 멀리에 있다는 것은 의심할 여지가 없네.

이뿐만 아니야. 망원경을 써서 해의 표면을 관찰했더니, 어둡고 짙은 물체들이 생겼다가 사라지곤 하잖아? 마치 지구의 구름처럼. 그들 중 어떤 것들은 하도 커서, 지중해보다 더 클 뿐만 아니라 아프리카와 아시아를 합친 것보다 더 커. 심플리치오, 만약에 아리스토텔레스가 이런 것들을 보았다면, 뭐라고 말할 것 같은가?

심플리치오 아리스토텔레스는 모든 과학의 대가일세. 그가 뭐라고 말할지 어떻게 할지는 모르겠지만, 그 추종자들이 뭐라고 말할지 어떻게 할지는 짐작이 가. 우리는 철학의 안내자이자 지도자이며, 일인자인 사람 없이 지내고 싶지는 않으니까.

혜성은 현대 천문학자들이 하늘에 있는 물체라고 주장했지만, 『튀코에 반대함』(1621년에 시피오 키아라몬티가 쓴 책 — 옮긴이)이 그들을 쳐부수지 않았는가? 그들은 또한 자신들이 만든 무기에 지고 말았지. 즉 시차를 사용해서 계산해 보니, 거리가 들쭉날쭉 제멋대로 나왔지. 마침내 그들은 그것들이 지구에 속하는 것이라고 시인하고는, 아리스토텔레스 편이 되었네. 그렇게 근본이 되는 것이 산산조각이 났으니, 그 발명가들이 어떻게 두 발로 버티고 서 있겠는가?

살비아티 진정하게, 진정해. 그렇다면 1572년과 1604년에 생긴 별과, 해의 검은 점에 대해서는 뭐라고 말할 텐가? 나는 혜성들이 달의 궤도보다 가까이에 있든 멀리에 있든, 별 신경을 쓰지 않네. 그리고 튀코 브라헤가 장황하게 떠든 것을 그렇게 중요시하지 않네. 그들이 지구의 물질이라는 주장에 대해서도 별다른 반감을 갖고 있지 않네. 그들이 그렇게 높은 곳으로 올라가려면, 소요학파 철학자들이 주장하는, 통과할 수 없는 하늘을 뚫고 지나가야 하겠지만, 나는 하늘이 공기보다도 더 엷고, 약하고, 잘 비켜 준다고 믿고 있으니까.

시차를 구해서 거리를 계산하는 문제는 조금 의심스러워. 혜성에 대해서 시차라는 개념을 적용할 수 있는지 모르겠어. 관측 결과들이 일치하지 않는 것을 보면, 튀코의 의견은 물론, 그의 적들의 의견도 조금 의심스러워. 『튀코에 반대함』을 읽어 보면, 글쓴이가 자기 입맛에 맞지 않으면 관측 결과들을 잘라 버리기도 하고, 또는 그 결과들이 오차가 있다고 주장하기도 하거든.

심플리치오 『튀코에 반대함』을 읽어 보면, 이른바 새로운 별들에 대해서 몇 마디 말로 완전하게 결말을 짓고 있네. 그것들이 하늘에 있는 물체라는 믿을 만한 증거가 없거든. 천체에 어떠한 변화가 일어났거나 새로 생긴 것이 있다는 사실을 증명하려면, 이미 오래전부터 관측해 와서, 하늘에 있는 물체임이 의심할 여지가 없는 별들에 대해서 그런 변화가 있음을 보여야 하네. 하지만 이걸 보인 사람은 아무도 없어.

해의 표면에 생겼다가 사라지곤 한다는 검은 물체에 대해서는, 그 책에서 아예 언급하지도 않고 있네. 글쓴이는 아마 그게 사람들이 꾸며 낸 것이거나, 아니면 망원경에서 뭔가 헛것이 보였거나, 아니면 공기 중에서 뭔가 생긴 것이라고 여긴 모양이야. 한마디로 말해서, 하늘의 물체와 아무런 상관이 없네.

살비아티 심플리치오, 그렇지만 검은 점들이 끈덕지게 나타나 천체를 어지럽히고, 소요학파 철학을 더럽히는데, 자네는 이것들을 어떻게 반박하려고 하는가? 자네는 그 철학을 지키는 용사이니까, 나름대로 생각해 둔 답변과 설명이 있을 거야. 우리에게 말해 주게.

심플리치오 검은 점에 대해서 여러 가지 의견들이 있네. 어떤 사람들은 "그것들은 금성이나 수성처럼 행성이다. 이들이 정해진 궤도를 따라서 돌다가, 해 앞으로 지나갈 때 검어 보이게 된다. 이들이 하도 많이 있어서, 가끔 한데 모이기도 하고, 그러다가 흩어지곤 한다."라고 말하지. 어떤 사람들은 공기 중에서 뭔가 헛것이 생겼다고 말하고, 어떤 사람들은 렌즈가 잘못되어 허상이 보인다고 말하고, 어떤 사람들은 또 다른 설명을 제시하네.

하지만 내 생각에 제일 그럴듯한 설명은, 그러니까 내가 믿기로는, 이것들은 여러 종류의 어두운 물체들이 모인 것일세. 이들이 우연히 한데 모인 것이지. 그러니 때때로 한 장소에 이런 눈송이 같기도 하고, 실타래 같기도 하고, 나방 같기도 한 불규칙한 모양들이 10개 또는 그 이상 나타나기도 하지. 이들은 서로 장소를 바꾸며, 모였다 흩어졌다 하네. 그런데 이들은 해를 중심으로 돌고 있으니, 해 근처에서 이런 일이 일어나.

하지만 이것들이 새로 생겼다 사라졌다 한다고 말할 수는 없네. 단지 이들은 해 뒤에 숨었다 나타났다 할 뿐이지. 해로부터 상당히 떨어져 있는 경우에도 이들을 볼 수 없는 이유는, 해가 너무 밝게 빛나기 때문이지.

중심이 해에서 약간 벗어난 이심원을 따라서, 마치 양파 껍질처럼 여러 겹으로, 검은 물체들이 점점이 박혀서 돌고 있는 것이지. 처음에 언뜻 보면, 이들의 움직임이 불규칙하고 제멋대로인 것 같지만, 계속 관찰해 보면, 어떤 정해진 시간이 흐른 뒤에 같은 점들이 다시 나타나지. 내 생각에 이 현상을 설명할 수 있는 가장 적당하고 편리한 방법은 이걸세. 이 설명은 천체가 절대 불변이라는 원칙에 위배되지 않으니까. 만약 이 설명이 충분치 않다면, 다른 뛰어난 학자들이 더 좋은 답을 찾을 거야.

살비아티 만약 우리가 법률이나 인간성에 대해서 토론하고 있다면, 정답이 없을 수도 있네. 그런 경우에는 글 쓰는 사람이 얼마나 경험이 많고 말을 잘 하며 감정이 예민한지에 따라서, 자신의 주장을 더 그럴듯하게 펴서, 그 사람 주장이 가장 옳다고 남들이 인정하게 될지도 모르지.

하지만 자연 과학은 달라. 옳은 것은 옳고, 틀린 것은 틀려. 이건 사람의 생각과 아무런 상관이 없어. 그러니 틀린 편에 서서 그걸 변호하려 하지 말게. 여기 데모스테네스(Demosthenes, 기원전 384~322년)가 천 명 있고, 아리스토텔레스가 천 명 있다 하더라도, 어떤 평범한 사람이 우연히 진리를 발견했다면, 이 한 사람을 못 당하지.

심플리치오, 그러니 매우 학문이 뛰어나고 박식한 사람이 나타나서, 자네의 틀린 이론이 옳다고 증명해 주기를 바라지는 말게. 그건 자연에 어긋나니까.

해의 흑점에 관한 여러 설명들 중에서, 자네는 지금 설명한 것이 옳을 것 같다고 했지. 다른 설명들은 틀렸다고, 자네도 인정하는 모양이지? 하지만 자네 설명도 엉터리 망상에 불과해. 내가 자네를 그 공상에서 깨어나도록 하겠네. 그게 불가능하다는 증거는 많이 있지만, 그중 두 가지 관측 결과를 이야기하겠네.

한 가지는, 이 검은 점들이 해의 가운데에서 생겼다 사라졌다 할 때에도 가장자리가 아니라 가운데에서 사라진다는 사실이야. 만약에 이 점들이 새로 생기거나 사라지는 것이 아니라면, 이들이 움직이기 때문에 나타나는 것이니, 가장자리에서 생기고 또 가장자리에서 사라져야지.

또 다른 관측 결과에 대해서 이야기하겠네. 이건 사물에 아주 무지한 사람이 아니라면 인정을 할 거야. 검은 점의 생김새가 바뀌는 것과 검은 점의 속력이 바뀌는 것을 관찰해 보면, 이 점들이 해의 표면에 붙어 있다는 사실을 알 수 있어. 표면에 바싹 붙어 있어서 해와 같이 도는 것이지, 해에게서 멀찍이 떨어져 원을 그리며 도는 것은 절대 아니야. 이들이 도는 속력을 보면, 가장자리로 가서는 아주 느리게 움직이고, 해의 가운데에서는 상당히 빨리 움직이거든.

이들의 생김새를 보더라도, 중심에 있을 때와 비교해서, 가장자리로 가면 아주 가늘어지거든. 중심에 있을 때는 그들의 장엄한 모습을 그대로 볼 수 있지. 그런데 가장자리로 가면, 거기는 공 표면처럼 굽어 있으니까, 그 점들의 생김새가 아주 홀쭉하게 돼. 이렇게 속력과 크기가 줄어드는 것을 자세하게 관측하고 애써서 계산을 해 보면, 그건 점들이 공의 표면에 붙어서 도는 경우와 일치함을 알 수 있어.

그러니까 이들이 해로부터 멀찍이 떨어져 원을 그린다는 이론은 틀렸어. 아니, 해로부터 조금도 떨어져 있지 않아. 이 사실은, 우리의 동료 학자가 쓴 『해의 검은 점에 대해서 마르크 벨저에게 보내는 편지(*Istoria e Dimostrazione intorno alle Macchie Solari e Loro Accidenti Comprese in Tre Lettere Scritte all'illustrissimo Signor Marco Velseri)*』에 자세하게 증명이 되어 있어.

이렇게 모양이 바뀌는 것을 보면, 이 점들이 별이나 공 모양의 물체가 아니라는 사실을 알 수 있어. 만약에 공 모양이라면, 보는 각도가 달라져도 모양이 가늘어질 리가 없으니까. 또 공 모양은 완전히 둥글게 보이거든. 그러니까 이들이 별들처럼 둥근 모양이라면, 해의 가운데에 있을 때나 해의 가장자리에 있을 때나 똑같이 둥글게 보이겠지. 그런데 이들은 가장자리로 가면 그렇게 가늘디가는 모양이 되고, 가운데로 가면 크고 넓은 모양이 되거든. 그러니까 이들의 생김새는 얇은 판과 같아서, 길이와 폭에 비해 두께가 거의 없어.

똑같은 검은 점들이 일정한 시간이 지난 다음에 반드시 다시 나타난다는 말은 믿지 말게. 심플리치오, 그건 사람들이 자네를 속이려고 하는 말이네. 그 말이 거짓이라는 이유는, 그 사람들이 해의 표면에서 검은 점들이 생기고 사라지는 장소가 가장자리에서가 아니라는 것도 말하지 않았고, 검은 점들의 모양이 가장자리로 가면 가늘어진다는 것도 말하지 않았기 때문이야. 이건 그 점들이 해에 붙어 있다는 증거인데 말일세.

같은 점들이 다시 나타난다는 사실은, 앞서 말한 『편지』에 보면 설명이 나와 있네. 점들 중에서 어떤 것들은 하도 오래 지속되기 때문에, 해가 한 바퀴 도는 동안에 사라지지 않는 거야. 해는 한 바퀴 도는 데 1개월이 채 안 걸리지.

심플리치오 솔직히 말해서, 나는 그것들을 그렇게 오래, 그렇게 정밀하게 관측하지 않았으니까, 이 문제에 대해 뭐라 자신 있게 말하지는 못하겠어. 내가 그렇게 관측했다면, 그 결과들이 제시하는 것을 아리스토텔레스의 가르침과 일치하도록 만들 수 있을 텐데. 그 두 진리가 서로 어긋날

리는 절대 없지.

살비아티 자네가 눈으로 보고 관찰한 결과와 아리스토텔레스의 깊은 가르침이 일치하도록 만드는 것은 조금도 어렵지 않네. 아리스토텔레스는 하늘의 물체들이 워낙 멀리 있기 때문에, 확실하게 다루기가 어렵다고 말했지?

심플리치오 그래, 그렇게 말했지.

살비아티 그리고 아리스토텔레스는 눈으로 직접 본 결과는 다른 어떠한 이론이나 주장보다도 더 값어치가 있다고 말했지? 그 이론이나 주장이 아무리 그럴듯하다 하더라도 말이야. 그는 이걸 조금도 망설이지 않고 단호하게 말했잖아?

심플리치오 응, 그랬지.

살비아티 그렇다면 여기에 아리스토텔레스가 주장한 두 법칙이 있네. 첫 번째 법칙은, 하늘은 절대 불변이라는 것. 두 번째 법칙은, 관측 결과는 이론이나 주장보다 더 우월하다는 것. 이 두 법칙 중에서 두 번째 법칙이 첫 번째 법칙보다 더 확실하고 분명하네.

따라서 아리스토텔레스의 철학은 "하늘은 불변이다. 왜냐하면 내가 보기에 그렇기 때문이다."라는 것이지, "하늘은 불변이다. 왜냐하면 아리스토텔레스가 논리를 써서 그렇다고 했기 때문이다."라는 것이 아니야.

그런데 최근에 우리는, 아리스토텔레스의 시대에 비해서 천체에 대해 더 잘 추론할 수 있는 근거가 있잖아? 천체들은 하도 멀리 떨어져 있어서 잘 볼 수가 없기 때문에, 뭐라 확실하게 말할 수가 없다고 했지. 만약에 그것들을 더 잘 볼 수 있는 사람이 있다면, 그것들에 대해 자신보다 더 잘 추론하고, 확실하게 말할 수 있을 거라고 했지.

그런데 망원경 덕분에, 우리는 아리스토텔레스보다 하늘을 서른 배, 마흔 배 더 가까이에서 볼 수 있잖아? 그러니 아리스토텔레스가 볼 수 없었던 많은 것들을 식별하게 되었지. 해의 검은 점은 그가 못 본 것이 분명해. 그러니까 우리는 하늘이나 해에 대해서, 아리스토텔레스보다 더 확실하게 말할 수 있어.

사그레도 내가 심플리치오의 입장에 놓여 있다면, 이런 확실한 증거들이 갖는 커다란 힘으로 인해 그의 생각이 바뀌는 것을 볼 수 있을 텐데. 반면에 아리스토텔레스가 모든 방면에 대해 가지는 위대한 권능을 보게. 많은 저명한 학자들이 그가 한 말을 설명하느라고 애써 왔잖아? 인류에게 유용하고 꼭 필요한 여러 분야의 과학들이 아리스토텔레스의 업적에 바탕을 두고 있잖아?

심플리치오가 혼란에 빠져서 당황스러워 하는 것이 눈에 보이는군. 마치 이렇게 말하는 것 같아. "만약에 아리스토텔레스가 그 자리에서 쫓겨나면, 우리의 논쟁은 누가 판결을 내릴 것인가? 우리는 학교, 학원, 대학에서 누구의 가르침을 따라 배워야 할 것인가? 다른 어떠한 철학자가 자연 법칙들에 대해서 단 하나도 빠뜨리지 않고 설명하고 쓴 적이 있는가? 수많은 여행자들이 여기서 피로를 풀고 원기를 회복했는데, 우리는 지금 이 구조를 버려야 하는가? 하늘을 부숴야 하는가? 많은 학자들이 편안하게 쉴 수 있었던 낙원인데, 매서운 바람에 노출될 필요도 없이, 그저 책만 몇 장 넘기면 우주에 관한 모든 것을 알 수 있었는데, 모든 적의 공격을 막아서 우리를 안전하게 지켜 주던 이 요새를 부숴 버려야 하는가?"

불쌍하고 애처롭군. 내가 만약에 돈을 엄청나게 많이 들이고, 애를 써서, 아주 크고 멋진 궁전을 만들었는데, 수만 명 조각가와 예술가들이 그 궁전을 화려하게 꾸며 놓았는데, 그런데 그 궁전이 기초가 튼튼하지 않아서 쓰러지려고 한다면, 그걸 보는 심정이 어떨까? 수많은 아름다운 벽화들을 그려 놓은 벽이 무너지는 것을 고통스럽게 보고만 있을 것인가? 금박을 입힌 들보와 화려한 화랑들을 받치고 있던 기둥들이 쓰러지는데, 문짝이 떨어져 나가고, 박공벽과 대리석 배내기들이 무너져 쓰러지는데, 엄청난 돈을 들여서 만든 이것들이 부서지는 것을 보고만 있어야 하는가? 아니면 쓰러지지 않도록 하기 위해서 밧줄, 버팀목, 쇠막대, 부벽, 지주 등 뭐든 써 보아야 하는가?

살비아티 글쎄, 그렇게 엄청난 것이 쓰러지는 게 아니니까, 너무 걱정 말게. 피해액은 그보다 훨씬 작다고 내가 보장하겠네. 그렇게 많은 현명하고 위대한 철학자들이, 한두 사람이 고함치는 것을 못 당하겠나? 그런 사람은 아예 상대하지도 않고, 침묵으로 대할 거야. 그러고는 경멸하고 조롱하겠지.

어떤 사람이 쓴 글을 반박한다고 해서, 당장 새로운 철학이 생기는 건 아니야. 우선 사람들의 마음을 교육해 바꾸고, 참과 거짓을 구별할 줄 아는 능력을 부여해 주어야 하네. 그럴 힘이 있는 사람이 어디 있겠나?

그건 그렇다 치고, 우리 이야기가 벗어나 버렸군. 원래 무슨 이야기를 하고 있었나? 자네가 기억을 되살려서 우리를 안내해 주게.

심플리치오 나는 잘 기억하고 있네. 『튀코에 반대함』에서 주장한, 하늘이 절대 불변이라는 이론을 반박하고 있었지. 그러다가 자네가 해의 흑점이야기를 꺼냈지. 이 책에는 그에 관한 언급은 없어. 새로 생긴 별에 대해서 이 책에서 말한 것을 자네가 반박하려던 참이었지.

살비아티 이제 기억이 나는군. 그에 대해서 계속 말하겠네. 『튀코에 반대함』에서 반론을 펴놓았는데, 그중에 비판을 해야 할 게 있어. 글쓴이는 이 두 별이 하늘의 가장 높은 곳에 있었고, 오랜 시간 있다가 사라졌음을 인정했는데, 그럼에도 그가 조금도 거리낌 없이 하늘은 절대 불변이라고 주장하다니, 그게 옛날부터 있던 별이 변화한 것이 아니라서 그렇단 말인가? 아니면 그게 천체라는 것이 의심할 여지가 없이 증명되지 않았기 때문이란 말인가?

그렇다면 왜 혜성들을 하늘에서 쫓아내려고 그렇게 난리를 치는가? 그러지 말고, "혜성들은 옛날부터 있던 별이 변화한 것이 아니다." 또는 "그것들이 천체라고 의심할 여지가 없이 증명된 것이 아니다."라고 말하면 될 게 아닌가? 그러면 아리스토텔레스의 법칙이나 하늘에 위배되지 않잖아?

두 번째로 맘에 안 드는 것은, 만약에 별이 어떻게든 변화하면, 하늘의 특권인 절대 불변성이 깨졌다고 인정을 하거든. 누구나 다 알 듯이, 별은 천체이니까. 반면에 그런 어떤 변화가 별에서 일어나지 않고, 하늘의 다른 부분에서 일어나면, 눈도 깜짝 않거든. 하늘은 천체가 아니란 말인가? 나는 별을 천체라고 부르는 까닭은, 별이 하늘에 있고, 하늘에 있는 물질로 된 것이기 때문이라고 생각하는데, 그렇다면 하늘 자신은 별보다 더욱더 천체의 본질에 가깝다고 해야 하지 않겠나? 땅보다도 더 지구의 본성에 가까운 것이 있겠나? 화염보다도 더 불의 본성과 가까운 것이 있겠나?

마지막으로 내가 지적하고 싶은 것은, 이 사람은 흑점에 대해서 아예 언급을 하지 않았어. 흑점은 해의 표면에 바싹 붙어 있으며, 해를 따라서 돌면서 생겼다가 사라졌다 한다는 것이 확실하게 증명이 되었어. 그가 이걸 언급하지 않은 것을 보면, 그는 자신의 확신에 따라서 책을 쓴 것이 아니고, 남들을 위로하기 위해서 책을 쓴 것 같아.

내가 이렇게 말하는 까닭은, 이 사람이 수학을 잘 안다는 사실이 드러나 있거든. 그러니 그가 이 증명을 보았을 때, 이 점들이 해에 붙어 있고, 엄청난 크기로 생겼다가 사라졌다가 하는데, 이런 변화는 지구에서 일어나는 일과 비교도 안 된다는 사실을 분명 깨달았을 걸세. 해에서 벌어지는 생성과 소멸이 그렇게 많이, 그렇게 크게, 그렇게 자주 일어나다니, 해는 하늘에서 가장 고귀한 존재가 아닌가? 그렇다면 다른 어떤 천체에서 무슨 일이 일어나든 그렇지 않다고 설득할 근거가 뭐가 있겠나?

사그레도 내가 듣기에, 아주 놀라운 것이 있군. 내가 이런 말을 한다고 해서, 나더러 무식하다고 탓하지는 말게. 그 사람들이 하는 말을 듣자니, 우주의 구성 성분 중에 절대 바뀌지 않는 것들은 완벽하고 고상하고, 반대로 생성되고 소멸하고 변화하는 것들은 불완전하고 천하다고 주장하는데, 참 이상한 논리이군.

나는 온갖 종류의 다양한 변화가 끊임없이 일어나기 때문에, 지구가 소중한 존재라고 생각하거든. 만약에 지구에 아무런 변화도 일어나지 않는다면, 지구는 광대한 사막이나 또는 벽옥으로 된 산으로 덮여 있겠지. 또는 홍수가 나서 물이 지구를 덮었을 때 그게 꽁꽁 얼어붙었다면, 지구는 거대한 얼음으로 된 공으로 남아 있고, 그곳에서는 아무것도 태어나거나 바뀌는 것이 없겠지. 그건 아무 쓸모없는 덩어리에 불과하겠지. 아무것도 움직이는 것이 없으니, 있으나 마나지. 이게 바로 살아 있는 동물과 죽은 동물의 차이이지. 달이나 목성, 기타 행성들은 이런 상황이지.

사람들이 대는 이유는 하도 헛되어서, 그걸 따지면 따질수록 더 어리석어 보여. 보석이나 금, 은 따위는 값지게 여기면서, 흙은 값어치가 없다고 말하는 것보다 더 어리석은 일이 어디 있나? 만약에 흙이 보석이나 금처럼 희귀하다고 하면, 왕자들은 조그마한 화분에 꽃씨를 심을 흙을 사려고, 다이아몬드, 루비, 금덩어리를 수레에 싣고 올 거야. 또는 오렌지 씨를 심어서, 그게 싹이 트고, 자라서 잎이 열리고, 향기로운 꽃이 피고, 좋은 열매가 맺는 것을 보기 위해서도 마찬가지이지.

사람들이 어떤 물건을 값지게 여기거나, 또는 값어치가 없다고 여기는 기준은, 그게 얼마나 희귀하냐 흔하냐에 달려 있지. 다이아몬드는 맑고 투명한 물과 같아서 아름답다고 말하거든. 하지만 물을 열 통 주어도 다이아몬드를 내 줄 사람은 없어.

절대 불변인 것들을 그렇게 값을 쳐주는 사람들은, 아마 죽음이 두려워서, 영원히 살고 싶은 마음에서 그런 말을 하게 된 걸 거야. 사람이 영원히 죽지 않는다면, 그 사람 자신은 아예 이 세상에 태어나지도 않았을 텐데, 그걸 못 깨닫는 모양이야. 그런 사람들은 메두사의 머리를 보아서, 벽옥이나 다이아몬드로 된 조각품이 되어야 해. 그러면 지금 상태보다 더 완벽해지겠지.

살비아티 그렇게 바뀌는 것이 이득이 될 수도 있어. 틀린 편에 서서 논쟁을 하는 것보다, 아예 논쟁을 못 하는 편이 나을 테니까.

심플리치오 지구가 현 상태처럼 바뀌고 변화하는 것이, 지구가 큰 돌덩이거나 또는 다이아몬드 덩어리어서 아주 단단하고, 아무 변화도 없는 것보다 더 완벽함이 확실하네. 이런 성질은 지구를 고귀하게 만들기는 하지만, 천체들이 이런 성질을 가지면 불완전하게 되지. 즉 천체에게는 이런 성질이 필요가 없네. 왜냐하면 해, 달, 별들과 같은 천체들은 지구를 위해서 일을 할 뿐, 다른 쓸모는 없기 때문이지. 그러니까 그들은 돌면서 빛을 내기만 하면, 해야 할 일을 다하는 것일세.

사그레도 그렇다면 자연이 그 수많은, 거대한, 고귀한, 완벽한 천체들을 영원히 변하지 않도록 만든 목적이 단지 덧없고, 변하고, 소멸할 운명인 지구를 위해 봉사하도록 하기 위해서란 말인가? 지구란 온갖 불확실한 것들이 모여 있는 우주의 찌꺼기가 아닌가? 지구처럼 덧없는 존재에게 봉사할 목적이라면, 천체들이 영원히 불변일 까닭이 뭐가 있나? 지구를 위해서 봉사한다는 목적을 없애 버리면, 무수히 많은 천체들이 아무런 쓸모도 없고, 필요도 없이, 하늘에 버려지겠군. 왜냐하면 그들 자신은 생성, 소멸 또는 기타 어떠한 변화도 없이 영원히 그 모습을 유지하니까.

예를 들어 달이 절대 변하지 않는다면, 해나 다른 별들이 달에게 어떤 영향을 끼칠 수 있겠나? 아무런 영향도 없겠지. 커다란 금덩어리를 눈빛만으로 녹이려 하거나, 또는 생각만으로 녹이려 하는 것과 비슷할 거야. 그리고 천체들이 지구상의 온갖 생성, 소멸, 변화에 영향을 끼치고 있다면, 천체들도 뭔가 변화가 있을 거야. 만약 그렇지 않다면, 해나 달이 지구상의 생성과 소멸에 영향을 끼친다는 말은, 대리석 조각과 여자를 짝지어서, 아기가 태어나기를 바라는 것과 비슷하지.

심플리치오 생성, 소멸, 변화는 지구 전체에 해당하는 말이 아닐세. 지구 전체는 해나 달과 마찬가지로 영원하지. 하지만 지구의 겉부분은 변화가 일어나. 겉부분에서 일어나는 생성, 소멸, 변화가 영원히 계속되기 때문에, 천체들이 끼치는 영향도 영원히 계속되어야 하네. 따라서 천체들은 영원하지.

사그레도 잘 알겠네. 그런데 지구 겉부분에서 변화가 일어나더라도, 그게 지구 전체의 영원불멸에 아무런 방해도 되지 않는다면, 그리고 표면에서 일어나는 생성, 소멸, 변화 들이 지구를 더욱 완벽하게 만들어 주는 장식품이라면, 이런 일들이 다른 천체의 겉부분에서 일어나지 말라는 법이 있나? 겉부분에서 생성, 소멸, 변화가 일어나더라도, 이들의 완벽함을 해치거나, 또는 하는 일을 방해하는 것이 아니잖아? 그 값어치를 더해 줄 뿐이지. 그들이 지구에 영향을 끼칠 뿐만 아니라 그들 서로 간에 작용을 하고, 지구도 그들에게 영향을 끼치면 더 좋잖아?

심플리치오 그렇지가 않아. 예를 들어 달의 표면에서 생성, 소멸, 변화가 일어나면, 그건 아무 쓸모가 없지. 자연은 쓸데없는 일을 하지 않네.

사그레도 그게 왜 쓸데없는 일인가?

심플리치오 왜냐하면 지구에서 일어나는 온갖 생성과 변화는 직접적으로 또는 간접적으로 사람들에게 도움이 되고, 쓸모가 있기 때문에 생기지. 말은 사람을 태우기 위해서 생겼네. 말을 먹이기 위해서 자연은 풀을 만들었고, 구름은 풀에게 비를 뿌리지. 사람들이 먹고살도록 하려고, 자연은 나물, 곡식, 과일, 짐승, 새, 물고기 들을 만들었지. 간단하게 말해서, 우리가 이 모든 것들을 조사해 그 중요성을 재어 보면, 이들은 모두 사람을 위해서, 사람의 필요에 따라, 사람이 편안하게 잘 살도록 하기 위해서 존재한다는 사실을 알 수 있어.

달이나 다른 어떤 행성에서 뭔가 생기더라도, 그게 사람에게 무슨 도움이 되는가? 달에 사람이 살아서, 그 열매를 따먹을 수 있단 말인가? 이런 생각은 엉터리 공상이거나 아니면 불경이 되지.

사그레도 내가 잘은 모르지만, 지구에 있는 풀, 나무, 동물 들과 비슷한 것들이 달에 살 것 같지는 않아. 지구처럼 비바람과 천둥, 번개가 일어날 것 같지도 않아. 사람이 산다는 것은 더더욱 상상하기도 어려운 일이지. 하지만 지구의 생명체와 비슷한 것이 살지 않는다고 해서, 달에 아무런 변화도 일어나지 않는다고 확언할 수는 없지. 어떤 생명체가 살아서, 생성되고 소멸하고 있을지도 모르지. 지구의 생물들과 완전히 달라서, 우리가 상상도 할 수 없는 어떤 것이 있을지도 몰라.

만약 어떤 사람이 깊은 숲에서 태어나고 자라서, 짐승들과 새들만 보아 왔고, 물의 세계에 대해서 전혀 아는 게 없다면, 그 사람은 자연계에 자신이 사는 세상과 완전히 다른 어떤 세상이 있다는 것을 도저히 상상도 못 할 거야. 다리도 없고, 날개를 펄럭이지도 않는 동물들이 가득 있는데, 땅의 짐승들과 달리 표면에 붙어서 사는 것이 아니라 모든 깊이와 높이를 자유롭게 돌아다니고, 어떤 때에는 움직이지 않고 가만히 제자리에 멈춰 서 있지. 새들조차 공중에서 이렇게 가만히 있을 수는 없네. 거기에도 사람들이 살아서 궁전을 만들고 도시를 만들었는데, 그들은 지치지도 않고 쉽게 여행할 수 있으며, 그 가족은 물론이고 집과 도시 전체가 먼 곳까지 움직이곤 하네. 숲에서 살던 사람은 아무리 상상력이 뛰어나다 하더라도, 물고기나 바다, 배, 함대를 상상할 수는 없을 거야.

달나라의 경우는 더하겠지. 달은 우리와 아주 멀리 떨어져 있으며, 구성 성분들이 지구의 물질들과 완전히 다를지도 몰라. 달의 생명체와 그들의 활동은 지구의 그것들과 완전히 다를 뿐만 아니라 우리의 상상을 완전히 벗어나서 생각도 못 할 지경일 거야. 사람들이 상상할 수 있는 것은, 본 적이 있는 것들이거나, 기껏해야 본 것들을 뜯어 붙여서 만든 것들이거든. 스핑크스, 사이렌, 키메라, 켄타우루스가 이런 것들이지.

살비아티 나도 이런 것들을 마음껏 상상한 적이 여러 번 있었어. 내가 내린 결론은, 달에 살 수가 없는 생명체들은 이러저러한 것들이라고 여럿 지목했지만, 달에 살 수 있고 실제로 살고 있다고 생각되는 생명체는 지목할 수가 없었어. 단지 막연하게 생각했을 뿐이야. 달에 사는 것들은 움직이고 활동하는 것이 우리와 많이 다를 것이다. 그들도 어쩌면 우주의 장대함과 아름다움을 보고, 조물주를 찬양하며, 찬미가를 부르고 있을지도 모른다. 성경에 보면, 모든 생명체가 영원히 해야 할 일은 신을 찬미하는 것이라고 쓰여 있으니까.

사그레도 매우 넓은 의미로 말하면, 그런 일들이 달에서 일어날 수 있겠지. 그런데 자네는 달에 있을 리가 없다는 생명체 이야기를 꺼냈는데, 그걸 좀 더 구체적으로 말할 수 없겠나?

살비아티 사그레도, 우리도 모르는 사이 조금씩 조금씩 주제에서 벗어나 버렸군. 이런 식으로 옆길로 빠지면, 우리가 원하는 결론에 이르는 데 시간이 너무 많이 걸려. 그러니 이 문제는 제쳐 두도록 하세. 나중에 따로 시간을 내서 다루도록 하세.

사그레도 기왕에 달에 간 김에, 달에 관한 것들에 대해서 이야기해 주게. 이렇게 먼 곳을 또 찾아오기도 힘들잖아?

살비아티 좋아, 자네가 원하니까. 우선 일반적인 것을 이야기하면, 달의 생김새는 지구와 완전히 다르네. 비슷한 점도 없잖아 있기는 하지만. 먼저 비슷한 점에 대해서 이야기하고, 그다음에 다른 점에 대해서 이야기하겠네.

달은 지구와 마찬가지로 공처럼 둥글게 생겼음이 의심할 여지가 없네. 그 모양이 완전히 둥근 원처럼 보이고, 또 햇빛을 받는 모양을 보면, 이 사실을 알 수 있어. 만약에 달이 납작한 원판이라면, 표면 전체가 동시에 햇빛을 받기 시작하고, 그러다가 표면 전체가 동시에 햇빛을 못 받게 되고 하겠지. 그런데 달은 해를 향한 곳부터 빛을 받기 시작해서, 차차 이웃한 부분들도 빛을 받게 되거든. 그래서 보름이 되면, 둥근 원 전체가 다 빛을 받게 돼. 만약에 우리가 보는 달의 표면이 오목하다면, 반대 현상이 벌어져. 그러니까 해와 반대쪽에 있는 부분부터 빛을 받기 시작하게 돼.

두 번째로 언급할 것은, 달은 지구와 마찬가지로 어둡고 불투명해. 불투명하기 때문에, 햇빛을 받아서 반사할 수 있어. 만약에 투명하다면, 빛을 반사할 수 없지.

세 번째로, 달을 구성하는 물질들은 조밀하고 단단해 보여. 아마 지구와 비슷할 거야. 그 증거는, 달의 표면에서 상당히 넓은 부분들이 고르지 않다는 사실이야. 망원경으로 보면, 튀어나온 부분과 깊게 파인 부분을 볼 수 있거든. 튀어나온 부분들은 지구의 험준하고 가파른 산과 비슷하게 생겼어. 어떤 것들은 수백 마일 길이로 뻗어 있거든. 어떤 것들은 좁은 장소에 모여 있어. 따로 떨어져 외로이 놓여 있는 바위도 있고, 가파르고 험한 바위들도 있어. 하지만 가장 흔하게 볼 수 있는 것은 둥그런 산마루이지. 약간 비스듬하게 올라가 있고, 갖가지 크기와 모양의 평원을 둘러싸고 있는데, 대개의 경우 그 모양은 둥글어. 그 가운데에 가파른 절벽을 가진 산이 있는 것도 있고, 몇몇은 검은 물질로 채워져 있어.

맨눈으로 볼 때 검게 보이는 부분과 비슷해. 이것들은 큰 것들이고, 작은 것들도 무수히 많아. 거의 다 둥근 모양이지.

네 번째로, 지구의 표면을 크게 둘로 갈라서 땅과 바다가 있듯이, 달의 표면도 밝은 부분과 어두운 부분으로 구별할 수 있네. 아마 햇빛에 비친 지구의 모양을 달이나 그와 비슷한 먼 거리에서 보면, 이것과 비슷할 거야. 그러니까 바다는 어둡게 보이고, 육지는 밝게 보일 거야.

다섯 번째로, 우리가 달을 보면, 완전히 다 보일 때도 있고, 반만 보일 때도 있고, 커지다가, 작아지다가, 낫 모양이 되었다가, 완전히 안 보일 때도 있지. 달이 햇빛의 바로 아래에 놓이면, 지구를 향하는 부분이 빛을 못 받아서 안 보이지. 마찬가지로, 달에서 지구를 보아도 햇빛 때문에 똑같은 모양이 돼. 모양이 바뀌는 것도 같고, 모양이 바뀌는 주기도 같아.

여섯 번째로 …….

사그레도 아니, 살비아티, 잠깐만. 달에서 지구를 보면 햇빛 때문에 그 모양이 변화하는 것이, 우리가 달을 보는 것과 같다는 것은 나도 잘 이해하고 있네. 그런데 그 모양이 바뀌는 주기가 같다는 것은 이해를 못 하겠는데. 햇빛이 달의 표면을 비추는 주기는 1개월이지만, 지구를 비추는 주기는 24시간이잖아?

살비아티 해가 이 두 물체를 비추면서, 그 표면에 찬란하게 빛을 뿌리는데, 이 현상이 지구에 대해서는 1일이 주기이고, 달에 대해서는 1개월이 주기인 것이 사실이야. 하지만 달에서 보았을 때, 지구의 표면이 빛을 받아서 보이는 모양은, 이것에 따라서 결정되는 것이 아니야. 달과 해의 위치가 여러 가지로 바뀌는 것을 고려해야 해.

예를 들어 달이 늘 해와 같이 움직여서 지구와 해 사이에 놓여 있다고 가정하자. 그러니까 늘 삭이라고 가정하자. 그러면 달은 해가 비치고 있는 지구의 반구를 내려다보고 있으니, 완전히 둥글게 빛나는 모양을 보게 되지.

반대로 달이 늘 해와 반대 방향에 놓여 있다고 가정하자. 그러면 달에서는 절대 지구를 볼 수 없네. 왜냐하면 지표면 중에서 달을 향하는 부분은 빛을 못 받아 어두워서 보이지 않기 때문이지.

하지만 현인 경우는, 달을 향한 지구 반구 중에서 절반은 햇빛을 받고 있으니 빛날 것이고, 절반은 햇빛을 못 받아서 어둡겠지. 그러니까 달에서 보았을 때, 지구는 반원 모양으로 빛나게 돼.

사그레도 이제야 이해가 가는군. 이제 완벽하게 이해를 했어. 달이 해와 반대쪽에 있을 때에는, 지구 표면 중에서 햇빛을 받는 부분을 전혀 볼 수 없지. 거기에서 움직이기 시작해 하루하루 날이 지나면, 점점 더 해를 향해서 가까이 가게 되지. 그렇게 되면, 지표면 중에서 햇빛을 받는 부분을 조금씩 조금씩 더 많이 보게 되지. 지구는 둥그니까, 처음에는 가는 낫 모양으로 보이겠지. 하루하루 날이 더 지나면, 해를 향해서 움직이기 때문에, 지구에서 빛을 받는 부분을 점점 더 많이 보게 되고, 그러다가 현이 되면, 꼭 절반을 볼 수 있어. 그때 지구에서 달을 보아도, 꼭 절반을 볼 수 있지. 삭이 점점 가까워지면, 빛을 받는 부분을 점점 더 많이 볼 수 있고, 마침내 삭이 되면, 반구 전체가 빛나는 것을 볼 수 있어.

이걸 요약하면, 지구에서 달의 모양이 바뀌는 것을 관찰할 때 나타나는 일들은, 달에서 지구의 모양이 바뀌는 것을 관찰할 때 다 나타나네. 다만 이 둘은 순서가 바뀌어 나타나. 즉 달이 해의 반대쪽에 있어서 보름달을 볼 수 있을 때, 달에서 지구를 보면, 삭인 셈이라 완전히 어두워서 보이지가 않아. 반대로 달이 해와 같은 쪽에 있어서 달이 보이지 않을 때, 달에서 지구를 보면, 해와 반대쪽에 있으니까, 전부가 환하게 빛나 '보름지구'를 볼 수 있겠지.

마지막으로 한마디 덧붙이면, 달 표면 중에 빛을 받아서 우리가 볼 수 있는 넓이의 비율이 있을 텐데, 그때 달에서 지구를 보면, 꼭 그 비율만큼이 어두워서 볼 수가 없어. 달 표면 중에 빛을 못 받아서 우리가 볼 수 없는 넓이의 비율이 있을 텐데, 달에서 지구를 보면, 꼭 그 비율만큼이 빛을 받아서 볼 수가 있어. 그러니까 현일 때 달의 절반을 볼 수 있고, 달에서 지구를 보아도 절반을 볼 수 있어.

이렇게 서로 역으로 볼 수 있지만, 한 가지 다른 점이 있어. 어떤 사람이 달에서 지구를 보면, 매일 지구 표면 전부를 볼 수 있어. 왜냐하면 달은 24시간 내지 25시간에 지구 둘레를 한 바퀴 돌거든. 그런데 우리는 달의 절반만 볼 수 있어. 왜냐하면 달이 스스로 돌지 않으니까, 뒤쪽 절반을 볼 수가 없어.

살비아티 어쩌면 자네 생각과 정반대일 수도 있어. 달이 스스로 돌기 때문에, 뒤쪽 절반을 볼 수 없는 것인지도 몰라. 만약에 달이 주전원을 따라서 돈다면 말이야. 그건 그렇다 치고, 자네가 말한 차이점의 역에 대해서는 왜 말하지 않고 넘어가나?

사그레도 뭐 말인가? 무슨 이야기인지 잘 모르겠는데.

살비아티 자네가 말했듯이, 지구에서는 달의 절반만 볼 수 있고, 달에서는 지구 전부를 볼 수 있지. 반면에, 지구의 어느 곳에서건 달을 볼 수 있지만, 달에서는 지구를 볼 수 있는 곳이 절반에 불과해. 그러니까 달의 위쪽 반구에 사는 사람들은 우리도 볼 수 없고, 그들도 지구를 볼 수 없어. 어쩌면 그들은 반인류(전설에 나오는 사람들로서, 지구 인간들과 대응하지만 절대로 만날 수 없다. ― 옮긴이)일지도 몰라.

나의 절친한 동료 학자가 최근에 달에 대해서 관측하고 연구한 것이 있는데, 그것에서 두 가지 결론을 이끌어 낼 수 있네. 하나는, 우리가 달의 절반보다 약간 더 볼 수 있다는 사실. 다른 하나는, 달의 움직임이 지구 중심과 정확하게 관계가 있다는 사실. 그 학자가 관측한 것을 자네들에게 이야기해 주지.

달이 어떤 자연 법칙에 따라서, 지구와 대응해 늘 같은 면만 지구를 향하고 있다면, 그 둘의 중심을 잇는 선은 달 표면의 어느 고정된 점을 지나겠지. 그러니까 지구 중심에서 달을 쳐다보는 사람은 늘 같은 중심, 같은 반지름으로 그린 원 안에 들어가는 부분만을 보게 돼. 하지만 지구의 표면에 있는 사람에게는, 그 사람과 달의 중심을 잇는 선이 달 표면을 뚫고 들어가는 지점이, 지구의 중심과 달의 중심을 이었을 때 달 표면을 뚫고 지나가는 점과 다르거든. 달이 그 사람 머리 위에 정확하게 있지 않다면 말이야.

그러니까 달이 동쪽이나 서쪽에 있을 때, 관측자에게서 달의 중심을 향해서 그은 선은, 달과 지구의 중심을 잇는 선보다 약간 위쪽에서 달의 표면과 만나고, 따라서 달의 가장자리 어떤 부분이 모습을 드러내게 되지. 달의 아래쪽 가장자리에서는 그와 같은 넓이의 부분이 모습을 감추게 되지. 모습을 드러내고 감춘다는 말은, 지구 중심에서 본 것과 비교해서 그렇다는 뜻이야. 달의 가장자리 중에 달이 뜰 때 위에 놓이는 부분은 달이 질 때 아래에 놓이지.

이렇게 위, 아래에 놓이는 부분을 자세히 관찰해서, 어떤 점들이나 표시가 드러났다 숨었다 하는 것을 보면, 실제로 눈에 보이는 부분이 달라지는 것을 확인할 수 있지. 이런 차이는, 달이 궤도를 따라 움직일 때, 가장 북쪽에 놓이는 경우와 가장 남쪽에 놓이는 경우, 달의 북쪽 끝과 남쪽 끝을 관찰해도 발견할 수 있어. 북쪽에 놓였을 때, 달의 북쪽 끝 일부분이 숨게 되고, 남쪽 끝 일부분이 모습을 드러내거든. 남쪽에 놓였을 때는 반대로 되지.

망원경을 써서 이 결론을 확인할 수 있어. 달의 양쪽 끝에서 2개의 표적을 찾았네. 달이 자오선상에 놓였을 때, 한 표적은 달의 북서쪽에 있고, 다른 하나는 정반대쪽에 있어. 북서쪽에 있는 것은 맨눈으로도 볼 수 있지만, 반대쪽에 있는 것은 망원경을 써야 볼 수 있네. 북서쪽에 보면, 조그마한 둥근 점이 3개의 큰 점과 떨어져 있는데, 그것을 표적으로 삼았어. 반대쪽에 있는 것은 이보다 더 작은 점인데, 역시 큰 점들과 어느 정도 떨어져 있어. 이들을 표적삼아 관찰을 해서, 그 변화를 분명하게 확인할 수 있었네. 이 둘은 반대쪽에 있으며, 어느 하나가 가장자리에 가까이 가면, 다른 하나는 가장자리에서 안으로 움직였어. 북서쪽에 있는 점은 가장자리에 가장 가까운 경우와 가장자리에서 멀어진 경우, 거리가 거의 두 배가 되었어. 반대쪽의 점은 가장자리에 더욱 가깝기 때문에, 거리가 세 배 이상 차이가 났어. 이것을 보면, 달은 마치 자석에 끌리듯 한 면만 지구를 향하고 있으며 이 이상 벗어나지 않음을 알 수 있어.

사그레도 이 신기한 발명품 덕분에 온갖 희한한 것들을 관찰하고, 새로운 사실을 발견하게 되는군.

살비아티 다른 위대한 발명품들과 마찬가지로, 이것도 계속 발전할 것이고, 그러면 지금 우리가 상상도 할 수 없는 것들을 볼 수 있게 될 거야.

원래 내가 이야기하던 것을 계속하겠네. 여섯 번째 공통점은, 지구가 햇빛을 못 받을 때, 달이 상당한 시간 빛을 비춰 주지. 햇빛을 반사해 주어서, 밤을 밝혀 주거든. 마찬가지로 지구도 햇빛을 반사해서, 달에게 빛이 필요할 때 비춰 주지. 이건 상당히 밝아. 지구는 달에 비해서 훨씬 넓으니까, 지구가 비추는 빛은 달빛보다 훨씬 밝을 거야.

사그레도 살비아티, 잠시 이야기를 멈추게. 자네 말을 들으니, 생각나는 것이 있어. 내가 오랜 시간 고민을 했고, 곰곰이 궁리를 했지만, 그 원인을 알 수가 없었던 신기한 현상이 있는데, 자네 말을 들으니 그 원인을 알겠어.

가끔씩 달에 이상한 빛이 나타나곤 해. 특히 초승달일 때 잘 나타나는데, 자네 말을 들으니, 이 빛은 햇빛이 지구의 육지와 바다에서 반사된 것이 달에 비춰져서 생긴 것이군. 이 빛은 초승달이 아주 가늘 때 가장 잘 볼 수 있어. 달에서 지구를 관찰하면, 지구가 가장 크게 빛이 나는 경우가 바로 이때이지. 자네가 조금 전에 말했듯이, 달에서 지구를 보았을 때 지구에서 밝게 빛나는 부분의 비율은, 지구에서 달을 보았을 때 어두운 부분의 비율과 같으니까. 그러니까 달이 아주 가는 초승달인 경우, 즉 달의 대부분이 어두울 때, 달에서 지구를 보면, 지구 대부분이 빛을 낼 테니까, 그 빛을 반사하는 것도 그만큼 더 밝겠지.

살비아티 그게 바로 내가 하고 싶었던 말이야. 자네같이 판단력이 뛰어나고 명민한 사람과 이야기하는 것은 아주 즐거워. 하나를 말하면, 그것을 갖고 추론을 해서 둘을 알아내니까. 자네는 내가 설명하기도 전에 이 사실을 알아차렸지만, 어떤 사람들은 머리가 하도 단단히 굳어 있어서, 그걸 수천 번 설명해 주어도 도무지 이해를 못 하더군.

심플리치오 다른 사람들이 이해하도록 만들 수 없었다니, 정말 놀랍군. 자네의 설명을 듣고도 이해하지 못했다면, 다른 누가 설명하더라도 마찬가지일 거야. 자네의 설명은 아주 쉽고 분명해 보이니까. 아마 그들이 그것을 믿도록 만들지 못했다는 뜻이겠지. 이건 놀라운 일이 아닐세. 왜냐하면 나 자신도 자네의 설명을 들으니 이해는 가지만, 그것들을 완전히 믿지는 못하겠어. 방금 이 설명도 그렇고, 자네가 말한 여섯 가지 비슷한 점들 중에는 받아들이기 어려운 게 많이 있어. 일단 이야기를 계속하게. 그다음에 내가 생각하는 문제점들을 말할 테니까.

살비아티 좋아, 그럼 짤막하게 다른 유사점들에 대해서 이야기하겠네. 자네같이 똑똑한 사람이 반론을 제기하면, 우리가 진실을 찾으려고 노력하는 데에 도움이 될 거야.

일곱 번째로 비슷한 점은, 달과 지구는 서로 도움을 줄 뿐 아니라 서로 해를 끼치는 것도 마찬가지야. 보름달이 아주 밝게 빛날 때, 가끔씩 지구가 해와 달 사이에 놓여서, 빛을 막아 버리거든. 달도 복수를 하려고, 가끔씩 지구와 해 사이에 끼어서, 그 그림자로 지구를 덮어 버리거든. 하지만 이 복수는 지구가 달에게 끼친 피해와 비교해서 규모가 작아. 왜냐하면 달은 흔히 상당히 오랜 시간 지구의 그림자에 완전히 묻혀 버리거든. 반면에 지구는 달의 그림자에 완전히 묻히지도 않고, 또 묻히는 시간도 아주 짧아. 그렇기는 하지만, 달은 해와 비교해 보면 아주 조그마한데, 이렇게 해를 막는 것을 보면, 달의 용기와 기백을 칭찬할 만해.

비슷한 점은 다 이야기했네. 이제 차이점에 대해서 말해야 하겠지. 그런데 심플리치오가 지금까지 내가 말한 것에 대해서 의문을 제기하려고 하니까, 다른 것들을 이야기하기 전에 심플리치오의 의견을 듣고, 그것들에 대해서 토론하도록 하지.

사그레도 그렇게 하도록 하지. 지구와 달이 다르다는 주장에 대해서는, 심플리치오가 조금도 의심하지 않을 거야. 심플리치오는 지구와 달이 완전히 다른 물질로 되어 있다고 생각하니까.

심플리치오 지구와 달이 비슷하다는 것을 보이기 위해서 예로 든 점들 중에서, 내가 의심 없이 받아들일 수 있는 것은 처음 것과 다른 한두 가지뿐이네. 처음 것, 그러니까 달이 공처럼 생겼다는 것은 나도 믿네. 사실, 여기에도 약간의 문제는 있어. 나는 달의 표면이 거울처럼 매끄럽고 윤이 난다고 믿거든. 반면에 우리가 손으로 만질 수 있는 이 지구는 거칠고 울퉁불퉁하지. 표면이 불규칙하다는 문제는, 자네가 말한 다른 유사점들과 관계가 있으니까, 그것에 대해서 말할 때까지 보류하겠네.

두 번째 유사점으로 말한, 달이 불투명하고 어둡다는 주장에 대해서는, 불투명하다는 것은 나도 인정하네. 일식이 일어나는 것을 보면 알 수 있어. 만약에 달이 투명하다면, 개기 일식이 일어났을 때, 온 세상이 그렇게 깜깜해지지 않겠지. 구름이 아무리 짙어도 약간의 빛이 뚫고 지나는 것처럼, 달이 투명하다면, 빛이 굴절되어 보이겠지.

하지만 달이 지구처럼 아무런 빛도 없고 어둡다는 주장에는 동의할 수 없네. 초승달일 때, 햇빛을 받아서 빛나는 낫 모양의 부분을 제외한 월면의 다른 부분에서 나는 빛은, 달이 스스로 빛을 내는 것일세. 지구에서 반사된 빛이 아니야. 지구는 워낙 거칠고 어두우니까, 햇빛을 반사할 수 없어.

세 번째 유사점에 대해서, 절반은 동의하고, 절반은 동의할 수 없네. 달도 지구처럼 굳고 단단하다는 주장에는 동의하네. 지구보다 훨씬 더 단단하겠지. 아리스토텔레스가 한 말에 따르면, 하늘은 하도 단단해서 꿰뚫을 수가 없으니까. 그런데 별은 하늘 중에서 물질로 빽빽한 부분이니까, 더욱 단단해서 절대로 뚫을 수가 없지.

사그레도 하늘이란 아주 멋지군! 거기에다 궁궐을 지을 수만 있다면 아주 좋겠군. 그렇게 단단하면서도 그렇게 투명하니까!

살비아티 아니, 반대로 아주 나쁜 장소야. 완전히 투명하니까 눈에 보이지가 않지. 이 방에서 저 방으로 가다가 문설주에 부딪혀 머리를 깨지나 않으면 다행이야.

사그레도 그럴 위험은 없네. 소요학파 사람들이 말했잖아? 하늘의 물질들은 만질 수 없다고. 만질 수 없는데, 어떻게 부딪힐 수 있겠나?

살비아티 아니, 그렇지 않네. 천체들은 만질 수 있는 구체적인 무엇인가가 없으니까 우리는 그것들을 만질 수 없지만, 그것들은 우리를 건드릴 수 있네. 우리를 때려서 상처를 입힐 수도 있어. 우리가 그것들에게 부딪혀도 마찬가지겠지.

이런 궁전은 잊어버리세. 허공에 뜬 엉터리 신기루일 뿐이니까. 심플리치오, 계속 이야기해 보게.

심플리치오 방금 농담처럼 말한 문제도 철학자들이 이미 다루었네. 이 문제에 대해 파도바에 있는 위대한 교수(체사레 크레모니니를 가리킨다. — 옮긴이)가 설명한 것을 들은 적이 있어. 하지만 지금 그 이야기를 하고 싶지는 않네.

내 이야기를 계속하지. 내 생각에, 달은 지구보다 더 단단하네. 내가 이렇게 생각하는 까닭은, 달의 표면이 거칠고 울퉁불퉁하지 않고 매끄러운 거울처럼 윤기가 흐르고 광택이 나기 때문이지. 마치 단단한 보석처럼 말일세. 햇빛을 그렇게 잘 반사하려면, 달의 표면이 그래야만 하네.

달에 있다고 말한 산, 바위, 산마루, 계곡 등등은 모두 헛것이야. 많은 사람들 앞에서 논쟁을 하는 것을 본 일이 있는데, 이런 모양은 달의 겉과 속에 검고 어두운 부분과 밝은 부분이 불규칙하게 섞여 있어서 그렇다는 주장이 훨씬 우세했어. 수정이나 호박같이 귀중한 보석들을 완벽하게 다듬어 놓은 것을 보면, 이런 모양이 나타나지. 어떤 부분은 불투명하고, 어떤 부분은 투명해서, 마치 오목하거나 볼록한 부분들이 있는 것처럼 보여.

네 번째 유사점에 대해서, 멀리서 지구를 보면 표면이 어두운 부분과 밝은 부분, 둘로 나타난다는 생각에는 나도 동의하네. 하지만 밝은 부분과 어두운 부분은 자네가 말한 것과 반대일 거야. 물은 투명하고 고르니까, 표면에서 빛을 반사해 밝게 보일 것이고, 땅은 불투명하고 거치니까, 빛을 반사하지 못해 어둡게 보일 걸세.

다섯 번째 유사점에 대해서는, 나도 완전히 동의하네. 지구가 달처럼 빛이 난다면, 달에서 지구를 보았을 때 그 모양이, 마치 우리가 달을 볼 때 모양이 바뀌듯이 바뀔 거야. 해는 지구를 따라서 24시간에 한 바퀴 돌지만, 달에서 지구를 볼 때, 그 모양이 바뀌는 주기가 왜 1개월인가 하는 것도 이해할 수 있어. 달의 절반 부분에서만 지구 전부를 볼 수 있고, 나머지 절반 부분에서는 아예 지구를 못 보며, 지구 어디에서든지 달의 절반만을 볼 수 있다는 것도 의심할 여지가 없네.

여섯 번째 유사점은 말도 안 되는 엉터리일세. 달은 지구로부터 빛을 받을 수가 없어. 달은 햇빛을 우리에게 잘 반사해 주지만, 지구는 완전히 깜깜하고 불투명해서 햇빛을 반사할 수 없네. 내가 이미 말했지만, 초승달일 때 햇빛을 받아서 밝게 빛나는 낫 모양의 부분 이외의 곳에서 빛이

나는 것은, 달 스스로 빛을 내는 것이네. 이게 그렇지 않다고 증명한다면, 나는 정말 놀랄 거야.

일곱 번째로, 서로 햇빛을 가려 식이 일어난다는 사실은 나도 인정하네. 달이 햇빛을 가리는 것을 지구식이라 부르지는 않고 일식이라 부르는 것이 보통이지.

내가 일곱 가지 유사점들에 대해 반박할 말들은, 지금 제기한 것이 전부일세. 내가 지적한 것들에 대해서 답을 해 주면, 기꺼이 듣지.

살비아티 자네가 답하는 것을 들으니, 내가 지구와 달의 공통점이라고 말한 것들 중에서 우리 의견이 일치하지 않는 것이 여럿 있군. 요약하면 다음과 같아.

자네 말에 따르면, 달은 거울처럼 매끄럽고 윤이 나기 때문에 햇빛을 잘 반사하지만, 지구는 표면이 거칠어서 그렇게 반사할 수 있는 힘이 없어. 달이 단단한 고체라는 사실에는 자네도 동의를 했네. 자네가 이 결론을 이끌어 낸 것은, 표면이 울퉁불퉁하기 때문이 아니라 표면이 매끄럽기 때문이지. 표면이 울퉁불퉁해 보이는 것은, 불투명한 부분과 맑은 부분이 뒤섞여 있어서 그렇게 보일 뿐이지. 그리고 자네는, 달에서 나는 희미한 빛은 제 스스로 내는 것이지, 지구에서 반사된 것이 아니라고 말했어. 그렇기는 하지만, 물은 표면이 고르니까, 바다에서 빛이 약간은 반사될 거라고 자네도 수긍을 했네.

달이 마치 거울처럼 빛을 반사한다고 생각하는 그 착각에서 자네를 구하기는 어렵겠군. 우리의 절친한 동료 학자가 쓴 책 『시금저울』과 『해의 검은 점에 대한 편지』에 보면, 그것을 자세히 설명해 놓았는데, 이 책들을 읽고도 자네 생각을 못 고친다면, 나도 어떻게 할 수가 없네.

심플리치오 그것들을 읽기는 했지만, 다른 공부를 하다가 틈이 나는 대로 조금 보았을 뿐, 그렇게 신경 써서 보지 않았네. 거기 나오는 설명이나 또는 다른 어떤 증명을 써서, 내가 겪는 어려움을 없앨 수 있다면, 이야기를 해 주게. 신경 써서 듣겠네.

살비아티 지금 생각나는 대로 자네에게 설명해 주겠네. 아마 그 책의 내용과 내 생각을 반반씩 섞은 게 될 거야. 이 결론들을 처음에 보았을 때는 모순인 것 같았지만, 그 책들을 보고 완전히 확신을 하게 되었네.

심플리치오, 지금 우리가 알고 싶은 것은, 달이 우리에게 빛을 보내듯이 그런 식으로 빛을 반사하려면, 빛을 반사하는 표면이 거울처럼 매끄럽고 윤이 나야 하는가, 아니면 표면이 거칠고 울퉁불퉁하며 잘 닦여 있지도 않은 것이어야 하는가 하는 문제이지. 두 표면이 우리와 마주보고 있는데, 어느 하나가 다른 하나보다 빛을 더 잘 반사한다면, 이들이 반사하는 빛을 보았을 때, 어느 쪽이 밝고 어느 쪽이 어둡겠는가?

심플리치오 그야 물론 빛을 더 잘 반사하는 쪽이 더 밝아 보이고, 다른 쪽이 더 어두워 보이지. 이건 의심할 여지가 없네.

살비아티 좋아. 당장 실험을 해 보세. 벽에 걸린 저 거울을 들게. 그리고 밖으로 나가세. 사그레도, 자네도 우리와 같이 가야지. 자, 저기 햇빛이 내리쬐는 벽에다 그 거울을 달아. 그다음에 그늘로 들어가세. 저 거울과 벽을 보게. 둘 다 햇빛을 받고 있는데, 어느 쪽이 더 밝아 보이는가? 벽인가? 아니면 거울인가? 아니, 왜 대답을 안 하나?

사그레도 내가 대신 답을 하지. 심플리치오는 지금 곤란한 입장에 놓여 있어. 내가 보기에, 이 간단한 실험을 통해서 달의 표면이 매우 거칠다는 것을 알 수 있어.

살비아티 심플리치오, 말해 보게. 자네가 거울이 걸려 있는 저 벽을 그림으로 그린다면, 거울과 벽 중 어느 쪽에 어두운 색 물감을 쓰겠나?

심플리치오 거울을 더 어둡게 칠해야 하겠는데.

살비아티 자네 말마따나 가장 밝게 빛나는 면이 빛을 가장 잘 반사한다면, 저 벽은 거울보다 햇빛을 더 잘 반사하는군.

심플리치오 아주 교묘하군. 기껏 증거라고 내세우는 게 이건가? 지금 우리가 거울이 빛을 반사하는 곳에 있지 않기 때문에 그렇지. 자, 나를 따라 저쪽으로 가 보세. 글쎄, 따라 오라니까.

사그레도 거울이 빛을 반사하는 곳으로 가려고 그러는가?

심플리치오 그래, 맞아.

사그레도 저기 반대쪽 벽에 나타나는군. 꼭 거울 크기로 빛이 비치는군. 벽이 직접 햇빛을 받는 것과 비교해 약간 덜 밝군.

심플리치오 나와 같이 저기로 가세. 저기에서 거울을 보았을 때, 거울과 벽 중에서 어느 쪽이 밝은지 말해 보게.

사그레도 자네나 가서 보게. 나는 햇빛에 눈이 멀고 싶지 않네. 나는 보지 않아도, 그게 해를 직접 보는 것과 비슷하게, 어쩌면 약간은 덜 밝게 눈부시다는 것을 잘 알고 있네.

심플리치오 이제 뭐라고 말할 건가? 거울이 빛을 반사하는 것이 벽보다 못하다고? 여기 반대쪽 벽에 와서 보니까, 거울이 반사하는 빛과 벽이 반사하는 빛이 있지만, 거울이 반사하는 것이 훨씬 더 밝은데. 벽이 반사하는 빛을 다 합쳐도 거울만 못할 거야.

살비아티 자네 통찰력이 뛰어나서, 나보다 앞질러 가는군. 내가 나머지 부분들을 설명하려면, 바로 이 관찰이 필요하네. 벽면과 거울면은 똑같이 햇빛을 받지만, 그것을 반사하는 방법이 다르다는 것을 알겠지?

벽에서 반사하는 빛은 사방으로 퍼져서, 반대쪽 어디에서나 그것을 볼 수 있지. 하지만 거울에서 반사하는 빛은 한 곳으로 가기 때문에, 거울 크기의 장소에서만 그걸 볼 수 있어. 벽은 어디에서 보든지 같은 정도로 밝아 보여. 그리고 거울보다 더 밝아 보이지. 아, 물론 거울에서 반사된 빛이 비치는 그 좁은 곳에서는, 거울이 벽 전체보다도 훨씬 밝아 보이지. 이건 우리가 직접 보고 느낄 수 있지.

이 실험을 통해서 달이 빛을 반사하는 것이 거울이 반사하는 것과 비슷한지, 아니면 벽이 반사하는 것과 비슷한지 판단할 수 있어. 그러니까 표면이 매끄러운지, 아니면 울퉁불퉁한지 알 수 있어.

사그레도 내가 지금 달에 있어서, 그 거칠거칠한 표면을 손으로 만질 수 있다 하더라도, 자네의 설명을 듣는 편이, 그게 거칠다는 것을 더 분명하게 이해할 수 있는 방법이겠군. 달은 어떤 위치에 있더라도, 햇빛에 비치는 부분은 같은 정도로 밝아 보여. 이것은 바로 벽이 빛나는 것과 같은 방식이지. 어디에서 보더라도 같은 정도로 빛나니까. 이것은 거울과 완전히 달라. 거울은 어떤 곳에서 보면 아주 밝고, 다른 곳에서 보면 아주 어두우니까.

그리고 벽에서 나오는 빛은 거울에서 반사된 빛과 비교해 훨씬 약해서 은은하거든. 거울의 빛은 너무 강해서, 해를 직접 보는 것과 거의 맞먹을 정도로 눈이 부시거든. 우리는 달을 보면서 조용히 명상을 할 수 있지. 달은 가까이 있어서 해처럼 크게 보이니까, 만약 달이 거울과 같았다면, 그 빛이 너무 강해서 쳐다볼 수가 없을 거야. 마치 또 다른 해를 보는 것 같겠지.

살비아티 사그레도, 자네는 내 증명에 대해서, 실제 이상으로 온갖 것들을 부여하는군. 내가 지금부터 설명하려는 사실은 이해하기가 상당히 어려울 거야. 달과 거울이 빛을 반사하는 형태를 보면, 달은 마치 벽처럼 사방으로 빛을 보내고, 거울은 한 곳으로 빛을 보내니까, 달과 거울은 완전히 다르다고 자네는 말했네. 따라서 달은 벽과 비슷하고, 거울과 다르다고 결론을 내렸네.

하지만 거울이 한 곳으로 빛을 보내는 까닭은 표면이 평평하기 때문이야. 빛은 들어올 때와 같은 각으로 반사되어 나가. 그러니까 반사면이 평면인 경우, 빛들은 한 곳으로 나란히 움직이게 돼.

그러나 달의 표면은 평면이 아니라 공 모양이야. 이런 경우, 표면에 내리쪼인 빛은 사방으로 반사되어 나가. 왜냐하면 표면이 둥그스름하니까 기울기가 갖가지라서, 빛이 들어올 때와 같은 각으로 반사되면, 그 방향이 제각각이 되기 때문이지. 그러니까 달의 경우는 평면거울과 달리 빛을 한 곳으로 보내는 것이 아니라 사방으로 다 보낼 수 있어.

심플리치오 내가 반론으로 제기하려던 것들 중의 하나가 바로 이것일세.

사그레도 …… 것들 중의 하나라니, 반론으로 제기할 것이 많은 모양이지? 이 반론에 대해서 곰곰이 생각해 보면, 자네 편이 아니라 오히려 반대편인 것 같아.

심플리치오 벽이 반사하는 것이 달처럼 밝게 빛난다고 당연하다는 듯이 말했지만, 이것을 달이 빛나는 것과 비교해 보면, 너무 보잘것없네. "빛을 내는 것에 관해서는, 그 활동 영역을 정의하고 살펴야 한다." 천체들은 우리 지구의 덧없고 초라한 물질들에 비해 활동 영역이 더 큼이 명백하지? 저 벽은 한 줌 흙일 뿐이네. 검고 어두워서 빛을 내지 못하네.

사그레도 내가 보기에, 자네는 또 큰 실수를 하고 있어. 살비아티가 제시한 첫 번째 관점으로 돌아가서 말하겠는데, 어떤 물체가 빛이 나는 것처럼 보이려면, 광원에서 나오는 빛이 그 물체에 닿는 것만으로는 부족하며, 빛이 그 물체에 반사되어 우리 눈에 들어와야 하네. 이것은 거울의 예를 보면 알 수 있어. 햇빛이 거울에 닿는 것은 명백하지만, 그 빛이 반사되어 가는 곳에 우리 눈을 두지 않으면, 거울은 밝게 빛나는 것 같지가 않아.

이것을 염두에 두고, 거울이 공의 표면처럼 생겼을 때 어떻게 될까 생각해 보세. 표면에 내리쬐어 반사된 빛 중에 실제 우리 눈에 들어오는 양은 아주 적음이 명백하네. 전체 표면 중에 기울기가 딱 맞아떨어져서, 빛을 우리 눈으로 보내는 부분은 아주 작을 테니까. 그러니까 우리가 보기에 둥그런 표면 중에 아주 작은 부분만이 빛이 나. 나머지 부분은 다 검게 보여.

달이 만약에 거울처럼 매끄럽다면, 어떤 사람이 보든 그 사람 눈에는 아주 작은 부분만이 빛을 받는 것처럼 보여. 실제로는 반구 전체가 햇빛을 받지만 말이야. 관찰자의 눈에는, 다른 부분은 빛을 받는 것처럼 보이지가 않아.

결론을 내리면, 달 전체가 보이지 않을 거야. 왜냐하면 빛을 반사하는 그 부분은 너무 작고 멀리 있어서 보이지 않을 테니까. 눈으로 보아도 달이 보이지 않으니까, 달빛이 비치는 것도 없겠지. 어떤 것이 환하게 빛이나 우리에게서 어둠을 몰아내는데, 우리는 그것을 볼 수도 없다니, 이런 일이 가능한가?

살비아티 사그레도, 잠시 말을 멈추게. 자네는 가장 좋은 증거를 바탕으로 완벽한 사실을 이야기했지만, 심플리치오의 표정과 자세를 보니까, 자네 설명에 대해 만족해 하지도 않고, 수긍하지도 않고 있어. 방금 내게 좋은 생각이 떠올랐네. 또 다른 실험을 통해서 모든 의문을 없앨 수 있네. 위층에 커다란 볼록거울이 있더군. 자네가 가서 갖고 내려오게. 심플리치오, 거울이 내려올 때까지 곰곰이 생각해 보게. 저 평면거울이 반사해 여기 발코니 아래 벽으로 보내는 빛의 양이 얼마나 되겠나?

심플리치오 이 부분의 밝기는 햇빛이 직접 닿을 때와 거의 비슷할 정도네.

살비아티 그렇군. 만약에 우리가 저 조그마한 평면거울을 치우고, 대신에 더 큰 볼록거울을 그 자리에 놓으면, 그것이 반사해 여기 벽으로 보내는 빛은 어떻게 될 것 같은가?

심플리치오 아마 더 크고 환하게 빛을 보낼 거야.

살비아티 만약에 빛이 아예 없거나, 또는 아주 작아서 거의 볼 수 없을 지경이라면, 어떻게 할 텐가?

심플리치오 실제로 보고 난 다음에 답을 하도록 하지.

살비아티 여기 거울이 왔군. 평면거울 옆에다 세우게. 우선 평면거울에서 반사된 빛이 비치는 저 곳으로 가세. 그게 얼마나 밝은가 자세히 관찰하게. 여기 빛이 비치는 곳은 아주 밝지. 벽의 세세한 모습까지 구별해 낼 수 있지?

심플리치오 아주 자세하게 보고 관찰했네. 이제 볼록거울을 그 옆에 세워 주게.

살비아티 이미 그 옆에 세워 놓았네. 자네가 벽을 자세히 들여다볼 때 볼록거울을 세웠네. 자네는 그걸 알아차리지 못했지? 벽 어디에서든 빛을 받는 양이 증가한 정도가 같았으니까. 이제 평면거울을 치우게. 자, 보게. 빛이 다 사라졌지? 커다란 볼록거울이 그대로 있는데도 말이야. 볼록거울도 치운 다음에, 어디든 원하는 곳에 놓게. 벽이 빛을 받는 것이 조금도 달라지지 않아. 공 모양으로 둥근 거울은 햇빛을 반사하더라도 주위를 비추는 것이 거의 알아차릴 수 없을 정도로 약하다는 것을, 실험을 통해서 보았네. 이 실험에 대해서 뭐라 할 말이 있는가?

심플리치오 뭔가 속임수를 쓴 게 아닌가? 저 거울을 쳐다보면, 거울에서 강한 빛이 나와서 눈이 부시네. 더 중요한 사실은 내가 어디에 있든 저게 늘 빛난다는 거야. 내가 이곳저곳으로 위치를 바꿔서 저 거울을 보면, 거울에서 빛이 나는 지점도 표면에서 이 지점, 저 지점으로 바뀌네. 그러니까 빛은 모든 면에서 다 반사가 되고 있어. 따라서 내 눈뿐만 아니라 벽 전체에도 빛이 비칠 거야.

살비아티 이것을 보면, 말만 갖고 증명한 것에 대해서는 동의하기를 매우 삼가고 조심해야 한다는 것을 알 수 있어. 자네가 말한 것은 그럴 법하게 들렸지만, 실제로 실험을 해 보니, 틀렸음을 알았잖아?

심플리치오 이게 도대체 왜 이렇게 되는 건가?

살비아티 내가 이것을 설명해 주지. 자네가 어떻게 받아들일지는 모르겠어. 우선 거울을 볼 때, 거기에서 밝게 빛나는 부분이 상당히 커 보이지만, 실은 그 부분은 아주 조그마하네. 사실은 아주 조그마한데, 그게 하도 밝아서, 눈꺼풀 근처에 있는 물기나 또는 다른 것에 굴절이 되어, 빛이 퍼져서 커 보여. 마치 촛불을 멀리서 보면, 불꽃 주위에 후광이 보이는 것처럼 말이야. 또는 어떤 별 주위로 빛살이 퍼지는 것과 비슷해. 예를 들어 큰개자리(Canis Major)에 있는 시리우스(Sirius)를 낮에 망원경으로 보아 빛이 퍼지지 않을 때 본 크기를, 같은 별을 밤에 맨눈으로 본 크기와 비교하면, 빛이 퍼질 때의 그 크기가 빛이 퍼지지 않을 때의 실제 크기보다 수천 배 더 커 보임을 확인할 수 있어.

지금 자네가 저 거울에 비친 해를 보아도, 별이 커진 것 이상으로 해가 더 커 보여. 그것 이상으로 커 보이는 까닭은, 그게 별보다 훨씬 빛이 강하기 때문이지. 별을 쳐다보는 것과는 달리, 이 거울의 햇빛을 보면 눈이 따가우니, 이게 별보다 빛이 더 강한 것이 확실하지.

그러니까 이 벽 전체에 뿌려지는 반사된 빛이 거울의 조그마한 부분에서 나와. 조금 전에 본 평면거울에서 나온 빛은 아주 좁은 영역에만 비춰졌지. 그러니까 평면거울로 비췄을 때 아주 밝고, 볼록거울로 비췄을 때 거의 밝기가 변하지 않는 것이, 그리 놀라운 일이 아니지.

심플리치오 나는 전보다 더 큰 혼란에 빠졌어. 또 다른 어려운 점을 말하겠네. 벽은 그렇게 어두운 물질로 만들었고 표면이 거친데, 어떻게 매끄럽게 잘 닦은 거울보다 빛을 더 강하고 밝게 반사할 수 있는가?

살비아티 더 강한 것은 아니고, 더 골고루 퍼뜨리는 거야. 강하기로 말하면, 저 조그마한 평면거울이 여기 발코니 아래 벽으로 비춘 빛이 가장 강하지. 그리고 벽의 다른 부분들은, 거울을 매단 저 벽 전체에서 반사광을 받지만, 평면거울에서 빛을 받는 조그마한 부분과 비교하면 그렇게 밝은 것이 아니지.

이 전부를 이해하려면, 벽의 거친 표면이 수없이 많은 조그마한 면들로 구성되어 있으며, 그들은 온갖 종류의 기울기로 놓여 있음을 알아야 해. 그러니까 이들 중 많은 것들은 어느 한 곳으로 빛을 보내도록 되어 있고, 다른 많은 것들은 또 다른 어떤 곳으로 빛을 보내도록 되어 있어.

한마디로 말해서, 거친 물체 위로 빛이 내리쬐면, 그와 마주보고 있는 어느 장소에서든 물체의 표면의 무수히 많은 조그마한 면에서 반사된 빛을 받게 돼. 그러니까 광원으로부터 빛을 받는 물체와 마주보며 놓인 면은, 모든 곳에 반사된 빛이 와 닿으니까, 밝게 돼.

그리고 광원으로부터 빛을 받는 물체는, 어느 곳에서 보든 밝게 빛날 거야. 달은 표면이 매끄럽지가 않고 거칠기 때문에 햇빛을 사방으로 반사하고, 따라서 모든 사람에게 같은 정도로 밝아 보여. 만약 달의 표면이 공처럼 둥글면서 거울처럼 매끄럽다면 아예 보이지 않을 거야. 앞에서 이미 말했지만, 햇빛을 반사해 관측자의 눈으로 보내는 그 좁은 부분은 너무 멀리 떨어져 있으니 보이지 않을 거야.

심플리치오 무슨 말인지 잘 알겠네. 하지만 아직도 내 생각으로는, 이런 현상을 교묘하게 설명하는 것이 그렇게 어렵지 않을 것 같은데. 즉 달은 공 모양으로 생긴 거울이며, 햇빛을 거울이 반사하듯이 반사한다고 하면서 말일세. 해의 모습이 반드시 가운데에 나타날 필요는 없지. "그렇게 먼 거리에서는 해가 너무 조그마해서, 그 자신의 모습만으로는 보이지 않을지도 모른다. 그러나 해가 내는 빛 때문에 달 전체가 빛을 받는 것은 볼 수 있을 것이다."

이런 현상은, 도금한 판을 윤이 나게 닦아 놓았을 때 볼 수 있네. 도금판에 햇빛이 내리쬐면, 멀리서 보았을 때 판 전체가 빛나는 것처럼 보이거든. 가까이에서 보면, 그 판 가운데에 조그마한 모양으로 빛이 나는 것을 볼 수 있지만 말일세.

살비아티 내가 이해를 잘 못하고 있는 건가? 솔직히 말해서, 자네가 말한 것 중에 도금판에 관한 것 이외는 전혀 이해를 못 하겠는데. 까놓고 말하겠는데, 자네도 지금 자네가 한 말이 무슨 소린지 이해를 못 하고 있어. 단지 외워서 말했을 뿐이야. 아마 누군가가 자신이 상대방보다 더 똑똑하다는 것을 증명하려고 그런 말을 했겠지. 게다가 어떤 사람들은 자신들도 현명하다는 것을 과시하기 위해서 이해하지 못하는 것을 듣고도 박수를 치거든. 자신들의 이해가 부족한 것을 메우기 위해서 자기가 생각한 걸로 채워 넣기도 하거든. 그런 글을 쓴 사람도 자신이 이해하지 못하는 것을 쓴 것이고, 따라서 그것을 이해할 수가 없지.

이런 말장난은 그만두고, 자네가 말한 도금판에 대해서 답하겠는데,

만약 그 판이 그렇게 크지 않고, 평평하며, 강한 빛을 받고 있다면, 멀리서 보았을 때 판 전체가 빛이 나는 것처럼 보일 거야. 하지만 이렇게 보이는 것은 그 빛이 반사되어 나가는 선상에 눈이 놓이는 경우이지.

그 판이 은으로 되었다면, 더욱 찬란하게 빛이 날 거야. 은의 색깔이나 밀도는 완벽하게 광택을 내기에 딱 알맞거든. 표면을 매우 잘 닦았는데, 그 표면이 평면이 아니라 여러 종류의 경사가 져 있다면, 그 빛을 많은 곳에서 볼 수 있지. 여러 경사면에서 반사된 빛이 여러 곳으로 퍼질 테니까. 그 때문에 다이아몬드는 여러 면을 갖도록 연마하는 거야. 그래야만 멋진 광채를 사방에서 볼 수 있으니까. 하지만 판이 아주 크다면, 그게 완벽하게 평평하며, 우리가 그걸 멀리서 본다 하더라도, 전체가 빛나는 것처럼 보이지 않네.

이것을 더 잘 이해하려면, 매우 큰 도금판을 햇빛에 내놓았다고 생각해 보세. 멀리서 보면, 해의 모습이 아주 작은 부분에만 나타날 거야. 반사된 빛이 눈으로 들어오는 그 부분에만 나타나지. 해의 모습이 하도 밝아서, 빛살이 사방으로 뻗어 나가는 것 같겠지. 그래서 언뜻 보면, 판에서 실제 이상으로 넓은 부분이 빛나는 것 같아.

이 사실을 확인하려면, 판에서 빛이 반사되는 그 부분을 확인한 다음, 빛나는 부분의 크기가 얼마 정도인가 계산해서, 천으로 가운데 조그마한 부분만 남겨 놓고 나머지 부분을 다 덮어 버려. 그래도 멀리서 보면, 빛나는 부분의 크기가 준 것 같지가 않네. 빛은 천으로 덮은 부분으로 퍼져서 보여. 그러니까 조그마한 도금판을 멀리서 보면, 판 전체가 빛을 내는 것처럼 보여.

하지만 이런 현상이 달과 같이 어마어마한 판에서 일어나는 것을 상상할 수 있겠나? 아니, 달이 무슨 은쟁반과 비슷한 크기인 줄 아는가?

도금판이 볼록하면, 빛이 강하게 반사되는 곳은 딱 한 지점만 눈에 보이지. 그렇지만 빛이 하도 강해서, 빛살이 술처럼 달려 있겠지. 표면의 다른 부분은 어떤 색을 띠겠지. 그 판을 완벽하게 연마하지 않았을 때 그렇다는 말일세. 만약 완벽하게 연마했다면, 다른 부분은 검어 보여.

이런 예는 매일 우리 눈으로 볼 수 있네. 은으로 된 꽃병을 긁여서 깨끗하게 만들면, 눈처럼 새하얗게 되어서 거기에 모습을 비춰 볼 수가 없네. 하지만 그것을 닦아서 매끄럽게 하면, 색깔이 검어지고, 거기에 거울처럼 모습을 비춰 볼 수 있네.

원래 은의 표면에는 조그마한 입자들이 무수히 많이 있어서, 이들이 빛을 사방으로 반사해. 따라서 모든 곳은 빛을 받는 정도가 같았어. 그런데 표면을 닦으면, 이 입자들이 사라져서 표면이 매끄럽게 되고 검게 돼. 표면을 닦아서 이 조그마하고 불규칙한 것들을 없애면, 내리쬔 빛이 한 곳으로 반사되어 가네. 그곳에서 보면, 닦은 부분이 다른 부분에 비해서 더 밝고 깨끗해 보이지. 하지만 다른 곳에서 보면, 그 부분이 검게 보여. 매끄럽게 연마한 표면을 보면, 그 밝기가 하도 다양하게 바뀌어서, 온갖 모습으로 나타나지. 예를 들어 잘 연마한 갑옷을 그리려면, 빛이 똑같이 쏟아지는 부분에 대해 검은색과 흰색을 이웃해서 써야 할 거야.

사그레도 그렇다면 철학자들이 자네 의견에 동의를 해서, 달, 금성, 다른 행성들의 표면이 거울처럼 밝고 매끄러운 것이 아니고, 닦지 않은 은의 겉면처럼 조금 거칠다는 것을 인정하면, 이들이 햇빛을 우리에게 반사하기에 알맞고, 우리 눈에 보이도록 하기에 충분한가?

살비아티 어느 정도. 하지만 이들의 표면이 울퉁불퉁해서, 높은 산이 있고, 깊은 계곡이 있는 경우와 비교하면, 밝기가 떨어져. 그렇지만 이 철학자들은 그 표면이 거울보다 거칠다는 사실을 절대 인정하지 않을 거야. 상상할 수만 있다면, 그보다 더 매끄럽다고 할 거야. 완벽한 물체는 완벽한 모양을 가져야 한다고 생각하고 있으니까. 그러니까 천체들은 완벽하게 둥근 공 모양이라고 주장하지.

만약 그들이 조그마한 불균형이라도 인정을 하면, 나는 즉시 조금 더 큰 것을 붙잡으려 할 거야. 이런 완벽함은 쪼갤 수 없는 것에 있으니까, 머리카락만큼 망쳐 놓는 것은 산처럼 크게 망치는 것과 마찬가지야.

사그레도 자네 말을 들으니, 두 가지 의문이 생기는군. 표면이 불규칙하면 할수록, 빛을 더 강하게 반사하는 까닭은 뭔가? 다른 한 가지 의문은, 소요학파 철학자들이 그렇게 완벽한 모양을 고집하는 까닭은 뭔가?

살비아티 첫 번째 질문에 대해서는 내가 답하겠네. 두 번째 질문에 대해서는 심플리치오가 답하도록 하지. 우선 알아야 할 사실이 있네. 어떤 광원에서 오는 빛을 더 많이 받느냐 더 적게 받느냐 하는 것은, 빛이 그 면에 어느 정도로 비스듬하게 내리쬐느냐 하는 것과 관계가 있어. 빛이 수직으로 내리쬐면 가장 빛을 많이 받게 돼.

직접 자네 눈으로 보고 확인하게. 여기 종이가 있네. 이것을 접어서 이렇게 각이 지도록 만들어. 저 벽에서 반사된 빛이 여기로 오는데, 이 종이가 그 빛을 받도록 해. 자세히 보게. 이 부분은 빛을 비스듬하게 받기 때문에 빛이 직각으로 쏟아지는 부분과 비교해서 더 어둡잖아? 내가 이것을 더욱더 비스듬하게 만들수록 점점 더 어두워지지.

사그레도 그건 내 눈에 보이지만, 이렇게 되는 까닭이 뭔가?

살비아티 잠시만 생각하면, 그 까닭이 뭔지 자네 스스로 깨달을 수 있을 거야. 시간을 아끼기 위해서, 내가 그림을 그려서 보여 주겠네.

사그레도 이 그림을 보니 단번에 알겠군.

심플리치오 그래? 나는 이것만 보아서는 못 깨닫겠는데. 나는 아무래도 머리가 나쁜 모양이야.

살비아티 두 점 A, B 사이의 평행선들은 빛이라고 생각하자. 빛이 어떤 면 CD에 수직으로 쏟아지고 있다. 이제 CD를 기울여서, DO처럼 경사지게 만들자. CD에 쏟아졌던 빛들 중 상당한 부분이 DO를 건드리지 않고 지나가지? DO에 쏟아지는 빛이 더 작으니까, DO가 받는 빛이 더 약하다.

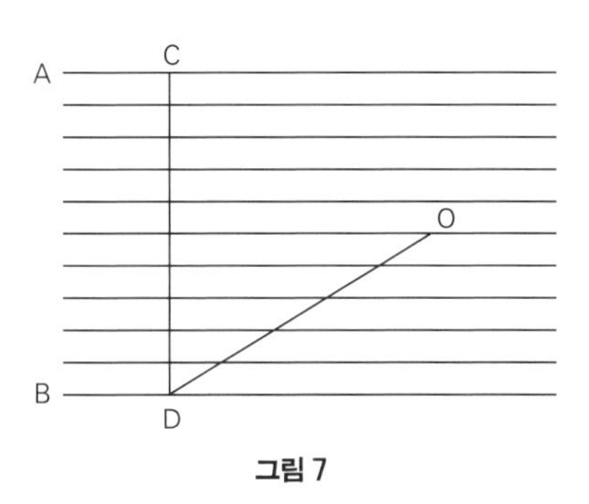

그림 7

달에 대해서 다시 생각해 보세. 달은 공 모양인데, 만약에 표면이 이 종이처럼 매끄럽다면, 빛을 받는 반구의 가장자리는 가운데 부분에 비해 빛을 훨씬 약하게 받겠지. 가운데 부분은 빛을 수직으로 받지만, 가장자리는 빛을 아주 비스듬하게 받으니까. 보름달일 때 빛을 받는 반구 전부를 볼 수 있고, 이때 가운데 부분은 가장자리에 비해 훨씬 밝아 보이겠지. 하지만 꼭 그렇지는 않네. 달의 표면이 높은 산들로 덮여 있다고 해 봐. 산봉우리나 산마루는 완벽한 공 모양일 때의 표면과 비교해 높이 솟아 있으니까, 햇빛을 받는 면이 덜 기울어졌겠지? 그래서 다른 부분에 비해 더 밝아 보이잖아?

사그레도 좋아, 그렇다 치세. 하지만 높은 산들에 햇빛이 쏟아지는 것이, 매끄러운 표면에 쏟아지는 것과 비교해 수직에 가깝다 하더라도, 대신에 산 사이에 있는 계곡은 산이 드리우는 그림자에 덮여서 검게 보일 게 아닌가? 가운데 부분은 산과 계곡으로 가득하더라도, 해가 바로 위에서 내리쬐니, 그림자가 안 생기지. 그러니까 가운데 부분은 가장자리에 비해 훨씬 더 밝겠지. 그러나 실제로 관측하면, 그렇지가 않아.

심플리치오 나도 이 난점을 제기하려던 참이었네.

살비아티 우리에게 문제가 생기니까, 심플리치오는 답을 찾기보다 그걸 이용해 아리스토텔레스의 위치를 강화하기에 바쁘군. 어떤 경우는 답을 알면서도 일부러 숨기는 것 같아. 지금 이 반론은 아주 교묘한데, 이 반론을 안다면, 아마 답도 알아냈을 거야. 심플리치오가 스스로 답을 실토하도록 만들어 보지. 심플리치오, 묻는 말에 답을 해 주게. 햇빛이 내리쬐는 곳에 그림자가 생길 수 있나?

심플리치오 생길 수 없지. 이건 확실하네. 해는 빛 중에 가장 강하니까, 햇빛이 내리쬐면 어둠은 쫓겨나지. 햇빛이 닿는 곳은 어두울 수 없어. 잘 알고 있겠지만, 어둠이란 빛이 없는 것이지.

살비아티 그렇다면 해가 지구나 달과 같은 불투명한 물체를 보면, 그늘진 부분을 볼 수가 없겠군. 자신의 빛이 비치는 것과 다른 각도로 볼 수가 없으니까. 따라서 누구든 해와 같은 쪽에 서서 보면, 그림자를 볼 수 없지. 왜냐하면 그 사람 눈이 보는 방향이 바로 햇빛이 비춰지는 방향이니까.

심플리치오 그래, 맞아. 그건 틀림없는 사실일세.

살비아티 달이 해와 반대쪽에 있을 때, 자네가 달을 보는 시선과 햇빛이 비치는 방향이 일치하는가? 아니면 차이가 있는가?

심플리치오 아, 이제 무슨 말인지 알겠네. 눈이 보는 방향과 햇빛이 비치는 방향이 같으니까, 달에서 그림자가 진 계곡을 볼 수 없겠군. 하지만 나는 절대 거짓말쟁이나 위선자가 아닐세. 믿어 주게. 나는 이 해답을 깨닫지 못했어. 자네의 도움이 없었다면, 오랜 시간 궁리를 했어야만 간신히 알아냈을 거야.

사그레도 이 문제에 대해 자네 둘이 찾아낸 답에 나도 만족하네. 그런데 시선과 햇빛이 나란하다고 하니까 또 다른 의문이 생기는군. 이걸 어떻게 표현해야 할까? 방금 떠오른 생각이라 가다듬어지지 않아서 잘 표현하지 못하겠는데 ……. 어디 우리가 이걸 분명하게 만들 수 있나 보세.

표면이 고르기는 하지만 그렇게 매끄럽지는 않다고 하고, 그런 반구가 햇빛을 받으면, 가운데 부분은 햇빛을 직각으로 받으니까 빛을 많이 받지만, 비스듬하게 받는 부분은 그에 비해 빛을 적게 받겠지.

예를 들어 가장자리의 20°로 된 넓은 띠 모양의 부분이 가운데의 4°로 된 좁은 부분과 같은 양의 빛을 받는다고 하자. 이 두 부분의 바로 위에서 이들을 내려다보면, 가장자리 부분이 가운데 부분보다 훨씬 어두워 보이지.

하지만 우리가 보는 각도에서는, 가장자리의 20°로 된 어두운 띠 부분이, 반구의 가운데 있는 4°로 된 부분과 같은 넓이로 보이잖아? 그러니까 어쩌면 둘이 밝기가 같아 보일지도 몰라. 가운데의 폭이 4°인 부분에서 빛이 반사되고, 가장자리 부분은 원래 20°이지만 폭이 좁아 보여서 4°인 것처럼 보이므로, 2개의 같은 각에 해당하는 빛들이 반사되어 눈에 들어오면, 그 양이 같을 테니까.

눈은 빛이 비춰지는 반구와 빛을 내는 광원 사이에 있으니까, 시선과 빛은 서로 나란하지. 그러니까 달의 표면이 고르면서 보름일 때, 가장자리가 가운데 부분만큼 밝게 빛날 수 있을 거야.

살비아티 이 문제는 아주 기발하고, 연구할 값어치가 있네. 이 질문이 즉석에서 나왔으니까, 나도 생각나는 대로 답을 하겠네. 이것에 대해 더 오래 생각하면, 좀 더 나은 답을 찾을 수 있겠지.

내가 이에 대해 답을 하기 전에, 자네가 반론으로 제기한 것이 실제로 일어나는지 실험을 통해 확인하는 게 좋겠군. 아까 그 종이를 이리 주게. 이렇게 좁은 부분이 생기도록 접고, 이것을 햇빛에 내놓아서, 좁은 부분에 빛이 직각으로 와 닿도록 하고, 나머지 넓은 부분에 빛이 비스듬하게 와 닿도록 하게. 빛이 직각으로 와 닿는 좁은 부분이 나머지 부분보다 더 밝게 보이는지 확인해 보세. 자, 이걸 보게. 좁은 부분이 훨씬 더 밝아 보이지?

만약 자네 반론이 옳다면, 보는 각도에 따라서 다음과 같이 될 거야. 눈을 낮추어서, 빛을 약하게 받는 넓은 부분이 좁아 보이게 만들어. 넓은 부분이 빛을 강하게 받는 좁은 부분과 같은 크기로 보이도록 만들어서, 눈으로 보는 각의 크기가 같도록 해. 그러면 그 부분의 밝기가 증가해서, 다른 부분처럼 밝아지겠지. 내가 지금 그렇게 보고 있네. 하도 비스듬하게 보아서, 넓은 부분이 오히려 더 좁아 보이는군. 하지만 조금도 밝아지지 않는데. 자네도 나처럼 보고 확인을 하게.

사그레도 내가 봐도 그렇네. 눈을 아무리 낮추어도, 그 부분이 조금도 밝아지지 않는군. 오히려 더 검어지는군.

살비아티 그렇다면 자네 반론이 틀렸다고 인정하지? 이렇게 되는 까닭은, 이 종이가 그렇게 매끄럽지는 않지만, 빛이 원래 온 방향으로 반사되어 돌아가는 양은, 사방 다른 곳으로 반사되는 양에 비해 훨씬 적기 때문이야. 시선이 빛이 입사하는 각과 가까워지면, 그나마 얼마 안 되는 빛마저 상당수 잃게 돼. 어떤 물체가 밝아 보이는 정도는, 내리쬔 빛의 양이 아니라 반사되어 눈에 들어오는 빛의 양에 따라서 결정되니까, 눈을 더 낮추면, 빛을 얻는 것보다 잃는 것이 많아서 검어져. 자네도 봤지만, 이 종이는 점점 더 검어지잖아.

사그레도 자네 설명과 실험 결과에 만족하네. 이제 심플리치오가 내 두 번째 질문에 대해서 답을 해 주게. 천체들이 완벽한 공 모양이라고 소요학파 철학자들이 그렇게 고집하는 이유가 뭔가?

심플리치오 천체들은 생기지도 않고, 소멸하지도 않고, 상하지도 않고, 절대 불변이며 영원하지. 그러니까 천체들은 아주 완벽하네. 아주 완벽하니까, 모든 면에서 완벽해야 하지. 생김새 또한 완벽해야 하네. 그러므로 공처럼 둥글어야 하며, 완벽하게 완전히 둥글어야 한다. 거의 공 모습에 가깝다거나, 불규칙한 모양이 있거나 하면 안 된다.

살비아티 그것으로부터 불변이라는 성질이 어떻게 나오나?

심플리치오 직접 원인은 반대되는 것이 없기 때문이지. 간접 원인은 단순한 원운동 때문일세.

살비아티 자네가 주장한 것을 종합해 보면, 천체들이 절대 불변이며 영원하다는 본성을 정립하는 데 그들의 생김새가 둥글다는 것은 아무런 역할도 못 하며, 필요한 조건도 아니군. 만약에 둥글다는 것이 절대 불변의 원인이라면, 나무나 밀랍 또는 다른 어떤 물질로 둥근 공 모양을 만들기만 하면, 그들이 영원히 변하지 않겠군.

심플리치오 나무로 둥근 공을 만들면, 같은 나무로 만든 뾰족탑이나 또는 다른 어떤 각진 물건에 비해 더 오래 가고, 자신의 모습을 더 잘 유지함이 명백하지 않은가?

살비아티 그건 사실이야. 하지만 상할 재질이 상하지 않게 되지는 않지. 나무는 여전히 상하게 돼. 조금 더 오래 갈 뿐이지. 상하는 성질은 더 많다거나 적을 수 있어. 예를 들어 "이것은 저것보다 더 쉽게 상한다."라고 말할 수 있지. 벽옥은 사암보다 상하려는 성질이 적다고 말할 수 있어.

하지만 상하지 않음은 많고 적은 것이 아니지. 만약 두 물체가 영원하고 절대 불변이면, "이것이 저것보다 더 상하지 않는다."라고 말할 수는 없어. 그러니까 생김새가 다른 것은, 수명이 길거나 짧은 물체에만 영향을 끼칠 수 있어. 영원히 불변인 물체들은 영원한 정도가 같으니까, 생김새가 아무런 역할도 못 해.

하늘의 물체들이 생김새 때문이 아니라 뭔가 다른 이유 때문에 절대 불변이라면, 완벽한 공 모양이어야 한다고 고집부릴 필요가 없네. 물체가 절대 불변이라면, 그게 어떤 모양이든 계속 그 상태를 유지할 테니까.

사그레도 내가 한마디 덧붙이겠네. 만약 공 모양이 물체가 절대 불변이도록 만드는 능력이 있다면, 모든 물체는 어떠한 모양이든 영원하고 절대 불변이네. 만약에 둥근 입체는 절대 불변이라면, 변한다는 성질은 완전히 둥근 형태에서 벗어난 부분에만 있을 수 있지. 예를 들어 정육면체는 그 안에 완전히 둥근 공 모양이 들어 있다고 생각하면, 그 부분은 불변이고, 변한다는 성질은 둥근 모습을 덮어서 숨기고 있는 귀퉁이에만 존재하겠지. 그러니까 쓸모없이 밖으로 튀어나온 귀퉁이들만 상할 수 있네.

하지만 이걸 좀 더 깊이 파고들어 보면, 귀퉁이 뾰족한 부분들도, 그 안에 같은 재료로 된 조그마한 공 모양이 들어 있어. 이 부분도 둥그니까 절대 불변이지. 이렇게 조그마한 공을 8개 잡은 다음에 남는 부분도 마찬가지야. 그 안에 또 다른 작은 공들을 잡을 수 있어. 이렇게 계속하면, 정육면체 전부를 무수히 많은 작은 공들로 생각할 수 있으니, 정육면체는 절대 불변이네. 다른 어떤 모양이든 이런 식으로 생각하면, 같은 결론이 나와.

살비아티 이건 거꾸로 생각할 수도 있어. 예를 들어 둥근 수정이 그 모양 덕분에 절대 불변이라고 하자. 즉 내부나 외부에서 생기려는 어떠한 변화도 억제할 수 있는 힘이 있다고 하자. 그러면 여기에 수정을 덧붙여서 정육면체 모양을 만들더라도, 둥근 수정의 내부는 물론 외부에도 아무런 변화가 없지. 이렇게 같은 물질로 덮어씌우면, 다른 물질로 둘러싼 것에 비해 변화가 일어날 가능성이 더 작아지겠지. 아리스토텔레스의 말에 따르면, 변화란 반대되는 것들이 닿을 때 일어나니까. 둥근 수정이 자신과 같은 수정으로 둘러싸인 것보다 더 반대와 거리가 먼 것이 있겠나?

우리는 시간을 너무 많이 소비하는군. 이런 식으로 온갖 자질구레한 것들에 긴 시간을 들이다간, 우리 이야기가 언제 끝날지 모르겠군. 사람의 기억력은 한계가 있으니까, 이렇게 많은 것들을 한꺼번에 다루면 혼란이 생겨. 심플리치오, 자네가 제기했던 문제가 뭐였나?

심플리치오 나는 잘 기억하고 있네. 달의 표면이 울퉁불퉁한 듯이 보이는 까닭이 문제인데, 만약 달에 투명한 물질과 불투명한 물질들이 불규칙하게 섞여 있다면, 그런 모습이 나올 수 있네.

사그레도 조금 전에 심플리치오가, 자신과 한 편인 소요학파 철학자들의 의견을 따라서, 달 표면의 불규칙한 모습은 투명한 물질과 불투명한 물질이 뒤섞여 있어서, 마치 여러 종류의 보석이나 결정에서 나타나는 모습과 같다고 주장했지. 그 말을 들으니, 그런 현상을 잘 보여 주는 물체가 생각났어. 소요학파 사람들이 이걸 보면, 어떠한 값이든 치르려 할 거야.

이것은 진주층일세. 이걸 온갖 형태로 다듬곤 하는데, 이것을 아무리 매끄럽게 갈아도, 눈으로 보기에는 곳곳이 튀어나오거나 들어간 것 같아서, 직접 손으로 만져도 이게 매끄럽다는 사실을 믿기 어려울 지경이야.

살비아티 이건 아주 멋진 개념이야. 하지만 심플리치오가 제시한 보석이나 결정체의 모습은 진주층이 보여 주는 모습과 아무런 관계가 없지. 아직 하지 않은 일은 때에 맞춰 하면 되니까, 누군가 이것을 제시할지도 모르지. 나는 다른 사람에게서 기회를 빼앗고 싶지는 않으니까, 그때까지 이것에 대한 답은 보류하겠네. 지금은 심플리치오가 제시한 반론에 대해서만 답을 하겠네.

자네가 제시한 주장은 너무 일반적이야. 나를 비롯한 여러 사람은, 달에 나타나는 모습이 울퉁불퉁하기 때문이라고 생각하는데, 자네가 한 말은 그런 모습 하나하나를 놓고 따지는 것이 아니고, 그냥 일반적으로 이야기한 것이니까, 그런 의견에 동의할 사람은 없을 거야. 자네나 그 글을 쓴 사람은 요점에서 멀리 벗어난 것에서 만족을 얻으려 하고 있어.

한 달 동안, 달의 모습은 매일 밤마다 다르게 나타나지. 불투명한 물질과 투명한 물질이 섞인 것으로 공을 만들면, 아무리 잘 만들어도 달의 모습 중 하나를 흉내내기도 힘들어. 반면에, 어떤 불투명한 고체로 공을 만들었든 그 표면에 튀어나오거나 들어간 부분을 많이 만든 다음, 빛을 여러 각도로 쬐면, 그 모습이 바뀌는 것이 바로 달의 모습이 때에 따라서 바뀌는 것을 정확하게 흉내내거든.

그런 공에서 보면, 햇빛에 노출된 높은 산마루들은 밝게 빛나고, 그 뒤로 어두운 그림자가 길게 드리워져. 달에서 밝은 부분과 어두운 부분의 경계선에 가까우면 가까울수록, 산마루의 그림자가 더 길게 생기거든. 이 경계선은 고르게 이어져 있지 않고, 톱니처럼 들쭉날쭉해. 이것을 보면, 달의 표면이 매끄럽지 않다는 것을 알 수 있어. 이 경계선 너머 어두운 부분을 보면, 산꼭대기 몇몇 점이 빛을 내는 것을 볼 수 있어. 이들은 밝은 부분에서 떨어져 있어.

빛이 비치는 각이 점점 높아지면, 그림자들이 점점 짧아져서, 마침내 완전히 사라지지. 보름달이 되면 그림자가 없어져. 그다음에 반대로 나타나게 돼. 빛이 달의 반대쪽으로 넘어가면, 앞에서 본 높은 산들은 또 관찰할 수 있지만, 이번에는 이들의 그림자가 반대 방향에 나타나며, 차차 길어지지. 내가 다시 강조하겠는데, 자네가 말한 투명한 물질과 불투명한 물질을 가지고는 이런 다양한 모습을 단 하나도 만들 수 없네.

사그레도 아니, 보름달의 모습은 만들 수 있지. 보름이 되면 그림자가 생기지 않으니까, 튀어나오거나 들어간 것에서 생긴 변화가 보이지 않지. 살비아티, 이것에 대해 더 이상 시간을 허비하지 말게. 누구든 한두 달

끈기 있게 관찰하면, 이 사실을 분명하게 깨달을 수 있으니까. 만약 그러고도 못 깨달으면, 그 사람은 제정신이 아니지. 그런 사람에게 헛되이 시간을 쓸 필요 있겠나?

심플리치오 나는 그렇게 관찰한 적이 없네. 호기심이 그렇게 강했던 것도 아니고, 그런 관찰을 할 기구도 내게는 없으니까. 했더라면 좋았겠군. 이 문제는 그만 덮어 두세. 그다음 문제로 넘어가서, 지구가 햇빛을 달처럼 밝게 반사한다고 믿는 까닭을 설명해 주게. 내가 보기에, 지구는 너무 어둡고 불투명해서 빛을 그렇게 잘 반사할 수 없네.

살비아티 심플리치오, 지구가 빛을 반사하기에 적당하지 않다고 자네가 믿는 까닭은 하나가 아니라 여럿 있네. 자네가 그렇게 생각하는 까닭을, 자네보다 내가 더 잘 알 수 있네.

심플리치오 내가 생각하는 것이 옳은지 틀린지 나보다 더 잘 판단할 수 있을지도 모르지. 하지만 내 생각이 옳든 틀리든, 내가 그렇게 생각하는 까닭을 나보다 더 잘 알 수는 없네.

살비아티 때가 되면 내 말에 수긍할 거야. 먼저 자네에게 묻겠는데, 달이 거의 차서 낮에도 보이고 한밤중에도 보일 때, 낮에 보이는 달이 더 밝은가? 아니면 한밤중에 보이는 달이 더 밝은가?

심플리치오 그야 물론 밤중에 보면 더 밝지. 내가 보기에, 달은 이스라엘 백성들을 인도했던 구름기둥, 불기둥과 비슷하네. 해가 있으면, 마치 조그마한 구름처럼 보이거든. 하지만 밤중에는 찬란하게 빛이 나지. 낮에 어떨 때 보면, 달이 구름 사이에 있는데, 마치 표백을 한 듯 보였어. 하지만 그날 밤에 달을 보니 아주 밝게 빛나던데.

살비아티 만약 자네가 낮에만 달을 보았다면, 달이 구름보다 더 밝다고 생각하지 않았겠군.

심플리치오 아마 그럴 거야.

살비아티 달은 정말로 낮보다 밤에 더 밝게 빛나는가? 아니면 우연히 그런 것처럼 보이는 건가? 대답해 보게.

심플리치오 내 생각에, 실제로는 낮에도 밤이나 마찬가지로 똑같이 밝게 빛나고 있네. 밤에 더 밝게 보이는 까닭은, 밤하늘이 칠흑같이 어둡기 때문이지. 낮에는 주위 온갖 것들이 다 밝으니까, 달빛을 더해도 그리 밝아 보이지 않는 것이지.

살비아티 자네는 지구가 햇빛을 받아 빛나는 모습을 한밤중에 본 일이 있나? 대답해 보게.

심플리치오 지금 농담하는 건가? 그런 말은 제정신이 아닌 사람에게나 할 소리이지.

살비아티 아니, 난 지금 진지하게 묻고 있네. 자네가 분별 있는 사람이라는 것도 잘 알고 있네. 자, 내가 물은 것에 대해 답을 해 주게. 내 질문이 말도 안 되는 엉터리라면, 내가 모자라서겠지. 어리석은 질문을 던지는 사람은, 그 질문을 받는 사람보다 더 어리석지.

심플리치오 나를 바보 취급하는 게 아니라니, 이렇게 말하면 답이 될 것 같군. 우리처럼 이렇게 지구에 있는 사람들은, 한밤에 지구에서 낮인 부분을 볼 수 없네. 즉 햇빛을 받는 모습을 볼 수 없어.

살비아티 그러니까 지구가 햇빛을 받아 빛나는 모습은 낮에만 볼 수 있지. 하지만 달은 깜깜한 밤중에 하늘에서 빛나는 모습을 볼 수 있지. 심플리치오, 지구가 달만큼 밝게 빛나지 않는다고 자네가 생각하는 까닭이 바로 이 때문일세. 만약 자네가 한밤중인 것처럼 깜깜한 곳에서 지구가 빛나는 모습을 볼 수 있다면, 달보다 훨씬 밝아 보일 거야. 그러니까 이 둘을 올바르게 비교하려면, 낮에 보이는 달빛과 지구의 빛을 비교해야 하네. 한밤중의 달빛이 아니야. 왜냐하면 한밤중에는 지구가 빛을 받는 모습을 볼 수 없으니까. 이해가 가나?

심플리치오 그럴 것 같군.

살비아티 자네 스스로 말했듯이, 낮에 달이 하얀 구름들과 같이 있는 것을 보면, 꼭 한 조각 구름처럼 보여. 비록 이 조그마한 구름들은 지구의 물질로 만들어진 것이지만, 달처럼 빛을 잘 반사해. 가끔 아주 큰 구름이 눈처럼 새하얗게 빛나는 것을 볼 수 있어. 만약 깜깜한 밤중에 이 구름이 그렇게 빛을 낸다면, 달이 100개 있는 것보다 더 밝게 주위를 비출 것이 명백하네.

그러니 지구가 햇빛을 받을 때, 이들 구름처럼 밝게 빛난다는 사실을 확인하면, 지구가 달만큼 밝게 빛난다는 것이 의심할 여지가 없네. 이들

구름도 한밤 내내 햇빛을 못 받으니까, 지구처럼 깜깜한 채로 있잖아? 그리고 이런 구름이 나지막하게 멀리 있으면, 그게 구름인지 산인지, 고개를 갸웃거리곤 하잖아? 그러니까 산도 구름 못지않게 빛을 내네.

사그레도 뭐 그렇게 길게 설명할 필요 있나? 저기에 달이 있네. 반달보다 조금 더 크군. 그리고 저쪽에 있는 높은 벽에 햇빛이 쏟아지는군. 여기로 와서 보면, 달이 벽 옆에 있는 것처럼 보이네. 자, 봐. 어느 쪽이 더 밝은가? 벽이 더 밝은 것이 확실하지?

햇빛이 저 벽에 쏟아진 다음 반사되어 이 방으로 들어가지. 그다음에 이 방의 벽들에서 반사되어 저 구석방으로 들어가네. 그러니까 세 번 반사되어 저 구석방으로 들어가. 지금 저 구석방의 밝기는, 달빛을 직접 받는 것보다 더 밝은 것이 확실해.

심플리치오 그렇지 않을 거야. 보름달인 경우 그 빛이 상당히 강하거든.

사그레도 사방이 다 캄캄하니까 밝아 보이지. 하지만 실제로 그렇게 밝은 게 아니야. 아마 해가 지고 반시간 정도 지났을 때의 박명보다 더 어두울 거야. 이건 확실해. 왜냐하면 그 무렵까지는 달빛 때문에 생기는 그림자를 보기가 어렵거든. 저 구석방에 햇빛이 세 번 반사되어 비추는 것이, 달이 직접 비추는 것보다 어두운지 밝은지 확인하려면, 저 구석방에 들어가 책을 읽어 보게. 그다음에 깜깜한 밤중에 달빛 아래에서 책을 읽어 보게. 아마 달빛에 책을 읽기가 더 어려울 거야.

살비아티 심플리치오, 이제는 수긍하겠지? 잘 생각해 보면, 자네는 지구가 달 못지않게 빛난다는 사실을 이미 알고 있었어. 내가 가르쳐서가 아니라 자네가 이미 알고 있던 사실들이, 자네가 그 사실을 확신하도록 만들었네. 달이 낮보다 밤에 더 밝아 보이는 일은, 내가 자네에게 설명하지 않았네. 자네는 이미 알고 있었어. 조그마한 구름이 달보다 더 밝게 빛난다는 사실도, 자네는 이미 알고 있었어. 자네는 밤중에 지구가 빛나는 것을 본 일이 없다는 것도 알고 있었어.

한마디로, 자네는 모든 것을 알고 있었는데, 단지 알고 있다는 것을 깨닫지 못하고 있었어. 그러니 깜깜한 밤중에 달빛이 우리를 밝혀 주듯이, 지구는 빛을 반사해 달의 어두운 부분을 밝혀 준다는 사실을, 자네가 인정하는 것이 그리 어렵지 않겠지? 지구의 넓이는 달의 열네 배나 되니까.

심플리치오 나는 정말이지 달에서 나는 희미한 빛은 달 스스로 내는 것인 줄 알았어.

살비아티 아니, 그것에 대해서도 자네는 이미 알고 있었네. 알고 있다는 것을 깨닫지 못했을 뿐이야. 밤이 되면 사방이 다 깜깜해지니까, 달이 낮보다 밤에 더 밝아 보임은 자네도 잘 알고 있지? 그것으로 미루어 볼 때, 빛나는 물체들은 모두 다 주위가 어두울 때 더 밝아 보임을 알 수 있지.

심플리치오 그럼, 그건 나도 잘 알고 있네.

살비아티 그 희미한 빛은 초승달일 때 잘 나타나는데, 그때는 달이 해와 가까이 있으니까, 황혼 무렵에만 볼 수 있지?

심플리치오 그래, 맞아. '하늘이 빨리 깜깜해져야 저 빛을 좀 더 잘 볼 수 있을 텐데.' 하고 바란 적이 많지만, 하늘이 깜깜해지기 전에 달이 먼저 져 버리더라고.

살비아티 그렇다면 자네는, 만약 그 빛이 깜깜한 밤중에 나타나면, 더 밝아 보일 것이라는 점을 잘 알고 있군?

심플리치오 그렇게 되겠지. 햇빛을 받아서 밝게 빛나는 낫 모양의 부분을 없앨 수 있다면, 더욱 잘 볼 수 있을 거야. 그 부분이 너무 밝아서, 다른 빛을 살피기가 어렵거든.

살비아티 아주 깜깜한 밤에 달이 햇빛을 조금도 받지 않는데, 달 모양 전부가 시야에 들어오는 경우가 없잖아 있지?

심플리치오 그런 일은 아마 개기 월식이 일어나는 경우에만 가능할 걸세.

살비아티 아마 그때 달에서 나는 희미한 빛이 가장 밝게 보이겠지? 주위는 온통 깜깜하고, 초승달일 때 밝게 빛나던 낫 모양도 없으니까. 그런 상태에서 보니까 얼마나 밝아 보이던가?

심플리치오 어떤 경우는 구리색처럼 보이기도 하고, 또는 약간 희끄무레하게 보이기도 하던데. 그러나 대개의 경우, 너무 어두워서 볼 수가 없어.

살비아티 황혼 무렵에 바로 옆에서 낫 모양의 부분이 밝게 빛나고 있어도 그 희미한 빛을 볼 수 있는데, 그게 달 스스로 내는 빛이라면, 깜깜한 밤에 다른 빛을 다 없앴는데, 어떻게 그 빛을 못 볼 수가 있나?

심플리치오 그 빛은 다른 별이 나누어 주었다는 의견도 있네. 가까이 있는 금성이 그랬겠지.

살비아티 그런 어리석은 소리 말게. 만약에 그렇다면, 개기 월식이 일어날 때, 그 빛이 다른 어느 때보다도 더 잘 보여야지. 지구의 그림자가 달을 금성이나 다른 별로부터 가리기라도 한단 말인가? 그럼에도 달은 개기 월식일 때 전혀 빛을 못 내. 그 까닭은, 달을 향하고 있는 지구의 반구가 그때 밤중이어서 그래. 그러니까 햇빛이 전혀 없거든.

희미한 빛을 자세히 관찰하면 알 수 있어. 아주 가는 초승달일 때, 달빛이 지구를 비치는 정도는 매우 약하지. 달이 점점 차면, 달에서 반사되어 우리를 비추는 빛이 점점 더 밝아지지. 마찬가지 원리로, 초승달일 때 달은 지구와 해의 중간에 놓여서, 지구의 반구 중 대부분이 밝게 빛나는 것을 볼 수 있으니까, 달의 희미한 빛이 상당히 밝아 보여.

달이 해에서 점점 멀어져 상현에 가까워지면, 희미한 빛이 점점 약해지지. 상현이 되면 아주 약해. 왜냐하면 달에서 지구를 보았을 때, 밝은 부분이 점점 줄어들기 때문이지. 만약 희미한 빛이 달 스스로 내는 것이거나 다른 별에서 유래한 것이라면, 반대로 되어야지. 한밤중에 사방이 다 깜깜하니까, 그 빛을 더 잘 볼 수 있겠지.

심플리치오 잠깐만. 내가 최근에 어떤 조그마한 책(『새로운 천문학 현상에 대한 논란과 수학적 토론』, 크리스토퍼 샤이너의 권유에 따라 그의 제자인 요아네스 게오르기우스 로허가 1614년에 쓴 책 — 옮긴이)을 보았는데, 거기에는 온갖 신기한 개념들이 가득 들어 있어. 거기에 보면, "달에 나타나는 희미한 빛은 다른 별 때문이 아니고, 달 스스로 내는 빛도 아니다. 지구가 반사한 빛은 절대 아니다. 그 빛은 바로 햇빛에서 유래한다. 달을 구성하는 물질이 어느 정도 투명하기 때문에, 햇빛이 달 전체를 뚫고 나와 보이는 것이다. 햇빛에 노출된 반구의 표면에 빛이 강하게 내리쬐고, 달의 내부는 이 빛을 빨아들인다. 마치 구름이나 수정처럼 빛을 빨아들인 다음, 반대쪽으로 내보내서, 그 빛이 우리 눈에 보이게 된다."라고 씌어 있어.

내가 기억하기로, 경험과 추론, 권위자들의 의견을 종합해 그 결론을 이끌어 냈어. 클레오메데스(Cleomedes, ?~?년, 고대 그리스의 천문학자), 비텔리오(Vitellio, 1230?~1280?년, 중세 폴란드의 철학자), 마크로비우스(Macrobius, 395~423년, 고대 로마의 저술가), 그리고 현시대 학자(프란시스쿠스 아퀼로니우스(Franciscus Aquilonius, 1567~1617년)를 가리킨다. — 옮긴이)가 한 말들을 인용해 놓았어. 경험을 통해서, 이 빛은 달이 삭에 가까울 때, 그러니까 초승달일 때 낮에 밝게 빛나며, 가장자리를 따라 가장 밝게 빛남을 알 수 있다고 씌어 있네. 뿐만 아니라 일식이 일어나 달이 해 안에 들어갔을 때, 달의 맨 가장자리 부분이 반투명한 것을 볼 수 있거든. 이런 현상이 지구나 다른 별 또는 달 자신 때문에 생길 수는 없으니, 해에서 유래한 것이라고 그는 결론을 내렸어.

그리고 이렇게 가정하면, 이때 생기는 여러 현상들을 명쾌하게 설명할 수 있네. 예를 들어 그 희미한 빛이 맨 가장자리를 따라 더 밝게 나타나는 까닭은, 햇빛이 뚫고 지나가는 거리가 짧기 때문이지. 원을 뚫고 지나가는 선분들 중에 가장 긴 것은 중심을 지나는 것이고, 다른 선분들의 길이도 중심에서 멀면 멀수록, 중심에 가까운 것에 비해 더 짧지. 그리고 이 원리를 써서, 그 빛이 거의 줄어들지 않음을 추론할 수 있어.

마지막으로, 이렇게 추론할 수 있는 근거로서, 일식이 일어났을 때 달의 맨 가장자리를 따라 밝게 빛나는 현상은, 달이 해 안에 들어가는 경우에 생기며, 달이 해 바깥에 놓이면 이런 현상이 생기지 않거든. 이렇게 되는 까닭은, 달이 해 안에 놓일 때 햇빛은 달을 뚫고 바로 우리 눈으로 들어오지만, 해 바깥에 놓이면 그 빛이 우리 시선 밖으로 나가기 때문이지.

살비아티 이 철학자가 이런 의견을 제시한 첫 번째 사람이라면, 그가 이것을 소중히 여겨 진실이라고 주장하는 것이 이해가 가. 하지만 그는 이것을 다른 사람들에게서 전해 들은 것인데, 그럼에도 잘못된 점들을 발견하지 못했다니, 그는 변명할 여지가 없네.

더군다나 그는 이 현상이 생기는 진짜 원인을 들은 일이 있잖아? 거듭 실험을 해 보고, 또 다른 확실한 증거들을 이용해서, 이 현상이 지구에서 반사된 빛 때문이며, 다른 것 때문이 아니라고 확인할 수 있었을 텐데. 그 사람 생각이나 이에 동의하지 않는 다른 사람들 생각으로는, 이 설명이 충분하지 않은 모양이지? 옛날 사람들이야 이런 설명을 들은 일도 없고 스스로 깨닫지도 못했으니 용서해 줄 수 있지. 옛날 사람들이 이 설명을 들었다면, 망설이지 않고 받아들였을 거야.

까놓고 말하면, 그 글을 쓴 사람도 이 설명을 마음속으로는 받아들이고 있을 거야. 하지만 그가 이것을 처음 발견했다고 주장할 수 없으니까, 그것을 억누르려 했거나 하찮게 여기려고 했겠지. 정말 어리석은 사람이야. 그런 사람들은 수없이 많아. 몇몇 뛰어난 사람들의 동의를 얻는 것보다, 대중들의 환호와 박수를 듣기를 좋아하는 사람들이 많이 있어.

사그레도 살비아티, 잠깐만. 자네는 그런 사람들의 본성을 잘 모르는 것 같아. 대중들을 휘어잡는 재주를 가진 사람은 다른 사람이 발명한 것을 가로채는 재주도 뛰어나거든. 그게 옛날부터 전해 내려오거나, 학교 교과서에 실려 있거나, 또는 저자에 퍼져 모든 사람들이 다 안다면 할 수 없겠지만.

살비아티 자네보다 더 냉소적으로 말해 볼까? 출판이 되었든 악명이 높든, 무슨 상관이야? 어떤 견해나 발명이 사람들에게 새로운 것과, 사람들이 그것들에게 새로운 것이 무슨 차이가 있나? 과학계에 가끔씩 나타나 번창하는 신참자들이 떠드는 소리에 만족해 한다면, 자네는 알파벳을 발명한 사람이 되어서, 그들로부터 존경을 받을 수도 있네. 물론, 시간이 흐르면 자네가 속임수를 쓴 게 탄로 나겠지만, 그게 자네 목적에 해를 끼치는 것은 그리 크지 않네. 또 다른 사람들이 나타나서, 자네를 추종하는 사람들 사이의 빈틈을 메울 테니까.

이런 말장난은 그만하고, 이 사람이 주장한 것이 쓸모없음을 심플리치오에게 보여 주겠네. 거짓과 궤변과 모순으로 가득 차 있으니까. 첫째, 이 희미한 빛이 가운데 부분보다 맨 가장자리에서 더 밝아서, 반지처럼 둥그런 원이 되어 주위보다 밝게 빛난다는 주장은 거짓말이야.

초하룻날 황혼 무렵에 처음 나타난 달을 보면, 달에서 그런 둥근 원을 볼 수 있는 것은 사실이야. 하지만 그건 달 표면 전체에 희미한 빛이 퍼져 있는데, 그 빛이 끝나는 가장자리의 차이에서 생기는 착각이야. 해를 향한 쪽을 보면, 가는 낫 모양으로 밝게 빛이 나서 희미한 빛을 둘러싸고 있지. 반대쪽을 보면, 달 바깥은 황혼의 어두운 하늘이 배경이 되어서, 가장자리의 희미한 빛이 달 가운데의 희끄무레한 모습보다 더 밝아 보이지. 반대편에서는 낫 모양의 밝은 빛이 다른 빛을 방해하지.

이 사람이 자신의 눈과 낫 모양의 밝은 빛 사이에 뭔가 가리개를 썼다면, 지붕도 좋고 또는 다른 어떤 부분이라도 좋고, 그래서 달의 다른 부분만을 보았더라면, 고르게 빛나는 것을 알아차렸을 거야.

심플리치오 거기에 보면, 어떤 기구를 써서 밝게 빛나는 초승달을 가렸다는 말이 나오네.

살비아티 그렇다면 이 사람이 간과한 것이 아니라 경솔하게 거짓말을 한 것이군. 이 실험은 누구나 원한다면 얼마든지 해 볼 수 있어.

그다음, 일식이 일어났을 때, 달의 둥근 모습은 빛이 없어서, 어두운 형태로만 볼 수 있어. 부분 일식일 때 특히 그래. 이 사람도 관측을 했다면 그걸 알 거야. 하지만 달이 빛나 보이더라도, 그게 내 이론과 어긋나지 않네. 오히려 내 이론 편이 되지. 왜냐하면 그때 달은 지구에서 햇빛을 받고 있는 반구와 마주 보고 있기 때문이지. 달의 그림자가 일식이 일어나는 지역을 덮기는 하지만, 그 넓이는 빛을 받고 있는 지역과 비교하면 아주 작아.

이 사람은 또 덧붙이기를, 일식이 일어날 때 해 안에 들어가는 달의 경계선은 아주 밝게 빛나고, 해 바깥에 놓이는 달의 경계선은 어두워 보이지 않는다고 했어. 이것을 바탕으로, 앞의 경우는 햇빛이 달을 뚫고 우리 눈에 들어오지만, 뒤의 경우는 빛이 우리 눈으로 들어오지 못한다고 추론했어.

이걸 잘 따져 보면, 앞에서 한 다른 거짓말이 이것 때문에 탄로 나게 돼. 햇빛이 달을 뚫고 우리 눈에 직접 들어와야만 달에서 나는 희미한 빛이 보인다면, 그 희미한 빛은 일식이 일어나는 경우에만 볼 수 있음을, 이 사람은 깨닫지 못한 모양이지? 달의 가장자리가 해의 밝은 원판에서 1°만 벗어나도 햇빛이 오는 각도가 어긋나서 우리 눈에 못 들어온다면, 초승달일 때 각이 20° 또는 30° 차이가 날 때는 어떻게 되겠는가? 햇빛이 무슨 재주로 달을 통과한 다음 우리 눈을 찾아올 수 있겠나?

이 사람은 이론을 하나하나 사실에 맞춰 나가는 대신에, 자신의 이론에 맞도록 일들을 하나하나 조작해 만들었네. 생각해 봐. 이 사람은 햇빛이 달을 구성하는 물질을 뚫고 지나가야 하니까, 달이 구름이나 수정처럼 상당히 투명하다고 주장하고 있어. 하지만 이 사람은, 햇빛이 실제로 수천 마일 두께의 구름을 뚫을 수 있을 만큼 구름이 투명한가 하는 것은 생각하지 않고 있어.

이 사람은 어쩌면, 천체를 구성하는 물질은 지구의 더럽고 불순한 물질들과 완전히 달라서, 그렇게 되는 것이 어렵지 않다고 과감하게 주장할지도 몰라. 만약 이 사람이 그렇게 나오면, 이 사람이 절대 반박을 하거나 또 다른 핑계를 대지 못하도록, 그 잘못을 지적할 수 있네.

이 사람이 달을 구성하는 물질은 투명하다고 계속 주장한다면, 햇빛이 달 전체의 수천 마일 두께를 뚫고 지나갈 때에도 달이 투명하다고 이 사람은 말해야 할 거야. 하지만 빛이 고작 1마일 두께를 뚫고 지나가려 할 때는, 지구의 산이나 마찬가지로, 햇빛이 뚫고 지나가지 못한다고 인정해야 할 거야.

사그레도 그 말을 들으니, 나에게 어떤 사람이 찾아와서, 수천 마일 밖의 사람과 교신하는 방법이 있다면서 떠든 게 생각나는군. 자석으로 만든 바늘이 같이 움직이는 원리를 이용했다나. 나는 그 사람에게 돈을 얼마든지 내고 그 방법을 사겠다고 했지.

하지만 그게 사실인지 확인을 해 봐야 하니까, 나와 그 사람이 각각 다른 방으로 들어가서, 실험을 해 보자고 했지. 그러니까 그 사람이 하는 말이, 이 현상은 그렇게 가까운 거리에서는 나타나지 않는다는 거야. 내가 그 사람을 쫓아내면서 말했지. 나는 이 실험을 하러 모스크바나 카이로에 가고 싶은 마음은 없지만, 당신이 거기로 가고 싶다면, 내가 여기 베네치아에 있으면서, 실험을 할 때 이쪽은 책임지겠다고.

그건 그렇고, 이 사람의 추론이 어떻게 되어서, 햇빛이 수천 마일 두께를 뚫고 지날 때는 달이 투명하고, 햇빛이 불과 몇 마일 두께를 지날 때는 달이 지구처럼 불투명하게 된다는 결론이 나오는지 말해 보게.

살비아티 달에 있는 산이 증거를 제공하네. 한쪽에 햇빛이 비치면, 반대쪽으로 산의 그림자가 길게 드리워지거든. 지구에서 생기는 산의 그림자보다 더 들쭉날쭉하고 뚜렷하게 보여. 만약 달이 투명하다면, 그 표면의 거친 모습을 식별할 수 없지. 밝은 부분과 어두운 부분의 경계선 너머에서 높은 산꼭대기들이 점들처럼 빛나는 모습을 볼 수도 없지.

햇빛이 달 속 깊숙이 뚫고 들어간다면, 밝은 부분과 어두운 부분의 경계선을 그렇게 뚜렷하게 볼 수가 없네. 햇빛을 직접 받는 부분과 직접 받지 않는 부분의 모습이, 밝고 어두운 것이 섞여 흐릿해 보여야지. 어떤 물질 속으로 햇빛이 수천 마일 두께를 뚫고 들어간다면, 그 물질은 하도 투명해서, 그것의 100분의 1 정도의 두께는, 차이를 눈으로 보기가 힘들 거야. 하지만 실제로는 빛을 받는 부분과 어두운 부분의 경계선은 하도 뚜렷하고 분명해서, 흑과 백처럼 구별할 수 있어.

이것은 특히 경계선이 달의 표면에서 가장 밝고 거친 부분을 지날 때 그래. 옛날부터 알려진 커다란 검은 점들은 평원이며, 경계선이 이 부분을 지날 때는, 햇빛을 비스듬하게 받아서 구면 곡선을 그리며, 이때는 밝기가 차차 줄어드니까, 경계선이 그렇게 뚜렷하지가 않아.

마지막으로, 이 사람은 달이 차더라도 달의 희미한 빛은 줄어들거나 약해지지 않고, 같은 밝기를 유지한다고 했는데, 이건 거짓말이야. 상현이 되면, 그 빛은 거의 보이지 않아. 이 사람 말이 맞다면, 아주 밝게 보여야지. 왜냐하면 상현인 경우 황혼이 지나 깜깜한 한밤중에도 달을 볼 수 있으니까.

이 모든 사실을 종합하면, 지구가 달에 반사하는 빛은 아주 밝음을 알 수 있어. 더 중요한 점은, 이것으로부터 또 다른 멋진 유사성을 추론해 낼 수 있다는 것이야. 만약 행성들이 그들의 움직임과 빛을 비추는 것으로 지구에 영향을 끼친다면, 어쩌면 역으로 지구도 빛으로써, 또 어쩌면 움직임으로써, 그들에게 영향을 끼칠지도 몰라.

만약 지구가 움직이지 않는다 하더라도, 이런 영향은 마찬가지일지도 몰라. 이미 우리가 보았듯이, 햇빛을 반사해 서로 영향을 끼치는 것은 완전히 같아. 움직이는 것도 마찬가지야. 갖가지 변화들이 나타나는데, 해가 가만히 있고 지구가 해를 따라 돈다고 해도, 이런 변화들이 나타날 수 있어. 반대의 경우와 마찬가지야.

심플리치오 지구의 비천한 물체들이 천체들에게 영향을 끼친다고 말한 철학자는 하나도 없네. 그 반대의 것은 아리스토텔레스가 분명히 말했지.

살비아티 아리스토텔레스를 비롯해 지구와 달이 서로 상대에게 빛을 비춰 준다는 사실을 몰랐던 사람들은 잘못이 없지. 그 사람들은 달이 지구에 빛을 비추어 영향을 끼친다는 사실을 우리보고 믿고 따르라고 주장하는데, 우리가 그들에게 지구도 마찬가지로 달에 빛을 비추어 줌을 증명했을 때, 그들이 지구가 달에 영향을 끼친다는 사실을 부인한다면, 그들도 책망받아 마땅하지.

심플리치오 무슨 말인지 알겠네. 지구와 달이 비슷한 동료라고, 나를 설득하려 하지만, 나는 그것을 수긍하기가 망설여지네. 그건 지구를 천체와 동등한 위치에 올리는 것이니까. 다른 사실을 다 받아들이더라도, 지구와 천체들은 엄청나게 멀리 떨어져 있으니, 서로 비슷할 것 같지가 않아.

살비아티 심플리치오, 뿌리 깊은 편견과 완고한 편애가 어떤 결과를 초래하나 보게. 그게 하도 강해서, 자네 스스로 그것과 어긋난다고 인정하는 사실이, 그것 편인 듯이 여기고 있군. 멀리 떨어져 있는 것이 커다란 차이를 낳는 원인이라고 해 보세. 그러면 반대로 서로 이웃해 가까이 있으면 비슷하겠지. 달은 다른 천체보다 지구와 훨씬 가깝다는 사실을 잊었는가? 이제 자네 스스로, 지구와 달이 매우 흡사하다고 고백을 했네. 다른 많은 철학자들도 자네와 마찬가지지.

이야기를 계속하세. 지구와 달이 비슷하다는 주장에 대해 자네가 반론으로 제시해 검토하고 싶은 의견이 남아 있으면 말하게.

심플리치오 달이 단단하다는 의견에 대해 검토해 봐야 하네. 나는 이것을 달 표면이 매우 매끄럽다는 것에서 추론했는데, 자네는 반대로 울퉁불퉁하다는 것에서 추론했어. 또 다른 의문점은, 바다는 그 표면이 고르고, 육지는 표면이 울퉁불퉁하고 어두우니까, 바다가 육지보다 빛을 더 잘 반사하지 않을까 하는 것일세.

살비아티 첫 번째 질문에 대해 답하겠는데, 달은 지구나 마찬가지야. 지구의 각 부분들도 무겁기 때문에, 가능한 한 중심으로 가까이 가려고 하지. 그렇지만 어떤 부분은 다른 부분보다 더 멀리 떨어져 있어. 높은 산은 평야에 비해 중심에서 멀리 떨어져 있지. 이게 가능한 것은 단단하기 때문이야. 만약 그것들이 물과 같은 액체라면, 평평해지겠지.

마찬가지로, 달의 어떤 부분이 구면을 이루는 다른 부분보다 더 높이 올라와 있는 것을 보면, 그 구성 성분이 단단한 물질이라는 것을 알 수 있어. 달을 구성하는 물질도 모두 중심을 향해서 움직이려는 경향이 있으니까, 공 모양으로 둥글게 생겼지.

다음 질문에 대해 답하겠는데, 거울의 반사에 대해서 연구했으니까 알겠지만, 바다에서 반사되는 빛은 육지에서 반사되는 빛보다 훨씬 약해. 내가 여기서 말하는 것은, 일반적으로 보았을 때 그렇다는 뜻이야.

잔잔한 바다는 어느 한 방향으로 빛을 반사할 텐데, 그러면 그 장소에 있는 사람은 바다에서 빛이 강하게 반사된 것을 볼 수 있음이 의심할 여지가 없네. 하지만 다른 장소에서 보면, 바다는 육지보다 더 어두워 보여.

이 사실을 자네 눈으로 확인하도록 만들어 주지. 이 바닥에 물을 좀 붓고 살펴보도록 하세. 봐, 물에 젖은 부분이 마른 부분보다 더 검어 보이지? 한 곳만 빼고, 다른 어떤 곳에서 보더라도 마찬가지야. 거기에서 반사된 빛이 비치는 곳만은 예외야. 두어 걸음 뒤로 물러서서 보게.

심플리치오 여기서 보니, 젖은 부분이 다른 부분보다 훨씬 밝아 보이는군. 저기에서 반사된 빛이 직접 내게 오니까 이렇겠지.

살비아티 물을 뿌리면 바닥의 조그마한 구멍들에 물이 차서, 그 표면이 매끄러운 평면이 되거든. 따라서 빛은 한 방향으로 반사되어서, 같이 나아가지. 바닥의 다른 부분들은 말라 있으니까 거친 상태를 유지하지. 수없이 많은 조그마한 입자들이 온갖 방향으로 경사면을 만들고 있거든. 그러니까 빛은 사방으로 반사되어 나가지만, 그 밝기는 한 방향으로 반사되는 것에 비해 훨씬 약하지. 마른 부분의 모습은 사방 어디에서 보아도 거의 변화가 없고, 다 같아 보여. 젖은 부분에서 반사된 빛이 비치는 곳에서 보면, 마른 부분은 훨씬 더 어두워 보이지.

달에서 지구를 내려다보면, 바다의 수면은 섬들을 제외하고는 평평하게 보일 테니까, 육지에 비해 어두워 보여. 육지는 평평하지 않고 울퉁불퉁하니까. 내가 이것에 대해 지나치게 집착하는 것 같아 보이겠지만, 한 가지 덧붙이면, 지구에서 반사된 빛 때문에 생기는 달 표면의 희미한 빛은, 삭의 2~3일 전이 삭의 2~3일 후보다 약간 더 밝게 빛남을 내가 관찰했네. 그러니까 해뜨기 전 새벽에 동쪽 하늘에서 보면, 해가 진 다음 서쪽 하늘에서 보는 것보다 더 밝아.

이렇게 차이가 나는 까닭은, 달이 동쪽에 있을 때, 달과 마주보는 지구 반구는 대륙이 많고 바다가 적어. 아시아 대륙 전체가 들어가니까. 반대로 달이 서쪽에 있을 때에는 넓은 바다를 보게 돼. 아메리카 대륙에 이르기까지 넓은 대서양이 펼쳐 있잖아. 이것은 해수면이 육지에 비해 덜 밝아 보인다는 사실을 뒷받침하고 있어.

심플리치오 달에서 지구를 보면, 우리가 달을 보는 것과 비슷하게, 밝은 부분과 어두운 부분, 크게 둘로 나눌 수 있겠군. 그렇다면 달 표면에 있는 거대한 검은 점들은 바다이고, 밝은 부분들은 육지란 말인가?

살비아티 자네 질문에 답하려면, 지구와 달의 다른 점에 대해서 이야기해야겠군. 달에서 시간을 너무 많이 보냈으니 서둘러야 하겠네. 만약에 자연계에 두 표면이 햇빛을 받았을 때, 하나는 밝아 보이고 다른 하나는 어두워 보이게 만드는 방법이 한 가지뿐인데, 그 방법이란 하나는 땅으로 되어 있고 다른 하나는 물로 되어 있게 하는 것이라면, 달의 표면도 일부는 육지이고 일부는 바다인 것이 확실하지. 그러나 자연계에는 이렇게 보이도록 만드는 방법이, 우리가 아는 것만 해도 여럿 있고, 우리가 모르는 방법도 많이 있을 테니까, 달이 그렇게 보이는 까닭은 꼭 이 이유 때문이며 다른 이유 때문이 아니라고 용감하게 주장할 수는 없네.

표백한 은판은 하얗지만, 그걸 닦으면 검게 변하는 것을 보았잖아? 지구에서 물이 있는 부분은 뭍에 비해 어두워 보이지. 산등성이들 중에 나무가 우거진 부분은 메마른 부분보다 더 어두워 보여. 숲은 짙은 그림자가 지게 하지만, 아무것도 없이 메마른 땅은 햇빛을 바로 받게 되니까.

이런 그림자의 효과는 하도 뚜렷해서, 우단을 다듬어 놓은 것을 보면, 마름질한 비단은 마름질하지 않은 비단에 비해 훨씬 어두워 보여. 실들이 만드는 그림자 때문이지. 그리고 우단은 같은 비단으로 짠 호박단에 비해 훨씬 어두워 보여. 그러니까 달의 표면에 울창한 수풀과 비슷한 것이 있다면, 그 모습이 아마 우리가 달에서 보는 검은 점처럼 될 거야. 바다가 있다고 해도 그런 모습이 되겠지.

어쩌면 검은 점들은 다른 부분에 비해 어두운 색깔의 물질로 되어 있는지도 모르지. 눈이 덮이면 산이 훨씬 밝아 보이는 것과 반대로 말이야.

달을 보면 분명히 알 수 있는 사실은 검은 부분이 평지라는 것이야. 바위나 산마루도 없잖아 있지만, 그 수가 매우 적어. 밝은 부분은 온통 바위, 산, 둥근 산마루 등등의 온갖 형태로 덮여 있어. 특히 검은 점 둘레에는 둥글게 산맥이 둘려 있지. 검은 점 부분이 평평하다는 사실은, 달의 명암의 경계선이 검은 점 부분을 지날 때, 고르게 곡선을 그리는 것을 보면 알 수 있어. 달의 밝은 부분을 명암의 경계선이 지날 때는, 톱니처럼 들쭉날쭉하게 되거든. 하지만 표면이 평평하다고 해서 그렇게 어두워 보이는가 하는 것은 의문이야. 아마 무슨 다른 이유가 있겠지.

이것 때문만은 아니지만, 나는 달이 지구와 다른 점이 많다고 믿네. 달 표면이 고요하게 죽어 있지는 않을 거라고 생각하지만, 그렇다고 생물체들이 활기차게 움직이고 있을 거라는 생각은 하기가 어렵네. 지구에 있는 것과 비슷한 식물들, 동물들이 자라고 있다고는 상상하기가 더욱 어렵지. 만약에 그렇다 하더라도 그들은 하도 희한한 형태라서, 우리의 상상력을 벗어날 거야.

내가 이렇게 생각하는 까닭은, 달 표면의 물질이 땅과 물이 아니라고 믿기 때문이며, 그것만으로도 지구에서와 비슷한 생명체들이 태어나고 살지 못하도록 막기에 충분하지. 만약에 달에 물과 뭍이 있다 하더라도, 지구에서와 비슷한 생명체들이 살 수 없는 까닭이 두 가지 있네.

첫째, 지구의 온갖 생명체들에게는 해가 여러 다양한 형태로 변화하는 것이 꼭 필요하며, 이런 변화 없이는 생명체들이 살 수 없네. 지구에 대해 해가 변화하는 것과, 달에 대해 해가 변화하는 것은 달라. 여기 지구는 하루가 24시간이고, 그게 낮과 밤으로 갈라지지. 하지만 달이 그렇게 되려면 1개월이 걸려. 해는 매년 올라가고 내려가서 갖가지 계절의 변화를 낳고, 밤낮의 길이를 다르게 만드는데, 이런 변화는 달의 경우 1개월을 주기로 일어나.

그러니까 달은 1일이 1개월이고, 1년이 1개월이야. 지구에 대해서는 해가 높아지고 낮아져서, 최고 고도와 최저 고도는 47° 차이가 나. 이것은 북회귀선(Tropic of Cancer)과 남회귀선(Tropic of Capricorn)의 거리이지. 달에 대해서는 이 차이가 10° 정도야. 이것은 달의 궤도가 황도에서 벗어나는 정도를 나타내지.

해가 열대 지방에 15일간 쉬지 않고 햇볕을 내리쬐면 어떻게 되겠나? 모든 풀, 나무, 동물 들이 타 죽을 거야. 그러니 만약 그런 곳에 생명체가 산다면, 지금 우리가 보는 식물이나 동물과 완전히 다른 것들이겠지.

둘째, 달에는 비가 내리지 않음이 확실해. 만약 지구처럼 구름이 생긴다고 하면, 우리가 망원경으로 볼 때, 달 표면의 어떤 것을 가리겠지. 그러니까 경치가 뭔가 달라져야지. 나는 달을 오랜 시간 끈기 있게 관찰했지만, 그런 변화는 한 번도 못 보았어. 늘 방해받지 않는 깨끗한 모습을 볼 수 있었어.

사그레도 예를 들어 이슬이 커다랗게 맺힌다던가, 또는 비가 밤에만 내리기 때문에 우리 눈으로 볼 수 없다던가 하는 가능성이 있잖아?

살비아티 지구의 생명체와 비슷한 것들이 달에 살고 있다는 어떤 흔적은 있으나, 단지 비가 내리는 모습은 보이지 않는다면, 뭔가 다른 어떤 변화를 발견할 수 있을 걸세. 예를 들어 이집트에서 나일 강이 범람하는 것과 같은 일 말일세.

하지만 그런 일이 일어나려면 필요한 여러 조건들이 있는데, 지구와 비슷한 일이 일어난다는 증거가 전혀 없으니, 그 조건들 중 하나를 만족한다고 가정하는 것은 쓸데없이 시간만 허비하는 거야. 관측을 통해서 그것을 가정하는 것도 아니고, 단순히 가능성이 있다는 것만 갖고 가정하는 것이니까.

누군가 나에게 내 지식과 논리 전개를 써서, 달에 지구와 비슷한 생명체나 또는 다른 어떤 생명체가 사는지 여부를 판단하라고 요구하면, 내 답은 "완전히 다르고, 우리가 상상도 못 하는 것들"이 될 거야. 조물주의 전지전능함과 자연의 풍성함으로 미루어 볼 때, 이게 맞는 답 같아.

사그레도 인간의 능력으로 자연이 할 수 있는 일을 재려고 시도하는 것은 분별없는 짓이야. 반대로 자연이 하는 일이 아무리 보잘것없어도, 실제로 그것을 완벽하게 이해하는 것은, 아무리 뛰어난 이론가라 하더라도 불가능하지. 모든 것을 다 안다는 말은, 아무것도 모르는 사람이나 하는 소리이지. 어떤 것 하나라도 완벽하게 이해한 사람은, 그것을 이해하기가 얼마나 어려운지 잘 알기 때문에, 자기가 전혀 알지 못하는 진리들이 무수히 많다는 사실을 깨닫게 돼.

살비아티 자네 말이 맞아. 어떤 것 하나라도 이해하고 있거나 이해한 사람들의 경우를 보면, 자네 말을 뒷받침하고 있어. 벼는 익을수록 고개를 숙이지. 많은 것을 아는 사람일수록 자기가 모르는 것이 많다고 스스럼없이 고백하거든. 그리스에서 가장 현명한 사람이라고 신탁이 지목한 사람이 있는데, 그는 자기가 아는 게 아무것도 없다고 말하곤 했거든.

심플리치오 그렇다면 신탁과 소크라테스(Socrates, 기원전 470?~399년), 둘 중 하나는 거짓말을 했군. 신탁은 소크라테스가 가장 현명한 사람이라고 했는데, 소크라테스는 아는 것이 전혀 없다고 했으니까.

살비아티 자네 말은 틀렸어. 둘 다 참말을 한 거야. 신탁이 뜻한 것은, 사람들 중에 소크라테스가 가장 현명하다는 것이지. 사람의 지혜에는 한계가 있거든. 소크라테스는 자신을 신의 전지함과 비교해 아무것도 아니라고 한 거야. 신의 지혜는 한이 없거든. 많이 알아 봤자 무한대와 비교하면 아무것도 아니니까, 0이나 다름없지.

무한대에 이르려고 1,000을 더해 나가든 10을 더해 나가든 0을 더해 나가든, 아무 소용이 없지. 소크라테스는 자신이 가진 유한한 지식이 무한한 지식과 비교하면 아무것도 아니라는 것을 잘 알고 있었어. 그렇지만, 사람들이 약간의 지식을 갖고 있는 것은 사실이고, 지식은 골고루 나뉜 것이 아니라서, 소크라테스가 다른 사람들보다 더 많이 갖고 있었으니, 신탁은 소크라테스가 가장 현명한 사람이라고 지적한 거야.

사그레도 무슨 말인지 나도 잘 아네. 심플리치오, 사람들은 힘을 갖고 있어. 하지만 모두 같은 크기의 힘을 갖고 있지는 않아. 황제는 보통 사람보다 훨씬 더 큰 힘을 갖고 있어. 그러나 신의 전능함과 비교하면, 둘 다 없는 거나 마찬가지야.

사람들 중에 남들보다 농사를 잘 짓는 사람이 있지. 하지만 그가 아는 것은 기껏 포도 덩굴을 어떻게 밭에 심느냐 하는 정도이지. 자연이 하는 일과 비교해 보게. 어떻게 뿌리를 내리고, 영양분을 빨아들이고,

잎을 만드는 데 필요한 영양분을 골라내고, 덩굴손을 만드는 데 필요한 영양분을 골라내고, 송이를 만들고, 포도를 만들고, 껍질을 만들고, ……. 이 모든 것이 자연이 하는 일이 아닌가?

이것은 자연이 하는 무수히 많은 일들 중에 한 가지 예에 불과해. 이 한 가지 일만 하더라도, 엄청난 지혜가 있어야 하잖아? 이것을 보면, 신의 지혜는 한없이 큼을 알 수 있어.

살비아티 내가 또 다른 예를 들지. 부오나로티 미켈란젤로(Buonarroti Michelangelo, 1475~1564년)는 대리석 덩어리를 깎아서 아름다운 조각품을 만드는 재주가, 보통 사람들과 비교가 안 될 정도로 뛰어나지. 하지만 그의 조각품이란 어떤 사람이 움직이지 않고 가만히 서 있는 겉모습을 베껴 놓은 것에 불과하지. 그것을 자연이 만든 사람과 비교해 보게.

사람은 많은 부분들로 구성되어 있고, 내부 기관들과 외부 기관들을 비롯해 갖가지 근육, 힘줄, 신경, 뼈 등 온갖 부분들이 수많은 움직임을 가능하게 하잖아? 사람들의 감각, 정신적 능력, 이해하는 힘은 어떻고? 사람의 조각을 만드는 것과 진짜 사람을 만드는 것은 엄청나게 차이가 난다고 말해야 옳겠지? 보잘것없는 벌레 한 마리를 만드는 것과 비교해도 그럴 거야.

사그레도 아르키타스(Archytas, 기원전 428~347년)의 비둘기와 진짜 비둘기의 차이는 어떻고?

심플리치오 내가 뭔가 잘못 이해하고 있거나, 아니면 자네의 논리에 모순이 있거나, 둘 중 하나일세. 자네가 아주 대단하다고 칭찬을 한 것으로, 사람의 이해하는 능력이 있네. 조금 전에 소크라테스가 알고 있는 것은

0이나 마찬가지라는 소크라테스의 견해에 동의를 했지. 그렇다면 자연조차 지혜로운 인간이 어떤 것을 알도록 만들지 못하는 모양이지?

살비아티 매우 날카로운 지적이야. 자네의 반론에 대해 답하려면, 인간의 지식의 정도를 철학적으로 두 가지 형태로 나누어야 하겠군. 하나는 지식의 깊이이고, 다른 하나는 지식의 넓이이지.

넓이를 생각하면, 지식은 하도 엄청나게 많아서 일일이 셀 수도 없는데, 그것들 중 사람이 알고 있는 것은 극히 적으니까, 0이나 마찬가지야. 설령 수천 개의 법칙들을 알더라도 마찬가지야. 수천이란 무한대와 비교하면 0이나 마찬가지야.

하지만 지식의 깊이를 생각하면, 어떤 특정한 법칙을 얼마나 완벽하게 이해하느냐 하는 것을 따지면, 사람들이 실제로 완벽하게 이해하고 있는 것이 여럿 있네. 이것들에 대해서는, 자연이 그렇듯이, 사람들이 완전히 확신을 할 수 있어. 이것들은 모두 수학에서 나와.

기하학과 대수학을 생각하면, 신은 모든 것을 다 아니까, 사람들보다 훨씬 더 많은 법칙들을 알지만, 사람들도 이해하는 몇 개의 법칙들만 놓고 생각하면, 그것들을 객관적으로 확실하게 이해하는 면에서, 사람의 지식은 신의 지식과 동등하다. 사람의 지식으로도 필요한 것을 모두 이해하니까, 그보다 더 확실한 것은 없네.

심플리치오 이건 아주 대담하고 놀라운 주장인데.

살비아티 이건 보통 할 수 있는 말일 뿐, 내가 용감하다거나 무모해서 주장하는 것이 아닐세. 이것은 신의 전지전능함에 조금도 위배되지 않아. 신은 이미 한 일을 안 한 것으로 할 수 없다고 말해도, 신의 전능함에 위배되지 않는 것처럼. 심플리치오, 자네가 내 말을 불경스럽다고 여기면, 그건 아마 자네가 내 말을 잘못 이해했기 때문일 거야.

내가 좀 더 분명하게 하기 위해서 설명하겠는데, 수학적인 증명이 제공하는 지식이 옳음은, 신의 지혜로 판단해 아는 것과 마찬가지야. 하지만 우리가 단지 몇 개의 법칙들만 이해하고 있는 방법과, 신이 무수히 많은 법칙들을 이해하고 있는 방법에는 큰 차이가 있어. 우리는 어떤 결론에서 다른 결론으로 한 걸음 한 걸음 추론해 나가는 방법을 쓰지. 그러나 신은 영감을 쓰지.

예를 들어 원은 무수히 많은 성질들을 갖고 있지만, 우리가 그 성질들 중 몇 개를 알아내려면, 우선 가장 간단한 성질부터 파악을 하지. 원의 정의로부터 시작해서, 추론을 통해 다른 성질을 얻고, 이것에서 또 다른 성질을 얻고, 또 다른 성질을 얻고 등등. 하지만 신의 지혜는, 원의 본질을 이해한 다음, 단숨에 원에 관한 모든 성질을 다 알아내지.

이 모든 성질들은 사실상 정의에 모두 포함되어 있어. 이것들은 무수히 많지만, 신의 생각으로는 본질적으로 하나일 거야. 이런 방법이 사람들에게 전혀 알려지지 않은 것도 아니야. 이 지식들은 깊고 짙은 안개 속에 묻혀 있지만, 우리가 어떤 결론들을 익히면, 안개가 조금은 걷히고 분명하게 보이지. 우리가 이것들을 완벽하게 이해하고 파악하면, 이들이 우리 것으로 굳어져서, 매우 빨리 다룰 수 있게 돼.

예를 들어 직각삼각형의 빗변의 제곱은 다른 변들을 제곱해 더한 것과 같다는 법칙은, 두 평행선 사이에 놓인 평행사변형들이 밑변의 길이가 같으면 넓이가 같다는 말일 뿐이지. 이건 두 도형을 서로 잘라서 포갤 수 있으면, 그 두 도형이 넓이가 같다는 것에서 유래하지. 사람의 머리는 이런 것을 한 단계 한 단계 어렵게 밟아 나가지만, 신의 지혜는 이 모든 단계를 빛처럼 순식간에 지나가지. 그러니까 모든 것이 원래부터 같이 있는 것이나 마찬가지야.

이것을 보면, 우리가 이해하고 있는 것들의 수가 신에 비해 훨씬 부족할 뿐만 아니라 이해하는 방법도 신에 비해 훨씬 뒤떨어짐을 알 수 있어. 그렇다고 해서 사람이 아는 것이 전혀 없다고 깎아 내리려는 것은 아니네. 반대로 사람들이 궁리하고 연구해서, 이해하게 된 많은 멋진 일들을 보면, 사람의 지혜야말로 신이 만드신 가장 위대한 작품임을 알 수 있어.

사그레도 나도 자네가 지금 말한 것과 같은 식으로 생각한 적이 여러 번 있어. 사람의 지혜의 명민함이란 얼마나 위대한가! 사람들이 예술이나 문학에서 이룩한 많은 놀라운 업적들을 보고, 내가 알고 있는 지식에 대해 생각해 보면, 나 자신이 너무 초라하게 느껴져.

나는 너무 무능력해서, 나 스스로 뭔가 새로운 지식을 발견하기는 고사하고, 이미 발견된 지식들을 배우는 것조차 제대로 할 수 없으니, 나는 절망에 차 있고, 나 자신이 너무 어리석다는 생각이 들어. 멋진 조각을 보거나 하면, 나 스스로 묻지.

"나는 언제 가야 대리석 덩어리에서 불필요한 부분을 쪼아 내어, 속에 숨어 있는 저런 멋진 모습을 드러내도록 만들 수 있겠나? 나는 언제 가야 여러 색깔의 물감을 섞은 다음, 화폭이나 벽에 칠해, 미켈란젤로, 라파엘로 산치오(Raffaello Sanzio, 1483~1520년), 베첼리오 티치아노(Vecellio Tiziano, 1488~1576년)처럼 사물들을 표현할 수 있겠나?"

사람들이 음의 간격을 조절하고, 그것들을 제어하는 규칙과 법칙을 만들어서, 귀로 듣기에 아주 즐거운 음이 나도록 만든 것을 보게. 감탄할 일이 어디 한둘이라야 말이지. 그렇게 다양하고 많은 악기들은 어떻고? 개념의 발견과 해석에 대해 주의 깊게 공부하는 사람이 멋진 시를 읽을 때, 그의 마음은 어떤 탄복으로 가득 찰 것인가! 건축술은 어떻고!

항해술은 얼마나 또 대단한가?

그러나 이 모든 위대한 발명품을 능가하는 것이 있네. 자신의 마음속 깊이 있는 생각을 다른 사람에게 전하는 방법. 다른 사람이 아무리 멀리, 아무리 미래에 있더라도 전하는 방법을 생각해 낸 것은 얼마나 위대한 지혜인가! 인도에 있는 사람에게 전할 수도 있네. 아직 태어나지 않은 사람, 1,000년 후에 태어날 사람, 10,000년 후에 태어날 사람에게 전할 수도 있어. 방법도 아주 간단해. 20여 개의 글자를 종이 위에 적당한 순서로 쓰면 돼! 인류의 가장 위대한 발명품이 바로 이것이지.

오늘 토론은 이것으로 마치세. 한창 더위는 지났군. 이제는 시원해질 거야. 우리 같이 곤돌라를 타고 즐기세. 내일 다시 모여서 우리가 하던 이야기를 계속하세.

—첫째 날 대화 끝—

둘째 날 대화

※

살비아티 어제는 온갖 종류의 이야기들을 하다 보니, 원래 우리가 토론하려 했던 줄거리에서 너무 많이 벗어나 버렸어. 원래 줄거리로 돌아가야 하겠는데, 무슨 이야기부터 해야 할지 모르겠군.

사그레도 자네가 갈피를 못 잡아 혼란스러워 하는 게 이해가 가. 자네 머릿속에는 이미 말한 것들과 앞으로 말하려는 것들이 같이 섞여 있어서, 거치적거리니까. 하지만 나는 단순히 듣기만 하는 입장이니까, 내 머릿속에는 들은 것들만 들어 있지. 그러니까 내가 이것들을 간단하게 정리해 이야기하면, 자네가 원래 줄거리로 돌아올 수 있을 거야.

어제 우리가 나눈 이야기는, 다음 두 가지 이론 중에 어떤 것이 더 그럴듯하고 합리적인지 따지려는 준비 단계였어.

첫 번째 이론은, 하늘에 있는 물체들은 생성되거나 소멸하지 않으며, 상하지도 않고, 바뀌지도 않으며, 이러한 모든 종류의 변화에서 벗어나 영원히 같은 모습을 유지한다는 것이지. 한마디로 말해서, 천체를 구성하는 다섯 번째 원소는 생성되고, 소멸하고, 변화하고, 상하는 물체들을 구성하는 원소들과 완전히 다르다.

두 번째 이론은, 우주의 각 부분에서 이런 불일치를 없앴으며, 지구를 하늘에 있는 천체들과 같은 위치에 놓아서, 그들의 특권을 공유하게 했어. 한 마디로, 지구도 달, 목성, 금성 또는 다른 행성들과 마찬가지로 움직일 수 있고, 실제로 움직인다고 말했어.

그 후 지구와 달의 비슷한 점에 대해 자세하게 이야기했지. 다른 행성보다 달과 비교한 게 많았는데, 그 까닭은 달이 행성보다 가까이 있으니까, 직접 우리가 보고 확인한 증거가 많기 때문이지. 결국에 가서, 두 번째 이론이 첫 번째 이론보다 더 그럴듯하다고 결론을 내렸지.

내 생각에, 그다음 단계로 우리가 검토해야 할 사항은, 현재까지 대부분의 사람들이 믿고 있듯이 지구가 움직이지 않는지, 아니면 옛날 많은 철학자들이 믿었고 현재도 상당수가 고려하고 있듯이 지구가 움직이는지, 그리고 만약 움직인다면 어떤 식으로 움직이는지 하는 문제일세.

살비아티 우리가 가는 길을 안내하는 이정표가 이제 눈에 보이는군. 이 길을 따라 계속 걷기 전에 내가 자네들에게 강조하겠는데, 지구가 천체들과 마찬가지 성질을 갖고 있다는 이론이 옳아 보인다고 우리가 결론을 내린 것처럼 사그레도가 말했는데, 그건 잘못이야. 나는 아무런 결론도 내리지 않았네. 나는 논란의 여지가 있는 이론들에 대해 아무런 결론도 내리지 않고 있네.

내가 하고자 하는 일은, 이런 여러 이론과 그에 대한 반박을, 어느 한 쪽에 치우치지 않고 동등하게 소개하는 거야. 이 의문들과 설명은 지금까지 남들이 생각한 것들도 있고, 내가 오랜 시간 고민을 한 끝에 생각해 낸 것도 몇 개 있어. 이 이론들에 대해 판단을 하고 결론을 내리는 것은 다른 사람들이 할 일이야.

사그레도 내 기분에 너무 휩싸여서 실수를 했군. 내가 마음속 깊이 절실하게 깨달은 것이기에, 남들도 그렇게 깨달았으리라고 생각을 했지. 나 혼자 내린 결론이었는데, 그게 모두의 결론이라고 착각을 했어. 내 잘못이야. 여기 심플리치오가 있는데, 그가 내린 결론은 어떤지 모르겠군.

심플리치오 간밤에 나는 어제 다룬 온갖 것들에 대해 깊이 생각을 했네. 아주 새롭고, 설득력 있는 여러 가지 멋진 개념들을 포함하고 있었어. 하지만 나는 아직도 여러 위대한 철학자들의 명성에 더 감동이 되네. 특히 ……. 아니, 사그레도, 왜 그렇게 고개를 저으며 웃는가? 내가 뭐 잘못 말했나?

사그레도 하하하. 웃음을 참기가 어렵군. 자네가 하는 이야기를 들으니, 몇 년 전 내 동료들과 같이 본 일이 생각나서 그랬네. 그 사람들이 누구였는지 말해 줄 수도 있어.

살비아티 그 일에 대해 자세하게 이야기해 주게. 안 그러면, 심플리치오는 자네가 자기를 비웃고 있다고 생각할 거야.

사그레도 이야기해 주지. 베네치아에서 아주 유명한 의사의 집에서 있었던 일인데, 그 사람은 해부 기술이 아주 뛰어났어. 어떤 사람들은 그걸 공부하기 위해서, 또 어떤 사람들은 단순한 호기심에서, 그 의사가 해부하는 것을 보려고 모였지. 그날은 마침 그 의사가 신경의 근원지가 어디인지 밝히려고 했어. 신경의 근원에 대해서는 갈레노스 학파 의사들과 소요학파 의사들 사이에 치열한 논쟁이 계속되고 있지.

그 의사가 해부를 해서, 신경의 큰 줄기가 뇌에서 나와, 목덜미를 지난 다음에, 등뼈를 따라 내려가, 몸 전체로 가지 쳐서 나가는 것을 보여주었어. 그런데 실처럼 가는 신경 한 가닥이 뻗어서 심장에 연결되어 있었어.

거기에 소요학파 철학자가 있었는데, 사실 그가 그렇게 조심스럽게 해부를 해 보여 준 것은, 그 소요학파 철학자를 위해서였지. 그가 그 철학자에게 물었지. 신경이 심장에서 뻗어 나오는 것이 아니라 뇌에서 발원한다는 사실을 이제는 수긍하겠느냐고. 그러자 그 철학자는 한참 생각하더니 답을 했어. "이걸 보니 정말 명백하고 분명하게 알 수 있을 것 같군요. 만약 아리스토텔레스가 쓴 책이 신경의 근원지가 심장이라고 못 박아 놓지만 않았다면, 저도 이것을 받아들이겠습니다."

심플리치오 아니, 신경의 근원에 대한 논란은 자네의 생각처럼 그렇게 결론이 난 것이 아니고, 아직도 계속되고 있는데.

사그레도 반대하는 사람들의 마음속에서는 계속될 거야. 그러나 자네의 응답이 소요학파 철학자의 답변을 덜 불합리하도록 만드는 것은 아니야. 그 사람은 실제 눈으로 본 실험에 반박하려고 내세우는 것이, 아리스토텔레스의 실험이나 논리가 아니고, 단지 "그가 이렇게 말했다."라고 권위에 의존하는 것이었으니까.

심플리치오 아리스토텔레스가 큰 권위를 얻은 것은, 그의 논리에 담긴 심오함과 그의 증명이 가진 힘 때문일세. 아리스토텔레스를 제대로 이해하려면, 단순히 그를 이해하는 것만으로는 부족하네. 그가 쓴 책들, 그리고 그 속에 담겨 있는 그의 완벽한 사상을 철저하게 이해해서, 그가 말한 모든 것이 우리 마음에 우선하도록 해야 하네.

그는 보통 사람들을 위해서 책을 쓴 게 아닐세. 추론을 할 때, 평이하게 순서대로 한 것이 아니야. 섞바꾸는 방법을 썼기 때문에, 어떤 법칙의 증명을, 그와 관계없는 다른 것을 다루는 대목 속에 넣기도 했어.

그러므로 아리스토텔레스를 제대로 이해하려면, 전체 설계의 구도를 알아야 하며, 이 문장과 저 문장을 결합하고, 이 부분을 멀리 떨어져 있는 저 부분과 결합해 볼 줄 알아야 하네. 이런 기술을 갖추면, 그의 책에서 세상의 모든 증명을 다 끌어낼 수 있거든. 모든 것이 다 그 안에 들어 있으니까.

사그레도 가엾은 심플리치오. 온갖 것들을 사방에 다 흩어 놓은 게 화나지도 않나? 온갖 쪼가리들을 다 모으고 결합해서, 그 속에 든 정수를 뽑아낼 수 있다니, 자네나 다른 용감한 철학자들이 아리스토텔레스의 책을 갖고 하는 일을, 나는 베르길리우스(Vergilius, 기원전 70~19년)나 오비디우스(Ovidius, 기원전 43~?년)의 시를 갖고 할 수 있네. 명시구들을 모은 다음, 그것들을 사용해서, 사람들의 일과 자연의 비밀을 모두 설명할 수 있네.

아니, 베르길리우스나 다른 시인의 글을 이용할 필요가 뭐 있겠나? 아리스토텔레스나 오비디우스가 쓴 책보다 훨씬 작으면서, 모든 과학을 포함하고 있는 것이 있네. 이걸 약간만 공부하면, 모든 완벽한 이론들을 끌어낼 수 있어. 이건 바로 알파벳이라는 거야. 여기에 있는 자음과 모음을 적당한 순서로 결합해 배열하면, 모든 질문에 대해 가장 맞는 답을 만들 수 있고, 모든 예술과 과학에 대한 설명을 끌어낼 수도 있어.

화가도 마찬가지야. 온갖 종류의 단색 물감들이 팔레트에 있는데, 이 색 조금, 저 색 조금, 적당한 양을 섞으면 사람, 나무, 건물, 새, 물고기 등등 눈에 보이는 모든 것을 그릴 수 있지. 눈동자라든가 깃털, 비늘, 나뭇잎, 돌멩이 따위를 팔레트에다 그려 놓을 필요는 없지. 아니, 모든 것을 그릴 수 있으려면, 그리려는 것들이나 그들의 일부분을 나타내는 색깔이 팔레트에 있어서는 안 되지. 예를 들어 깃털 색이 있다면, 그건 새들이나 깃털 총채를 그리는 데에만 쓸 수 있지.

살비아티 현재도 살아 있고 활동적인 어떤 양반이, 유명한 학회에서 어떤 박사가 강연하는 것을 들었는데, 망원경에 대한 설명은 들었지만, 직접 본 일은 없었던 모양인지, 망원경의 발명은 아리스토텔레스에게서 유래한다고 말하더래. 책을 갖고 오더니, 낮에도 매우 깊은 우물의 바닥에서는 하늘의 별을 볼 수 있는 이유에 대해 설명한 부분을 찾았대.

그 박사가 말하기를, "여기 우물이 나오지요. 이것은 기다란 관을 나타냅니다. 여기 짙은 증기가 나오지요. 이것에서 유리 렌즈를 발명한 것입니다. 마지막으로, 여기 짙고 어두운 투명한 매질을 빛이 지남에 따라 더 잘 볼 수 있게 된다는 말이 나오지요."

사그레도 이런 식으로 알려진 모든 사실을 포함한다는 것은, 대리석 덩어리가 그 속에 수천 개의 아름다운 조각품을 갖고 있다는 것과 같은 말이야. 문제는 그걸 어떻게 드러내느냐 하는 것이지. 더 적당한 비유로는, 호아킴의 예언이나 이교도들이 신탁을 해석한 것을 들 수 있겠군. 그들은 모두 예언한 일이 일어난 다음에야 해석해 낸다니까.

살비아티 점성술가들의 예언은 어떻고? 그 사람들은 하늘의 모습, 그러니까 별자리를 보고, 어떤 일들이 일어난 다음에, 그것을 정확하게 예언하거든.

사그레도 연금술사들도 그런 식이지. 광기에 빠져서, 역사상 모든 위대한 천재들은 금을 만드는 방법에 대해서만 글을 썼다고 생각하거든. 하지만 속된 사람들이 그 비밀을 알지 못하도록, 이 사람은 이런 식으로, 저 사람은 저런 식으로, 온갖 형태로 암호를 만들어서 묘하게 숨겨 놓았다는 거야.

연금술사들이 고대의 시나 전설에 숨겨진 중요한 비밀들을 드러내 설명하는 것을 들으면, 참 재미있어. 달의 사랑이 무슨 뜻인지, 달의 여신이 왜 지구에 내려와 엔디미온을 만나는지, 여신이 왜 악타이온에게 화를 냈는지, 제우스가 활활 타는 불꽃이 되거나 금이 되어 퍼붓는 것이 왜 중요한지, 헤르메스가 신들의 말을 전하는 것이 얼마나 위대한 기술인지, 명부의 신이 납치를 한 일, 황금가지 등등.

심플리치오 이 세상에 경솔한 사람들이 많이 있다는 것은 나도 인정하네. 하지만 그들의 어리석음을 빌미로 삼아 아리스토텔레스의 명예를 깎아내리다니. 아리스토텔레스를 너무 존중하지 않는군. 그는 아주 옛날 사람이고, 그가 수많은 저명한 사람들에게서 얻은 명성을 보면, 학식이 있는 사람이면 누구나 그를 존경해 마땅하네.

살비아티 심플리치오, 문제의 핵심은 그게 아닐세. 그를 추종하는 사람들 중 상당수가 하도 겁이 많아서, 그들의 시시껄렁한 이야기에 신경을 쓰다가 보면, 그의 명성이 낮아 보인다니까. 아리스토텔레스가 지금 살아 있어서, 그 박사가 한 말을 들었다면, 아리스토텔레스는 자신을 망원경의 발명자로 만든 그 박사에게 화를 낼 것이며, 그 박사가 한 설명을 비웃은 사람들에게는 화를 내지 않을 것이 분명하네.

심플리치오, 자네는 이것도 못 깨닫겠는가? 하늘에 대한 새로운 발견들을 아리스토텔레스가 보았다면, 그는 자신의 의견을 바꾸어서, 책을 고쳐 썼을 것이고, 가장 사리에 맞는 이론을 포용했을 거야. 설득해 보기에는 너무 저능한 사람들은, 그가 말한 모든 것을 그대로 지키고 따르며, 비참한 길로 가도록 내버려 둘 거야. 이걸 의심할 여지가 있나?

아리스토텔레스가 만약 그들이 상상하는 그런 사람이었다면, 아리스토텔레스는 고집불통이고, 강퍅하고, 야만스러운 사람이었겠지. 그는 독재자이고, 그가 보기에 다른 사람은 모두 어리석은 양이어서, 자신의 포고령이 다른 어떠한 경험이나 관찰, 자연 자체보다 더 중요하다고 여기겠지. 아리스토텔레스를 이런 독재자로 만든 것은 추종자들이 한 일이야. 아리스토텔레스 자신은 이런 지위를 빼앗거나 자신에게 부여한 일이 없네.

자신의 얼굴을 공터에 드러내는 것보다, 남의 외투 뒤에 몸을 숨기는 것이 더 편하니까, 이 추종자들은 아리스토텔레스에게서 한 발짝 떨어지는 것조차 겁내고 있어. 아리스토텔레스의 하늘에 어떤 변화를 주기보다, 자신들의 눈으로 본 실제 하늘의 변화를 부인하려 하고 있어.

사그레도 어떤 조각가에게 있었던 일이 생각나는군. 어떤 조각가가 거대한 대리석 덩어리에 헤라클레스인지 천둥을 치는 제우스인지를 조각하고 있었어. 둘 중 누구였는지는 잊어버렸는데, 워낙 뛰어난 예술 작품이어서, 그게 실제로 살아 있는 것 같고 하도 사나워 보여서, 사람들이 보고 겁에 질려 버렸대. 그 힘과 활달함은 조각가가 만든 것이지만, 조각가 자신도 그것을 보니 겁이 나더라는 거야. 하도 겁이 나서, 메와 정을 들고 그것을 마주하지 못할 지경이 되었대.

살비아티 아리스토텔레스가 한 모든 말을 철저하게 신봉하는 사람들이, 그들의 행위가 아리스토텔레스의 명성과 신망에 얼마나 큰 장애가 되는지, 그들이 아리스토텔레스의 권위를 크게 하려고 하면 할수록 오히려 그것을 손상시킨다는 사실을 왜 못 깨닫는지 이상해.

어떤 법칙들이 명백하게 틀렸음을 내가 잘 알고 있는데, 그 사람들이 옳다고 완고하게 고집부리면서, 그들의 주장이 철학적으로 옳은 것이고, 아리스토텔레스도 이렇게 할 거라고 주장하는 것을 보면, 내가 잘 모르는 다른 법칙에 대해서도, 아리스토텔레스가 과연 옳게 말했을까 의심이 생겨. 만약 그들이 명백한 사실을 받아들여 그들의 강경하게 주장하지만 나는 잘 모르거나 처음 접하는 일에 대해서 그 사람들이 뭔가 확실한 증거를 갖고 있겠지 하면서 믿겠지.

사그레도 아니, 그러지 말고, 만약 다른 사람이 발견한 어떤 사실을 그들이 몰랐다고 고백하는 것이, 그들과 아리스토텔레스의 명성을 위태롭게 한다면, 심플리치오가 제시한 방법을 따라, 그가 쓴 책의 온갖 부분들을 뒤져서, 그것을 찾으려고 하는 편이 낫겠지? 알아낼 수 있는 모든 진리가 그가 쓴 책 안에 있다면, 거기에서 찾을 수 있을 게 확실하지.

살비아티 사그레도, 자네는 너무 신랄하군. 이 교묘한 꾀를 그렇게 비웃지 말게. 최근에 있었던 일을 내가 이야기해 주겠네.

어떤 유명한 철학자가 영혼에 대해서 책을 썼는데, 영혼이 죽는지, 아니면 죽지 않는지에 대한 아리스토텔레스의 의견을 다루었어. 그는 알렉산더(Alexander, 기원전 105~35년)가 인용하지 않았던 내용들도 많이 인용해 놓았어. 알렉산더가 인용한 부분에서는, 아리스토텔레스가 그것에 대해 다루지도 않고 있으니, 그것에 대해 아무런 결론도 내리는 게 없다고 주장했어. 그러면서 그가 온갖 부분에서 발견한 내용들을 남들에게 보여 주었는데, 그 내용들은 영혼도 죽는다는 의견에 가까웠어.

친구가 그에게 충고를 했지. 이런 내용은 출판 허가를 받기가 어려울 거라고. 그러자 그가 친구에게 답을 했어. 아니, 별 문제 없이 쉽게 허가를 받게 될 거라고. 만약에 그것 이외의 다른 문제는 없다면, 아리스토텔레스의 의견을 바꾸기만 하면 되고, 그건 어렵지 않다고. 아리스토텔레스가 쓴 다른 책의 다른 설명들을 뜯어 모으면, 의견이 반대가 되도록 할 수 있고, 그래도 그건 아리스토텔레스의 의견과 일치하니까.

사그레도 아주 뛰어난 철학자이군! 경배! 그 사람은 아리스토텔레스가 강요한 것을 따르지 않고, 오히려 아리스토텔레스의 코를 꿰어 끌고 다니며, 자기 목적에 맞도록 말하게 하는군! 기회를 놓치지 않고 포착하는 재주가 얼마나 중요한가! 헤라클레스와 협상을 하려면, 그가 복수심에 불타 화를 낼 때 하면 안 되지. 그가 리디아 소녀들에게 이야기를 들려줄 때 해야지.

비굴한 마음은 얼마나 비천한가! 자진해서 노예가 되다니. 포고령들을 신성불가침으로 받아들이고, 스스로 의무를 짊어지고, 그렇게 강하고 분명하고 확실한 주장들에 설득당하고 납득당했다고 하면서, 그것들을 써 놓은 목적이 뭔지, 그것들이 어떤 결론을 증명하기 위해서 있는지조차 말을 못 하다니!

이보다 더 미친 짓은 이들 중 어떤 사람들이 그 글을 쓴 사람의 의견이 이편인지 저편인지 의문을 제기한 것이지. 이건 마치 나무토막에서 신탁이 나온다고 해서, 나무토막에게 답을 요구하는 것과 같군. 두려워해야 할까? 공경해야 할까? 숭배해야 할까?

심플리치오 하지만 만약 아리스토텔레스를 버린다면, 우리를 안내해 줄 철학자가 누구 있겠나? 적당한 사람이 있으면 말해 보게.

살비아티 숲속이나 낯선 땅에서는 안내자가 필요하지. 하지만 탁 트인 평야에서는 장님이나 안내자가 필요하지. 장님은 가만히 집에 있는 게 좋아. 눈이 멀쩡하고 약간의 지혜만 있는 사람이면, 그것들이 안내자가 돼 줄 거야.

내가 이렇게 말하는 것은, 아리스토텔레스가 한 말에 귀를 기울이지 말라는 뜻이 아니야. 오히려 나는 그의 책을 꼼꼼하게 읽고 연구하는 사람들에게 박수를 보내네. 다만 나는 그가 한 모든 말들이 신성불가침의 포고령이나 되는 듯, 거기에 맹목적으로 노예처럼 매달리고, 다른 생각을 전혀 하지 않는 사람들을 책망할 뿐이야.

이런 오용은 또 다른 심한 무질서를 낳게 돼. 사람들이 그의 증명의 힘을 파악하려고 노력하지 않게 돼. 공개 토론을 하면서 증명할 수 있는 결론에 대해서 다루고 있는데, 그때 상대방이 그것과 전혀 관계가 없이 씌어진 어떤 글발을 꺼내 던지며 방해하는 것보다 더 불쾌한 일이 있겠나?

이런 식으로 연구하려면, 철학자라는 말을 집어치우고 역사가라고 불러야 할 거야. 아니면 암송가라고 부르거나. 생각을 전혀 하지 않는 사람이 철학자라는 명예로운 칭호를 빼앗아 쓰는 것은 잘못이야.

이야기가 이런 식으로 벗어나다간, 하루 종일 끝없는 바다에서 헤어나지 못하겠군. 그만 해변에 상륙하세.

심플리치오, 자네의 주장과 증명을 제시해 보게. 자네 것이라도 좋고,

아리스토텔레스 것이라도 좋아. 하지만 그가 말했다는 식으로 권위에 기대려 하지는 말게. 우리가 토론하려 하는 것은 실제 세상과 관련이 있어야지, 종이 위의 세상이어서는 안 되네.

어제의 토론을 통해서, 지구는 어두운 위치에서 벗어나, 넓은 하늘에 모습을 드러내게 되었네. 지구가 천체들과 어깨를 겨누도록 만들려는 시도는 그렇게 가망 없는 일이 아니었어. 지구는 전혀 생기가 없어 움직이지 않는다는 법칙을 뒤엎으려면, 그것에 이어 지구 전체는 고정되어 있고 절대 움직이지 않는다는 법칙에 대해 검토해 보아야지. 지구가 움직인다고 판단할 여지는 있는지, 만약 움직인다면, 어떻게 움직이는지.

나는 이 문제에 대해 결론을 내리지 않았네. 심플리치오는 아리스토텔레스와 같은 편이 되어, 지구가 움직이지 않는다고 주장하지. 심플리치오가 자신이 그렇게 생각하는 까닭을 하나하나 제시하도록 하지. 나는 반대편 주장을 이야기하도록 하겠네. 사그레도는 자세히 듣고 생각해서, 어느 편 의견이 옳은 듯한지 판단하도록 하게.

사그레도 그거 좋겠군. 하지만 나는 상식적으로 생각해 떠오르는 생각을 중간 중간에 자유롭게 말하고 싶은데.

살비아티 그러면 더욱 좋지. 이것에 대해 글을 쓴 사람들이, 쉽고 실질적인 고려 사항들은 하나도 빠뜨리지 않고 다루었거든. 그러니 빠진 것들은 미묘하고 심오한 개념들이지. 이것들을 살피기에, 사그레도의 날카롭고 통찰력 있는 지혜보다 더 좋은 것이 무엇 있겠나?

사그레도 살비아티, 나를 어떻게 칭찬하든 좋은데, 이런 식의 의례 때문에 이야기가 벗어나도록 하지는 마세. 나는 지금 철학자로서 학교에 있는 것이지, 법정에 있는 것은 아니니까.

살비아티 좋아. 우선 첫 번째로 검토해야 할 사항은, 지구의 움직임이라고 여겨지는 것은 어떤 것이든지 간에 지구에 있는 물체들만 보면 전혀 움직이지 않는 것과 같아서, 그 움직임을 감지할 수 없다는 사실이야. 우리도 지구에 놓여 있어서 같이 움직이기 때문이지. 반면에, 지구와 떨어져 있어서 같이 움직이지 않는 모든 물체들을 보면, 이 움직임이 늘 나타난다는 조건이 꼭 필요하네.

그러니까 어떤 움직임이 지구의 움직임 때문이라고 치부할 수 있으려면, 그리고 지구가 어떻게 움직이기 때문이라고 판단할 수 있으려면, 지구에서 떨어져 있는 모든 물체들이 어떤 종류의 동일한 움직임을 보이는지 살펴야 하네. 예를 들어 어떤 움직임이 달의 경우에만 나타나고, 금성이나 목성 또는 다른 별들에게는 나타나지 않는다면, 그 움직임은 지구나 다른 무엇이 움직이는 것이 아니라 달이 움직이는 것이지.

모든 천체에 공통이 되는 가장 중요한 움직임이 있네. 해, 달, 다른 모든 행성들과 별들, 그러니까 지구를 제외한 우주 전부가 한 덩어리가 되어, 동쪽에서 서쪽으로, 24시간을 주기로 도는 것처럼 보이지. 이 움직임은, 겉으로 보이는 것만 고려하면, 우주 전부가 움직이는 것이 아니고, 지구 혼자서 움직이는 것이라고 해도 논리적으로 성립하네.

아리스토텔레스와 프톨레마이오스는 이 움직임을 고려해야 함을 아주 잘 알고 있었어. 그래서 그들은, 지구가 움직이지 않는다는 것을 증명하기 위해서, 다른 움직임은 제쳐 두고, 매일 이렇게 움직이는 것에 대해 반론을 폈어. 사실, 아리스토텔레스는 옛날의 어떤 사람이 지구가 다른 어떤 식으로 움직인다고 묘사한 것을 반박한 경우도 없잖아 있지. 이건 나중에 적당한 때에 이야기하겠네.

사그레도 자네의 논리는 설득력이 있어. 나도 동의를 하네. 그러나 내게 또 다른 의문이 생기는군. 이것을 해결해 주게.

코페르니쿠스는 매일 움직이는 것(자전) 이외의 다른 어떤 운동(공전)을 지구의 움직임이라고 부여했다네. 자네가 방금 말한 법칙에 따르면, 이 움직임은 지구상에서 무엇을 관찰하든 발견할 수 없고, 나머지 우주에서 지구를 볼 때에만 알 수 있겠군. 여기서 추론해 내릴 수 있는 결론은 다음 둘 중 하나야.

천체들에게서 일반적으로 거기에 대응하는 움직임을 관측할 수 없는데 지구가 그런 식으로 움직인다고 주장하다니, 코페르니쿠스가 큰 실수를 했거나, 아니면 만약에 그런 움직임이 실제로 있다면, 프톨레마이오스가 그걸 설명하지 않았으니까 큰 실수를 한 것이지. 프톨레마이오스는 매일 움직이는 것은 설명해 놓았잖아.

살비아티 아주 합리적인 질문이야. 우리가 나중에 이 움직임에 대해서 다루게 되면, 코페르니쿠스가 프톨레마이오스보다 훨씬 더 현명하고 통찰력이 있다는 것을 알게 될 거야. 프톨레마이오스가 발견하지 못한 것을 코페르니쿠스는 발견해 냈으니까. 그런 움직임이 하늘에 있는 모든 물체들의 위치 변화에 반영되어 나타나는 신기한 관계 말이야.

하지만 이 움직임은 나중에 다루도록 하고, 지금은 첫 번째 고려 사항을 다루세. 우선 흔하게 볼 수 있는 현상에서부터 시작해서, 지구가 움직인다는 주장을 뒷받침할 여러 이유를 제시하겠네. 그다음에 심플리치오가 그것들을 반박하도록 하지.

첫째, 천구는 지구보다 엄청나게 더 크다. 지구는 천구 속에 몇백만 개라도 들어갈 수 있다. 불과 하루 밤낮 동안에 완전히 한 바퀴 돌려면, 그게 얼마나 빨리 움직여야 할지 생각해 보게. 그것을 고려하면, 지구는 가만히 고정되어 움직이지 않고 천구가 움직인다고 하는 편이 합리적이고 그럴듯하다고 생각하는 사람이 있다는 것을 믿기가 어려워.

사그레도 이 움직임들에 따라서 일어나는 자연계의 온갖 형상들이 두 경우 조금의 차이도 없이 완전히 일치한다고 하면, 나는 그렇게 믿는 사람들에게 다음 이야기를 들려주겠네. 지구가 고정되어 있도록 하기 위해서 우주 전부가 움직여야 한다니, 그것보다 더 불합리한 일이 어디 있나? 어떤 사람이 도시와 주위 경관을 보기 위해서 높은 탑 꼭대기에 올라간 다음, 고개를 사방으로 돌리기가 귀찮으니까, 땅덩어리를 돌리라고 요구하는 편이 더 합리적이겠군. 옛날 이론은 내가 방금 말한 터무니없는 요구보다 더 터무니없어.

의심할 여지도 없이, 이 새로운 이론에서 이끌어 낼 수 있는 커다란 이점이 많이 있을 거야. 이런 이점들을 보면, 새 이론이 옛날 이론보다 더 그럴듯함을 알 수 있겠지. 그렇지만 아리스토텔레스나 프톨레마이오스, 심플리치오는 자기들의 이론이 우리 이론보다 더 낫다고 우길지도 모르지. 만약 이점이 있다면 말해 보게. 안 그러면, 나는 아무런 이점도 없다고 여길 거야.

살비아티 많이 생각해 봤지만, 아무런 차이도 발견할 수 없었어. 내 생각에는 어떠한 차이도 있을 수가 없어. 그러니까 차이를 찾고자 하는 것은 쓸데없는 일이야. 생각해 봐. 움직임이란 어떤 물체에 작용해서 그 물체가 위치를 옮기는 것이고, 그렇게 움직이지 않는 물체들에 대해 상대적으로 존재하는 거야.

어떤 배가 짐을 가득 싣고 베네치아를 떠나, 코르푸 섬을 지나, 크레타 섬을 지나, 키프로스 섬을 지나, 알레포로 갔다고 하세. 베네치아, 코르푸 섬, 크레타 섬 등등은 배와 같이 움직이지 않고 가만히 있었네. 하지만 포대, 상자, 다발들은 배에 실려 있었고, 배는 베네치아에서 시리아로 항해를 했지만, 이 짐들은 배에 대해서 조금도 움직이지 않았네. 그러니까 이들 사이의 위치는 조금도 바뀌지 않았어. 이렇게 되는 까닭은, 이들이 모두 똑같이 움직였기 때문이야. 배의 화물들 중에 포대 하나를 궤짝에서 한 뼘 높이로 들어 올려놓았다면, 이들이 같이 수천 마일 항해를 한 것보다, 이 한 뼘 움직인 것이 더 뚜렷하게 표가 날 거야.

심플리치오 이건 확실하고 올바른 이론이며, 소요학파의 이론이지.

살비아티 나는 이게 더 옛날에 나온 법칙이라고 알고 있네. 옛날 어떤 학파가 생각해 낸 것인데, 아리스토텔레스가 이걸 완벽하게 이해하지 못한 것 같아. 그가 글을 쓸 때 약간 바꾸어 놓아서, 그가 말한 모든 것을 철저히 신봉하는 사람들에게 혼란을 불러일으켰어. 움직이는 모든 것은 움직일 수 없는 어떤 것에 대해서 움직인다고 써 놓았는데, 이 말은, 움직이는 모든 것은 움직이지 않는 것에 대해 움직인다는 말을 잘못 애매하게 옮긴 것 같아. 이 법칙은 아무런 어려움도 겪지 않고 있지만, 다른 법칙은 상당한 혼란을 겪고 있어.

사그레도 여보게, 잘못하면 또 주제에서 벗어나겠군. 하던 말이나 계속해 보게.

살비아티 여러 움직이는 물체들에게 공통되는 움직임은, 그들 서로의 관계에 대해 생각하면, 중요하지가 않고, 전혀 없는 것이나 마찬가지임이 명백해. 그들 서로 간에는 아무것도 바뀌지 않았잖아? 움직임이란, 그렇게 움직이지 않는 물체에 대해서 가지는 관계야. 그러니까 서로 위치가 달라지는 경우에만 해당이 돼.

이제 우주를 두 부분으로 갈라서 생각하세. 한 부분은 움직이고, 다른 한 부분은 움직이지 않고. 지구 혼자서 움직이든 지구를 제외한 우주 전체가 움직이든, 그런 움직임에서 파생되는 결과는 완전히 같아. 이 움직임은 천체와 지구 사이의 상대적인 움직임이고, 서로의 관계가 바뀔 뿐이니까. 지구가 움직이고 나머지 우주 전체가 가만히 있든 반대로 지구만이 가만히 고정되어 있고 우주의 다른 모든 부분이 한 가지 형태로 움직이든, 결과는 똑같이 돼.

자연은 몇 개만 움직여 어떤 일을 할 수 있다면 그렇게 하지, 일부러 어렵게 많은 것들을 움직이는 경우가 없어. 지구라는 조그마한 물체를 살살 돌리기만 하면 되는데, 이 쉬운 길을 마다하고 구태여 하늘에 있는 엄청나게 크고 무수히 많은 천체들을 상상도 못 할 정도의 엄청난 속력으로 돌릴 필요가 있겠나?

심플리치오 해, 달, 행성들, 그리고 다른 무수한 별들이 이렇게 크게 움직이는 것이 그들에게는 전혀 움직이는 것이 아니라니, 무슨 뜻인지 이해를 못 하겠네. 해가 경선을 지나 움직이고, 동쪽 지평선으로 떠올랐다 서쪽 지평선으로 져서 낮과 밤을 만들고, 이런 식으로 움직이는 것이 어째서 해에게는 전혀 움직이지 않는 것과 같단 말인가? 달이나 행성들, 다른 별들도 마찬가지이고.

살비아티 자네가 말한 이런 변화는, 단지 지구와의 관계일 뿐이야. 이것이 사실임을 확인하려면, 지구를 없애 보게. 이 세상에 해나 달이 뜨고 지는 것, 지평선이니 경선이니 하는 말들, 낮과 밤, 이 모든 것들이 다 사라져. 한마디로 말해서, 해와 달 또는 어떠한 별이든지 간에 그것들이 움직이든 고정되어 있든, 이런 움직임에서 파생되는 아무런 변화도 없어.

이런 움직임은 지구와의 상대적인 관계에 불과해. 이건 단지 해가 중국에 떴다가, 중동에 떴다가, 이집트, 그리스, 프랑스, 스페인, 미국에 차례대로 뜬다는 것을 나타낼 뿐이야. 달이나 다른 천체들도 마찬가지야. 이 커다란 우주를 번거롭게 할 필요 없이 조그마한 지구를 돌도록 하면 이 현상이 일어나.

내가 또 다른 어려움을 제시해서, 이 이론의 난점을 배가하도록 하지. 만약 이 엄청난 움직임이 실제로 천체가 움직이는 것이라면, 행성들을 모두 궤도를 따라 움직이는 것과 반대 방향으로 움직여야 하네. 행성들이 모두 서에서 동으로 움직인다는 것은 의심할 여지가 없어. 이 움직임은 상당히 느릿느릿해. 그러면서 한편으로는 이들이 매일 동쪽에서 서쪽으로 엄청나게 빨리 움직여야지. 지구 자신이 움직인다고 하면, 이렇게 반대되는 운동이 사라지고, 서쪽에서 동쪽으로 느리게 움직이는 게 모든 관측 결과를 만족시키고 그것과 일치하게 돼.

심플리치오 반대되는 움직임은 문제가 될 게 없네. 원운동들은 서로 반대되지 않는다는 것을 아리스토텔레스가 증명을 했어. 그러니까 반대로 움직이더라도 진짜 반대는 아니거든.

살비아티 아리스토텔레스가 그걸 증명했던가? 그는 자기 구상에 맞도록 말했을 뿐이지. 그가 주장한 대로, 반대되는 것들이란 서로 상대방을 부수는 것들이라면, 두 물체가 원운동을 하며 서로 마주보고 부딪치는 게, 직선운동을 하며 마주 부딪치는 것과 달라서, 반대가 아니라는 주장이 어떻게 성립할 수 있겠나?

사그레도 살비아티, 잠시 말을 멈추게. 심플리치오, 내가 묻는 말에 대답해 주게. 두 기사가 공터에서 서로 창을 겨누고 부닥치거나, 두 부대가 서로 부닥치거나, 또는 바다에서 두 함대가 서로 공격해 상대방을 부수고 침몰시키고 하면, 이런 식으로 양편이 만나는 것은 서로 반대되는 것인가?

심플리치오 내가 보기에 서로 반대되네.

사그레도 그렇다면 두 원운동이 서로 반대될 수 있잖아? 땅이든 바다든, 표면에서 만난 것이고, 자네도 알다시피 지구는 둥그니까, 이들은 이때 원운동을 했네.

심플리치오, 원운동의 방향이 다르지만, 서로 반대되지 않는 것이 어떤 경우인지 아는가? 두 원이 바깥에서 서로 접하는 경우일세. 하나를 돌리면, 다른 하나는 반대 방향으로 돌게 돼. 그러나 한 원이 다른 원의 내부에 놓인 채로 둘이 접한다면, 이들이 반대 방향으로 움직인다면, 서로 반대가 되어서, 상대방을 방해하게 돼.

살비아티 반대이다 반대가 아니다 하는 것은 말장난일 뿐이야. 하지만 하나가 움직인다고 하는 것이 둘이 움직인다고 하는 것보다 더 간단하고 자연스럽다는 사실을, 나는 알고 있어. 그걸 반대라고 부르든 역이라고 부르든 상관없어. 그러나 둘이 움직이는 것이 불가능하다는 것은 아니야. 이것을 써서 증명할 수 있다는 것도 아니야. 다만 가능성이 더 크다는 말이지.

천구가 돌지 않는다는 세 번째 증거로, 천체의 회전운동에 대해서 어떤 질서가 있음이 분명한데, 만약 천구가 돌면, 이 질서가 깨지지. 천체들의 궤도가 크면 클수록, 한 바퀴 도는 데 시간이 많이 걸려. 작으면 작을수록, 시간이 적게 걸려. 토성은 다른 행성들보다 궤도가 크니까, 한 바퀴 도는 데 30년이 걸려. 목성은 궤도가 그보다 작으니까, 12년이 걸리지. 화성은 2년이 걸려. 달은 궤도가 훨씬 작으니까, 1개월이면 한 바퀴 돌아. 가장 확실한 예로는, 목성의 위성들이 있어. 목성에 가장 가까운 위성은 불과 42시간에 한 바퀴 돌아. 그다음으로 가까운 것은 3.5일이 걸리지. 세 번째 것은 7일. 가장 먼 것은 16일.

만약 지구가 24시간에 한 바퀴 돈다고 하면, 이 조화와 질서에 조금도 위배되지 않네. 하지만 만약 지구가 움직이지 않는다고 하면, 달의 짧은 주기에서 시작해 밖으로 갈수록 점점 주기가 길어져서, 화성은 2년, 목성은 12년, 토성은 30년, 이런 식으로 나가다가, 이들과 비교도 할 수 없을 정도로 엄청나게 큰 천구는 불과 24시간에 완전히 한 바퀴 돌아야 한다니. 하지만 이건 이 이론이 낳는 가장 작은 무질서일지도 몰라.

왜냐하면 더 나빠질 수도 있거든. 토성의 궤도보다 더 바깥에 또 다른 어떤 별들이 회전하고 있다면, 그들은 주기가 수천 년이 될지도 모르지. 그러다가 더 바깥의 천구로 나가면, 24시간에 한 바퀴 돈다니, 얼마나 큰 불일치인가!

만약 지구가 움직인다고 하면, 주기들은 질서를 지키게 되네. 토성은 궤도를 따라 매우 느리게 움직이고, 거기서 더 바깥으로 나가면, 전혀 움직이지 않는 별(항성)들이 나와. 그러면 천구가 움직이기 때문에 생기는 네 번째 난제를 피할 수 있어.

네 번째 난제는, 별들의 속력이 너무 크게 차이가 난다는 점이야. 별들이 극에 가까이 있느냐, 아니면 극에서 멀리 떨어져 있느냐에 따라서, 조그마한 원을 그리며 아주 느리게 움직이기도 하고, 커다란 원을 그리며 매우 빠르게 움직이기도 하지. 이건 정말 난처한 일이야. 천체들은 모두 커다란 원을 그림이 의심할 여지가 없거든. 그런데 그들이 중심에서 멀리 떨어져 커다란 원을 그리도록 만든 다음, 다시 조그마한 원을 그리며 돌도록 만들어야 한다니, 이게 올바른 판단일 수 있는가?

별들이 그리는 궤도의 크기와 그에 따른 속력이 다른 궤도를 그리는 별들과 제각각 달라야 할 뿐만 아니라 같은 별들이 궤도의 크기와 속력을 계속 바꿔야 하네.

이것이 다섯 번째 난제가 되겠군. 2,000년 전에는 천구의 적도에 놓여 있으면서 가장 큰 원을 그리던 어떤 별이 현재는 적도에서 몇 도 떨어져 있으면서 더 느린 속력으로 더 작은 원을 그리다니. 심지어 어떤 별들은 과거에는 늘 움직였지만, 언젠가는 극에 이르러 움직이지 않고 가만히 있다가, 세월이 가면 다시 움직이게 될 거라니. 내가 말했지만, 실제로 움직이는 게 확실한 별(행성)들은 모두 커다란 원을 그리며, 그 궤도는 바뀌지 않고 보존되네.

이제 여섯 번째 어려움을 제시해 보겠네. 누구나 상식적으로 생각해 보면 알 수 있지만, 우주라는 거대한 공이 그렇게 단단하다는 것을 믿기가 어려워. 제각각의 깊이에 수없이 많은 별들을 단단히 박아 놓아서, 그들은 서로 위치를 조금도 바꾸지 않으면서, 서로 다르게 제각각으로 움직이면서, 그렇게 조화롭게 움직이다니.

그보다는 하늘이 유체라는 설이 좀 더 그럴듯한데, 만약 그래서 별들이 어느 정도 움직일 수 있다고 하면, 그들의 움직임을 무슨 재주로 통제해서, 지구에서 보았을 때 그들이 하나의 공에 박혀 있는 것처럼 보이도록 만들 수 있겠는가? 이게 가능하도록 하려면, 그들이 움직이지 못하도록 만드는 것이, 그들이 왔다 갔다 할 수 있도록 하는 것보다 나을 거야. 바닥에 있는 수만 개의 타일을 세는 것이, 그 위로 뛰어다니는 애들 수를 세는 것보다 더 쉽지.

마지막으로 일곱 번째 난제를 제시하지. 매일 움직이는 것이 실제로 천체의 운동이라면, 수없이 많은 별들을 움직여야 하고, 별들은 모두 지구보다 훨씬 더 크고 무거우며, 또 행성들도 움직여야 하니까, 이 운동은 엄청난 힘에서 나올 거야. 행성은 궤도를 따라 움직이는 것과 반대 방향으로 움직여야지. 뿐만 아니라 불의 원소들과 공기의 일부분도 같이 휩쓸려 움직일 거야. 그런데 어떻게 지구라는 조그마한 물체가 그 엄청난 힘에 휩쓸리지 않고 버티고 서 있나?

이것이 가장 어려운 문제 같아. 지구는 중심에 매달린 채 운동에 무관심해 정지해 있고, 지구 둘레는 온통 유체들로 가득 차 있는데, 지구가 어떻게 그렇게 강한 힘에 휘말려 들지 않고 버틸 수 있는지 알 수가 없어. 만약 지구가 움직인다고 하면, 이런 어려움은 안 생기지. 우주와 비교해서 지구는 조그마하고 보잘것없으니까, 우주에 어떤 영향을 끼치지 못하지.

사그레도 내가 상상해 낸 어떤 개념들이 머릿속에 맴돌고 있었는데, 이 이야기들을 들으니, 그것들이 혼돈 속에 깨어나는군. 앞으로 나올 이야기들에 좀 더 신경을 쓰려면, 그것들을 가능한 한 정돈을 잘 해서, 그들을 바탕으로 적당한 체계를 만들어야 하겠지. 내가 심문하듯이 물어보면, 내 생각을 더 쉽게 표현할 수 있을 것 같아. 먼저 심플리치오에게 묻겠는데, 어떤 단순한 물체가 여러 움직임을 자연스럽게 가질 수 있는가? 아니면 어떤 단순한 물체는 그의 자연 본성에 맞는 한 운동만 가질 수 있는가?

심플리치오 어떤 단순한 물체는 한 종류의 움직임만 가지며, 더 이상 다른 움직임을 가질 수 없네. 그 움직임은 그 물체에 자연스럽게 어울리는 것일세. 다른 움직임은 부수적으로나 또는 참여해 가질 수 있을 뿐이지. 어떤 사람이 배의 갑판 위를 걷는다고 하면, 그 사람의 움직임은 걷는 것뿐일세. 그 사람이 항구에 도달하는 것은, 그 사람이 참여한 움직임 때문이지. 만약 배가 움직여 그를 항구로 데려다 주지 않으면, 그 사람은 아무리 걷더라도 항구에 닿을 수 없어.

사그레도 두 번째 질문에 답해 주게. 어떤 움직이는 물체가 다른 어떤 것에 참여해 움직임을 전달받고 있는데, 그 물체가 참여하고 있는 움직임과 다른 방식으로 움직인다면, 어떻게 되는가? 이렇게 분배되는 움직임은 어떤 물체 속에 있는가? 아니면 그것은 어떤 물체 속에 있지 않고, 홀로 존재할 수 있는가?

심플리치오 아리스토텔레스가 이미 이런 질문들에 대해 답을 했네. 어떤 움직이는 물체는 한 움직임만 가질 수 있는 것처럼, 그 움직임은 한 물체에게만 있을 수 있네. 그러니까 어떤 움직임이든 그에 대응하는 물체 속에 있어야 하며, 물체가 없으면 움직임은 상상할 수도 없네.

사그레도 세 번째 질문을 던지겠네. 달과 다른 행성들, 그리고 모든 천체들은 그들 고유의 움직임이 있다고 믿는가? 그렇다면 그 움직임들은 어떤 방식인가?

심플리치오 그들 모두 고유의 운동을 가지며, 그것에 따라 황도대 위를 움직이지. 한 바퀴 도는 데 달은 1개월, 해는 1년, 화성은 2년, 별들의 천구는 수천 년이 걸리지. 이 움직임이 바로 그들 고유의 운동일세.

사그레도 그렇다면 모든 별들과 모든 행성들이 24시간을 주기로 동쪽에서 떠서, 서쪽으로 지고, 다시 동쪽에서 나타나는 까닭은 무엇인가? 이런 움직임이 어떻게 그들에게 있는 건가?

심플리치오 참여하는 움직임이지.

사그레도 그렇다면 이 움직임은 그들 속에 존재하는 것이 아니군. 그런데 어떤 움직임이든 그게 존재하려면, 어떤 물체 속에 있어야 하니까, 이 움직임을 자연의 본성에 따라 가지는 어떤 천구가 있겠군.

심플리치오 그럼, 있고말고. 천문학자와 철학자들이 아주 높이 있는 천구를 발견했네. 거기에는 별들도 없는데, 이 천구에 그 움직임이 존재하네. 이것을 움직이는 **주천구**(primum mobile)라고 이름 붙였어. 이것은 움직이면서, 안에 있는 작은 천구들도 따라 움직이도록 만들지. 자신의 움직임을 공유하도록 하는 것이지.

사그레도 하지만 모든 물체들이 완벽하게 조화를 이루며 움직이도록 하는 데 이런 거대한 미지의 천구는 필요가 없네. 다른 움직임이나 속력을 나누어 줄 필요가 없이, 모든 천체들이 자기 고유의 성질에 따라 단순하게 움직이고, 반대되는 움직임과 섞이지 않으며, 모든 것들이 같은 방향으로 움직이는 것이 단 한 가지 원리에 따르는 것 아니겠나? 왜 이렇게 간단한 해답을 마다하고, 그렇게 터무니없는 물체들과 그렇게 어려운 조건들에 동의하려 하는가?

심플리치오 간단한 해답을 어떻게 찾느냐가 문제이지.

사그레도 답은 이미 찾았어. 아주 멋진 답이야. 지구가 바로 움직이는 주천구이면 돼. 다른 천체들이 움직이듯이, 지구가 24시간에 한 바퀴씩 돌면 돼. 그러면 다른 행성들이나 별들에게 움직임을 전할 필요가 없이, 그들 모두 뜨고 지는, 눈에 보이는 모든 현상을 행할 수 있어.

심플리치오 하지만 지구가 움직이면, 수천 가지 문제가 생기는데?

살비아티 그 문제들은 깊이 생각하면 다 사라져. 지금까지 나는 매일 회전하는 운동(자전)이 우주에 딸린 것이 아니라, 지구에 딸린 것일 수 있다는 가능성에 대해서 일반적인 증거들을 몇 개 소개했네. 그렇다고 해서, 이것이 어겨서는 안 되는 법칙이라고 강요하는 게 아니야. 나는 다만 그럴듯하다고 제시했을 뿐이야. 이게 틀렸음을 보여 주는 확실한 증거나 단 한 번의 실험이, 이 이론을 엎어 버리고, 그럴듯한 설명들을 모두 무의미하게 만들 수 있어.

그러니 토론을 여기서 멈추면 안 되지. 심플리치오의 반론을 들어 보세. 그가 반대 입장에서 어떤 가능성들과 주장을 제시하는지 보세.

심플리치오 우선 이 모든 것들을 다 고려해서, 일반적인 사항을 이야기하겠네. 그다음에 특정 주장에 대해 하나하나 따지겠네.

자네의 주장은, 어떻게 해야 쉽고 간단하게 같은 결과를 낳을 수 있느냐에 기반을 두고 있네. 원인을 따지면서, 지구만을 움직이는 것이 지구를 제외한 우주 전부를 움직이는 것과 같다고 말했네. 그다음에 움직이게 하는 일을 따지면서, 지구를 움직이는 편이 나머지 우주 전부를 움직이는 것보다 쉽다고 했지.

내 답은 이러하네. 우리가 우리의 힘을 생각하면, 유한하고 아주 약하지. 그러나 조물주의 무한한 힘을 생각하면, 우주 전체를 움직이는 것은 지구 또는 밀짚을 움직이는 것처럼 쉬운 일이지. 힘이 무한하다면 큰 힘을 쓰지, 무엇 때문에 작은 힘을 쓰겠나? 따라서 내가 보기에, 이런 일반적인 논리는 설득력이 없네.

살비아티 조물주의 힘이 부족해서 우주를 못 움직인다고 내가 말한 것처럼 여겼다면, 그건 오해를 한 거야. 자네 덕분에 오해를 바로잡을 수 있게 되었군. 힘이 무한하다면, 수만 개의 물체를 움직이는 것이 한 물체를 움직이는 것이나 마찬가지로 쉬움을, 나도 인정하네. 내가 말한 것은 물체를 움직이는 절대자에 대한 것이 아니라 그 물체들에 대한 것이었네. 물체들의 저항만 고려한 것도 아니야. 물론, 지구의 저항이 우주의 저항보다 더 적을 게 확실하지. 저항뿐만 아니라 내가 말한 여러 사항들을 고려해서 한 말일세.

그다음, 자네는 무한한 힘에서 큰 부분을 쓰는 것이 작은 부분을 쓰는 것보다 낫다고 했지. 내가 답하겠는데, 무한대에서 두 부분을 골랐을 때, 두 부분 다 유한하다면, 어느 한 부분이 다른 한 부분보다 더 큰 게 아니야. 무한히 많은 수에서 100,000개의 수를 골라도, 그게 2개의 수보다 더 큰 부분을 차지하는 게 아닐세. 비록 100,000개는 2개보다 50,000배 더 크지만 말이야.

만약 우주를 움직이는 데 유한한 힘이 필요하다면, 비록 이 힘이 지구 하나를 움직이는 데 필요한 힘보다 훨씬 크다 하더라도, 무한한 힘에서 더 큰 부분을 쓴 게 아닐세. 쓰지 않고 남은 힘이 무한대보다 작아지는 것도 아니야. 그러니까 어떤 현상을 위해 큰 힘을 쓰든 작은 힘을 쓰든, 아무런 상관이 없어. 그리고 그렇게 힘을 쓴다면, 그 목적이 아마 매일의 회전운동을 위해서만은 아닐 거야. 우주에는 우리가 아는 것만 해도 여러 종류의 운동이 있고, 우리가 모르는 운동도 아마 많이 있을 테니까.

그러니 지구를 움직이는 것과 우주를 움직이는 것 중 어느 편이 더 간단하고 쉬운가 하는 이야기는 그만두고, 움직이는 물체들에게 신경을 쓰도록 하세. 지구가 움직인다고 하면, 온갖 것들이 간단해지고, 편리해지는 것을 보게. 이것을 보면, 매일의 회전운동이 지구에만 속하는 것이고, 지구를 제외한 나머지 우주 전부에 속하는 것이 아니라는 이론이 훨씬 더 옳아 보여. 이건 바로 아리스토텔레스가 가르친 격언과 일치하지. "간단하게 해서 마찬가지 결과가 나오면, 복잡하게 할 필요가 없다."

심플리치오 격언을 인용하면서, 가장 중요한 낱말 하나를 빠뜨렸군. 지금 우리가 다루는 것들의 경우, 특히 이게 중요하네. 아리스토텔레스는 "마찬가지로 좋은"이라고 말했어. 그러니까 두 가설이 모든 면에서 마찬가지로 좋은 결과를 낳는지 확인해야 하네.

살비아티 두 가지 이론이 마찬가지로 좋은 결과를 낳는지 여부는, 그들이 만족할 모습들을 자세하게 검토하면 알 수 있어. 우리는 처음부터 지금까지, 그리고 앞으로도 계속, 두 이론이 실제로 나타나는 현상을 모두 만족하는지 여부를 따지고 있으니까. 내가 고의로 빠뜨렸다고 주장하는 그 낱말은, 자네가 쓸데없이 덧붙인 거야. "마찬가지로 좋은"이라는 말은 어떤 관계를 뜻하고, 따라서 적어도 2개의 사항이 있어야지. 하나만 갖고 자신과의 관계를 생각하는 것은 이상하지.

예를 들어 조용한 것이 조용한 것과 마찬가지로 좋다고 말할 수는 없어. 그러니까 "간단하게 해서 마찬가지 결과가 나오면, 복잡하게 할 필요가 없다."라는 말은, 그 결과가 완전히 같으며, 두 가지 서로 다른 결과가 나오는 게 아님을 뜻해. 한 가지 일을 가지고, 그걸 자신과 비교하며 마찬가지로 좋다고 말하는 것은 이상하지. 그러니까 "마찬가지로 좋은"이라는 말은 중복이야.

사그레도 자네들, 어제처럼 헤매고 싶은가? 주제에서 벗어나지 말게. 심플리치오, 이 새로운 우주 질서가 옳지 않음을 보여 주는 증거나 보기를 제시하게.

심플리치오 이 이론은 새로운 게 아닐세. 아주 오랜 옛날부터 있었어. 그런데 아리스토텔레스가 이게 틀렸음을 증명했네. 다음은 그가 논박한 내용이네.

"첫째, 지구가 중심에 놓여 있어서 혼자 돌든 중심에서 떨어져 있어서 원을 그리며 돌든, 그런 움직임은 지구의 본성이 아니니까, 어떤 힘에 의해서 움직이는 것이다. 만약에 그런 움직임이 지구의 본성이라면, 지구를 구성하는 물질들이 그런 성질을 가질 것이다. 그러나 지구를 구성하는 물질들은 중심을 향해 직선으로 떨어지는 성질만을 가진다. 어떤 힘에 의해서 움직이는 것은 비자연적인 현상이고, 따라서 영원히 계속될 수가 없다. 그러나 우주의 질서는 영원하다. 그러므로 …….

둘째, 움직이는 주천구를 제외하고, 원운동을 하는 모든 천체들은 움직이는 것이 관측되었으며, 따라서 두 가지 이상의 운동을 한다. 만약에 지구도 움직인다면, 중심의 둘레를 회전하든 중심에 있으면서 회전하든, 두 가지 원운동을 해야 한다. 만약에 그렇다면, 고정된 별들이 움직여서 그 위치가 달라진다. 하지만 그런 현상은 관찰된 것이 없다. 별들은 항상 같은 곳에서 뜨고 진다.

셋째, 물체의 전부든 부분이든, 우주의 중심을 향해서 움직이려는 경향이 있다. 그러므로 우주의 중심에 있다면, 움직이지 않고 거기에 머무른다."

그러고 나서 아리스토텔레스는 물체들이 우주의 중심을 향해서 움직이려고 하는지, 아니면 지구의 중심을 향해서 움직이려고 하는지에 대해 토론을 하네. 아리스토텔레스가 내린 결론은, 물체들은 우주의 중심을 향해서 간다. 그런데 마침 지구가 우주의 중심에 놓여 있으니까, 지구 중심을 향해서 움직이는 것이다. 이 문제는 어제 우리가 길게 다루었지.

네 번째로, 아리스토텔레스는 실험을 통해서 자신의 주장을 뒷받침하고 있네. 무거운 물체를 높은 곳에서 떨어뜨리면, 그것은 수직으로 땅에 떨어진다. 마찬가지로, 똑바로 위로 던진 물체는, 아무리 높이 던져지더라도, 같은 수직선을 따라 내려온다. 이것을 보면, 이들이 지구 중심을 향해서 움직임을 알 수 있다. 지구 중심은 조금도 움직이지 않으면서, 그들을 기다려 받아들인다.

마지막으로, 천문학자들이 다른 이유들을 써서 같은 결론을 확인했다고 말하고 있네. 즉 지구가 우주의 중심에 있으며 움직이지 않는다는 결론 말일세. 그 이유들 중의 하나는, 별들이 움직이는 것을 보면, 중심에 있는 지구와 대응한다는 것이지. 이런 대응 관계는 달리 존재할 수가 없네.

프톨레마이오스와 다른 천문학자들이 발견한 증거들이 그 이외에도 많이 있으니까, 원한다면 내가 제시하지. 아니, 아리스토텔레스의 이 주장에 대해 자네가 답한 다음에 할까?

살비아티 증거로 제시한 것들은 두 종류로 나눌 수 있군. 하나는 별들과 관계없이 지구에서 일어나는 일들이고, 다른 하나는 별들의 모습을 관찰한 데서 나온 것들이야. 아리스토텔레스의 주장은 대부분 우리 주위에서 일어나는 일들에서 유추한 것이고, 다른 하나는 천문학자들에게 맡겨 두었군.

자네가 동의한다면, 우선 지구에서 실험한 것들에 대해 토론하고, 그 다음에 천체의 관측에서 나온 것들을 다루는 편이 좋겠어. 프톨레마이오스, 튀코를 비롯한 많은 천문학자와 철학자들이 아리스토텔레스의 주장을 받아들이고, 확인하고, 지지했을 뿐만 아니라 그들도 그런 종류의 증거들을 제시했으니까, 이것들을 모두 한꺼번에 다루어서 비슷한 말을 두 번 하지 않도록 하세.

심플리치오, 자네가 원하면 이것들을 제시해 보게. 내가 자네 대신에 그 일을 해서, 자네의 짐을 덜어 줄 수도 있어.

심플리치오 나 대신에 제시해 보게. 그러는 편이 더 공부가 될 테니까, 많은 증거들을 더 잘 알게 될 걸세.

살비아티 가장 유력한 증거로 제시한 것은, 무거운 물체가 높은 곳에서 떨어질 때, 수직으로 땅에 떨어진다는 사실이지. 이 현상이 지구가 움직이지 않음을 의심할 여지가 없이 증명한다고 간주하고 있어. 만약에 지구가 매일 한 바퀴씩 돈다면, 높은 탑 꼭대기에서 돌을 떨어뜨렸을 때, 그 탑은 지구와 같이 움직일 테니까, 돌이 떨어지는 동안 동쪽으로 수백 야드 거리를 갔을 것이다. 그러니까 돌은 탑 밑바닥에서 상당히 먼 곳에 떨어진다.

다른 실험을 통해서 이 현상을 뒷받침할 수도 있어. 배가 가만히 있으면, 돛대 꼭대기에서 납 공을 떨어뜨렸을 때, 납 공은 돛대 아랫부분에서 아주 가까운 곳에 떨어진다. 그러나 배가 움직일 때 납 공을 거기에서 떨어뜨리면, 납 공은 그것이 떨어지는 시간 동안 배가 움직인 거리만큼 먼 곳에 떨어진다. 그렇게 되는 이유는, 공을 마음껏 떨어지게 놓았을 때, 그 공은 지구 중심을 향해서 움직이려는 자연스러운 경향이 있기 때문이다.

이 현상은 또 어떤 물체를 매우 높이, 똑바로 위로 던지는 실험을 통해서 뒷받침할 수 있다. 대포를 수직으로 세워서 쏴 보면 된다. 포탄이 올라갔다 내려오는 데 상당한 시간이 걸리니까, 이 위도에서 대포와 우리는 지구와 같이 동쪽으로 수십 마일 움직일 것이다. 그러니 포탄은 대포 근처에 떨어지지 않고, 지구가 앞으로 간 만큼 서쪽에 멀찍이 뒤져 떨어질 것이다.

또 다른 효과적인 실험 방법은, 대포를 수평으로 조준해 동쪽으로 쏘고, 그와 똑같은 대포를 같은 양의 화약을 채워 서쪽으로도 쏴 보는 것이다. 서쪽으로 쏜 것이 동쪽으로 쏜 것보다 훨씬 더 멀리 날아갈 것이다. 왜냐하면 대포에서부터 서쪽에 포탄이 떨어진 지점까지의 거리를 재면, 그 거리는 두 운동의 결과를 합친 것이기 때문이다. 포탄 자신이 서쪽으로 움직인 것과, 대포가 지구 운동 때문에 동쪽으로 간 것. 반대로 동쪽으로 쏜 포탄이 날아간 거리는 포탄이 움직인 거리에서 대포가 따라간 거리를 뺀 것이다.

예를 들어 포탄 자신은 5마일을 날아가는데, 그때 걸리는 시간 동안 이 위도에서는 지구가 3마일을 움직인다고 해 보자. 그러면 서쪽으로 쏜 포탄은 대포에서 8마일 거리인 곳에 떨어질 것이다. 자신이 서쪽으로 5마일을 갔고, 대포는 동쪽으로 3마일을 갔으니까. 그러나 동쪽으로 쏜 것은, 겨우 2마일을 가서 떨어질 것이다. 포탄이 움직인 거리인 5마일에서 대포가 같은 방향으로 움직인 3마일을 빼면, 2마일이 되니까. 그러나 실제로 실험을 해 보면, 이 둘은 같은 거리만큼 날아간다. 그러니까 대포는 움직이지 않았고, 따라서 지구도 움직이지 않는다.

대포를 남쪽이나 북쪽으로 쏴 봐도, 지구가 움직이지 않음을 확인할 수 있다. 만약 지구가 움직인다면, 포탄이 처음 겨냥한 목표물에 맞지 않고, 서쪽으로 빗나갈 것이다. 왜냐하면 포탄이 공중에 날아가는 동안 지구가 움직이니까, 목표물도 동쪽으로 움직이기 때문이다.

남북으로 쏘는 경우는 물론, 동서로 쏘는 경우에도 목표물을 맞히기가 힘들 것이다. 수평으로 조준해서 쏘더라도, 동쪽으로 쏜 것은 높이 올라가고, 서쪽으로 쏜 것은 낮게 내려갈 테니까. 두 경우 모두, 포탄은 접하는 직선을 따라서 날아간다. 즉 지평선을 따라서 날아간다. 지구가 실제로 자전 운동을 한다면, 지평선은 동쪽에서는 아래로 내려가고, 서쪽에서는 위로 올라간다. 이게 바로 별들이 동쪽에서 뜨고, 서쪽으로 지는 이유이다. 따라서 동쪽에 있는 표적은 아래로 내려가서, 포탄이 위로 지나갈 것이다. 반대로 서쪽에 있는 표적은 위로 올라가니까, 포탄이 아래쪽에 떨어질 것이다. 그러니 어떤 방향으로 쏘든 정확하게 쏠 수가 없다. 그런데 실제로 실험을 해 보면, 그렇지가 않다. 그러므로 지구는 움직이지 않는다.

심플리치오 아! 아주 멋진 논리일세! 이것에 대해 반박한다는 것은 절대 불가능하네.

살비아티 이런 이야기를 처음 듣는가?

심플리치오 그래, 처음이야. 우리가 진리를 찾는 것을 도와주기 위해서, 자연이 여러 가지 멋진 실험들을 알려 주었군. 진리들이 서로 일치하고, 이들이 힘을 합쳐, 절대 굴하지 않게 되었네.

사그레도 아리스토텔레스의 시대에 대포가 없었던 게 참 아쉽군. 대포만 있었더라면, 아리스토텔레스가 무지를 쳐부수고, 우주에 대해서 거리낌 없이 말할 수 있었을 텐데.

살비아티 이 새로운 예증들을 자네가 받아들이니 다행이군. 대부분의 소요학파 사람들은, 아리스토텔레스의 말에서 조금이라도 벗어나면, 그의 증명을 이해하지 못했다고 주장하는데, 이제 자네는 그들과 의견을 달리하게 될 걸세.

자네는 아주 색다른 것을 보게 될 거야. 이 새로운 우주 체계를 주창하는 사람들이, 자신들의 이론에 어긋나는 관찰, 실험, 주장을 제시하는 것을 볼 거야. 게다가, 이에 반대하는 아리스토텔레스나 프톨레마이오스가 제시한 것들보다 더 설득력이 있어. 이것을 보면, 그들이 새로운 이론을 주장하는 것이, 무지와 경험 부족 때문이 아니라는 것을 깨닫게 될 거야.

사그레도 내가 이 새로운 이론을 처음 접했을 때 있었던 몇 가지 일들을 자네들에게 이야기해 주겠네. 내가 한창 젊었을 때였지. 철학 공부를 거의 마쳤는데, 다른 것들을 공부하느라 그걸 포기하고 있었어.

그런데 크리스티안 부르스타이젠이라는 외국인이 로스토크에서 내가 살던 지역에 온 일이 있어. 그 사람은 코페르니쿠스의 이론을 추종하고 있었어. 그가 학회에서 이 이론에 대해 두세 번 강연을 했어. 군중이 쇄도했다고 하더군. 아마 그 주제가 신기했기 때문일 거야. 나는 거기에 참석하지 않았어. 그런 이론은 그럴듯한 속임수일 거라고 생각하고 있었거든.

나중에 거기에 참석한 사람들을 붙잡고 물어보았지. 한 사람만 제외하고는 다들 그걸 비웃더군. 한 사람만은 그 이론이 터무니없다고 치부할 게 아니라고 그러더군. 그는 매우 현명하고, 상당히 보수적인 사람이었어. 내가 거기에 참석하지 않은 게 후회가 되더군.

그 후, 코페르니쿠스의 이론에 동조하는 사람들을 가끔씩 만났는데, 그때마다 그들이 처음부터 이 이론을 신봉했는지 물어보았지. 많은 사람들에게 물어보았는데, 단 한 명의 예외도 없이 다들 하는 말이, 원래는 그와 반대되는 이론을 믿고 있었는데, 이 이론을 접한 후 그 논리에 설득이 되어, 이것을 믿게 되었다더군. 그들이 반대편 이론을 얼마나 잘 알고 있는지, 한 사람 한 사람 꼬치꼬치 캐물어 보았지. 다들 잘 알고 있어서, 즉석에서 답을 하더군. 그러니까 그들이 그것을 버린 까닭은 몰라서였거나, 허식 때문이거나, 그들의 영리함을 자랑하기 위해서가 아니야.

반면에 소요학파 사람들과 프톨레마이오스 편인 사람들이 코페르니쿠스의 책에 대해 얼마나 잘 알고 있는지 물어보니까, 대부분의 사람들은 그 책을 본 적도 없다고 했고, 그걸 이해하는 사람은 단 한 명도 없었어. 많은 사람들에게 물어보았지만 말이야. 뿐만 아니라 소요학파 이론을 충실하게 믿는 사람들에게, 그들이 다른 이론을 믿어 본 적이 있느냐고 물어보았더니, 그런 적이 있다는 사람은 단 한 명도 없더군.

그러니까 코페르니쿠스의 이론을 믿는 사람들은, 다들 처음에는 반대되는 이론을 믿고 있었고, 아리스토텔레스와 프톨레마이오스의 주장에 대해서도 완벽하게 잘 알고 있었어. 반면에 아리스토텔레스와 프톨레마이오스의 이론을 믿는 사람들 중에는, 코페르니쿠스의 이론을 믿다가, 그것을 버리고 아리스토텔레스 편으로 귀의한 사람이 단 한 명도 없어.

이런 일들을 보고 난 다음에, 나도 조금씩 생각이 깨였어. 어떤 사람이 젖을 뺄 때부터 받아들인 이론을, 그것도 대부분의 사람들이 지지하는 이론을 버리고 새로운 이론을 받아들일 때는, 그게 그만큼 설득력이 있고 꼭 필요하기 때문이 아닐까? 더군다나 새 이론을 지지하는 사람은 극소수이고, 모든 학교는 그것을 거부하고 있고, 언뜻 보면 큰 모순을 내포하고 있는 것처럼 보이는데도 말일세.

나는 호기심이 생겨서, 이 문제를 근원적으로 파헤쳐 보기로 했어. 자네 두 사람을 만나게 되다니 정말 운이 좋았어. 이 주제에 대해 지금까지 알려진 모든 것들, 알아낼 수 있는 모든 것들을, 자네 두 사람이 말해주겠지. 자네들의 추론과 주장을 통해서, 나도 의문에서 깨어나 어떤 확실한 입장에 서게 될 거야.

심플리치오 아마 그렇게 되지 않을 거야. 오히려 더 깊은 혼란 속으로 빠지게 될 걸세.

사그레도 그럴 리가 있나?

심플리치오 그럴 리가 없다고? 나를 보게. 가면 갈수록 점점 더 혼란스러운데.

사그레도 그건 자네가 지금까지 믿어 오던 이론이 있었고, 그 이론이 옳다고 자네가 확신하고 있었는데, 지금 자네 마음속에서 그게 바뀌기 시작했기 때문이야. 자네가 완전히 반대편으로 넘어간 것은 아니지만, 조금씩 기울기 시작한 거야.

하지만 나는 지금까지 어느 편에도 속하지 않았네. 나는 내가 확신을 갖고 어느 편엔가 만족하게 될 거라고 믿고 있네. 내가 이렇게 낙관적으로 생각하는 까닭을 자네에게 이야기하면, 자네도 고개를 끄덕일 거야.

심플리치오 어디 말해 보게. 나도 그렇게 되었으면 좋겠어.

사그레도 그렇다면 우선 몇 가지 질문에 답해 주게. 심플리치오, 지금 우리가 알아내려고 하는 것은, 아리스토텔레스와 프톨레마이오스의 주장처럼, 지구는 우주의 중심에 있으면서 움직이지 않고, 하늘에 있는 모든 천체들이 움직이고 있는지, 아니면 별들의 천구는 움직이지 않고 가만히 있고, 해가 그 중심에 있으며, 지구는 다른 곳에 있으면서 움직여서, 마치 해와 별들이 움직이는 것처럼 보이는 것인지, 이 두 가지 이론 중에 어느 것이 옳으냐 하는 것이지?

심플리치오 그래, 맞네. 그게 바로 우리가 토론하고 있는 것일세.

사그레도 이 두 이론 중에 반드시 하나는 옳고, 다른 하나는 틀렸지?

심플리치오 그럼, 물론이지. 둘 중 하나를 택해야 하네. 반드시 하나는 옳고, 하나는 틀리지. 움직이는 것과 가만히 있는 것은 서로 반대되는 것이며, 그 중간이란 있을 수가 없네. 지구가 움직이지도 않고 가만히 있지도 않다고 말하거나, 또는 해와 별들이 움직이지도 않고 가만히 있지도 않다고 말할 수는 없네.

사그레도 지구, 해, 별들은 자연계에서 어느 정도의 비중을 갖는가? 이것들은 중요한가? 아니면 하찮것없는가?

심플리치오 이것들은 근본이 되는 물체들이지. 우주에서 가장 고귀하고, 절대 빠뜨릴 수 없는 요소들일세. 굉장히 크고, 세상에서 제일 중요한 것들이지.

사그레도 자연계에서 움직임과 움직이지 않고 가만히 있음은 어떤 현상인가?

심플리치오 근본이 되는 중요한 현상이지. 자연이 이 현상에 따라서 정의된다고 말해도 과언이 아니지.

사그레도 그렇다면 영원히 움직이는 것과 조금도 움직이지 못하고 가만히 있는 것은 자연계의 두 가지 중요한 조건이고, 이 둘은 완전히 다르며, 이 조건들은 우주를 구성하는 근본 물체들의 중요한 특성을 이루고 있군. 따라서 이 둘로부터 나오는 결과들도 서로 판이하겠군.

심플리치오 그럼, 그건 확실하네.

사그레도 이것과는 다른 질문이 되겠지만, 자네는 변증법, 수사학, 물리학, 형이상학, 수학 또는 일반적인 추론에서, 거짓인 것을 참인 것처럼 사람들을 설득할 수 있는, 그런 강력하고 설명을 잘 해 주는 논리가 있다고 생각하는가?

심플리치오 아니, 있을 수가 없지. 참이고 필연인 결론을 증명하려고 하면, 설득력 있는 증명 방법이 여러 개 나오게 마련일세. 그 논리들은 아무리 따지고, 수천 가지 비교를 하고, 검토해 봐도, 한 치도 어긋나지 않네. 궤변론자들이 그것들을 모호하게 만들려고 해도, 그것들은 더욱 더 분명하고 확실해지지.

반면에 거짓인 결론이 참인 것처럼 사람들을 설득하려고 하면, 온갖 거짓, 궤변, 이율배반, 강변, 어긋나는 말들만 쏟아져서, 모순의 함정에 빠져서 벗어날 수 없네.

사그레도 잘 알겠네. 계속 움직이는 것과 영원히 제자리에 머무르는 것은 자연계의 아주 중요한 현상이며, 이 둘은 완전히 다르니까, 온갖 종류의 파생되는 결과들이 이것에 따라 달라지겠지. 해나 지구와 같이 우주에서 아주 큰 물체의 경우 특히 그래. 이 반대되는 두 이론 중 반드시 하나는 참이고, 다른 하나는 거짓이지. 거짓을 증명하려고 하면 거짓말만 쏟아지고, 참을 증명하려고 하면 여러 가지 확실하고 분명한 증명 방법이 나온다고 자네가 말했지?

그렇다면 자네들 두 사람 중에 누구든 진실을 주장하는 사람이 나를 설득하게 될 게 당연하지 않은가? 내가 멍청해 판단을 그르치고, 머리가 둔해 추론도 할 줄 몰라서, 밝은 것과 어두운 것, 옥과 돌, 참과 거짓을 구별할 줄 몰라 보이는가?

심플리치오 내가 여러 번 말했지만, 궤변, 이율배반, 기타 여러 거짓들을 구별해 내는 법을 가장 잘 아는 사람은 아리스토텔레스일세. 그런 그가 이것에 대해 착각을 했을 리가 없네.

사그레도 아리스토텔레스가 지금 여기서 말을 할 수 없는 게 유감이겠군. 하지만 그가 지금 여기에 있다면, 우리의 주장에 설득을 당하거나, 아니면 우리 주장을 하나하나 따진 다음에, 더 나은 논리로 우리를 설득하려 할 거야.

생각해 보게. 대포를 갖고 한 실험 이야기를 듣고, 자네는 그게 아리스토텔레스의 주장보다 더 강하고 확실하다며 감탄을 했잖아? 살비아티는 그것을 제시했고, 그것을 아주 꼼꼼하게 따져 보았겠지만, 그것에 의해 설복되지 않고 있잖아? 천동설을 지지하는, 그보다도 더 유력한 논리도 살비아티는 알고 있고, 우리에게 들려줄 거라고 넌지시 비추었지만, 그런 논리에 설득되지 않고 있잖아?

자네는 자연이 노망이 들어서 깊게 생각할 줄 아는 사색가들을 낳지 못하고, 단지 아리스토텔레스의 노예가 되어 그의 머리를 빌려서 생각하고 그의 눈을 빌려서 볼 줄 아는 사람들만 낳는다고 주장하는데, 그 근거가 뭔가?

이런 말장난은 그만두고, 아리스토텔레스의 이론을 뒷받침하는 다른 예증들을 들어 보도록 하세. 그러고 나서 그것들을 분석하고, 도가니에 넣어 정련한 다음, 시금저울에 올려 달아 보세.

살비아티 이야기를 계속하기 전에 한 가지 강조하겠는데, 나는 코페르니쿠스의 가면을 쓰고, 그의 역할을 하고 있을 뿐이야. 내가 겉으로는 그의 편을 들지만, 내가 실제로 그 논리들에 대해 어떻게 생각하고 있는가 하는 것은, 그걸 갖고 판단하지 말게. 내가 분장을 한 채 무대 위에서 연극에 흠뻑 빠져 있을 때의 모습과, 분장을 벗고 무대에서 내려온 뒤의 모습은 다를 테니까.

내가 이야기를 계속하지. 프톨레마이오스와 그의 추종자들은 공중에 물체를 던지는 것과 비슷한 예를 또 하나 들었어. 그건 바로 땅에서 떨어져 허공에 오래 머무르는 구름이나 새들의 경우이지. 이들은 땅에 붙어 있지 않으니까, 지구가 이들을 짊어지고 움직이는 게 아니지. 그러니까 이들은 지구와 같이 빠르게 움직일 수가 없어. 우리가 이들을 보면, 매우 빨리 서쪽으로 움직이는 것처럼 보일 거야. 우리 위치에서 위선의 둘레 길이는 적어도 16,000마일은 되니까, 그 길이를 24시간에 지난다면, 새들이 어떻게 따라올 수 있겠나? 하지만 실제로 새들의 모습을 보면, 동쪽으로 가든 서쪽으로 가든 어떤 방향으로 가든지 간에 아무런 차이가 없어.

우리가 말을 타고 달리면, 바람이 상당히 세게 얼굴에 와 부딪치잖아? 그걸 생각하면, 지구가 실제로 공기 속에서 그렇게 빨리 움직인다면, 늘 동풍이 엄청나게 세게 불거야. 하지만 실제는 그렇지가 않거든.

또 다른 실험을 통해서 이 이론을 뒷받침할 수 있어. 원운동을 하는 물체들은, 중심에서 바깥으로 흩어져 나가려는 경향이 있어. 물체들이 단단히 엉켜 있지 않고, 속력이 어느 정도 빠르다면 말일세. 예를 들어 방아에 쓰는 거대한 돌 또는 거룻배를 다른 수로로 옮기려고 땅 위로 끌고 갈 때 쓰는 바퀴처럼, 여러 사람들이 둥근 물체를 돌리는 경우가 있는데, 이때 각 부분들을 단단히 조여 놓지 않으면, 이들은 사방으로 흩어져. 그 겉부분에 바위나 다른 무거운 물체들이 붙어 있더라도, 이들은 충격을 못 견디고 바퀴의 힘으로 인해 사방으로 흩어져서 중심에서 멀어지겠지. 만약 지구가 그렇게 빠른 속력으로 돈다면, 어떤 힘, 어떤 풀이나 접착제의 응집력이 바위들, 건물들, 도시들을 묶어 놓고 있기에, 이들이 이렇게 심하게 도는데도 하늘로 날려 가지 않는가? 사람들이나 짐승들은 땅에 붙어 있지도 않잖아? 이들은 어떻게 버티고 있는가? 조약돌, 모래, 나뭇잎처럼 아주 연약한 물체들도 날려 올라가기는커녕 반대로 땅으로 떨어지잖아?

심플리치오, 이것들은 모두 지구에 바탕을 둔 유력한 예증들일세. 다른 종류의 예증들도 있어. 그러니까 천체들의 모습에 따른 증거들이 있어. 이 증거들도 지구가 우주의 중심에 있으며, 코페르니쿠스의 주장처럼 어떤 중심을 놓고 1년에 한 바퀴씩 도는 게 아님을 보여 주고 있어. 이것들은 성격이 다르니까, 내가 이미 제시한 것들을 자세하게 검토하고 난 다음에 다루도록 하세.

사그레도 심플리치오, 뭐라고 말하겠나? 살비아티는 프톨레마이오스와 아리스토텔레스의 이론을 완벽하게 알고 있을 뿐만 아니라 설명도 잘 하지? 소요학파 사람들이 코페르니쿠스의 이론을 이렇게 잘 이해하고 있을 것 같은가?

심플리치오 살비아티의 학문이 견실하고, 사그레도의 지혜가 예리하다는 것은 이미 토론을 통해 알고 있네. 만약 그렇지 않다면, 나는 더 이상 듣지 않고, 지금 이 자리를 떠나고 싶을 거야. 이렇게 확실한 실험 결과들을 반박하는 것은 불가능해 보이니까. 더 들을 필요도 없이, 나는 나의 의견을 꼭 붙들고 있겠네.

만약 이게 거짓이라 하더라도, 이게 이렇게 확실해 보이는 많은 예증들을 통해 뒷받침되고 있으니 용서받을 수 있겠지. 만약 이것들이 다 거짓이라면, 진실한 증명은 이들보다 더 멋있단 말인가?

사그레도 살비아티의 답을 듣는 편이 나을 걸세. 살비아티의 답이 참이라면, 이들보다 훨씬 더 멋있을 거야. 한없이 더 멋있겠지. 형이상학에서 주장하듯이, 참과 아름다움은 하나이고, 거짓과 추악함도 하나라고 하면, 다른 것들은 추악하겠지. 살비아티, 지체하지 말고 답을 해 주게.

살비아티 내가 기억하기로 심플리치오의 첫 번째 주장은 다음과 같아. 지구는 원운동을 할 수 없다. 왜냐하면 그런 움직임은 힘에 의한 것이고, 따라서 영원하지 않기 때문이다. 그것이 힘에 의한 것인 까닭은, 만약 그것이 자연스러운 것이라면, 지구의 각 부분들도 자연히 원운동을 할 것이기 때문이다. 그러나 지구의 각 부분들은 직선운동을 하며, 아래로 내려가려는 것이 자연에 따른 본성이다.

이 주장에 대해 따지겠는데, 각 부분도 원운동을 할 것이라는 말을, 아리스토텔레스가 좀 더 분명하게 설명했더라면 좋겠어. 왜냐하면 여기서 원운동은 두 가지 방식으로 이해할 수 있어. 하나는, 전체에서 분리된 모든 부분이 자신을 중심으로 조그마한 원을 그리며 움직인다는 말. 다른 하나는, 지구 전체가 24시간에 한 바퀴씩 돌고 있는데, 부분들도 마찬가지로 같은 중심에 대해 24시간에 한 바퀴 돈다는 말.

첫 번째 것은 말도 안 되는 엉터리야. 원둘레의 모든 부분들이 원이 되어야 한다거나, 지구는 공 모양이니까, 지구의 모든 부분들이 공 모양이어야 한다는 말이 성립하는가? 전체에 성립하는 것은 부분에도 성립한다는 격언이 이런 뜻이었나?

아리스토텔레스가 말한 것이 두 번째 뜻이었다면, 각 부분도 전체를 따라 24시간에 한 번씩 지구 중심을 따라 회전한다는 뜻이라면, 이건 실제로 이들의 움직임과 일치하네. 만약 아리스토텔레스가 말한 게 이런 뜻이 아니었다면, 심플리치오, 자네는 아리스토텔레스의 대변인이니까, 이게 아니라는 걸 증명해 보여 주게.

심플리치오 그건 아리스토텔레스가 거기에 증명해 놓았네. 지구의 각 부분들은 직선운동을 하며, 우주의 중심으로 가려는 자연스러운 경향이 있다. 그러므로 원운동은 이들의 본성이 아니다.

살비아티 그 말이 바로 이 답을 반박하고 있음을 못 깨닫겠는가?

심플리치오 뭐가 어떻게 말인가?

살비아티 아리스토텔레스는 지구의 원운동은 힘에 의해 강요된 것이니까, 영원하지 않다고 했지. 하지만 우주의 질서는 영원하니까, 이건 틀렸다고 말했지.

심플리치오 그래, 그렇게 말했네.

살비아티 만약 힘에 의한 것이 영원할 수 없다면, 역으로 영원하지 않은 것은 자연스러운 것이 될 수 없네. 하지만 지구의 각 부분들이 아래로 움직이려는 운동이 영원할 수는 절대 없네. 그러니 그 경향은 자연스러운 것이 아니야. 뿐만 아니라 지구에 관한 어떠한 움직임도 영원한 것이 아니라면, 자연스러운 것이 될 수 없네. 지구가 원운동을 한다고 놓으면, 이건 지구와 모든 부분에 대해 영원할 수 있으니 자연스러운 것이 되네.

심플리치오 직선운동은 지구 각 부분들의 자연 본성에 맞는 것일세. 이 운동은 영원하며, 이들은 이 이외의 다른 방법으로는 절대 움직이지 않네. 방해되는 것들이 없다면 말일세.

살비아티 구차한 변명은 늘어놓지 말게. 내가 자네를 모호한 말장난에서 해방시켜 주겠네. 내가 묻는 말에 대답해 주게. 어떤 배가 지브롤터 해협에서 팔레스타인으로 항해한다면, 그 배가 같은 항로를 따라 팔레스타인을 향해 영원히 계속 움직일 수 있나?

심플리치오 그건 불가능하지.

살비아티 왜?

심플리치오 그 항해는 헤라클레스의 바위에서 팔레스타인 해변까지로 제한되어 있기 때문이지. 그 거리가 유한하니까, 유한한 시간 동안에 지날 수 있네. 일부러 배를 반대쪽으로 돌려 되돌아갔다가 같은 항해를 되풀이한다면 몰라도. 하지만 그런 경우는 움직임이 계속되는 것이 아니고, 중지되었다가 다시 시작하는 것이지.

살비아티 맞아, 정답이야. 그렇다면 마젤란 해협에서 시작해서, 태평양을 지나, 몰루카 해협을 지나, 희망봉을 돌아, 원래 출발했던 마젤란 해협을 지나, 다시 태평양을 지나고, 이런 식으로 계속하면 어떨까? 이 움직임은 영원히 계속할 수 있나?

심플리치오 가능하지. 이건 원운동이고, 원래 위치로 되돌아가니까. 이렇게 계속 되풀이하면, 중단 없이 영원히 계속할 수 있네.

살비아티 이 항로를 따라 움직이는 배는 항해를 영원히 계속하겠군.

심플리치오 배가 부서지지 않으면 그렇지. 하지만 언젠가는 배가 부서져 항해가 끝이 나겠지.

살비아티 그러나 지중해에서는 배가 부서지지 않더라도, 그런 식으로 영원히 팔레스타인을 향해 항해할 수는 없군. 왜냐하면 항로가 끝이 있으니까. 따라서 어떤 물체가 쉬지 않고 영원히 계속 움직이려면, 두 가지 조건을 만족해야 하겠군. 하나는 그 운동의 성격이 끝이 없고 영원할 것. 다른 하나는, 움직이는 물체가 부서지지 않고 영원할 것.

심플리치오 둘 다 꼭 필요한 조건일세.

살비아티 그렇다면 자네 스스로 어떠한 물체이든 직선을 따라 영원히 움직이는 게 불가능하다고 고백을 한 것이네. 왜냐하면 직선운동은 위로 움직이든 아래로 움직이든, 가장자리 또는 중심에 이르면 끝이 나기 때문이지. 움직이는 물체인 지구가 영원하다 하더라도, 직선운동은 타고난 본성이 영원하지 않고 끝이 있으니까, 지구는 그런 움직임을 자연스럽게 가질 수가 없네.

어제 우리가 이야기했지만, 아리스토텔레스 자신도 지구가 움직이지 않고 영원히 고정되어 있다고 주장할 수밖에 없었어. 그러니 자네가 지구의 각 부분들은 방해를 받지 않으면 아래로 움직인다고 말한 것은, 터무니없는 말장난에 불과해. 반대로 이들을 움직이려면, 헤살을 놓거나 방해하거나 힘을 가해야 할 걸세. 왜냐하면 이들이 이미 땅에 닿아 있는데, 다시 떨어지도록 만들려면, 위로 높이 던져 올려야 하니까. 방해하는 작용은 단지 이들이 중심에 이르는 것을 막을 뿐이지.

예를 들어 굴을 똑바로 아래로 뚫어 중심을 지나도록 하면, 어떤 흙덩어리가 지구 중심에 이르면 더 나아가지 않겠지. 어떤 힘이 그걸 밀어서 중심을 지나 움직이도록 하면 몰라도. 그러면 나중에야 비로소 중심에 와 머물게 되겠지.

그러니 지구 또는 지구의 각 부분들은 직선운동을 하는 게 자연스럽고, 우주의 다른 모든 부분은 완벽한 질서를 유지한다는 생각은 버리게. 지구가 원운동을 함을 수긍하거나, 아니면 지구가 움직이지 않는다는 이론을 변호하는 데 힘을 쓰게.

심플리치오 지구가 움직이지 않음은 아리스토텔레스의 논증을 통해서, 또 자네가 제시한 예증들을 통해서, 확실하게 증명이 되지 않았나? 이것을 부인하려면, 매우 비범한 방법을 써야 할 걸세.

살비아티 그렇다면 두 번째 논증을 보세. 움직이는 주천구를 제외하고, 원운동을 하는 모든 물체들은 두 종류 이상의 원운동을 한다. 그러므로 지구도 원운동을 한다면, 두 종류의 원운동을 해야 한다. 그러면 별들이 뜨고 지는 게 약간씩 달라져야 한다. 하지만 그런 변화는 관측되지 않았다. 따라서 …….

이 논증에 대한 제일 간단하고 적절한 반론은 바로 이 논증 안에 있어. 이 말을 하게 한 것은 바로 아리스토텔레스 자신이야. 심플리치오, 자네가 이걸 알아차리지 못했을 리가 없는데.

심플리치오 무슨 말인지 모르겠는데.

살비아티 놀랍군! 바로 거기에 분명하게 쓰여 있잖아?

심플리치오 어디 말인가? 책을 꺼내 볼까?

사그레도 즉시 책을 갖고 오게.

심플리치오 나는 이 책을 늘 주머니에 넣어 다니지. 어디 볼까? 나는 정확한 위치도 기억하고 있네. 아리스토텔레스가 쓴 『천문』 2권의 14장 97번째 단락.

"움직이는 주천구를 제외하고, 원운동을 하는 모든 천체들은 움직이는 것이 관측되었으며, 따라서 두 가지 이상의 운동을 한다. 만약에 지구도 움직인다면, 중심의 둘레를 회전하든 중심에 있으면서 회전하든, 두 가지 원운동을 해야 한다. 만약에 그렇다면, 고정된 별들이 움직여서 그 위치가 달라진다. 하지만 그런 현상은 관찰된 것이 없다. 별들은 항상 같은 곳에서 뜨고 진다."

뭐가 잘못되었단 말인가? 내가 보기에, 이 논증은 확실한 것 같은데.

살비아티 내가 이 부분을 다시 읽어 보니까, 원래 내가 발견했던 잘못을 재차 확인했을 뿐만 아니라 또 다른 실수를 발견해 냈어. 이걸 봐. 아리스토텔레스는 두 가지 입장을 반박하려 하고 있어. 두 가지 이론이라고 할까. 하나는, 지구가 중심에 있으면서, 자기 스스로 회전한다는 이론(자전). 다른 하나는, 지구가 중심에서 떨어져 있으면서, 중심을 따라 원운동을 한다는 이론(공전). 아리스토텔레스는 이 두 이론을 한 문장으로 동시에 반박하고 있어.

첫 번째 이론에 대한 반박도 실수를 포함하고 있고, 두 번째 이론에 대한 반박도 실수를 포함하고 있어. 첫 번째 것에 대해서는, 말을 두 가지 뜻으로 사용했어. 즉 이율배반적인 입장을 취했어. 두 번째 것에 대해서는, 틀리게 추측했어.

첫 번째 이론을 보면, 지구는 중심에 있으면서, 자신을 중심으로 회전하고 있어. 이 이론에 대한 아리스토텔레스의 반박을 보세.

"움직이는 주천구를 제외하고 원운동을 하는 모든 천체들은 움직이는 것이 관측되었으며, 따라서 두 가지 이상의 운동을 한다. 만약에 지구도 움직인다면, 중심의 둘레를 회전하든 중심에 있으면서 회전하든, 두 가지 원운동을 해야 한다. 만약에 그렇다면, 고정된 별들이 움직여서 그 위치가 달라진다. 하지만 그런 현상은 관찰된 것이 없다. 별들은 항상 같은 곳에서 뜨고 진다. 그러므로 지구는 움직이지 않는다. 등등"

이것이 이율배반임을 밝히고자 다음과 같이 반박해 보겠네.

"아리스토텔레스여, 당신은 지구가 우주 중심에 있다면, 자전을 할 수 없다고 했습니다. 그 까닭은, 두 가지 운동을 해야만 하기 때문이라고 했습니다. 그러므로 지구가 반드시 두 가지 운동을 해야만 하는 게 아니라면, 지구가 그렇게 한 가지 운동만 하는 것이 불가능하다고 주장하지 않는 셈이 됩니다. 만약 지구가 한 가지 운동이라도 하는 게 불가능하다면, 지구가 움직이지 않는다는 것을 증명하기 위해서 두 가지 운동을 하는 게 불가능하다는 것을 이용하지는 않았겠지요.

우주에서 회전하는 물체들 중 단 하나를 제외하고는, 모두 두 가지 이상의 운동을 한다고 했습니다. 이 단 하나의 예외는 주천구입니다. 이것에 의해서, 고정된 별, 움직이는 별 등 모든 천체들이 일제히 동쪽에서 서쪽으로 가는 것처럼 보입니다. 만약 지구가 주천구처럼 될 수 있다면, 지구는 홀로 움직이면서, 별들이 동쪽에서 서쪽으로 움직이는 것처럼 보이도록 만들 것입니다. 이 운동을 거부하지 않으시겠지요?

그런데 지구가 자신을 중심으로 자전한다고 주장하는 사람들은, 별들이 동쪽에서 서쪽으로 움직이는 것처럼 보이도록 만드는 운동만 지구에게 부여할 뿐, 다른 어떠한 운동도 지구에게 부여하지 않습니다. 이것은 마치, 지구가 주천구라고 놓는 것과 비슷합니다. 주천구에 대해서는 당신이 한 가지 운동을 허락하지 않았습니까?

그러니 아리스토텔레스여, 지구가 움직이지 않음을 증명하시려면, 지구가 중심에 있으면서 단 하나의 운동도 하는 것이 불가능함을 보이거나, 아니면 주천구도 하나의 운동만을 가지는 것은 불가능함을 보여야 합니다. 그러지 않으면, 당신의 추론은 거짓말이 됩니다. 같은 성질을 왜 누구에게는 허락하고, 누구에게는 허락하지 않는단 말입니까?"

이제 두 번째 이론을 보세. 이 이론은 지구가 중심에서 멀찍이 떨어져 있으면서, 중심에 대해 회전한다고 주장하네. 즉 지구가 행성이 되어서 움직이는 거야. 아리스토텔레스의 논리는 이 이론을 반박하기 위한 것이고, 그 형식은 옳지만, 내용에 실수가 있어. 지구가 그렇게 두 가지 운동을 한다고 해서, 별들이 뜨고 지는 데 어떤 변화가 꼭 일어나는 것이 아니야. 이것은 나중에 적당한 때에 설명해 주지. 아리스토텔레스의 이 실수는 용서해 줄 수 있어. 아니, 코페르니쿠스의 이론을 반박하는 논리 중에 가장 뛰어난 이것을 발견해 낸 그를 칭찬해야 마땅할 거야.

반론이 날카롭고 그럴듯해 보이지만, 이에 대한 답은 더욱 미묘하고 심오하기 짝이 없어. 코페르니쿠스처럼 통찰력이 뛰어난 사람이 아니면 발견할 수 없어. 그것을 이해하기가 상당히 어려운데, 그렇다면 그걸 처음 발견해 낸 일은 얼마나 더 어려웠을까 짐작할 수 있을 거야.

당분간 이에 대한 답은 보류하겠네. 나중에 아리스토텔레스의 주장을 되풀이하고, 그의 입지를 한층 강화한 다음, 이것을 들려주겠네.

세 번째 논증도 역시 아리스토텔레스의 것인데, 이것에 대해 더 이상 상세하게 논할 필요는 없겠지. 어제와 오늘, 충분하게 답을 했어. 여기서 그는 무거운 물체들은 직선운동을 하며 중심으로 가려고 하는데, 그게 지구의 중심을 향해 가는지, 아니면 우주의 중심을 향해 가는지 따지고 있어. 결론은, 모든 물체들은 우주의 중심을 향해 가려는 자연스러운 경향이 있고, 지구 중심을 향해서 가는 것은 우연의 일치일 뿐이야.

네 번째 논증을 보세. 이것은 길게 다루어야 하네. 이 논증은 실험에 바탕을 두고 있고, 앞으로 나올 논증들도 거의 다 이 실험에서 힘을 얻고 있어. 지구가 움직이지 않는다는 가장 유력한 증거는, 어떤 물체를 던져 올리면, 그 물체가 같은 수직선을 따라 내려와서, 던졌던 바로 그 위치에 떨어지는 것이라고 아리스토텔레스는 주장하고 있어. 아무리 높게 던지더라도 말이야.

이런 일은 지구가 움직이고 있다면 일어날 수 없다고 그는 주장하네. 물체는 지구와 떨어져 있으며 지구는 회전하니까, 물체가 위로 올라가고 아래로 내려오는 동안에 물체를 던진 지점은 동쪽으로 멀찍이 갔을 것이고, 물체는 그 거리만큼 멀찍이 떨어진 장소에 낙하하게 될 거야. 아리스토텔레스와 프톨레마이오스가 주장한 논리들과 더불어, 대포나 다른 것들을 사용한 논증들도 여기에 넣을 수 있어. 그러면 무거운 물체들이 엄청나게 높은 곳에서 지표면에 수직인 선을 따라 내려옴을 볼 수 있어.

자, 이 수수께끼를 풀어 볼까? 심플리치오, 자유롭게 떨어지는 물체가 곧은 수직선을 따라 중심으로 떨어짐을 어떻게 증명할 수 있는가? 아리스토텔레스와 프톨레마이오스를 인용하지 말고 해 보게.

심플리치오 눈으로 보면 알 수 있지. 탑은 똑바로 수직으로 서 있네. 거기에서 돌을 떨어뜨리면, 스칠 듯 탑을 따라 떨어지네. 머리카락 한 올 만큼도 옆으로 벗어나지 않고, 원래 떨어뜨렸던 곳의 바로 아래 지점에 떨어지지.

살비아티 만약에 지구가 돌고 있어서 탑도 따라 움직이는데, 그럼에도 돌이 탑의 옆면을 따라 스치듯이 떨어졌다면, 그 돌의 움직임은 어떻게 되는가?

심플리치오 그렇다면 그 돌은 두 가지로 움직였네. 한 가지는 위에서 아래로 떨어진 것이고, 다른 한 가지는 탑이 움직이는 것을 따라 간 것이지.

살비아티 그렇다면 이건 두 움직임을 더한 것이겠군. 하나는 탑의 높이만큼 떨어진 것, 다른 하나는 탑을 따라 움직인 것. 이 둘을 더하면, 돌은 더 이상 단순한 수직선을 그리며 떨어지지 않겠군. 비스듬한 직선이 되겠지. 어쩌면 직선이 아닐지도 몰라.

심플리치오 직선일지 곡선일지 잘은 모르겠지만, 비스듬하게 되는 건 확실하네. 지구가 움직이지 않은 경우에 그리는 수직선과 완전히 다르지.

살비아티 그렇다면 돌이 탑을 따라 스치듯 내려가는 것을 보았다고 하더라도, 그게 똑바로 수직선을 따라 떨어졌다고 확언할 수는 없군. 지구가 움직이지 않고 가만히 있다고 가정하지 않으면 말일세.

심플리치오 그렇지. 만약 지구가 움직인다면, 돌이 떨어진 길은 수직이 아니고, 비스듬하게 되지.

살비아티 그렇다면 아리스토텔레스와 프톨레마이오스가 추론을 잘못한 게 확실하군. 자네가 그걸 발견해 냈어. 그 사람들은 증명하려는 게 사실이라고 가정한 거야.

심플리치오 어떻게 말인가? 내가 보기에는 올바른 추론인데. **결론을 가정한 것**(petitio principii) 같지는 않은데.

살비아티 곰곰이 생각해 보게. 이 사람은 증명을 하려고 할 때, 결론이 확실하게 밝혀지지 않았다고 여겼겠지.

심플리치오 그야 물론이지. 이미 확실하게 밝혀졌다면, 증명을 할 필요가 없지.

살비아티 중개념을 보게. 이게 사실임이 밝혀져 있어야지?

심플리치오 그럼. 만약 그렇지 않다면, **모르는 일을 모르는 일로써**(ignotum per aeque ignotum) 증명하려는 게 되지.

살비아티 지금 여기서 결론은 아직 밝혀지지 않았고, 그걸 증명하려는 것인데, "지구는 움직이지 않는다."라는 것이 결론이지?

심플리치오 그래, 맞네.

살비아티 중개념은 돌이 똑바로 수직으로 떨어진다는 것이지? 이 중개념은 밝혀져 있어야 하잖아?

심플리치오 그래, 그게 중개념이지.

살비아티 하지만 조금 전에 우리는, 지구가 움직이지 않고 가만히 있다는 사실을 모르면, 돌이 수직으로 떨어지는지 여부를 확언할 수 없다고 했잖아? 그러니까 이 추론에서는 중개념이 확실하다는 걸 불확실한 결론에서 끌어냈어. 이게 틀린 추론이지 뭔가?

사그레도 심플리치오 대신에 내가 아리스토텔레스를 변호해 볼까? 이게 잘 안 되면, 자네의 추론을 더 잘 이해하고 받아들일 수 있게 될 거야. 여기서 중개념은 돌이 똑바로 수직으로 떨어진다는 것이고, 증명하려고 하는 결론은 지구가 움직이지 않는다는 것이지. 자네 말에 따르면, 지구가 가만히 있는지 여부를 모르니까, 돌이 탑에 스칠 듯 떨어진다고 해서, 그게 움직인 궤적이 꼭 수직이라는 보장이 없어. 만약 탑이 지구와 같이 움직이고, 돌이 그것을 따라 움직인다면, 돌이 움직인 궤적은 수직이 아니고 비스듬할 테니까.

내가 답하겠는데, 만약 탑이 움직인다면, 돌이 그 탑에 스칠 듯이 바싹 붙어서 떨어지는 것이 불가능하네. 그러니까 그것을 보면, 지구가 움직이지 않음을 추리할 수 있어.

심플리치오 바로 그걸세. 탑이 지구를 따라 움직인다고 하면, 돌이 탑에 스칠 듯 떨어지기 위해서는, 두 가지의 자연스러운 운동을 해야 하네. 하나는 중심을 향해 떨어지는 운동이고, 다른 하나는 중심을 따라 회전하는 운동이지. 이건 불가능하네.

살비아티 그러니까 아리스토텔레스를 변호하려면, 돌이 원운동과 직선운동을 동시에 할 수 없다는 걸 써야 하겠군. 아니, 그가 이게 불가능하다고 믿었다는 걸 이용해야 하겠군. 돌이 중심을 향해서 움직이면서, 동시에 중심을 따라 도는 게 불가능하다고 생각하지 않았다면, 탑이 가만히 있든 움직이든, 돌이 탑을 따라 스치듯 떨어지는 것이 가능함을 알았겠지. 그랬더라면, 돌이 스치듯 떨어지는 게 지구가 움직이는지 여부와 아무런 상관이 없음을 알았겠지.

그렇지만 이걸 갖고 아리스토텔레스의 잘못을 용서해 줄 수는 없네. 이 추론에서 핵심이 되는 게 이 부분이니까, 만약 그가 이걸 알았더라면, 반드시 이야기를 했어야 하네. 게다가 이런 일이 불가능하다거나, 불가능하다고 아리스토텔레스가 생각했다고 말할 수도 없어. 내가 잠시 후에 증명해 보여 주겠는데, 전자는 가능할 뿐만 아니라 꼭 필요하네. 후자도 말할 수 없는 게, 아리스토텔레스 스스로 불은 자연히 위로 올라갈 뿐만 아니라 하늘이 모든 불의 원소와 공기의 상당 부분에 작용하는 회전운동 때문에 돌기도 한다고 시인하고 있어. 불의 원소와 달의 궤도에 이르기까지 존재하는 공기의 원소들이 위로 올라가는 운동과 원운동을 동시에 하는 것이 가능하다면, 돌이 똑바로 아래로 내려가면서 동시에 원운동을 하는 게 불가능할 까닭이 어디 있나? 전 지구가 자연스럽게 원운동을 한다면 말이야. 돌은 지구의 일부분이니까.

심플리치오 나는 그렇게 생각하지 않네. 불의 입자가 공기와 더불어 돈다 하더라도, 불의 입자에게 이건 쉬운 일이며, 필연적인 결과일 거야. 불은 땅에서 멀리 떨어져 높이 올라가 공기 속을 지나면서, 공기의 그 움직임을 전달받게 되고, 불은 아주 엷고 가벼운 입자이니까, 쉽게 움직이게 될 걸세. 하지만 돌이나 대포알같이 무거운 것을 자유롭게 떨어지도록 했을 때, 공기나 다른 어떤 것들이 그것들을 움직이게 만든다고 믿기는 어렵네.

뿐만 아니라 이 현상에 대해 아주 적절한 실험 방법이 있네. 배가 가만히 있을 때 돛대 꼭대기에서 돌을 떨어뜨리면, 돌은 돛대 아랫부분에 떨어지지. 그러나 배가 항해하고 있을 때 돌을 떨어뜨리면, 그 시간 동안에 배가 움직인 거리만큼 멀찍한 지점에 떨어지네. 배가 빨리 움직이면, 상당한 거리가 될 걸세.

살비아티 배가 움직이는 것과, 매일 회전하는 운동이 지구에 속한다고 가정했을 때 지구가 움직이는 것과는 상당한 차이가 있어. 배의 움직임은 자연스러운 운동이 아님이 명백하잖아? 그러니까 거기서 움직이는 물체들은 모두 어쩌다 보니 그렇게 된 거야. 그러니 돌을 돛대 꼭대기에서 잡고 있다가 자유롭게 떨어지도록 놔 주었을 때, 그게 배의 움직임을 따라가려 하지 않더라도, 이상할 게 없네.

하지만 매일의 회전운동이 지구에 속하는 자연스러운 운동이라면, 지구의 모든 부분에 그게 깊이 새겨져서 지울 수가 없어. 그러니까 돌이 탑 꼭대기에 있을 때, 그것은 지구 중심을 따라 24시간에 한 바퀴 돌려고 하는 근본 경향을 갖고 있어. 언제 어디에 있든 이 자연스러운 경향을 늘 행사하고 있어. 이것을 수긍하려면, 자네 마음에 새겨진 낡은 생각을 바꿔 보게. 다음과 같이 말해 봐.

"나는 지금까지 지구는 중심에 대해 가만히 있고, 움직이지 않는 성질이 있다고 생각했다. 지구의 모든 부분들도 마찬가지로 이렇게 조용히 놓여 있다는 사실에 대해, 조금의 거부감도 없었고, 이상하게 여기지도 않았다. 그와 마찬가지로, 만약 지구의 자연 본성이 중심에 대해 24시간에 한 바퀴 도는 것이라면, 지구의 모든 부분들도 가만히 있지 않고, 그렇게 따라 돌려고 하는 자연 본성을 타고났다."

이렇게 생각하면, 아무런 어려움 없이 다음과 같이 결론을 내릴 수 있어. 노를 저어 배에 힘을 가하면, 그 힘은 배를 통해 배에 있는 모든 물체들에게 전해지지. 그러나 이 힘은 자연스러운 것이 아니고, 이질적인 것이지. 그러니 돌이 배에서 분리되면, 그 돌은 타고난 자연스러운 경향으로 되돌아가게 되고, 그에 따른 자연스러운 운동을 하게 되지.

한 마디 덧붙일까? 가장 높은 산보다 아래에 놓이는 공기들은, 지구 표면의 울퉁불퉁한 것들 때문에, 같이 휩싸여 돌게 될 거야. 아니, 어쩌면 지구에서 내뿜는 갖가지 증기와 김이 섞여 있으니까, 지구를 따라 도는 게 자연스러운 경향일지도 몰라. 그러나 노를 저어 배가 움직이는 경우는 배 둘레의 공기가 움직이지 않겠지. 그러니까 배의 경우를 가지고 탑의 경우를 주장하는 것은 추론을 잘못한 거야.

돛대 꼭대기에서 돌을 떨어뜨리면, 그 돌은 공기 속을 지나는데, 공기는 배와 같이 움직이는 게 아니야. 반면에 탑에서 돌을 떨어뜨리는 경우는, 그 돌이 지나야 하는 공기가 지구 전체와 같이 움직이고 있어. 그러니까 돌은 공기의 방해를 받지 않고, 공기의 도움을 받아, 지구를 따라 움직일 수 있어.

심플리치오 공기가 깃털이나 눈같이 가벼운 물체는 움직일 수 있겠지만, 예를 들어 100파운드 정도 나가는 거대한 돌이나 쇠공, 납추에게 힘을 가해서 공기와 같이 움직이도록 할 수 있을지 의문이네. 내 생각에는, 그렇게 무거운 것들은 아무리 강한 바람이 불더라도, 손가락 한 마디 길이만큼도 벗어나지 않을 것 같아. 공기만의 힘으로 이들이 따라 움직이도록 할 수는 없을 걸세.

살비아티 자네가 말하는 것과 내가 든 예들은 완전히 달라. 자네는 돌이 가만히 있는데, 거기에 바람이 불도록 한 것이고, 내가 든 예는 바람이 부는데, 그 바람과 같은 속력으로 움직이고 있는 돌을 넣은 것이야. 그러니 바람이 돌에게 어떤 새로운 운동을 가하는 게 아니야. 단지 이미 갖고 있는 운동을 방해하지 않고 유지하도록 할 뿐이지. 자네는 돌에게 낯설고 이질적인 운동을 가하려 하고 있어. 나는 그게 원래부터 갖고 있던 자연스러운 운동을 보전하도록 하고 있고.

이에 걸맞은 적당한 예를 제시하려면, 독수리가 바람을 타고 떠 있으면서 발톱에 쥐고 있던 돌을 떨어뜨리면, 그 돌이 어떻게 될 것인가 하고 말했어야지. 실제 눈으로 보기는 어렵겠지만, 마음속에 그릴 수는 있어. 돌은 이미 바람과 같이 날고 있으니까, 바람 속에 들어갈 때, 같은 속력을 지니고 있지. 그러니까 돌은 수직으로 떨어지지 않고, 바람과 같이 옆으로 움직이면서, 자신의 무게 때문에 아래로 떨어지니까, 비스듬하게 떨어지겠지.

심플리치오 결과를 확인해 보려면, 실제로 그 실험을 해 보아야 하네. 그 전에는, 배의 갑판에서 나온 결과가 지금까지 나의 이론을 뒷받침해 주고 있네.

살비아티 자네가 "지금까지"라고 말한 건 적절했어. 왜냐하면 이제 곧 모든 것이 달라질 테니까. 자네가 더 이상 조바심을 하지 않도록 만들어 주겠네. 심플리치오, 자네가 보기에 배에서 행한 실험이 우리의 목적과 아주 잘 맞아떨어져서, 배에서 일어나는 일들이 반드시 지구에서 일어난다고 생각하는가?

심플리치오 현재까지 그렇다고 생각하네. 자네가 몇 가지 사소한 불일치를 제시했지만, 그것들이 내 확신을 뒤흔들 만큼 중요해 보이지는 않아.

살비아티 아니, 나는 자네가 그걸 꼭 붙잡고 있기를 바라네. 그래서 지구에서 일어나는 일들이 배에서 행한 실험 결과와 일치한다고 주장하기를. 그래야 만약에 배에서 행한 실험이 자네 주장에 불리하게 되더라도, 자네가 약속을 뒤엎으려 하지 않겠지.

자네의 주장은 다음과 같아. 배가 가만히 서 있을 때 돌을 돛대 꼭대기에서 떨어뜨리면, 돌이 돛대 밑동에 떨어지지만, 배가 움직일 때 떨어뜨리면, 거기에서 멀찍한 지점에 떨어진다. 역으로, 돌을 떨어뜨려 보아 그게 돛대 밑동에 떨어지면, 배가 움직이지 않고 가만히 있고, 멀찍한 지점에 떨어지면, 배가 움직이고 있음을 알 수 있다. 배에서 일어나는 일은 지구에 대해서도 마찬가지로 성립하니까, 탑에서 돌을 떨어뜨렸을 때, 그게 탑 바로 아래에 떨어지는 것을 보면, 지구가 움직이지 않음을 알 수 있다. 이게 자네의 주장이지?

심플리치오 그래, 맞네. 아주 짤막하고 알기 쉽게 잘 표현했어.

살비아티 그렇다면 말이야, 만약에 배가 빨리 움직이고 있을 때 돛대 꼭대기에서 돌을 떨어뜨려도, 배가 가만히 있을 때 떨어진 그 지점에 떨어진다고 하면, 돌이 떨어지는 것을 보고 배가 움직이는지, 아니면 가만히 있는지 판단할 수 있나?

심플리치오 판단할 수 없지. 그건 마치 어떤 사람이 잠자고 있는지 깨어 있는지 맥을 짚어서 판단하려는 것과 비슷하네. 맥은 늘 뛰니까, 그것으로 판단할 수는 없어.

살비아티 잘 알겠네. 그런데 자네는 실제로 배에 올라 이 실험을 해 봤나?

심플리치오 아니, 해 보지 않았네. 하지만 이 실험을 인용한 권위자들이 이걸 엄밀하게 관찰했을 게 확실하네. 그리고 다르게 나올 까닭을 정확하게 알고 있으니, 의심할 여지가 없지.

살비아티 자네 자신을 보면, 그 권위자들이 실험을 해 보지도 않고서, 이것을 예시했을 가능성이 있음을 알 수 있어. 자네는 실제로 확인을 해 보지도 않았으면서, 확실하다고 주장하잖아? 자네는 그 사람들 언명을 굳게 믿고 있잖아? 그 권위자들도 아마 그런 식이었을 거야. 아니, 그런 식이었던 게 틀림없어. 다들 그들의 전임자를 믿고 기대었기에, 거슬러 올라가 봐도, 누구 한 명 실제로 실험을 해 본 사람이 없어.

실제로 실험을 해 보면, 책에 써 놓은 것과 반대가 됨을 알게 될 거야. 돌은 늘 갑판의 같은 지점에 떨어지네. 배가 가만히 있든 어떤 속력으로 움직이든, 늘 마찬가지야. 배에 대해 성립하는 성질은 지구에 대해서도 마찬가지로 성립한다고 했으니까, 탑 꼭대기에서 떨어뜨린 공이 바로 밑으로 떨어진다 하더라도, 그걸 갖고 지구가 가만히 있는지, 아니면 움직이는지 추론할 수는 없네.

심플리치오 만약 자네가 이걸 실험을 통하지 않고, 다른 방법을 통해서 나에게 제시했다면, 우리가 이것을 놓고 계속 토론을 해도 결론이 나지 않았을 걸세. 내가 보기에, 이 일은 우리의 생각과 너무 달라서, 실제로 이렇게 된다는 것을 믿기가 어렵네.

살비아티 실험을 해 보나 생각을 해 보나 마찬가지야.

심플리치오 그러면 자네도 실제로 실험을 해 보지 않았단 말인가? 그러면서 어떻게 그게 확실하다고 단언할 수 있는가? 나는 믿지 못하겠네. 이에 관한 글들은 아마 저명한 학자들이 실제로 실험을 해 보고, 그 결과를 이용하고 난 다음에 썼을 걸세. 그 사람들이 말하는 그대로일 거야.

살비아티 실험을 해 보지 않았지만, 내가 말한 대로 될 게 확실해. 왜냐하면 반드시 그렇게 되어야 하니까. 이게 꼭 이렇게 되고, 달리 될 수 없음을, 자네도 잘 알고 있어. 자네는 모르는 체하고 있지만 말이야. 나는 사람들 머릿속에 든 걸 잘 짚어 내지. 자네가 부인하려 해도, 이걸 고백하도록 만들 수 있어.

사그레도가 말없이 앉아 있군. 조금 전에 그가 몸을 움직이는 것을 보니, 뭔가 말하고 싶어 하는 눈치던데.

사그레도 뭔가 하고 싶은 말이 있었어. 그런데 자네가 심플리치오를 그런 식으로 협박해서, 그가 숨기려고 하는 지식을 폭로하겠다고 하는 것을 보니 말하고 싶은 것이 사라졌어. 자네가 큰소리친 대로 해 보게.

살비아티 심플리치오가 내 심문에 답을 해 준다면 실패할 리가 없지.

심플리치오 가능한 한 자세히 답하겠네. 문제가 될 게 없지. 나는 그것이 거짓이라고 믿고 있는데, 만약에 그것이 거짓이 아니고 참이라면, 내가 그것에 대해 아는 게 뭐가 있겠나?

살비아티 자네가 확실하게 아는 게 아니라면, 답하지 않아도 되네. 내가 묻는 말에 대답해 주게. 여기 어떤 평평한 표면이 있는데, 그게 거울처럼 매끄럽고, 강철과 같이 단단한 물질로 만들어졌다고 해 봐. 이게 지평선과 평행하지를 않고, 약간 비스듬하게 놓여 있다고 해 봐. 그 위에 구리와 같이 단단한 물질로 만든, 완벽하게 둥근 공을 올려놓아 봐. 공에서 손을 떼면, 공은 어떻게 될 것 같은가? 자네도 나처럼 그 공이 움직이지 않고 가만히 있을 거라고 생각하지?

심플리치오 평면이 비스듬한데 말인가?

살비아티 그래, 평면이 약간 비스듬하게 놓여 있다고 가정하고.

심플리치오 그렇다면 공이 가만히 있을 리가 없지. 손을 떼자마자 저절로 굴러 내려갈 게 확실하네.

살비아티 심플리치오, 곰곰이 생각해 보고 답을 하게. 내 생각에는, 그걸 어디에 놓든 그 자리에 가만히 있을 것 같아.

심플리치오 아니, 이런 식으로 엉터리 주장을 하니, 자네가 거짓 결론을 이끌어 내는 게 당연하지.

살비아티 그렇다면 자네는 손을 떼자마자 공이 아래로 굴러갈 거라고 믿는가?

심플리치오 그건 의심할 여지가 없네.

살비아티 자네는 이게 당연하다고 여기는군. 이건 내가 가르친 게 아니야. 나는 오히려 그 반대라고 자네를 설득하려 했네. 그런데 자네는 상식을 써서 판단을 해서, 그렇게 결론을 내렸네.

심플리치오 아하, 이제야 감을 잡겠네. 내가 스스로 올가미에 걸려들도록 하려고 그렇게 말했구먼. 처음부터 자네가 말한 게 사실은 그렇지 않음을 잘 알고 있었지?

살비아티 그래, 맞았어. 이 공은 얼마나 오래 굴러갈 것 같은가? 그리고 얼마나 빠를까? 아주 매끄러운 평면이고, 완벽하게 둥근 공임을 기억하게. 그래서 외부의 힘이나 우연히 생기는 방해가 없다고 하세. 공이 공기를 가르려면 저항이 생길 텐데, 그것도 없다고 치세. 그 이외 다른 어떠한 훼방꾼도 없다고 하세.

심플리치오 무슨 말인지 잘 알겠네. 그 질문에 답하겠는데, 공은 한없이 계속 굴러갈 걸세. 그 경사면을 끝없이 늘려 놓으면, 공은 점점 빨라지며, 끝없이 계속 움직이지. 무거운 물체는 그런 본성을 갖고 있기 때문에, 가면 갈수록 더 힘을 얻게 되네. 경사면이 더 가파르면, 속력도 더 빨라질 거야.

살비아티 이 경사면을 따라 공을 위로 올리려면, 어떻게 해야 하겠나?

심플리치오 저절로 굴러 올라갈 리는 없지. 하지만 힘을 주어 당기거나 던지면, 위로 올라갈 걸세.

살비아티 그 공에 어떤 힘을 가해 위로 굴러 올라가게 만들면, 그 공은 어떻게 움직이겠나? 속력은 어떻게 되겠나?

심플리치오 공의 움직임이 차츰차츰 느려져, 그 속력이 점점 줄어들 거야. 위로 움직이는 것은 본성에 어긋나기 때문이지. 가한 힘이 크냐 작으냐, 그리고 경사면이 완만하냐 가파르냐에 따라, 위로 올라가는 운동의 지속 시간이 길 수도, 짧을 수도 있지.

살비아티 맞았어. 지금까지 자네는 다른 두 평면에서 일어나는 운동을 설명했어. 내리막에서는 무거운 물체가 스스로 아래로 내려가게 되고, 속력이 점점 빨라진다. 그게 가만히 있도록 만들려면, 힘을 써야 한다. 오르막에서는 물체를 밀어 올리거나 가만히 있도록 하려면, 힘을 가해야 한다. 어떤 힘을 가해서 움직이도록 만들어도, 움직임이 점점 약해져서, 나중에는 완전히 0이 된다. 두 경우 모두, 경사면이 가파르냐 완만하냐에 따라 차이가 난다. 내리막이 경사가 급하면 속력이 더 빨라진다. 반대로, 오르막에서는 물체에 어떤 힘을 가했을 때, 경사가 완만하면 완만할수록, 물체가 더 멀리 움직인다.

그렇다면 위나 아래로 경사지지 않고 수평인 평면에 이 물체를 내려놓으면 어떻게 되겠나?

심플리치오 곰곰이 생각해 봐야겠는데. 아래로 기울지 않았으니, 움직이려는 경향이 생기지도 않을 것이고, 위로 경사진 것도 아니니, 움직이는 것을 방해하려는 경향도 없을 것이고. 그러니까 움직이려는 경향도 없고, 움직임을 방해하려는 경향도 없고, 어느 것도 신경 쓰지 않을 걸세. 내 생각에는, 가만히 있을 것 같네. 아, 깜빡 잊었군. 이건 사그레도가 어제 이야기한 것이군.

살비아티 공을 가만히 내려놓았다면 움직이지 않음을, 나도 알고 있네. 그런데 어떤 방향으로 힘을 가해 주면, 어떻게 될 것 같은가?

심플리치오 그러면 그 방향으로 움직일 게 확실하네.

살비아티 이건 어떤 종류의 운동인가? 내리막의 경우처럼 점점 빨라지는가? 아니면 오르막의 경우처럼 점점 느려지는가?

심플리치오 위로도 아래로도 기울지 않았으니, 속력이 느려지거나 빨라질 이유가 없지.

살비아티 맞았어. 공의 속력이 느려질 이유가 없다면, 공이 멈추게 될 이유도 없지? 그러면 이 공은 얼마나 멀리 움직일 수 있겠나?

심플리치오 표면이 위로 올라가거나 아래로 내려가지 않았다면, 공은 이 평면이 펼쳐지는 한 움직일 걸세.

살비아티 만약 이 평면이 끝이 없다면, 공이 그 위에서 움직이는 것도 끝이 없겠군. 그러니까 영원히 움직이겠군?

심플리치오 내 생각에는 그럴 것 같네. 그러려면 이 공이 아주 튼튼한 물질로 되어 있어야 하겠지.

살비아티 그거야 물론 가정하고 있지. 우연히 생기는 방해도 없다고 했잖아? 움직이는 물체가 약해서 부서지면, 일종의 우연히 생긴 방해겠지.

공이 내리막에서는 스스로 움직이는데, 오르막에서는 힘을 가해 주어야 하거든. 그 까닭이 뭐라고 생각하는가?

심플리치오 무거운 물체들은 지구 중심을 향해서 움직이려는 경향이 있네. 지구 둘레에서 위로 올리려면, 힘을 가해야만 하지. 내리막을 따라 내려가면, 중심에 더 가까이 가게 되지만, 오르막을 따라 올라가면, 중심에서 멀어지기 때문이지.

살비아티 그렇다면 어떤 표면이 위아래로 기울지 않으려면, 모든 부분들이 중심에서 같은 거리에 있어야 하겠군. 이 세상에 그런 표면이 있는가?

심플리치오 많이 있지. 뭍도 평평하다면 그렇게 되겠지만, 표면이 거칠고 울퉁불퉁하니 낙제일세. 그러나 물이 있네. 수면이 평온하고 잠잠하면, 그렇게 되지.

살비아티 어떤 배가 잔잔한 바다를 항해하고 있으면, 그것이 바로 어떤 물체가 위나 아래로 조금도 기울지 않은 표면을 따라 움직이는 것이겠군. 만약 모든 바깥의 힘과 우연한 훼방꾼들을 제거하면, 이 배는 맨 처음에 얻은 추진력에 따라 영원히 멈추지 않고 일정한 속력으로 계속 움직이겠군?

심플리치오 그래, 그렇게 되지.

살비아티 이제 돛대 꼭대기에 있는 돌에 대해서 생각해 보세. 그 돌은 배와 더불어 움직이니까, 지구를 중심으로 그린 원둘레를 따라 움직이고 있지? 그러니 바깥의 모든 힘과 방해를 제거하면, 그 돌은 영원히 움직이려는 근원적인 경향을 갖고 있지? 그리고 이 돌은 배와 같은 속력으로 움직이고 있지?

심플리치오 다 맞는 말일세. 그다음은 뭔가?

살비아티 자네 스스로 최종 결론을 내려 보게. 필요한 모든 전제들은 이미 자네 스스로 알아냈어.

심플리치오 최종 결론이란, 이 돌에 지울 수 없도록 운동이 새겨져 있으니까, 돌이 배에서 떨어지지 않고 배를 따라 움직이며, 배가 가만히 있은 경우와 마찬가지 지점에 떨어진다고 말하려는 것이지? 돌이 자유롭게 떨어지도록 놔 준 다음에, 바깥의 어떠한 힘도 이 운동을 방해하지 않으면, 그렇게 된다는 것에 나도 동의하네.

하지만 실제로는 두 가지 방해 요인이 있네. 물체는 자신의 힘만 갖고 공기를 가를 수 없어. 이 돌은 원래 배의 일부로서, 노가 전해 준 힘을 받고 있었지만, 그걸 잃어버리면, 돌 혼자 힘으로는 할 수 없네. 다른 하나는, 이 물체가 아래로 움직이기 시작했다는 사실일세. 이 운동은 앞으로 나아가려는 운동을 방해하게 마련이지.

살비아티 공기의 방해는 나도 부인하지 않네. 만약 떨어지는 물체가 깃털이나 양털 타래처럼 가벼운 것이라면, 속력이 느려지는 정도가 상당할 거야. 그러나 무거운 돌의 경우에는 별 차이가 없네. 자네는 조금 전에, 아무리 강한 바람이 불어도, 무거운 물체들은 제자리에서 거의 움직이지 않는다고 했잖아? 그렇다면 가만히 있는 공기가 배와 같은 속력으로 움직이는 돌에 부딪힌다고 해서, 얼마나 힘을 가할 수 있겠나?

어쨌든 좋아. 이런 방해에 따른 효과가 조금은 있음을 나는 시인하네. 마찬가지로, 만약 공기가 배와 돌과 같은 속력으로 움직이면, 이런 방해가 조금도 없음을 자네도 시인하겠지?

다른 한 방해 요인은 아래로 움직이는 운동이 부수되는 것이지. 이 두 운동은, 하나는 중심을 따라 도는 것이고, 다른 하나는 중심을 향해 직선으로 떨어지는 것이니까, 서로 반대되는 게 아님을 당장에 알 수 있어. 이들은 서로 다른 운동을 방해하지도 않고, 양립하지 못하는 것도 아니야. 이 움직이는 물체도 그런 운동을 조금도 방해하지 않아.

자네가 이미 말했지만, 중심에서 멀어지려는 운동은 방해를 받고, 중심으로 가까이 가려는 운동은 힘을 얻어. 그러니까 중심에서 멀어지지도 않고 가까이 가지도 않는 운동에 대해서는, 움직이는 물체가 저항을 주지도 않고 도움을 주지도 않아. 그러니 이 물체에 가해진 이 운동 경향은 조금도 달라지지 않네.

그러므로 이 운동의 원인이 하나이고, 새로운 운동에 의해서 그게 약해지는 게 아닐세. 이 운동에는 완전히 다른 두 원인이 있어. 하나는 이 물체의 무게이고, 이것은 중심을 향해 움직이도록 하는 데에만 쓰여. 다른 하나는 이 물체에 가해진 힘이고, 이것은 원운동을 하는 데에만 쓰여. 그러니 방해받는 것이 조금도 없어.

심플리치오 이 이론은 언뜻 보면 아주 그럴듯하네. 그러나 실제로는 극복하기 어려운 난제들이 많아서, 이건 성립하지 않을 걸세. 온갖 것들을 가정했는데, 이것들은 아리스토텔레스의 가르침에 정면으로 위배되니까, 소요학파 사람들이 쉽게 허락하지 않을 걸세.

어떤 물체가 원래 있던 곳에서 분리되었을 때, 그 물체가 그곳에 있으면서 전해 받은 운동을 그대로 유지하는 것이 명백한 사실인 것처럼 자네는 말했지만, 소요학파 철학은 이렇게 전해진 힘을 아주 싫어하네. 어떤 물체에서 다른 물체로, 어떤 성질이 우연히 전해지는 것은 무엇이든 소요학파 철학은 아주 싫어하지.

잘 알고 있겠지만, 소요학파 철학에 따르면, 던져 놓은 물체가 움직이는 이유는, 매질이 그 물체를 밀어 주기 때문일세. 지금 이 경우는 공기가 되겠지. 그러니까 돛대 꼭대기에서 떨어뜨린 돌이 배를 따라 움직이려면, 공기가 어떤 역할을 해야 하며, 돌에 가해진 힘은 아무 쓸모가 없네. 그런데 공기는 배를 따라 움직이지 않고, 가만히 있다고 가정했지.

게다가 돌을 떨어뜨리는 사람은 돌을 던진다거나 다른 어떠한 힘을 가한다거나 할 필요가 없네. 손을 펴기만 하면, 돌은 떨어지지. 그러니 돌은 사람에게서 전해 받은 힘도 없고, 공기가 밀어 주지도 않네. 따라서 돌은 배를 따라가지 못하고, 제자리에 머물러 뒤처지네.

살비아티 자네 말대로라면, 세상 누구도 돌멩이를 던지지 못하겠군.

심플리치오 이 움직임은 던진 것이라고 하기가 어렵네.

살비아티 그러면 아리스토텔레스가 던진 물체의 움직임에 대해서 뭐라고 말했든 그 물체를 움직이는 게 무엇이든, 우리가 하는 이야기와 아무런 상관이 없잖아? 아무 상관이 없는 이야기를 무엇 때문에 꺼냈나?

심플리치오 그 이야기를 꺼낸 까닭은, 자네가 물체에 가해진 어떤 힘이 있고, 그것을 뭐라고 이름 붙이려 했는데, 그게 실제로는 없음을 보이기 위해서일세. 없는 것은 아무런 역할도 할 수 없으니, 그것은 아무런 일도 할 수 없네.

그러므로 운동의 원인은 매질에 있네. 던진 물체의 운동은 물론이고, 비자연적인 모든 운동은 거기에서 원인을 찾아야 하네. 이런 사항을 자세하게 다루지 않았으니, 지금까지 자네가 주장한 이론은 아무 쓸모가 없어.

살비아티 참고 기다리게. 모든 일에는 다 때가 있는 법이니까. 자네의 반론은 가한 힘이 존재하지 않는다는 데에 바탕을 두고 있는데, 만약에 물체를 던졌을 때, 그 물체가 던진 사람에게서 벗어난 다음 계속 움직이는

데 매질이 아무 역할도 하지 못함을 내가 증명한다면, 자네는 가한 힘이 존재함을 수긍하겠나? 아니면 또 다른 방법을 써서 그것을 부인하려고 할 텐가?

심플리치오 만약 매질이 아무 일도 못 한다면, 그 움직임은 움직이도록 가한 힘에 의존할 뿐, 다른 어떠한 것에서 유래할 수가 없네.

살비아티 던져 놓은 물체가 계속 움직이도록 매질이 어떻게 작용하는지 가능한 한 분명하고 자세하게 설명해 보게. 그래야 또다시 이것에 대해 논할 필요가 없겠지.

심플리치오 어떤 사람이 돌을 손에 들고 있다고 하세. 그 사람이 어떤 힘과 속력을 주어서 팔을 움직인다고 하세. 그러면 이 움직임으로 인해 돌은 물론 주위의 공기도 움직이게 되지. 돌은 사람의 손을 떠나자마자 공기에 둘러싸이게 되는데, 공기는 이미 움직이고 있으며, 이 공기가 돌을 계속 움직이도록 만드는 것일세. 만약 공기가 아무 일도 안 하면, 돌은 손을 떠나자마자 그 사람 발등에 떨어지네.

살비아티 자네는 이런 엉터리 이론에 그렇게 쉽게 속아 넘어갔는가? 자네 스스로 눈으로 보고 깨달아서, 이것을 반박하고, 진실을 찾을 수 있을 텐데?

생각해 보게. 무거운 돌이나 대포알을 탁자에 올려놓으면, 바람이 아무리 강하게 불더라도, 꿈쩍도 않고 가만히 있을 거라고, 자네가 조금 전에 말했지. 만약 이들 대신에 코르크 공이나 솜뭉치를 놓으면, 바람이 이것들을 움직일 수 있을까?

심플리치오 바람이 이들을 휩쓸어 갈 게 확실하네. 물체가 가벼우면 가벼울수록 속력이 빨라질 걸세. 구름을 보면, 생길 때부터 바람과 같은 속력으로 움직이니까.

살비아티 바람이란 도대체 무엇인가?

심플리치오 바람은 공기가 움직이는 것이지.

살비아티 그렇다면 움직이는 공기는 가벼운 물체를 무거운 물체보다 더 빠르게, 더 멀리 보내는군?

심플리치오 그렇지.

살비아티 자네가 돌멩이를 집어 던지고, 그다음에 솜뭉치를 집어 던지면, 둘 중 어떤 것이 더 멀리, 더 빠르게 날아갈 것 같은가?

심플리치오 그야 물론 돌멩이이지. 큰 차이가 날 걸세. 솜뭉치는 아마 내 발등에 떨어지겠지.

살비아티 물체가 손을 떠난 다음에 그 물체를 움직이는 것은, 팔로 인해 움직여진 공기라고 말했지? 만약 움직이는 공기가 무거운 물체보다 가벼운 물체를 더 쉽게 밀어 움직이게 한다면, 솜뭉치가 돌멩이보다 더 멀리, 더 빠르게 날아가야 하지 않는가? 공기의 움직임에 덧붙여, 돌 속에 뭔가 보전된 게 있을 거야.

저 서까래에 같은 길이가 되도록 실을 2개 묶은 다음, 하나는 끝에 납 공을 매달고, 다른 하나는 끝에 솜뭉치를 매달아 봐. 둘을 수직인 위치에서 같은 거리만큼 당긴 다음에 놔두면, 둘 다 수직인 위치로 움직인 다음, 그 움직이는 힘에 의해 어떤 거리만큼 계속 움직였다가 다시 돌아올 거야. 두 진자 중에 어떤 게 더 오래도록 흔들릴 것 같은가?

심플리치오 솜뭉치는 기껏 두세 번 왔다 갔다 하겠지만, 납 공은 수백 번 왔다 갔다 할 걸세.

살비아티 그러니까 움직이게 하는 힘의 근원이 뭔지 잘은 몰라도, 가벼운 물체보다 무거운 물체가 그걸 오랫동안 보존하는군. 또 다른 문제점을 제기하겠는데, 저 탁자 위에 있는 레몬은 어떻게 바람에 날려 가지 않고 저기에 있는가?

심플리치오 지금 바람이 불지 않잖아?

살비아티 그렇다면 어떤 물체를 던지는 사람은, 공기가 그 물체를 계속 움직이도록 하기 위해서 우선 공기를 그렇게 움직여야 하겠군. 그러나 어떤 힘을 가하는 것은 불가능하지. 자네가 말했지만, 우연한 성질은 한 물체에서 다른 물체로 전달할 수가 없어. 그런데 어떻게 팔이 공기를 움직일 수 있는가? 팔과 공기가 같은 물체란 말인가?

심플리치오 공기는 공기 속에 있으면 가볍지도 무겁지도 않으니까, 어떠한 충격이든 잘 받아들이며, 그것을 잘 보존하기 때문이지.

살비아티 글쎄, 진자들을 보면, 물체가 가벼우면 가벼울수록, 움직임을 보존하기가 어려움을 알 수 있는데, 공기는 공기 속에 있으면 전혀 무게가 없는데, 공기가 어떻게 움직임을 보존하는 유일한 물체가 될 수 있는가? 팔의 동작이 멎자마자 주위 공기도 움직임을 멈춘다고 나는 믿네. 자네도 이제는 이걸 믿을 거야.

저 방에 가서, 수건으로 공기를 휘저어서, 공기가 마구 움직이도록 해 봐. 그다음에 수건을 멈추자마자 조그만 촛불을 켜 봐. 아니면 거기에 아주 얇은 금박을 띄워 봐. 촛불의 불꽃이나 금박이 가만히 있는 걸 보면, 주위 공기가 순식간에 평온을 되찾았음을 알 수 있어. 이 이외에도 많은 실험을 해 보여 줄 수 있지만, 이 두 실험으로 충분하지 않다면, 말짱 헛일이지.

사그레도 활을 바람에 거슬러 쏠 때, 시위가 움직인 한 줄기 가느다란 공기가 화살과 같이 날아가다니, 정말 대단하군! 아리스토텔레스의 관점에 대해 또 궁금한 게 있어. 심플리치오, 자네가 답해 주면 고맙겠네.

만약 활로 화살을 쏘는데, 한 번은 보통 쏘는 대로 쏘고, 한 번은 화살을 옆으로 해서 쏜다면, 즉 화살을 줄과 나란하게 길이로 놓아서 쏜다면, 둘 중 어떤 게 더 멀리까지 날아가는가? 내 질문이 너무 어처구니없어 보이는가? 하지만 대답해 주게. 내가 이렇게 멍텅구리처럼 구는 걸 용서해 주게. 내가 너무 지나친 억측은 하지 않도록 해 주게.

심플리치오 활을 그렇게 쏘는 건 한 번도 본 일이 없네. 아마 정상적으로 쏘는 것에 비해 20분의 1도 채 날아가지 못할 걸세.

사그레도 나도 그렇게 생각하네. 이걸 보면, 실제 일어나는 일과 아리스토텔레스의 언명이 다르니까, 의문이 생기는군. 실제 일어나는 일을 보게. 바람이 강하게 불 때, 화살 2대를 탁자 위에 올려놓되, 하나는 바람이 부는 방향으로, 다른 하나는 바람과 직각이 되는 방향으로 놓아 봐. 그러면 바람은 후자를 곧 날려 버리지만, 전자는 가만히 있거든.

만약 아리스토텔레스의 언명이 옳다면, 화살을 쏠 때도 이렇게 되어야지. 화살을 줄과 나란하게 놓고 쏜 게, 시위가 움직인 공기의 영향을 더 크게 받겠지. 화살의 길이만큼 더 영향을 받을 거잖아? 정상적으로 쏜 화살은, 그 화살의 굵기에 해당하는 아주 작은 원의 넓이만큼 바람의 영향을 받을 거잖아? 이렇게 완전히 다르게 되는 원인이 뭔가? 정말 궁금하네.

심플리치오 내가 보기에는 그 원인이 명백하네. 정상적으로 쏜 화살은 적은 양의 공기를 뚫고 날아가지. 반면에, 길이로 놓고 쏜 화살은 그 길이에 해당하는 공기를 헤치고 나가야 하지.

사그레도 아, 그런가? 화살을 쏘면, 공기를 뚫고 지나가야 하는가? 공기가 그들과 같이 움직이지 않았던가? 아니, 공기야말로 그들을 움직이게 만드는 것이 아니었던가? 그런데 뭘 뚫고 지나간단 말인가? 뚫고 지나간다면, 화살이 공기보다 더 빨리 움직인단 말이잖아? 화살이 어떻게 더 빨리 움직일 수가 있는가? 공기가 자신보다 더 빨리 움직이도록 만들었단 말인가?

심플리치오, 자네도 이제는 깨달았겠지? 이건 아리스토텔레스가 말한 것과 정반대로 되네. 매질이 물체가 움직이도록 밀어 준다는 말은 거짓이야. 반대로, 매질은 물체의 움직임을 방해하는 유일한 훼방꾼이야. 일단 이걸 이해하면, 모든 사실들이 분명하게 돼.

공기가 실제로 움직이는 경우, 옆으로 길게 놓여 있는 화살은 쉽게 휩쓸어 가지만, 바람 방향으로 놓여 있는 화살은 바람에 잘 버티게 돼. 전자의 경우는 많은 양의 바람이 힘을 가하지만, 후자의 경우는 바람이 힘을 가할 수 있는 부분이 아주 작기 때문이지. 화살을 쏘는 경우, 공기는 가만히 있으니까, 길이로 놓고 쏜 화살은 많은 공기와 부딪치니까, 저항을 크게 받지만, 바로 놓고 쏜 화살은 부딪치는 공기가 아주 적으니까, 그걸 쉽게 극복해 나가지.

살비아티 아리스토텔레스의 과학 법칙들 중 상당수는, 틀린 정도가 아니라, 사실과 정반대로 기술되어 있어. 지금 이것도 그런 경우이지. 심플리치오도 이제는 돌이 갑판의 같은 지점에 떨어지는 것을 보고, 배가 움직이는지 가만히 있는지 판단할 수 없음을 깨달았겠지? 앞에서 말한 것들이 충분하지 않았더라도, 매질의 저항에 관한 사그레도의 이야기가 모든 것을 확실하게 만들어 주었어.

이것을 통해 알 수 있는 것은, 만약 떨어뜨린 물체가 아주 가볍고, 공기가 움직이지 않고 있다면, 그 물체가 뒤에 처져 떨어지겠지. 하지만 공기가 배와 같이 움직인다면, 이 실험 또는 다른 어떠한 실험을 한다 해도, 조금의 차이도 발견할 수 없어. 이건 잠시 뒤에 설명해 주지.

이 예에서 어떠한 차이도 생기지 않는데, 그러면 높은 탑에서 돌이 떨어지는 것을 보고, 무엇을 주장할 수 있겠나? 그 경우, 원운동은 돌에게 어쩌다가 보니 생긴 것이 아니고, 원래부터 있던 자연스럽고 영원한 경향인데, 그리고 공기도 탑과 마찬가지로 지구가 움직이는 것을 좇아서, 한 치의 오차도 없이 같이 따라 움직이고 있는데 …….

심플리치오, 이 문제에 대해 다른 할 말이 있는가?

심플리치오 할 말이 없네. 지구가 움직인다고 증명을 한 것도 아니잖아?

살비아티 나는 지구가 움직임을 증명했다고 주장하지는 않고 있네. 지금까지 내가 한 일은, 이 이론에 반대하는 사람들이 지구가 움직이지 않는 증거라고 내세운 것에서는 아무런 결론도 끌어낼 수 없음을 보인 거야. 다른 증거들에 대해서도 마찬가지로 할 수 있어.

사그레도 살비아티, 잠깐만. 다른 것들을 다루기 전에, 내게 생각난 의문을 제시하고 싶어. 자네가 심플리치오와 같이 배의 실험에 대해 끈기 있게 이야기하는 동안, 내 머릿속에 이게 맴돌았어.

살비아티 우리는 지금 여기에 토론을 하느라고 모여 있고, 누구든 어떤 반론이 생각이 나면 제시해도 좋아. 그게 바로 지식으로 가는 길이니까. 그러니 말해 보게.

사그레도 배의 움직임이 돌에게 가한 힘이 돌에 깊이 새겨져서, 돌이 돛대에서 떨어진 다음에도 그것을 유지한다면, 그리고 이 움직임이 돌이 원래부터 갖고 있던 경향인, 똑바로 아래로 떨어지려는 것을 방해하지 않는다면, 놀라운 일이 벌어지도록 할 수 있어.

배가 가만히 있을 때, 돌이 돛대 꼭대기에서 갑판으로 떨어지는 데 2초 걸린다고 하세. 배를 움직이게 한 다음에 같은 곳에서 같은 돌을 떨어뜨려 봐. 그러면 역시 2초 걸려서 갑판에 떨어지겠지. 2초 동안에 배가 예를 들어 20야드 앞으로 간다고 해 봐. 이 돌은 실제로 대각선을 따라 움직였고, 대각선의 길이는 이 돌이 원래 움직인 수직 선분보다 더 길지. 여기서 수직 선분은 돛대의 높이이지. 그렇지만 이 거리를 움직이는 데 걸린 시간은 같아.

이제 배가 더 빨리 움직인다고 하세. 그러면 돌이 떨어지는 대각선도 이전보다 더 길어지지. 배의 속력이 얼마든지 빨라질 수 있다고 하면, 돌이 떨어지면서 그리는 대각선도 점점 더 길어져. 하지만 그것을 지나는데 걸리는 시간은 똑같이 2초거든.

성벽 위에서 대포를 수평으로 조준한 다음 포를 쏘면, 화약을 적게 넣었느냐 많이 넣었느냐에 따라, 포탄이 1,000야드, 4,000야드, 6,000야드, 10,000야드 또는 더 멀리 날아가 떨어지겠지만, 이들 모두 걸리는 시간은 같아. 이 시간은 바로 대포의 주둥아리에서 포탄을 떨어뜨렸을 때, 그게 땅바닥에 닿을 때까지 걸리는 시간과 같아.

예를 들어 포탄이 높이 오십 길인 곳에서 땅에 떨어지는 데 걸리는 짧은 시간 동안, 화약을 채워 쏘면, 같은 포탄이 400야드, 1,000야드, 4,000야드 또는 10,000야드 날아갈 수 있다니 ……. 수평으로 조준해 쏘면, 공중에 머무르는 시간은 다 같거든.

살비아티 아주 신기하고 멋진 고찰이야. 만약 이게 사실이라면, 감탄할 일이지. 나는 실제로 그럴 거라고 믿어 의심치 않네. 공기가 어떤 돌발적인 방해만 하지 않으면, 대포를 쏘는 것과 동시에 다른 어떤 대포알을 같은 높이에서 아래로 떨어뜨리면, 둘은 동시에 땅에 닫게 돼. 전자가 수천 야드 거리를 움직이고, 후자는 오십 길 거리만 움직이더라도 말일세. 물론, 지표면이 평평하다고 가정을 해야지. 이걸 확실하게 하려면, 대포를 호수 위에서 쏘면 될 거야. 공기가 방해하는 작용은 대포로 쏜 것의 속력을 늦추겠지.

자네들이 이것에 대해 만족했으면, 이제 다른 예증들을 검토해 보세. 물체가 떨어지는 것을 가지고 유추해 봐야 아무 쓸모가 없음을, 심플리치오도 수긍했으니까.

심플리치오 의문이 다 사라진 것은 아닐세. 나도 사그레도처럼 지혜가 있고, 재치가 있다면 얼마나 좋을까. 자네의 말대로, 돌이 돛대의 꼭대기에 있을 때 배가 전해 준 움직임을, 배에서 떨어진 다음에도 계속 간직한다면, 어떤 사람이 말을 타고 달리다가 돌을 떨어뜨리면, 그 돌이 뒤로 처지지 않고, 계속 말을 따라 움직여야 할 걸세. 실제로 이런 일은 생기지 않네. 그 사람이 달려가는 방향으로 돌을 힘껏 던진다면 모를까. 설사 그런다 하더라도, 돌은 땅에 닿으면 거기에 머물 걸세.

살비아티 자네는 완전히 속고 있군. 실제로 실험을 해 보면, 돌이 땅에 닿은 다음에도 말과 같은 방향으로 움직이게 됨을 볼 수 있어. 물론, 땅이 고르지 않고 거칠 테니까, 돌의 움직임을 약간 방해하게 되겠지. 그렇게 되는 까닭은 명백하네.

자네가 가만히 서 있으면서, 돌을 어떤 방향으로 땅 위로 던지면, 돌이 자네 손에서 벗어난 다음에도 계속 그 방향으로 움직이지 않나? 표면이 매끄러우면, 돌은 상당히 멀리 나아가지. 예를 들어 얼음 위라면 아주 멀리까지 갈 거야.

심플리치오 그건 맞네. 팔로 힘을 주었으니까 그렇지. 그러나 내가 말한 보기에서는 말을 탄 사람이 돌을 살짝 떨어뜨리기만 했네.

살비아티 매한가지야. 팔을 휘둘러 돌을 던졌을 때, 돌이 손에서 떠난 다음, 돌 속에 남아 있는 게 무엇이겠나? 자네 팔을 통해서 전달받은 운동이 남아 있어서, 계속 그렇게 움직이는 것이 아닌가? 그것을 손을 통해서 전했든 말을 통해서 전했든, 무슨 상관인가?

사람이 말을 타고 있으면, 그 사람의 손과 그 손에 든 돌도 말과 같이 빨리 움직이잖아? 그렇지? 그러니까 손을 펴면, 돌은 그때까지 전달받은 속력을 지닌 채 떨어져 나가. 사람이 팔을 휘둘러서 속력을 전달받은 게 아니고, 말의 움직임에 따른 속력이 말에서 사람에게, 그 사람의 팔에게, 그 사람의 손에게, 손에서 돌에게 전달이 되기 때문이야.

말을 탄 사람이 돌을 뒤쪽으로 던지면, 그 돌은 땅에 떨어진 다음, 말이 움직이는 방향으로 움직일 수도 있고, 제자리에 가만히 있을 수도 있어. 만약에 그 사람의 팔이 돌에게 가한 속력이 말의 속력보다 더 빠르다면, 돌은 뒤쪽으로 움직일 거야.

기마병이 말을 타고 달리면서 창을 앞으로 던진 다음, 말을 재빠르게 몰아서 창을 따라잡아 그걸 다시 잡을 수 있다고 말하는 사람들이 있는데, 이건 어리석은 말이야. 이게 말이 안 되는 이유는, 던진 물체를 다시 잡고 싶으면, 가만히 있을 때와 마찬가지로, 바로 머리 위로 던져 올려야 하기 때문이야. 어떤 방향으로 움직이든 계속 한결같이 움직인다면, 이게 성립하지. 던진 물체가 아주 가볍지만 않다면, 아무리 높이 던져도 던진 사람의 손으로 다시 떨어지겠어.

사그레도 이 원리에 대해 들으니까, 던진 물체에 관한 기묘한 문제가 생각나는군. 심플리치오는 이 이야기를 들으면, 아주 이상하게 여길 거야. 그 문제는 다음과 같아.

내가 보기에는, 어떤 사람이 어느 방향으로든 빨리 움직이면서 공을 떨어뜨렸을 때, 그 공이 땅에 닿은 다음, 그 사람을 따라가는 정도에 그치는 게 아니라 오히려 앞지르는 게 가능해. 이 문제는, 수평으로 던진 물체가 땅에 닿았을 때, 그 물체의 속력이 원래 던져졌던 속력보다 더 빨라질 수 있다는 사실과 관계가 있어.

사람들이 나무 원판을 가지고 경기를 하는 것을 관찰하면, 가끔씩

이 놀라운 현상이 나타나지. 나무 원판이 사람의 손을 떠난 다음, 어떤 속력으로 공중을 날다가 땅에 닿으면, 속력이 더 빨라지더라고. 땅을 굴러가다가 어떤 장애물에 부딪쳐 공중으로 붕 뜨면, 속력이 갑자기 느려져. 그랬다가 다시 땅에 닿으면, 또 속력이 빨라져 움직이거든.

그러나 뭐니 뭐니 해도 가장 이상한 현상은, 그게 공중을 날 때보다 땅 위를 구를 때 더 빠를 뿐만 아니라 땅 위를 구를 때의 속력이 부딪히기 전보다 그후에 더 빠를 때가 있어.

심플리치오, 이걸 어떻게 설명해야 할까?

심플리치오 첫째, 나는 그런 현상을 본 적이 없네. 둘째, 그런 일은 일어날 수 없네. 셋째, 그걸 고집하고 실제로 그런 일을 내게 보여 주면, 자네는 악마임에 틀림없네.

사그레도 지옥에서 온 악마가 아니라 소크라테스의 악마이겠지. 보고 안 보고는 자네한테 달렸네. 하지만 내가 자네에게 충고하겠는데, 진리는 스스로 이해를 해야지, 다른 사람이 이해하도록 만들어 줄 수는 없네. 나는 단지, 자네에게 진리도 거짓도 아닌 어떤 일들을 제시할 뿐이야.

진리란 반드시 그렇게 되는 것이고, 그것과 달리 될 수 없는 것이지. 보통의 지능을 가진 사람이면, 누구나 진리를 스스로 깨달을 수 있어. 그러지 않으면, 영원히 그걸 알 수 없어. 살비아티도 이 의견에 동의할 거야. 지금 이 문제의 경우도, 자네는 그 원인을 알고 있어. 단지 그걸 못 깨닫고 있을 뿐이지.

심플리치오 지금 그런 말장난은 하지 말게. 내가 말하겠는데, 나는 지금 문제가 되는 이 현상을 본 적도 없고, 이해하지도 못하겠네. 내가 어떻게 이걸 안다고 말하는지 궁금하군.

사그레도 이것은 또 다른 사실로부터 유추할 수 있어. 이걸 생각해 봐. 원판에 줄을 감아 돌리면, 어째서 손으로 돌린 것보다 더 힘차게, 더 멀리 보낼 수 있는가?

심플리치오 아리스토텔레스도 그런 장난감들로 괴상한 문제들을 내곤 했지.

살비아티 맞아, 그랬어. 아주 교묘한 문제도 있었어. 둥근 바퀴가 네모난 바퀴보다 왜 더 잘 구르는가 하는 문제도 있었지.

사그레도 심플리치오, 그 까닭을 생각해 보게. 자네는 남의 가르침 없이 스스로 결정할 줄 모르는가?

심플리치오 비웃지 말게. 나도 할 수 있어.

사그레도 이것에 대한 원인도 자네는 잘 알고 있어. 어떤 물체가 움직이다가 방해를 받으면 멈추게 됨을, 자네도 알고 있지?

심플리치오 방해가 충분히 크면 그렇게 되지.

사그레도 어떤 물체가 땅 위에서 움직이면, 공중에서 움직이는 것에 비해 크게 방해를 받음을, 자네도 알고 있지? 공기는 부드럽고 쉽게 물러서지만, 땅은 단단하고 거치니까.

심플리치오 잘 알고 있네. 그렇기 때문에, 원판은 공중에 있을 때 땅 위에 있는 것보다 더 빨리 움직이지. 내가 아는 지식은 자네 생각과 반대이군.

사그레도 심플리치오, 너무 조급하게 굴지 말게. 어떤 물체가 중심에 대해 회전하면, 그 물체에는 모든 방향의 움직임이 내포되어 있음을 알고 있는가? 즉 어떤 부분은 위로 올라가고, 어떤 부분은 아래로 내려가고, 어떤 부분은 앞으로 가고, 어떤 부분은 뒤로 가고.

심플리치오 나도 알고 있네. 아리스토텔레스에게서 배웠어.

사그레도 어떤 식으로 증명을 했던가?

심플리치오 눈으로 보면 알지.

사그레도 그 사람이 없으면 볼 수 없었던 걸, 그 사람이 볼 수 있도록 만들었단 말인가? 그 사람이 자네에게 눈을 빌려주기라도 했나? 자네가 뜻하는 것은, 아리스토텔레스가 그렇다고 말해서 그걸 알아차렸고, 그걸 염두에 두게 되었다는 말이겠지. 그가 자네에게 가르친 것은 아니지.

어떤 원판이 위치는 바꾸지 않고 있으면서, 지평선과 수직이 되도록 서서 팽팽 돈다고 하면, 원판의 어떤 부분은 위로 올라가고, 반대쪽 부분은 아래로 내려가겠지. 아랫부분은 어떤 방향으로 가고, 윗부분은 반대 방향으로 가겠지.

어떤 원판이 허공에 떠 있으면서, 위치는 바꾸지 않고 제자리에 있으면서, 혼자서 빠르게 팽팽 도는 모습을 머릿속에 그려 보게. 그런 식으로 돌고 있는 것을 수직으로 땅바닥에 떨어뜨려 봐. 이게 땅에 닿으면,

원래와 다름없이 위치를 바꾸지 않고 제자리에서 계속 돌 것 같은가?

심플리치오 그럴 리가 없네.

사그레도 그러면 어떻게 되겠는가?

심플리치오 땅 위를 잽싸게 굴러갈 걸세.

사그레도 어느 방향으로?

심플리치오 도는 방향으로.

사그레도 이 원판은 도는 부분이 둘이 있네. 윗부분과 아랫부분, 이 두 부분은 반대 방향으로 움직이고 있어. 그러니 어느 부분을 따를지 분명하게 이야기해야 하네. 올라가는 부분과 내려가는 부분은 어느 쪽이든 지지 않을 거야. 원판이 더 내려갈 리는 없지. 땅바닥이 막고 있으니까. 올라갈 리도 없지. 원판의 무게가 있으니까.

심플리치오 원판은 그 윗부분이 가는 방향으로 굴러가게 되네.

사그레도 왜 그런가? 왜 반대로 땅에 닿은 부분이 가려고 하는 방향으로 가지 않는가?

심플리치오 땅바닥이 거칠기 때문에, 닿은 부분은 방해를 받네. 땅이 울퉁불퉁하기 때문이지. 그러나 원판의 윗부분은 엷고 잘 비켜 주는 공기와 닿아 있으니, 방해를 거의 받지 않네. 따라서 원판은 그 방향으로 가게 되지.

사그레도 그러니까 아랫부분은 땅에 묶인 셈이군. 그래서 움직이지 못하고, 윗부분만 힘차게 나아가는군.

살비아티 그렇다면 원판이 얼음과 같이 매끄러운 표면에 떨어지면, 잘 굴러가지 못하겠군. 어느 방향으로든 못 나아가고, 제자리에서 헛돌기만 하겠군.

사그레도 그렇게 될 수도 있지. 거친 표면에 떨어진 경우처럼 그렇게 빨리 굴러가지 못할 것은 확실해. 심플리치오, 그런데 원판을 매우 빨리 돌리며 떨어뜨리는 경우, 허공에 있을 때는 어느 방향으로도 움직이지 않는데, 그 까닭은 뭔가? 왜 땅에 닿았을 때처럼 움직이지 않는가?

심플리치오 허공에 있는 경우는 공기가 위, 아래에 있으니까, 원판의 어느 부분도 어딘가에 부착될 수가 없네. 따라서 어느 방향이든 아무런 차이가 없으니까, 그냥 수직으로 떨어지지.

사그레도 그렇다면 원판은 돌기만 하면, 다른 속력이 없어도, 땅에 닿은 다음에 상당히 빨리 움직일 수 있겠군.

이제 남은 문제를 생각해 보세. 원판을 돌리려는 사람이 줄을 팔에 묶은 다음, 원판에다 줄을 휘감아서 원판을 돌리는데, 줄은 원판에 어떤 작용을 하는가?

심플리치오 원판은 줄에서 풀려나려고 팽팽 돌게 되는데, 줄은 원판에 그 힘을 전해 주네.

사그레도 원판이 땅에 닿았을 때 팽팽 돌고 있는 것은 줄 덕분이었군. 그럼 이게 원판이 공중에 있을 때보다 땅에 닿았을 때 더 빨리 움직이도록 만드는 원인이 아닌가?

심플리치오 응, 그렇지. 그게 허공에 있을 때는, 사람의 팔에서 나온 속력만을 받은 상태이네. 원판이 돌기는 하지만, 허공에서 도는 것은 어느 쪽으로든 움직이게 하지는 못하지. 그러나 원판이 땅에 닿으면, 원래 원판이 움직이던 속력에다 돌기 때문에 생기는 속력이 붙어서, 속력이 더 빨라지네.

원판이 구르다가 공중으로 튀어 오르면, 왜 속력이 줄어드는가 하는 것도 이해를 하겠네. 공중에 있으면, 회전의 도움을 받을 수 없지. 다시 땅에 닿으면, 이게 다시 회복되니까, 공중에 있을 때보다 더 빨리 움직이게 되지.

하지만 아직도 모르는 것이 있네. 이렇게 다시 땅에 닿았을 때, 어째서 원래 굴러갈 때보다 더 빨리 갈 수 있단 말인가? 그렇다면 이게 계속 빨라지면서 영원히 움직인단 말인가?

사그레도 두 번째로 땅에 닿았을 때, 반드시 첫 번째로 땅에 닿았을 때보다 빨리 움직인다는 말이 아니고, 가끔 그렇게 될 수도 있다는 말이야.

심플리치오 왜 그렇게 되는지 설명해 주게.

사그레도 이것도 자네 스스로 알아낼 수 있어. 원판을 돌리지 않고 그냥 떨어뜨리면, 그게 땅에 닿았을 때 어떻게 되겠나?

심플리치오 아무 일도 생기지 않지. 그냥 그 자리에 있을 걸세.

사그레도 그게 땅에 닿을 때, 어떤 운동을 얻을 수 있지 않나? 잘 생각해 보게.

심플리치오 애들이 갖고 노는 공깃돌 같은 것을 경사진 곳에 떨어뜨리면 혹시 모르지. 만약 경사진 곳에 떨어뜨리면, 회전운동을 얻어서, 땅에서 계속 구르겠지. 그 외의 경우는 그냥 떨어뜨린 장소에 가만히 있을 걸세.

사그레도 바로 그거야. 그렇게 해서 더 빨리 돌게 되지. 원판이 허공으로 튀어 오른 다음 다시 땅에 떨어질 때, 마침 원판이 움직이는 방향으로 경사져 박혀 있는 어떤 돌이 있었는데, 우연히 거기에 떨어졌다고 해 봐. 덕분에 떨어지면서 회전운동을 더 얻었으니, 속력이 더 빨라져서, 처음 땅에 닿았을 때보다 더 빨리 움직일 수도 있어.

심플리치오 그럴 수도 있겠군. 이걸 곰곰이 생각해 보니, 만약 원판이 땅에 닿았을 때 반대 방향으로 돌리는 힘을 받았다면, 결과가 반대로 나타나겠군. 그러니까 그게 원래 사람에게서 받은 것을 늦추겠군.

사그레도 그렇게 되면, 속력이 느려지겠지. 이런 식으로 도는 게 충분히 빠르면, 완전히 제자리에 멈출 수도 있어. 뛰어난 테니스 선수들은 이 원리를 이용해서, 공을 끊어 쳐 상대방을 속이지. 라켓을 비스듬하게 들고 공을 쳐서, 공이 움직이는 방향과 반대로 회전하도록 만들어. 공이 땅에 닿은 다음 튀어 오르면, 상대방이 그걸 되받아 치겠지. 공에 회전을 주지 않은 경우에는 공이 튀어서 상대방 앞으로 가는데, 이런 식으로 회전을 주면 공이 땅바닥에 달라붙어 죽어 버리지. 튀어 오르더라도 아주 약하게 튀어 올라서, 상대방이 칠 시간을 빼앗아 버리지.

이 기술은 잔디 볼링을 즐기는 사람들이 나무 공을 표적에 가까이 보내기 위해서 쓰기도 해. 땅이 울퉁불퉁하고 장애물이 많으면, 공을 굴렸다가는 제멋대로 굴러가 표적에서 멀리 벗어날 테니까, 이런 장애물들을 피하려고, 공을 땅에 굴리는 대신 고리 던지기라도 하듯 공중으로 던져서 보내지.

그러나 대개의 경우 공을 잡듯이 공 아래를 손으로 잡으면, 공이 날아갈 때 그 방향으로 공이 회전하게 되거든. 공이 땅에 닿으면, 표적 근처에 떨어졌다 하더라도 멀리 굴러가게 돼. 공이 움직이는 방향과 회전하는 방향이 일치하기 때문이지. 이것을 막기 위해서 공의 위를 손으로 잡는 기술을 쓰지. 이렇게 잡아서 공을 던지면, 회전이 거꾸로 먹혀. 그러니 공이 표적 근처에 떨어진 다음, 제자리에 멎거나 아니면 약간만 굴러가게 돼.

이런 현상을 염두에 두고, 우리의 주된 문제로 돌아가세. 내 생각에는, 어떤 사람이 빠른 속력으로 움직이면서 공을 손에서 떨어뜨렸을 때, 그 공이 땅에 닿은 다음 그 사람과 같은 속도로 움직이는 것이 아니라 더 빨리 앞질러 가게 할 수도 있어.

이 현상을 보기 위해서 마차의 한쪽 옆에다 널빤지를 비스듬하게 묶어 놓았다고 생각해 봐. 앞쪽으로 내려가고, 뒤쪽으로 올라가도록, 그렇게 묶어 놓았다고 해 봐. 마차가 빠른 속력으로 달리고 있을 때, 공을 이 널빤지를 따라 굴려 보게. 공은 굴러 내려가면서 회전하게 되고, 이 공이 마차에게서 받은 속력도 있으니까, 이 공이 땅에 떨어진 다음, 마차보다 더 빨리 움직일 거야. 만약 다른 널빤지를 반대로 기울게 묶어 놓고서 거기로 공을 굴리면, 마차의 속력을 완화하는 셈이 되어서, 공이 땅에 떨어진 그 자리에 가만히 있거나, 또는 마차와 반대 방향으로 움직일 거야.

이걸 갖고 시간을 너무 많이 허비했군. 물체가 떨어지는 것을 가지고 유추한, 지구가 움직이지 않는다는 첫 번째 증거에 대해서, 살비아티가 반박한 것에 심플리치오도 수긍을 하면, 이제 나머지 증거들을 검토하도록 하세.

살비아티 주제에서 약간 벗어나기는 했지만, 이것들이 우리의 주제와 완전히 동떨어진 별개의 것은 아닐세. 게다가 이런 것들을 다루다가 보면, 우리 중 어느 한 사람만이 아니라 세 사람 모두 새로운 논법들을 깨닫고 배우게 돼.

그리고 우리는 지금 스스로 즐기기 위해서 이런 이야기를 나누고 있네. 우리가 무슨 책을 출판하려고 이 주제들을 전문가의 관점에서 조리 정연하게 다루고 있는 것은 아니잖아? 주제를 다룰 때에도 운율의 조화에 맞춰 조금도 벗어나지 않는다면, 얼마나 답답하겠는가?

그러니 조금이라도 관계가 있는 것이면, 자유롭게 이야기하도록 하세. 우리는 이야기를 나누기 위해서 만났어. 자네들 이야기를 듣다가 내 마음속에 어떤 것이든 떠오르면, 나는 자유롭게 말하겠네.

사그레도 나도 그렇게 하겠네. 우리가 이렇게 거리낌 없이 이야기를 나누기로 했으니까, 다른 문제로 넘어가기 전에, 자네에게 한 가지 묻겠네.

살비아티, 무거운 물체가 탑 꼭대기에서 밑으로 떨어질 때, 그게 지나는 궤적이 어떤 모양의 곡선이 되는지, 생각해 본 일이 있나? 이것에 대해 생각해 본 일이 있다면, 자네 생각을 말해 주게.

살비아티 그것에 대해 가끔 생각해 보았어. 무거운 물체가 지구 중심을 향해서 떨어지는 운동이 어떤 것인지, 그 본성을 정확하게 알면, 그것을 지구가 회전하는 운동과 결합해서, 물체의 무게중심이 이 둘을 더해서 그리는 곡선이 어떤 곡선이 되는지, 알 수 있음은 의심할 여지가 없어.

사그레도 중력으로 인해 지구 중심을 향해 떨어지는 운동은 직선이라고 믿어도 될 거야. 지구가 움직이지 않으면 그렇게 되니까.

살비아티 그 대목은 믿어도 되는 정도가 아니라 확실하네. 실험을 해서 확인할 수 있어.

사그레도 실제 실험을 할 때, 우리 눈에는 아래로 떨어지는 운동과 원운동을 결합한 상태만 보일 텐데, 어떻게 확인할 수 있는가?

살비아티 사그레도, 아니야. 우리는 아래로 떨어지는 운동만을 볼 수 있어. 원운동은 지구, 탑, 우리, 돌멩이 모두에게 공통되므로 감지할 수가 없어. 없는 것과 마찬가지야. 우리는 돌멩이의 움직임 중 우리와 공통되지 않은 부분만을 감지할 수 있어. 우리 눈으로 보기에 돌멩이는 탑과 나란히 아래로 똑바로 떨어지네. 탑이 지표면에 대해 수직으로 곧게 서 있다면 말일세.

사그레도 자네 말이 옳군. 이렇게 간단한 것도 모르다니, 내 멍청함이 탄로났군 그래. 이제 이건 명백하고, 그 외에 아래로 떨어지는 운동의 본성에 대해 무엇을 또 알아야 하나?

살비아티 직선이라는 것만 알아서는 부족하네. 속력이 일정한지, 아니면 변하는지 알아야 해. 그러니까 같은 속력을 계속 유지하는지, 아니면 속력이 빨라지거나 느려지는지 알아야 하네.

사그레도 점점 빨라지는 게 확실하지 않은가?

살비아티 그것만 가지고는 부족해. 속력이 빨라지는 비율이 어떻게 되는지 알아야 하네. 이 문제는 지금까지 어떤 철학자나 수학자도 다루지 않았어. 많은 철학자들, 특히 소요학파 철학자들이 운동에 대해서 엄청나게 많은 책을 썼지만 말일세.

심플리치오 철학자들은 일반적인 문제에만 매달리네. 철학자들은 정의와 판단 기준을 만들고, 나머지 세세한 일들은 수학자에게 떠넘기지. 그것들은 단순한 흥밋거리에 불과하니까.

아리스토텔레스는 일반적으로 운동이 무엇인지 멋지게 정의한 다음, 기본 운동의 본성을 보여 준 것으로 만족해했네. 어떤 경우는 본성에 따른 자연스러운 운동이고 어떤 경우는 외부의 힘에 의한 것인지, 어떤 경우는 단순한 것이고 어떤 경우는 복잡한 것인지, 어떤 경우는 속력이 일정하고 어떤 경우는 속력이 빨라지는지 등등을 보여 주었지.

속력이 빨라지는 경우, 그 원인이 뭔지 설명하는 것으로 그는 만족해했어. 실제로 그 가속 비율을 계산하고, 세세한 성질을 규명하는 것은 역학자나 다른 수준 낮은 장인들이 해야 할 일일세.

사그레도 심플리치오는 늘 저런 식이거든. 살비아티, 자네는 소요학파 황제의 왕좌에서 멀찍이 떨어져 지내는 경우가 가끔 있으니까, 떨어지는 물체들이 어떤 비율로 가속이 되는지 연구해 보았겠지?

살비아티 내가 연구를 할 필요는 없었네. 우리의 절친한 동료 학자가 운동에 대해 연구하고 쓴 책이 있는데, 거기에 이 문제는 물론 다른 많은 문제들의 상세한 풀이가 실려 있으니까. 그러나 지금 이것을 다루다가는 우리 문제에서 너무 벗어나겠어. 지금 우리 문제도 사실은 벗어난 것이지. 이야기 속에 또 이야기가 들어가는 격이지.

사그레도 그럼 지금 당장은 이것을 따지지 말고 넘어가세. 그러나 나중에 적당한 때에, 이것은 물론 우리가 생략한 다른 것들도 검토해 보세. 나는 이런 것들을 꼭 알고 싶어. 지금 당장은 탑에서 떨어지는 물체가 그리는 곡선에 대해 설명해 주게.

살비아티 만약 지구 중심을 향해서 떨어지는 운동의 속력이 일정하다면, 그리고 동쪽으로 움직이는 원운동의 속력이 일정하다면, 두 운동이 결합되어 나선 모양으로 움직이게 되네. 아르키메데스가 나선에 대해서 쓴 책에 보면, 나선을 정의해 놓았어. 한 점이 고정되어 있고, 그 점에서 시작해 어떤 직선이 뻗어나가 있고, 그 직선이 일정한 속력으로 그 점을 따라 돈다고 해 봐. 그때 어떤 점이 그 원점에서 시작해 그 직선상을 일정한 속력으로 움직여 나가면, 그 점이 그리는 곡선이 바로 나선이지.

그러나 떨어지는 물체는 점점 가속이 되니까, 두 운동을 결합해서 그리게 되는 곡선은, 탑의 꼭대기가 그리는 원둘레와의 거리가 점점 더 큰 비율로 멀어져야지. 그리고 처음 떨어지는 순간에는 그 거리가 아주 작

아. 가능한 가장 작은 값이 될 거야. 처음 정지해 있을 때는 아래로 내려가는 운동이 전혀 없었는데, 그 상태에서 출발해 아래로 움직여서 물체가 어떤 속력으로 움직이려면, 정지 상태와 그 속력의 사이에 있는 어떠한 느린 상태라도 다 거쳐야 하거든. 어제 우리가 길게 이야기하고 결론을 내렸듯이, 그런 느린 상태는 한없이 많이 있어.

이런 식으로 점점 가속이 된다고 하세. 떨어지는 물체가 중심에 가까이 갈수록, 이게 움직이면서 그리는 곡선은, 탑의 꼭대기에서 점점 더 멀어져야 하네. 좀 더 알기 쉽게 말하면, 탑의 꼭대기가 지구의 회전 때문에 그리는 원에서 이 곡선이 멀어지는데, 이 물체가 처음 출발점에 가까우면 가까울수록, 이 곡선이 원과 멀어진 정도가 작아. 그리고 이 운동곡선은 지구 중심에서 끝나게 되네.

이 두 가지를 가정한 다음, A를 중심으로, AB를 반지름으로 하는 원둘레 BI를 그리겠네. 이게 지구라고 하세. 그 다음에 AB를 C까지 늘이고, BC가 탑의 높이라고 하세. 탑이 지구와 같이 BI를 따라 움직이면, 탑의 꼭대기는 원둘레 CD를 그리겠지.

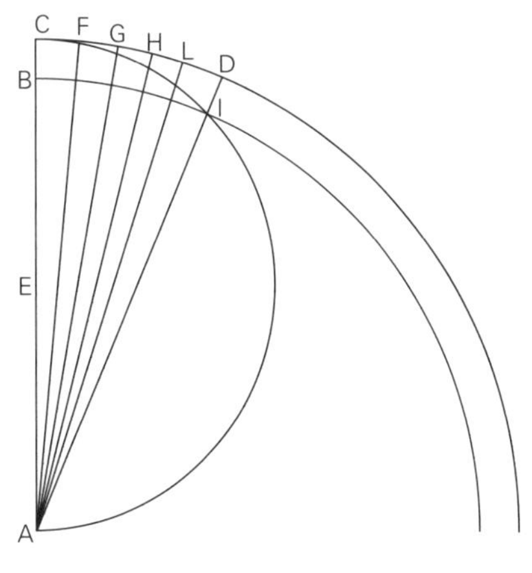

그림 8

선분 CA의 중점 E를 잡고, E를 중심으로, EC를 반지름으로 반원 CIA를 그리자. 탑 꼭대기 C에서 떨어뜨린 돌이 지구의 원운동과 자신의 떨어지는 운동을 합치면, 이 곡선을 따라 떨어질 가능성이 크다고 나는 생각하네.

같은 간격으로 CF, FG, GH, HL을 원둘레 CD를 따라 잡은 다음, 각

점 F, G, H, L에서 중심 A로 선분을 그어. 이들이 원둘레 CD와 BI 사이에 놓이는 부분은, 탑 CB가 지구를 따라 DI로 움직이는 과정을 나타내지. 이들이 반원 CIA와 만나는 점들은, 돌이 떨어지면서 매 순간 지나는 위치를 나타내겠지. 이 점들은 탑 꼭대기와의 거리가 점점 더 커지고, 이게 바로 탑을 따라 떨어지는 돌이 점점 더 빨리 움직임을 나타내니까.

그리고 두 원 DC와 CI가 한없이 뾰족하게 만나니까, 돌이 처음에 원둘레 CFD에서 멀어질 때, 그러니까 탑 꼭대기에서 막 떨어지는 순간에 매우 매우 느리게 움직임을 알 수 있어. 즉 아래로 움직이는 속력이 아주 느려. 정지 상태에 있던 C에 얼마나 가까이 있느냐에 따라, 한없이 느려지지. 마지막으로, 이 운동이 결국에 가서는 지구 중심에 이르게 됨을 볼 수 있어.

사그레도 모든 내용을 완벽하게 이해하겠네. 떨어지는 물체의 무게중심은 이 곡선 이외의 다른 곡선을 따를 리가 없겠군.

살비아티 사그레도, 잠시 기다리게. 이것에 대해 내가 숙고한 사항이 세 가지 있는데, 이것을 들으면 자네가 아주 좋아할 거야.

첫째, 이것을 자세히 검토해 보면, 이 물체는 탑 꼭대기에 있을 때 단순히 원을 그리듯이, 떨어질 때에도 원을 그리고 있다.

둘째는 더 멋있어. 이것은 탑 꼭대기에 놓여 가만히 있을 때와 같은 정도로 움직인다. 호 CF, FG, GH 등등은 이 물체가 탑 꼭대기에 있다면 지나게 될 궤도이지. 이들은 이 물체가 원둘레 CI를 따라 떨어지면서 지나는 호들과 정확하게 길이가 같다.

이것에서 세 번째 신기한 사항이 나오네. 이 돌의 진짜 움직임은 전혀 가속이 안 된다는 사실이야. 늘 일정하고 같은 속력을 유지한다. 원둘레

CD를 따라 같은 길이로 호들을 잡으면, 그들에 대응해 CI 위에 호들을 잡을 수 있고, 그들을 지나는 데는 늘 같은 시간이 걸리기 때문이지. 따라서 물체는 탑 꼭대기에 그냥 있든 떨어지든, 늘 일정하게 움직이고, 그 움직이는 물체에게서 가속의 원인이나 다른 운동을 찾으려고 할 필요가 없어. 이 물체는 늘 원둘레를 따라 일정한 속력으로 움직이고 있으니까 말일세.

내가 찾아낸 이 신비한 현상에 대해 어떻게 생각하는가?

사그레도 너무 신기하군! 하도 감탄스러워 할 말을 잊었네! 내가 지금 판별해 낼 수 있는 바로는, 이 일은 이 이외의 방법으로 일어날 수가 없네. 다른 철학자들의 증명이 이것의 절반만큼이라도 되면 좋겠군. 그런데 내가 완전히 만족하려면, 그 호들의 길이가 어째서 같은지 알아야 하겠어.

살비아티 그건 쉽게 증명할 수 있어. I에서 E로 선분을 그어. 원 CD의 반지름은 선분 CA이고, 이것은 원 CI의 반지름인 CE의 두 배야. 그러니까 원 CD의 둘레 길이는 원 CI의 둘레 길이의 두 배이지. 따라서 큰 원의 모든 호들은 작은 원의 비슷한 호들의 두 배 길이가 돼. 그러니까 큰 원의 호의 절반이 작은 원의 호의 길이와 같아.

각 CEI는 작은 원의 중점 E에서 각을 만들며, 호 CI에 대응하니까, 이것은 각 CAD의 두 배이지. 각 CAD는 큰 원의 중점 A에서 각을 만들고, 호 CD에 대응하니까. 따라서 호 CD는, 큰 원에서 CI에 대응하는 호의 길이의 절반이 돼. 따라서 두 호 CD와 CI는 길이가 같아. 다른 부분들도 이와 마찬가지로 증명할 수 있어.

그러나 무거운 물체들이 꼭 이렇게 떨어진다고, 내가 지금 주장하는 건 아니야. 다만 무거운 물체들이 떨어질 때, 그 물체들이 그리는 곡선이 이것이 아니라 하더라도, 이것과 매우 유사할 거야.

사그레도 살비아티, 이것에 대해 생각하다 보니, 또 하나 놀라운 사실을 깨닫게 되는군. 이것 때문에 직선운동은 완전히 추방되네. 자연은 직선운동을 전혀 쓰지 않는 것 같아. 자네가 처음에 말한, 어떤 근본 물질이 자신이 원래 속하던 곳에서 분리되어 있을 때, 그걸 제 위치에 보내기 위해서 움직이는 것도, 이제는 직선운동이 아니라 원운동이어야 하겠어.

살비아티 지구가 실제로 원운동을 하고 있음을 증명하면, 그렇게 되지. 나는 아직 그걸 증명하지 않았어. 지금까지 나는, 지구가 움직이지 않는 증거로 철학자들이 제시한 것들이 과연 설득력이 있는지 여부를 검토해 오고 있고, 당분간은 계속 이것들을 검토할 걸세.

첫 번째 증거로 내세운, 물체가 똑바로 아래로 떨어진다는 사실은, 자네들도 보았지만, 증거로 인정하기에는 너무 문제가 많아. 심플리치오가 이것을 얼마나 중요시했는지는 잘 모르겠어. 이제 다음 증거로 넘어가기 전에, 이것에 대해서 내 주장을 반박하고 싶으면 해 보게.

심플리치오 첫 번째 증거에 대해서는, 내가 미처 생각하지 못한 여러 미묘한 문제들이 있음을 깨닫게 되었네. 나로서는 처음 접하는 것들이라, 지금 당장은 뭐라 말을 못 하겠네. 그러나 나는 이 첫 번째 예증이, 지구가 움직이지 않음을 보이는 가장 유력한 증거라고 여기지는 않았어. 대포를 쏜 경우에 일어나는 일을 검토해 보세. 특히 지구 움직임과 같은 방향, 반대 방향으로 쏘았을 때 어떻게 되나 살펴보세.

사그레도 하늘을 나는 새들이, 대포나 다른 온갖 종류들의 실험들이 제기하는 어려움을 더한 것만큼 어려움을 제기하지 않으면 얼마나 좋을까! 새들은 이쪽저쪽으로 마음대로 날아다니고, 자유롭게 방향을 바꾸거든. 무엇보다 중요한 것은, 가끔 몇 시간씩 허공에 매달려 있으니, 이들은 내 상상력을 초월하네. 지구가 움직이는데, 그들은 그렇게 마구 방향을 바꾸면서 어떻게 길을 잃지 않는가? 지구는 그들보다 훨씬 빨리 움직일 텐데, 어떻게 따라올 수 있는가?

살비아티 자네가 제기한 관점들은 적절한 것들이야. 어쩌면 코페르니쿠스 자신도 만족스러운 답을 찾지 못한 것 같아. 그래서 이것에 대해 입을 다물고 있었겠지. 다른 반론들에 대해서는 짤막하게 반박을 했거든. 그는 생각이 깊었고, 다른 난해한 것들을 생각하기에 여념이 없었을 테니까, 강아지가 짖어도 사자는 꿈쩍도 안 하듯이, 그저 슬쩍 다루고 넘어갔지.

그러니 새들에게서 나온 반론은 맨 마지막으로 미루세. 다른 것들에 대해 잘 설명해서, 심플리치오가 만족하도록 만들어 보겠네. 늘 그렇듯이, 심플리치오도 사실은 모든 것을 알고 있어. 단지 그걸 깨닫지 못할 뿐이지.

대포에 대해 생각해 보세. 같은 대포, 같은 양의 화약, 같은 대포알을 가지고, 동쪽으로도 쏴 보고, 서쪽으로도 쏴 봐. 만약 매일 회전하는 운동이 지구에 속한다면, 동쪽으로 쏜 것보다 서쪽으로 쏜 게 훨씬 더 멀리 날아갈 거라고, 자네가 생각하는 이유는 뭔가?

심플리치오 동쪽으로 쏜 경우에는 대포가 대포알을 뒤쫓아가기 때문일세. 대포는 지구와 같이 움직이기 때문에, 그 방향으로 매우 빨리 움직이지. 그러니까 대포알이 땅에 떨어지는 지점은 대포에서 그리 멀지 않을 걸세.

반대로 서쪽으로 쏜 경우는, 대포알이 땅에 떨어지기 전에 대포가 훨씬 동쪽으로 움직이네. 따라서 대포와 대포알 사이의 거리, 즉 대포알이 날아가는 거리는 앞의 경우보다 훨씬 멀 걸세. 그 거리의 차이는 두 대포알이 공중에 있는 시간 동안에 대포가 움직인 거리, 그러니까 지구가 움직인 거리와 같을 걸세.

살비아티 탑에서 떨어지는 물체를 배에서 떨어지는 물체와 비교했듯이, 이 예에 대응하는 어떤 실험 방법이 있었으면 좋겠군. 뭔가 적당한 방법이 없을까?

사그레도 조그마한 마차로 실험을 하면 될 거야. 마차에다 석궁을 45°로 세워 놔. 45°로 세우는 이유는, 그래야 가장 멀리까지 날아가기 때문이지. 그다음에 말이 마차를 끌고 달리도록 하면서, 마차가 움직이는 방향으로 쏴 보고, 그다음은 반대 방향으로 쏴 봐. 화살이 땅에 닿는 바로 그 순간에 마차가 어디에 있었는지 정확하게 표시를 한 다음, 거리를 재면 되지. 그러면 한 경우가 다른 경우보다 얼마나 더 멀리 날아갔는지 알 수 있어.

심플리치오 이 경우에 딱 맞는 실험인 것 같네. 화살이 날아간 거리, 즉 화살이 땅에 떨어진 지점과 화살이 땅에 닿는 순간 마차가 있었던 지점 사이의 거리는, 마차가 같은 방향으로 움직인 경우, 반대쪽으로 움직인 경우보다 더 짧을 게 확실하네.

예를 들어 화살이 300야드 날아간다고 하세. 화살이 공중을 나는 동안, 마차는 100야드 움직인다고 하세. 그러면 화살이 날아가는 동안, 마차는 300야드 거리 중에 100야드 거리를 따라잡으니까, 화살이 땅에 닿는 순간, 화살과 마차 사이의 거리는 불과 200야드가 될 걸세. 그러나 마차가 화살과 반대 방향으로 달리는 경우는, 화살이 300야드 날아가는 동안, 마차는 반대 방향으로 100야드 움직였으니, 둘 사이의 거리는 400야드가 되겠군.

살비아티 둘이 거리가 같아지도록 만들 수 없겠나?

심플리치오 마차가 가만히 있으면 되지만, 그 이외의 방법은 생각이 안 나는데.

살비아티 아니, 그것 말고. 마차가 최고 속력으로 달리면서 말일세.

심플리치오 같은 방향으로 쏠 때 석궁을 더 강하게 쏘고, 반대 방향으로 쏠 때 석궁을 더 약하게 쏘면 되겠군.

살비아티 그래, 바로 그 방법이 있어. 그러자면 석궁을 얼마나 더 강하게 또는 얼마나 더 약하게 쏘아야 하는가?

심플리치오 이 예의 경우는 석궁이 300야드 거리만큼 화살을 날려 보낸다고 했으니까, 같은 방향으로 쏘는 경우는 활을 더 강하게 해서 400야드 거리만큼 날도록 하고, 반대 방향으로 쏘는 경우는 활을 약하게 해서 200야드 거리만큼 날도록 하면 되지. 그러면 둘 다 마차를 기준으로 300야드 거리만큼 날아가 떨어질 걸세. 같은 방향으로 움직이는 경우는 400에서 100을 뺀 것이고, 반대 방향으로 움직이는 경우는 200에다

100을 더한 것이니, 둘 다 300이 되지.

살비아티 그런데 활의 힘이 강하거나 약하거나 하는 것이 화살에 어떻게 작용하는가?

심플리치오 강한 활로 쏘면, 화살의 속력이 더 빨라지네. 약한 활로 쏘면, 화살의 속력이 느려지네. 두 경우를 비교해 보면, 오늬(화살 끝의 V 형태로 파인 홈 부분 — 옮긴이)가 얼마나 빠르게 앞으로 움직이느냐에 비례해서, 그만큼 화살이 더 멀리 날아가지.

살비아티 그러니까 화살을 두 방향으로 쏘아서, 둘 다 움직이고 있는 마차로부터 같은 거리인 지점에 떨어지도록 하려면, 같은 방향으로 쏘는 경우 4의 속력으로 시위를 떠난다고 하면, 반대 방향으로 쏘는 경우 화살이 2의 속력으로 시위를 떠나야 하겠군. 그런데 활을 같은 강도로 당겨서 쏘면, 둘 다 속력이 3이 되니까, 안 되는군.

심플리치오 그렇지. 그렇기 때문에 마차가 달릴 때 같은 강도로 쏘면, 화살이 날아가는 거리가 달라지네.

살비아티 지금 이 예의 경우, 마차의 속력은 얼마라고 가정하고 있나?

심플리치오 화살의 속력이 3이라고 했으니, 마차의 속력은 1이라고 놓아야 하네.

살비아티 그래, 그래야 맞아떨어지지. 그런데 마차가 달리면, 마차에 있는 모든 것들도 같은 속력으로 움직이지 않는가?

심플리치오 그야 물론이지.

살비아티 석궁의 활과 거기에 메운 시위, 화살도 같은 속력으로 움직이지?

심플리치오 당연히 그렇지.

살비아티 마차와 같은 방향으로 화살을 쏠 때, 활은 이미 1의 속력으로 움직이고 있는 화살에 3의 속력을 가하지. 1의 속력은 마차가 그렇게 움직이고 있는 덕분이지. 그러니까 오늬가 시위를 떠날 때 4의 속력으로 떠나게 돼. 반대 방향으로 쏘는 경우는, 활이 화살에 3의 속력을 가하지만, 화살은 반대 방향으로 1의 속력으로 움직이고 있으니까, 화살이 시위를 떠날 때 2의 속력만을 지니게 돼.

그런데 같은 거리만큼 날아가려면, 한 경우는 화살이 4의 속력으로 떠나고, 다른 한 경우는 2의 속력으로 떠나야 한다고, 자네가 이미 밝혔잖아? 그러니까 활의 강약을 바꾸지 않아도, 마차 자신이 알아서 날아가는 것을 조절하게 돼. 이 실험은 논리만을 통해서는 수긍하지 않으려는 사람들을 꼼짝 못하게 만들 거야.

이것을 대포에 적용해 보세. 그러면 지구가 움직이든 움직이지 않든, 같은 크기의 힘으로 쏜 물체는, 어느 방향으로 쏘든 늘 같은 거리만큼 날아감을 알 수 있어. 아리스토텔레스, 프톨레마이오스, 튀코, 자네, 그리고 많은 사람들이 이런 실수를 하는 까닭은, 지구가 움직이지 않는다는 생각이 머릿속 깊이 박혀 있어서, 그 생각을 도저히 떨쳐 버릴 수가 없기 때문이야. 지구가 움직이면 어떻게 되는가 하고 생각해 보려고 해도, 이 생각을 떨치지 못하고 있어.

앞에서 나온 탑에서 돌이 떨어지는 문제도, 돌이 탑 꼭대기에 있을 때, 그 돌은 지구가 움직이든 움직이지 않든, 지구와 꼭 같이 행동하는데, 그걸 깨닫지 못하고 있어. 자네 머릿속에는 지구가 움직이지 않는다는 생각이 깊이 뿌리 내리고 있어서, 돌이 정지 상태에서 떨어지기 시작하는 것처럼 논리를 전개해 나가지. 이런 생각을 버리고, 새롭게 생각할 줄 알아야 하네.

"지구가 움직이지 않으면, 돌은 정지 상태에서 떨어지기 시작하고, 수직으로 떨어진다. 만약 지구가 움직이고 있으면, 돌은 정지 상태에서 떨어지기 시작하는 것이 아니라 지구와 같은 속력으로 움직이고 있는 상태에서 떨어지기 시작한다. 이 운동이 잇따라 일어나는 아래로 떨어지는 운동과 결합되어, 그 결과 비스듬하게 움직이게 된다."

심플리치오 그러나 그게 비스듬하게 떨어지는데, 어째서 내 눈에는 똑바로 수직으로 떨어지는 것처럼 보이는가? 자네는 명백하게 눈에 보이는 일을 부인하려 하는가? 만약 눈에 보이는 일을 못 믿는다면, 사고를 할 때 그 출발점을 어디로 잡아야 한단 말인가?

살비아티 지구와 탑, 우리, 이 모든 것들이 돌과 같이 원운동을 하고 있기 때문에, 이 운동이 없는 것처럼 보여. 눈으로 볼 수도 없고, 느낄 수도 없으며, 그 어떠한 효과도 존재하지 않아. 우리가 볼 수 있는 운동은 우리가 하지 않는 운동뿐이야. 그러니 돌이 탑 꼭대기에서 바닥으로 스치듯 떨어지는 것은 볼 수 있어. 모두에게 공통된 운동은 그들 사이에 전혀 작용하지를 않아. 이런 운동의 존재를 수긍하기를 꺼리는 것은 자네만이 아닐세.

사그레도 옛날에 내가 우리 나라의 영사로 부임해 알레포로 가는 항해 도중에 상상해 낸 게 지금 생각나는군. 모두에게 공통된 운동이 그 운동을 공유한 사물들 사이에는 없는 것처럼 보이는 까닭을, 어쩌면 이게 설명해 줄지도 몰라. 심플리치오가 동의한다면, 내가 그때 혼자 상상했던 것에 대해서 같이 토론하고 싶네.

심플리치오 아주 색다른 이야기일 것 같군. 정말 궁금하니 어서 이야기해 보게.

사그레도 내가 베네치아에서 알렉산드레타(오늘날 터키의 이스켄데룬)까지 항해를 했는데, 그 배에 연필이 하나 있었다고 생각해 보세. 만약 연필의 끝이 지나간 길에 어떤 흔적이 남는다면, 어떤 모양의 곡선이 남을 것 같은가?

심플리치오 베네치아에서 거기까지 하나의 기다란 선을 그렸을 테지. 그것은 완벽한 직선은 아니겠지. 아니, 완벽한 원둘레 호는 아니라고 말해야 하겠군. 배가 계속 흔들릴 테니까, 곡선도 조금씩 올라갔다 내려갔다 할 걸세. 하지만 이렇게 굽는 것은 기껏 몇 야드 거리를 왼쪽으로, 오른쪽으로, 위로, 아래로 움직이는 것이니까, 수천 마일 뱃길과 비교하면, 선 전체에 준 변화는 거의 없을 걸세. 눈에 보이지도 않을 것이니, 이 곡선이 완벽한 호라고 해도 그리 틀린 말이 아닐 걸세.

사그레도 그러니까 파도 때문에 흔들린 것이 없고, 배가 잔잔한 바다 위를 항해했다면, 연필 끝이 그린 실제 곡선이 완벽한 원의 호가 되었겠군. 만약 내가 연필을 손에 들고 이쪽저쪽으로 조금씩 움직였다면, 그 연필이 그리는 곡선은 원래 곡선과 비교해서 어떤 변화가 있겠나?

심플리치오 그 곡선의 길이가 1,000야드라면, 벼룩 눈동자만큼도 벗어나지 않았을 걸세.

사그레도 어떤 화가가 그 연필로 화폭에 그림을 그렸다고 상상해 보게. 우리가 항구를 떠나 알렉산드레타에 이를 때까지, 계속 그림을 그렸다고 해 봐. 화가는 연필을 사용해 온갖 사물들을 묘사할 수 있지. 풍경, 건물들, 동물들, 다른 모든 것들. 이들을 그리느라 연필을 온갖 방향으로 움직여야 하겠지. 그러나 연필 끝이 실제로 지나간 길은 선에 불과하네. 길기는 하지만 매우 단순한 곡선에 불과하지.

그러나 화가의 입장에서 보면, 그가 한 일은 배가 가만히 있을 때 그림을 그리는 것과 똑같아. 항해할 때 연필이 먼 거리를 움직였지만, 그 흔적은 남지 않고, 연필로 그린 그림만 남아.

이렇게 되는 까닭은, 베네치아에서 알렉산드레타까지 가는 운동이 화폭, 연필, 그리고 그 배에 있던 모든 것들에게 공통이기 때문이야. 그러나 화가의 팔이 연필에 전한 운동 때문에 연필이 위, 아래, 오른쪽, 왼쪽으로 약간씩 움직인 것은, 화폭에는 해당이 되지 않고, 연필만이 움직인 운동이야. 그래서 이 운동을 하지 않고 정지해 있던 화폭에 흔적이 남는 것이지.

마찬가지로, 지구가 움직이면, 돌이 떨어지는 길은 실제로 길고 비스듬하겠지. 그 길이는 수백 야드, 수천 야드가 될 거야. 만약 공기나 어떤 표면이 움직이지 않아서 돌이 지나간 궤적을 그릴 수 있다면, 길게 경사진 곡선이 남을 거야. 그러나 돌의 운동 중에 이 부분은 돌, 탑, 우리 모두에게 공통이 되니까, 우리가 보기에 그 운동은 없는 것과 같아서 눈에 보이지도 않아. 돌의 운동 중에 우리가 볼 수 있는 부분은 탑이나 우리가 참여하지 않는 부분이야. 그러니까 탑에서 떨어지는 모습만을 볼 수 있어.

살비아티 매우 미묘하고 탁월한 개념이야. 이 관점을 아주 잘 설명하고 있어. 이 관점은 어려워서 많은 사람들이 이해를 못 하고 있거든.

심플리치오, 뭔가 하고 싶은 말이 있나? 그다음 예증으로 넘어갈까? 다음 예증들의 허를 찌르는 데에도, 지금까지 설명한 것들이 많은 도움이 될 거야.

심플리치오 할 말이 없네. 이 그림이 나를 멍하게 만드는군. 연필을 온갖 방향으로 이렇게 저렇게, 위아래, 앞뒤로 움직이며 그림을 그렸는데, 그게 사실상 한 방향으로 어떤 단순한 곡선을 그린 것이라니 ……. 곧은 선에서 단지 약간만 왼쪽, 오른쪽으로 벗어났고, 연필을 빨리, 느리게 움직였을 뿐, 변화가 거의 없다니 …….

글씨도 이런 식으로 쓸 수 있겠군. 글씨를 멋지게 잘 쓰는 사람들은, 자기 손놀림을 자랑하려고, 펜을 종이에서 떼지 않은 채 수천 가지로 구부러지게 해 아름다운 매듭 모양을 그리곤 하는데, 이들이 빠른 배를 타고 항해를 하면, 그 모든 것이 펜을 한 번 멋부려서 쓴 것이 되겠군. 펜의 움직임이란, 원래 한 방향으로 나아가면서 약간씩 굽히거나 경사지게 만들어서, 완벽한 직선에서 약간 벗어나게 만드는 것이니까.

이 생각을 내게 일깨워 주어서 정말 고맙네. 이와 비슷한 이야기들을 들으면, 내가 더욱 흥미를 가지게 될 것 같군.

사그레도 남들이 생각하지 못하는 기발한 이야기를 듣고 싶어 하면, 얼마든지 들려줄 수 있지. 특히 항해에 관한 것이 많아. 내가 그때 항해하면서 생각해 낸 걸 또 이야기해 줄까? 배의 윗돛대는 돛대가 부러지거나 굽거나 하지 않더라도, 돛대의 밑둥치보다 더 먼 거리를 항해했음을 아는가? 꼭대기는 아랫부분보다 지구 중심에서 더 멀리 떨어져 있으니, 꼭대기가 그리는 호는 아랫부분이 그리는 호보다 더 큰 원에 속하기 때문이지.

심플리치오 그러면 어떤 사람이 걸을 때, 머리가 발보다 더 먼 거리를 움직이겠네?

사그레도 자네 스스로 깨달았구먼. 자네도 참 머리가 좋아. 이제 살비아티가 이야기하도록, 우리는 입을 다무는 게 좋겠어.

살비아티 심플리치오가 스스로 머리를 쓰는 것을 보니 반갑군. 그런데 이게 진짜 심플리치오가 생각해 낸 건가? 혹시 이와 비슷한, 기발하고 희한한 이야기들이 잔뜩 들어 있는 조그마한 책에서 본 게 아닌가?

그럼 이제부터 대포를 똑바로 머리 위로 쏜 경우를 검토해 보세. 대포알은 대포가 있는 자리에 도로 떨어지거든. 만약 지구가 움직이면, 대포알이 허공에 떠 있는 오랜 시간 동안, 지구가 대포를 수십 마일 동쪽으로 옮겼겠지. 그렇다면 대포알은 그 거리만큼 대포에서 서쪽에 떨어져야지. 그런데 실제로는 이런 일이 일어나지 않으니까, 대포는 움직이지 않은 채 대포알을 기다리고 있었겠지.

이 예증에 대한 반박도 돌이 탑에서 떨어지는 경우와 같아. 이게 거짓인 이유는, 문제가 되는 결론을 계속 참이라고 가정하기 때문이야. 지동설에 반대하는 사람들은, 정지 상태에서 대포알을 쏘아 올린다는 생각이 머리에 깊이 박혀 있어. 그러나 지구 전체가 정지해 있다고 가정해야만, 대포를 정지 상태에서 쏠 수 있어. 즉 결론을 가정해야 하는 걸세.

지동설을 믿는 사람들은 이것에 대해 다음과 같이 반박할 거야. 대포와 대포알은 모두 지구에 있으니까, 지구의 움직임을 공유한다. 그들 모두 이 움직임을 본성적으로 갖고 있다. 그러므로 대포알은 정지 상태에서 움직이기 시작하는 것이 아니고, 중심에 대해 원운동을 하는 원래의 운동에다 위로 쏘아 올린 운동을 더한 형태로 움직이는 것이다. 후자는 전자를 제거하지도 않고, 방해하지도 않는다. 그렇기 때문에 지구 전체에 공통인 동쪽으로 움직이는 운동을 계속하며, 대포알이 올라갔다 내려오는 동안 계속 그 대포 위에 머무른다. 이것은 배를 타고 가는 동안에 투석기를 써서 돌을 똑바로 위로 던져 올리는 실험을 해 보면 알 수 있다. 배가 움직이든 가만히 있든, 같은 장소에 되돌아온다.

사그레도 나는 완전히 만족하네. 그런데 심플리치오는 기발한 문제를 가지고 방심하고 있는 사람을 낚아채면 좋아하니까, 내가 물어보겠네. 지구가 가만히 서 있다고 가정하고, 대포를 똑바로 위로 조준한 다음 포를 쏘면, 대포알이 정말로 수직으로 올라갔다가 같은 수직선을 따라 떨어짐을 인정하겠나? 모든 외부의 힘이나 뜻하지 않은 방해는 없다고 하세.

심플리치오 그러면 반드시 그렇게 되지.

사그레도 만약 대포를 수직으로 조준하지 않고, 약간 기울게 놓는다면, 대포알은 어떻게 움직이겠나? 조금 전과 마찬가지로 수직선을 따라 위로 올라갔다가 같은 길을 따라 내려오겠나?

심플리치오 아니, 그럴 리가 없네. 대포에서 벗어난 다음, 대포가 조준하는 직선을 따라 움직이려 하겠지만, 자신의 무게 때문에 지구를 향해 굽어 떨어져 버리지.

사그레도 그렇다면 대포의 조준 방향이 바로 대포알이 움직이는 방향이 되는군. 만약 자신의 무게 때문에 아래로 굽지만 않으면, 그 직선에서 벗어나지 않겠군. 대포를 수직으로 세워서 똑바로 위로 쏘는 경우에는 같은 직선을 따라 아래로 떨어지는데, 그 까닭은, 자신의 무게 때문에 아래로 내려가는 운동이 수직선과 같은 방향이기 때문이지. 따라서 대포알이 대포 밖으로 나간 다음에 움직이는 방향은, 원래 대포 안에 있을 때 움직이던 방향과 일치한다. 내 말에 동의하는가?

심플리치오 내가 보기에는 그렇네.

사그레도 여기 대포가 수직으로 놓여 있다고 상상해 보게. 지구가 원운동을 하고 있고, 대포도 지구와 같이 움직이고 있다고 가정해 봐. 이때 대포를 쏘면, 대포알은 포신을 지날 때 어떤 모양으로 움직이는가?

심플리치오 대포가 똑바로 위를 겨누고 있으니, 대포알은 수직으로 직선 운동을 하며 포신을 지나겠지.

사그레도 곰곰이 잘 생각해 보게. 그건 수직이 아닐세. 만약 지구가 가만히 있다면 수직이 되지. 왜냐하면 대포알은 화약이 가한 힘에 따라서 움직이는 운동만 할 테니까. 그러나 지구가 돌고 있다면, 대포 속에 들어 있는 대포알도 따라 움직여야 하네.

그러니 이런 상태에서 대포를 쏘면, 대포알이 약실에서 주둥이까지 포신을 지나는 동안, 두 가지 운동을 하게 되네. 두 운동을 더하면, 대포알의 무게중심이 비스듬한 선을 그리게 돼.

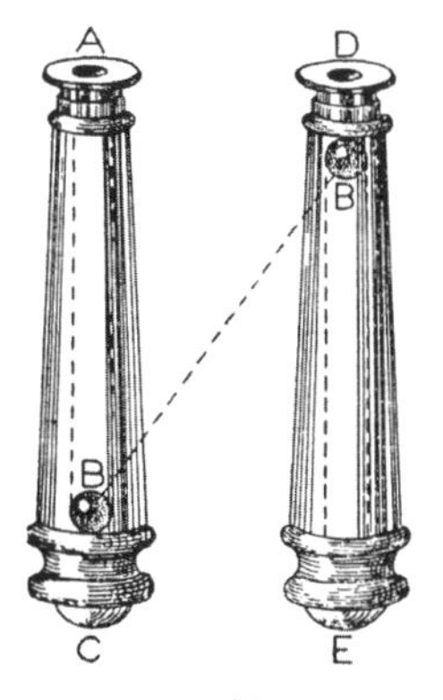

그림 9

이것을 더 쉽게 알 수 있도록 그림을 그리겠네. 대포 AC가 수직으로 서 있고, 그 속에 대포알 B가 있다고 하세. 대포가 움직이지 않고 가만히 있으면, 대포알은 주둥이 A에서 밖으로 나갈 것이고, 대포알의 무게중심은 포신을 따라 수직선 BA를 그리며 움직이겠지. 포신 밖으로 나간 다음에도, 이렇게 조준한 것을 따라, 똑바로 위로 움직이겠지.

그러나 만약 지구가 돌고 있고, 대포도 따라 움직인다면, 화약의 폭발력으로 인해 대포알이 포신을 지나는 동안, 대포는 지구 때문에 DE 위치로 움직이게 되네. 그러므로 B에 있던 대포알은 D의 위치에서 주둥이에 이르게 되네. 따라서 대포알의 무게중심이 움직이는 궤적은 선분 BD가 돼. 이건 수직선이 아니라 동쪽으로 기울어진 선이지.

앞에서와 마찬가지로, 대포알은 포신 밖으로 나간 다음에 포신 속에서 움직이던 대로 움직이려 할 테니까, 대포알은 직선 BD와 같은 기울기를 따라 움직이려고 해. 이것은 수직선이 아니고, 동쪽으로 기울어졌어. 그런데 대포도 역시 동쪽으로 움직이고 있거든. 그러므로 대포알은 지구와 대포가 움직이는 것을 따라갈 수 있어.

심플리치오, 이걸 보면, 수직처럼 보이는 게 사실은 수직이 아님을 알 수 있어.

심플리치오 나는 완전히 납득하지 못하겠는데. 살비아티, 자네는 어떻게 생각하는가?

살비아티 어느 정도 수긍할 수 있지만, 조금 이상한 점이 있어. 이걸 어떻게 표현해야 할지 모르겠군.

만약 자네가 말한 대로라면, 지구가 움직이는 상태에서 대포를 수직으로 쏜다면, 대포알은 아리스토텔레스나 튀코가 말한 것처럼 서쪽에 떨어지거나 내가 생각하는 것처럼 그 자리에 떨어지는 것이 아니라, 오히려 동쪽에 떨어질 것 같아.

자네 설명에 따르면, 대포알을 동쪽으로 던지는 운동이 두 가지가 있어. 하나는 지구가 움직이기 때문에 대포와 대포알이 CA 위치에서 ED 위치로 움직인 것이고, 다른 하나는 화약의 폭발이 대포알을 경사진 선 BD를 따라 쏘아 올린 것이지. 두 운동 다 동쪽을 향하고 있으니, 지구가 동쪽으로 움직이는 것보다 더 빨리 동쪽으로 갈 것 같아.

사그레도 아니야. 그렇지 않네. 대포알을 동쪽으로 움직이는 힘은 전부 지구에게서 나오고, 대포를 쏜 것과는 아무런 상관이 없네. 대포알이 위로 올라가는 운동은 전부 화약의 힘에서 나오고, 지구와는 아무런 상관이 없어. 대포를 발사하지 않으면, 대포알은 포신 밖으로 나갈 리가 없네. 아니, 손톱만큼도 위로 올라가지 않네. 마찬가지로, 지구가 움직이지 않도록 꽉 붙들고 대포를 쏘면, 대포알은 조금도 옆으로 벗어나지 않고, 똑바로 위로 올라가네.

그러니까 대포알은 두 가지 운동을 하고 있어. 위로 올라가는 것과 옆으로 움직이는 것. 이 둘이 더해져서 대포알이 대각선 BD 방향으로 움직이게 돼. 그렇지만 위로 올라가는 운동은 화약의 힘에서만 나오네. 옆으로 움직이는 운동은 지구가 회전하는 것에서만 나오고, 지구가 움직이는 것과 일치하네.

일치하기 때문에, 대포알은 항상 대포 바로 위에 머물게 되고, 결국에는 그 자리에 되돌아오게 돼. 항상 대포가 조준한 그 선 위에 있으니까, 대포 가까이에 있는 사람이 보면, 자기 머리 위에 있는 것처럼 보여. 그렇기 때문에, 하늘 꼭대기를 향해 수직으로 올라가는 것처럼 보여.

심플리치오 아직도 이해가 안 가는 게 있네. 포신 속에서 대포알은 엄청나게 빨리 움직이니까, 그 짧은 시간 동안에 대포가 CA에서 ED로 움직이기 어려울 것 같아. 그런데 대포가 이렇게 움직여야만, 대포알이 대각선을 따라 CD로 움직이고, 그래야만 대포알이 공중에 있을 때 지구와 같이 움직일 수 있지.

사그레도 자네는 몇 가지 사항을 착각하고 있어.

첫째, 대각선 CD는 자네가 생각하는 것보다 훨씬 더 많이 기울어져 있어. 지구의 속력은 상당히 빨라. 적도 지방은 물론이고, 우리 위도에서도 지구의 속력은 대포알이 포신 속에서 움직이는 속력보다 더 빠름이 의심할 여지가 없어. 그러니까 CE의 거리는 포신의 길이보다 더 길어. 따라서 대각선은 직각의 절반보다 더 많이 기울게 돼.

그러나 지구의 속력이 대포알의 속력보다 빠르든 느리든, 상관이 없네. 만약 지구의 속력이 느려서 대각선이 약간만 기울었다고 해도, 대포알이 허공을 날고 있을 때 지구와 같이 움직이게 하는 데 그 약간의 경사로 충분하지. 곰곰이 생각해 보면, 지구의 움직임이 대포를 CA에서 ED로 옮길 때 대각선 CD의 기울기는, 지구의 속력에 따라서 대포알이 지구를 따라오기에 꼭 맞도록 맞춰짐을 알 수 있어.

자네의 또 다른 실수는, 대포알이 지구를 따라 움직이려는 운동이 대포를 발사할 때의 힘에서 나오는 걸로 생각한 거야. 살비아티도 조금 전에 이런 실수를 했지. 지구와 같이 움직이려는 운동은, 대포알이 태초부터 갖고 있던 영원한 것이며, 절대 떼어 내거나 없앨 수 없어. 대포알은 지구상의 물체이니까, 본성에 따라 이 운동을 영원히 가지겠지.

살비아티 심플리치오, 이 문제는 사그레도가 말한 대로일세. 우리가 수긍을 해야 하겠어.

이 예를 보니까, 사냥꾼의 문제를 이해할 수 있겠어. 뛰어난 사수들은 새가 공중을 날고 있을 때 총을 쏘아 잡거든. 새가 움직이고 있으니까, 약간 앞을 겨냥해야 할 거라고 나는 생각했어. 새의 속력과 거리를 잘 계산해서, 약간 앞에다 총을 쏘아서, 총알이 겨냥한 것을 따라 그 지점에 이르렀을 때, 새도 그 지점에 닿아 맞아떨어지도록 말일세.

그런데 새 사냥꾼에게 물어보니까, 그렇게 하지 않는다고 답하더군. 새 사냥꾼들이 겨냥하는 방법은 훨씬 더 쉽고 확실하다고 그래. 가만히 앉아 있는 새를 겨냥할 때와 같은 방법을 쓰면 된다고 그러더군. 그러니까 새가 날고 있으면, 그 새를 조준한 다음, 새의 움직임에 따라 계속 총을 움직이며 조준한다는 거야. 계속 새를 조준하면서 총을 쏘면, 움직이지 않고 있는 새를 쏘는 경우와 마찬가지로 명중하게 된대.

새들이 나는 것을 따라 총을 움직이면, 총의 움직임이 느리긴 하지만, 그게 탄환에도 전달이 되겠지. 이 움직임이 총을 쏠 때 탄환이 튀어 나가는 운동과 결합되겠지. 그러니까 총을 쏠 때 화약의 힘에 따라 탄환은 똑바로 앞으로 튀어 나가고, 총이 새의 움직임을 따라 움직였으니, 총신에서 약간의 경사를 얻게 되겠지. 이건 대포를 쏘는 경우와 매우 흡사하네.

대포를 쏠 때, 대포알은 화약의 힘을 받아 머리 위로 똑바로 올라가고, 지구의 움직임에 따라 동쪽으로 기울게 되지. 두 운동이 결합되어 대포알이 지구를 따라 움직이는 것인데, 사람들 눈에는 그저 수직으로 올라갔다가 같은 수직선을 따라 아래로 떨어지는 것처럼 보이지.

그러므로 목표물을 계속 조준하기만 하면, 명중하게 돼 있어. 목표물이 움직이지 않고 가만히 있으면, 총도 움직이지 않고 가만히 있어야지. 목표물이 움직이면 총도 그 목표물에 따라 움직여야 해.

이것을 써서 또 다른 예증을 반박할 수 있어. 남쪽이나 북쪽에 있는 표적을 향해 대포를 쏘는 경우야. 만약 지구가 움직인다면, 대포알은 훨씬 서쪽에 떨어지게 될 거라며, 사람들은 반대를 했지. 대포알이 포신을 떠나 목표물을 향해 공중을 나는 동안에 목표물은 동쪽으로 움직이게 되니까, 대포알이 서쪽에 떨어지게 될 거라고.

내가 반박하겠는데, 대포를 목표물에 조준한 다음 계속 그 상태를 유지하면, 지구가 움직이든 움직이지 않든, 대포는 계속 그 목표물을 겨냥하고 있네. 조준하고 있는 게 조금도 바뀌지 않아. 목표물이 움직이지 않으면 대포도 움직이지 않고, 지구가 돌기 때문에 목표물이 움직이면 대포도 같이 움직이게 되니까. 계속 그 상태로 조준하고 있으면서 대포를 쏘면, 대포알도 마찬가지로 움직이게 되네. 이것은 지금까지의 예들을 보면 명백하네.

사그레도 살비아티, 잠깐만. 새 사냥꾼과 날아다니는 새들에 대해서 하고 싶은 말이 있네. 사냥꾼들이 조준을 할 때, 아마 자네가 말한 것처럼 할 거야. 그 결과도 아마 명중이 될 거야. 그러나 이건 대포를 쏘는 경우와 완전히 일치하지는 않을 걸세.

대포를 쏘는 경우는, 대포와 표적이 둘 다 움직이더라도, 둘 다 정지해 있는 경우와 마찬가지로 정확하게 조준이 되지. 대포를 쏘는 경우는,

대포와 표적이 둘 다 지구와 함께 움직이니까 같은 속력으로 움직이거든. 대포가 표적보다 극에 더 가까이 놓여 있다면, 대포가 더 작은 원을 그리니까 속력이 약간 느리겠지만, 대포와 표적 사이의 거리가 짧으니 이 차이는 감지할 수가 없네.

총을 쏘는 건 이것과 달라. 새를 계속 겨냥함에 따라 총이 움직이지만, 총의 움직임은 새의 움직임에 비해 매우 느려. 내가 보기에, 총신을 움직임에 따라 탄환에게 전달된 약한 운동은, 탄환이 총 밖으로 튀어 나갔을 때, 새의 움직임을 따라잡을 수 있도록 커지지 않네. 그러니까 탄환은 늘 새를 겨냥해 날아가는 게 아니네. 내 생각에는 탄환이 조금 뒤로 처지네. 탄환이 뚫고 지나가야 하는 공기도 새와 같이 움직이지 않아. 대포의 경우는 대포, 표적, 공기가 모두 같이 움직였지.

사냥꾼이 새를 명중시킬 수 있는 까닭은, 총을 움직여 목표물을 계속 조준할 뿐만 아니라 약간은 목표물 앞을 조준하기 때문일 거야. 그리고 탄환은 하나가 아니라 산탄일 테니까, 공중에서 흩어져 상당히 넓은 범위로 퍼지겠지. 그리고 탄환이 새를 향해 날아갈 때, 그 속력은 매우 빠르지.

살비아티 으아! 나는 지금 엉금엉금 기어가고 있는데, 사그레도의 지혜는 나를 훨씬 앞질러 날고 있군. 나도 어쩌면 이 차이를 발견할 수 있었을지도 몰라. 그러나 그러기 위해서는 오랜 시간 생각을 해야 했겠지.

우리의 주제로 돌아가세. 포를 동쪽이나 서쪽을 향해 수평으로 놓고 쏘면 어떻게 되는지 검토해 보세. 만약 지구가 움직인다면, 동쪽으로 쏜 것은 표적의 위로 지나가고, 서쪽으로 쏜 것은 표적의 아래에 떨어지겠지. 왜냐하면 지구의 자전 때문에, 동쪽 부분은 항상 지표면과 평행한 평면 아래로 떨어지고 있으니까. 별들이 동쪽에서 뜨는 것처럼 보이는 것이 바로 이 때문이지. 반대로 서쪽 부분은 떠오르니까, 별이 서쪽으로 지는 것처럼 보이지.

따라서 동쪽에 있는 표적을 수평으로 겨냥하고 쏘면, 대포알이 수평으로 날아가는 동안, 표적이 아래로 내려가 버리니까, 대포알이 위로 지나가게 되지. 서쪽으로 쏘면 아래에 떨어져 버리는데, 그 까닭은, 대포알이 수평으로 날아가는 동안, 표적이 위로 올라가 버리기 때문이지.

이 예증에 대한 반론은 앞의 것들과 비슷해. 동쪽에 있는 표적은 지구의 움직임 때문에 움직이지 않는 경우와 비교해 아래로 내려가지만, 대포도 마찬가지 이유로 계속 아래로 내려가면서, 표적을 계속 겨누고 있거든. 그러니 대포알이 정확하게 명중하게 되지.

코페르니쿠스 편인 사람들은 너무 마음이 좋아서 탈이야. 반대자들에게 너무 많은 자유를 주거든. 반대자들이 실제로 행하지도 않은 실험들이 사실이고 맞다며 고개를 끄덕이거든. 대표적인 예가 움직이는 배에서 돌을 떨어뜨리는 실험이야. 그 이외에도 많이 있어.

대포를 동쪽으로 쏘면 위로 지나가고, 서쪽으로 쏘면 아래로 내려간다는 실험도 그런 예일 거야. 실제로 이런 실험을 해 봤을 리가 없지. 지구가 움직이지 않는 경우와 움직이는 경우, 똑같이 수평으로 쏘았을 때, 도대체 얼마만큼 차이가 난단 말인가? 심플리치오, 자네가 대답해 보게.

심플리치오 나보다 더 학식이 있는 사람들은 잘 답할 수 있겠지. 내가 지금 뭐라고 말하기는 어렵지만, 내 생각에 답은 자네가 말한 그대로일 것 같아. 지구가 실제로 움직인다면, 동쪽으로 쏜 대포알은 더 위로 날아갈 것이다. 수평으로 쏜 경우에 말일세. 이게 그럴듯한 답 같은데.

살비아티 실제로 그렇게 된다고 내가 주장한다면, 자네는 어떻게 반박할 생각인가?

심플리치오 그렇다면 실제로 실험을 해 확인을 해야지.

살비아티 자네 생각에는 500야드 정도 떨어진 표적을 늘 명중시킬 수 있는 뛰어난 포병이 있을 것 같은가?

심플리치오 없겠지. 그 정도 거리라면, 아무리 뛰어난 포병이라 하더라도 1야드 정도는 빗나갈 걸세.

살비아티 쏘는 게 그렇게 부정확해서야 어디 우리 논쟁을 결말지을 수 있겠나?

심플리치오 두 가지 해결 방법이 있네. 하나는 포를 여러 번 쏴 보는 거야. 다른 한 가지는, 지구의 속력이 엄청나니까, 표적에서 벗어나는 정도가 상당히 클 걸세.

살비아티 상당히 커? 1야드보다 훨씬 커야 하겠지. 그 정도의 오차는 지구가 가만히 있어도 으레 생기니까.

심플리치오 그보다 훨씬 더 클 걸세.

살비아티 원한다면 한번 대충 계산을 해 보세. 만약 이게 내가 예상한 대로 나오면, 앞으로 다른 일에 대해서도, 남들이 중구난방으로 떠드는 데 휩싸이지 말고, 우리에게 떠오르는 영감을 따르는 게 좋음을 보여 주는 선례가 될 거야.

소요학파와 튀코 편인 사람들에게 유리하도록, 우리가 적도에 있다고 가정해 보세. 대포를 수평으로 놓고, 서쪽으로 500야드 밖에 있는 표적을 겨냥한다고 하세.

우선 대포알이 포신에서 벗어난 다음, 표적에 닿기까지 시간이 얼마나 걸리는지 알아야지. 아마 매우 짧은 시간일 거야. 사람이 두 발짝 뗄 시간보다 길지 않을 거야. 어떤 사람이 1시간에 3마일을 걷는다고 하면, 9,000야드를 걷는 셈이지. 1시간은 3,600초이니까, 1초에 두 걸음보다 조금 더 딛게 되지. 그러니까 대포알이 날아가는 데 걸리는 시간은 1초도 채 안 돼.

지구는 24시간에 한 바퀴 도니까, 서쪽 지평선이 1시간에 15°씩 위로 올라오지. 이것은 1분에 15′인 셈이고, 1초에 15″인 셈이지. 1초의 시간이 흐르는 동안, 서쪽 지평선이 15″만큼 올라오니까, 표적도 이만큼 위로 올라오지. 대포에서 표적까지 거리가 500야드라고 가정을 했으니까, 이것을 반지름으로, 각이 15″인 호만큼 올라오겠지.

이걸 표에서 찾아보세. 코페르니쿠스가 쓴 책의 뒷부분에 보면, 현의 길이에 대한 표가 있으니까, 반지름이 500이고 각이 15″인 경우를 찾아보세. 여길 보게. 각이 1′이고 반지름이 100,000인 경우, 현의 길이는 30보다 작군. 각이 1″이고 반지름이 같은 경우, 현의 길이는 1/2보다 작겠군. 그러니까 반지름이 200,000일 때 1보다 작아.

따라서 각이 15″인 경우, 현은 15/200,000보다 작아. 그런데 15/200,000보다 1/500의 4/100가 더 커. 그러니까 대포알이 움직이는 동안, 표적이 올라온 거리는 1야드의 4/100보다 작아. 즉 1야드의 1/25 미만이야. 이건 손가락 한 마디 정도 되겠지. 그러므로 서쪽으로 대포를 쏘았을 때, 지구의 자전 때문에 생기는 변화는 손가락 한 마디 정도야.

포를 쏘았을 때, 실제로 이만큼 변화가 생긴다고, 즉 지구가 움직이지 않는 경우와 비교해 이만큼 아래로 내려간다고 내가 주장하면, 자네는 그렇지 않다는 것을 어떻게 설득할 수 있겠나? 실험을 해서 그렇지 않음을 보여 줄 텐가? 아주 정확하게 사격을 해서, 머리카락 굵기만큼도 벗어나지 않게 표적에 명중시킬 수 있다면 몰라도, 그렇지 않으면 반박하는 게 불가능하네. 실제로 1야드 정도 빗나가곤 하니까, 이 차이 속에 지구의 자전이 야기한 손가락 한 마디 길이만큼의 변화가 포함되어 있다고 하면 그만이야.

사그레도 살비아티, 자네는 너무 관대하구먼. 내가 소요학파 사람들에게 말하겠는데, 사격한 게 모두 과녁에 정확하게 명중하더라도, 지구가 움직인다는 사실에 위배되지 않네. 사수들은 경험이 많아서, 과녁에 조준을 할 때 그 오차를 바로잡을 줄 알고, 조준을 정확하게 잘 하기 때문에, 지구가 움직이더라도 조금의 오차도 없이 명중시킬 수 있네.

만약 지구가 회전을 멈춘다면, 그 사람들이 쏘는 게 약간씩 빗나갈 거야. 서쪽으로 쏘는 것은 위로 올라가고, 동쪽으로 쏘는 것은 아래로 내려갈 거야. 심플리치오, 그렇지 않다고 나를 설득해 보게.

살비아티 자네처럼 똑똑한 사람만이 생각해 낼 수 있는 역설이군. 지구가 움직이거나 가만히 있거나 하는 차이에서 생길지도 모르는 이 변화는 너무 작기 때문에, 일상적으로 우연히 일어나는 온갖 변화에 파묻혀 찾아 볼 수가 없어.

내가 이런 이야기를 한 까닭은, 사람들이 실제로 실험을 해 보지도 않았으면서, 자기 입맛에 맞도록 이런 실험 이야기를 꺼내는 경우가 많으니까, 그것들에 대해 별 생각 없이 고개를 끄덕이면 안 됨을 강조하기 위해서였네. 곰곰이 잘 생각해 보고, 신중하게 대처해야 하네. 나는 심플리치오와 일종의 흥정을 하는 뜻에서 이렇게 이야기를 했어.

사실, 포를 쏘았을 때 생기는 현상은 지구가 움직이든 움직이지 않든, 조금의 차이도 생기지 않아. 이 실험은 물론이고, 앞에서 이미 제시한 실험이든 제시할 수 있는 실험이든, 모두 같은 운명에 놓여 있어. 처음 언뜻 보면 사실처럼 보여. 지구가 움직이지 않는다는 오랜 생각이 우리의 판단력을 흐려 놓기 때문이지.

사그레도 나는 완전히 만족하네. 지구의 자전 운동이 지구상의 모든 물체들에게 전달되어 있다는 사실을 마음속에 새긴 사람들은, 이런 실험들이 확실한 것처럼 보이게 꾸민 거짓과 애매함을 찾아내는 게 어렵지 않을 거야. 지구상의 모든 물체들이 가만히 있다는 옛날 생각이 자연스러워 보였던 것처럼, 모두가 다 움직인다는 생각도 자연스럽게 잘 맞아떨어지니까.

그러나 한 가지 의문이 여전히 남아 있는데, 새들의 움직임에 관한 것이야. 새들은 마음껏 날아다니는 재주가 있어. 지구와 떨어져 허공에 오랜 시간 떠 있기도 하고, 사방으로 불규칙하게 방향을 바꾸기도 하고. 그들은 온갖 동작으로 자유롭게 움직이잖아? 그들이 혼란에 빠져서, 원래 갖고 있던 모두에게 공통된 운동을 잃어버리지나 않을까? 만약 그걸 잃어버렸다면, 어떻게 그들은 그걸 만회할 수 있는가? 날아서 그걸 회복한단 말인가? 지구의 모든 탑이나 나무들은 엄청난 속력으로 동쪽으로 움직이는데, 그걸 따라잡을 수 있단 말인가? 지구상의 물체들은 1시간에 수천 마일 거리를 움직이지. 그런데 제비가 아무리 빨리 난다 하더라도, 1시간에 50마일을 날기는 어려울 거야.

살비아티 만약 나무들이 움직이는 걸 새들이 날갯짓을 해 따라가야 한다면, 새들은 곧 뒤에 처져 버리네. 만약 지구의 자전 운동을 새들에게서 빼앗으면, 새들은 급속도로 뒤처져서 화살이 나는 것보다 훨씬 더 빨리 서쪽으로 날려 갈 거야. 하지만 그런 일은 볼 수가 없네. 대포알이 공중을 날 때, 그들이 지구의 자전 운동을 따라잡기 위해서 화약의 힘에 의존해야 하는 일은 없는 것과 마찬가지 이치이지.

새들이 날아다니는 것은 그들 자신의 운동이고, 이 운동은 지구의 자전과 아무런 관계가 없네. 도움을 받지도 않고, 방해를 받지도 않아. 새들이 자전 운동을 계속 유지하는 까닭은, 그들 주위의 공기 덕분이야. 공기는 지구를 따라 돌면서, 그 안에 들어 있는 새를 비롯한 모든 물체를 같이 움직이도록 만들거든. 마치 구름을 나르듯이 말일세. 그러니 새들은 지구를 따라 움직이는 건 걱정하지 않아도 돼. 그 문제는 계속 잠만 자고 있어도 저절로 해결이 돼.

사그레도 공기가 구름을 몰고 간다는 사실에는 나도 동의를 하네. 구름은 매우 가볍고 공기와 반대되는 성질도 없으니까, 쉽게 다룰 수 있지. 구름은 지구와 같은 성질을 지닌 물질로 만들었으니까.

그러나 새들은 살아 있으니, 지구 자전과 반대 방향으로 움직일 수 있어. 새들이 일단 이것을 중지했을 때, 공기가 이들에게 이것을 부여하기란 아주 어려운 일 같은데. 새들은 단단하고 무거운 물체이잖아? 우리가 이미 보았듯이, 바위나 다른 무거운 물체들은 바람의 힘에 휩쓸리지 않고 잘 버티잖아? 바람에게 져 움직인다 하더라도 바람과 같은 속력으로 움직이지는 않지.

살비아티 사그레도, 바람의 힘은 생각보다 강하네. 거센 바람은 짐을 잔뜩 실은 배를 움직이기도 하고, 나무를 뿌리째 뽑아 버리기도 하며, 탑을 쓰러뜨리기도 하지. 이렇게 격렬한 일을 하지만, 이때 바람의 속력은 지구의 자전 속력에 비하면 아무것도 아니야.

심플리치오 그렇다면 아리스토텔레스의 가르침대로, 어떤 던진 물체를 바람이 밀어 움직이는 것이 가능하겠군. 아리스토텔레스가 이것에 대해 실수를 했을 리가 없지.

살비아티 자다가 봉창 두들기는군. 공기가 계속 움직이면 그럴 수 있겠지. 그러나 바람이 약해지면, 배도 멈추고 나무도 더 이상 굽지 않듯이, 돌멩이가 손에서 떠나고 팔이 움직임을 멈추면, 공기의 움직임도 멎게 돼. 그러니까 물체가 움직이는 데에는 공기 말고 뭔가 더 있어.

심플리치오 바람이 약해지면 배가 멈추다니? 바람이 멎고 돛을 접은 뒤에도 배는 상당한 거리를 움직이네.

살비아티 심플리치오, 이건 자네의 논리와 어긋나네. 바람이 돛을 통해서 배를 움직였는데, 바람이 멎었으면 매질의 도움이 없으니, 배가 움직이지 않고 멈춰야 하지 않나?

심플리치오 물이라는 매질이 배를 밀어서 계속 움직이도록 하는 것일세.

살비아티 말이야 뭘 못하겠냐만, 그건 사실과 정반대야. 사실, 물은 선체로 인해 갈라지는 것에 대해 강하게 저항하기 때문에, 거품을 일으키지. 물의 방해가 없으면, 바람은 배에 상당한 속력을 가할 수 있지만, 물의 저항이 그걸 허락하지 않아. 심플리치오, 자네는 바다가 잔잔할 때, 노를 젓거나 바람의 힘을 받아 배가 빨리 움직이면, 물이 노한 듯 이물을 때리는 것을 본 일이 없는 모양이군. 자네가 이 현상을 신경 써서 보았다면, 지금 이런 어리석은 말은 하지 않을 거야.

자네가 지금까지 한 것은 일반 사람들이 하는 짓과 다를 것이 없어. 이런 현상이 어떻게 일어나는지 알기 위해서, 자연 현상들에 대해 배우기 위해서, 스스로 배, 석궁, 대포를 써서 실험을 할 생각은 않고, 서재 속에 처박혀 책을 뒤적이고 목차를 찾으며, 아리스토텔레스가 이것에 대해 말한 게 있나 찾아보거든. 그의 책이 모든 진리를 내포하고 있으니, 그 이외의 다른 진리는 있을 수 없다고 믿으면서 말일세.

사그레도 아주 행복한 사람들이군. 정말 부럽군, 부러워. 모든 것을 아는 게 원하는 바라면, 그리고 안다고 칭찬을 듣는 것이 아는 것과 같은 일이라면, 이들은 엄청난 지식을 향유하고 있군. 그들은 서로 모든 것을 다 안다고 설득할 수 있으니까. 자신들이 모르는 게 뭔지 깨닫고 있는 사람들이 뭐라고 그러겠지만, 신경 쓸 필요 있나? 후자의 사람들은, 알아낼 수 있는 지식 중에 자기들이 알고 있는 부분은 극히 작음을 깨닫고, 연구를 하느라 잠을 못 자 지치게 되지. 실험과 관측을 하느라고 고생을 하지.

그건 그렇다 치고, 새의 문제로 돌아가세. 자네 말에 따르면, 공기가 상당히 빨리 움직이기 때문에 새들이 마음껏 날다가 지구 자전 운동의 일부를 잃어버리더라도, 공기가 그것을 회복시킨다고 했지. 내가 반박하겠는데, 공기가 움직인다 하더라도, 어떤 단단하고 무거운 물체에게 자신의 속력 전부를 전할 수는 없네. 공기의 속력은 바로 지구의 속력이니까, 새들이 날다가 잃어버린 속력을 공기가 완전히 보충해 줄 수는 없네.

살비아티 자네의 반론은 언뜻 보면 매우 그럴듯해. 이런 반론은 보통의 지식을 가진 사람은 제기할 수도 없는 것이야. 그러나 이 또한 겉껍질을 벗겨 보면, 우리가 이미 검토하고 폐기한 다른 반론들보다 더 나을 게 없어.

사그레도 어떤 결론은 엄밀하게 증명을 해야 하네. 그렇게 하지 않으면, 그건 아무 쓸모가 없음이 의심할 여지가 없네. 그 결론이 불가피한 경우에만, 그럴듯한 반론이 못 나오지.

살비아티 내가 보기에, 다른 반론에 비해서 이 반론에 자네가 곤혹스러워 하는 까닭은, 새들이 살아 있기 때문이야. 새들은 자유롭게 힘을 써서, 지구의 모든 물체에게 공통된 운동과 어긋나게 움직일 수 있거든. 마찬가지로, 살아 있는 새들은 위로 날아 올라갈 수 있어. 무거운 물체는 이런 운동을 할 수 없거든. 죽은 새들은 아래로 떨어질 뿐이지. 이것 때문에, 우리가 앞서 토론하면서 다루었던, 허공에 던진 모든 물체들에 공통으로 있던 근원이 이 경우 존재하지 않는다고 생각하는 거야.

사그레도, 어느 정도는 이게 사실이지. 다른 던진 물체들이 움직이는 것과 판이한 모습으로 새들은 움직일 수 있으니까. 높은 탑 꼭대기에서 죽은 새와 산 새를 떨어뜨려 보게. 죽은 새는 돌멩이와 똑같이 움직이지. 지구의 자전에 따라 움직이는 운동, 그리고 자신의 무게 때문에 아래로 떨어지는 운동.

그러나 살아 있는 새는 지구의 움직임도 늘 간직하고 있고, 거기에 덧붙여 마음껏 날갯짓을 해서, 어디든 원하는 곳으로 움직일 수 있잖아? 이 새로운 운동은 새에게만 속하는 것이고, 우리가 공유하고 있는 게 아니니까, 새가 움직이는 것을 볼 수 있어. 만약 새가 서쪽으로 날아갔다면, 그 새가 비슷한 방법으로 날갯짓을 해서 다시 원래 탑으로 돌아가지 못할 이유가 어디 있나?

서쪽으로 날아간 움직임을 따져 보세. 지구의 자전에 따른 속력이 10이라고 하면, 거기에서 예를 들어 1을 빼 9의 속력으로 난 게 되지. 새가 다시 땅에 앉으면, 공통된 속력인 10으로 돌아가지. 동쪽으로 날면, 1의 속력을 더할 수 있으니까, 속력이 11이 되어서 탑으로 되돌아갈 수 있지.

요약하자면, 새가 나는 현상에 대해 우리가 곰곰이 생각해 보고, 깊이 숙고해 보면, 물체를 지구의 어떤 방향으로 던져 보내는 것과 다를 게 없어. 차이가 있다면, 물체는 외부의 힘에 의해서 움직이고, 새는 자기 마음대로 움직인다는 점이야.

마지막으로, 이 모든 예증들이 무의미함을 보여 주는 간단한 실험이 있네. 이것을 소개할 때가 되었군. 이 실험을 통해서 모든 것을 쉽게 확인해 볼 수 있어.

커다란 배의 갑판 아래 선실에 동료들과 함께 들어간 다음, 문을 닫아. 파리, 나비를 비롯한 여러 날벌레들을 선실 속에 미리 넣어 두어. 커다란 대야에 물을 붓고, 물고기를 몇 마리 집어넣어. 병에 물을 넣고, 선실 천장에 매달아서, 물이 한 방울, 한 방울 떨어지도록 하고, 그 밑에 그릇을 놓아 물을 받아.

배가 가만히 있도록 한 다음, 선실 안의 온갖 일들을 자세히 관찰을 하게. 날벌레들은 사방 어디로든 같은 속력으로 날아다니지. 물고기들도 모든 방향으로 자유롭게 헤엄쳐 다니지. 물방울은 바로 아래로 떨어지지. 친구에게 어떤 물건을 던지는 경우, 거리만 같다면, 어느 방향이든 같은 힘으로 던지면 돼. 발을 모아 풀쩍 뛰면, 어느 방향으로 뛰든 같은 거리만큼 뛸 수 있어. 이 모든 사실들을 매우 조심스럽게 관찰을 하게. 배가 움직이지 않고 가만히 있으니, 모든 일들이 이런 식으로 될 게 의심할 여지가 없기는 하지만…….

그다음에 어떤 속력이라도 좋으니까 배를 움직이도록 하게. 배가 일정한 속력을 유지하고, 이쪽저쪽으로 흔들리지만 않으면 돼. 선실 안의 일들을 자세히 관찰해 보게. 앞에서 언급한 모든 일들이 조금도 바뀌지 않을 뿐만 아니라 선실 안의 일을 가지고는 배가 움직이는지 정지해 있는지 판단할 수도 없어.

모둠발로 뛰면, 전과 마찬가지 거리를 뛸 수 있어. 배가 상당히 빨리 움직이고 있지만, 고물을 향해 뛴다고 해서, 이물을 향해 뛰는 것보다 더 멀리 뛸 수 있는 게 아니야. 고물을 향해 뛰면, 허공에 떠 있는 동안, 선실 밑바닥이 뛰는 것과 반대 방향으로 움직이지만 말일세. 친구에게 어떤 물건을 던지는 경우도 마찬가지야. 친구가 고물 쪽에 있고 자네가 이물 쪽에 있든 또는 그 반대든, 같은 힘으로 던지면 돼.

물방울은 이전과 마찬가지로 바로 아래 그릇에 떨어져. 비록 물방울이 허공에 떠 있는 동안, 배는 상당한 거리를 움직이지만, 물방울은 고물 쪽으로 치우쳐 떨어지지 않네. 대야 속의 물고기들도 앞쪽으로 헤엄치는 게 뒤쪽으로 헤엄치는 것에 비해 힘이 더 드는 게 아니야. 대야 가장자리 어디에 미끼를 놓더라도, 거기로 헤엄쳐 가기는 마찬가지로 쉽네.

나비와 파리들도 어느 쪽으로든 아무런 차이가 없이 날아다녀. 날벌레들은 오랜 시간 공중에 떠 있어서, 배에서 떨어져 있었지만, 이들이 배를 따라 날아가다가 지쳐서, 고물에 몰려 있거나 하는 일은 절대 없어. 향을 피워서 연기를 내면, 한 줄기 가느다란 연기가 위로 올라가지만, 이게 특별히 어느 한쪽으로 움직이거나 하지는 않네.

이 모든 현상들이 일치하는 까닭은, 배의 움직임이 그 속에 든 공기를 포함한 모든 물체들에게 공통되기 때문일세.

갑판 아래에서 실험을 하라고 말한 까닭은 공기 때문이야. 갑판 위의 트인 곳에서 실험을 하면, 공기가 배와 같이 움직이지 않으니까, 이 현상들이 어느 정도 달라질 수 있거든. 연기는 공기와 같이 뒤로 처질 게 뻔하지. 파리와 나비도 공기 때문에 뒤로 처지겠지.

만약 이들이 배에서 어느 정도 떨어져 있으면, 배를 따라올 수 없을 거야. 그러나 배에 바싹 붙어 있으면, 그리 어렵지 않게 배를 따라 날 수 있어. 배는 거대한 구조물이니까, 근처의 공기가 같이 움직이도록 만들어. 말을 타고 달리다가 보면, 가끔씩 파리나 쇠등에가 성가시게 달라붙어서, 말의 몸통 이쪽저쪽으로 날아다니는 경우가 있어. 배의 경우와 같은 원리이지.

물방울이 떨어지는 것은 차이가 작게 날 거야. 모둠발로 뛰거나 물건을 던지는 경우는 거의 차이를 느낄 수 없어.

사그레도 내가 항해를 하고 있을 때, 이런 것들을 실험해 볼 생각을 하지 못한 게 안타깝군. 하지만 실제로 실험을 하면, 자네 말처럼 될 거라고 나는 믿네. 그 증거로서, 선실에 박혀 있는 동안, 지금 배가 움직이고 있는 건지 가만히 있는 건지 몰라서 의아해 한 적이 여러 번 있었어. 배가 어느 방향으로 간다고 순간적으로 판단을 했는데, 사실은 그와 반대 방향으로 가고 있었던 경우도 여러 번 있었지.

어쨌든, 지금까지의 토론은 만족스럽네. 지구가 움직이지 않음을 증명하려고 내세운 모든 증거들이 쓸모가 없음을 나는 확신하네.

그러나 한 가지 반론이 남아 있어. 어떤 물체가 빠른 속력으로 돌면, 거기에 붙어 있는 것들을 밖으로 집어 던지는 성질이 있어. 만약 지구가 그렇게 빨리 돈다면, 이 성질 때문에 바위나 동물 들도 하늘 높이 던져질 것이고, 건물들은 아무리 기초 공사를 튼튼하게 했고, 단단한 시멘트로 붙여 놓았어도, 견디지 못하고 떨어져 나갈 거라고, 프톨레마이오스를 비롯한 많은 사람들이 생각했어.

살비아티 이 반론에 대해 해명을 하기 전에, 한 가지 이야기하고 싶은 게 있네. 나는 이걸 여러 번 알아챘는데, 참 재미있는 일이야. 지구가 움직인다는 이론을 처음 접하는 사람들은 대부분 이런 반응을 나타내거든.

지구가 움직이지 않는다는 생각이 머릿속에 너무 깊이 박혀 있기 때문에, 그들은 지구가 움직이지 않는다고 굳게 믿을 뿐만 아니라 다른 모든 사람들도 지구가 움직이지 않는 상태로 탄생했고, 과거의 오랜 세월 동안 계속 그 상태를 유지했다고 믿고 있다고 생각하고 있어. 이게 뇌리에 박혀 있으니, 지구가 움직인다는 말을 들으면, 망연자실할 수밖에.

그런 주장을 하는 사람은, 태초부터 오랜 세월 동안 지구가 움직이지 않고 가만히 있다가, 피타고라스인지 누구인지 하는 사람이 처음으로 지구가 움직인다고 말한 순간부터, 지구가 움직이기 시작했다고 믿게 되었다고 여기지. 지구의 자전 운동을 수긍하는 사람들이, 창조의 순간부터 피타고라스의 시대까지는 지구가 움직이지 않고 가만히 있다가, 피타고라스가 지구가 움직인다고 말한 이후부터 지구가 움직이기 시작했다고 믿게 되었다고 생각하다니, 이런 바보 같은 생각이 어디 있나?

보통 사람들이 이런 어리석은 생각을 하는 거야 놀라운 일이 아니지. 하지만 아리스토텔레스나 프톨레마이오스가 이런 철없는 생각을 하다니 정말 이상해. 이런 어리석은 생각은 변명의 여지가 없어.

사그레도 살비아티, 프톨레마이오스는 지구가 움직이지 않는다고 주장을 했는데, 자네가 보기에 그가 주장한 것은, 태초부터 피타고라스의 시대까지는 지구가 움직이지 않고 있다가, 피타고라스의 시대 이후부터 지구가 움직이기 시작했다고 믿는 사람들을 상대로 한 것이란 말인가?

살비아티 내 생각에는 그래. 그가 반박하면서 내세운 논리들을 보면 알 수 있어. 그의 논박을 보면, 건물들이 부서지고, 바위, 동물, 사람 들이 모두 하늘로 내던져진다고 했어. 건물들이 이렇게 부서져 날아 올라가려면, 일단 이들이 지구상에 존재해야 하잖아? 지구가 가만히 있지 않으면, 사람들이 땅 위에 붙어 있을 수 없으니, 건물들은 아예 만들 수조차 없잖아?

그러므로 프톨레마이오스가 주장한 것은, 지구가 오랜 세월 움직이지 않고 가만히 있어서, 동물들과 바위들, 석공들이 지구 위에 머물면서 궁전과 도시를 세운 다음, 갑자기 지구가 움직이기 시작했다고 믿는 사람들에게, 모든 것이 파괴되어 엉망진창이 된다고 반박한 거야. 만약 태초부터 지구가 돌기 시작했다고 주장하는 사람을 논박하려면, 그렇게 말하지 않았겠지. 지구가 늘 움직여 왔다면, 사람이든 동물이든 바위든, 지구에 발을 붙이고 있을 수가 없었다고 말하겠지. 그러니 건물이나 도시는 아예 세울 수가 없지.

심플리치오 아리스토텔레스나 프톨레마이오스가 뭘 잘못했단 말인가? 이해를 못 하겠는데.

살비아티 프톨레마이오스가 염두에 둔 상대방은 지구가 늘 움직인다고 믿는 사람인가? 아니면 지구가 원래는 움직이지 않다가, 언제부터인지 움직이기 시작했다고 믿는 사람인가? 만약 전자라면, 프톨레마이오스는 이렇게 말해야 하네.

"지구는 늘 움직이지 않는다. 왜냐하면 만약 지구가 움직인다면, 사람이든 짐승이든 건물이든, 아예 존재할 수가 없기 때문이다. 지구의 자전 운동이, 이들이 지구에 발을 붙이지 못하도록 했을 것이다."

그런데 프톨레마이오스는 다음과 같이 말하고 있어.

"지구는 움직이지 않는다. 왜냐하면 만약 지구가 움직인다면, 사람들이나 짐승들, 건물들같이 땅 위에 있는 모든 것들이 허공으로 던져지기 때문이다."

이 말을 들어 보면, 지구가 한때는 짐승들이나 사람들이 살면서, 건물들을 지을 수 있는 상태에 있었다고 가정하고 있음을 알 수 있어. 지구가 오랜 세월 동안 움직이지 않았다는 결론은 여기에서 나오지. 그러니까 짐승들이 살고 건물들을 짓기에 적당한 상태에 있었지. 무슨 말인지 이해가 가는가?

심플리치오 이해는 가지만, 그렇지 않네. 이것은 이 예증의 유효함과 아무런 상관이 없어. 프톨레마이오스가 약간 실언을 했다고 해서, 움직이지 않는 지구가 움직이게 되지는 않아. 이런 말장난은 제쳐 두고, 이 논쟁의 핵심을 따져 보세. 이 예증은 뒤엎을 수 없을 걸세.

살비아티 심플리치오, 나는 이 예증을 더욱 탄탄하고 설득력이 있도록 만들겠네. 어떤 고정된 중점에 대해 무거운 물체들을 빠른 속력으로 돌리면, 그 물체들은 중심에서 멀어지려는 강한 힘이 생김을 보이겠네. 물체들의 본성이 중심을 향해서 움직이는 것이라도 마찬가지야.

병에 물을 넣은 다음, 주둥이에 줄을 묶어. 줄의 반대쪽 끝을 손에 단단히 쥐고, 팔과 줄의 길이를 반지름으로, 어깨를 중심점으로 해서, 병을 빙빙 돌려 보게. 빠른 속력으로 돌리면, 병이 원을 그리게 되지. 이 원이 지평면과 나란하든 아니면 수직이든 아니면 기울어졌든, 병 속에 든 물은 절대 쏟아지지 않네. 병을 돌리면, 그게 멀리 도망가려고, 줄을 강하게 당기는 것을 느낄 수 있어. 병 밑바닥에 구멍을 뚫으면, 물은 하늘을 향해서든 옆으로든 땅을 향해서든, 마찬가지로 뿜어 나감을 볼 수 있어.

물 대신에 자갈을 병에 넣고 돌려도, 마찬가지로 줄을 잡아당김을 알 수 있어. 마지막으로, 머슴애들이 나무 막대기 끝에 홈을 파 돌멩이를 넣고 돌려서, 돌멩이를 멀리 던지는 것을 볼 수 있어.

이 모든 것들은, 물체를 빠르게 돌리면, 그 물체는 바깥으로 나가려는 큰 힘이 생긴다는 이론이 옳음을 보여 주고 있어. 만약 지구가 자전을 하면, 지표면은 지금 이야기한 이 물체들과는 비교가 안 될 정도로 빨리 움직이지. 적도 근처는 특히 빨라. 따라서 지표면의 모든 물체들은 허공으로 날아가 버릴 거야.

심플리치오 이 예증은 정말 잘 확립이 되었고, 설득력이 있군. 이것을 무시하거나 뒤엎을 수는 없네.

살비아티 널리 알려진 자료들을 써서 이 예증을 뒤엎을 수 있네. 자네도 나 못지않게 이것들을 잘 알고 있어. 다만 자네는 그 사실을 깨닫지 못하고 있어서, 이 문제를 해결하지 못하는 거야. 자네가 이미 알고 있으니, 내가 가르쳐 줄 필요는 없네. 다만 자네의 기억을 되살려서 이 예증을 뒤엎게 되도록 만들겠네.

심플리치오 이런 식의 논리 전개는 이미 많이 접해 보았네. 플라톤이 "지식이란 일종의 회상이다."라고 말했는데, 그 의견에 동조하는 것 같군. 이것에 대해 자세히 설명을 해서, 내 의구심을 해소해 보게.

살비아티 플라톤의 의견에 대해 내가 어떻게 생각하는지는, 말과 행동을 통해 자네에게 보여 주겠네. 지금까지 논쟁을 하면서, 이미 여러 번 행동으로 보여 주었네. 지금 이 문제도 같은 방법을 쓰도록 하지. 이것도 좋은 예가 될 거야.

나중에 시간이 있으면, 지식을 얻는 방법에 대한 나의 생각을 이해하려고 해 보게. 이 예를 통해서 쉽게 알 수 있을 거야. 우리 이야기가 이렇게 많이 벗어나는데, 사그레도가 성을 내지나 않을지 모르겠군.

사그레도 그게 무슨 말인가? 나는 자네들 이야기를 고맙게 듣겠네. 옛날에 내가 논리학을 공부한 적이 있는데, 아리스토텔레스의 증명 방법을 확실하게 이해할 수가 없었어. 그게 아주 좋은 방법이라고, 남들이 다들 말하던데 …….

살비아티 자네가 동의했으니, 이야기를 계속하겠네. 심플리치오, 사내아이들이 돌멩이를 멀리 던지려고, 막대 끝의 홈에 돌멩이를 넣고 돌릴 때, 그 돌멩이는 어떤 운동을 하는가?

심플리치오 막대 끝의 홈에 들어 있을 때, 돌멩이는 원운동을 하지. 그러니까 어깨를 중점으로 원둘레를 그리며 움직이네. 원의 반지름은 팔과 막대를 더한 것이지.

살비아티 돌이 막대의 홈에서 벗어난 다음에는 어떻게 움직이는가? 여전히 원둘레를 따라 움직이는가? 아니면 다른 선을 따라 움직이는가?

심플리치오 둘레를 따라 움직이지 않는 건 확실하네. 만약에 그렇다면, 돌은 던진 사람의 어깨에서 멀리 날아가지 못하겠지. 그런데 실제로는 돌이 아주 멀리 날아가 떨어지니까.

살비아티 그럼 실제로 어떻게 움직이는가?

심플리치오 생각 좀 해 보고. 이건 머릿속에 그려 본 적이 없거든.

살비아티 사그레도, 심플리치오가 하는 말 들었지? 이게 바로 일종의 회상이야. 심플리치오, 뭘 그렇게 길게 생각하는가?

심플리치오 내가 보기에 돌멩이가 막대의 홈에서 떠날 때 받는 운동은 직선운동이 될 수밖에 없네. 그러니까 외부에서 우연히 받게 된 힘만을 고려하면, 반드시 직선을 따라 움직이게 되네. 돌멩이가 실제로는 곡선을 그리니까, 내가 조금 헷갈렸어. 하지만 이 곡선은 늘 아래로 굽고, 그 이외의 어떠한 방향으로도 굽지 않으니까, 이것은 돌멩이의 무게 때문에 아래로 내려가는 현상이겠지. 그러니 전달받은 힘의 방향은 직선임이 의심할 여지가 없네.

살비아티 어떤 직선이란 말인가? 돌이 막대에서 떨어져 나가는 순간, 홈에서 사방으로 무수히 많은 직선을 그을 수 있어.

심플리치오 돌멩이가 막대기와 더불어 움직이던 것과 같은 방향인 직선을 따라 움직이게 되네.

살비아티 돌멩이가 막대의 홈에 들어 있을 때는 원을 그리며 움직인다고 자네가 말했잖아? 원과 같은 방향이란 말인가? 원은 어떤 방향을 가리키지 않는데 …….

심플리치오 돌멩이의 움직임이 원 전체의 방향과 일치한다는 뜻이 아니라, 원운동이 끝나는 마지막 순간의 방향과 일치한다는 뜻일세. 머릿속으로는 완전히 이해하고 있는데, 이걸 어떻게 표현해야 할지 모르겠군.

살비아티 자네가 이것을 완벽하게 이해하고 있지만, 표현할 적당한 말이 안 떠올라 고민하고 있음을 나도 아네. 그건 내가 가르쳐 줄 수 있어. 그러니까 적당한 낱말을 가르쳐 주는 것이지, 진리를 가르쳐 주는 것은 아니야. 이것이 진리이니까. 자네는 이것을 이미 알고 있고, 단지 표현하는 방법만 모르고 있으니까.

묻는 말에 답을 해 보게. 총을 쏘면, 총알은 어떤 방향으로 나아가도록 힘을 받는가?

심플리치오 총신을 쭉 곧게 늘인 직선을 따라 움직이도록 힘을 받네. 위, 아래, 왼쪽, 오른쪽 등 어느 쪽으로든 조금도 기울지 않지.

살비아티 총알은 총신 속을 지날 때 똑바로 곧게 움직인 것으로부터 조금도 벗어나지 않으니까, 각을 만들지 않는다는 말이군.

심플리치오 그래, 맞아. 내 말이 바로 그 말일세.

살비아티 그렇다면 돌멩이의 궤적은, 그게 막대의 홈에 들어 있을 때에 그리던 원과 각을 만들지 않아야 하겠군. 원운동이 직선운동으로 바뀔 때, 그 직선은 어떤 직선이 되어야 하는가?

심플리치오 돌멩이가 튀어 나가는 지점에서 원에 접하는 직선이 되어야 하네. 그 이외의 모든 직선은 원을 뚫고 지나가니까, 원과 어떤 각을 만들게 되지.

살비아티 아주 잘 추론했네. 기하학자가 다 되었군. 이것에 대한 자네의 개념은 다음의 말로 나타낼 수 있음을 명심하게. 어떤 물체를 던지면, 그 물체는 떨어져 나가는 지점에서 그 물체가 그리던 선에 접하는 직선을 따라 움직이려는 힘을 받는다.

심플리치오 이게 바로 내가 하려던 말일세. 잘 기억하겠네.

살비아티 원에 접하는 직선의 점들 중에서 원의 중점과 가장 가까운 거리에 있는 점은 어떤 것인가?

심플리치오 접하는 바로 그 점이지. 이건 의심할 여지가 없네. 접하는 점은 원둘레에 놓이지만, 다른 모든 점들은 원의 바깥에 놓이니까. 원둘레의 점들은 모두 중점으로부터 같은 거리에 있지.

살비아티 그렇다면 어떤 물체가 원을 그리며 움직이다가, 어떤 지점에서 떨어져 나가 접선을 따라 움직인다면, 그 물체는 접점에서 점점 멀어질 뿐만 아니라 원의 중심에서도 점점 멀어지겠군.

심플리치오 그럼, 확실하네.

살비아티 자네가 내게 말한 법칙들을 기억하고 있는가? 그렇다면 그것들을 다 모아서 무엇을 추론할 수 있겠나?

심플리치오 아무리 머리가 나쁘기로서니, 그새 잊기야 하겠는가? 내가 말한 것들을 다 모아서 추론해 보겠네. 어떤 사람이 돌멩이를 빙빙 돌리다가 던지면, 돌멩이는 원래 자신이 그리던 원에서 떨어져 나가는 그 지점에서 원에 접하는 직선을 따라 움직이려는 힘을 받는다. 이 힘에 따라서 돌멩이는 직선운동을 하며, 원래 원의 중심점에서 점점 멀어진다. 원운동이야말로 바로 이 물체를 던지는 힘이다.

살비아티 어떤 바퀴가 빠른 속력으로 돌면, 거기에 붙어 있던 무거운 물체들이 바퀴의 둘레에서 던져져서 중심에서 멀어지는 이유를, 지금까지 추론한 것을 바탕으로 알 수 있겠군.

심플리치오 확실하게 알 수 있다고, 자신 있게 말할 수 있네. 이것을 알고 나니까, 만약 지구가 그렇게 빠른 속력으로 돌고 있다면, 어떻게 돌멩이든 동물이든, 온갖 것들이 하늘로 날아가지 않고 가만히 있을 수 있는지, 의구심이 더 커지는군.

살비아티 이전 것들을 아는 것과 마찬가지로, 나머지 것들도 알게 될 거야. 아니, 이미 알고 있어. 자네 스스로 곰곰이 생각해 보면, 다 생각해 낼 수 있어. 시간이 없으니 내가 도와주겠네.

어떤 물체가 원운동을 하면, 그 물체는 원에서 떨어져 나가는 지점에서 접하는 직선을 따라 움직이려는 힘을 받게 돼. 그 직선을 따라 움직이면, 던진 사람(또는 물체)에게서 점점 멀어져. 이 사실은 자네가 혼자서 알아낸 거야. 만약 물체가 자신의 무게 때문에 아래로 떨어지지만 않는다면, 계속 직선을 따라 움직일 거라고 자네가 말했지. 무게 때문에 그 궤적이 굽게 되지. 이건 늘 지구의 중심을 향해서 굽는다는 사실도 자네 스스로 알아냈어. 모든 무거운 물체는 지구의 중심을 향해서 움직이기 때문이지.

여기서 조금만 더 생각해 보게. 어떤 물체가 원운동을 하다가 어떤 지점에서 떨어져 나가서, 접선을 따라 움직일 때, 그 물체는 원의 중점이나 원둘레에서 멀어지는 정도가 일정한가? 바꿔 말하면, 어떤 물체가 접점에서 떨어져 나가 접선을 따라 움직일 때, 그 접점과 원둘레에서 멀어지는 정도가 일정한가?

심플리치오 아니, 그렇지 않네. 접점과 가까운 곳에서는 접선과 원 사이의 거리가 매우 가깝네. 접선과 원이 매우 작은 각을 만들기 때문이지. 접점에서 멀어지면 멀어질수록, 거리가 멀어지는 비율은 점점 커지네.

예를 들어 지름이 10야드인 원이 있다고 하세. 접점에서 2~3피트 떨어진 점에서 원둘레와의 거리는, 1피트 떨어진 점에서 원둘레와의 거리보다, 서너 배 될 걸세. 0.5피트 떨어진 지점에서의 거리는, 1피트 떨어진 지점과 비교해서, 4분의 1 정도가 될 걸세. 접점에서 1~2인치 떨어진 지점에서는, 접선과 원둘레가 너무 가까워서 구별하기가 어려울 걸세.

살비아티 그렇다면 원운동을 하던 물체가 떨어져 나갈 때, 원에서 멀어지는 정도가 처음에는 아주 작군?

심플리치오 거의 눈에 띄지도 않을 걸세.

살비아티 이제 다른 걸 생각해 보게. 어떤 물체가 떨어져 나간 후, 시간이 얼마나 지나야 아래로 떨어지기 시작할까? 물체는 자신의 무게 때문에 아래로 떨어지겠지. 만약 그렇지 않다면, 직선으로 계속 움직일 텐데.

심플리치오 떨어져 나간 즉시 아래로 떨어지기 시작할 걸세. 자신의 무게를 받쳐 주는 게 없으니, 무게가 곧 작용하게 마련이지.

살비아티 어떤 바퀴가 매우 빨리 돌아서, 거기에 붙어 있던 돌멩이들이 밖으로 던져질 때, 만약 그것들이 지구 중심을 향해서 움직이듯이 바퀴의 중심을 향해서 움직이려는 경향이 있다면, 돌멩이들은 다시 바퀴로 돌아가게 되거나, 아니면 처음부터 바위에서 떨어져 나가지 않겠군. 접점에서 접선과 원이 만드는 각은 한없이 작고 뾰족하니까, 처음 떨어져 나갈 때 원과의 거리는 매우 작아. 그러니 중심을 향해서 움직이려는 힘이 아무리 작더라도, 돌멩이들을 바퀴 둘레에 붙여 놓기에 충분하지.

심플리치오 무거운 물체가 바퀴 중심을 향해서 움직이려는 경향은 있지도 않고, 있을 수도 없지만, 만약 그게 있다고 가정하면, 바퀴에서 벗어나지 않을 게 확실하네.

살비아티 나는 있지 않은 것이 있다고 가정하는 게 아니야. 그럴 필요가 없지. 돌멩이가 날아가는 것을 부인하려는 게 아니니까. 나는 이것을 가설로 이야기할 뿐일세. 나머지는 자네가 알아서 하게.

지구가 커다란 바퀴라고 상상하고, 이게 엄청난 속력으로 움직이면서 돌멩이들을 내던져야 한다고 생각하게. 원운동을 하다가 떨어져 나간 물체는 그 지점에서 접하는 직선을 따라 움직여야 한다고, 자네가 이미 말했지. 지표면에 접하는 직선은 지표면에서 어느 정도 빨리 멀어질 것 같은가?

심플리치오 1,000야드를 움직여도, 1인치도 벗어나기 힘들 걸세.

살비아티 어떤 물체이든 자신의 무게 때문에 지구 중심을 향해 떨어지니까, 접선에서 아래로 굽어 움직인다고 말하지 않았나?

심플리치오 내가 그렇게 말했지. 이제 나머지도 잘 알겠네. 돌멩이가 지구에서 떨어져 나가지 않는 이유를 완전히 깨달았어. 처음에 벗어나려는 움직임이 하도 작아서 지구 중심을 향해 떨어지려는 힘이 천 배나 더 강할 거야. 이 경우 지구의 중심은 바로 바퀴의 중점이기도 하지. 그러니 돌멩이들이나 동물들, 기타 무거운 물체들을 내던지지 못함을 인정해야 하겠군.

그러나 아주 가벼운 물체들은 새로운 어려움을 제기하는군. 아주 가벼운 물체들은 중심을 향해 떨어지려는 힘이 약하거든. 따라서 지표면으로 다시 떨어지려는 힘이 약하니까, 이들은 벗어나지 못할 이유가 없어. 반례가 하나라도 존재하면, 그 법칙은 틀린 것이지.

살비아티 이것에 대해서도 만족스럽게 설명할 수 있네. 먼저 하나 물어보겠는데, 가벼운 물체란 무엇을 뜻하는가? 하도 가벼워서 실제로 위로 올라가는 물체를 말하는가? 아니면 그렇게까지 가볍지는 않지만, 무게가 적게 나가서, 아래로 떨어질 때 매우 느리게 떨어지는 물체를 말하는가? 만약 공중에 떠오를 정도로 가벼운 물체라면, 지표에서 벗어나는 게 당연하지.

심플리치오 내 말은 깃털, 양털, 솜 등등 아주 가벼워서, 약간의 힘만 가해도 들 수 있는 것들을 가리키네. 이들도 땅 위에 가만히 머물러 있거든.

살비아티 깃털이나 기타 가벼운 물체들도 지구 중심을 향해서 떨어지려는 힘이 있네. 이게 매우 약하기는 하지만, 이들이 허공으로 날아가지 못하도록 막기에 충분하네. 자네도 이 사실을 알고 있어. 내 질문에 답해 보게. 지구가 돌기 때문에 깃털이 날아간다면, 그 깃털은 어느 방향으로 날아가겠나?

심플리치오 그 지점에 접하는 직선을 따라 날아가겠지.

살비아티 만약 깃털이 다시 땅에 떨어지도록 힘을 받는다면, 그 깃털은 어떤 선을 따라 움직이는가?

심플리치오 지구 중심을 지나는 직선을 따라 떨어지지.

살비아티 그러므로 두 가지 움직임을 고려해야 하네. 하나는 그 지점에서 던져졌기 때문에 접선을 따라 움직이는 운동, 다른 하나는 그 순간부터 지구 중심을 향해 아래로 떨어지는 운동. 이 물체가 실제로 허공으로 던져지려면, 접선을 따라 움직이려는 힘이 아래로 떨어지려는 힘을 능가해야 하네. 그렇지 않나?

심플리치오 내가 보기에 그래야 하네.

살비아티 접선 방향으로 던져진 운동이 아래로 떨어지려는 운동을 능가해서, 깃털이 지표면으로부터 떨어지려면, 그 운동에 무엇이 있어야 하겠나?

심플리치오 모르겠는데.

살비아티 모르다니? 이건 한 물체잖아? 깃털 말이야. 한 물체의 어떤 운동이 같은 물체의 다른 어떤 운동을 능가하려면, 어떻게 해야 하겠나?

심플리치오 한 물체의 운동이 능가하거나 또는 밀린다면, 그건 속력이 빠르거나 또는 느리기 때문일 테지.

살비아티 그것 보게. 자네도 이미 알고 있잖아? 이제 깃털이 공중으로 던져지려면, 즉 접선 방향의 운동이 아래로 떨어지려는 운동을 능가하려면, 두 속력이 어떻게 되어야 하겠나?

심플리치오 접선 방향의 속력이 아래로 떨어지려는 속력보다 더 크면 되겠지.

아, 참! 그렇구나! 아이고, 난 왜 이렇게 멍청할까? 접선 방향의 속력은 아래로 떨어지려는 속력보다 몇 천 배 더 컸지? 깃털뿐만 아니라 돌멩이가 아래로 떨어지는 속력보다도 훨씬 더 컸지? 그런데도 나는 순진하게, 지구가 돌더라도 돌멩이는 허공으로 날아가지 않는다고, 고개를 끄덕였군?

한 수 무르겠네. 만약 지구가 돈다면, 돌멩이, 코끼리, 건물, 도시 등등 모든 것들이 허공으로 날아가게 된다. 이런 일은 일어나지 않고 있으니, 지구는 돌지 않는다.

살비아티 심플리치오, 자네가 하도 급하게 벌떡 일어서기에, 나는 자네가 허공으로 날아가는 줄 알았네. 진정하게, 진정해. 내 설명을 들어 보게.

돌멩이나 깃털이 지표면에 가만히 놓여 있다고 하세. 만약 이 물체가 이 상태를 유지하려면, 아래로 떨어지는 속력이 접선을 따라 움직이는 속력보다 더 커야 한다는 조건이 필요하다면, 자네가 말했듯이, 아래로 떨어지는 속력이 접선을 따라 동쪽으로 움직이는 속력보다 빨라야 하지. 그러나 자네는 조금 전에, 접선을 따라 접점에서 1,000야드를 움직여도, 지표면과 1인치도 나지 않는다고 말했잖아? 그러므로 접선 방향의 속력이 아래로 떨어지는 속력보다 빠른 것만 가지고는 부족해.

여기서 접선 방향의 속력은 지구의 자전 때문에 생긴 것이지. 접선 방향의 속력이 하도 빨라서, 깃털이 1,000야드 거리를 움직이는 데 걸리는 시간이, 그게 아래로 1인치를 떨어지는 데 걸리는 시간보다 짧아야 하네. 하지만 접선 방향으로 아무리 빨리 움직이더라도, 아래로 떨어지는 속력이 아무리 느리더라도, 이건 불가능해.

심플리치오 왜 불가능하단 말인가? 엄청나게 빨리 움직여서, 깃털이 땅에 닿을 시간을 주지 않으면 될 게 아닌가?

살비아티 숫자를 써서 질문해 보게. 그러면 답을 해 주겠네. 예를 들어 접선 방향의 운동이 아래로 떨어지는 운동보다 몇 배 빠르면 될 것 같은가?

심플리치오 예를 들어 백만 배 빠르다고 하세. 그러면 깃털이든 돌멩이든 허공으로 날아갈 걸세.

살비아티 자네가 말한 것은 틀렸어. 논리학이나 물리학, 형이상학의 측면에서 보아 부족한 것이 아니라, 기하학의 측면에서 보아 부족한 점이 있어. 기하학의 근본 원리들만 알면, 다음 사항을 알 수 있어.

원에 접하는 직선이 있다고 하자. 원의 중심에서 적당한 직선을 그어서, 이 직선이 접선을 접점 가까이에서 교차하도록 하면, 접선에서 접점과 교차점 사이의 거리가, 원의 중심을 지나는 직선에서 원과의 교차점과 접선과의 교차점 사이의 거리의 몇 백만 배가 되도록 만들 수 있다. 교차점이 접점에 가까워지면, 이 비율은 한없이 커진다.

그러므로 아무리 빨리 원운동을 하고, 아무리 느리게 아래로 떨어지더라도, 깃털이나 또는 더 가벼운 물체라도 위로 올라갈 염려는 없어. 아래로 떨어지는 속력이 늘 위로 던져지려는 것을 능가하니까.

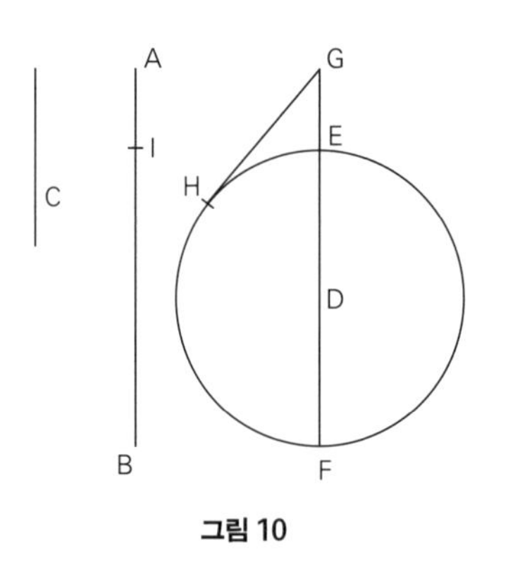

그림 10

사그레도 무슨 말인지 이해를 못 하겠는데 …….

살비아티 아주 간단하고 일반적인 증명 방법을 보여 주지.

선분 AB와 선분 C의 길이가 어떤 비율을 나타내도록 하자. AB가 C보다 얼마든지 더 길어도 좋다. D를 중심으로 어떤 원을 그리자. 이 원에 대해 어떤 접하는 선분과 중점 D를 지나는 직선을 그어서, 접선의 길이와 그 높이의 비율이 AB와 C의 비율과 같도록 만들어 보겠다.

AB, C, AI의 길이가 등비수열이 되도록 점 I를 잡아라. 지름 EF와 EG의 비율이 BI와 AI의 비율과 같도록 EG를 잡아라. 점 G에서 원에 접하도록 선분 GH를 그어라. 이게 바로 우리가 찾던 접선이다. 바꿔 말하면, AB와 C의 비율은 GH와 GE의 비율과 같다.

EF와 EG의 비율은 BI와 AI의 비율과 같다. 비례식의 덧셈에 따라서, GF와 GE의 비율은 AB와 AI의 비율과 같다. 그런데 C는 AB와 AI의 기하평균이고, GH는 GF와 GE의 기하평균이다. 따라서 AB와 C의 비율은 GF와 GH의 비율과 같고, 이것은 GH와 GE의 비율과 같다. 증명이 끝났네.

사그레도 이 증명은 만족스럽네. 그러나 의구심이 완전히 사라지지는 않아. 머릿속에서 뭔가 혼동이 되어서, 먹구름처럼 내 앞을 가리는군. 이래서야 그 결론이 나오는 까닭을, 수학 증명을 보듯 분명하게 알 수가 없지.

내가 혼동이 되는 것은 다음 두 가지야. 접점에 가까워지면, 접선의 길이와 높이의 비율이 얼마든지 커지는 건 사실이야. 그러나 반면에, 어떤 물체가 떨어지는 상태의 처음 시작점에 가까워지면, 그러니까 정지해 있던 상태와 아주 가까워지면, 그 속력이 아주 느리게 돼. 자네가 이미 증명했지만, 물체가 정지 상태에서 움직이기 시작해서 어떤 속력을 얻으려면, 그보다 느린 모든 속력의 단계를 거쳐야 해. 즉 얼마든지 느린 상태를 거쳐야 하네. 또 다른 문제는 물체의 무게야. 무게가 얼마든지 가벼워질 수 있으니까, 아래로 떨어지려는 힘과 속력이 얼마든지 줄어들 수 있어.

그러므로 아래로 떨어지려는 경향을 줄이고, 허공으로 던져지는 편을 드는 요인은 두 가지야. 정지 상태에 가까이 가는 것과 무게가 가벼운 것. 이 요인들은 얼마든지 커질 수 있어. 하지만 이것들과 반대로 물체가 가만히 있도록 편을 드는 요인은 하나뿐이야. 이 하나도 물론 얼마든지 커질 수 있지만, 이게 어떻게 다른 둘이 힘을 합해 덤비는 것을 당할 수 있는지 모르겠군. 다른 둘도 무한히 커질 수 있는데 말일세.

살비아티 사그레도, 이 반론은 자네같이 현명한 사람만이 제기할 수 있네. 자네가 이것 때문에 혼동이 된다고 했으니까, 좀 더 쉽게 이해할 수 있도록 그림을 그려서 설명하겠네. 이 그림을 보면 답을 쉽게 얻을 수 있어.

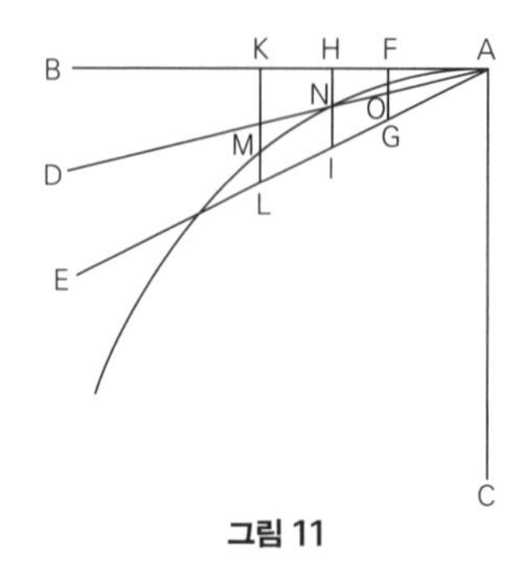

그림 11

접점 A에서 중점을 향해 수직선 AC를 그어. 이것과 직각이 되도록 수평선 AB를 그어. 직선 AB를 따라 물체를 던진다고 생각하자. 만약 물체의 무게 때문에 아래로 떨어지지 않으면, 이 물체는 계속 AB를 따라 움직인다.

A에서 어떤 직선 AE를 긋자. 이게 AB와 어떠한 각을 이루어도 좋다. 직선 AB에 같은 간격으로 선분 AF, FH, HK를 잡아라. 각각의 점에서 직선 AE에 이르도록 수직선 FG, HI, KL을 그어라. 내가 전에 말했듯이, 정지 상태에서 어떤 물체가 떨어지기 시작하면, 그 물체의 속력은 시간에 비례해서 빨라진다.

선분 AF, FH, HK가 일정한 시간 간격을 나타낸다고 생각하고, 수직 선분 FG, HI, KL이 그동안 얻은 속력을 나타낸다고 생각하자. 즉 전체 시간 AK가 흐르는 동안 얻은 속력은 선분 KL의 길이로 나타낼 수 있고, 이것은 시간 AH가 흐르는 동안 얻은 속력 HI, 또는 시간 AF가 흐르는 동안 얻은 속력 FG와 비교해 볼 수 있다. 속력 KL, HI, FG의 비율은 시간 AK, AH, AF의 비율과 같음이 명백하다.

선분 AF에서 어떤 점을 잡아 수직 선분을 그으면, 더욱 작은 속력을 얻게 된다. 점이 A에 가까우면 가까울수록, 속력은 한없이 작아진다. 여기서 점 A는, 원래 정지해 있다가 막 움직이기 시작하는 순간을 나타낸다. 이렇게 A로 점점 가까이 가면, 물체가 원래 정지 상태에 가까우면 가까울수록, 아래로 떨어지려는 경향이 얼마든지 작아짐을 보여 주고 있다. 이렇게 얼마든지 가까이 갈 수 있다.

이제 물체의 무게가 줄어듦에 따라, 속력이 점점 느려지는 것을 살피도록 하자. 점 A에서 다른 직선 AD를 그어, 이것을 나타내도록 하자. 이 직선은 각 BAE보다 더 작은 각을 만들도록 하고. 이 직선이 평행선 KL, HI, FG와 만나는 점을 M, N, O로 나타내도록 하자. 여기서 FO, HN, KM은 시간 AF, AH, AK가 흐르는 동안 얻은 속력을 나타내고, 이 속력은 같은 시간 동안 무거운 물체가 얻은 속력 FG, HI, KL에 비해서 느리다. 그러니까 이것은 가벼운 물체에 해당된다.

직선 AE를 AB에 가깝도록 그리면, 각 EAB가 점점 작아진다. 물체의 무게가 한없이 작아질 수 있듯이, 이 각도 한없이 작아질 수 있다. 그에 따라서 물체의 떨어지는 속력과, 그 물체가 허공으로 날아가지 않도록 방해하는 힘도 얼마든지 작아진다. 허공으로 던져지는 것을 막는 두 요인이 한없이 작아지니까, 이걸 막을 수가 없어 보인다.

지금까지 말한 것을 요약하면 다음과 같아. 각 EAB를 작게 만들면, 속력 KL, HI, FG가 작아진다. 평행선 KL, HI, FG를 점 A에 가까이 가도록 하면, 이들의 길이가 줄어든다. 이렇게 작게 만드는 두 가지 방법을 끝없이 계속 적용할 수 있다. 이렇게 이중으로 한없이 줄어들 수 있으니, 아래로 떨어지는 속력이 매우 작아져서, 움직이는 물체가 바퀴 둘레에서 떨어져 나가면, 제 위치로 되돌아오게 할 힘이 없다. 따라서 물체가 던져지는 것을 방해하거나 막을 수 없다.

반면에 물체가 던져지는 것을 막으려면, 그 물체가 다시 바퀴 위로 돌아가기 위해서 움직여야 하는 거리가 매우 짧아서, 그 물체가 떨어지는 속력이 아무리 느리더라도, 정말 한없이 느리더라도, 그게 그 위치로 돌아갈 수 있어야 하네. 그러니 그 거리가 한없이 짧아질 뿐만 아니라 물체의 떨어지는 속력이 이중으로 느려지는 것을 극복할 수 있을 정도로 한없이 짧아져야 한다. 어떻게 이중으로 한없이 줄어드는 것보다 더욱더 줄어들 수 있는가?

심플리치오, 이걸 보게. 기하학을 쓰지 않으면, 자연에 대해서 깊이 생각하기가 어려워.

속력은 물체의 무게가 줆에 따라, 처음 움직이기 시작한 상태로 가까이 감에 따라 얼마든지 줄어들지만, 여기에는 일정한 비율이 있다. 속력은 각 BAE, 각 BAD 또는 다른 어떤 작은 각이든, 어떤 고정된 크기의 각에서 만나는 두 직선 사이에 놓이는 평행선들의 길이에 비례하게 된다. 그러나 움직이는 물체가 원래의 표면으로 돌아가기 위해서 움직여야 하는 거리는, 다른 종류의 감소율을 가진다. 이건 어떠한 직선들로 만든 각보다도 더 작고, 더 뾰족한 각 사이에 놓이는 선분들의 길이 비율에 의해 결정이 된다. 그 각은 다음과 같다.

수직선 AC에서 어떤 점 C를 잡고, C를 중심으로, AC를 반지름으로 해서 원을 그려라. 이 원은 속력을 나타내는 선분들과 교차하며 지나간다. 선분들이 아무리 작은 각을 이루는 직선들 사이에 끼어 있더라도 말일세. 선분에서 원둘레와 접선 AB 사이에 있는 부분은, 물체가 원래 위치로 돌아가기 위해서 움직여야 하는 거리를 나타낸다. 접점에 가까워지면 가까워질수록, 이 부분의 길이는 원이 교차하는 선분의 길이보다 더욱 작아지고, 그 비율도 한없이 작아진다.

두 직선 사이에 놓이는 평행선들은, 꼭짓점에 가까이 가면, 같은 비율로 작아진다. 즉 AH에서 중점 F를 잡으면, 평행선 HI의 길이는 FG 길이의 두 배가 되고, FA의 중점을 잡아 거기에서 평행선을 그으면, 그 길이는 FG의 절반이 된다. 이런 식으로 끝없이 계속 잡아 나갈 수 있다. 새로 잡은 평행선은 이전 평행선의 절반이 되도록.

그러나 접선과 원둘레 사이에 놓이는 평행선들은 이렇지가 않다. 예를 들어 H에서 원둘레에 이르는 평행선의 길이가 F에서 원둘레에 이르는 평행선의 두 배라 하더라도, FA의 중점을 잡아 평행선을 그으면, 그 길이는 F에서 그은 평행선의 절반이 안 된다. 접점 A에 가까워지면, 직전의 평행선은 직후의 평행선에 비해 세 배, 네 배, 열 배, 백 배, 천 배, 십만 배, 백만 배, 억 배가 될 수 있다. 비율이 이렇게 되니까, 짧은 선분들의 비율이 얼마든지 작아져서, 아무리 가벼운 물체라도 둘레를 아예 떠나지 않도록 만들 수 있다.

사그레도 나는 이 논증과 그 설득력에 만족하네. 그렇지만 이걸 더 깊게 파고들려고 하면, 난점들을 제기할 수도 있어. 물체가 떨어지는 속력을 얼마든지 느려지도록 만드는 두 가지 요인 중에 출발하는 순간에 얼마나 가까우냐에 따라 결정되는 것은, 일정한 비율로 변하는 게 확실해. 이건 평행선들의 길이 비율에 따라 결정되기 때문이지.

하지만 무게가 줄어듦에 따라 속력이 느려지는 두 번째 요인은, 이런 비율로 된다는 보장이 없어. 이를테면 이게 접선과 원둘레 사이의 평행선 길이 비율로 되지 말라는 법이 있나? 또는 그보다 더 클 수도 있겠지.

살비아티 나는 지금까지, 어떤 물체가 떨어질 때, 그 속력이 무게에 비례하는 것처럼 이야기했네. 아리스토텔레스나 심플리치오는 이게 명백한 사실인 것처럼 주장하고 있어. 지금 자네의 질문도 이 사람들 의견에 바탕을 두고 있어. 속력이 무게보다 훨씬 더 큰 비율로 증가할지도 모른다. 어쩌면 비율이 무한대가 될지도 모른다. 만약 그렇다면, 내가 앞에서 이야기한 것들은 다 헛것이 되지.

하지만 내가 자네에게 말해 주겠는데, 물체들이 떨어지는 속력의 비율은, 그 물체들의 무게 비율보다 훨씬 작아. 이 사실은 내가 앞에서 주장한 것을 지지할 뿐만 아니라 그것을 더욱 강화해 주고 있어.

이 사실은 실험을 통해 밝힐 수 있어. 예를 들어 납 공은 코르크 공보다 서른 배, 마흔 배 무겁지만, 둘을 동시에 떨어뜨리면, 납 공이 코르크 공보다 두 배 정도 빨리 떨어지지도 않아. 내가 앞에서 보인 것은, 물체의 떨어지는 속력이 무게에 비례하더라도, 허공에 던져지는 일은 없다는 것이었어. 그런데 물체의 무게가 싹 줄더라도, 떨어지는 속력은 약간만 준다면, 허공에 던져지는 일은 더욱더 있을 수가 없지.

그러나 물체의 무게가 줄 때 떨어지는 속력이 그보다 더 큰 비율로 줄어든다고 가정해도, 그게 접선과 원둘레 사이에 놓이는 평행선들의 길이 비율로 줄어든다고 가정해도, 그리고 아무리 가벼운 물체라 하더라도, 허공으로 던져지기는 어려울 거야. 절대 던져지지 않을 걸세. 물론, 본질적으로 가벼운 물질은 예외이지. 즉 아예 무게가 없어서 저절로 위로 올라가는 물질은 예외일세. 그 이외에는 아무리 가볍고, 떨어지는 속력이 아무리 느린 물체라도, 벗어날 수 없네.

내가 이렇게 믿는 까닭은, 무게가 접선과 원둘레 사이의 평행선 길이에 비례해 줄어들 때, 궁극적으로는 무게가 없는 상태에 이르게 되기 때문이지. 평행선들이 궁극적으로 접점에 이르면 한 점이 되는 것처럼 말일세. 하지만 실제로 무게는 이렇게 마지막에 이르도록 줄 수가 없어. 만약 그렇게 되면, 물체의 무게가 아예 없어지잖아?

반면에 물체가 원래 위치로 돌아가기 위해서 떨어져야 하는 거리는, 실제로 이렇게 작아질 수 있어. 물체가 표면에 머물러 접하고 있으면, 원래 위치로 돌아가기 위해서 움직여야 하는 거리가 전혀 없잖아? 그러므로 아래로 떨어지려는 힘이 아무리 약하더라도, 물체가 표면에서 최소한의 거리만큼 떨어져 있을 때, 그걸 원래 위치로 돌아가게 만들기에 충분하네. 최소한의 거리는 0이니까.

사그레도 이 논리는 아주 미묘하군. 하지만 설득력이 있어. 물리에 관한 문제를 기하학을 쓰지 않고 논하는 것은 불가능해 보이는군.

살비아티 심플리치오의 의견은 다를 거야. 심지어 어떤 소요학파 사람은 제자들에게 수학을 배우지 말라고 이르거든. 수학은 이성을 혼란시켜서, 사색을 하기에 적당치가 않다고. 물론 심플리치오가 그렇게 생각하지는 않겠지.

심플리치오 그렇게 부당하게 플라톤을 매도하지는 않겠네. 하지만 그가 기하학에 너무 깊이 빠져서, 지나치게 매몰되었다는 아리스토텔레스의 비판에는 동의하네. 이런 식의 기묘한 수학 법칙들은 추상적인 세계에서는 잘 맞아떨어지지만, 실제 우리가 접하는 물리 문제에 적용하면, 잘 들어맞지가 않거든.

예를 들어 공은 평면과 한 점에서 만난다는 법칙을 수학자들이 증명했네. 이건 지금 우리가 다루는 법칙과 비슷할 걸세. 실제 물체들은 이 법칙과 다르게 되지. 내가 주장하고 싶은 것은, 실제 물체들에 적용하려고 하면, 접하는 각이라든가 비율이라든가 하는 것들이 다 쓸모가 없게 되네.

살비아티 자네는 접선이 지구 표면과 단 한 점에서 만난다는 것을 믿지 않는단 말인가?

심플리치오 단 한 점에서 만난다구? 지표면 아니라 잔잔한 수면에서도, 직선은 수백 야드 거리를 접하고 있을 걸세.

살비아티 하지만 만약에 이걸 시인하면, 자네 주장에 오히려 어긋나게 됨을 아는가? 접선이 지구와 한 점에서만 만나고, 다른 부분은 지구와 떨어져 있다 하더라도, 물체는 지표면에서 벗어날 수 없다고 증명했네. 접하는 점에서의 각이 너무 뾰족하기 때문이지. 그걸 각이라고 부른다면 말일세.

그런데 각이 완전히 붙어서 접선과 표면이 하나가 되었다면, 벗어나기가 더욱 어려울 게 아닌가? 만약 이렇다면, 물체는 지표면을 따라 던져지는 게 아닌가? 그렇다면 아예 던져지지 않는 게 아닌가?

진리의 힘을 보게. 자네가 진리를 공격하려고 했는데, 자네 공격이 오히려 진리를 강화시키고, 뒷받침하는군.

자네가 이 실수를 깨닫도록 만들었으니, 다른 한 가지 실수도 내가 제거해 주지. 실제 물질로 만든 공이 평면과 한 점에서 접하는 게 아니라고? 기하학에 대해 잘 아는 사람과 서너 시간만 이야기를 나누고 나면, 기하학에 대해 전혀 아는 게 없는 사람들과 섞여 있을 때, 그들에 비해 더 낫다고 표가 날 걸세.

구리로 만든 공을 쇠로 만든 평면 위에 놓았을 때, 그게 한 점에서 접하는 게 아니라는 말은, 큰 실수임을 보여 주지. 우선 한 가지 물어보겠네. 어떤 사람이 그 공은 진짜 공이 아니라고 끝까지 우기면, 어떻게 하겠나?

심플리치오 그렇게 억지를 부리는 놈을 상대할 필요가 있는가?

살비아티 어떤 물질로 만든 공이 어떤 물질로 만든 평면과 한 점에서 만나는 게 아니라고 우기는 것도 마찬가지야. 이건 공을 보고 공이 아니라고 말하는 것과 똑같아. 이 둘이 똑같다는 것을 보이기 위해서 자네에게 묻겠는데, 공이란 본질적으로 무엇인가? 즉 보통의 입체와 달리 공이 가지는 특성이 뭔가?

심플리치오 공의 본성은, 중심점에서 둘레로 직선을 그었을 때, 그 길이가 같다는 데 있지.

살비아티 그렇다면 그 모든 선들의 길이가 일치하지 않으면, 그 입체는 공이 아니군.

심플리치오 응, 그렇지.

살비아티 두 점을 주었을 때, 그 두 점을 잇는 직선은 단 하나뿐인가? 아니면 여러 개 있는가?

심플리치오 하나밖에 없네.

살비아티 그 직선은 두 점을 연결하는 다른 어떠한 선보다도 짧은 길이임을 아는가?

심플리치오 그럼, 잘 알고 있네. 증명할 수도 있지. 이 증명법은 위대한 소요학파 철학자(프란체스코 부오나미치를 가리킨다. — 옮긴이)가 제시했어. 내가 기억하기로, 그는 아르키메데스를 책망하려고 이것을 제시했어. 아르키메데스는 이게 사실이라고 그냥 받아들였거든. 증명을 할 수 있었을 텐데 말일세.

살비아티 아주 뛰어난 수학자인 모양이군. 아르키메데스가 증명하지 못한 것을 증명했다니 말이야. 자네가 그 증명법을 기억하고 있다니, 어서 내게 보여 주게. 정말 궁금하군. 아르키메데스는 공과 원기둥에 대해서 책을 썼는데, 거기에 보면, 이게 공리로 나와. 그러니까 아르키메데스가 이걸 증명할 수 없었던 게 확실하네.

심플리치오 증명 방법은 아주 짧고 간단하네.

살비아티 그럴수록 아르키메데스로서는 창피한 일이지. 그만큼 이 철학자로서는 더욱 자랑스러운 일이지.

심플리치오 그림을 그려서 설명하겠네.

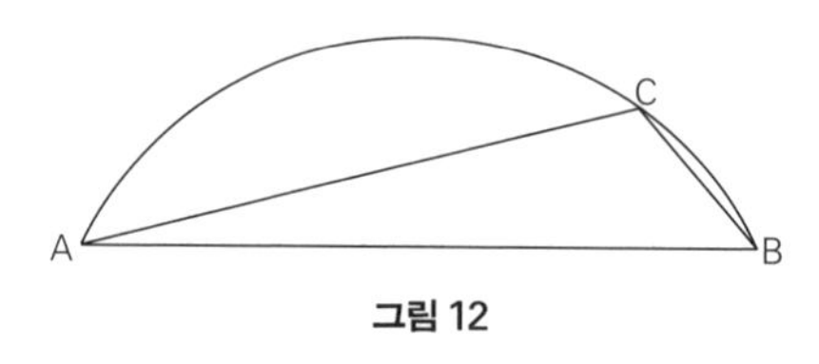

그림 12

두 점 A, B를 잇는 직선 AB를 긋고, 곡선 ACB를 그렸다고 하자. 직선의 길이가 곡선보다 더 짧다는 것을 증명해야 한다. 이것은 다음과 같이 증명할 수 있다.

곡선에서 한 점 C를 잡고, 두 직선 AC와 CB를 긋자. 이 두 직선의 길이를 더하면, 한 직선 AB보다 더 길다. 이것은 에우클레이데스가 증명했다. 그런데 곡선 ACB는 두 직선 AC와 CB를 더한 것보다 더 길다. 그러니 직선 AB와 비교하면 더욱더 길다. 증명이 끝났네.

살비아티 이 세상의 엉터리 논리들을 모두 뒤져 보아도, 이보다 더 멋진 예는 없겠군. 거짓 중에 가장 뛰어난 거짓이야. **모르는 것을 더욱 모르는 것으로 설명하다니**(ignotum per ignotius).

심플리치오 어떻게 말인가?

살비아티 "어떻게 말인가"라니? 우리가 보이려는 결론은, 곡선 ACB가 직선 AB보다 더 길다는 것이잖아? 이 결론은 아직 밝혀지지가 않았잖아? 자네가 사용한 중개념은 곡선 ACB가 두 직선 AC와 CB를 더한 것보다 더 길다는 것이지? 자네는 이것을 알려진 사실인 것처럼 사용했잖아? 그런데 곡선의 길이가 직선 AB보다 더 길다는 것이 알려지지 않았다면, 그 곡선이 두 직선 AC와 CB를 더한 것보다 더 길다는 것은 더욱더 알 수 없는 일이잖아? AC와 CB를 더한 것은 AB보다 더 기니까. 그런데 자네는 이것을 알려진 사실인 것처럼 사용했어.

심플리치오 뭐가 잘못되었단 말인지 아직 못 깨닫겠는데.

살비아티 에우클레이데스가 증명했듯이, 두 직선을 더하면, 한 직선 AB보다 더 길다. 따라서 어떤 곡선이 두 직선 AC와 CB를 더한 것보다 더 길면, 그 곡선은 한 직선 AB보다 더 길다. 이건 알겠지?

심플리치오 그럼, 그건 명백하네.

살비아티 여기서 결론은, 곡선 ACB가 직선 AB보다 더 길다는 것이지. 이게 중개념보다 더 잘 알려져 있어. 여기서 중개념은 이 곡선이 두 직선 AC와 CB를 더한 것보다 길다는 것이지. 중개념이 결론보다 더 알기가 어려우니까, 이건 모르는 일을 더욱 모르는 일로써 설명하는 꼴이지.

이건 그만두고, 본론으로 돌아가세. 두 점을 연결하는 선 중에 직선이 길이가 가장 짧다는 것을 기억하기만 하면 돼. 우리 문제의 결론에 대해 생각해 보세. 자네는 실제로 공이 평면에 닿을 때, 한 점만 닿는 게 아니라고 했어. 그렇다면 어떻게 닿는단 말인가?

심플리치오 공 표면의 일부분이 닿을 걸세.

살비아티 이 공과 똑같은 크기의 다른 공도 평면과 닿을 때, 표면의 일부분이 닿는가?

심플리치오 아마 그렇겠지.

살비아티 그러면 이 두 공을 서로 닿게 해도, 표면의 일부분이 닿게 되네. 두 부분이 각각 평면에 붙는다고 했으니, 그 두 부분을 서로 접하도록 하면, 서로 잘 붙겠지.

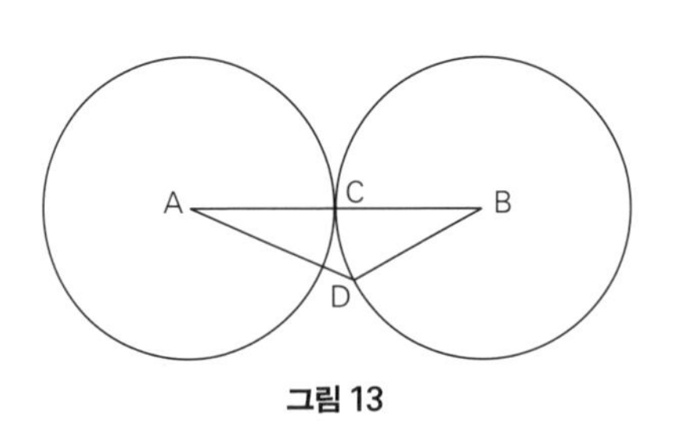

그림 13

여기 두 공이 서로 붙어 있다고 하고, 이들의 중심을 A, B로 나타내자. 두 중점을 직선 AB로 잇도록 하면, 이 직선은 두 공이 접하는 부분을 지나간다. 그 점을 C로 나타내자. 접하는 부분에서 다른 점 D를 잡고, 직선 AD와 DB를 그어서, 삼각형 ADB를 만들자.

그러면 두 변 AD와 DB를 더한 것이, 다른 한 변 ACB의 길이와 같다. 왜냐하면 이들은 각각 2개의 반지름으로 되어 있고, 반지름들은 공의 정의에 따라서 서로 같기 때문이다. 따라서 두 중점 A와 B를 잇는 직선 AB가 가장 짧은 길이 아니다. 두 직선 AD, DB를 따라가는 것과 길이가 같다. 이건 엉터리이지?

심플리치오 이것은 추상적인 공에 대해 증명한 것일 뿐, 실제 공의 경우는 다를 걸세.

살비아티 내 논리가 뭐가 잘못되었는지 지적해 보게. 이 증명이 추상적이고 이상적인 공에는 적용이 되지만, 실제 물질로 만든 공에는 적용되지 않는다면, 그 까닭을 설명해 보게.

심플리치오 이상적인 공과는 달리, 실제 물질로 만든 공은 여러 가지 문제에 부딪치지. 금속 공을 어떤 평면 위에 놓으면, 그 공의 무게 때문에, 평면이 약간 눌려질 수 있네. 또는 공이 접하는 점에서 약간 짓이겨질 수도 있지. 그리고 모든 물질은 약간 오돌토돌하니, 완벽한 평면이 되기가 어렵네. 공의 경우도 마찬가지로, 반지름이 완전히 똑같을 수가 없을 걸세.

살비아티 나도 그것들을 모두 인정하네. 하지만 그건 요점에서 벗어나네. 자네는 나에게 실제 물질로 된 공은 실제 물질로 된 평면과 한 점에서 만나는 게 아님을 보여 주려고 했어. 그런데 자네는 공이 아닌 공을 사용했고, 평면이 아닌 평면을 사용했어. 자네 말대로라면, 공과 평면은 이 세상에 존재하지 않거나, 또는 존재하더라도 이 현상 때문에 실제로는 약간 손상이 되겠어.

그러니 자네가 그 결론을 말할 때, 조건을 내걸고 말했어야지. 실제 물질로 만든 공과 평면이 완벽하고, 계속 그 상태를 유지하면, 둘은 한 점에서 만난다. 그러나 실제로는 완벽하지 못하기 때문에 그렇지가 않다.

심플리치오 철학자들은 늘 그런 입장에서 말하는 게 아닌가? 실제 물질들은 약간씩 불완전하기 때문에, 추상적으로 다룬 이론과 일치하지 않게 되지.

살비아티 일치하지 않다니, 그게 무슨 말인가? 방금 자네가 말한 것은, 그들이 정확하게 일치함을 보여 주고 있잖아?

심플리치오 뭐가?

살비아티 물체들은 완벽하지 않기 때문에, 완벽하게 구형인 물체와 완벽하게 평평한 물체가 이론적으로 가지는 성질을, 실제로는 가지지 못한다고 자네가 말했지?

심플리치오 그래, 그렇게 말했네.

살비아티 그렇다면 실제로 어떤 공을 어떤 평면에 닿도록 할 때, 완벽하지 않은 공을 완벽하지 않은 평면에 접하게 하는 것이니까, 한 점에서 만나는 게 아니라고 말하면 되잖아? 추상적이고 이론적인 경우에도, 완벽하지 않은 공과 완벽하지 않은 평면이 만나면, 한 점에서 접하는 게 아니고, 표면의 일부분이 서로 닿게 돼. 그러니 실제로 일어나는 일과 추상적인 이론이 지금까지는 서로 일치하지. 추상적인 숫자를 사용해 계산한 비율이나 그 결과가, 실제 금, 은으로 만든 돈이나 상품들과 일치하지 않으면, 이상한 일이지.

심플리치오, 실제로 어떻게 되는지 모르겠는가? 상인이 설탕, 비단, 양털을 다루며 계산하려고 할 때, 상자, 겉포장 등등을 치지 않듯이, 과학자들도 이론상으로 계산한 결과가 실제 현상으로 나타나는 것을 보려면, 방해가 되는 것들을 빼 버려야 해. 만약 그렇게 할 수 있으면, 실제 일어나는 일이 숫자를 사용해 계산한 결과와 일치하게 돼. 즉 오차는 추상과 실제의 차이, 기하학과 물리학의 차이에 있는 게 아닐세. 오차는 실제로 셈하는 법을 모르는 계산자의 잘못에 있어.

만약 완벽한 공과 완벽한 평면이 있다면, 그들이 실제 물체이더라도, 그들이 한 점에서 만나는 것은 의심할 여지가 없어. 이런 완벽한 물체를 만들 수 없다 하더라도, 구리 공과 쇠로 된 평면은 한 점에서 만나지 않는다고 말하는 건 논점과 어긋나네.

덧붙일 게 하나 있네. 실제 물질로는 완벽한 공이나 완벽한 평면을 만들 수 없다고 치고, 두 물체의 표면이 어떤 부분에서 제멋대로 불규칙하게 생길 수 있다고 보는가?

심플리치오 그럼. 그런 것은 얼마든지 많이 있을 걸세.

살비아티 만약 그렇다면, 그들도 한 점에서 만나게 되네. 한 점에서만 만나는 건 완벽한 공과 완벽한 평면만이 갖는 특권이 아닐세. 이 문제를 깊이 파고들면 알겠지만, 두 물체가 표면의 일부분이 닿는 경우가 한 점만이 닿는 경우보다 찾아보기가 더 어려워.

두 표면이 서로 잘 접하려면, 둘 다 완벽하게 평평하거나, 아니면 하나는 볼록하고 다른 하나는 거기에 꼭 맞도록 오목하게 들어가 있어야지. 이런 조건에 맞는 경우는 찾기가 힘들어. 이건 어떤 정해진 모습에 꼭 맞아야 하는데, 무한히 많은 제멋대로인 모습 중에 이렇게 맞는 경우가 어디 있겠나?

심플리치오 그렇다면 돌멩이 2개나 쇳조각을 2개 주워서 서로 맞붙이면, 십중팔구 한 점에서만 만난단 말인가?

살비아티 대개의 경우는 그렇지 않겠지. 겉에 흙이 약간 묻어 있을 수도 있고, 그들을 조심스럽게 살살 갖다 대지 않으면 서로 부딪히니까, 아주 약하게 부딪히더라도, 표면의 작은 부분을 상대 물체가 짓눌러서, 모양이 그에 맞도록 바뀔 테니까. 그러나 표면을 잘 문질러 닦은 다음, 둘 다 탁자에 올려놓아서 서로 상대방을 짓누르지 못하게 하고, 그다음에 하나를 조심스럽게 살살 밀어서 다른 것에 닿도록 하면, 이 둘이 한 점에서만 닿도록 만들 수 있음이 의심할 여지가 없어.

사그레도 어떤 어려운 문제가 떠올랐는데, 이걸 말해도 되겠지? 심플리치오가 어떤 입체든 완벽한 공이 되는 경우가 없다는 것을 보였고, 그 의견에 자네도 동의하는 것 같았어. 그걸 보니 이런 의문이 생기는군.

입체를 다른 어떤 모양으로 만들려고 해도, 그런 어려움이 생기는가? 바꿔 말하면, 대리석으로 완벽한 공, 완벽한 피라미드, 완벽한 말, 완벽한 메뚜기를 만들려고 할 때, 마찬가지로 어려움에 부딪히는가?

살비아티 자네 질문에 대해 답하겠네. 그러기 전에 한마디 하겠는데, 내가 심플리치오의 의견에 동의하는 것처럼 보였다면 용서하게. 그건 임시로 그랬을 뿐이야. 이 문제를 다루기 전에, 내 머릿속에는 지금 자네가 말한 것과 같은 생각이 들어 있었어. 매우 비슷한 생각이라고 할까.

자네 질문에 대해 답하겠는데, 입체에 어떤 모양을 주려고 하면, 공 모양이 가장 쉽고 가장 간단하네. 온갖 입체들의 모양 중에 공 모양이 차지하는 위치는, 평면 도형 중에 원이 차지하는 위치와 비슷하지. 원을 작도하는 법은 아주 쉽기 때문에, 수학자들은 다른 모든 도형들을 작도하려 할 때, 이것을 공리처럼 사용하지.

공 모양을 만드는 방법도 매우 쉬워. 금속판에 원 모양으로 구멍을 뚫은 다음, 어떤 입체이든 그 사이에 넣고 돌리면, 거의 완벽한 공 모양이 돼. 다른 기술을 쓸 필요가 없어. 원래 입체가 그 구멍 사이로 지나갈 수 있는 공보다 더 작지만 않다면 말일세.

그러나 말 모양을 만든다거나 메뚜기 모양을 만들려면, 어떻게 해야 할지 한번 생각해 보게. 세상에 그런 재주를 가진 조각가는 많지 않아. 심플리치오도 이 의견에 대해서는 동의할 거야.

심플리치오 내가 뭐 동의하지 않은 게 있는가? 이런 모양은 어떤 것도 완벽하게 만들 수는 없어. 그래도 가능한 한 가장 근사하게 그런 모양을 만들려고 하면, 입체를 가지고 공 모양을 만드는 게, 말 모양이나 메뚜기 모양을 만드는 것보다 훨씬 쉬울 걸세.

사그레도 다른 것들을 만들기가 더 어려운 까닭은 뭔가?

심플리치오 공을 만드는 게 간단한 이유는 그 모양이 단순하고 일정한 데 있듯이, 다른 모양을 만드는 게 어려운 이유는 그것들이 매우 불규칙하게 생겼기 때문일세.

사그레도 만들기 어려운 원인이 불규칙함에 있다면, 망치로 바위를 부수었을 때 생기는 모양도 만들기가 어렵겠군. 이건 어쩌면 말보다 더 불규칙한 모양일 거야.

심플리치오 아마 그럴 걸세.

사그레도 그렇지만 이 바위의 모습이 어떻게 생겼든 이 바위는 그 모습을 완벽하게 가지고 있지?

심플리치오 그 모습이 무엇이든 그 모습을 완벽하게 갖고 있어서, 다른 어떠한 것도 그것과 그렇게 완벽하게 일치하지는 못하네.

사그레도 불규칙한 모양은 얻기가 어렵다고 했는데, 그렇지만 무한히 많은 불규칙한 모양들을 완벽하게 얻었잖아? 그런데 어떻게 가장 단순하고 가장 얻기가 쉬운 모양은 얻을 수가 없는가?

살비아티 여보게, 우리는 또 쓸데없는 공상에 빠져들고 있어. 우리는 중요한 주제를 놓고, 진지하게 토론해야 하네. 쓸모없는 사소한 일을 갖고 논쟁하지는 말아야지. 우주가 어떻게 구성되어 있는지 연구하는 것이야말로, 세상에서 가장 중요하고 고귀한 문제임을 명심하게.

이 연구가 또 다른 것을 발견하도록 만들 수 있다면, 더욱 중요하겠지. 바다에 밀물과 썰물이 생기는 원인 말일세. 이것에 대해 많은 위대한 철학자들이 연구를 했지만, 아무도 밝히지를 못 했어.

지구가 자전하지 않고 가만히 있다고 주장하면서 제시한 마지막 증거는, 물체들이 허공으로 날아가지 않는다는 것이지. 이것을 완전히 해명을 했고, 더 이상 나올 게 없으니, 다음으로 넘어가세. 지구가 1년을 주기로 해서 과연 어떻게 움직이는지, 아니면 아예 움직이지 않는지, 그에 관한 증거들을 자세하게 검토해 보세.

사그레도 살비아티, 자네의 기준을 바탕으로 다른 사람의 마음을 재려고 하지 말게. 자네는 너무 수준 높은 문제들만 생각하고 있으니, 우리가 사색의 자료로 삼는 것들이 하찮고 값어치가 없어 보이겠지. 하지만 우리를 위해서 때때로 마음을 누그러뜨리고, 우리가 호기심을 갖고 있는 것들에 대해서 설명해 주게.

지구가 자전을 한다면 모든 물체들이 허공으로 던져질 것이라는 반론에 대해, 자네가 해명한 것을 보더라도, 자네가 설명한 것의 절반만 하더라도, 나는 아주 만족했을 걸세. 그러나 자네가 덧붙여 설명한 것들이 하도 신기하고 흥미로워서, 나는 시간 가는 줄 몰랐어. 그렇게 신비스럽고 교묘하다니, 나에게 너무나 큰 즐거움을 주었네.

그러니 이것에 대해 덧붙일 게 조금이라도 남아 있으면, 망설이지 말고 제시하게. 나는 기꺼이 듣겠네.

살비아티 어떤 사실을 발견하는 것은 아주 즐겁고 기쁜 일이야. 그에 못지않게 즐거운 일은 그것을 이해하고 좋아하는 사람들과 그것에 대해 토론하는 일이지. 자네가 바로 그런 사람이니 내가 보따리를 조금 더 풀어 놓겠네. 자네같이 현명한 사람보다 내가 더 통찰력이 있음을 보여 주고 있으니, 나로서는 무한한 자랑거리일세.

이 마지막 예증에 대한, 프톨레마이오스와 아리스토텔레스 편인 사람들의 또 한 가지 거짓말을 폭로하겠네. 그건 지금까지 나온 주장 속에 들어 있어.

사그레도 정말 궁금하군. 어서 말해 주게.

살비아티 돌이 던져지는 것은, 바퀴가 어떤 중심에 대해 돌 때의 그 속력에 따라 결정되니까, 도는 속력이 빨라지면 던져지는 힘도 비례해서 커진다고, 프톨레마이오스가 당연하다는 듯이 주장했어. 우리는 지금까지 이것에 대해 이의를 제기하지 않았어. 지구가 도는 속력은 어떤 기계를 인위적으로 돌리는 속력보다 훨씬 빠를 테니까, 지구가 실제로 돈다면, 바위, 짐승 등등 온갖 것들이 엄청난 힘으로 허공에 던져질 것이라는 추론은, 이것으로부터 나온 것일세.

그러나 그 속력만을 놓고 비교하는 이 논리는 크게 잘못되었어. 한 바퀴 또는 같은 크기의 두 바퀴에 대해서는 이게 성립하네. 바퀴를 더 빨리 돌리면, 돌멩이들이 더 큰 힘으로 튀어 나가고, 속력이 빨라지면, 그에 비례해서 튀어 나가는 힘이 커지는 게 사실이야.

그러나 어떤 바퀴를 일정한 시간 동안 돌리는 회수를 늘여서 속력을 빨라지게 하지 말고, 대신에 바퀴의 지름을 늘여 바퀴를 크게 만들어서 속력이 빨라지게 해 봐. 도는 회수는 작은 바퀴와 똑같도록 하고. 그러면 큰 바퀴의 속력이 빠른 이유는 둘레 길이가 길기 때문이지.

큰 바퀴의 둘레 속력과 작은 바퀴의 둘레 속력의 비율에 비례해서 던지는 힘이 커진다는 것을 의심한 사람은 없었네. 하지만 이건 틀렸어. 다음과 같이 실험을 해서 보일 수 있어.

1/6야드 길이의 막대를 쓰면, 1야드 길이의 막대를 쓰는 것보다 돌멩이를 더 잘 던질 수 있어. 긴 막대를 한 바퀴 돌리는 동안 짧은 막대를 세 바퀴 돌려서, 돌멩이를 넣어 둔 긴 막대의 끝부분이 짧은 막대의 끝부분에 비해 두 배 빨리 움직이더라도 말일세.

사그레도 살비아티, 자네가 말한 것처럼 될 거라고 나는 믿네. 하지만 물체를 던질 때, 같은 속력이 왜 다르게 작용하는지 이해할 수가 없군. 같은 속력이더라도 작은 바퀴인 경우가 큰 바퀴인 경우보다 돌멩이를 더 힘차게 던진다니 ……. 어떻게 해서 그렇게 되는지 설명을 해 주게.

심플리치오 이걸 못 깨닫다니 사그레도답지 않군. 자네는 모든 것을 순식간에 꿰뚫어 보곤 하잖아? 그런데 이 실험의 경우는, 거짓이 숨어 있는 걸 발견하지 못하다니 ……. 나는 그걸 찾아냈는데 말일세.

짧은 막대로 던지는 것과 긴 막대로 던지는 것은, 그 방법에 약간 차이가 있네. 돌멩이가 홈에서 빠져나와 날아가도록 하려면, 계속 똑같이 돌려서는 안 되지. 가장 빨리 돌 때 팔을 멈춰서, 막대의 속력을 줄여야 하네. 그렇게 해야 빠르게 돌고 있던 돌멩이가 그 힘 때문에 튀어 나가지.

긴 막대의 경우는 이게 잘 안 되네. 그 길이 때문에 약간 굽을 수 있으니 팔을 멈추어도 막대가 그에 따르지 않고, 어느 정도 거리를 돌멩이와 같이 움직이면서 돌멩이의 속력을 약간 늦추게 되지. 이건 어떤 장애물에 부딪혔을 때 돌멩이가 튀어 나가는 것과 다르네.

만약 두 막대가 어떤 장애물에 딱 부딪혀 돌멩이가 튀어 나갈 때, 둘이 같은 속력으로 움직이고 있었다면, 튀어 나가는 속력이 둘 다 같을 게 확실하지.

사그레도 심플리치오가 내게 도전을 했으니, 내가 거기에 답을 해야 하겠군. 자네가 한 말은 좋은 점도 있고, 나쁜 점도 있어. 거의 다 맞는 말이라서 좋은데, 요점에서 벗어났으니 나빠.

어떤 돌멩이를 빠른 속력으로 움직이게 하던 물체가 어떤 장애물에 딱 부딪히면, 돌멩이가 앞으로 튀어 나가는 건 사실이야. 이런 현상은 우리 주위에서 늘 볼 수 있어. 배를 타고 빠르게 움직이고 있었는데, 배가 어떤 장애물에 쾅 부딪히면, 배에 탔던 사람들은 모두 예상하지 못한 일이라, 이물 쪽으로 넘어져 구르게 돼.

만약 지구가 자전하다가, 지구가 도는 것을 방해하고 완전히 멈추게 만드는 장애물과 만난다면, 그때는 동물들, 건물들, 도시들은 물론이고 산, 호수, 바다 등등이 날아갈 걸세. 지구 전체가 부서지지 않으면 다행이지.

그러나 이건 우리의 주제에서 벗어나네. 지금 우리가 다루는 것은, 지구가 일정한 속력으로 평온하게 돌고 있으면 어떻게 되느냐 하는 것이야. 비록 그 속력이 아무리 빠를 지라도 …….

자네가 막대에 대해 이야기한 것도 어느 정도는 맞아. 그러나 살비아티가 이것을 제시한 까닭은, 지금 우리가 다루는 것과 이것이 정확하게 일치하기 때문이 아닐세. 다만 이건 속력이 어떤 식으로 증가할 때, 그에 따라서 물체를 집어 던지는 힘이 어떤 비율로 증가하는지 정확하게 조사해 보라고, 일종의 자극제로 제시한 것일 뿐이야.

예를 들어 지름이 10야드인 바퀴가 일정한 속력으로 돌아서, 둘레가 1분에 100야드 거리를 움직인다고 하자. 그로 인해 돌을 집어 던지는 힘이 있는 것인데, 만약 바퀴의 지름이 1,000,000야드이고, 회전 회수가 같다면, 그 힘은 100,000배가 될 건가? 살비아티는 그렇지 않다고 주장하고 있어.

나도 살비아티의 의견에 동의하지만, 그 까닭을 잘 모르겠어. 그래서 살비아티에게 물어보았잖아? 답을 듣고 싶구먼.

살비아티 나는 내 능력이 허락하는 한 자네들이 만족하도록 만들려고 여기에 있네. 내가 연구하는 것들이, 처음에 언뜻 보면 우리 주제에서 벗어난 것 같지만, 그것을 계속 따지고 들어가면, 그렇지 않음을 깨닫게 될 걸세. 그렇지만 우선, 움직이는 물체의 저항이 어떻게 되는지 사그레도가 관찰한 것을 이야기해 보게.

사그레도 지금까지 내가 관찰한 바, 움직이는 물체의 내부 저항은, 그 물체에 딸린 자연스러운 움직임과 반대로 움직이려고 할 때 나타나네. 예를 들어 무거운 물체는 아래로 떨어지려는 자연스러운 경향이 있기 때문에, 위로 옮기려고 하면, 물체가 저항하게 돼.

내가 여기서 '내부 저항'이라고 말한 까닭은, 자네가 뜻하는 게 이것인 것 같아서 일세. 외부의 저항은 여러 종류가 있고, 우연히, 돌발적으로 생기곤 하니까.

살비아티 내가 염두에 두었던 게 바로 그것일세. 자네의 명민함이 내 약삭빠름을 앞질렀군. 그러나 내가 질문 내용을 약간 보류해 두었다면, 자네의 답이 그걸 완전히 충족시키는지, 약간의 의문이 남아. 움직이는 물체는 그 본성 때문에, 그와 반대 방향으로 움직이려는 것에 대해 저항하지만, 그것 이외에도 움직임에 대해 저항하는 어떤 타고난 경향이 있는지도 몰라.

그러니 내 질문에 다시 답을 해 주게. 어떤 무거운 물체가 아래로 움직이려는 힘은, 그 물체를 위로 움직이려는 것에 저항하는 힘과 크기가 같다고 믿는가?

사그레도 그럼, 똑같지. 천칭에 무게가 같은 두 물체를 올려놓으면, 평형을 이뤄서, 그 상태를 계속 유지하잖아? 그 까닭이 바로 이것이지. 한 물체의 무게가 내리눌러서, 다른 물체를 위로 올리려고 하는데, 다른 물체의 무게가 거기에 대해 저항하며 버티지.

살비아티 잘 알고 있군. 한 물체가 다른 물체를 들어 올리도록 만들려면, 내리누르는 물체 쪽에 무게를 더해 주거나, 아니면 다른 물체의 무게를 약간 줄이면 되지.

그러나 위로 올리려는 것에 대해 저항하는 힘이 무게에서만 나온다면, 팔길이가 다른 대저울의 경우, 어떻게 100파운드 무게의 물체가 그에 대항해 버티는 4파운드 무게의 추를 들어 올리지 못하는가? 어떤 경우에는 4파운드짜리 추가 아래로 내려가며, 100파운드 무게의 물체를 들어 올리잖아? 대저울을 써서 물체의 무게를 재려고 할 때, 추는 이렇게 작용하잖아?

만약 움직이려는 것에 저항해 버티는 힘이 무게에서만 나온다면, 어떻게 대저울에 쓰이는 4파운드 무게의 추가 수백 파운드 나가는 물체의 무게에 저항해 버틸 수 있는가? 심지어 수백 파운드 무게의 저항을 꺾어 버리고, 그걸 들어 올리기도 하잖아?

사그레도, 그러니 무게만 갖고 따져서는 안 되네. 뭔가 다른 힘과 저항이 있음을 인정해야 하네.

사그레도 빠져나갈 구멍이 없군. 그 힘이 뭔지 말해 주게.

살비아티 팔길이가 같은 천칭의 경우는 이 힘이 존재하지 않네. 대저울은 천칭과 무엇이 다른가 생각해 보게. 그러면 이 새로운 현상의 원인을 찾을 수 있지.

사그레도 자네가 조리 있게 따지는 것을 들으니, 내 머릿속에 뭔가 어렴풋 떠오르는군. 이 두 기구는 무게와 움직임을 포함하고 있어. 천칭의 경우, 움직임은 같아. 따라서 한쪽의 무게가 다른 한쪽보다 더 나가야만 움직일 수 있어. 대저울의 경우, 가벼운 추가 무거운 물체를 움직일 수 있는 경우는, 그 물체가 가까운 거리에 매달려 있어서 움직이는 거리가 짧고, 추가 멀리에 매달려 있어서 큰 거리를 움직이는 경우일세.

이것을 보면, 무거운 물체가 짧은 거리를 움직일 때, 가벼운 물체가 큰 거리를 움직이면, 무거운 물체의 저항을 이길 수 있음을 알 수 있어.

살비아티 즉 가벼운 물체의 속력이 느린 물체의 무게와 맞먹는 셈이지.

사그레도 그 속력이 무게와 정확하게 맞먹는가? 예를 들어 4파운드짜리 추가 있고, 100파운드짜리 물체가 있을 때, 추가 거리 100을 움직이는 동안 물체가 거리 4를 움직인다고 하면, 둘은 힘이 똑같단 말인가?

살비아티 확실하네. 이건 여러 종류의 실험을 통해 보일 수 있어. 지금 당장은 대저울을 갖고 확인하는 것만 해도 충분할 거야.

대저울을 보면, 가벼운 추가 무거운 물체와 균형을 이뤄 버티고 있어. 대저울을 매달아 놓은 중심점에서 추까지의 거리와 물체까지의 거리의 비율이, 물체의 무게와 저울추의 무게의 비율과 같다면 말일세. 그 거리는 추나 물체가 움직일 때 반지름이 되지. 물체에 비해 추는 매우 가볍지만, 물체의 무거운 무게로도 이것을 들어 올리지 못해. 그 원인은, 물체가 1인치 내려갈 때 추가 100인치 올라가야 하니, 이 움직임의 커다란 차이에 있지.

여기에서 물체의 무게는 저울추 무게의 백 배라고 가정을 했네. 그리고 대저울의 중심점에서 추를 매단 지점까지의 거리는 물체를 매단 지점까지 거리의 백 배라고 하고. 물체가 1인치 움직이는 동안에 저울추가 100인치 움직인다는 말은, 저울추의 속력이 물체 속력의 백 배라는 말과 같아.

움직이는 물체의 속력에서 나오는 힘은 다른 움직이는 물체의 무게에서 나오는 힘과 맞먹을 수 있음을, 마음속에 기억하게. 이게 널리 알려진 법칙인 것처럼. 즉 무게가 1파운드인 물체가 속력이 100이라면, 그 물체는 무게가 100파운드이고 속력이 1인 물체와 같은 크기의 저항을 가져. 같은 무게의 두 물체가 같은 속력으로 움직이게 되면, 둘은 같은 크기의 힘으로 저항을 하네. 그러나 한 물체가 다른 물체보다 더 빠른 속력으로 움직이도록 만들면, 그 물체는 그에 비례해서 더 큰 힘으로 저항하게 돼.

이 사실들을 분명히 말했으니, 이제 우리 문제를 설명하도록 하겠네. 이해하기 쉽도록 그림을 그려서 보여 주지.

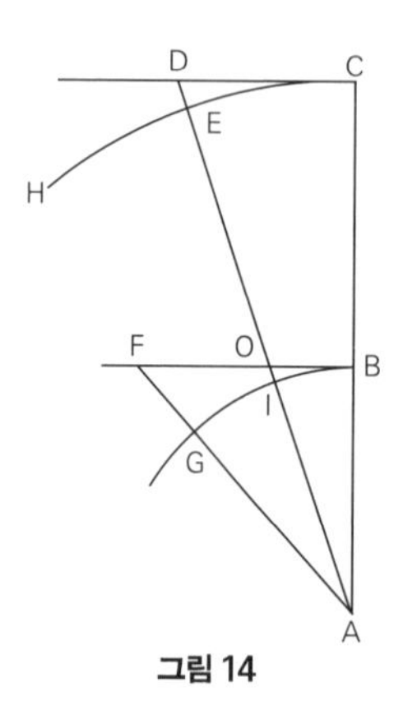

그림 14

크기가 다른 두 바퀴가 중점 A에 대해서 돈다고 하세. 작은 바퀴의 둘레를 BG로 나타내고, 큰 바퀴의 둘레를 CEH로 나타내자. 반지름 ABC는 수직이 되도록 하자. 점 B와 C에서 접선 BF와 CD를 그어라. 둘레를 따라 두 호의 길이가 같도록, BG와 CE를 잡아라.

두 바퀴가 둘레에서 같은 속력으로 돈다고 가정하자. 바꿔 말하면, 큰 바퀴가 CE 거리를 움직이는 동안, 작은 바퀴는 BG 거리를 움직인다고 하자. 예를 들어 2개의 돌멩이를 B와 C에 놓으면, 돌멩이 B가 호 BG를 따라 움직이는 동안, 돌멩이 C는 호 CE를 따라 움직일 것이다.

이때 작은 바퀴는 큰 바퀴보다 돌멩이를 더 힘차게 집어 던짐을 증명하겠네. 이미 앞에서 설명했지만, 돌멩이는 접선 방향으로 날아가게 된다. 돌멩이 B와 C가 그 지점에서 바퀴로부터 떨어져 나가 움직이기 시작한다면, 그들은 돌 때 받은 속력 때문에 접선 BF와 CD를 따라 움직인다. 이 둘은 속력이 같았으니까, 접선 BF와 CD를 따라 같은 속력으로 움직일 것이다. 외부의 힘이 작용하지 않는다면 말일세. 사그레도, 그렇겠지?

사그레도 내가 보기에도 그렇게 될 것 같아.

살비아티 그런데 이들이 실제로 접선 방향으로 던져졌을 때, 이들이 접선에서 벗어나 움직이도록 만드는 외부의 힘은 어떤 것이 있는가?

사그레도 자신의 무게 때문이거나, 또는 접착제로 그게 바퀴에서 떨어지지 못하도록 붙여 놓았거나.

살비아티 어떤 물체가 접선을 따라 움직이려고 하는데, 그게 접선에서 벗어나도록 만들려면, 접선에서 얼마나 많이 또는 적게 벗어나느냐에 따라 필요한 힘도 크거나 또는 작거나 하겠지? 즉 이렇게 벗어날 때, 일정한 시간 동안에 얼마나 큰 거리를 지나야 하느냐에 따라 달라지겠지?

사그레도 그렇게 되겠지. 어떤 물체를 움직일 때, 속력이 빠르면 그에 비례해서 힘이 커져야 한다고, 방금 자네가 말했으니까.

살비아티 이 그림을 보게. 돌멩이가 작은 바퀴에서 던져졌으면 접선 BF를 따라가지만, 그러지 않고 바퀴에 붙어 있으려면, 자신의 무게 때문에 선분 FG만큼의 거리를 떨어져야 하네. 아니면 점 G에서 직선 BF로 수직 선분을 그어서, 그 거리만큼 떨어져야 하겠지. 그런데 큰 바퀴의 경우는 선분 DE만큼만 떨어지면 되지. 아니면 점 E에서 직선 DC로 수직 선분을 그어서, 그 거리만큼 떨어져야 하겠지. 이건 FG보다 훨씬 짧아. 바퀴가 크면 클수록 이 거리는 짧아져.

두 바퀴가 같은 시간 동안에 호 BG와 CE를 따라 움직일 때, 돌멩이 B는 FG 거리를 떨어져야 하니까, 다른 돌멩이가 DE 거리를 떨어져야 하는 것에 비해서 더 빨리 떨어져야 하네. 그러므로 돌멩이 B를 작은 바퀴에 붙어 있도록 만들기 위해서는, 돌멩이 C를 큰 바퀴에 붙어 있도록 만드는 것에 비해서 더 큰 힘이 필요하네.

바꿔 말하면, 큰 바퀴에서 물체가 던져지지 않도록 막기 위해서는, 작은 바퀴의 경우보다 더 작은 힘만 있어도 충분해. 즉 바퀴가 커지면 커질수록, 물체를 집어 던지려는 힘이 약해지네.

사그레도 내가 알고 있는 것들과 자네가 길게 설명해 준 것을 합치면, 아주 짤막하고 만족스럽게 결론을 내릴 수 있네. 같은 속력으로 돌고 있는 두 바퀴가, 두 돌멩이에 접선 방향으로 움직이도록 가하는 힘은 같은 크기이지만, 둘레 길이가 더 긴 쪽은 접선과 떨어진 거리가 짧기 때문에, 돌멩이가 둘레에서 떨어져 나가려는 욕심에 대해서, 약간씩 맛만 보여 주어 질리게 만든다. 그러니 돌멩이의 무게든 또는 접착제의 힘이든, 약간의 힘만 있으면, 그것이 바퀴에 붙어 있도록 할 수 있다.

작은 바퀴의 경우는 이게 성립하지 않는다. 접선 방향으로 움직이려는 것을 거의 허락하지 않고, 탐욕스럽게 돌멩이를 붙들고 있으려 하니, 돌멩이를 바퀴에 붙여 놓는 힘이 큰 바퀴의 경우와 같다면, 돌멩이는 뿌리치고 벗어나서, 접선 방향으로 움직일 수 있다.

도는 속력이 빨라지면, 그에 비례해서 집어 던지는 힘이 커진다고 믿었던 것은 잘못일세. 그걸 깨닫게 되었네.

관점을 바꿔서, 다음과 같이 생각해 보세. 바퀴가 커지면, 집어 던지는 힘이 약해지잖아? 그러니 바퀴가 점점 커지면서, 그 속력이 바퀴의 지름에 비례해서 빨라지면, 집어 던지는 힘이 작은 바퀴와 같을지도 모르지. 즉 큰 바퀴와 작은 바퀴가 회전수가 같다면 말일세. 만약 그렇다면, 지구의 자전으로 인해 물체가 허공으로 던져지는 것을 보려면, 조그마한 바퀴를 아주 느리게 돌려서, 24시간에 한 바퀴 돌도록 하면서, 거기에 붙어 있는 돌멩이들이 사방으로 던져지는지 관찰해 보아야 하겠지.

살비아티 지금 그걸 관찰해 볼 필요야 있겠나? 많은 위대한 철학자들이, 지구가 움직이지 않음을 보여 주는 확실한 증거라고 제시한 많은 예증들이, 언뜻 보면 그럴듯하지만 실제로는 무의미함을 보였으니, 이걸로 충분하네. 심지어 심플리치오도 어느 정도 수긍하도록 만들었으니, 오랜 시간 설명한 보람이 있군.

나는 지구가 움직인다고 주장하는 게 아닐세. 하지만 지구가 움직인다고 믿는 사람들의 신념이, 대다수 철학자들이 간주하듯이, 그렇게 우스꽝스럽고 어리석은 게 아니야.

심플리치오 무거운 물체가 탑에서 수직으로 떨어지는 것, 어떤 물체를 똑바로 위로 던졌을 때, 그게 동서남북 어디로든 조금도 치우치지 않고 바로 떨어지는 것 등등 지구가 자전하지 않는 증거로 제시한 것들에 대한 해명을 잘 보았네. 나는 지구가 움직인다는 이론을 도저히 믿을 수가 없었는데, 이제 어느 정도 의구심이 해소되었네.

그러나 또 다른 난점들이 떠오르는군. 나로서는 여기서 벗어날 수 없어. 아마 자네도 이 난점들은 해소할 수 없을 걸세. 이건 최근에 나온 것들이니, 자네도 아마 처음 들어볼 거야.

코페르니쿠스의 이론에 반대하는 두 명의 학자가 최근에 논박한 것이 있네. 하나는 과학에 대해서 쓴 조그마한 책(로허가 1614년에 쓴 『새로운 천문학 현상에 대한 논란과 수학적 토론』— 옮긴이)에 나오고, 다른 것들은 위대한 철학자이며 수학자인 사람이 아리스토텔레스의 의견에 동조해 천체들은 바뀌지 않는다고 주장한 책(키아라몬티가 1628년에 쓴 『새로운 별들의 종족』— 옮긴이)에 나오네.

여기에 보면, 혜성들은 물론이고, 1572년 카시오페이아자리(Cassiopeia), 1604년 궁수자리(Sagittarius)에 나타난 이른바 새로운 별들도 행성들의 궤도 바깥에서 생긴 게 아니고, 사실은 달의 궤도보다 더 안쪽에 있는 기본 원소들의 영역에서 생겼다고 증명해 놓았네. 튀코, 요하네스 케플러를 비롯한 많은 천체 관측자들이 틀렸음을 증명했어. 바로 그들의 무기로 그들을 무찔렀어. 즉 시차를 사용했지.

자네가 원하면, 이 두 사람의 논리를 보여 줄 수 있네. 나는 그 책들을 여러 번 꼼꼼히 읽었거든. 이것들을 보고, 얼마나 설득력이 있나 검토한 다음에, 말을 해 보게.

살비아티 우리는 지금 프톨레마이오스의 천동설과 코페르니쿠스의 지동설, 두 체계 중에 어떤 것이 옳은지 판단하기 위해서 찬반양론 모두를 제시하고 있으니, 이에 관계되는 모든 것을 빠뜨리지 말고 검토해야 하네.

심플리치오 그럼 우선 조그마한 책에 나오는 반론을 제시한 다음, 나중에 다른 책의 것을 이야기하겠네. 이 사람은 먼저 지표면이 적도 지점에서 도는 속력이 얼마인지, 다른 위도에서는 도는 속력이 얼마인지 계산을 했네. 시간당 얼마 거리를 움직이는지 계산했을 뿐만 아니라 그에 만족하지 않고, 1분, 1초에 얼마를 움직이는지 계산해 냈어.

그다음, 만약에 대포알이 달의 궤도에 놓여 있다면, 1분, 1초 동안에 얼마를 움직여야 하는지 정확하게 계산했어. 달의 궤도는 코페르니쿠스가 직접 계산해 낸 크기로 놓았지. 그러니 코페르니쿠스 편인 사람들이 핑계를 댈 수 없을 걸세. 이렇게 교묘하고 멋지게 계산을 해서, 무거운 물체가 거기에서 지구 중심까지 떨어지는 데 6일 이상이 걸린다고 증명했네. 무거운 물체는 지구 중심으로 자연히 떨어지니까.

신이 전능한 힘을 쓰거나 또는 천사를 시켜서, 매우 큰 대포알을 거기로 들어 올린 다음, 바로 우리 머리 위에서 떨어뜨렸다고 하세. 대포알이 지구 중심을 향해서 6일 이상의 시간이 걸리며 떨어지는 동안, 계속 우리 머리 위에 머문다니, 내 생각에도 그렇고 이 사람 생각도 그렇고, 그건 도저히 믿을 수가 없는 일일세. 지구와 같이 중심에 대해 6일 이상 계속 돌아야 하잖아? 적도에서는 대원이 지나는 평면에서 소용돌이금을 그려야 하고, 다른 위도에서는 원뿔에서 소용돌이금을 그려야 하고, 극 위에서는 직선을 따라 떨어지고 …….

이렇게 도저히 있을 수 없는 일을 제기한 다음, 그는 계속 심문을 하여 난점들을 차례차례 제기하고 확립해 나가네. 코페르니쿠스 추종자들은 이 난점들을 해결할 수 없어. 내가 기억하기로 이 난점들은 …….

살비아티 심플리치오, 잠시 말을 멈추게. 한꺼번에 새로운 것들을 그렇게 많이 쏟아 부으면, 내가 어떻게 감당하겠는가? 나는 기억력이 나빠. 그러니 하나하나 다루도록 하세.

나는 이미 달의 궤도에서 지구 중심까지 무거운 물체가 떨어지는 데 시간이 얼마나 걸리는지 계산한 적이 있네. 내가 기억하기로, 그렇게 긴 시간이 필요한 게 아닐세. 그 사람이 어떤 방법으로 계산했기에 그런 결과가 나왔는지 설명해 주게.

심플리치오 자신의 주장을 더욱더 강화하기 위해서, 그는 온갖 것들을 상대방이 유리하도록 가정했네. 물체의 떨어지는 속력이 달 궤도에서의 원운동 속력이라고 가정한 것이지. 시속 12,600 독일 마일 정도 되지.(독일 마일은 적도 둘레의 5,400분의 1이다. — 옮긴이) 이런 속력은 사실상 불가능하겠지. 하지만 가능한 한 조심스럽게, 상대방이 유리하도록 만들기 위해서, 이게 사실이라고 가정했네. 그럼에도 불구하고, 계산해 보니 6일 이상이 걸린다고 나왔어.

살비아티 그 사람 계산 방법은 이게 다인가? 이렇게 계산해 보니 6일 이상이 나오더란 말인가?

사그레도 그 사람이 지나치게 신중하게 말한 것 같군. 아, 떨어지는 물체의 속력을 자기 마음대로 정하는데, 그렇다면 6개월이나 6년 걸려야 지구에 닿도록 만들 수도 있잖아? 그런데 6일에 만족했으니 …….

살비아티, 내 기분을 돌릴 수 있도록, 자네가 계산한 방법을 이야기해 주게. 자네도 계산해 보았다고 말했지? 자네가 이 문제에 매달렸던 것은, 이 문제가 자네의 탁월한 능력을 필요로 하기 때문이 아니겠나?

살비아티 사그레도, 어떤 결론이 고상하고 위대한 것만 가지고는 부족하네. 그것을 다루는 방법이 고상해야지. 동물의 기관을 해부해 보면, 자연의 현명함과 신중함에서 나온 온갖 신비들을 발견할 수 있음을, 누구나 알고 있지. 그러나 해부학자가 동물 한 마리를 해부한다 치면, 도살자는 동물 천 마리를 난도질해 가르네. 내가 이 두 사람 중 누구로 분장하고 무대에 올라가야, 자네 요구를 충족시킬 수 있을까?

하지만 심플리치오가 소개한 학자의 엄청난 실패를 보고, 마음을 먹었네. 내가 기억하는 한, 내 방법을 자세히 설명해 주지.

그전에 말할 게 있는데, 아무리 생각해 봐도, 심플리치오가 그 사람의 계산 방법을 잘못 이야기한 것 같아. 대포알이 달의 궤도에서 지구 중심에 닿기까지 6일 이상이 걸린다는 계산 말일세. 심플리치오의 말대로 대포알의 떨어지는 속력이 달 궤도에서의 원운동 속력이라고 가정했다면, 그럼에도 이런 결론이 나왔다면, 그 사람은 기하학의 '기' 자도 모르는 사람이야.

그 사람이 가정한 것을 심플리치오가 우리에게 이야기했는데, 그 속에 포함된 엄청난 불합리한 면을 심플리치오가 발견하지 못하다니, 정말 이상하군.

심플리치오 내가 혹시 그 사람 이론을 잘못 전달했는지도 모르지. 하지만 나는 거기에서 아무 잘못도 발견할 수 없었네.

살비아티 자네가 말한 것을 내가 잘못 들었나? 대포알이 떨어지는 속력이 달 궤도에서의 원운동 속력과 같다고 가정했다고, 자네가 말했지? 그 속력으로 떨어질 때, 6일 넘게 걸린다고 말했지?

심플리치오 내가 기억하기로, 그렇게 쓰여 있었네.

살비아티 이 터무니없는 실수를 알아차리지 못했단 말인가? 알면서 모르는 체하는 게 아닌가? 원의 반지름은 둘레 길이의 6분의 1보다 작다는 것도 모른단 말인가? 어떤 물체가 원둘레를 따라 도는 것과 같은 속력으로 움직이면, 반지름을 지나는 데 걸리는 시간은 6분의 1 이하가 되지. 따라서 대포알이 둘레를 따라 돌던 그 속력으로 떨어지면, 4시간 안에 지구 중심에 닿을 수 있어. 한 바퀴 도는 데 24시간이 걸린다면 말일세. 이게 늘 같은 수직선 위에 머물려면, 그래야 하지.

심플리치오 뭐가 잘못되었는지 이제 깨달았네. 하지만 이게 그 사람 잘못이라고 돌리는 것은 부당한 것 같네. 아마 내가 그 내용을 잘못 말한 것이겠지. 남에게 잘못을 떠넘겨서는 안 되니, 그 사람 책이 있어야 하겠어. 사람을 보내서 그 책을 갖고 오게 할까?

사그레도 심부름꾼을 보낼까? 시간을 허비할 필요는 없으니, 그동안 살비아티가 계산한 걸 우리에게 보여 주게.

심플리치오 그 책은 내 책상 위에 펴져 있을 걸세. 코페르니쿠스를 반박하는 다른 책도 거기에 있네. 사람을 보내도록 하지.

사그레도 그 책도 갖고 오도록 하지. 만전을 기해야 하니까. 살비아티, 자네가 계산한 걸 설명해 주게. 방금 심부름꾼을 보냈네.

살비아티 우선, 다음 사실을 알아야 하네. 물체가 떨어질 때, 그 속력은 일정하지가 않다. 정지 상태에서 움직이기 시작해서, 점점 속력이 빨라진다. 이 사실은 널리 알려져 있고, 관찰돼 있어. 그런데 그 사람은 이걸 몰랐던 모양이지? 속력이 빨라진다는 말은 없고, 속력이 일정하다고 가정했으니 말일세.

그러나 이렇게 막연하게만 알아서는 안 돼. 속력이 어떤 식으로 빨라지는지, 그 비율을 알아야 하네. 지금까지 어떠한 철학자도 이것을 알지 못했는데, 우리의 절친한 동료 학자가 이것을 처음 밝혀냈어. 그가 쓴 것은 아직 출판되지 않았는데, 나와 몇몇 동료들에게 그걸 자신 있게 보여 주었어. 거기에 보면, 다음과 같이 증명해 놓았네.

무거운 물체가 가속이 되면, 그 움직이는 거리는 1에서 시작하는 홀수들과 같다. 예를 들어 시간을 어떤 일정한 간격으로 잘라나간다고 하자. 물체가 정지 상태에서 움직이기 시작해서, 첫 번째 시간 간격 동안에 1미터 거리를 지난다고 하자. 그러면 두 번째 시간 간격 동안에는 3미터 거리를 지나고, 세 번째 시간 간격 동안에는 5미터 거리를 지나고, 네 번째 시간 간격 동안에는 7미터 거리를 지나고, 이런 식으로 계속 홀수에 해당하는 거리를 지난다. 이것을 달리 표현하면, 물체가 정지 상태에서 출발해서, 어떤 시간 동안에 움직인 거리는, 그 시간의 제곱에 비례한다.

사그레도 이건 아주 놀라운 사실이군. 방금 자네가 말한 것을 수학을 써서 증명할 수 있나?

살비아티 순수하게 수학을 써서 보일 수 있네. 이것뿐만 아니라 떨어지는 물체와 공중에 던진 물체의 움직임에 관한 많은 종류의 멋진 법칙들이 있네. 우리의 동료 학자가 모든 것을 발견하고 증명했어. 나도 그것들을 보고 공부했네. 매우 흥미 있고 즐거운 일이야.

이 분야에 대해서 완전히 새로운 과학이 생겨났어. 옛날부터 지금에 이르기까지 이 분야에 대해 쓴 책은 수백 권이 넘지만, 우리의 동료 학자가 발견한 여러 가지 놀라운 법칙들은, 단 하나도 다른 사람들이 관찰했거나 설명해 놓은 게 없네.

사그레도 자네 말을 들으니, 지금 우리가 토론하는 것들을 제쳐 두고, 자네가 언급한 그 법칙들과 증명을 보고 싶군. 지금 당장 이야기해 주게. 만약 지금 할 수 없다면, 나중에 따로 시간을 내어서 설명해 주겠다고 약속해 주게. 심플리치오, 자연 현상의 가장 근본이 되는 이 성질과 특성에 대해 알고 싶으면, 자네도 같이 듣도록 하게.

심플리치오 나도 그러고 싶네. 하지만 물리학에 대해서는 자질구레한 세부 사항까지 다룰 필요는 없다고 생각하네. 운동에 대한 일반적인 지식,

자연 운동과 강제 운동의 차이, 속력이 일정한 운동과 가속이 되는 운동의 차이 등등만 알면 충분하지. 만약 이것들만으로 충분하지 않다면, 아리스토텔레스가 부족한 것들을 빠뜨리지 않고 우리에게 가르쳤겠지.

살비아티 그랬을지도 모르지. 그러나 지금 여기에 시간을 빼앗기지는 마세. 나중에 반나절 정도 따로 시간을 내어서, 자네들이 만족하도록 이것을 다루도록 하지. 우리가 이미 다루기 시작한 계산 문제로 돌아가세.

무거운 물체가 달의 궤도에서 지구 중심까지 떨어지는 데 시간이 얼마나 걸리는지 알아내 보세. 이것을 주먹구구식으로 적당히 추측하는 게 아니라, 엄밀하게 계산하기 위해서, 우선 100야드 정도의 높이에서 쇠공이 떨어지는 데 걸리는 시간이 얼마인지, 실험을 되풀이해 재어 보아야 하네.

사그레도 달 궤도에서 떨어지는 공은 이 유한한 높이에서 떨어지는 공과 똑같은 것이라고 가정해야겠지?

살비아티 아니, 공은 달라도 상관이 없어. 공의 무게가 1파운드든 10파운드든 100파운드든 1,000파운드든, 100야드 높이에서 떨어지는 데 같은 시간이 걸려.

심플리치오 아니, 그럴 리가 있는가? 자네는 아리스토텔레스의 책을 본 적이 없는 모양이지? 무거운 물체들이 떨어질 때, 그 속력은 무게에 비례한다고 쓰여 있네.

살비아티 심플리치오, 자네는 그걸 믿고 있는가? 그렇다면 같은 물질로

100파운드짜리 공과 1파운드짜리 공을 만들어서, 100야드 높이에서 떨어뜨리면, 큰 공이 땅에 닿을 때, 작은 공은 겨우 1야드 떨어졌겠군. 심플리치오, 큰 공이 100야드 높이에서 떨어져 땅에 닿을 때, 작은 공은 꼭대기에서 겨우 1야드 떨어진 것을 머릿속에 그릴 수 있겠는가?

심플리치오 이 법칙이 완전히 틀렸음은 나도 인정하네. 그러나 자네의 법칙이 정말로 맞는지 여부를 나로서는 확신하지 못하겠어. 그렇지만 자네가 그렇게 자신 있게 말을 하니, 나도 믿도록 하겠네. 아마 확실하게 실험을 해 보았거나, 아니면 엄밀하게 증명을 한 모양이지?

살비아티 둘 다이지. 우리가 나중에 물체가 떨어지는 것을 다룰 때, 이것들을 자네에게 이야기하겠네. 지금 당장은 우리가 다루는 것에서 벗어나지 않도록 하기 위해서, 100파운드짜리 쇠공을 100야드 높이에서 떨어뜨리는 실험을 여러 번 되풀이했더니, 시간이 늘 5초 걸리더라고 가정하세.

내가 이미 말했지만, 떨어지는 물체가 지나는 거리는 시간의 제곱에 비례해서 늘어나네. 1분에는 5초가 열두 번 들어 있어. 12의 제곱인 144를 100야드에다 곱하면 14,400야드가 돼. 이게 바로 물체가 1분 동안 움직이는 거리이지.

같은 방식으로 계산하면, 1시간은 60분으로 되어 있으니, 60을 제곱한 3,600을 1분간 지나는 거리인 14,400야드에다 곱하면, 1시간에 51,840,000야드를 떨어짐을 알 수 있어. 이것은 17,280마일이지. 4시간 동안 떨어지는 거리를 알고 싶으면, 4의 제곱인 16을 17,280에다 곱하면 돼. 그러면 276,480마일이 나와. 이건 지구 중심에서 달 궤도까지의 거리보다 훨씬 길어.

달 궤도까지의 거리는 196,000마일이지. 달 궤도까지의 거리는 지구 반지름의 56배라고 놓고 계산했네. 이 사람이 그렇게 놓았듯이 말일세. 그리고 지구 반지름은 3,500마일이고, 1마일은 3,000야드이고. 이것은 이탈리아 마일을 사용해 계산한 것일세.

심플리치오, 방금 자네가 보았듯이, 달 궤도에서 지구 중심까지 물체가 떨어지는 데 걸리는 시간은 4시간 미만일세. 자네가 내세운 학자는 6일 넘게 걸린다고 했지만, 실험에 바탕을 두고 엄밀하게 계산을 해야지, 그렇게 주먹구구로 계산해서야 쓰겠나? 정확하게 계산을 해 보니, 3시간 22분 4초가 나왔어.

사그레도 아니, 그렇게 정확하게 계산할 수 있나? 그 계산 과정을 보여 주게. 아주 멋질 것 같아.

살비아티 그럼, 멋지고말고. 내가 이미 말했듯이, 매우 조심스럽게 관찰을 해 보니, 물체는 100야드 높이에서 떨어지는 데 5초가 걸린다는 결과가 나왔어. 100야드를 5초에 지나면, 지구 반지름의 56배인 588,000,000야드를 지나는 데 몇 초가 걸릴까?

이것을 구하기 위해서 세 번째 수에다 두 번째 수 5의 제곱을 곱해 봐. 그러면 14,700,000,000이 돼. 이것을 첫 번째 수 100으로 나눈 다음, 제곱근을 잡아. 그러면 12,124가 돼. 즉 12,124초가 돼. 이것은 3시간 22분 4초이지.

사그레도 어떻게 계산해서 그렇게 나왔는지 알겠는데, 그렇게 계산하면 되는 까닭을 모르겠네. 그걸 물어봐도 되겠나?

살비아티 묻지 않더라도 내가 답해 주지. 이건 아주 쉬워. 첫 번째 수를 A라고 놓고, 두 번째 수를 B라고 놓고, 세 번째 수를 C라고 놓자. 여기서 A, C는 거리를 나타내고, B는 시간(단위는 초)을 나타낸다. 찾고자 하는 네 번째 수도 역시 시간을 나타낸다.

거리 A와 거리 C의 비율은, 시간 B의 제곱과 우리가 찾고자 하는 시간의 제곱과의 비율과 같다. 이 비례식에 따라서, C에다 B의 제곱을 곱한 다음에, A로 나눈다. 그 결과를 제곱근을 잡으면, 우리가 찾던 시간이 나온다. 어때? 아주 쉽지?

100	5	588000000	
A	B	C	25
			14700000000

$$\begin{array}{r} 1\ 2\ 1\ 2\ 4 \\ \sqrt{147000000} \end{array}$$

$$60\,\overline{)\,12124}$$

202

3

사그레도 모든 진리는 알고 난 다음에는 쉽거든. 알아내는 게 문제이지. 이제 확실하게 알았어. 정말 고맙네. 이 문제에 관해서 다른 재미있는 사항이 있으면, 제발 이야기해 주게. 나는 자네와 토론하면서, 새롭고 신기한 것들을 많이 배웠어. 심플리치오가 있는 자리에서 이런 말을 해서 미안하지만, 솔직히 말해서 심플리치오의 철학자들에게서는 중요한 걸 배운 게 아무것도 없어.

살비아티 이런 운동에 대해서 말하고 싶은 것은 얼마든지 많이 있어. 하지만 나중에 따로 시간을 내서 다루기로 약속했으니, 지금은 참겠네.

심플리치오가 소개한 이 학자의 이론에 대해서, 한 가지 짚고 넘어갈 게 있네. 이 사람은, 대포알이 달의 궤도에서 떨어지는 속력이, 대포알이 그 궤도에 머물면서 하루에 한 바퀴 돌 때의 속력과 같다고 가정했지. 그가 보기에는 이게 상대방들에게 아주 유리하도록 만든 것 같았지. 내가 말하겠는데, 대포알이 달 궤도에서 떨어지면서 얻는 속력은, 대포알이 그 궤도에 머물면서 하루에 한 바퀴 돌 때의 속력보다 훨씬 빨라. 나는 이걸 멋대로 추측해서 주장하는 게 아니야. 옳은 게 확실한 가정을 바탕으로 증명할 수 있어.

자네들이 알아 둬야 될 것은, 물체가 떨어지면서 이런 비율로 속력을 얻어 점점 빨라지면, 그 물체가 직선을 따라 움직이던 어느 순간이든 만약 그 순간의 속력을 계속 유지하며 움직인다면, 그때까지 걸린 시간과 같은 시간 동안 물체는 그때까지 움직인 거리의 두 배를 움직인다는 사실이야. 예를 들어 쇠공이 달의 궤도에서 지구 중심까지 떨어지는 데 3시간 22분 4초가 걸렸다면, 중심에 닿았을 때의 속력을 계속 유지하며 쇠공이 움직이면, 3시간 22분 4초 동안에 그 거리의 두 배를 움직일 수 있어. 즉 달 궤도의 지름만큼 움직일 수 있어.

달 궤도에서 중심까지의 거리는 196,000마일이야. 이 거리를 쇠공이 3시간 22분 4초만에 지나갔어. 앞에서 말한 것에 따르면, 만약 쇠공이 중심에 이르렀을 때의 속력으로 계속 움직이면, 쇠공은 3시간 22분 4초 동안에 그 거리의 두 배인 392,000마일을 지날 수 있네. 달 궤도의 둘레 길이는 1,232,000마일이니, 쇠공이 하루에 한 바퀴씩 궤도를 따라 돈다면, 3시간 22분 4초 동안에 172,880마일을 지나게 돼. 이것은 392,000마일의 절반보다도 훨씬 짧아. 그러니 궤도를 따라 움직이는 속력이, 이 사람의 주장과 달리, 그렇게 엄청나게 빠른 게 아닐세. 떨어지는 물체가 그 속력을 가진다 하더라도 이상할 게 없어.

사그레도 무슨 말인지 잘 알겠네. 하지만 내가 완전히 만족하려면, 물체가 가속이 되면서 떨어지다가 그 순간까지 얻은 최고 속력을 계속 유지하면서 움직인다면, 그때까지 걸린 시간과 같은 시간 동안 그때까지 움직인 거리의 두 배를 움직인다고 했는데, 이게 왜 이렇게 되는지 알아야 되겠어. 자네는 전에도 이 법칙이 성립한다고 말했지만, 증명하지는 않았거든.

살비아티 우리의 절친한 동료 학자가 이것을 증명했네. 나중에 적당한 때가 되면 보여 주지. 우선 몇 가지 가설을 제시하고 싶어. 자네들에게 새로운 것을 가르치기 위해서가 아니라, 자네들이 갖고 있는 편견을 없애고, 실제 현상이 어떻게 되는지 보여 주기 위해서일세. 가늘고 긴 실에 납 공을 묶어서 천장에 매달아 놓았다고 하세. 납 공을 잡아당겼다가 놓으면, 그게 수직이 되도록 움직인 다음, 자연히 계속 움직여서 원래와 거의 같은 높이로 올라가지?

사그레도 나도 본 적이 있네. 공이 무거울 때 보면, 그게 내려온 것과 거의 같은 높이만큼 올라가서, 내려온 거리와 올라간 거리가 같다는 생각이 들 때도 있었어. 그러니 영원히 계속 진동할 수 있지 않을까 하고 생각하기도 했어. 만약 공기의 저항만 없다면, 그렇게 될 거야. 진자가 움직일 때, 공기가 갈라지지 않으려고 저항을 하니까, 진자의 움직임이 약간씩 방해를 받아. 물론, 공기의 방해는 아주 약해. 진자가 완전히 멈추기까지 수천 번 진동을 하는 걸 보면 알 수 있어.

살비아티 사그레도, 공기의 방해를 완전히 없애더라도, 진자가 영원히 진동할 수는 없네. 얼핏 눈에 띄지 않는, 또 다른 방해가 있어.

사그레도 그게 뭔가? 난 아무것도 생각나는 게 없는데.

살비아티 자네가 그걸 알게 되면 아주 즐거워 할 거야. 나중에 이야기해 주겠네. 지금은 하던 이야기를 계속하겠네.

진자를 관찰해 보면, 호를 그리며 자연히 내려오면서 얻은 운동량은, 그 공을 같은 길이의 호만큼 올라가도록 만들기에 충분한 힘임을 알 수 있어. 외부의 모든 저항이 없다면 말일세. 호를 그리며 내려올 때, 속력이 점점 빨라져서, 가장 낮은 지점에 이르러 줄이 수직이 되었을 때, 속력이 가장 빠르지. 공이 호를 그리며 최고점으로 올라가는 동안에는 속력이 점점 줄어들지. 올라갈 때 속력이 줄어드는 것은, 내려올 때 속력이 빨라지는 것과 같은 비율이 돼. 바꿔 말하면, 최저점에서 같은 거리에 있는 두 지점을 지날 때, 속력이 서로 같아.

이것을 염두에 두고, 자유롭게 상상을 해 보았지. 만약 지구 중심을 지나도록 굴을 뚫은 다음에 대포알을 떨어뜨리면, 대포알이 지구 중심으로 떨어지면서 얻은 속력과 운동량은, 그 대포알이 중심을 지나서 원래 떨어진 높이만큼 다시 올라가도록 만들기에 충분하다고 믿어도 되겠지? 중심을 지난 다음에는 속력이 점점 줄어드는데, 속력이 줄어드는 비율은 떨어질 때 속력이 빨라지는 것과 같아. 이렇게 올라가는 데 걸리는 시간은 떨어지는 데 걸린 시간과 같음을 알 수 있어.

올라가는 동안 속력은 점점 줄어들어서 결국에는 완전히 0이 되지. 이렇게 올라가는 동안, 공이 중점에서 가진 최고 속력을 발휘하는 거리와 시간은, 그 공이 내려오는 동안 최고 속력을 발휘하는 거리와 시간과 같아. 공은 내려오는 동안 최고 속력을 얻을 때까지, 최고 속력을 발휘하는 거리와 시간은 전혀 없지. 만약에 공이 최고 속력을 유지하며 움직이면, 같은 시간 동안 그 공이 움직이는 거리는, 떨어진 거리와 올라간 거리를 합친 것과 같다고 추론할 수 있어.

공의 속력이 빨라졌다 느려졌다 하는 것을 숫자로 써 보세. 다음에 나와있는 숫자들처럼, 속력이 점점 빨라져서 10이 되었다가, 점점 줄어들어 0이 된다고 하세. 떨어지는 동안의 속력을 올라가는 동안의 속력과 더하면, 그것은 계속 최고 속력을 유지하는 것과 같은 숫자가 되지.

0

1

2

3

4

5

6

7

8

9

10

9

8

7

6

5

4

3

2

1

0

그러므로 공이 이렇게 속력이 빨라졌다가 느려지면서 움직인 총 거리는(이 경우 지구의 지름), 최고 속력을 가지고 빨라지고 느려지고 하는 속력들의 절반 횟수만큼(절반 시간 동안) 움직이는 거리와 같다. 내 표현이 약간 불명확해 보이는군. 자네들이 이해할 수 있으면 다행이겠네.

사그레도 나는 잘 이해했네. 내가 실제로 이해했음을 자네에게 보여 주겠네. 물체가 정지 상태에서 움직이기 시작해서, 속력이 일정한 비율로 빨라지면, 그 속력을 1에서 시작하는 정수로 나타낼 수 있다. 아니, 정지 상태에서 출발하니까, 0에서 시작해야 하겠군.

정수를 차례대로 원하는 만큼 써 나가라. 예를 들어 0에서 출발하여 최고 속력이 5가 되었다면, 이 속력들을 다 더하면, 물체는 15만큼의 거리를 움직였음을 알 수 있다. 물체가 이 최고 속력으로 같은 횟수만큼 움직였다면, 움직인 거리는 위의 두 배가 되어 30이 된다.

0

1

2

3

4

5

바꿔 말하면, 물체가 같은 시간 동안 최고 속력 5를 계속 유지하며 움직였을 때 그 거리는, 물체가 정지 상태에서 출발해 가속이 되어 최고 속력이 될 때까지 움직인 거리의 두 배가 된다.

살비아티 자네는 정말 명민하네. 그렇게 빨리 이해하다니. 그걸 내가 설명한 것보다 더 알기 쉽게 설명했어. 자네 설명을 들으니, 한 가지 덧붙여야 할 게 떠올랐어. 속력이 빨라지는 정도는 죽 이어져 있으니, 그 속력들을 어떤 끊어져 있는 숫자로 표현할 수 없다. 속력은 시시각각 계속 바뀌니까, 무한히 많이 있다.

그림을 그려서 설명하는 게 좋겠군. 직각삼각형 ABC를 그려라. 변 AC를 어떤 개수라도 좋으니까, 같은 길이의 부분들 AD, DE, EF, FG, GC로 나눠라. 밑변 BC와 평행하도록, 점 D, E, F, G에서 선분을 그어라. 변 AC를 따라 갈라 놓은 부분들은, 일정한 시간 간격을 나타낸다고 생각하자. 점 D, E, F, G에서 그어 놓은 평행선들은, 그 순간의 속력을 나타낸다. 속력은 일정한 시간의 흐름에 따라서, 일정하게 빨라진다.

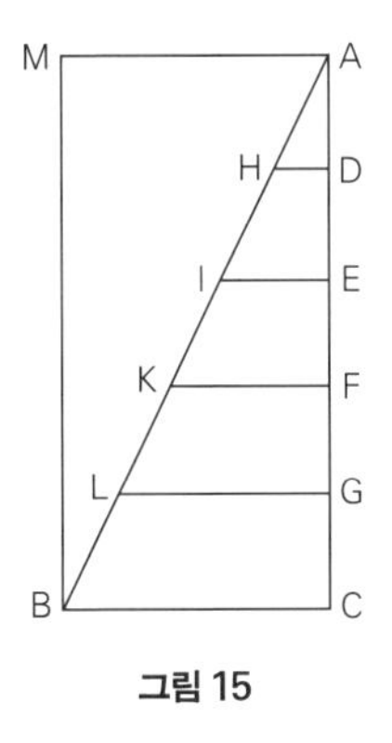

그림 15

점 A는 정지 상태를 나타낸다. 물체가 움직이기 시작해서, 시간 AD

가 흐르는 동안, 속력 DH를 얻는다. 다음 시간 동안에, 물체의 속력은 DH에서 EI로 빨라지고, 그다음 시간이 흐르면 FK, 그다음 시간이 흐르면 GL, 이런 식으로 계속 속력이 빨라진다.

그러나 사실, 속력은 매 순간순간 계속 빨라지는 것이지, 시간의 마디마디에 따라 띄엄띄엄 빨라지는 것이 아니다. 점 A는 물체가 최저 속력 0을 가진 상태를 나타낸다. 물체가 시간 AD 동안에 속력 DH를 얻지만, 그러는 동안, 그보다 느린 모든 속력들의 단계를 거쳐야 함이 명백하다. 그 속력들은 무수히 많은데, 구간 AD의 무수히 많은 점들에 대응해서 시간 AD에는 무수히 많은 순간들이 있으니, 매 순간순간 그 속력들을 가진다.

즉 속력이 DH가 되기 전에, 무수히 많은 속력들이 나타나는데, 그 속력들은 선분 AD에 있는 점들을 지나고 DH와 나란한 수평 선분들로 생각할 수 있다. 그것들은 무수히 많고, A에 가까이 가면, 점점 더 짧아진다. 이 무수히 많은 선분들을 모으면, 삼각형 AHD라는 도형이 된다.

그러므로 어떤 물체가 정지 상태에서 움직이기 시작해서, 일정하게 가속이 되면서 점점 더 빨리 움직이면, 그 물체가 어떤 거리를 지나가는 동안, 무수히 많은 속력들의 단계를 거치고, 그 속력들을 사용하게 된다. 점 A에서부터 시작해서, HD, IE, KF, LG, BC처럼 평행선들을 무수히 많이 그어 나갈 수 있고, 이 평행선들은 무수히 많은 속력들과 대응하며, 이 과정은 얼마든지 계속할 수 있다.

이제 직사각형 AMBC를 그려 보자. 삼각형에 그려 놓은 평행선들은 물론이고, 변 AC의 모든 점들에서 무수히 많은 평행선들이 나온다고 생각할 수 있는데, 그 모든 평행선들을 변 MB까지 연장해서 그렸다고 생각하자. BC는 삼각형에 있는 평행선들 중 가장 긴 것이니까, 물체가 가속이 되면서 얻은 최고 속력을 나타낸다.

삼각형의 넓이는, 시간 AC 동안 그 물체의 속력들을 모두 모아서 더한 것이다. 그와 마찬가지로, 직사각형의 넓이는 그 시간 동안 속력들을 모두 모은 것인데, 여기서는 그 속력들이 모두 최고 속력 BC와 같은 경우이다. 이렇게 속력들을 모두 모으면, 삼각형에서 증가하는 속력들을 모두 모은 것의 두 배가 된다. 직사각형의 넓이가 삼각형 넓이의 두 배이듯이. 그러므로 어떤 물체가 떨어지면서 삼각형 ABC가 나타내는 속력들에 따라 움직여서 어떤 시간 동안 어떤 거리를 지났다면, 그 물체가 직사각형이 나타내는 일정한 속력에 따라 움직일 때는 같은 시간 동안 가속이 되면서 움직인 거리의 두 배 거리를 움직이게 됨을 짐작할 수 있다.

사그레도 나는 완전히 설득되었네. 아니, 이걸 갖고 짐작할 수 있다고 말하다니! 이보다 더 확실한 증명이 어디 있나? 보통의 철학 전부를 뒤져 보아도, 이보다 더 확실하게 증명해 놓은 것은 없을 걸세.

심플리치오 물리 현상에 대해서는 수학적으로 엄밀하게 증명을 할 필요가 없지.

사그레도 물체의 움직임에 관한 문제는 물리란 말이지? 아리스토텔레스는 그에 관해서 아주 기본이 되는 것조차 증명해 놓은 게 없으니 …….
그러나 주제에서 벗어나지 말아야지.

살비아티, 매질이 갈라지지 않으려고 버티는 데에서 진자는 저항을 받는데, 그 이외에도 진자를 멈추게 만드는 어떤 저항이 있다고 자네가 말했지. 그게 뭔지 말해 주게.

살비아티 만약 두 진자의 길이가 다르다면, 길이가 긴 진자가 진동하는 것이 더 느리겠지?

사그레도 그래. 수직인 위치에서 움직이는 거리가 다르다면 말일세.

살비아티 아니, 그건 차이가 없어. 같은 진자는 진폭이 크든 작든, 일정한 시간 동안 같은 횟수 진동을 하네. 수직 상태에서 더 멀리 움직이든 더 가까이 움직이든. 음, 완전히 같은 건 아니지만, 그 차이는 하도 작아서 무시할 수 있어. 실험을 해 보면 알 수 있네. 하지만 그게 크게 차이가 난다면, 지금 내가 주장하려는 것에 오히려 도움이 되지.

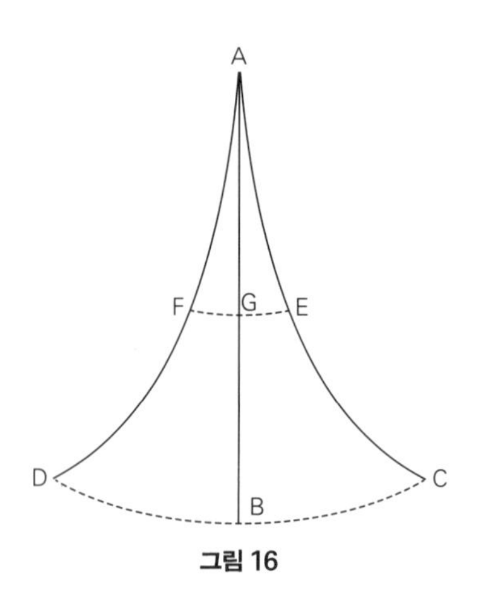

그림 16

수직선 AB를 그어라. 점 A에 어떤 줄 AC를 매단 다음에, C에다 추를 묶어라. 그리고 줄 가운데에 다른 추 E를 묶어라. 줄 AC를 수직 상태에서 잡아당긴 다음에 놓아 보자. 그러면 추 C와 추 E는 곡선 CBD와 EGF를 따라 움직인다.

추 E는 묶여 있는 길이가 짧고, 움직이는 거리도 짧으니까, 자네가 말했듯이 더 빨리 움직여서, 추 C보다 진동을 더 빨리 한다. 그러니 추 C가 멀리 D로 움직이는 것을 방해한다. 이런 방해가 없다면, 추 C는 D까지 자유롭게 움직일 수 있다. 진동할 때마다 이렇게 방해를 하니, 결국에는 이게 진동을 멈추게 한다.

이 줄 가운데에 매단 추를 없애도, 이 줄은 많은 무게를 매단 진자처럼 작용한다. 줄의 각 부분들이 진자의 추가 되기 때문이다. 점 A에 가까우면 가까울수록 진동을 더 자주 하려고 하니까, 이것이 끊임없이 추

C의 움직임을 방해하게 된다.

이 사실은 줄의 모습을 보면 알 수 있다. 줄은 팽팽하게 당겨진 모양이 아니고, 곡선을 그리게 되기 때문이다. 줄 대신에 체인을 쓰면, 이 현상을 더욱 분명하게 볼 수 있다. 추 C가 수직선 AB에서 멀리 떨어져 있을 때 특히 그렇게 된다. 체인은 많은 마디마디로 구성되어 있고, 각 부분이 상당히 무겁기 때문에, AEC와 AFD는 상당히 많이 굽어 있는 모습이 된다. 체인의 각 마디마디가 점 A에 얼마나 가깝냐에 따라, 그만큼 더 진동을 많이 하려고 하니까, 추 C는 자연히 움직이려는 대로 움직일 수가 없다. 따라서 추 C의 진동은 점점 줄어들고, 공기의 저항이 없다 하더라도, 결국에 가서는 움직이지 않게 된다.

사그레도 어, 드디어 책이 도착했군. 심플리치오, 그 책을 받게. 문제의 부분이 어디인지 보여 주게.

심플리치오 여기 있네. 지구의 자전 운동을 논박하기 위해서 우선 공전 운동을 반박하고 나섰군. "코페르니쿠스의 이론은 지구가 공전을 한다고 주장하는데, 그 때문에 자전도 해야 한다. 만약 자전하지 않는다면, 지구의 한쪽 면은 늘 해를 향하고 있고, 다른 한쪽 면은 늘 해를 등지고 있게 된다." 즉 지구의 절반은 해를 영원히 볼 수가 없네.

살비아티 이 사람이 코페르니쿠스의 이론을 잘 모른다는 게 처음부터 드러나는군. 지구의 축이 늘 평행한 상태로 있다는 것을 깨달았다면, 지구의 절반이 절대 해를 못 보는 게 아니라, 1년이 하루가 된다고 말했을 걸세. 즉 지구의 모든 곳에서 6개월 동안 낮이 계속되다가, 그다음 6개월 동안은 밤이 계속되지. 실제로 극 근처에 살면 이렇게 돼. 하지만 이걸 갖고 너무 탓할 생각은 없네. 그다음으로 넘어가지.

심플리치오 계속 보겠네. "지구가 그렇게 도는 것은 불가능하다. 다음과 같이 증명할 수 있다." 그다음은 그림이 나오고, 그림에 대한 설명이 나오는군. 여러 종류의 무거운 물체들이 떨어지고 있고, 가벼운 물체들은 위로 올라가고 있고, 새들은 허공을 날고 있고 …….

사그레도 어디, 나도 좀 보세. 으아, 아주 멋진 그림이군. 이 새들 좀 보게! 이 공들은 또 어떻고! 아니, 여기 있는 이것들은 뭔가?

심플리치오 그것들은 공들이 달의 궤도에서부터 떨어지는 것일세.

사그레도 이건 또 뭔가?

심플리치오 그건 달팽이일세. 여기 베네치아에서는 보볼리라고 부르지. 그것도 역시 달에서부터 떨어지고 있네.

사그레도 아하, 그렇구나! 그렇기 때문에 달이 갑각류에게 큰 영향을 끼치는구나!

심플리치오 내가 말했던 계산이 여기에 나오네. 적도에서와 위도 48°인 곳에서, 지구가 1일, 1시간, 1분, 1초 동안 얼마 거리를 움직이는지 계산해 놓았네. 그다음에 내가 잘못 인용했던 대목이 나오는군. 내가 읽어 보겠네.

"이것들을 가정한 다음, 만약 지구가 자전을 하면, 공중에 있는 모든 것들이 지구와 같이 돌아야 한다. 같은 크기와 같은 무게인 공들을 달 궤도에 놓고, 자유롭게 떨어지도록 하면, 그것들이 떨어지는 속력이 궤도를 따라 돌 때의(그러나 이것은 다른 경우이다. 공 A는 ……) 속력과 같다고 하면, 그것들이 떨어지는 데 적어도 6일이 걸린다. 우리의 논적들에게 많이 양보해 주어도 그렇다. 6일 동안, 그것들은 지구를 따라 여섯 바퀴 돌아야 한다."

살비아티 자네는 이 사람의 반론을 충실하게 잘 전달했군. 심플리치오, 자네도 보아서 알겠지만, 그들 자신도 믿지 않는 것을 남들이 믿도록 만들려는 사람들을 조심해야 하네.

원의 지름이 둘레 길이의 3분의 1 미만이라는 것은, 수학자라면 누구나 다 아는 사실인데, 이 사람은 지름이 둘레 길이의 열두 배가 넘는 원을 머릿속에 그리고 있었어. 어떻게 그런 실수를 깨닫지 못할 수가 있나? 1보다 작은 것을 36보다 크다고 놓다니 …….

사그레도 수학을 써서 계산한 비율은 너무 추상적이어서, 물리 문제나 실제 물체들이 그리는 원에는 해당하지 않는 모양이지? 하지만 통메장이들이 원통의 밑면 반지름을 구하는 걸 보니까, 추상적인 수학 공식을 쓰던데. 그 밑면은 물질로 만든 구체적인 사물임에도 말일세.

심플리치오, 자네가 이 학자를 변호해 보게. 수학 이론과 물리 현상이 그렇게 큰 차이가 나는지 말해 보게.

심플리치오 차이가 너무 크니 변명할 여지가 없군. 원숭이도 나무에서 떨어질 때가 있는 법이지. 그렇지만 살비아티의 계산이 옳다 하더라도, 공이 떨어지는 데 걸리는 시간이 3시간 남짓하다 하더라도, 달의 궤도에서부터 떨어지는 공이 그렇게 먼 거리에 있으면서, 계속 지구를 따라 돈다는 것은 믿기가 어렵네. 원래 위치했던 지표면의 그 지점 위에 계속 머물 수 있겠는가? 멀리 뒤처지지 않을까?

살비아티 이 현상은 놀라울 수도 있고, 또는 자연스럽고 당연해서 조금도 놀랍지 않을 수도 있어. 그 전에 어떻게 되어 있었는지에 달렸지. 만약 이 사람이 가정한 것처럼, 공이 달 궤도에 있을 때 24시간에 한 바퀴씩 돌고 있었다면, 그리고 달 궤도 안쪽에 놓여 있는 지구를 포함한 모든 것들이 그렇게 돌고 있었다면, 공이 떨어지는 동안에도 그 전의 힘이 계속 작용해서 지구를 따라 돌도록 만들겠지. 그 공은 지구의 회전을 따라오지 못해 뒤로 처지기는커녕, 오히려 지구를 앞질러 갈 수도 있어. 지구에 가까워지면, 점점 더 작은 원을 그려야 하잖아? 그러니 그 공이 원래 궤도를 돌 때의 속력을 유지한다면, 그 공은 지구가 도는 것을 앞질러 가겠지.

만약 공이 궤도에 놓여 있을 때 조금도 돌지 않았다면, 그 공은 떨어지는 동안 원래 있었던 위치에 계속 머무는 게 아닐세. 코페르니쿠스는 물론이고, 그의 지지자들 중 누구도 그것을 주장하지는 않네.

심플리치오 무거운 물체와 가벼운 물체가 원운동을 한다면, 그것들이 어떤 원인 때문에 그렇게 움직이는지 밝히라고, 이 학자는 요구할 걸세. 내부의 요인인지, 아니면 외부의 요인인지 …….

살비아티 지금 이 문제에서 벗어나지 않으면서 말하겠는데, 달 궤도에 있을 때 그 공이 돌도록 한 힘이, 그 공이 떨어지는 동안에도 지구를 따라 돌도록 만드네. 그게 내부의 힘인지 외부의 힘인지는, 그 사람 마음대로 하라고 그래.

심플리치오 그는 내부의 힘도, 외부의 힘도 될 수 없다고 증명할 걸세.

살비아티 그렇다면 이 공은 궤도에 있을 때 돌지 않고 있었군. 그럼 이게 떨어지는 동안, 같은 지점 위에 머무르는 까닭은 생각할 필요도 없네. 같은 지점 위에 머무르지 않으니까 말일세.

심플리치오 좋아. 그러나 무거운 물체든 가벼운 물체든, 원운동을 할 내부의 요인도, 외부의 요인도 없다고 했으니, 지구도 원운동을 할 수 없네. 이 학자가 보이려는 게 바로 이것일세.

살비아티 내가 언제 지구가 원운동을 할 내부의 요인도, 외부의 요인도 없다고 말했는가? 둘 중 어떤 것인지 모를 뿐이지. 내가 그 요인을 모른다고 해서, 지구의 도는 힘이 사라지는 것은 아니지.

이 우주에 보면, 실제로 원운동을 하며 움직이는 것들이 많이 있는데, 그 원리를 이 사람은 알고 있는가? 만약 그걸 알고 있다면, 지구도 화성이나 목성이 움직이는 것과 같은 원리로 움직이고 있다고, 나는 말하겠네. 이 사람은 천구가 움직이는 원리도 알고 있는가? 이것들을 움직이는 힘에 대해서 이 사람이 설명해 주면, 또는 지구의 물체들이 아래로 떨어지도록 만드는 힘이 뭔지 이 사람이 설명해 주면, 나는 기꺼이 지구를 움직이게 만드는 힘에 대해서 설명해 주겠네.

심플리치오 지구의 물체들이 아래로 떨어지는 까닭이야 누구나 다 알고 있지. 중력 때문일세.

살비아티 심플리치오, 자네가 잘못 알고 있네. 그걸 '중력'이라고 부른다는 사실은 누구나 다 알고 있지. 내가 자네에게 물은 것은, 그 이름이 무엇이냐가 아니라 그 본질이 무엇이냐 하는 것일세. 별들이 원운동을 하도록 만드는 힘의 본질이 무엇인지 모르고 있듯이, 중력의 본질이 무엇인지도 자네는 모르고 있어. 나도 아는 게 없어. 그 현상은 우리가 매일 겪기 때문에, 거기에 붙인 이름은 누구나 다 알고 있지만…….

돌멩이를 아래로 떨어지도록 만드는 힘은 무엇인지, 그 원리는 무엇인지, 실제로 이해하지를 못 하고 있어. 돌멩이를 위로 던졌을 때, 사람의 손을 떠난 다음에, 돌멩이가 위로 올라가도록 만드는 힘이 무엇인지도 몰라. 달이 원운동을 하는 원리도 몰라. 우리는 단지 이름만 붙여 놓았을 뿐이야. 첫 번째의 경우는 구체적이고 분명하게 '중력'이라는 이름을, 두 번째의 경우는 약간 막연하게 '가해진 힘'이라는 이름을, 세 번째의 경우는 '천사들의 힘' 또는 '수호신의 힘'이라는 이름을. 다른 무수한 운동의 원인으로는 '자연'이라는 이름을 붙여 놓았지.

심플리치오 이 학자가 던지는 질문은, 자네가 답하기를 거부하는 것과 비교해서 훨씬 작은 것일세. 이 학자는 가볍고 무거운 온갖 물체들이 움직이는 원리를 자세히 따지고, 그 이름을 밝히라고 요구하는 게 아닐세. 그가 요구하는 것은, 그 힘이 물체 내부의 본질적인 것인가, 아니면 바깥에서 가한 것인가, 답하라는 것이지.

예를 들어 나는 물체가 아래로 내려가도록 만드는 중력의 본성이 무엇인지 모르지만, 그 원인이 물체 내부에 있다는 것은 알고 있네. 물체를 가만히 놓아두면, 저절로 아래로 떨어지니까. 반대로 물체가 위로 움직이는 건 외부의 요인 때문일세. 물체를 던질 때 힘이 어떻게 물체에 전해졌는지 잘은 모르지만 말일세.

살비아티 심플리치오, 그렇게 단순한 게 아닐세. 이것들은 모두 고구마 덩굴처럼 뒤엉켜 있어. 하나를 해결하려면, 다른 모든 문제를 해결해야 돼. 무거운 물체가 위로 움직이는 건 외부의, 강제적인, 초자연적인 힘 때문이라고 자네는 말했어. 하지만 그 힘은, 물체가 아래로 내려가도록 만드는 힘과 마찬가지로, 내부의 자연스러운 힘일 수도 있어.

돌멩이가 던지는 사람의 손안에 있을 때는, 그 힘이 외부의 강제적인 힘일지도 모르지. 하지만 일단 손에서 벗어나면, 그 돌멩이에 남아 있는 외부의 힘이란 도대체 무엇인가? 그게 높이 올라가도록 만드는 힘은, 그걸 떨어뜨리는 힘과 마찬가지로, 내부에 있음을 인정해야 하네. 무거운 물체가 어떤 힘을 받아서 위로 움직이는 것은, 그게 중력 때문에 아래로 떨어지는 것과 마찬가지로, 자연스러운 현상일세.

심플리치오 이건 절대 수긍할 수 없네. 아래로 떨어지는 건 물체 내부의 영속적인 본성에 따른 것일세. 하지만 위로 올라가는 건 바깥에서 가한 일시적이고 강제적인 힘 때문이지.

살비아티 무거운 물체들이 위로 올라가는 것은, 아래로 내려가는 것과 마찬가지로, 내부의 자연스러운 힘 때문이라는 내 주장에 대해, 자네는 꽁무니를 빼고 있는데, 두 움직임이 똑같은 힘 때문이라면 어떻게 하겠나?

심플리치오 마음대로 판단하게.

살비아티 아니, 이건 자네가 판단해야 하네. 2개의 모순되는 내부 힘이 같은 물체 안에 있을 수 있다고 생각하는가?

심플리치오 절대 그럴 수 없네.

살비아티 흙, 납, 금 등등 모든 무거운 물체 안에 들어 있는 본질적인 경향은 무엇인가? 바꿔 말하면, 그런 물체들은 어떤 방향으로 움직이려는 내부의 힘이 있는가?

심플리치오 무거운 물체들의 중심으로 가려고 하지. 즉 우주와 지구의 중심을 향해서 움직이려고 하네. 방해만 받지 않으면, 거기로 갈 걸세.

살비아티 만약 지구 중심을 지나도록 수직으로 굴을 뚫은 다음에, 대포알을 떨어뜨리면, 그 대포알은 내부의 본질적인 성질에 따라서 중심으로 떨어지겠군. 이 움직임은 본질적인 성질로 인해 저절로 일어난 것이군. 그렇지?

심플리치오 그럼, 확실하네.

살비아티 대포알이 지구 중심에 도착한 다음에 어느 정도 거리를 더 움직이는가? 아니면 중심에 도착하자마자 움직임을 멈추는가?

심플리치오 상당한 거리를 계속 움직일 걸세.

살비아티 중심을 지나서 움직이는 것은 위로 올라가는 거잖아? 위로 올라가는 것은 초자연적이고 강요된 힘에 의한 것이잖아? 그런데 공이 중심으로 떨어진 것은 자연스럽고 본질적인 힘 때문이라고 자네가 말했지? 그것 이외에 다른 어떤 원인이 있었단 말인가? 어떤 사람이 대포알을 위로 집어 던지기라도 했단 말인가?

지구 중심을 지나는 이 운동과 비슷한 것을, 우리 주위에서 볼 수도 있어. 어떤 경사면의 아랫부분을 굽혀 놓아 위로 향하도록 만든 다음, 그 경사면을 따라 무거운 물체를 떨어뜨리면, 그 물체는 내부의 힘으로 인해 아래로 내려간 다음, 다시 위로 올라가지. 그 움직임은 중단되지 않고 그대로 이어지지. 납추를 줄에 매단 다음에 손으로 잡아당겼다가 놓으면, 납추는 움직이기 시작하지. 내부의 힘 때문에 스스로 아래로 움직이는 것이지. 납추는 최저점까지 내려간 다음, 멈추지 않고 계속 움직여서 위로 올라가네. 외부의 누군가가 그걸 밀어 주지 않더라도 말일세.

무거운 물체들이 아래로 움직이도록 만드는 원인은, 가벼운 물체들이 위로 움직이도록 만드는 원인과 마찬가지로, 내부의 자연스러운 힘 때문이라는 것을, 자네도 인정하겠지? 나무로 만든 공을 높은 곳에서 떨어뜨렸다고 생각해 봐. 그러면 그 공은 자연히 아래로 떨어지지. 나무 공이 수면에 부딪치면, 상당한 깊이의 물속으로 들어가게 돼. 나무가 물속에서 아래로 내려가는 것은 초자연적인 일이잖아? 뭔가 외부의 힘이 그걸 밀어 넣은 것도 아닌데 말일세. 그러니 나무 공이 그렇게 움직인 건 내부의 요인 때문이지, 외부의 요인이 아닐세. 이것을 보면 알 수 있듯이, 물체는 똑같은 내부의 요인 때문에, 반대되는 운동을 할 수 있어.

심플리치오 이런 반론들도 해명하는 방법이 있을 걸세. 지금 당장은 내가 답을 떠올리지 못하겠어. 그 답이 무엇이든 이 학자는 그다음에 무거운 물체들과 가벼운 물체들이 다 같이 원운동을 하는 요인이 뭔지 묻고 있네. 내부의 힘인지, 아니면 외부의 힘인지. 이 학자는 그게 내부의 요인도 외부의 요인도 될 수 없음을 증명하고 있네. 이걸 보게. "그게 만약 외부의 힘 때문이라면, 신이 그렇게 만들었단 말인가? 기적의 연속이란 말인가? 아니면 천사가? 아니면 공기가 그랬는가? 원인은 여러 가지 있을 수 있다. 그러나 이런 …….”

살비아티 그 따위 반론은 읽을 필요도 없네. 나는 그 원인이 공기에 있다고 주장하는 게 아닐세. 기적이라느니, 천사라느니. 차라리 그 편이 낫겠군. 신이 기적을 일으켜서 또는 천사들을 시켜서 대포알을 달의 궤도로 옮겼다면, 그다음에 어떤 현상이 일어나든 같은 원리를 적용할 수 있지.

공기에 관해서는 내가 말하겠는데, 물체가 공기 속을 지날 때, 그 물체의 원운동을 방해하지만 않으면 돼. 방해하지 않기 위해서는, 공기가 같이 움직이기만 하면 돼. 그 이상은 필요가 없어. 지구와 똑같이 돌기만 하면 돼.

심플리치오 이 학자는 그것에 대해서도 반론을 제기하네. 공기가 도는 원인은 무엇인가? 자연스러운 것인가? 강요된 힘 때문인가? 그다음에 그는, 이게 자연스러운 요인으로 인한 것이 아니라고 반박하네. 진리와 어긋나고, 경험과 어긋나고, 코페르니쿠스의 이론과도 어긋나거든.

살비아티 코페르니쿠스의 이론과 어긋나지 않네. 코페르니쿠스는 그런 말을 한 적이 없거든. 이 사람은 친절이 지나쳐서, 그걸 코페르니쿠스에게 돌렸군. 코페르니쿠스가 말한 것은, 지표와 가까이 있는 공기는 땅에서 나오는 증기들을 쉽게 흡수할 수 있으니, 지구와 마찬가지로 자연스럽게 돌 수 있지 않을까 하는 것이었어. 잘한 말 같아.

소요학파 철학자들은, 불의 원소들 중 높은 곳에 있는 것들은 달의 궤도를 따라 움직인다고 말하는데, 공기도 그와 마찬가지로 지표면을 따라 움직일 수 있겠지. 그렇게 움직이는 게 자연스러운 힘 때문인지, 아니면 강요된 힘 때문인지는, 그 사람들이 판단하라고 그래.

심플리치오 이 학자는 다음과 같이 반박할 걸세. 만약 지표와 가까운 공기만 지구를 따라 움직이면, 높은 부분의 공기는 그렇게 움직이지 않는다. 그렇다면 그 공기는 무거운 물체가 지구를 따라 움직이도록 만들 수 없다.

살비아티 물체들이 지구를 따라 움직이는 것은, 어떤 유한한 범위에서 그렇다고 코페르니쿠스가 반박할 거야. 그 바깥으로 나가면 이런 경향이 사라지겠지. 그리고 내가 여러 번 말했지만, 물체들이 지표면과 떨어져 있을 때, 그 물체들이 지구를 따라 움직이는 것은, 공기가 그들을 운반하기 때문이 아닐세. 그러니 공기가 그 현상의 원인이 아니라고 이 사람이 반론을 제기하는 것은 쓸데없는 짓이야.

심플리치오 공기가 그 원인이 아니라면, 그 원인은 물체 내부에 있다는 것을 인정해야 하네. 만약 그렇다면, 또 다른 난제들이 생겨나 도저히 해결할 수 없게 되네. 이걸 보게. "내부의 요인이라면, 그것은 우연히 생겼거나, 아니면 본질적으로 존재하는 요인이어야 한다. 만약 전자라면, 그것은 무엇이겠는가? 지금까지 어느 누구도 중심을 따라 도는 성질을 본 적이 없다."

살비아티 이 사람, 돌았군! 아무도 본 적이 없다고? 못 보는 게 당연하지! 우리도 모든 물체들과 더불어 지구를 따라 회전하고 있잖아? 이 사람은 문제가 되는 것을 사실이라고 가정하고 있어.

심플리치오 그는 본 적이 없다고 말했네. 이건 틀림없는 사실일세.

살비아티 우리가 못 보는 게 당연하지. 우리는 같이 돌고 있으니까.

심플리치오 그다음 반론을 보게. "그런 것이 있다 하더라도, 어떻게 서로 반대되는 물체들이 공통된 성질을 가질 수 있는가? 물에도 있고, 불에도 있고? 흙에도 있고, 공기에도 있고? 살아 있는 짐승에게도 있고, 죽은 짐승에게도 있고?"

살비아티 물과 불이 서로 반대되는지, 흙과 공기가 서로 반대되는지에 관해서도 할 말이 많지만, 지금은 그렇다고 치세. 이것에서 이끌어 낼 수 있는 것은, 기껏해야 그들이 서로 반대되는 운동을 공유할 수 없다는 사실 정도이지. 예를 들어 위로 움직이는 것은 불의 자연스러운 움직임이니, 물은 그 성질을 가지지 않는다. 물은 불과 반대되니까, 움직이는 것도 반대이다. 즉 아래로 움직인다. 그러나 원운동은 위 또는 아래로 움직이는 것과 반대되는 게 아닐세. 원운동은 이것들과 섞일 수 있어. 아리스토텔레스도 시인했네. 그러니 무거운 물체와 가벼운 물체가 원운동을 공유한다고 해도 이상할 게 없네.

그리고 죽은 동물과 살아 있는 동물은, 영혼의 유무에 따라서 다를 뿐이라네. 동물들의 몸뚱어리는 기본 원소들로 구성되어 있고, 따라서 그 원소들의 움직임을 공유할 테니까, 죽었으나 살아 있으나 마찬가지가 아닌가? 기본 원소들이 원운동을 하는 성질이 있다면, 그것들로 구성된 물체도 마찬가지이지.

사그레도 죽은 고양이를 창밖으로 집어 던지면 아래로 떨어지지만, 산 고양이를 창밖으로 집어 던지면 하늘로 올라가겠군. 이 사람 말에 따르면, 죽은 짐승과 살아 있는 짐승은 움직이는 게 다를 테니까.

살비아티 무거운 물체들과 가벼운 물체들이 원운동을 하는 게 내부의 요인 때문이라는 이론을, 이 사람이 반박하려 했지만, 이 사람의 주장은 확실한 결론을 끌어내지 못했네.

그게 본질적인 요인이 아니라는 것을 어떻게 증명하려고 했는가?

심플리치오 여러 주장으로 뒷받침하고 있지. 처음 것을 보세. "만약 후자라면, 즉 본질적으로 존재하는 요인 때문이라면, 그것은 어떤 물질이거나 어떤 형태이거나, 또는 그 둘의 결합일 것이다. 하지만 사물들의 다양한 본성을 고려해 보면, 이것은 말이 되지 않는다. 새, 달팽이, 돌멩이, 화살, 눈송이, 연기, 우박, 물고기 등 다양한 종류의 모든 물체들이 본성에 따라서 원운동을 한다니, 이들의 본성은 제각각이고, 너무 다르다."

살비아티 여기 나열한 것들이 모두 자연 본성이 다르다면, 그리고 본성이 다른 물체들은 공통된 운동을 할 수 없다면, 이들 모두에게 제각각 운동을 부여해야 하니, 위로 올라가고 아래로 내려가는 두 가지 운동만 가지고는 턱없이 부족하겠군. 화살에 해당하는 운동, 달팽이에 해당하는 운동, 돌멩이에 해당하는 운동, 물고기에 해당하는 운동. 그다음은 벌레, 황옥, 버섯도 생각해 주어야지. 이들도 우박과 눈송이처럼 서로 본성이 다르니까.

심플리치오 자네는 이것을 농담으로 여기는군.

살비아티 심플리치오, 그렇지 않네. 이건 이미 앞에서 답했어. 위로 올라가거나 아래로 내려가는 운동이 이 다양한 물체들에게 적용된다면, 원운동도 마찬가지 아닌가? 소요학파 식으로 이야기하자면, 지구상의 혜성과 하늘의 별은 물고기와 새보다 더 크게 차이가 나지? 하지만 전자는 둘 다 원운동을 하잖아?

두 번째 주장을 보도록 하세.

심플리치오 "만약에 신이 지구가 도는 것을 멈추게 만들면, 다른 물체들도 멈출 것인가? 아니면 계속 돌 것인가? 만약 멈춘다면, 그들이 본성에 따라서 돈다는 이론은 틀린 것이다. 만약 계속 돈다면, 앞에서 제기한 문제들이 다시 제기된다. 갈매기가 물고기 위에서 맴돌 수 없다니, 종달새가 둥지 위에서 맴돌 수 없다니, 까마귀가 달팽이와 바위 위에서 맴돌 수 없다니, 이 새들은 그 위에서 맴돌려고 하는데도."

살비아티 좋아, 내가 답을 하도록 하지. 지구가 자전하는 것을 신이 멈추게 했다면, 새들이 어떻게 움직일지는 신이 마음대로 할 수 있겠지. 만약 이 사람이 좀 더 자세한 답을 원하면, 나는 다음과 같이 말하겠네. 지구와 모든 물체들이 움직이지 않고 있고, 새들은 땅에서 떨어져 허공을 날아 다니고 있는데, 신이 힘을 가해서 지구가 갑자기 움직이도록 하면 어떻게 되겠는가? 이때 일어나는 일과 정반대의 일이 이 사람이 말한 상황에서 일어나네. 이때 어떤 일이 벌어지는가 하는 것은, 이 사람에게 물어보게.

사그레도 살비아티, 내 부탁 좀 들어주게. 만약에 신이 지구를 멈추면, 지표와 떨어져 있는 다른 물체들은 원래 움직이던 성질에 따라서 계속 움직인다고 시인하게. 이 사람의 의견에 동의해 주게. 그때 일어날 온갖 불편한 일들과 불행한 일들에 대해서 이 사람의 설명을 듣고 싶네.

종달새들은 둥지 위에 머물고 싶지만 그럴 수가 없고, 까마귀들도 달팽이나 바위 위에 머물 수가 없고 ……. 까마귀들은 달팽이를 잡아먹고 싶지만, 참아야 하겠군. 종달새 새끼들은 어미가 그들을 먹여 주고 덮어줄 수가 없으니, 추위에 떨며 배고픔에 죽어 가겠군. 이 사람이 말하는 대로 되면, 이런 비참한 일이 일어나겠군. 심플리치오, 다른 큰 문제는 생기지 않는지 생각해 보게.

심플리치오 나는 뭐 다른 큰 탈은 생각하지 못하겠는데. 이 학자는 아마 그런 상황에서 벌어질 온갖 혼란들을 알고 있겠지만, 자연에 대한 사랑 때문에 그것들을 언급하지 않은 것 같아.

세 번째 주장을 보세. "이렇게 다양한 물체들이 어떻게 모두 서쪽에서 동쪽으로, 적도와 평행하게 움직일 수 있는가? 이들은 어떻게 해서 늘 움직이며, 절대 멈추지 않는가?"

살비아티 자네는 모든 별들이 동쪽에서 서쪽으로, 적도와 평행하게, 절대 멈추지 않고 영원히 움직인다고 믿고 있지? 그와 마찬가지로, 이들은 서쪽에서 동쪽으로, 적도와 평행하게, 절대 멈추지 않고 움직이고 있네.

심플리치오 "높이 있는 것들은 더 빨리 움직이고, 낮게 있는 것들은 더 느리게 움직이는 까닭은?"

살비아티 공이나 원이 중심에 대해 회전하면, 같은 시간 동안에 중심에서 먼 부분은 큰 원을 그리고, 중심에 가까운 부분은 작은 원을 그리기 때문일세.

심플리치오 "적도면에 가까이 있는 물체들은 큰 원을 그리고, 적도면에서 멀리 떨어진 물체들은 작은 원을 그리는 까닭은?"

살비아티 천구와 마찬가지이지. 천구에서도 적도면에 가까이 있는 천체들은 멀리 있는 천체들에 비해서 큰 원을 그리지.

심플리치오 "같은 공이 적도에 있으면 엄청난 속력으로 대원을 그리며 지구를 한 바퀴 도는데, 어떻게 해서 그 공을 극지점에 갖다 놓으면 전혀 돌지 않고 정지해 있는가?"

살비아티 별들이 움직이는 것도 마찬가지이지. 하루에 한 바퀴씩 도는 게 별들이 움직이는 것이라면 말일세.

심플리치오 "예를 들어 납 공이 적도에 있을 때는 대원을 그리며 지구를 완전히 감싸는데, 그럼 이 공이 다른 곳으로 가더라도, 같은 크기의 원을 그려야 할 것이 아닌가? 이 공이 적도면에서 멀어지면, 점점 더 작은 원을 그리는 까닭이 무엇인가?"

살비아티 프톨레마이오스의 이론을 보더라도, 그런 일이 실제로 일어났네. 어떤 별들은 옛날에는 적도면 가까이에 있어서 매우 큰 원을 그렸는데, 요새는 적도면에서 상당히 떨어져 있어서 작은 원을 그리지.

사그레도 으아! 멋진 말들이 하도 많이 쏟아져 나와서 정신을 차릴 수가 없군. 내가 이것들을 다 기억할 수 있다면 대단한 일이겠군! 심플리치오, 이 조그마한 책을 내게 빌려주게. 그 안에 온갖 희한한 것들이 잔뜩 들어 있군.

심플리치오 선물로 주겠네.

사그레도 아니, 그래서야 어디 되겠나? 이렇게 귀한 것을 자네에게서 빼앗을 수야 없지. 그건 그렇고, 반론은 끝났는가?

심플리치오 아니, 계속되네. "무거운 물체든 가벼운 물체든, 원운동을 하는 것이 자연스러운 본성이라면, 그들이 직선운동을 하도록 만드는 본성은 무엇인가? 만약 그것이 자연스러운 것이라면, 원운동을 하는 것이 어떻게 자연스러운 본성이 될 수 있나? 원운동과 직선운동은 완전히 다르지 않은가? 만약 원운동을 하는 것이 강요된 것이라면, 로켓이 불을 뿜으며 우리 머리 위로 날아 올라가 까마득한 높이에 다다르면서, 어떻게 조금도 옆으로 벗어나지 않을 수 있나?"

살비아티 여러 번 말했듯이, 모든 물체들이 가장 알맞은 위치에 놓여 있으면, 전체든 부분이든, 원운동을 하는 게 자연스러워. 직선운동은 무질서하게 있는 물체를 제 위치로 보내기 위해서 일어나지. 사실, 직선운동이라는 말은 쓰지 않는 게 좋아. 질서가 잡혔든 무질서하든, 결합된 운동으로 움직이니까. 어쩌면 그 결합된 운동이 원운동일 수도 있잖아? 그러나 결합된 운동 중에 우리가 볼 수 있고 관찰할 수 있는 부분은 직선운동뿐일세. 원운동은 우리도 공유하고 있으니까, 볼 수가 없어.

로켓도 마찬가지이지. 위로 올라가면서 지구를 따라 돌지만, 원운동을 하는 건 구별해 낼 수가 없어. 우리도 같이 움직이고 있기 때문이지. 이렇게 운동들이 결합되는 것을, 이 사람은 모르는 것 같아. 그는 로켓이 바로 위로 올라가며, 조금도 돌지 않는다고, 자신 있게 말하고 있잖아?

심플리치오 "왜 적도에서 공이 떨어질 때는 적도면 위에서 소용돌이를 그리는가? 왜 다른 위도에서는 원뿔면 위에서 소용돌이를 그리는가? 왜 극에서는 축을 따라 그냥 직선으로 떨어지는가?"

살비아티 무거운 물체들이 떨어지는 선을 지구 중심까지 그어 보면, 적도에 있는 물체들이 그리는 선은 평면을 만들고, 다른 위도에 있는 물체들은 원뿔면을 만들고, 극점에 있는 물체는 그냥 축을 그리기 때문이지.

내 생각을 솔직하게 말해 줄까? 이러한 반론을 바탕으로 어떠한 체계를 만들더라도, 지구가 움직이지 않는다고 증명할 수는 없네. 내가 이 사람을 불러다 놓고, "지구는 돌지 않습니다. 당신이 옳습니다."라고 말한 다음에 "그러나 코페르니쿠스의 이론처럼 지구가 돈다고 하면, 어떤 일이 일어나리라고 상상하십니까?"라고 물으면, 이 사람은 여기 나열한 이런 일들이 일어날 거라고 말할 거야. 이런 일들은 지구가 자전하지 않는다는 증거로서 그가 제시한 것이지만 말일세. 즉 이 사람은 필연적인 결과들을 놓고서 터무니없는 것이라고 주장하고 있어.

또 다른 반론이 남아 있나? 이 자질구레한 것들을 서둘러 끝내도록 하세.

심플리치오 코페르니쿠스와 그의 추종자들은, 물체의 일부분을 전체에서 떼어 놓으면, 그 부분은 전체로 복귀하려고 움직이지만, 물체가 원운동을 하는 것은, 그와 관계없이 자연 본성에 따른 것이라고 주장하거든.

그것에 대해 이 학자는 반박하고 있네. "만약 지구와 물이 전부 사라지면, 구름에서 비나 눈이 내릴 수가 없다. 구름은 다만 자연 본성에 따라 회전할 뿐이다. 불이나 불꽃도 위로 올라갈 수 없다. 그들의 관점에 따르면, 위쪽에는 불이 없을 테니까."

살비아티 이 사람은 돌다리도 두드려 보고 건너겠군. 조심성을 찬양해 마지않네. 자연계에서 일어날 수 있는 일들에 대해 생각하는 것만으로는 부족한 모양이지? 절대 일어날 수 없는 일을 바탕으로 일어나는 일까지 고려하다니 …….

좋아, 어떤 기묘한 논리가 나오는지 들어 보세. 지구와 물이 전부 사라졌다 치고, 비나 눈도 내리지 않는다 치고, 불꽃도 위로 올라가지 않는다 치고, 이들이 단지 회전하기만 한다고 치고. 그래서 어쨌단 말인가? 이 사람은 뭐라고 반박을 하는가?

심플리치오 곧바로 반론이 나오네. 이걸 보게. "그러나 이것은 경험과 조리에 어긋난다."

살비아티 내가 도저히 못 당하겠네. 이 사람은 나보다 훨씬 유리한 위치에 있었군. 나는 이 사람에 비해 경험이 너무 부족하군. 지구와 지구에 있는 물 전부가 사라지는 것을 나는 한 번도 본 적이 없거든. 만약 그걸 보았더라면, 이런 사소한 대격변 속에서, 비나 눈이 어떻게 움직이는지 볼 수 있었을 텐데. 이 사람은 우리에게 그걸 알려 주겠지. 뭐라고 써 놓았는가?

심플리치오 그런 말은 없네.

살비아티 이 사람과 꼭 한번 만나서 이야기를 나누고 싶네. 지구가 사라졌을 때, 중력의 중심도 사라졌는지 묻고 싶어. 내 생각에는 그랬을 것 같아. 만약 그렇다면, 비나 눈은 구름 속에서 갈 곳을 몰라 우왕좌왕하고 있었겠지.

아니, 어쩌면 지구가 사라졌으니, 커다란 빈 공간이 생겨서, 주위 모든 것들이 희박해졌을지도 몰라. 공기가 특히 그렇겠지. 공기는 잘 흩어지니까. 그러니 그 빈 공간으로 달려 들어가서, 그 공간을 채웠겠지. 단단한 물체들도 남아 있는 게 없잖아 있을 거야. 새들은 상당수 공중에 있었을 테니까. 이들도 거대한 빈 공간의 가운데로 빨려 들어가겠지. 물질들의 양이 훨씬 적으니까, 조그마한 공간만 있어도 충분할 거야. 거기에서 이들은 굶어 죽어서, 썩어 흙이 될 거야. 그때 구름에 남아 있던 적은 양의 물도 여기에 모여서, 조그마한 새 지구를 만들겠지.

어쩌면 이들은 눈이 멀어서, 지구가 사라진 것을 알아차리지 못하고, 평소와 다름없이 아래로 내려갈지도 몰라. 땅에 닿겠거니 하면서. 이들은 점점 중심으로 빠져 들겠지. 현재도 만약 지구 자신이 이들을 막지 않으면, 이들은 중심으로 떨어질 텐데.

마지막으로, 이 사람에게 좀 더 구체적으로 답을 해 주고 싶군. 지구가 사라지면 어떻게 될지 내가 모르는 게 사실이지만, 이 사람도 지구가 생기기 이전에는, 과연 거기에 무엇이 생기고, 그 주위에 무엇이 생길지 몰랐을 게 아닌가? 어떤 게 생길 거라는 상상조차 못 했다고, 이 사람이 고백할 게 분명하네. 왜냐하면 이 사람도 경험을 통해서만 배울 수 있으니까. 그러니 나를 용서해 줄 거야. 지구가 사라지고 나면 어떤 일이 벌어지는지에 대해, 나는 이 사람만큼 잘 알지 못하지만, 나는 이 사람과 달리, 그것을 경험해 보지 못했으니까.

아직도 남은 게 있나?

심플리치오 이 그림을 보게. 지구가 속이 텅 비어 있어서, 풍선처럼 속에 공기가 차 있는 모습일세. 코페르니쿠스는 무거운 물체들이 지구와 합쳐지기 위해서 아래로 내려간다고 주장하는데, 그게 틀렸다는 걸 보이기 위해서 돌멩이를 한가운데에 놓아두면 어떻게 되는지 따지고 있네. 또 다른 돌멩이를 지표면의 안쪽, 그러니까 텅 빈 공간의 위쪽에 놓아두면 어떻게 되는지 묻고 있네.

이걸 보게. "중심에 놓아둔 돌은 위로 떠올라 지구와 합쳐지거나, 아니면 제자리에 가만히 머무른다. 만약 제자리에 머무른다면, 부분이 전체에서 분리되면 전체와 합치기 위해서 움직인다는 이론이 틀렸다. 만약 떠오른다면, 이건 경험과 조리에 어긋날 뿐만 아니라 무거운 물체가 무게중심에 머무른다는 이론과도 어긋난다. 지표면의 안쪽에 매달린 돌을 자유롭게 움직이도록 놓아두었을 때, 이것이 중심을 향해 떨어진다면, 전체에서 분리되어 나가니 코페르니쿠스의 이론과 어긋난다. 그리고 만약 이것이 계속 매달려 있다면, 경험과 어긋난다. 왜냐하면 이 경우 지표 전체가 무너져 내려앉게 되니까."

살비아티 나는 아주 불리한 위치에 놓여 있네. 그 거대한 텅 빈 공간 속에서 돌멩이들이 어떻게 움직이는지, 이 사람은 직접 보아서 잘 알고 있지만, 나는 그것을 본 적이 없으니까. 하지만 내가 아는 한도에서 답을 해 보겠네.

무거운 물체들이 무게중심을 낳는 것이지, 무게중심이 무거운 물체들을 낳는 게 아닐세. 무게중심은 아무것도 아니야. 눈에 보이지도 않는 점일 뿐, 아무런 일도 할 수 없어. 즉 물체를 무게중심으로 잡아당기는 것은 무게중심이 아니야. 물체들이 서로 힘을 합쳐 당기다가 보니, 어떤 공통이 되는 점을 향해서 움직이게 되는 것일세. 중점이란, 모든 물체들이 그 점에서 보았을 때, 동등한 정도로 모여 있는 점이지.

무거운 물체들이 모여 있는 것을 다른 어떠한 장소로 옮기더라도, 전체에서 떨어져 나온 조각들은 따라가게 되네. 방해만 받지 않으면, 그들보다 더 가벼운 물체들을 뚫고 지나가지. 더 무거운 물체들을 만나면, 더 이상 내려가지 않지. 그러니 지표면만 있고, 지구 속이 텅 비어 공기가 차 있는 경우, 지표 전체가 아래로 내려가려고 하지. 만약 지표면이 아주 단단해서, 자신의 무게 때문에 부서지지 않고, 공기가 이것을 받쳐 주면, 그 상태를 유지할 수도 있어. 지표면과 분리되어 있는 돌멩이들은 중심으로 내려가게 되네. 이들은 위에 머무를 수가 없어. 이걸 두고, 이들이 전체를 향해 움직이지 않는다고 말할 수는 없어. 방해만 없다면 전체가 가게 될 곳을 향해서, 각 부분들이 움직이는 것이니까.

심플리치오 이제 남은 것은, 코페르니쿠스의 이론을 믿는 어떤 사람이, 마치 바퀴가 굴러가듯이 지구가 자전을 하면서 공전 궤도를 따라간다고 책을 써 놓은 게 있는데, 이 학자가 그것을 반박하고 있네. 적도 둘레가 365번 회전하더라도, 지구의 공전 궤도에 비하면 훨씬 짧으니까, 만약 그렇다면, 지구가 실제 이상으로 커지거나, 공전 궤도가 실제보다 더 작아져 버리겠지.

살비아티 자네, 조심해서 잘 읽어 보게. 이 조그마한 책에 씌어 있는 것은, 방금 자네가 한 말과 반대일 거야. 코페르니쿠스 이론가가 지구를 너무 작게 만들었거나, 궤도를 너무 크게 만들었다고 씌어 있을 걸세. 지구가 커지고, 궤도가 작아진 게 아니고 …….

심플리치오 나는 잘못한 게 없네. 이 부분을 보게. "코페르니쿠스 이론가는 자신이 공전 궤도를 실제보다 작게 만들고 있거나, 또는 지구를 실제 이상으로 크게 만들고 있음을 깨닫지 못하고 있다."

살비아티 코페르니쿠스 이론가가 실수를 했는지 안 했는지는 알 길이 없네. 그게 누구인지 이 사람이 밝히지 않고 있으니까. 하지만 그 이론가가 실수를 했든 안 했든, 이 조그마한 책을 쓴 사람의 실수는 너무 명백해서 변명의 여지가 없네. 이런 명백한 실수를 발견해 고치지 않고, 그냥 지나치다니. 하지만 이건 부주의한 탓 같으니 용서해 주지. 그리고 나는 이런 시시한 말장난을 상대하느라 그만 지쳐 버렸어. 너무 무의미하게 시간을 보냈군.

사실, 수레바퀴처럼 조그마한 원이 365번 아니라 단 20번만 회전하더라도, 지구 궤도를 그릴 수 있어. 그보다 천 배 큰 둘레이더라도 문제없어. 나는 이걸 증명할 수 있네. 내가 이런 말을 하는 까닭은, 이 사람은 코페르니쿠스 이론가의 잘못을 지적하려 했지만, 그가 생각한 것보다 훨씬 미묘한 개념들이 잠복하고 있을지도 모른다는 것을 보이기 위해서일세.

후유 ……. 잠시 쉬었으면 좋겠군. 쉬고 난 다음에, 코페르니쿠스의 이론에 반대하는 다른 철학자의 책을 보도록 하세.

사그레도 정말이지 나도 쉬었으면 좋겠어. 사실, 나는 듣기만 했으니, 귀만 아플 뿐인데 ……. 다른 철학자가 쓴 책의 내용은 어떤가? 만약 이만큼 흥미 있는 내용이 나오지 않는다면, 곤돌라를 타며 바람이나 쐬는 게 나을 걸세.

심플리치오 더 강력한 주장이 나오지. 이 사람은 탁월한 과학자이며, 위대한 수학자이니까. 혜성과 신성에 관해서 튀코를 반박했지.

살비아티 『튀코에 반대함』을 쓴 그 사람인가?

심플리치오 그래, 바로 그 사람일세. 내가 어제 말했지만, 『튀코에 반대함』에는 이른바 새로운 별에 대한 반박은 안 나오거든. 단지 그게 하늘의 절대 불변이며 생성되거나 소멸하지 않는 성질과 어긋나지 않는다고 언급했을 뿐이지. 그 책을 낸 이후에는 시차를 사용해서 새로운 별들이 달 궤도의 안쪽에 있으며, 지구의 물체들임을 증명했네. 그걸 책으로 펴냈는데, 바로 『새로운 별들의 종족』이지. 여기에 보면, 코페르니쿠스 이론에 대한 반론도 들어 있네.

그가 『튀코에 반대함』에서 새로운 별들에 대해 뭐라고 말했는지, 내가 어제 말했지. 거기에서 그는, 새로운 별들이 하늘에 있다는 것을 부인하지 않았네. 하지만 그게 하늘이 절대 불변인 성질에 어긋나지 않음을 증명했네. 순수한 철학적 논리 전개를 통해서였지.

그러나 그 후 그는 새로운 별들을 하늘에서 추방하는 방법을 발견했는데, 어제는 내가 깜박 잊고 이 이야기를 하지 않았네. 그는 시차를 써서 계산해 반박했거든. 나는 시차에 대해 아는 게 없기 때문에, 그 부분은 읽지 않았었네. 지구가 움직인다는 이론에 대한 반론만 읽었었지. 그건 순수한 물리였으니까.

살비아티 자네 입장은 충분히 이해가 가. 이 사람이 코페르니쿠스의 학설에 대해 반박한 것을 본 다음에 판단하도록 하지. 과연 시차를 써서 계산해 보니, 새로운 별들이 지구에 속하게 되는지. 수많은 쟁쟁한 천문학자들이 새로운 별이 창공의 가장 높은 별들 가운데에 있다고 주장했는데, 이 사람이 그것을 뒤엎고, 새로운 별을 지상의 원소들이 존재하는 영역으로 끌어내린다면, 이 사람은 찬양받아 마땅하지. 설령 이게 별들 가운데에 놓이더라도, 이 사람의 이름은 다른 천문학자들의 이름과 더불어 영원히 기억될 걸세.

첫 부분을 보도록 하세. 코페르니쿠스의 학설에 대한 반론이 나오는군. 이 사람의 반론을 읽어 보게.

심플리치오 이 책은 너무 장황하게 씌어 있으니, 글자 그대로 읽지는 않겠네. 나는 이 책을 여러 번 읽었고, 중요한 대목은 골라서 옆의 여백에 적어 놓았거든. 그게 핵심이 되는 것이니, 그것만 읽으면 되네.

첫 번째 반론은 이것일세. "첫째, 만약 코페르니쿠스의 학설을 받아들이면, 과학의 근본 기준이 완전히 뒤엎이거나 심하게 손상된다." 이 학자가 말한 과학의 근본 기준이란, 모든 학파의 모든 철학자들이 동의하듯이, 우리가 경험하고 눈으로 직접 보는 것이 우리의 사고를 인도해야 한다는 것일세.

그러나 코페르니쿠스의 학설에 따르면, 우리가 바로 옆에서 어떤 현상을 분명하고 확실하게 보더라도, 우리의 눈이 우리를 속이고 있네. 무거운 물체가 아래로 떨어지는 것을 보게. 수직으로 떨어지는 것을 우리 눈으로 분명히 볼 수 있는데, 코페르니쿠스의 학설에 따르면, 그건 직선으로 떨어지는 게 아니고, 직선운동과 원운동을 결합한 형태로 움직이는 거지.

살비아티 아리스토텔레스와 프톨레마이오스, 그 추종자들이 내세우는 첫 번째 주장이 바로 이것이지. 이 주장이 배리(背理)임은 내가 이미 밝혔네. 움직이는 물체와 우리 모두에게 공통이 되는 운동은 없는 것과 마찬가지라고 분명하게 설명했잖아? 옳은 결론을 뒷받침하는 증거는 많이 있게 마련이지. 내가 이 사람을 위해서 몇 가지 제시해 볼까? 심플리치오, 자네가 이 사람 편이 되어서, 내가 묻는 말에 이 사람을 대신해서 대답해 주게.

돌멩이가 탑 꼭대기에서 떨어질 때, 그게 자네에게 어떤 영향을 끼치는가? 그게 움직이는 것을 자네가 알게 되는 원인은 무엇인가? 돌이 떨어질 때, 탑 꼭대기에 있던 것과 비교해 뭔가 달라진 것이 있기 때문에, 자네가 그것을 알게 되는 것 아닌가? 전혀 달라진 게 없으면, 그게 움직이는지 가만히 있는지 구별할 수 없을 테니까.

심플리치오 돌멩이가 떨어지는 것은 탑과의 위치 관계로부터 알 수 있네. 돌멩이는 처음에 탑의 꼭대기 바로 옆에 있지. 그다음은 약간 아랫부분 옆에 위치하고. 그런 식으로 점차 낮아져서 마침내 그 돌멩이가 땅 위에 놓여 있음을 볼 수 있네.

살비아티 독수리가 하늘 높이 날다가, 발톱에 쥐고 있던 돌멩이를 떨어뜨렸다고 해 보세. 공기는 눈에 보이지 않으니, 위치를 비교해 볼 수 있는 것이 주위에 아무것도 없겠지. 이 경우에도 돌멩이가 떨어지는 것을 알 수 있는가?

심플리치오 그렇다 하더라도 나는 알아차릴 수 있네. 돌멩이가 높이 있을 때는 고개를 들고 쳐다봐야 하지. 돌멩이가 떨어짐에 따라 고개도 점점 낮추어야지. 한마디로 말해서, 돌멩이가 움직이는 것을 따라 계속 눈을 움직여야 하네.

살비아티 맞아, 맞는 말이야. 그렇다면 눈을 전혀 움직이지 않고 있는데, 눈앞에 계속 돌멩이가 보이면, 돌멩이가 움직이지 않고 가만히 있음을 알 수 있지. 돌멩이를 놓치지 않고 계속 보려고 할 때 눈을 움직여야 한다면, 그 돌멩이가 움직이고 있음을 알 수 있지. 즉 자네가 눈을 전혀 움직이지 않으면서, 어떤 물체를 계속 똑같은 모습으로 볼 수 있으면, 그 물체는 움직이지 않는다고 판단을 하겠군.

심플리치오 그럼, 확실하네.

살비아티 자네가 배를 타고 있으면서, 돛대 위의 어떤 지점을 쳐다보고 있다고 상상해 보게. 배가 빠르게 움직이고 있다고 하고. 자네의 시선이 돛대 위의 그 지점을 따라가려면, 눈을 움직여야 하는가?

심플리치오 아니, 조금도 움직일 필요가 없지. 이건 확실하네. 시선은 물론이고, 총을 겨냥한다 하더라도, 배가 어떻게 움직이든 겨냥한 것을 조금도 움직일 필요가 없네.

살비아티 그 까닭은, 배의 움직임이 돛대에 전달될 뿐만 아니라 자네와 자네 눈에도 전달되기 때문이지. 그러니 자네는 돛대를 쳐다보고 있으면서, 눈을 조금도 돌릴 필요가 없고, 따라서 그것이 움직이지 않는 것처럼 보이지. 시선은 자네 눈에서 돛대로, 줄처럼 이어져 있어. 마치 배의 양 끝을 줄로 묶어 놓은 것처럼. 수백 개의 줄들이 다른 지점들에 묶여 있네. 그러니 배가 움직이든 가만히 있든, 그 지점들은 제 위치를 지키고 있지.

이 원리를 자전하고 있는 지구에 적용해 보세. 돌멩이가 탑 꼭대기에 있을 때는, 그게 움직이는 것을 감지할 수가 없어. 돌멩이는 물론, 자네도 탑을 따라 움직이는 운동을 지구로부터 전달받아 공유하고 있기 때문이지. 눈을 조금도 움직일 필요가 없잖아?

이제 돌멩이가 아래로 떨어진다고 하세. 이 운동은 돌멩이만의 특수한 운동이며, 자네는 그것을 지니지 못하고 있어. 이것은 원운동과 결합되어 있지만, 원운동은 돌멩이와 눈에 공통이 되니 감지할 수가 없지. 자네 눈에 띄는 것은 직선운동뿐일세. 그것을 놓치지 않기 위해서 눈을 아래로 움직여야 하니까.

이 사람을 한번 만나서 설명해 주고 싶군. 이 사람의 실수를 깨닫게 하려면, 항해를 하러 갈 때, 매우 깊은 유리그릇에 물을 채워서 갖고 가라고 그래. 그리고 미리 왁스나 어떤 적당한 물질로 공을 만들라고 해. 그 물질은 공이 1분에 한 길 깊이를 내려갈까 말까 할 정도로 물속에서 아주 느리게 가라앉는 것이어야 해. 이것들을 준비한 다음, 1분에 수백 야드 거리를 가도록 배를 빨리 움직여.

공을 물속에 살며시 넣어서 천천히 가라앉도록 하고, 그걸 조심스럽게 관찰해 보라고 그러지. 그 공은 배가 가만히 있는 경우와 마찬가지로, 유리 그릇의 아랫부분을 향해서 천천히 내려감을 당장 깨달을 수 있을 걸세. 그 사람 눈으로 보기에, 또 유리 그릇과의 관계로 보기에, 이 공은 완전히 수직으로 아랫부분을 향해 내려가네. 하지만 이게 아래로 내려가는 직선운동과 수면을 따라 움직이는 원운동을 합친 운동임은 의심할 여지가 없어.

이런 현상이 이렇게 비자연적인 운동에서도 일어나네. 우리가 이 물체들을 가지고 실험을 해 보면, 그것들이 움직이고 있는 경우와 움직이지 않고 가만히 있는 경우를 비교해서, 아무런 차이도 발견할 수 없어. 우리 눈이 우리를 속이고 있군. 그렇다면 지구에서 그 차이를 도대체 어떻게 발견할 수 있겠는가? 지구는 움직이든 혹은 움직이지 않든, 계속 그 상태를 유지하잖아? 지구는 두 상태 중 어느 한 상태를 계속 유지하는데, 움직이는 경우와 움직이지 않는 경우에 따라서, 물체의 움직임이 차이가 있는지 발견하려면, 도대체 언제 실험을 해 보아야 하겠는가?

사그레도 이 논리를 들으니 내 속이 진정이 되는군. 아까 물고기들과 달팽이들 때문에, 속이 약간 이상하게 되었어. 옛날에 내가 착각을 한 게 있는데, 그걸 어떻게 고쳤는가 하는 게 문득 생각나는군. 그건 언뜻 보면 하도 그럴듯해서, 아무도 의심을 하지 않고 넘어가지.

옛날에 시리아로 항해를 한 적이 있는데, 우리의 절친한 친구가 내게 선물로 준 망원경을 갖고 있었어. 그 친구는 불과 며칠 전에 망원경을 고안해 냈지. 나는 돛대의 망루에 올라가서 망원경으로 멀리 있는 배들을 살피고 확인하면, 항해에 큰 도움이 될 거라고 선원들에게 말했네. 선원들은 내 제안을 받아들였지만, 배가 계속 흔들리니까, 망원경을 사용하기가 쉽지 않았어. 돛대 꼭대기는 가장 심하게 흔들리는 곳이지. 그래서 돛대 아랫부분에서 망원경을 쓰는 게 낫지 않겠느냐고 선원들이 말했어. 배에서 가장 흔들림이 약한 곳이 거기니까. 나는 이 의견에 동의했지.

그건 내 실수였어. 그리곤 곰곰이 생각해 보았는데, 내가 뭘 그렇게 오래 생각했는지 잘 모르겠어. 마침내 그게 거짓이라고, 내가 고개를 끄덕였음을 깨달았어. 내 어리석음을 깨달았으니 용서받을 수 있겠지. 돛대 꼭대기가 돛대 아랫부분에 비해 더 심하게 흔들리는 건 사실이지만, 그렇다고 해서 거기에서 망원경으로 물체를 살피는 게 더 어려운 건 아니야.

살비아티 내가 거기에 있었더라도, 선원들 의견에 동의했을 걸세.

심플리치오 나도 그랬을 것 같은데. 지금 생각해도 그렇네. 아니, 이걸 놓고 100년간 생각을 하더라도, 내 생각은 바뀌지 않을 것 같은데.

사그레도 좋아, 이번만은 내가 자네 두 사람을 가르칠 수 있겠군. 나도 살비아티처럼 심문하는 방법을 쓰도록 하지. 그 방법이 사물을 명확하게 이해하도록 만들어 주고, 어떤 것을 알고 있음을 못 깨닫고 있더라도, 그게 입에서 튀어나오도록 만드니까. 그걸 보는 것도 재미있지.

범선이든 갤리선이든, 어떤 다른 배가 멀리 있는데, 그걸 발견해 내고, 식별하고 싶다고 가정해 보세. 예를 들어 4마일, 6마일, 10마일 또는 20마일 떨어져 있다고 해 봐. 가까운 거리라면, 망원경을 쓸 필요가 없지. 4마일 내지 6마일 거리라면, 배 전체를 볼 수 있지. 더 큰 덩치라도 볼 수 있어. 배가 흔들림에 따라 돛대 위의 망루도 흔들릴 텐데, 몇 가지 종류의, 어떤 식의 움직임으로 분류할 수 있는가?

살비아티 배를 타고 동쪽으로 항해한다고 상상해 보자. 바다가 잔잔하면, 앞으로 나아가는 것 이외의 어떠한 움직임도 없지. 파도가 친다고 하면, 이물과 고물이 번갈아 올라갔다 내려갔다 할 테니까, 망루가 뒤로 기울었다 앞으로 기울었다 하겠지. 다른 파도가 배의 옆면을 때리면, 망루는 왼쪽으로 기우뚱, 오른쪽으로 기우뚱 하겠지. 어떤 파도는 배의 방향을 바꿔서, 활대가 한쪽으로 쏠리게 만들기도 할 거야. 정동쪽을 향하던 게 북동쪽으로 쏠렸다가, 남동쪽으로 쏠렸다가. 또 다른 파도는 배의 방향은 바꾸지 않고 놔두면서 배를 밑에서 들어 올려, 배가 올라갔다 내려갔다 하도록 만들 수도 있을 거야.

이 모든 움직임은 두 가지로 분류할 수 있어. 하나는 망원경의 각을 바꾸는 것이고, 다른 하나는 망원경의 각은 바꾸지 않으면서 위치를 바꾸는 것이야. 즉 망원경을 계속 원래와 평행한 상태로 유지하며 위치를 옮기는 것이지.

사그레도 맞아. 그다음 질문에 답해 보게. 저기 6마일 정도 떨어진 곳에 부라노 탑이 있는데, 망원경으로 그 탑을 살피게. 만약 망원경의 각을 왼쪽, 오른쪽, 위, 아래, 어느 방향으로든 손톱만큼이라도 움직이면, 탑의 모습이 어떻게 되는가?

살비아티 탑의 모습이 망원경 속에서 사라지는군. 아무리 작은 각만큼 기울여도, 저렇게 먼 거리에서는 상당히 차이가 벌어지지.

사그레도 만약에 망원경의 각을 전혀 바꾸지 않고, 원래와 평행하도록 유지하면서, 10야드 또는 12야드 정도 왼쪽, 오른쪽, 위, 아래로 움직인다면, 망원경 속의 탑은 어떻게 되겠는가?

살비아티 조금도 달라져 보이지 않을 거야. 여기 우리가 있는 곳과 저 탑을 평행선들로 이으면, 여기서 위치가 바뀌면, 저 탑에서도 똑같은 거리만큼 위치가 바뀌니까. 망원경 속에 보이는 영역은 상당히 넓으니, 저런 탑은 여러 개 들어갈 수 있어. 10야드 정도 움직여도 시야에 그대로 남아 있어.

사그레도 배의 경우를 다시 생각해 보세. 망원경의 각을 조금도 바꾸지 않고, 평행 상태를 유지하면, 망원경이 왼쪽, 오른쪽, 위, 아래, 앞, 뒤, 어디로 20야드 또는 25야드 움직이더라도, 망원경의 시야는 원래 관찰하던 지점에서 25야드 이상 벗어날 수 없네. 8마일 또는 10마일 거리에서 망원경으로 보면, 갤리선이든 다른 선박이든, 그 배보다 훨씬 큰 영역을 볼 수 있으니, 이런 조그마한 변화에 배가 시야에서 사라질 리는 절대 없네. 즉 어떤 물체를 시야에서 놓치게 되는 원인은 각이 바뀌기 때문일세. 배가 위, 아래, 왼쪽, 오른쪽 등 어디로 흔들리든 그 거리 변화는 이런 정도가 고작일 테니까.

망원경이 2개 있다고 가정해 보세. 하나는 돛대의 아랫부분에 고정시켜 놓아. 다른 하나는 큰 돛대의 윗돛대 맨 꼭대기에 고정시켜 놓아. 삼각기를 다는 곳 말일세. 둘 다 10마일 떨어져 있는 배를 향하도록 해 놓아. 파도가 심하게 쳐서 배가 어떻게 흔들리든 두 망원경의 각이 바뀌는 정도는 같아. 파도가 쳐 이물이 들려 올라가면, 돛대의 맨 꼭대기 부분은 돛대의 아랫부분에 비해 30야드 또는 40야드 뒤로 움직일 수 있네. 꼭대기에 있는 망원경으로 보면, 시야가 그 정도 뒤로 움직이겠지. 아래에 있는 망원경으로 보면, 1야드 정도 뒤로 움직이는 게 고작이겠지.

하지만 각이 바뀌는 정도는 위의 망원경이나 아래의 망원경이나 다를 게 없어. 파도가 옆을 때리면, 위의 망원경은 아래의 망원경에 비해 왼쪽 또는 오른쪽으로 백 배 정도의 거리를 움직일 수도 있어. 하지만 각은 둘 다 바뀌지 않거나, 또는 같은 정도만큼 바뀌지. 왼쪽, 오른쪽, 앞, 뒤, 위, 아래 등 어디로 움직이든 멀리 있는 물체를 보는 데 아무런 지장이 없어. 하지만 각은 조금만 바뀌어도 크게 차이가 나지.

그러니 돛대 꼭대기에서 망원경으로 보는 것이, 돛대 아랫부분에서 보는 것에 비해 어려울 게 없네. 각이 바뀌는 건 어느 곳에서나 같으니까.

살비아티 어떤 주장이 맞는지 틀린지 판단하는 것은 매우 조심스럽게 해야 하겠어! 이게 그렇지 않음을 자네가 분명하게 증명했지만, 누구라도 돛대 꼭대기는 돛대 아래에 비해 심하게 흔들리니까, 망원경을 맞추기가 더 어렵다고 고개를 끄덕일 거야.

대포알이 수직선을 따라 바로 아래로 떨어지는 게 눈에 보이는데, 그럼에도 그게 직선으로 움직이는 게 아니고, 원둘레 곡선을 따라 움직인다느니, 대각선을 따라 비스듬하게 떨어진다느니 하고 주장하는 사람들이 있어. 그런 사람들에게 버럭 화를 내거나, 두 손 들어 버리는 철학자들이 있는데, 그 철학자들은 용서해 주어야 하겠군.

그들이야 고민을 하든 말든 그냥 내버려 두세. 이 사람이 제기한 다음 반론을 보도록 하지.

심플리치오 코페르니쿠스의 이론이 맞다면, 우리가 느끼는 것을 부인해야 함을, 이 학자가 보여 주고 있네. 아주 엄청난 일도 못 느끼고 있으니까. 산들바람이 부는 건 느낄 수 있으면서, 시속 2,529마일 이상의 엄청난 강풍이 쉬지 않고 몰아치는 건 조금도 느끼지 못하고 있지. 지구가 공전 궤도를 따라 1년에 한 바퀴씩 돈다면, 지구는 1시간에 그 정도 거리를 움직이거든. 이건 이 학자가 꼼꼼하게 계산해 냈어. 코페르니쿠스의 학설이 옳다면, 이런 터무니없는 일이 일어나야 하네.

"지구 둘레의 공기는 지구와 같이 움직인다. 그 속력은 어떠한 강풍보다도 더 빠른데, 그럼에도 공기가 움직이는 것을 우리는 느낄 수 없다. 공기가 달리 움직이지만 않으면, 공기는 가만히 있는 것처럼 느껴진다. 감각이 우리를 속이고 있단 말인가?"

살비아티 코페르니쿠스는 지구와 지구 주위의 공기가 궤도를 따라 움직인다고 주장하는데, 이 사람이 보기에, 그 지구는 우리가 살고 있는 지구가 아니고 다른 어떤 지구인 모양이지? 우리가 살고 있는 지구는 우리도 같이 데리고 움직이지. 지구의 속력, 주위 공기의 속력과 똑같이 말일세.

어떤 사람이 채찍으로 우리를 때리려고 덤비더라도, 그 사람이 쫓아오는 그 길을 그 사람과 같은 속력으로 도망가면, 그 사람이 우리를 때리지 못할 게 아닌가? 지구와 공기뿐만 아니라 우리도 같이 움직인다는 사실을, 이 사람은 깜박 잊은 모양이야. 같이 움직이기 때문에, 같은 공기가 우리에게 닿은 채 있고, 따라서 공기는 우리를 때리지 못하지.

심플리치오 이 학자도 알고 있네. 그다음에 나오는 말을 보게. "뿐만 아니라 지구가 움직이면, 우리도 따라서 움직여야 한다."

살비아티 이제 이 사람을 도와줄 수도 없고, 용서해 줄 수도 없군. 심플리치오, 자네가 이 사람을 변호해 주고, 여기에서 구해 주게.

심플리치오 지금 당장은 뭐라 변명할 말이 떠오르지 않는군.

살비아티 그래? 오늘 밤 곰곰이 생각해 보고, 내일 이것에 대해 이 사람을 변호해 보게. 지금 당장은 이 사람의 반론을 계속 보세.

심플리치오 같은 반론을 계속하고 있네. 코페르니쿠스의 이론에 따르자면, 우리의 감각을 부인해야 함을 보이고 있네.

우리가 지구와 같이 움직이는 근본 원인은, 우리 내부의 본질적인 요인이거나, 아니면 외부의 요인이다. 즉 지구가 우리를 잡아당기면서 가기 때문이다. 만약 후자라면, 우리를 그런 식으로 잡아당기는 것을 전혀 느낄 수 없으니, 어떤 당기는 힘이 그와 직접 관계된 물체에게는 느껴지지 않거나, 아니면 우리의 감각이 우리를 속이고 있다. 만약 전자라면, 즉 내부의 본질적인 요인 때문이라면, 우리 자신에게서 나오는 어떤 움직임을 우리가 못 느낀단 말인가? 우리에게 딸린 영속적이 경향을, 우리가 감지할 수 없단 말인가?

살비아티 우리가 지구를 따라 움직이는 근본 원인이 내부의 것이든 외부의 것이든, 우리가 반드시 느낄 수 있다는 게 이 사람 반론의 요지이군. 우리가 그것을 못 느끼니, 내부의 요인도, 외부의 요인도 아니다. 그러므로 우리는 움직이지 않는다. 따라서 지구도 움직이지 않는다.

내가 반박하겠는데, 그게 어느 것이든 우리가 느끼지 못할 수 있어. 외부 요인일 가능성에 대해서는, 배에서 행한 실험이 모든 난점을 제거해 주고도 남아. 우리는 배를 움직이게 할 수도 있고, 가만히 있도록 할 수도 있어. 우리 감각으로 두 경우 어떠한 차이가 있는지 감지해 내서, 배가 움직이는지 가만히 있는지 판단하려고 해 봐. 아무런 차이도 감지할 수 없었잖아? 지구에 대해서도 그런 차이가 발견된 게 없다 하더라도 이상할 게 없지. 지구가 우리를 싣고 영원히 움직인다 하더라도, 정지해 있는 것과의 차이를 감지할 수 있는 어떠한 실험도 고려해 내지 못할지도 몰라.

심플리치오, 자네는 파도바에서 항해를 한 일이 있지. 솔직히 말해 보게. 배가 어떤 장애물에 부딪치거나 또는 장애물을 피하기 위해서 갑자기 멈추면, 자네와 다른 승객들이 뜻밖의 일이라 굴러 넘어진 경우가 있겠지. 그런 경우 말고, 자네가 움직이고 있다는 사실을 느낀 적이 있는가? 어떤 커다란 장애물이 지구와 부딪쳐서 지구가 움직이는 걸 막는다면, 자네는 몸이 움직이던 힘으로 인해 하늘의 별들에게로 튀어 올라갈 거야. 그때가 되면, 몸 안에 있는 힘을 깨닫게 될 걸세.

다른 감각과 사색을 통해서 배가 움직인다는 걸 깨달을 수 있는 건 사실이야. 땅 위에 있는 기둥들이나 건물들을 보면, 배와 떨어져 있기 때문에, 반대 방향으로 움직이는 것처럼 보이지. 지구가 움직인다는 사실을 그런 경험을 통해 깨닫고 싶으면, 별들을 쳐다보게. 마찬가지 이유 때문에, 별들은 반대 방향으로 움직이는 것처럼 보여.

이게 내부 요인이라 하더라도, 우리가 느끼지 못하는 게 그리 놀라운 일은 아니지. 외부의 요인이고 가끔 없어진다 하더라도, 평소에 그걸 느낄 수 없는데, 그게 내부의 요인이며 늘 우리와 같이 있다면, 그걸 느끼지 못하는 게 당연하지 않은가?

이 사람이 덧붙여 놓은 게 있나?

심플리치오 불평을 조금 써 놓았네. "이 학설을 받아들이면, 바로 곁에서 일어나는 어떤 현상을 판단하려 할 때, 우리의 감각이 틀리기 쉽고, 쓸모가 없다고 의심해야 한다. 이런 못 믿을 기능을 바탕으로, 어떤 진실을 찾아내기를 바라겠는가?"

살비아티 훨씬 더 유용하고 확실한 교훈을 얻을 수 있지. 감각이 우리에게 제공하는 첫 느낌에 대해 너무 확신을 갖지 말고, 신중하게 생각해 보아라. 감각은 우리를 속일 수 있다.

무거운 물체가 아래로 떨어지는 것을 우리 눈으로 보면, 단순한 직선운동일 뿐, 다른 어떠한 운동도 아니지. 이 사람은 그걸 우리가 이해하도록 만들려고, 이렇게 애를 쓰는 건 아니겠지? 그렇게 확실하고, 분명하고, 명백한 사항을 의심한다고 여기기 때문에, 이렇게 화를 내고 불평을 하는 게 아닌가? 그 운동은 직선운동이 아니고 원운동이라고 주장하는 사람들은 돌멩이가 원을 그리며 움직이는 걸 보고 있다고, 이 사람이 생각하는 게 아닌가? 이 현상을 해명하라고, 사색에 호소하는 게 아니고 감각에 호소하는 걸 보면, 이 사람이 그렇게 생각하는 것 같아.

심플리치오, 그건 사실과 달라. 나(나는 두 학설 중 어느 편에도 기울지 않았네. 단지 코페르니쿠스의 옷을 입고, 그 사람인 것처럼 연극을 하고 있을 뿐일세.) 자신은 돌멩이가 수직선 이외의 선을 따라 떨어지는 것을 본 적이 없고, 앞으로도 절대 볼 수 없을 걸세. 그러니 눈에 보이는 모습은 의문의 여지가 없어. 우리 모두가 동의하고 있네. 다만 우리는 사색의 힘을 통해서 진실을 확인하고 거짓을 폭로하려는 것뿐일세.

사그레도 천동설을 추종하는 대부분의 사람들보다, 이 학자는 한 수 위인 것 같아. 한번 만났으면 좋겠어. 이 사람에게 존경을 표하는 인사로써, 한 가지 알려줄 게 있어. 아마 그도 이 현상을 여러 번 보았을 거야. 지금 우리가 말했듯이, 겉으로 보이는 모습이 얼마나 쉽게 사람을 속이는지, 우리의 감각이 얼마나 쉽게 우리를 속이는지, 이 현상을 보면 알 수 있어.

달밤에 길을 걸으면, 달이 계속 따라오는 것처럼 보여. 걸음을 옮기면, 발맞춰 따라오지. 달이 지붕 위로 미끄러져 움직이는 것을 보면 그래. 마치 고양이가 기와를 밟으며 뒤따라오는 것 같아. 우리가 사색을 하지 않으면, 이 현상은 우리 느낌을 쉽게 속일 수 있을 거야.

심플리치오 단순한 감각이 우리를 속이는 예들은 얼마든지 많이 있네. 이런 감각에 대한 이야기는 제쳐 두고, 지구의 움직임이 자연 본성에서 유래한다는 이론에 대한 반론을 먼저 들어 보세.

지구가 자연 본성에 따라서 세 종류의 서로 다른 운동을 한다면, 그 움직임은 여러 가지 자명한 이치들과 상충될 것이다. 첫째, 모든 결과는 어떤 원인에서 유래한다. 둘째, 저절로 생겨나는 것은 없다. 따라서 움직이도록 만드는 것과 움직이는 것은 같을 수가 없다. 외부의 다른 어떤 것으로 인해 움직이는 물체는 물론이고, 내부의 요인으로 인해 자연히 움직이는 물체에게도 이 원리가 적용된다. 만약 그렇지 않다면, 움직이는 물체는 결과이고 움직이도록 만드는 물체는 원인인데, 원인과 결과가 모든 면에서 서로 같아진다. 그러므로 어떤 물체든 오직 자신으로 인해 움직여서, 물체 자신이 스스로를 움직이게 만드는 원인이자 그 결과가 될 수는 없다. 그 물체가 움직이도록 만드는 원리와, 그에 따라서 움직이는 것을, 그 물체에서 구별해 내야 한다.

셋째, 우리가 감지하는 일들을 보면, 한 가지 일은 한 가지 결과만을 낳을 수 있다. 물론, 동물의 경우 정신은 여러 가지 일들을 할 수 있다. 보고, 듣고, 냄새 맡고, 새끼를 낳고 ……. 그러나 정신은 여러 종류의 기관을 통해서 이런 일들을 한다. 즉 우리가 감지하는 바로는, 서로 다른 움직임은 서로 다른 원인에서 유래함을 보일 수 있다.

이런 자명한 이치들을 결합해 보면, 지구와 같이 단순한 물체가 자신의 본성에 따라서 세 종류의 서로 다른 운동을 동시에 하는 것은 불가능하다. 앞에서 가정한 것에 따라서, 전체가 저절로 움직일 수는 없다. 그러므로 지구가 움직이는 세 종류의 운동에 대한 세 가지 원인을 구별해 내야 한다. 만약 그럴 수가 없다면, 한 가지 원인이 여러 가지 운동을 낳는 것이 된다. 그러나 어떤 물체에 세 가지 자연스러운 움직임의 원인들이 들어 있고, 움직이는 부분이 들어 있다면, 그 물체는 단순한 물체가 아니고, 세 종류의 움직이게 하는 원인들과 움직이는 부분이 합쳐진 물체이다. 그러므로 만약 지구가 단순한 물체라면, 지구는 세 가지 운동을 동시에 할 수 없다.

뿐만 아니라 한 가지 운동만 할 수 있다면, 코페르니쿠스가 주장한 운동은 단 하나도 할 수 없다. 아리스토텔레스가 보였듯이, 지구는 중심을 향해서 움직이려고 하는 것이 명백하기 때문이다. 지구의 일부분을 떼어 놓으면, 지표면을 향해 수직으로 떨어지는 것을 보면 알 수 있다.

살비아티 이 논리의 구성에 대해서는 고려해야 할 것도 많고, 하고 싶은 말도 많아. 그러나 몇 마디 말로써 해결할 수 있으니, 이것을 갖고 지나치게 일을 벌이고 싶지는 않군. 동물의 경우는 한 가지 원인이 다양한 활동을 낳는다고, 이 사람 스스로 밝혔잖아? 그러니 해결책을 내 손안에 쥐어 준 셈이지. 지구의 경우도 마찬가지로 한 원인에서 다양한 움직임이 나온다고, 나는 이 사람에게 답하겠네.

심플리치오 이 학자는 자신이 제기한 반론에 대한 그런 답에 조금도 만족하지 않을 걸세. 더구나 이 학자가 자신의 공격을 구체화하기 위해서 한 가지 원리를 덧붙이는데, 이 원리를 따르면 자네의 답은 완전히 뒤집혀 버리네. 들어 보게. 이 학자는 주장을 더욱 확실하게 하기 위해서 다음의 자명한 이치를 덧붙여 놓았네. "자연은 꼭 필요한 것만 갖추고 있다."

우리가 자연의 온갖 것들을 관찰해 보면, 이건 명백하네. 특히 동물들을 보게. 동물들이 움직일 수 있도록 하기 위해서, 자연은 동물들에게 여러 가지 관절을 만들어 주었고, 각 부분들을 움직이기에 알맞도록 짜 맞춰 놓았지. 무릎과 엉덩이를 보게. 동물들은 마음대로 달릴 수도 있고, 누워 있을 수도 있지. 사람의 경우도 팔꿈치와 손목에 관절이 있고, 여러 종류의 힘줄이 있기 때문에, 마음대로 움직일 수 있지.

이런 것들을 보면, 지구가 세 가지 운동을 동시에 할 수 없음을 유추할 수 있네. 관절로 연결되지도 않은 한 덩어리 물체가 온갖 종류의 서로 다른 운동을 할 수 있거나, 아니면 관절이 없이는 그런 운동을 할 수 없거나, 둘 중 하나이다. 그것이 가능하다면, 자연이 동물들의 관절을 만들 필요가 없다. 불필요한 것을 만드는 것은 이치에 어긋난다. 그것이 불가능하다면, 지구는 한 덩어리의 물체이며, 관절이나 힘줄로 이어진 것도 아니니, 한 가지 이외의 운동을 하는 것은 불가능하다.

자, 보게. 이 학자가 자네의 답변을 아주 교묘하게 논박하고 있지? 마치 그걸 예견한 듯하네.

살비아티 자네 지금 진지하게 이야기하는 건가? 아니면 농담으로 그러는 건가?

심플리치오 나는 최선을 다해서 답하고 있네.

살비아티 그렇다면 이 철학자가 제시한 주장에 덧붙여서, 이 철학자에게 또 다른 공격을 가하더라도, 막아 낼 방법이 있다고 믿는 모양이군. 좋아, 이 철학자를 대신해서 답을 해 보게. 지금 우리가 이 사람을 부를 수는 없으니까.

동물들이 여러 가지로 다르게 움직일 수 있도록 하기 위해서, 자연은 관절, 힘줄, 근육을 만든 게 사실이라고 자네는 말했지. 그러나 이건 사실이 아닐세. 내가 자네에게 일러 주겠는데, 관절은 동물 몸의 어느 한 부분만 움직이고, 다른 부분들은 움직이지 않도록 하기 위해서 존재하네. 그리고 그 움직이는 방법은 단 한 가지야. 즉 원운동뿐이지. 움직이는 뼈의 끝 부분이 볼록하거나 오목한 건 바로 그 때문일세.

어떤 뼈는 끝이 공처럼 둥글게 생겼는데, 그런 뼈는 모든 방향으로 움직일 수 있어. 해군 장교가 깃발을 펼쳐 보일 때나, 매부리가 미끼로 매를 유혹할 때, 팔은 어깨에서 자유롭게 움직여야 하지 않겠나? 손목 관절도 마찬가지일세. 타래송곳으로 구멍을 팔 때, 손은 관절 덕분에 돌 수 있지. 다른 것들은 한 방향으로만 돌 수 있어. 마치 원기둥이 돌듯이. 이런 것들은 대개 한쪽으로만 굽을 수 있어. 손가락의 각 마디들은 하나하나 그런 성질을 가지지.

이런 반례들을 일일이 나열할 필요는 없어 보이는군. 일반적이 추론을 통해서 진실을 밝힐 수 있어. 입체의 한쪽 끝이 위치를 바꾸지 않고 가만히 있으면서 입체가 움직이면, 그 운동은 원운동이 될 수밖에 없어. 동물들이 움직이는 것을 보면, 인접한 부분들이 서로 다르게 움직이니, 그건 원운동이 될 수밖에 없어.

심플리치오 내가 보기에는 그렇지 않네. 동물들은 수백 가지 형태로 움직이며, 그건 원운동이 아닐세. 제각각 다른 형태로 움직이지. 달리고, 뛰고, 기어오르고, 내려가고, 헤엄치고 등등.

살비아티 맞는 말이야. 하지만 그것들은 부수적이 운동일세. 관절과 굴근의 주운동에 따라서 파생된 것들이지. 무릎 관절에서 종아리를 굽히고, 엉덩이에서 넓적다리를 굽히는 것은 원운동이야. 이것에 따라서 달리고 뛰게 돼. 몸뚱이 전체가 그렇게 움직이는 것은 원운동이 아닐 수도 있지. 지구는 어느 한 부분이 정지해 있고 다른 부분이 거기에 대해 움직이는 게 아니니까, 관절은 필요가 없네.

심플리치오 만약 한 가지 운동만 하면, 그럴 수도 있지. 그러나 관절이 없는 물체가 세 가지 서로 다른 운동을 동시에 할 수는 없네.

살비아티 이 철학자도 아마 그렇게 답하겠지. 내가 다른 방향에서 공격해 볼까? 만약에 지구가 관절과 굴근을 갖고 있다면, 세 가지 종류의 원운동을 할 수 있다고 보는가?

아니, 왜 답이 없나? 자네가 가만히 있으니, 내가 이 철학자의 답을 제시하겠네. 이 철학자는 그렇다고 답할 걸세. 만약 그렇지 않다면, 동물들이 여러 가지 형태로 움직이도록 하기 위해서 자연이 관절과 근육을 만들었는데, 지구는 관절과 근육이 없으니 세 가지 운동을 동시에 할 수 없다는 말은, 부적절하고 필요 없지. 관절과 근육이 있다 하더라도 그런 운동을 할 수 없다고 믿는다면, 지구는 세 가지 운동을 무조건 할 수 없다고 말했겠지.

이게 가능하다면, 관절과 근육이 어떤 식으로 배치되어야 세 가지 운동을 간단하게 할 수 있는지, 나에게 보여 주게. 이 철학자를 만나서 직접 물어보았으면 좋겠군. 자네에게 네 달 기한을 줄 테니까, 답을 구해 오게. 아니, 여섯 달 주지.

그동안 나는, 한 가지 원리가 지구로 하여금 한 가지 이상의 운동을 하도록 만든다고 생각하고 있겠네. 마치 한 가지 원리가 여러 기관을 통해서 동물들의 갖가지 운동을 낳는 것처럼. 지구의 경우, 관절은 필요 없어. 전체가 움직이는 것이지, 어느 한 부분이 움직이는 게 아니니까. 지구는 원운동들을 하니까, 공처럼 둥근 모습이 가장 멋진 관절이지.

심플리치오 우리가 최대한 인정할 수 있는 것은, 지구는 기껏해야 한 가지 운동을 한다는 것일세. 내가 보기에도 그렇고, 이 학자가 보기에도 그렇고, 세 가지 다른 운동은 불가능하네. 이 학자가 자신의 반론을 뒷받침하기 위해서 써 놓은 것을 보게.

"코페르니쿠스가 말한 것처럼, 지구가 고유의 본성에 따라서, 황도를 따라 서쪽에서 동쪽으로 움직인다고 상상해 보자. 또 지구가 고유의 본성에 따라서, 동쪽에서 서쪽으로 자전한다고 상상해 보자. 세 번째로, 지구가 고유의 본성에 따라서, 남에서 북으로, 북에서 남으로, 기우뚱거린다고 상상해 보자."

지구는 한 덩어리 물체이며, 관절이나 마디도 없네. 어떤 막연한 자연 본성, 그것도 한 가지 경향으로 인해, 세 가지 서로 다르고 거의 상충하는 운동을 한다는 것을, 어떻게 우리의 이성이나 감성으로 받아들일 수 있겠는가? 이 이론을 맹목적으로 추종한다면 몰라도, 그렇지 않은 다음에야 이것을 주장할 사람은 없네.

살비아티 잠깐만. 그 책을 보여 주게. 방금 읽은 그 대목을 보여 주게.

음 ……. 심플리치오, 나는 자네가 잘못 읽은 게 아닌가 생각했지. 그러나 자네 잘못이 아니고, 이 사람이 잘못한 것이군. 아주 큰 실수를 했어. 잘 알지도 못하는 것에 대해서 논쟁하려고 덤비다니 ……. 한심한 사람이군.

코페르니쿠스는 지구가 그렇게 움직인다고 주장하지 않았네. 지구가 자전하는 것과 반대 방향으로 황도를 따라 공전한다니? 코페르니쿠스가 언제 그런 말을 했던가? 이 사람은 코페르니쿠스가 쓴 책을 한 번도 읽어 보지 않은 모양이지? 자전, 공전, 둘 다 같은 방향이라고, 서쪽에서 동쪽으로 돈다고, 수백 번 밝혀 놓았어. 첫 장에도 보면 그렇게 쓰여 있어. 남들이 그렇게 말하지 않더라도, 스스로 알아낼 수도 있었을 텐데 ……. 해가 움직이는 것과 주천구가 움직이는 게 지구 때문이라면, 같은 방향임을 알 수 있잖아?

심플리치오 자네가 판 함정에 스스로 빠지지 않도록 조심하게. 코페르니쿠스도 덩달아 빠지겠는데. 주천구는 매일 동쪽에서 서쪽으로 움직이잖아? 반면에 해는 황도를 따라 반대 방향으로, 서쪽에서 동쪽으로 움직이지. 이 반대되는 두 운동이 지구 때문이라면, 어떻게 그들이 일치하게 된다는 말인가?

사그레도 이 철학자가 실수를 한 까닭을 심플리치오가 폭로하고 있군. 아마 방금 심플리치오가 말한 것과 똑같이 생각했을 거야.

살비아티 그런 것 같아. 일단 심플리치오가 자신의 실수를 깨닫도록 해야지.

별들이 동쪽 지평선에서 떠오르는 것은 늘 보아 왔겠지? 만약 그게 별들이 움직이기 때문이 아니라 지구가 자전하기 때문에 생기는 현상이라면, 지평선이 반대로 내려가야 함을 잘 알고 있겠지? 따라서 지구는 별들이 움직이는 것과 반대 방향으로 회전해야 하네. 즉 서쪽에서 동쪽으로, 황도 12궁의 순서를 따라 회전하네.

지구의 공전 운동은, 해가 황도의 가운데에 고정되어 있고, 지구가 황도를 따라 움직이는 것이지. 우리가 보기에, 해가 황도 12궁을 같은 순서로 지나가야 하네. 왜냐하면 황도 12궁에서 지구가 놓여 있는 것과 반대되는 것에 해가 놓여 있기 때문이지. 예를 들어 지구가 양자리(Aries)를 지날 때, 해는 천칭자리(Libra)를 지나는 것처럼 보여. 지구가 황소자리(Taurus)를 지날 때, 해는 전갈자리(Scorpius)에 나타나. 지구가 쌍둥이자리(Gemini)에 있으면, 해는 궁수자리에 나타나지.

이것을 보면, 둘 다 같은 방향으로 움직임을 알 수 있어. 즉 황도 12궁의 순서를 따라 움직이며, 이것은 지구가 자전하는 것과 같은 방향으로 회전하는 것이지.

심플리치오 이제 이해가 가네. 이 실수에 대해서는 뭐라 할 말이 없네.

살비아티 심플리치오, 그건 아무것도 아니야. 더 큰 실수가 있어. 이 사람은 지구가 동쪽에서 서쪽으로 자전한다고 했잖아? 만약 그렇다면, 우주가 24시간에 한 바퀴씩, 서쪽에서 동쪽으로 움직이는 것처럼 보일 거야. 실제 우리가 보는 것과 반대가 되지.

심플리치오 아이고, 이런 실수를 ……. 나는 천문학에 대해 아는 게 거의 없지만, 내가 책을 쓰더라도, 이런 실수는 범하지 않을 텐데.

살비아티 이렇게 기본이 되는 원리조차 거꾸로 알다니 ……. 이 사람이 코페르니쿠스의 책에 대해 얼마나 연구했겠나 생각해 보게. 아리스토텔레스와 프톨레마이오스의 교리를 바탕으로 코페르니쿠스의 이론에 반대하는 것은, 다 이런 데서 나오는 걸세.

이 사람은 지구가 남에서 북으로, 북에서 남으로 움직이는 세 번째 운동이 코페르니쿠스의 이론에서 나온다고 했는데, 그건 이 사람이 잘못 알고 한 말일세. 코페르니쿠스는 지구가 공전과 자전, 두 가지 회전운동을 한다고 했어. 그런 운동을 덧붙인 적이 없네. 공전과 자전은 지구가 남북으로 기우는 것과 아무런 상관이 없어. 지구의 자전축이 늘 원래와 평행한 상태를 유지하다 보니까, 그렇게 보일 뿐이야. 이 사람은 이걸 깨닫지 못하고 있거나, 아니면 모르는 체하고 있는 거지. 이런 큰 결함을 보면, 이 사람의 반론을 더 이상 검토해 보지 않아도 되겠지?

그렇기는 하지만, 조금만 더 검토해 보세. 다른 멍청한 사람들이 제기하는 반론에 비해서, 이 사람의 반론은 그래도 제일 값어치가 있으니까.

본론으로 돌아가서, 이 사람이 제기한 난점들을 내가 해명하겠는데, 지구의 공전과 자전은 서로 반대되는 게 아닐세. 공전과 자전, 두 가지 운동은 같은 방향으로 회전하는 것이며, 어쩌면 같은 원인에서 유래한 것인지도 몰라. 이른바 세 번째 운동은, 공전에 따라서 저절로 나타나는 현상이지. 이건 내부의 요인이든 외부의 요인이든, 아무런 요인도 필요가 없어. 때가 되면, 이걸 증명해 주지.

사그레도 상식적으로 생각해 보았는데, 나도 이 사람에게 하고 싶은 말이 있어. 이 사람이 제기하는 모든 의문과 반론을 우리가 즉석에서 해결하지 못하면, 이 사람은 코페르니쿠스를 탓하려 들거든. 마치 우리가 무지하면, 이 학설이 거짓인 것처럼. 이런 식으로 판단하는 게 정당하다고 여긴다면, 내가 아리스토텔레스와 프톨레마이오스의 학설에 대해 제기한 문제점들을, 그가 해명하는 게 기껏 이 정도라면, 내가 그들의 학설을 수긍하려 하지 않더라도, 나를 나무라지 않겠지.

지구가 황도를 따라 공전하는 원인이 뭔지, 적도를 따라 자전하는 원인이 뭔지, 이 사람은 묻고 있어. 내가 답하겠는데, 그건 토성이 황도를 따라 30년에 한 바퀴씩 공전하는 것과 마찬가지일세. 그리고 토성이 황도면에서 자신을 중심으로 훨씬 짧은 시간에 자전을 하는 것과 마찬가지이지. 토성에 인접한 위성들이 모습을 드러냈다 숨었다 하는 걸 보면 알 수 있어. (당시에는 토성의 테가 알려지지 않았으므로, 토성의 모습이 약간씩 변하는 까닭을 알 수 없었다. 갈릴레오는 토성에 매우 인접한 두 위성으로 토성의 모습 변화를 설명하려 했다. — 옮긴이)

이것은 이 사람이 조금도 의심하지 않고 받아들이는 다음 사실과 비슷하네. 해는 황도를 따라 1년에 한 바퀴씩 회전한다. 또 적도에 나란하도록, 1개월보다 약간 짧은 시간 동안 한 바퀴씩 자전한다. 이것은 검은 점이 움직이는 것을 보면 알 수 있다. 목성의 위성들은 황도를 따라 12년에 한 바퀴씩 공전을 하고, 동시에 그 위성들은 목성을 중심으로 조그마한 원을 그리며 짧은 시간을 주기로 회전하고 있다. 이런 것과 비슷한 원리이겠지.

심플리치오 그 모든 것들은 망원경의 렌즈가 잘못되었기 때문에 생기는 착각이라고, 이 학자는 주장할 걸세.

살비아티 아니, 이 사람이 그럴 리가 없네. 무거운 물체가 떨어지는 모습을 맨눈으로 보아도, 그게 직선을 그린다는 사실을 의심할 여지가 없이 확인할 수 있다고 그랬잖아? 망원경을 쓰면, 눈의 힘이 서른 배로 커지고 더 완벽해지는데, 다른 움직임을 보고 판단할 때 착각을 하게 된단 말인가? 만약 그렇다면, 지구가 여러 가지로 움직이는 것은, 나침반의 바늘이 움직이는 것과 마찬가지 이유라고 이 사람에게 말해 주세. 나침반의 바늘에는 무거운 물체로서 아래로 내려가려는 직선운동과, 평면을 따라 돌고 경선을 따라 도는 두 원운동이 있지.

또 뭐가 있겠나? 심플리치오, 다음 두 가지 중에 어떤 것이 더 크게 차이가 난다고 이 사람이 답하겠는가? 직선운동과 원운동, 아니면 운동 상태와 정지 상태.

심플리치오 그야 물론 운동 상태와 정지 상태가 더 크게 차이가 나지. 이건 명백하네. 직선운동과 원운동은 반대되는 게 아니라고 아리스토텔레스가 말했지. 둘이 공존할 수도 있다고 말했어. 그러나 운동 상태와 정지 상태는 공존할 수 없네.

사그레도 그렇다면 한 물체가 직선운동과 원운동의 두 가지 운동 성향을 가지는 것이, 운동 상태와 정지 상태의 두 가지 성향을 가지는 것보다 더 자연스럽고 있을 법하겠군.

천동설과 지동설, 이 두 학설이 지구 일부분의 움직임에 대해서는 의견이 일치하네. 흙을 떼었다가 놓으면, 지구 전체로 다시 돌아가니까. 이 두 학설은 지구 전체의 움직임에 대해서는 의견이 달라. 전자는 지구가 움직이지 않는다고 주장하고, 후자는 지구가 원운동을 한다고 주장하지.

그런데 자네와 이 철학자가 인정했듯이, 운동 상태와 정지 상태는 양립할 수 없어. 그러니 그 원인도 공존할 수 없지. 반면에, 직선운동과 원운동은 서로 반대되는 게 아니니까, 공존할 수 있네.

살비아티 뿐만 아니라 지구의 일부분이 전체로 돌아가기 위해서 움직이는 이 운동이, 어쩌면 원운동일지도 몰라. 내가 앞에서 설명했지. 그러니 이것을 놓고 따지면, 모든 면에서 지구가 움직인다는 이론이 움직이지 않는다는 이론보다 더 그럴듯하게 보여.

심플리치오, 아직도 남은 게 있으면 제시해 보게.

심플리치오 이 학자는 또 다른 불합리한 면을 제시해서, 반론을 뒷받침하네. 만약 지구가 움직인다면, 본성이 서로 판이한 물체들이 같이 움직여야 한다. 그러나 관찰을 해 보면, 본성이 판이한 물체들은 움직이는 모습도 서로 판이하다. 이성을 갖고 판단해 보아도, 이 사실을 알 수 있다. 만약 그렇지 않다면, 물체들의 본성을 구별하고 파악할 수가 없을 것이다. 본질적으로 서로 다른 물체들은, 그에 따라서 특수하게 움직이기 때문에, 우리가 그것을 보고 본성을 알아내게 된다.

사그레도 이 사람의 주장을 보면, 그런 논리가 두세 번 나오거든. 물체들이 어떠어떠한 성질을 가짐을 보이기 위해서, 물체들이 그러해야만 우리가 그들을 보고 이해할 수 있으며, 만약 그렇지 않으면, 우리는 이러저러한 사항을 알아낼 수가 없다고 말하거든. 다시 말해, 사색의 기준이 무너진다는 거지.

자연이 맨 처음에 사람의 두뇌를 만든 다음, 세상 모든 것들을 사람의 지능 범위에 맞춰서 만든 모양이지? 나는 그 반대라고 생각했는데……. 자연은 먼저 세상의 온갖 것들을 마음껏 만든 다음, 그것을 이해할 수 있도록 인간의 지능을 만들어 놓았어. 그러나 자연의 깊은 비밀을 파악하기 위해서는 애를 써야만 하네.

살비아티 나도 자네 의견에 동의하네. 그건 그렇고, 심플리치오, 이성의 판단과 관찰 결과에 어긋나도록, 코페르니쿠스가 같은 운동을 여러 다양한 본성의 물체들에게 부여했다고 말했는데, 그 물체들이란 어떤 것들인가?

심플리치오 물과 공기이지. 이들은 흙과 본성이 다르다고, 우리 모두 동의하고 있네. 이 원소들로 이루어진 물체들도 포함되네. 이들이 모두 지구와 마찬가지로 세 가지 종류의 운동을 해야 하네. 코페르니쿠스의 학설대로, 구름이 우리 머리 위에 오랜 시간 머무르면서 위치를 바꾸지 않는다면, 그 구름도 지구와 마찬가지로 세 가지 운동을 해야 하네. 이 학자가 기하학을 써서 증명을 했어. 여기 그 증명이 있으니 직접 보게. 내가 설명하기는 어렵군.

살비아티 그걸 꼭 읽을 필요가 있나? 사실, 그 증명을 거기에 넣을 필요도 없네. 지구가 움직인다고 주장하는 사람은 누구나 다 그 사실을 수긍할 테니까. 그러니 이 사람의 증명을 받아들이세. 이 반론에 대해서 해명해 볼까? 이 반론은 코페르니쿠스의 입장을 뒤엎을 힘이 조금도 없네. 우리가 물체의 본질이라고 인지하고 있는 운동이나 움직임으로부터, 이 반론이 빼앗는 게 조금도 없잖아?

심플리치오, 내가 묻는 말에 대답해 주게. 어떤 물체들이 완전히 일치하는 성질이 있다면, 그 성질이 그 물체들의 다양한 본질을 구별하는 데 쓰일 수 있겠는가?

심플리치오 아니, 불가능하네. 오히려 그 반대이지. 어떤 성질이나 운동이 완전히 일치한다면, 그 물체들의 본질이 같다는 결론이 나오네.

살비아티 자네는 물, 흙, 공기와 이 원소들로 구성된 물체들의 본성이 서로 다르다고 말했는데, 그 결론은 이 원소들과 이들로 구성된 물체들이 공통으로 움직이는 것에서 유추한 것이 아니겠군. 뭔가 다른 움직임에서 유추한 것이지. 내 말이 맞나?

심플리치오 그럼, 맞네.

살비아티 이들 모두에게 공통이 되는 움직임은 이들의 본성을 구별하는 데 아무 쓸모가 없군. 그런 움직임은 없애 버려도, 이들의 본성에 따라 차이가 생기는 운동들, 움직임들, 특성들은 그대로 있으니, 이들을 구별해 내는 우리의 능력은 조금도 줄어들지 않겠군.

심플리치오 그럼, 그렇게 생각하는 게 온당하지.

살비아티 아리스토텔레스와 프톨레마이오스, 이 학자와 자네를 포함하여 그들을 추종하는 모든 사람들의 의견에 따르면, 흙, 물, 공기, 이들 모두는 중심에 대해 움직이지 않으려는 공통된 본성을 갖고 있지?

심플리치오 그건 의심할 여지가 없는 진리이네.

살비아티 그렇다면 이 원소들과 이들로 구성된 물체들이 서로 다른 본성을 갖고 있다는 이론은, 중심에 대해 움직이지 않으려고 하는 공통된 경향으로부터 유추한 것이 아니라, 이들에게 공통되지 않고 서로 다른 어떤 성질을 발견해 내어 그것으로부터 유추한 것이겠군. 이들은 모두 정지해 있으려는 공통된 경향이 있는데, 이 경향은 제거하고, 다른 모든 성질들은 그대로 남겨 두면, 우리가 이들의 본성을 이해하려고 노력하는 데 조금의 방해도 되지 않겠군.

코페르니쿠스가 제거한 것은 바로 이 공통된 경향일세. 다른 모든 것은 그대로 남겨 두었어. 중력과 부력, 위로 올라가고 아래로 내려가고, 빠르고 느리고, 배고 성기고, 뜨겁고 차갑고, 마르고 젖고, ……. 한마디로 말해서, 다른 모든 것. 그러니 이 사람이 상상한 그런 불합리한 면은 코페르니쿠스의 학설에 존재하지 않아. 물체들의 본성이 얼마나 다양한가 다양하지 않은가 하는 관점에서 보면, 공통되게 움직인다고 말하는 것은, 공통되게 가만히 있다고 말하는 것과 조금도 다를 게 없어. 또 다른 반론이 남아 있으면 말해 보게.

심플리치오 네 번째 반론이 나오네. 이것도 역시 자연을 관찰한 것에서 유추했어. 같은 종류의 물체들은 같은 방식으로 움직이거나, 아니면 같이 정지해 있어야 한다. 그러나 코페르니쿠스의 이론에 따르면, 같은 종류의 매우 비슷한 물체들이 완전히 다르게 움직여야 한다. 어떤 경우에는 정반대가 되기도 한다. 별들은 모두 서로 흡사하다. 그럼에도 불구하고, 6개의 행성들(달, 수성, 금성, 화성, 목성, 토성)은 쉬지 않고 계속 회전하고, 해와 다른 별들은 영원히 움직이지 않고 고정되어 있어야 한다.

살비아티 내가 보기에, 이 논리의 근본 방법은 옳아. 그러나 그 내용과 적용 과정이 틀렸어. 이 사람이 이 가설을 계속 주장하면, 그 결과는 이 사람의 주장과 정면으로 충돌할 걸세. 다음과 같이 논리를 전개해 보세.

우주의 물체들 중에 6개는 쉬지 않고 계속 움직인다. 그것들은 달, 수성, 금성, 화성, 목성, 토성이다. 문제는 다른 물체들, 즉 지구, 해, 별들 중에 어떤 것이 움직이고 어떤 것이 가만히 있는가 하는 것이다. 만약 지구가 가만히 있다면, 해와 별들이 움직여야 한다. 만약 지구가 움직인다면, 해와 별들이 움직이지 않고 가만히 있어야 한다. 이것이 문제니까, 어떤 것이 움직이고 어떤 것이 움직이지 않는다고 해야 좀 더 그럴듯한지 조사해 보자.

실제로 움직이고 있음이 의심할 여지가 없는 물체들이 있다. 상식적으로 생각해 보면, 그 물체들과 본성이 비슷한 물체들은 움직이고, 그 물체들과 완전히 다른 물체들은 정지해 있을 가능성이 크다. 영원히 정지해 있는 것과 쉬지 않고 영원히 움직이는 것은 완전히 다른 일이다. 그러니 영원히 움직이는 물체는 영원히 정지해 있는 물체와 그 본성이 완전히 다를 것이다. 움직이는 것과 정지해 있는 것을 판단하는 것이 문제인데, 다른 어떤 조건들을 연구해서 판단해 보자. 지구, 해, 별들 중에 어떤 것들이 움직이고 있는 물체와 비슷한지 조사해 보자.

보아라! 자연은 우리의 필요와 요구에 맞도록, 움직임과 정지함만큼이나 서로 다른 두 상태를 우리에게 제시하고 있지 않은가! 그건 바로 밝게 빛남과 어두움이다. 어떤 물체는 자연히 밝게 빛나고 있고, 어떤 물체는 빛이 전혀 없어 어두워 보인다. 안팎으로 찬란하게 빛이 나는 물체는 빛이 전혀 없는 물체와 완전히 다르다. 지구는 빛을 내지 않는다. 해는 가장 밝게 빛난다. 별들도 밝게 빛을 낸다. 6개의 행성은 지구와 마찬가지로 전혀 빛을 내지 않는다. 그러므로 그들의 본성은 지구와 가깝고,

해나 별과는 완전히 다르다. 따라서 지구는 움직이고, 해나 별들은 움직이지 않는다.

심플리치오 이 학자는 6개의 행성이 어둡다는 의견에 절대 동의하지 않을 걸세. 강력하게 부인할 걸세. 설령 그렇다 하더라도, 빛과 어둠 이외의 다른 조건을 써서, 6개의 행성과 해, 별들은 자연 본성이 흡사하고, 지구는 본성이 이들과 판이하다고 주장할 걸세.

아! 여기 다섯 번째 반론이 나오는군. 지구와 하늘에 있는 물체들은 본성이 완전히 다르다고 써 놓았어. 코페르니쿠스의 가설을 받아들이면, 우주와 우주의 각 부분의 체계가 큰 혼란에 빠지고, 문제가 생길 것이다. 아리스토텔레스, 튀코, 기타 많은 사람들이 주장했듯이, 천체들은 절대 불변인데, 지구를 그 속에 집어넣다니 ……. 코페르니쿠스 자신도 천체들이 고상한 존재임을 인정했으며, 가능한 한 가장 완벽한 조화를 이루도록 배치하지 않았던가! 모든 힘이 일치하도록 만들지 않았던가! 금성과 화성처럼 순수한 물체 사이에 지구를 넣다니, 지구는 상할 수 있는 물체가 아닌가! 지구는 흙, 물, 공기, 이런 것들이 뒤죽박죽이 되어 있는 물체가 아닌가!

신이 직접 이 우주를 설계했다면, 순수한 것과 불순한 것, 소멸하는 것과 영원히 소멸하지 않는 것, 이런 것들을 구별해 배치하는 게 훨씬 더 낫고, 자연 본성에 맞지 않겠는가! 다른 모든 학파 사람들이 일러 주듯이, 불순하고 가냘픈 물질들은 달 궤도 속의 좁은 공간에 집어넣고, 천체들은 그 위에서 영원히 끊이지 않고 떠올라야 하지 않겠는가!

살비아티 코페르니쿠스의 이론이 아리스토텔레스의 우주 체계를 큰 혼란에 빠뜨리는 것은 사실이야. 그러나 지금 우리가 다루는 것은, 우리가 살고 있는 실제 우주일세.

이 사람은 지구와 천체들이 본성이 완전히 다르다는 것을, 아리스토텔레스가 말한 천체들의 불변성과 지구의 변하는 성질로부터 유추한 것 같아. 이 본성의 차이 때문에, 해와 별들은 움직이고, 지구는 움직이지 않는다고 주장하고 있거든. 이 사람은 배리에 빠졌어. 문제가 되는 것을 가정했으니까. 아리스토텔레스는 천체들의 불변성을 그들의 운동으로부터 유추해 냈잖아? 그런데 지금 문제가 되는 것은, 그 운동이 실제로 천체들의 운동인가, 아니면 지구의 운동인가 하는 것이잖아? 이런 어리석은 유추에 대해서는 이미 여러 번 해명을 했어.

지구와 지구의 원소들은 천구에서 추방되어, 달 궤도 안의 좁은 공간에 격리되어 있어야 한다는 주장만큼 재미없는 말이 어디 있겠나? 달 궤도도 하나의 천구가 아닌가? 더군다나 그들의 이론에 따르면, 모든 천구들의 중심에 놓여 있지 않는가? 불순하고 병약한 것들을 건강한 것들로부터 격리하는 새로운 방법이군. 전염병에 걸린 사람들을 도시 한복판에 수용하지 그래! 나병 환자들의 수용소는 가능한 한 멀리 있어야 한다고 생각했는데 …….

코페르니쿠스가 우주 각 부분들의 배치를 찬양한 까닭은, 신이 가장 찬란한 빛을 우주의 한가운데에 놓았기 때문일세. 한가운데에서 찬란한 빛이 사방을 밝게 비추고 있고, 조금도 어느 한쪽으로 치우치지 않고 있으니까. 지구가 금성과 화성의 중간에 놓이는 것에 대해서는, 한마디만 말하겠네. 이 학자를 대신해서, 자네가 지구를 거기에서 몰아내려고 하는데, 이런 사소한 말장난은 엄밀한 증명을 하려고 할 때 취할 태도가 못 돼. 그런 건 시인이나 웅변가가 할 일이지. 그들은 우아하게 폼을 잡으면서, 아주 야비하고 악독한 말들을 토해 내거든. 아직도 남은 게 있나? 빨리 보고 끝내세.

심플리치오 마지막으로 여섯 번째 반론이 나오네. 상할 수 있고 덧없는 물체가 영원히 일정하게 움직인다는 것은, 있을 법하지 않은 일이다. 이 주장을 뒷받침하기 위해서 동물을 예로 들었네. 동물은 자연 본성에 따라 움직이지만, 지치게 되면, 쉬면서 기력을 회복해야 하지. 지구의 운동은 그것과 비교조차 되지 않네. 엄청나게 빠르고 대단하지. 더구나 지구는 세 가지 서로 다르고 혼란스러운 운동을 해야 하지. 이런 걸 주장할 사람이 누가 있겠는가? 맹목적으로 이 이론을 추종한다면 몰라도 말일세.

그 움직임이 지구의 자연스러운 본성이고, 강요된 것이 아니기 때문에, 강제로 움직이는 것과 다르게 된다고, 코페르니쿠스가 말할지도 모르지. 바깥의 힘에 의해서 움직이는 것은, 힘이 언젠가 흩어질 테니까 지속될 수 없지만, 자연 본성에 의한 것은, 늘 가장 알맞은 상태를 유지하게 된다고. 그러나 이런 말은 아무 소용이 없네.

내가 반박해서 엎어 버리겠네. 동물도 자연스러운 물체이다. 사람이 만든 것이 아니다. 동물이 움직이는 것도 정신에서 나오는 자연스러운 본성이다. 즉 내부의 본질적인 요인 때문이다. 움직이는 게 바깥의 요인 때문이고, 그 물체가 아무 힘도 쓰지 않는다면, 그건 강요된 운동이겠지. 그럼에도 불구하고, 동물이 계속 움직이면, 지쳐서 쓰러진다. 만약 계속 움직이려고 고집을 부리면, 지쳐서 죽을 수도 있다.

자, 보게. 자연의 어디를 뒤져 보아도, 코페르니쿠스의 이론과 어긋나는 것만 있지, 그 이론을 뒷받침하는 것은 없네. 내가 이 학자의 역할을 할 필요는 없지. 그가 케플러에 대해 반박해 놓은 것을 보세. 케플러와 이 학자는 서로 대립하고 있지.

코페르니쿠스의 학설대로라면, 천구가 상당히 커져야 하는데, 그게 그럴 법하지 않으며, 불가능한 일이라고 주장하는 사람들이 있네. 케플러가 그들을 다음과 같이 공격했어.

"일부 철학자들은 코페르니쿠스의 눈 속에 든 티끌은 알아채면서, 자기들의 눈 속에 든 들보는 알아채지 못하고 있다. 코페르니쿠스의 학설이 옳다면, 천구의 크기가 아주 커져야 ……. 그들의 학설대로라면, 별들이 하도 엄청난 속력으로 움직여야 하니, 코페르니쿠스의 이론보다 훨씬 더 터무니없게 된다. 어떤 성질을 물체의 모델 이상으로 확대하는 것은, 물체를 그 성질 없이 확대하는 것보다 어렵다."

이 학자는 케플러의 이 주장을 반박하고 있네. 프톨레마이오스의 학설에 따르자면, 속력이 모델 이상으로 증가해야 한다니 ……. 어쩌면 이렇게 무식한 소리를 할 수 있는가? 속력은 모델에 비례해서 증가하네. 모델이 커지면, 그에 비례해서 속력도 점점 빨라지지.

이 학자는 맷돌을 상상하며 그것을 증명했네. 어떤 맷돌이 24시간에 한 바퀴씩 돈다고 하자. 아주 느리게 도는 것이다. 그 반지름을 매우 길게 늘여서 해에 닿도록 하자. 그러면 그 끝에서의 속력은 해의 속력과 같다. 반지름을 더욱 길게 늘여서, 별들의 천구에 닿게 되었다고 상상하자. 그러면 그 속력은 별들의 속력과 같아진다. 그러나 원래 맷돌의 둘레는 매우 느리게 돌아가고 있다.

맷돌을 가지고 상상한 것을 천구에 적용해 보게. 천구 반지름의 끝에 있는 점이 중점과 매우 가까이에 있다고 생각해 보세. 맷돌의 반지름 정도로 말일세. 천구는 엄청난 속력으로 움직이고 있지만, 그 점에서는 매우 느리게 움직이게 되지. 빠르게 움직이고 느리게 움직이고 하는 것은, 그 크기에 달려 있네. 그러므로 속력은 모델의 크기 이상으로 빨라지는 것이 아니라, 모델의 크기에 꼭 비례해서 빨라진다. 케플러가 생각한 것과 다르다.

살비아티 답답하구먼. 아무려면 이 사람이 케플러를 그렇게 수준 낮게 대했을 것 같은가? 중점에서 별들의 천구에 닿도록 길게 선을 그었을 때, 그 선의 끝점은 중점에서 2야드 정도 떨어진 곳의 점보다 훨씬 빨리 움직인다는 사실을, 케플러가 모르고 있다고 생각했단 말인가?

케플러가 말한 것은, 움직이지 않고 있는 것을 굉장히 크게 만드는 것이, 이미 엄청난 크기인 물체에다 엄청나게 빠른 속력을 부여하는 것보다 더 그럴듯하다는 것이고, 이 사람도 케플러의 말을 잘 이해하고 있었어. 기준이 되는 다른 예들을 보아도 그래. 자연의 물체들을 보면, 중심에서 먼 것들은 도는 속력이 느려. 즉 한 바퀴 도는 데 더 긴 시간이 걸려. 물체들이 정지해 있으면, 속력이 빨라지지도 않고 느려지지도 않으니, 커지든 말든 아무런 상관이 없지.

이 사람의 답이 케플러의 주장과 무슨 관계가 있으려면, 이 사람은 물체가 크든 작든, 같은 주기로 움직이면 상관이 없다고 믿고 있는 것일세. 즉 크기에 비례해서 속력이 빨라진다고 믿는 것이지. 그러나 이것은 자연의 체계와 어긋나네. 작은 천구들의 경우를 관찰해 보면 알 수 있어.

행성들을 보게. 그리고 목성의 위성들을 보게. 궤도가 작은 것은 더 짧은 시간에 한 바퀴 돌지. 토성의 경우는 한 바퀴 도는 데 30년이 걸려. 작은 궤도를 가진 다른 어떠한 행성들보다 주기가 길어. 그런데 그것보다 더 바깥의 천구들은 24시간에 한 바퀴 돈단 말인가? 이건 이 모델의 규칙과 어긋나네.

우리가 이것을 자세히 따져 보았더니, 이 사람의 답은 케플러의 생각과 이론을 공격하는 게 아니고, 케플러의 표현과 말투를 공격하고 있음을 알게 되었어. 그 공격조차 잘못되어 있었어. 그리고 이 사람이 케플러의 말을 곡해하고는, 그를 무지하다고 탓했음은 부인할 수 없는 사실이야. 그러나 이 사람의 사기 수법은 하도 유치해서, 이 사람의 책망에도 불구하고, 케플러가 그의 이론을 갖고 학식 있는 사람들에게 심어 준 인상은 조금도 손상되지 않았어.

지구가 지치지 않고 계속 움직일 수 없다는 것에 바탕을 둔 반론을 검토해 보세. 동물들은 내부의 요인에 의해 움직이지만, 그들도 지치게 되면, 푹 쉬어서 원기를 회복 …….

사그레도 내가 만약에 케플러라면, 동물들은 땅에 뒹굴면서 피로를 풀고 기운을 회복하니까, 지구는 지치게 될 걱정이 없다고 답하겠네. 지구는 영원히 뒹굴면서, 늘 평온한 휴식을 즐기고 있는지도 모르지.

살비아티 사그레도, 자네는 너무 신랄하구먼. 비꼬는 게 지나쳤어. 우리는 지금 심각하게 이야기하고 있으니까, 농담은 하지 말게.

사그레도 살비아티, 미안하네. 그러나 내가 방금 말한 건, 자네가 생각하듯이 그렇게 주제에서 동떨어진 게 아닐세. 어떤 물체가 움직이다가 지쳤을 때, 땅바닥에 뒹굴어서 피로를 풀며 휴식을 취한다면, 뒹구는 행동은 아예 피로가 접근하지 못하도록 막아 줄 게 아닌가? 병을 예방하는 것이 치료하는 것보다 더 간단한 것처럼.

만약 동물들이 지구가 움직이듯이 그렇게 움직이면, 동물들도 조금도 지치지 않게 되리라고 나는 믿네. 내가 보기에, 동물들이 지치는 까닭은, 몸의 일부분만을 움직여서, 그 부분뿐만 아니라 몸 전체를 옮기기 때문일세. 예를 들어 걸을 때 보면 다리만 움직이는데, 그 움직임이 다리뿐만 아니라 몸 전체를 옮기게 되거든. 반면에 심장은 지치지 않고 계속 움직이지. 자신만을 움직이기 때문이지.

그리고 동물들의 움직임이 강요된 것이 아니라 자연스러운 것이라는 이론은 틀린 것 같아. 내가 보기에는, 동물의 영혼이 몸의 각 부분을 조

자연적으로 움직이도록 만드는 것 같아. 무거운 물체들이 위로 올라가는 것은 초자연적인 현상이라고 그랬잖아? 걷기 위해서는 무거운 물체인 다리를 위로 들어야 해. 이런 일은 강제로 힘을 가해야만 가능해. 그러니 움직이는 동물은 지치게 마련이지.

무거운 물체를 짊어지고 사다리를 올라가 봐. 무거운 물체는 아래로 내려가려는 경향이 있는데, 그것에 거슬러 일을 하자면, 지치게 마련이지. 그러나 물체가 움직이는 것에 대해 조금도 저항을 하지 않으면, 그것을 움직이는 사람이 피로해지거나 힘이 빠질 리가 있나? 힘을 조금도 쓰지 않았는데, 힘이 흩어질 리가 있나?

심플리치오 이 학자가 반론을 제기하는 것은 지구가 서로 모순되는 운동들을 하기 때문일세.

사그레도 그 운동들이 서로 모순되지 않음은 이미 증명했어. 이 관점에 대해, 이 사람은 스스로 속고 있어.

이 사람의 화살을 본인에게 돌려 볼까? 움직이는 주천구는 아래에 있는 모든 천구들을 거느리고 회전하고 있잖아? 더구나 다른 천구들이 늘 움직이는 것과 반대 방향으로 움직이도록 하잖아? 그러니 주천구야말로 지치게 될 걸세. 자기 스스로 움직일 뿐만 아니라 반대 방향으로 움직이고 있는 다른 천구들을 자신과 같은 방향으로 돌리고 있으니까.

이 사람은 마지막으로, 자연 현상들을 관찰해 보면, 아리스토텔레스와 프톨레마이오스의 이론에 동조하는 것은 얼마든지 많이 있으며, 코페르니쿠스의 이론과 일치하는 것은 찾아 볼 수 없다고 했는데, 이 말에 대해서 곰곰이 생각해 보세. 이 두 학설 중 하나가 진실이면, 다른 하나는 거짓이 될 거야. 그렇다면 어떠한 추론, 어떠한 실험, 어떠한 올바른 논리를 쓰더라도, 거짓인 이론에 동조하게 될 리는 없지. 이러한 것들이 진실인 이론과 어긋날 리가 없으니까. 그러므로 이 두 학설에 대한 찬반 양론을 마음껏 제시하면, 어느 한쪽의 이론과 주장이 다른 한쪽에 비해서 더 크게 어긋나게 될 걸세. 그거이 어느 쪽인가 하는 것은 자네가 스스로 판단해 보게.

살비아티 사그레도, 자네의 지혜도 대단하구먼. 이 사람의 마지막 주장에 대해 하고 싶은 말이 있었는데, 자네가 선수를 쳐 버렸어. 자네가 충분히 잘 답을 했지만, 내가 생각하고 있는 것을 약간만 보태기로 하지.

이 사람은 지구와 같이 덧없고 상하기 쉬운 물체가 영원히 일정한 속력으로 움직이는 게 불가능하다고 주장하고 있어. 동물들을 보더라도, 결국에는 지치게 되어서 멈춰 쉬니까. 지구의 속력은 이 동물들과 비교해서 엄청나게 빠르니까, 더욱더 불가능하다고 이 사람은 주장하고 있어.

이 사람이 왜 갑자기 지구의 속력에 대해 신경을 쓰는지 알 수 없군. 천구들은 훨씬 더 빠른 속력으로 돌고 있지만, 이 사람은 맷돌이 24시간에 한 바퀴 돈다는 식으로 태평스럽게 대했잖아? 지구가 도는 것도 맷돌과 비교하면, 마찬가지로 24시간에 한 바퀴씩 돌고 있잖아? 그렇다면 지구가 지치지 않을까 걱정할 필요가 없지. 아무리 쇠약하고 느린 동물이라 하더라도, 예를 들어 달팽이라 하더라도, 24시간에 5~6야드 거리를 걷고 지치지는 않을 거야.

그러나 만약 이 사람이 뜻하는 게, 맷돌 모델을 통한 비교가 아니라 절대 속력이라면, 물체들이 24시간 동안 엄청난 거리를 움직여야 하지만, 별들의 천구는 더할 게 아닌가? 지구의 속력과는 비교도 안 될 정도로, 더 엄청난 속력으로, 지구보다 훨씬 더 큰 물체들을 수천 개 거느리고 움직여야 하는데, 이것에 대해서는 왜 이 사람이 조금도 거리낌 없이 수긍하는가?

이제 남은 것은 1572년과 1604년에 나타난 새로운 별들이 달 궤도 아래에서 생긴 것이라고 계산해 놓은 것이군. 당대의 천문학자들 대부분이 하늘에서 생긴 것이라고 믿었는데. 정말 대단한 일이군. 나는 이 글을 처음 보네. 계산이 많이 나와서 길고 복잡하군. 오늘 밤과 내일 아침 동안에 가능한 한 자세히 검토해 봐야 하겠어. 내일 다시 만나세. 내가 이것을 보고 알아낸 것을, 우리가 늘 토론하는 방식을 써서, 자네들에게 알려 주겠네. 시간이 남으면, 지구의 공전 운동에 대해서 토론해 보세.

자전 운동에 대해서 할 말이 남았으면 해 보게. 내가 오늘 하루 종일 이것에 대해 길게 설명했는데 ……. 아직 시간이 약간 남아 있군. 심플리치오, 할 말이 있나?

심플리치오 특별히 하고 싶은 말은 없네. 오늘 토론한 것을 보면, 코페르니쿠스의 지동설을 뒷받침하는 가장 정확하고 탁월한 논리들이 쏟아져 나왔어. 그러나 이것들이 나를 설득하지는 못하고 있네. 이것들은 모두, 지구가 반드시 고정되어 있는 게 아니라는 걸 증명할 뿐, 그 이상은 아닐세. 지구가 실제로 움직임을 보여 주는 증거는 제시된 게 없네.

살비아티 심플리치오, 나는 자네의 의견을 바꾸고 싶은 마음이 조금도 없어. 이런 중요한 논쟁에 대해서, 내가 어떤 명확한 판결을 내리려는 것도 아닐세. 내가 바라는 것은, 24시간에 한 바퀴 도는 운동이 지구에만 속하며, 지구를 제외한 우주 전체에 딸린 게 아니라고 믿는 사람들이, 맹목적으로 이 이론에 매달려 있는 것이 아님을 보이는 것일세. 앞으로의 토론도 그런 자세에서 할 걸세. 그 이론을 믿는 사람들은, 반대되는 의견에 대해서 자세히 들어도 보았고, 관찰도 했으며, 따져도 보았어.

자네와 사그레도가 원한다면, 지구의 공전 운동에 대해서 설명해 주겠네. 물론, 나의 자세는 이것과 같아. 공전 운동은 사모스의 아리스타르코스가 처음 주장했고, 그 후 니콜라우스 코페르니쿠스가 주장했어. 자네들도 잘 알고 있겠지만, 코페르니쿠스의 이론에 따르면, 해는 고정되어 있고, 지구는 해를 중심으로 황도 12궁을 따라 돌고 있어.

심플리치오 이 문제는 워낙 중요하고 고상한 것이라 깊이 흥미를 느끼고 있네. 이 주제에 대해서 나올 수 있는 모든 의견을 듣고 싶네. 그러고 나서, 내가 들은 것들을 바탕으로 틈나는 대로 곰곰이 생각해 보겠네. 설령 얻는 게 없다 하더라도, 튼튼하게 확립된 것을 바탕으로 사색을 해 보는 건 값어치가 있는 일이지.

사그레도 살비아티가 지치지 않도록 하기 위해서 오늘의 토론을 이만 마치세. 내일 다시 토론을 시작하세. 늘 우리가 하는 식으로 말일세. 새롭고 멋진 것들을 많이 들었으면 좋겠군.

심플리치오 새로운 별에 관한 이 책은 여기에 두겠네. 이 조그마한 책은 내가 갖고 가지. 여기에도 혹시 지구의 공전에 대한 이야기가 나올지도 모르지. 내일의 주제는 지구의 공전으로 정했네.

—둘째 날 대화 끝—

셋째 날 대화

※

사그레도 자네가 도착하기를 초조하게 기다리고 있었네. 우리가 살고 있는 이 지구가 공전을 한다는 신기한 이론에 관해 듣고 싶어서. 지난밤과 오늘 새벽의 시간이 아주 길게 느껴졌어. 놀면서 시간을 보낸 것도 아닌데 말일세. 사실, 간밤을 거의 뜬눈으로 보내면서, 어제 들은 두 가지 학설에 대한 찬반양론들을 머릿속으로 검토해 보았어.

아리스토텔레스와 프톨레마이오스가 제창한 오래된 학설과 아리스타코스와 코페르니쿠스가 제창한 비교적 최근의 학설. 이 두 학설 중 어느 하나는 틀리겠지만, 이들을 지지하는 주장들이 하도 그럴듯해서, 틀렸다고 탓하지는 말아야 하겠어. 비중 있는 사람들이 창시한 이 학설들이 그렇다면 말일세.

소요학파의 학설은 오래 되었기 때문에, 따르는 사람들이 많이 있어. 반면에 코페르니쿠스의 학설을 추종하는 사람들은 수가 적어. 어쩌면 그게 너무 어렵기 때문일 거야. 어쩌면 너무 신기하기 때문일지도 몰라. 전자를 지지하는 사람들 중에 최근의 몇몇 사람들을 보면, 아주 유치하고 터무니없는 논리를 내세워서, 자기들의 학설이 옳다고 주장하거든.

살비아티 나도 그런 경우를 많이 보았어. 하도 한심한 이야기라서, 내가 여기에서 그걸 소개하고 싶지도 않네. 그 이야기를 한 사람의 체면이 문제가 아니야. 사람의 이름은 밝히지 않으면 되지. 이건 인류 전체에 대한 모독이 되기 때문에, 이야기를 하지 않겠네.

내가 오랜 시간 관찰해 본 결과, 어떤 사람들은 앞뒤가 뒤바뀌게 추론을 한다는 것을 알게 되었어. 먼저 마음속으로 어떤 결론을 내려. 스스로 결론을 내리는 경우도 있고, 또는 그들이 전적으로 믿는 사람의 결론을 받아들이는 경우도 있어. 그 결론을 뼛속 깊이 새겨 놓아서, 도저히 제거할 수가 없어.

그들이 내린 결론을 지지하는 논리는, 어떤 것이든 무조건 손뼉 치고 환영을 하지. 그들이 스스로 발견했든 남이 제기했든, 아무리 어리석고 터무니없는 논리라도 말일세. 반면에 그들의 결론에 어긋나는 것이면, 아무리 정교하고 확실한 것일지라도, 경멸을 하고 화를 벌컥 내. 덤벼들지 않으면 다행이지. 어떤 사람들은 화가 나서 제정신을 잃어버리고, 상대방을 억눌러 침묵을 강요하려고 음모를 꾸미기를 서슴지 않아. 나는 이미 여러 번 당했네.

사그레도 나도 잘 알고 있네. 그런 사람들은 전제로부터 결론을 이끌어 내거나, 추론을 통해 결론을 확립하는 게 아니고, 이미 확고하게 내려놓은 결론에다 전제와 추론을 꿰어 맞추고 있어. 그러니 전제와 추론이 뒤틀리게 될 수밖에 없어. 그런 사람을 가까이해 봐야 득이 될 게 없네. 그들과 가까이 지내면, 불쾌하게 될 뿐만 아니라 위태롭게 될 수도 있어.

심플리치오처럼 착한 사람과 이야기를 나누게 된 건 다행한 일이야. 나는 오래전부터 그와 알고 지냈는데, 아주 영리하고 착한 사람이지. 뿐만 아니라 소요학파 철학에 대해 아주 잘 알고 있어. 아리스토텔레스의 의견을 지지하기 위해서 온갖 것들을 생각해 내는데, 그가 생각해 내지 못하는 것은 다른 누구도 생각해 내지 못할 걸세.

아이고, 이제야 나타났군. 우리가 오랜 시간 기다리던 사람이 숨을 헐떡거리며 달려오는군. 심플리치오, 우리는 자네 흉을 보던 참이었네.

심플리치오 나를 욕하지 말게. 포세이돈 때문에 이렇게 늦게 되었어. 아침에 곤돌라를 타고 운하를 따라 왔는데, 여기 근처까지 왔을 때 갑자기 썰물이 되어 물이 다 빠져서, 곤돌라가 운하 가운데에 덩그러니 처박혔다네. 거기서 1시간 넘게 밀물이 되기를 기다려야 했어. 물이 하도 순식간에 빠져 버려서 어떻게 손쓸 수가 없었네.

곤돌라 위에서 옴짝달싹 못 하고 있으면서, 아주 놀라운 일을 관찰하게 되었네. 물이 줄어들 때 보니, 마치 여러 개의 시냇물이 흐르듯이 물이 빠르게 흘러서 곳곳에 진흙이 드러났어. 이 현상을 보고 있었는데, 한 곳에서 물이 흐르는 게 멈추더니, 잠시도 쉬지 않고 곧 물이 반대로 흘러 들어오기 시작하더라고. 바닷물이 썰물이 되어 빠졌다가, 정지 상태로 잠시도 머물지 않고, 다시 밀물이 되어 들어오더라니까. 베네치아는 여러 번 방문했지만, 이런 현상을 발견한 건 처음일세.

사그레도 운하에 물이 빠져서 고립된 건 처음인 모양이지? 운하 밑면은 경사가 거의 없기 때문에, 바닷물이 종이 한 장 두께만큼 높아지거나 낮아져도, 물이 그런 식으로 개천을 만들며 상당한 거리를 흐르게 돼. 해안의 어떤 곳에서는 바닷물이 몇 뼘 높아져도 굉장히 넓은 갯벌이 물에 덮이게 되거든.

심플리치오 그건 나도 잘 알고 있네. 그러나 바닷물이 가장 낮게 내려간 다음, 다시 올라올 때까지, 그 중간에 상당한 시간 동안 정지 상태로 머문다고 생각했거든.

사그레도 머릿속에 담이나 기둥을 그려 놓고, 이 변화가 수직으로 일어나는 것을 그려 보면, 그런 것 같을 거야. 그러나 실제로는 정지해 있는 상태가 아예 없네.

심플리치오 이 둘은 반대되는 운동이니까, 그 중간에 정지 상태가 있어야 할 텐데. **되돌아오려는 순간 정지 상태가 사이에 끼어든다**(in puncto regressus mediat quies)고 아리스토텔레스가 말했는데.

사그레도 나도 그 문장은 잘 기억하고 있네. 내가 철학을 공부하던 시절에, 아리스토텔레스가 그걸 증명해 놓은 것을 보았지만, 그리 탐탁스럽지 않았어. 사실, 그에 어긋나는 현상을 여러 번 보았어. 그것들을 지금 제시할 수도 있지만, 우리 이야기가 옆길로 벗어나면 안 되니, 참도록 하지. 지난 이틀간은 이야기가 너무 벗어난 적이 여러 번 있었어. 오늘은 주제에서 벗어나지 않도록 하세.

심플리치오 주제를 중단시키지 말고, 약간 확장하는 것은 괜찮겠지? 어제

저녁에 집으로 돌아간 다음, 이 조그마한 책을 다시 읽어 보았네. 지구의 공전 운동을 부인하는 매우 유력한 증명들이 있던데. 그것들을 정확하게 기억할 자신이 없었기 때문에, 이 조그마한 책을 갖고 왔네.

사그레도 잘했네. 우리가 어제 약속한 것처럼 토론을 시작하려면, 먼저 새로운 별들을 다룬 이 책에 대해 살비아티가 검토한 것을 들어 보아야 하네. 그다음에 쉬지 말고 바로 공전에 대해서 토론하도록 하세.

살비아티, 새로운 별들에 대해 뭐라고 써 놓았던가? 심플리치오가 소개한 이 학자가 계산을 통해서, 새로운 별들을 하늘에서 끌어내려, 비천한 영역 속으로 집어넣었던가?

살비아티 간밤에 나는 이 사람의 계산 방법을 따져 보았어. 오늘 아침에 눈을 뜨자, 그것을 다시 훑어보았지. 내가 지난밤에 본 것이 과연 실제로 거기에 쓰여 있는가, 아니면 내가 지난밤에 본 것은 꿈속에서 헛것을 본 것인가. 매우 유감스럽게도, 그것들은 실제로 거기에 쓰여 있었어. 이 학자의 명망을 고려해 보건대, 그것들이 실제가 아니기를 바랐어.

그가 기획한 일이 덧없음을 깨닫지 못하다니, 정말 이상하네. 그게 너무나 명백한데. 게다가 우리의 절친한 동료 학자가 이 사람을 그렇게 칭찬했는데. 다른 사람들에게 순종하기 위해, 자신의 명망을 그렇게 낮춰서, 그런 엉터리 책을 써내다니 ……. 학식이 있는 사람들이 보면, 비난과 책망만 할 텐데 …….

사그레도 학식 있는 사람이 한 명 있다면, 그와 상쇄하고도 남도록, 백 명의 사람들이 이 학자를 찬양하고, 이 학자를 다른 어떠한 학식 있는 사람들보다 윗자리에 앉힐 걸세. 소요학파 철학이 주장하는 천체의 절대 불변성을 수많은 천문학자들의 공격으로부터 지켜 내다니! 더구나 천문학자들의 무기를 써서 그들과 싸우다니! 천문학자들의 입장에서 보면, 창피한 노릇이지.

그의 주장이 아무런 값어치가 없음을 알아차릴 사람이, 한 도시에 대여섯 명 있을까? 반면에 수많은 대중은 이것을 발견할 능력도 없고, 이해할 능력도 없지만, 그들은 모르면 모를수록 손뼉 치고 환호하게 되니까, 이 주장을 열광하며 받아들일 게 아닌가? 어디 상대가 되겠는가?

이것을 이해하는 극소수의 사람들은, 이런 값어치 없고 아무런 결론도 없는 낙서에 대해 답하는 것을 꺼릴 거야. 그럴 수밖에. 이해하는 사람들에게는 필요가 없을 것이고, 이해하지 못하는 사람들에게는 시간 낭비일 테니까.

살비아티 아무 대꾸를 않는 게, 이들의 값어치 없음을 나무라는 가장 좋은 책망이 되겠지. 그러나 다른 이유 때문에, 이것을 반박하지 않으면 안 돼. 우리 이탈리아 사람들은 우리 자신을 무식한 사람인 것처럼 만들어서, 외국인의 웃음거리가 되도록 하거든. 우리의 종교를 거부한 외국인들이 특히 심하게 비난을 하지.

안토니오 로렌치니가 쓴 어리석은 글들이 출판되어 나왔는데, 이탈리아의 많은 수학자들과 우리의 절친한 동료 학자가 그걸 비판하지 않고 가만히 내버려 두다니, 그걸 비웃는 유명 인사들이 여럿 있네. (로렌치니는 1604년에 나타난 새 별에 대해서 쓴 『토론』을 1605년에 출판했는데, 케플러는 그것을 강하게 비판했다. — 옮긴이) 그러나 이것들은 더 큰 웃음거리와 비교해 보면, 그냥 간과할 수도 있지. 가장 큰 웃음거리는, 자신들이 아무것도 모르는 문제에 관해서, 학식 있는 사람들이 이런 종류의 반대자들을 가벼이 여기는 그 위선에 있어.

사그레도 그들의 건방짐을 보여 주는 대표적인 예가 이것일 거야. 코페르니쿠스의 입장에서 보면, 아주 기분 나쁘겠지. 어떤 학설의 기본도 모르는 사람들이 그것을 상대로 싸우려고 덤벼들고, 그런 사람들의 잔소리를 들어야 하니까.

살비아티 천문학자들은 새로운 별들이 행성들의 궤도보다 더 위쪽에 있으며, 다른 별들 사이에 있다고 선언했는데, 그들이 천문학자들을 반박하는 태도를 보면 놀랄 거야.

사그레도 그런데 자네는 이 책을 어떻게 그렇게 짧은 시간 동안에 검토할 수 있었는가? 이건 아주 두꺼운 책이고, 온갖 증명들이 들어 있는데 말일세.

살비아티 첫 번째 반론을 보고 치웠네. 1572년에 카시오페이아자리에 나타난 새로운 별이 하늘에 있는 것이라고 천문학자들은 믿고 있는데, 열두 명의 천문학자들이 관측한 것을 바탕으로, 이 사람은 그게 달 궤도 아래에 있다고, 열두 번 계산해서 증명해 놓았어. 다른 위도에 위치한 관측자들이 자오선 고도를 잰 것을 둘씩 비교해서 계산했어. 이 방법은 자네들도 곧 알게 될 걸세.

이 첫 번째 과정을 자세하게 검토해 보았는데, 이 사람은 천문학자들을 반박하거나 소요학파 철학자들을 지지하기 위해 어떤 것도 증명할 능력이 없는 것 같아. 오히려 천문학자들의 의견을 확실하게 만들어 주고 있어. 그것을 보고 나니, 이 사람의 다른 방법들을 그렇게 끈기 있게 검토하고 싶은 마음이 사라졌어. 다른 것들은 대충 훑어보았지만, 그의 첫 번째 반론과 마찬가지로 요령부득일 게 확실하네. 자네도 곧 알게 되겠지만, 이 사람의 책은 몇 마디 말로써 반박하면 충분해. 자네도 알고 있듯이, 이 사람은 여러 가지 복잡한 계산을 공들여 했지만 말일세.

내가 어떤 식으로 검토해 나갔는지 설명해 주지. 이 사람은 자신의 적을 그들의 무기를 갖고 공격하기로 마음먹었어. 천문학자들이 관측한 자료를 많이 모았지. 열둘인가, 열셋인가 돼. 이들 중 일부를 바탕으로, 이 사람은 계산을 했어. 그렇게 해서, 새로운 별이 달보다 더 가까이에 있다는 것을 보였네.

나는 심문을 하듯이 진행해 나가는 것을 좋아하지. 지금 여기에 이 사람이 없으니까, 심플리치오, 자네가 이 사람 역을 맡게. 내가 묻는 말에 대해서 이 사람이 뭐라고 답을 할지, 자네가 대신 답해 주게.

우리는 1572년에 카시오페이아자리에 나타난 새로운 별에 대해서 토론하고 있네. 심플리치오, 그 별은 동시에 여러 곳에서 나타났다고 생각하는가? 이를테면, 그 별이 대기 중에서도 나타났고, 행성의 궤도 근처에서도 나타났고, 별들이 있는 곳에서도 나타났고, 그보다 더 멀리 무한히 높은 곳에서도 나타났다고 생각하는가?

심플리치오 절대 그럴 리가 없네. 그것은 딱 한 장소에서 나타났으며, 지구에서 거기까지의 거리도 딱 정해져 있게 마련이지.

살비아티 만약 천문학자들이 정확하게 관측했다면, 그리고 이 사람이 계산한 것이 조금도 틀리지 않는다면, 천문학자들이 관측한 것이나 이 사람이 계산한 것이나 거리가 똑같이 나와야 하네. 그렇지?

심플리치오 그럼, 반드시 그래야 하네. 이 학자도 이것을 부인하지는 않을 걸세.

살비아티 그런데 열 번 넘게 계산을 해 봤는데, 그 결과가 다 제각각이어서 어떤 두 계산도 일치하지 않는다면, 뭐라고 말해야 하겠는가?

심플리치오 그렇다면 계산이 다 틀렸다고 봐야지. 계산하는 과정에서 틀렸을 수도 있고, 관측자가 잘못했을 수도 있지. 계산들 중에 하나는 맞을지도 모르지. 그러나 어느 것인지는 알 수 없네.

살비아티 이런 틀린 계산을 바탕으로, 어떤 이론이 옳다고 추론할 수 있겠는가? 그럴 수는 없겠지? 이 사람이 계산한 것을 보면, 어느 하나도 서로 일치하는 것이 없어. 이런 것을 어떻게 믿을 수 있겠는가?

심플리치오 만약 그게 사실이라면, 큰 문제이군.

사그레도 내가 이 사람과 심플리치오를 도와줘도 되겠나? 살비아티, 이 사람이 새로운 별과 지구 사이 거리를 구하려고 했다면, 자네 말처럼 이 계산 결과를 믿을 수 없어. 그러나 이 사람이 원한 것은 그것이 아닐세. 이 사람은 새로운 별이 달보다 더 가까이에 있다는 것을 보이려고 했어. 그러니 관측을 바탕으로 계산해 보니, 별의 거리가 달까지의 거리보다 더 작게만 나타나면 돼. 여러 가지 값이 나오더라도, 더 작기만 하면 돼. 그러면 이것을 바탕으로 천문학자들을 나무랄 수 있지. 무식한 사람들. 기하학을 잘 몰라서 그런가? 계산을 잘 못해서 그런가? 자신들이 관측한 것을 가지고, 올바른 결론을 이끌어 내지 못하다니 …….

살비아티 사그레도, 자네는 아주 교묘하게 이 사람의 이론을 떠받치고 있군. 자네에게도 신경을 써야 되겠는데. 이 사람의 주장은 기껏해야 불확실할 뿐이라고, 심플리치오도 설득시킬 수 있는가 보세. 심플리치오는 계산과 증명에 대해 잘 모르기는 하지만 말일세.

우선, 이 사람과 천문학자들 양쪽 다 새로운 별이 자기 스스로 움직이지는 않고 있고, 다만 주천구의 회전을 따라서 움직일 뿐이라는 것에는 의견이 일치했어. 그러나 그 위치에 대해서는 서로 의견이 달라. 천문학자들은 달 궤도보다 훨씬 위쪽의 천구에 있다고 주장했네. 어쩌면 별들 사이에 놓일 걸세. 이 사람은 달 궤도의 안쪽, 지구 가까이에 있다고 했네.

새 별이 나타난 곳은 북쪽이며, 극에서 그렇게 멀리 떨어지지 않은 곳일세. 우리 북반구 사람들이 보았을 때, 새 별은 지지 않았네. 그러니 천체 관측기구들을 써서 자오선 고도를 재기만 하면 되었어. 극 아래에 있을 때의 최저 고도와 극 위에 있을 때의 최고 고도를 재어. 북극점에서의 거리가 서로 다른 지구 위의 여러 지점에서, 즉 극의 고도가 서로 다른 여러 지점에서 관측을 해. 그 결과들을 다 모아서 계산하면, 거리를 구할 수 있어.

만약 새 별이 다른 별들이 있는 곳에 위치하고 있다면, 극의 고도가 다른 지점들에서, 새 별의 자오선 고도를 재어 보면, 극의 고도와 마찬가지로 변하게 된다. 예를 들어 극의 고도가 45°인 곳에서, 새 별의 고도가 30°이었다고 하자. 그러면 위도 5° 또는 10° 북쪽으로 가면, 극의 고도가 5° 또는 10° 높아지고, 새 별의 고도도 마찬가지로 5° 또는 10° 높아진다.

그러나 만약 새 별이 그렇게 까마득한 창공에 있는 게 아니라 지구 가까이에 있다면, 북쪽으로 가면서 재어 보면, 극의 고도보다 새 별의 고도가 더 크게 증가하게 된다. 이 증가 사이의 차이가 바로 시차이다. 즉 새 별의 고도의 증가에서 극의 고도의 증가를 뺀 것이 시차이다. 시차를 알면, 지구 중심에서 새 별까지의 거리를 쉽고 간단하게 계산해 낼 수 있다.

이 사람은 열세 명의 천문학자들이 다른 위도에서 관측한 결과들을 이용했네. 그것들 중에 마음 내키는 대로 골라 짝을 지어서 계산했어. 열두 쌍의 짝을 지어 계산해서, 달보다 더 아래에 있다는 것을 보였네. 그러나 이 과정을 보면, 이 사람이 자신이 쓴 책을 읽을 독자들의 수준을 너무 얕잡아 보고 있어서, 내 뱃속이 메스꺼워질 지경일세.

다른 천문학자들이 왜 입을 다물고 있는지 이해할 수가 없어. 누구보다도 케플러가 가만히 있는 게 이상하네. 이 사람은 특히 케플러를 심하게 공격하고 있는데 ……. 케플러는 참을성이 있는 성격이 아니거든. 아마 이 책을 못 본 모양이지?

자네들을 위해서 이 사람이 계산한 열두 가지 경우와 그 결과들을 여기 적어 놓았네. 거리는 지구 반지름을 기준으로 나타냈어. 각각의 계산은 두 가지 관측 결과를 바탕으로 계산한 것일세.

1. 프란치스쿠스 마우로리쿠스(Franciscus Maurolycus, 1494~1575년)와 파울 하인첼(Paul Hainzel, 1527~1581년)의 관측 결과들.

   시차: 4°42′30″

   지구 중심에서 새 별까지의 거리: 3반지름 이하

2. 파울 하인첼과 볼프강 슐러(Wolfgang Schuler, ?~1575년)의 관측 결과들.

   시차: 8′30″

   지구 중심에서 새 별까지의 거리: 25반지름 이상

3. 튀코 브라헤와 파울 하인첼의 관측 결과들.

시차: 10′

지구 중심에서 새 별까지의 거리: 19반지름 이하

4. 튀코 브라헤와 헤세 영주 윌리엄 4세(The Landgrave of Hesse, William IV, 1532~1592년)의 관측 결과들.

   시차: 14′

   지구 중심에서 새 별까지의 거리: 약 10반지름

5. 파울 하인첼과 코르넬리우스 게마(Cornelius Gemma, 1535~1578년)의 관측 결과들.

   시차: 42′30″

   거리: 약 4반지름

6. 헤세 영주 윌리엄 4세와 엘리아스 카메라리우스(Elias Camerarius, 1641~1695년)의 관측 결과들.

   시차: 8′

   거리: 약 4반지름

7. 튀코 브라헤와 타데우스 하예크(Thaddeus Hagek, 1525~1600년)의 관측 결과들.

   시차: 6′

   거리: 약 32반지름

8. 타데우스 하예크과 아담 우르시누스(Adam Ursinus, ?~?년)의 관측 결과들.

시차: 43′

지구 표면에서 새 별까지의 거리: 약 1/2반지름

9. 헤세 영주 윌리엄 4세와 게오르크 부슈(Georg Busch, ?~1590년)의 관측 결과들.

   시차: 15′

   지구 표면에서 새 별까지의 거리: 1/48반지름

10. 프란치스쿠스 마우로리쿠스와 헤로메 뮤뇨스(Jerome Muñoz, ?~?년)의 관측 결과들.

    시차: 4°30′

    지구 표면에서 새 별까지의 거리: 1/5반지름

11. 헤로메 뮤뇨스와 코르넬리우스 게마의 관측 결과들.

    시차: 55′

    지구 중심에서 새 별까지의 거리: 약 13반지름

12. 헤로메 뮤뇨스와 아담 우르시누스의 관측 결과들.

    시차: 1°36′

    지구 중심에서 새 별까지의 거리: 7반지름 이하

열세 명의 천문학자들이 관측한 결과들을 가지고, 여러 가지로 짝을 지어서 계산할 수 있지만, 여기 나오는 열두 가지 짝은, 이 사람이 마음대로 잡은 것일세. 추측할 수 있겠지만, 여기 나오는 열두 가지 짝은, 이 사람의 입장에서 보아 계산 결과가 유리하게 나오는 것들이지.

사그레도 이 사람이 빠뜨린 많은 짝들 중에 이 사람의 입장과 어긋나는 결과를 낳는 게 있는지 알고 싶군. 즉 새로운 별이 달보다 더 멀리 있다는 계산 결과가 나오기도 하는지 궁금하군. 이걸 한 번 훑어보니, 그런 요구를 하는 게 당연하다 싶어.

이 결과들은 너무 크게 차이가 나는군. 새로운 별과 지구 사이의 거리가, 계산에 따라서 네 배, 여섯 배, 열 배, 백 배, 천 배, 최고 천오백 배까지 차이가 나잖아? 그렇다면 이 사람이 제시하지 않은 것들 중에는, 계산 결과가 상대편 이론과 맞아떨어지는 것이 있을지도 모르지. 여기에 나오는 천체 관측자들도 그런 계산을 해낼 수 있는 지식과 기술을 갖추고 있겠지? 그게 뭐 심오한 방법인 것은 아니잖아?

불과 열두 명의 관측자들 중에, 누구는 새 별이 지표면과 몇 십 마일 떨어져 있다고 판단을 하고, 누구는 새 별이 달과 거의 같은 거리에 있다고 판단을 하는데, 새 별이 달보다 적어도 몇 십 마일 바깥에 놓인다고 판정을 내리는 사람이 한 명도 없다면, 그게 오히려 이상한 일이지. 그러니까 상대편 이론과 맞는 결과도 나와야 할 걸세. 더욱더 이상한 것은, 이 천문학자들이 자신들의 명백한 실수를 발견하지 못했다는 점이지.

살비아티 기대해 보게. 자신이 남들보다 학식이 뛰어남을 보이려는 욕망이 어떤 결과를 낳는지, 자신의 권위에 대한 확신과 다른 사람들의 어리석음을 얼마나 과장해 말하게 되는지, 자네들이 들으면 놀랄 걸세.

이 사람이 빠뜨린 천문학자들 중에는, 새 별이 달 궤도보다 더 멀리 있는 정도가 아니라, 다른 별들보다 더 멀리 있다고 주장하는 사람들도 있어. 한두 명이 그렇게 주장하는 게 아니고, 대다수의 천문학자들이 그렇게 주장하네. 내가 여기에 그 사람들 이름을 적어 놓았네.

사그레도 이 사람은 그 천문학자들에 대해서 뭐라고 말했나? 그들을 고려하지 않았단 말인가?

살비아티 세심하게 고려해 놓았지. 이 사람 말에 따르면, 계산 결과 거리가 무한히 멀게 나온 것은 관측이 잘못되었기 때문이며, 따라서 그것은 받아들일 수 없다고 했어.

심플리치오 아니, 그런 식으로 핑계를 대다니! 그런 식으로 말하자면, 상대편 사람들도 이 사람이 새 별이 지구의 영역에 있다고 계산한 것이, 잘못된 관측 결과를 바탕으로 하고 있다고 비난하면 그만이겠네.

살비아티 심플리치오, 이 사람의 교묘한 잔꾀를 자네가 알아차렸군. 뭐 그렇게 대단한 꾀는 아니었지만 말일세. 이 사람의 정체를 알아야 하네.

자네를 비롯해 다른 단순한 철학자들의 순진함으로 자신의 교활함을 가린 다음에, 자네의 환심을 사려고 교묘하게 아첨하고 있어. 듣기 좋은 달콤한 말을 늘어놓으면서, 자네의 야망을 부추기고 있어. 소요학파의 절대 불변인 하늘을 공격하려고 덤비는 귀찮은 천문학자들을 잠잠해지도록 만들었다고 뻐기면서, 더구나 그들의 무기를 써서 그들을 공격해 꼼짝 못하게 만들었다고 떠들거든. 이 사람의 정체를 깨닫게 되면, 자네는 놀라고 분개하게 될 걸세. 내가 자네를 도와주겠네.

사그레도, 자네에게는 약간 지루하겠지만, 이해해 주게. 심플리치오에게 시차를 설명해 주어야 하겠어. 이것을 잘 알아야 이 계산을 이해할 수 있지. 자네는 현명하니까 순식간에 이해하겠지만, 심플리치오를 위해서 자세히 설명해야 하겠어.

사그레도 지루해 하다니! 나도 자네의 설명을 즐겁게 듣겠네. 소요학파 철학자들이 모두 이 자리에 있었으면 좋겠군. 그들의 철학을 수호하려는 자를 어떻게 대접해야 할지 깨닫게 될 테니까.

살비아티 심플리치오, 새 별이 자오선을 따라 북쪽에 놓여 있다고 가정하고, 어떤 사람이 북쪽으로 반나절 정도 여행한다고 생각해 보게. 새 별이 정말로 다른 별들이 있는 곳에 위치하고 있다면, 북극성이 올라간 각도만큼 새 별의 고도가 올라감을 자네도 잘 알고 있지? 그러나 새 별이 훨씬 아래에 위치하고 있다면, 즉 지구에 더 가까이 있다면, 새 별은 북극성에 비해 고도가 더 많이 올라가네. 지구에 가까우면 가까울수록, 고도가 증가하는 정도가 더 커지지.

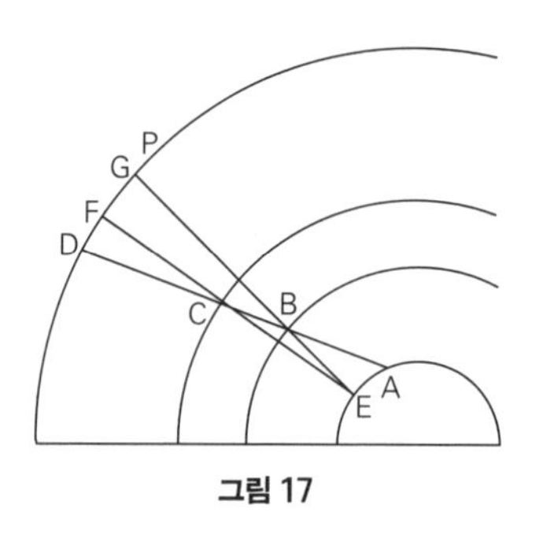

그림 17

심플리치오 나도 이 현상을 완벽하게 이해하고 있네. 그림을 그려서 보여 주지.

극을 P라고, 여기 큰 원에 표시하자. 2개의 작은 원에 별 B와 별 C를 표시하자. 지구의 어떤 지점 A에서 보면, ABC가 직선이 되니까, 두 별 모두 고정된 별 D의 지점에 보이게 된다.

지표면을 따라 걸어서, 다른 어떤 지점 E로 갔다고 하자. 두 별 모두 고정된 별 D의 지점에서 움직여서, 극 P로 가까이 가게 된다. 낮은 별 B는 G의 지점에 보이니까 더 많이 움직였고, 높은 별 C는 F의 지점에 보이니까 더 적게 움직였다. 그러나 고정된 별 D는 극과의 거리가 바뀌지 않고, 일정한 상태를 유지한다.

살비아티 잘 이해하고 있구먼. 별 B는 별 C보다 더 아래에 있기 때문에, 지구의 두 지점 A와 E에서 시선을 따라 직선을 그으면, C에서 이루는 각 ACE가 B에서 이루는 각 ABE보다 더 작고 뾰족하다는 것도 알고 있지?

심플리치오 그건 눈에 빤히 보이네.

살비아티 하늘의 크기와 비교해 보면, 지구는 매우 작아. 지구의 크기는 무시할 수 있을 지경이지. 그러니 지구에서 움직인 거리 AE는, 지구에서 하늘까지 그은 직선 EG와 EF의 엄청난 길이와 비교해서, 매우 짧음을 알 수 있어. 만약 별 C가 지구에서 점점 멀어지면, 두 지점 A, E에서 C로 그은 직선이 만드는 각은 매우 작아지네. 각이 아예 0이 되어서, 감지할 수조차 없어지지.

심플리치오 그것도 잘 이해하고 있네.

살비아티 심플리치오, 천문학자들과 수학자들은 기하학과 산술 연산을 사용해 거리를 계산하는 방법을 발견했네. 각 B와 각 C의 크기, 그리고 그들의 차이, 두 지점 A와 E 사이의 거리를 알면, 이 방법을 사용해서 그 어떤 물체의 거리이든 한 뼘 이내로 정확하게 구할 수 있어. 앞에서 말한 각과 거리를 정확하게 안다면 말일세. 이 방법은 절대로 틀릴 리가 없고, 확실하네.

심플리치오 기하학과 산술 연산에서 나온 방법이 확실하다면, 새 별, 혜성, 기타 이런 물체들의 거리를 계산할 때, 틀리게 나오고 서로 어긋나는 이유는, 전적으로 각 B, C 또는 AE의 거리를 잘못 재었기 때문이겠군.

여기 열두 가지 계산 결과가 제각각으로 나온 것도, 계산 과정에서 틀린 것이 아니고, 각과 거리를 측정하는 과정에서 오차가 생겼기 때문이겠군.

살비아티 맞아. 그건 의심할 여지가 없어. 어떤 별을 B에서 C로 옮기면, 그게 만드는 각이 더 뾰족하게 돼. 시선 EBG는 시선 ABD의 그 부분에서 점점 멀어지지. 각 아래에 있는 부분 말일세. 이것은 직선 ECF를 보면 알 수 있어. 이 직선의 아랫부분 EC는 EB에 비해 AC에서 더 멀리 떨어져 있지.

그러나 아무리 멀어지게 하더라도, 직선 AD와 EF가 완전히 떨어질 수는 없어. 이들은 결국에 가서 별이 있는 곳에서 만나니까. 만약 거리가 무한대가 되면, 이 두 직선이 평행선이 되어 서로 떨어지겠지. 그러나 이건 불가능해.

하지만 이것도 기억해 두게. 조그마한 지구와 비교해서 하늘까지의 거리는 무한대라고 간주할 수 있고, 두 지점 A와 E에서 어떤 별을 향해 그은 시선들이 만드는 각은 0이라고 할 수 있으니까. 그런 경우, 그 시선들은 평행선이라고 간주해야지.

그러므로 만약 여러 곳에서 관측한 결과를 서로 비교하고 계산을 해 보니, 그 각이 0이 되고 이 직선들이 평행선이 된다면, 새 별은 다른 별들 사이에 놓여 있다고 결론을 내려도 되지. 만약 이 각이 감지할 수 있을 정도의 크기라면, 새 별은 다른 별들보다 훨씬 가까이에 놓여 있지. 각 ABE의 크기가 달의 중점이 만드는 각보다 더 크다면, 새 별은 달보다 더 가까이에 있지.

심플리치오 달까지의 거리는 그렇게 멀지 않기 때문에, 달이 만드는 각을 관측할 수 있단 말인가?

살비아티 그럼. 달 정도의 거리에서 관측할 수 있을 뿐만 아니라 해와 비슷한 거리에 있는 경우에도 관측할 수 있네.

심플리치오 그렇다면 달은 물론이고, 해보다 약간 더 먼 곳에 새로운 별이 있다 하더라도, 그 각을 관측할 수 있겠군.

살비아티 가능한 일이지. 지금은 그렇다고 하고 넘어가세. 때가 되면 자네도 알게 될 걸세. 자네는 천문학 계산에 대해서 잘 모르지만, 내가 알기 쉽게 설명하고 인도해 주면, 이 사람이 모든 것을 솔직하게 밝히고 진실을 확립하려 한 것이 아니라, 온갖 사실들을 숨기고 왜곡해서, 소요학파 입맛에 맞게 글을 썼음을, 자네도 깨닫게 될 걸세. 이야기를 계속하겠네.

지금까지 말한 것을 바탕으로 생각하면, 새 별의 거리가 아무리 멀더라도, 이 각이 완전히 0이 되어서 두 지점 A와 E의 관측자들의 시선이 평행선이 될 수는 없음을, 자네도 알고 있겠지? 관측한 것들을 바탕으로 계산해 보니, 각이 완전히 0이 되거나 두 직선이 정말로 평행선이 되었다면, 관측할 때 오차가 약간 생겼음을 알 수 있지. 계산을 해 보니, 이 두 직선이 같은 거리만큼 떨어져 평행선이 되는 정도가 아니라, 위쪽이 오히려 더 벌어졌다면, 그건 관측이 잘못된 게 확실하지. 그런 현상은 절대 일어날 수 없으니까 말일세.

자네가 또 알아야 할 게 있네. 두 점을 잇는 선분을 긋고, 두 점에서 직선들을 위로 그었을 때, 그 두 직선이 위로 가면서 더 벌어진다면, 그 두 직선과 선분이 만드는 두 각을 더한 게 180°보다 더 커. 만약 180°라면, 두 직선은 평행하지. 만약 180°보다 더 작으면, 두 직선은 점점 가까워지지. 계속 늘이면, 만나서 삼각형을 이루지. 이것들은 틀림없는 사실이니, 내 말을 믿고 받아들이게.

심플리치오 설명할 필요도 없네. 이미 알고 있는 사실들이니까. 내가 아무리 기하학에 대해 문외한이기로서니, 아리스토텔레스가 쓴 책에서 수백 번 본 것을 잊기야 하겠는가? 모든 삼각형은 세 내각을 더하면 180°가 된다.

내가 그린 그림에서 삼각형 ABE를 보자. 선 EA가 직선이라고 가정하자. 세 각 A, E, B를 더하면 180°가 된다. 따라서 각 E와 각 A만을 더하면, 180°보다 각 B만큼 더 작게 된다.

두 점 A와 E는 고정시킨 채, 직선 AB와 EB를 점점 벌어지게 해서, 이 둘이 만드는 각 B가 사라지게 하자. 그러면 밑변의 두 각을 더하면 180°가 되고, 두 직선은 서로 평행하게 된다. 이들을 더 벌어지게 만들면, 각 E와 각 A를 더한 게 180°보다 더 크게 된다.

살비아티 아르키메데스가 따로 없군. 계산한 결과, 두 각 A와 E를 더한 것이 180°보다 더 크면, 관측이 틀렸음이 의심할 여지가 없지? 이걸 자네에게 설명할 필요도 없군. 자네가 이걸 꼭 이해하기를 바랐네. 순수한 소요학파 철학자가 이것을 완벽하게 이해할 수 있도록, 내가 설명을 잘 할 수 있을까 걱정했어. 이제 다음으로 넘어가도 되겠군.

자네가 조금 전에 수긍했듯이, 새 별은 한 장소에서만 나타났어. 천문학자들이 관측한 결과들을 바탕으로 계산을 했을 때, 별까지의 거리가 일치하지 않으면, 그건 관측이 잘못되었기 때문일세. 극의 고도를 틀리게 재었거나, 새 별의 고도를 틀리게 재었거나, 또는 둘 다 틀리게 재었거나. 관측 결과들을 둘씩 짝을 지어 계산해 보면, 거리가 일치하는 것은 몇 개뿐일세. 이들 몇 개만이 오차가 없을 수가 있네. 다른 것들은 뭔가 실수를 한 것이지.

사그레도 그렇다면 다른 것들을 다 합친 것보다, 그 몇 개가 더 믿을 만하겠군. 일치하는 게 몇 개뿐이라고 말했지. 여기 열두 가지 계산들 중에 다섯 번째와 여섯 번째의 계산 결과가 일치하는군. 거리가 4반지름이라. 그렇다면 새 별은 지구의 영역에 속한다고 봐야 하겠군.

살비아티 아니야. 그걸 자세히 보게. 거리가 정확하게 4반지름이라는 게 아니라, 약 4반지름이라고 써 놓았지. 이 둘은 거리가 수백 마일 차이가 나지. 이것을 보게. 다섯 번째 것은 13,389마일이고, 여섯 번째 것은 13,100마일이니, 거의 300마일 차이가 나.

사그레도 그렇다면 별의 위치가 일치하게 되는 계산들은 어디 있는가?

살비아티 5개가 일치하네. 이 사람에게는 부끄러운 일인데, 5개 모두 새 별을 다른 별들 속에 놓이도록 만들었어. 내가 다른 공책에다 온갖 짝들에 대해 계산해 놓았는데, 거기에 보면 있네.

그러나 나는 이 사람에게 그가 원하는 것 이상을 허락할 셈일세. 간단하게 말해서, 이 관측들을 어떻게 짝을 짓더라도 오차가 있음을 인정하네. 이건 절대 피할 수 없어. 모든 계산은 4개의 관측 수치를 사용해야 하지. 극의 고도가 2개, 새 별의 고도가 2개. 이것들은 다른 관측자들이, 다른 장소에서, 다른 기구를 써서 잰 것들일세. 관측에 대해 조금이라도 아는 사람이라면, 4개의 관측 수치에 오차가 조금도 없다는 것은 도저히 있을 수 없는 일임을 시인할 거야.

극의 고도 하나를 재더라도 오차가 생김을 우리는 알고 있어. 같은 장소에서, 같은 사람이, 같은 기구를 써서 여러 번 측정해 보면, 약 1′ 정도의 차이가 생겨. 심하면 몇 분 차이가 날 수도 있어. 이 책을 보더라도, 그런 게 여러 번 나와.

이 사실들을 시인한 다음, 심플리치오, 자네에게 물어볼 게 있네. 이 사람은 여기 나오는 열세 명의 천문학자들이 영리하고, 학식이 있고, 관측기구들을 다루는 재주가 뛰어나다고 간주하는가? 아니면 실수투성이의 서투른 사람들이라고 여기는가?

심플리치오 아주 현명하고, 빈틈없는 사람들이라고 여겼을 게 확실하네. 만약 그 천문학자들이 그들의 일을 하기에 부적당한 사람들이라고 여겼다면, 이 학자 자신이 쓴 책이 온갖 오차들을 받아들이고 있으니까, 아무것도 확실한 결론을 내릴 수 없게 되지. 이 학자가 우리를 너무 얕잡아 보아서, 그들의 서투른 관측 결과를 바탕으로, 거짓인 이론을 사실인 것처럼 증명한 게 되네.

살비아티 좋아. 이 천문학자들은 아주 유능한 사람들일세. 그럼에도 불구하고, 약간의 오차는 피할 수 없어. 우리가 이들의 관측을 바탕으로 가장 좋은 정보를 얻으려면, 그 오차를 바로잡아야 해. 가능한 한 적게 고치고, 약간만 바꿔 주어야 하네. 계산해 보니 불가능한 결과가 나오면, 그걸 가능한 결과가 나오도록 만들기에 충분할 정도만 바꿔 주어야지.

예를 들어 계산해 보니 명백하게 불가능한 값이 나오고, 뭔가 잘못된 게 확실한데, 관측 수치들 중의 하나에다 2′~3′을 더하거나 빼서 가능한 값이 나오도록 바로잡을 수 있다면, 그렇게 해야 하네. 그것에다 15′, 20′, 50′을 더하거나 빼는 식으로 그걸 고치면 안 되네.

심플리치오 이 학자도 이 주장을 수긍할 걸세. 여기 나오는 천문학자들이 현명하고 뛰어난 사람들이라면, 오차가 있더라도 작은 값이겠지, 큰 값일 리가 없지.

살비아티 그다음에 이걸 생각해 보세. 새 별의 위치들 중 어떤 것은 명백히 불가능하고, 어떤 것은 가능하네. 새 별이 다른 별들보다 한없이 더 먼 곳에 위치하는 것은 명백히 불가능하지. 이 우주에 그런 곳은 없어. 설령 있다 하더라도, 거기에 놓인 별은 우리 눈에 보이지 않을 걸세. 새 별이 땅 위를 기어 다니는 것은 불가능하네. 물론, 땅속으로 들어가는 것은 더욱더 불가능하지.

가능한 위치들은, 우리가 논쟁을 하고 있는 바로 그 영역들이지. 별처럼 밝게 빛나는 물체가 달보다 더 가까이에 있지 않고 더 멀리 있다 하더라도, 거리낄 게 뭐 있겠나?

인류의 능력으로 최대한 애를 써서 정밀하게 관측하고, 계산해서 위치를 구해 보면, 대부분의 경우, 그게 다른 별들보다 무한히 더 먼 곳에 위치한다고 나오네. 어떤 경우에는 지표면 가까이에 있다고 나오고, 심지어 어떤 경우에는 지표면 밑에 놓이기도 하지. 이런 것들 말고, 실제로 가능한 위치가 나오는 경우들을 보면, 계산이 서로 일치하는 경우가 없어.

이렇게 되는 이유는, 모든 관측들이 오차를 포함하고 있기 때문일 걸세. 이렇게 애써 노력한 게 열매를 맺도록 하려면, 모든 관측값들을 약간씩 고쳐서 바로잡아야 하네.

심플리치오 이 학자는 별을 불가능한 위치에 갖다 놓은 관측 결과들은 아예 사용하지 말자고 주장할 것 같은데. 그것들은 한없이 크게 실수를 한 것들이니까. 가능한 위치에 별이 놓이도록 만든 관측 결과들만 받아들여야 한다고 주장할 걸세.

후자들 중에서 될 수 있는 한 많은 관측 결과와 가장 그럴 법한 것들을 골라서 계산해야 할 걸세. 지구 중심에서 새 별까지의 거리가 얼마인지 찾으려 해 보고, 만약 그게 불가능하다면, 최소한 새 별이 천체들 중에 놓이는지 아니면 지구의 영역에 놓이는지는 밝혀야 하지.

살비아티 방금 자네가 말한 것이, 바로 이 학자가 자신의 주장에 유리하도록 만들기 위해서 갖다 붙인 이유일세. 그러나 이건 상대편에게 너무 불리하도록 되어 있네. 이 사람은 자신의 권위에 대해 지나치게 확신하고 있고, 천문학자들은 눈뜬장님들이며, 조심성 없는 사람들이라고 여기고 있어. 내가 이렇게 생각한 주된 이유가 바로 여기에 있네. 내가 이것을 설명해 주지. 자네가 이 사람을 대신해서 답을 해 주게.

천문학자들이 관측기구를 갖고, 어떤 별의 지평선에 대한 고도를 측정한다고 상상해 보게. 관측할 때, 실제 값보다 더 크게 나오는 경우가, 더 적게 나오는 경우와 마찬가지로 자주 있겠는가? 바꿔 말하면, 어떤 경우에는 정확한 값보다 더 크게 나오고, 어떤 경우에는 정확한 값보다 더 작게 나오고 하는가? 아니면 늘 같은 식으로 실수하기 때문에, 항상 실제보다 더 크게 나오거나, 항상 실제보다 더 작게 나오거나 하는가?

심플리치오 어느 방향으로든 마찬가지로 실수할 수 있음이, 의심할 여지가 없네.

살비아티 이 사람도 그렇게 답하겠지. 이 두 종류의 실수는 서로 반대일세. 천문학자들은 새 별을 관측하다가, 어느 쪽으로든 마찬가지로 실수를 할 수 있어. 한 종류의 실수는 계산 결과로 별이 더 멀리 놓이게 만들 것이고, 다른 한 종류의 실수는 별이 더 가까이 놓이게 만들 것일세.

모든 관측 결과는 오차를 포함한다고 우리는 이미 동의했는데, 별이 가까이에 놓인다는 계산 결과가 별이 한없이 멀리 놓인다는 계산 결과보다 진실에 더 부합한다고, 이 사람이 주장하는 근거가 뭔가?

심플리치오 지금까지 들은 이야기를 바탕으로 판단해 보건대, 이 학자는 새 별이 달보다 더 멀리, 또는 해보다 더 멀리 있다고 하는 계산 결과들과 관측을 부인하는 게 아닌 것 같은데. 이 학자가 거부하는 것은, 자네가 말한 것처럼, 새 별이 무한히 멀리 있다고 하는 계산들일 걸세. 이건 불가능하다고 자네도 말했지. 그러니 이 학자는, 그런 관측들은 한없이 크게 틀렸으며, 불가능한 것들이라고 생각해서 버린 것이지.

내가 보기에, 자네가 이 학자를 반박하려면, 좀 더 정확하게 조사하고, 좀 더 많은 것들을 다루고, 좀 더 정확한 관측 결과를 사용해서, 새 별이 어떠어떠한 위치에 있다고 밝혀야 하네. 달보다 더 멀리도 좋고, 해보다 더 멀리도 좋지만, 실제로 가능한 위치여야 하네.

이 학자는 열두 가지나 제시하지 않았는가? 모두 달보다 더 아래에 있으며, 실제 이 우주에 있는 장소로서, 별들이 존재할 수 있는 장소일세.

살비아티 심플리치오, 바로 여기에서 자네와 이 사람이 말을 애매모호하게 하고 있네. 자네야 몰라서 그런다 치고, 이 사람은 알면서 고의적으로 그러고 있어. 자네가 말하는 것을 들어 보니, 별의 거리를 계산했을 때 생기는 오차는 관측을 할 때 관측기구에서 생긴 오차에 비례하는 것으로, 자네는 생각하고 있어. 따라서 거리의 오차가 얼마나 큰가 하는 것을 알면, 원래 오차의 크기를 짐작할 수 있는 것처럼. 계산을 해 보니 별의 거리가 무한대가 되었다고 말하면, 관측을 할 때 오차가 무한대였다고, 자네는 믿고 있어. 그러니 그것은 고치고 뭐고 할 것도 없이, 그냥 버려야 한다고.

심플리치오, 그러나 사실은 그 반대일세. 자네는 이게 어떻게 돌아가는지 잘 몰라서 그러는 것이니 용서해 주지. 그러나 이 사람의 실수는 그런 식으로 덮을 수가 없네. 이 사람은 모르는 척 하고 있어. 우리 모두와 자신이 이것을 제대로 알지 못하는 것처럼 꾸미고 있네. 우리의 무지를 이용해 잘 모르는 대중들에게 자기 이론의 주가를 높여 선전하고 있어.

자네를 실수에서 꺼내 주고, 잘 모르기 때문에 속아 넘어가는 사람들에게 사실을 알려 주기 위해서, 내가 설명해 주지. 이런 일은 흔히 일어나는데, 예를 들어 관측 결과를 바탕으로 계산해 보니 별이 토성의 거리에 있다고 나온 경우, 관측기구를 보고 읽은 수치에다 단 1′만 더하거나 빼도, 별이 무한히 먼 거리에 놓이게 되네. 가능한 것이 불가능한 것으로 바뀌는 걸세. 역으로, 관측 결과를 바탕으로 계산해 보니, 별이 무한히 먼 곳에 있다고 나온 경우, 단 1′만 더하거나 빼서, 별이 가능한 위치로 돌아오게 만들 수 있어. 내가 1′이라 말했지만, 1′의 절반, 또는 그 절반의 절반, 또는 그보다 더 적게 고쳐도 그렇게 할 수 있어.

잘 기억해 두게. 토성이나 다른 별과 같이 먼 거리에 있는 물체를 다루는 경우는, 관찰자가 관측기구의 눈금을 읽을 때, 아무리 조그마한 오차라도 생기면, 유한하고 가능한 위치에 있던 것이, 그것 때문에 무한히 멀고 불가능한 위치에 놓이게 돼. 이런 현상은, 물체가 지구에 가까이 있어서, 달 궤도보다 안에 있을 때는 생기지 않아. 예를 들어 계산해 보니 별이 4반지름 정도 떨어져 있는 것으로 나왔다면, 관측 수치를 1′ 아니라 10′, 100′ 또는 그 이상을 바꾸더라도, 별이 무한히 먼 곳으로 가는 것은 고사하고, 달 정도의 위치로 가지도 않네.

그러니 계산 결과를 놓고서, 관측 오차의 크기를 추정하려 하면 안 돼. 관측 오차의 크기는 실제 관측기구로 측정한 몇 도, 몇 분을 놓고 따져야 하네. 관측 수치를 될 수 있는 한 적게 바꾸고도, 별의 위치가 실제로 가능한 곳이 나오면, 그것은 오차가 작고 정확한 관측일세. 가능한 장소들 중에서 실제로 새 별이 있는 위치는, 이렇게 정확한 관측들을 바탕으로 계산했을 때, 그것들 중 다수가 일치하는 곳이겠지.

심플리치오 무슨 말인지 이해하기가 어렵군. 거리가 멀 때는 단 1′의 오차만 있어도 엄청나게 큰 이상이 생기고, 거리가 가까울 때는 10′, 100′의 오차가 있어도 그렇게 큰 이상이 생기지 않는다니 ……. 이해할 수 없는데. 좀 더 자세히 설명해 주게.

살비아티 자네도 알게 될 걸세. 여기에 보면, 모든 종류의 짝을 지고, 이 사람이 빠뜨린 짝들에 대해서 계산을 해서, 그 결과를 써 놓았어. 자네가 이론을 알지 못하더라도, 이것을 보면, 실제로 어떻게 되는지 알 수 있을 걸세.

사그레도 자네는 어제 저녁부터 지금까지 18시간 동안 잠도 자지 않고, 밥도 먹지 않고, 계산만 한 모양이군.

살비아티 아니, 밥도 먹었고, 잠도 잤어. 나는 계산을 아주 빨리 하지. 솔직히 말해서, 이 사람이 왜 그렇게 길게 계산해 놓았는지 모르겠어. 검토하고 있는 사항과 아무런 관계도 없는 것들을 잔뜩 계산해 놓았거든.

이 사람이 이용한 관측 기록들을 여기에 적어 놓았네. 이것들은 열세 명의 천문학자들이 기록한 것들일세. 극의 고도와 새 별의 자오선 고도(극 밑에 있을 때의 최젓값, 극 위에 있을 때의 최곳값)을 적어 놓았어. 이 문제를 완전히 이해하려면, 이게 필요하네. 뿐만 아니라 이를 가지고 이 사람이 이용한 관측 기록들을 써서, 새 별이 실제로 달보다 더 위쪽, 행성들보다 더 위쪽, 다른 별들 사이나 어쩌면 그보다도 더 위쪽에 놓여 있을 가능성이 크다는 것을 추론할 수 있음을 분명하게 할 수 있지.

관측 기록들은 다음과 같아.

튀코 브라헤

극의 고도 55°58′

새 별의 고도 84°00′(최고) 27°57′(최저)

이것은 첫 번째 기록이고, 두 번째 기록에 보면, 최저 고도는 27°45′

파울 하인첼

극의 고도 48°22′

새 별의 고도 76°34′ 20° 9′40″

76°33′45″ 20° 9′30″

76°35′ 20° 9′20″

카스파르 보이커(Caspar Peucer, 1525~1602년)와 볼프강 슐러

극의 고도 51°54′

새 별의 고도 79°56′ 23°33′

헤세 영주 윌리엄 4세

극의 고도 51°18′

새 별의 고도 79°30′ 23° 3′

엘리아스 카메라리우스

극의 고도 52°24′

새 별의 고도	80°30′	24°28′
	80°27′	24°20′
	80°26′	24°17′

타데우스 하예크

극의 고도	48°22′	
새 별의 고도	-	20°15′

아담 우르시누스

극의 고도	49°24′	
새 별의 고도	79°	22°

헤로메 뮤뇨스

극의 고도	39°30′	
새 별의 고도	67°30′	11°30′

프란치수쿠스 마우로리쿠스

극의 고도	38°30′	
새 별의 고도	62°	-

코르넬리우스 게마

극의 고도	50°50′	
새 별의 고도	79°45′	-

게오르크 부슈

극의 고도 51°10′

새 별의 고도 79°20′ 22°40′

에라스무스 라인홀트(Erasmus Reinhold, 1511~1553년)

극의 고도 51°18′

새 별의 고도 79°30′ 23° 2′

전체 계산 과정을 보여 주기 위해서, 이 사람이 빠뜨린 다섯 가지 짝의 계산을 차근차근 설명해 주겠네. 이것들은 새 별이 달의 궤도보다 훨씬 바깥에 놓인다고 나와. 아마 그 때문에 이 사람이 빠뜨렸겠지.

첫 번째 것은 헤세 영주와 튀코의 관측 결과를 갖고 계산한 것일세. 튀코의 관측 결과는 가장 정확하다고, 이 사람도 시인하고 있어. 첫 번째 것은 계산하는 순서를 차근차근 설명해 주지. 다른 것들도 다 마찬가지 방법으로 계산을 했어. 단지 숫자들만 바뀔 뿐이지.

주어진 관측 수치는 극의 고도와 새 별의 고도이지. 이것들을 바탕으로, 새 별이 지구 중심에서 얼마나 멀리 떨어져 있나 하는 것을, 지구 반지름을 길이 단위로 사용해 구해야 하네.

이 경우, 거리가 몇 마일인가 하는 것은 따질 필요가 없네. 이 사람은 관측 지점들 사이의 거리가 몇 마일인지 계산해 냈지만, 이건 쓸데없이 시간을 허비한 것이지. 이 사람이 왜 이걸 계산했는지 모르겠어. 더구나 맨 끝에 가서는, 다시 지구 반지름을 단위로 해 바꿔 주었으면서 말일세.

심플리치오 이 학자는 아마 별까지의 거리를 정확하게 구해서, 몇 뼘 이내의 단위까지 나타내려고 그랬을 걸세. 우리처럼 평범한 사람들은 이러한 계산 방법을 잘 모르니까, 결과가 정확하게 나오면, 그만큼 더 감탄하게 되지. 예를 들어 "혜성 또는 새 별은 지구 중점으로부터 거리가 $373,807\frac{211}{4097}$ 마일인 곳에 있다."라고 말했다고 하세. 이런 식으로 작은 단위까지 정확하게 구했다면, 몇 뼘 단위까지 고려해서 계산을 했으니, 나중에 가서 100마일 정도를 속일 리는 절대 없다는 인상을 받게 되지.

살비아티 만약 수만 마일 거리에서 한두 뼘이 중요하다면, 그리고 우리가 가정하는 것들이 매우 정확해서 그것들로부터 틀림없는 사실을 이끌어 낼 수 있다면, 이 사람에 대한 자네의 변명과 핑계는 적절해. 그러나 여기 이 사람이 열두 번 계산해 놓은 것을 보면, 별의 거리는 수십만 마일씩 서로 차이가 나지. 그러니 정확한 값과 동떨어져 있네. 내가 구하는 값이 정확한 값과 수만 마일 다를 게 확실한데, 한 뼘의 거리까지 신경을 쓰며 계산할 필요가 있겠는가?

이제 계산한 것을 보도록 하지. 계산 과정은 다음과 같아.

여기 적어 놓았듯이, 튀코는 극의 고도가 55°58′이라고 관측했다. 헤세 영주는 극의 고도가 51°18′로 나왔다. 새 별이 자오선에 있을 때 그 고도를 관측해 보니, 튀코는 27°45′이 나왔고, 헤세 영주는 23°3′이 나왔다. 고도들을 나란히 적어 놓겠다.

튀코	극 55°58′	새 별 27°45′
헤세 영주	극 51°18′	새 별 23° 3′

그다음에 큰 것에서 작은 것을 빼 차이를 구한다.

4°40′	4°42′
	2′

극의 고도는 4°40′ 차이가 나고, 새 별의 고도는 4°42′ 차이가 난다. 따라서 시차는 2′이다.

이것들을 구했으니, 이 사람이 그려 놓은 그림을 보자. 헤세 영주가 있는 곳은 B이고, 튀코가 있는 곳은 D이고, 새 별이 있는 곳은 C이고, 지구 중심은 A이며, 지구 중심에서 헤세 영주가 있는 곳으로 수직선을 그은 게 ABE이고, 튀코가 있는 곳으로 수직선을 그은 게 ADF이고, 각 BCD는 시차를 나타낸다.

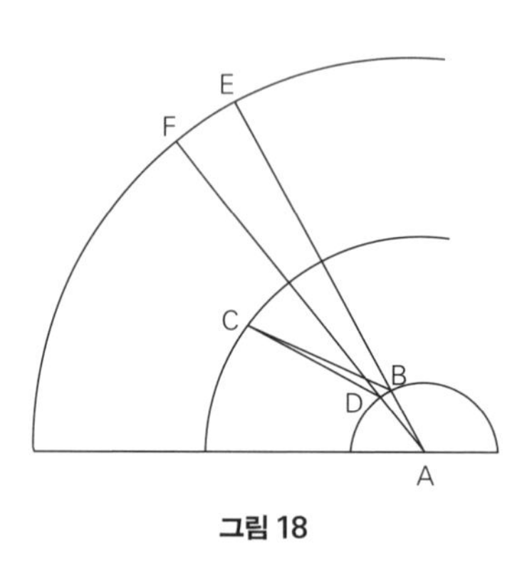

그림 18

두 수직선이 만드는 각 BAD는 극 고도의 차이이니까, 4°40′이다. 이것을 여기에 따로 적어 놓았다. 호와 현에 대해 나와 있는 표를 보고, 현의 길이를 구해서, 그 옆에 적어 놓았다. 반지름 AB를 100,000이라고 하면, 현은 8,142가 된다. 각 BAD의 절반은 2°20′이고, 이것을 직각에다 더하면, 92°20′이 된다. 즉 각 BDF는 92°20′이다.

각 CDF는 새 별의 고도가 수직에서 얼마나 벗어나 있는지를 나타내며, 그 크기는 62°15′이다. 이 둘을 더하면, 각 BDC는 154°45′임을 알 수 있다. (갈릴레오의 계산 실수다. 이 각은 154°35′이다. — 옮긴이) 이 각의 사인(sine)을 표를 보고 구해서, 그 옆에 적어 놓았다. 그 값은 42,657이다. 그 밑에 시차 BCD의 크기인 2′을 적어 놓았다. 시차의 사인은 58이다.

각 BAD 4°40′ 현 8142

여기서 반지름 AB는 100000이라 놓음

각 BDF　92° 20′

각 BDC　154° 45′　사인 42657

각 BCD　2′　사인 58

58 42657 8142　세 숫자의 비례식

42657 × 8142 = 347313294

347313294 ÷ 58 = 5988160

삼각형 BCD에서 변 BD와 변 BC의 길이 비율은, 마주 보는 각 C와 각 D의 사인의 비율과 같다. 예를 들어 변 BD의 길이가 58이라면, 변 BC의 길이는 42,657이 된다. 반지름이 100,000이면, 변 BD는 8,142이다.

우리가 찾으려고 하는 것은, BC의 길이가 반지름의 몇 배이냐 하는 것이니까, BC가 100,000의 몇 배인지 알아내야 한다. 세 숫자의 비례식을 사용해 보자. BD와 BC의 비율을 보아라. BD가 58인 경우, BC는 42,657이다. 만약 BD가 8,142이면, BC는 얼마가 되겠는가?

두 번째 항과 세 번째 항을 곱해라. 그러면 347,313,294가 된다. 이것을 첫 번째 항인 58로 나누어라. 그때 나오는 답이 바로 BC의 길이이다. 우리는 여기서 반지름이 100,000이라고 가정하고 있다. BC의 길이가 반지름 BA의 몇 배인지 알아내려면, 나누어서 구한 값을 다시 100,000으로 나누어야 한다. 그 결과가 바로, BC의 길이가 반지름의 몇 배인가 하는 것이다. 숫자 347,313,294를 58로 나누면, 5,988,160 $\frac{1}{4}$ 이 된다. 이것은 나눗셈을 해서 구할 수 있다.

$$347313294 \div 58 = 5988160\frac{1}{4}$$

이것을 다시 100,000으로 나누면, 59 $\frac{88160}{100000}$ 이 된다.

이 계산을 조금 더 간단하게 할 수도 있다. 처음 곱해서 나온 347,313,294를, 두 수 58과 100,000을 곱한 것으로 나누면 된다.

$$347313294 \div 5800000 = 59$$

그 결과는, 마찬가지로 59 $\frac{5113294}{5800000}$ 이 된다. 즉 BC에는 반지름들이 그만큼 많이 들어 있다. 여기에다 AB를 더하면, 선분들 ABC는 61반지름보다 약간 짧은 길이가 된다. 그러므로 지구 중심 A에서 새 별 C까지의 거리는 60반지름이 넘는다. 프톨레마이오스의 이론에 따른 달까지의 거리보다 27반지름 이상 더 멀고, 코페르니쿠스의 이론에 따른 달까지의 거리보다 8반지름 이상 더 멀다. 이 사람이 말했듯이, 코페르니쿠스는 지구 중심에서 달까지의 거리가 52반지름이라고 계산했다.

카메라리우스와 뮤뇨스가 관측한 것을 갖고 이런 식으로 계산을 해 보니, 거리가 비슷하게 나왔어. 60반지름이 넘게 나온 것이지. 여기 관측 수치와 계산 과정을 적어 놓았네.

카메라리우스	극 52° 24′	새 별 24° 28′
뮤뇨스	극 39° 30′	새 별 11° 30′
차이	12° 54′	12° 58′
시차		0° 4′

각 BAD 12° 54′ 현 22466

각 BDC 161° 59′ 사인 30930

각 BCD 0° 4′ 사인 116

116 22466 30930 세 숫자의 비례식

22466 × 30930 = 694873380

6948 ÷ 116 = 59.9

(100000으로 나누어야 하기 때문에, 갈릴레오는 아랫자리의 숫자 5개 73380을 지우고 계산했다. 아래의 다른 계산들도 마찬가지이다. — 옮긴이)

BC의 길이: 59반지름, 거의 60반지름

그다음에 나오는 계산은 튀코와 뮤뇨스의 관측 결과를 이용한 것일세. 새 별은 지구 중심에서 478반지름 이상 떨어진 것으로 나오네.

튀코	극 55°58′	새 별 84°00′
뮤뇨스	극 39°30′	새 별 67°30′
차이	16°28′	16°30′
시차		2′

각 BAD 16° 28′ 현 28640

각 BDC 104° 14′ 사인 96930

각 BCD 2′ 사인 58

58 28640 96930 세 숫자의 비례식

28640 × 96930 = 2776075200

27760 ÷ 58 = 478

거리: 478반지름 이상

네 번째로, 보이커와 뮤뇨스의 관측 자료를 써서 계산을 해 보니, 새 별은 지구 중심에서 358반지름 이상 떨어진 것으로 나왔어.

보이커	극 51°54′	새 별 79°56′
뮤뇨스	극 39°30′	새 별 67°30′
차이	12°24′	12°26′
시차		2′

각 BAD 12° 24′ 현 21600

각 BDC 106° 16′ 사인 95996

각 BCD 2′ 사인 58

58 21600 95996 세 숫자의 비례식

21600 × 95996 = 2073513600

20735 ÷ 58 = 357

거리: 358반지름

다섯 번째로, 헤세 영주와 하인첼의 관측 자료를 써서 계산을 해 보니, 새 별은 지구 중심에서 716반지름 이상 떨어진 것으로 나왔어.

헤세 영주	극 51°18′	새 별 79°30′
하인첼	극 48°22′	새 별 76°33′45″
차이	2°56′	2°56′15″
시차		15″

각 BAD 2° 56′ 현 5120

각 BDC 101° 58′ 사인 97845

각 BCD 15″ 사인 7

7 5120 97845 세 숫자의 비례식

5120 × 97845 = 500966400

5009 ÷ 7 = 715

거리 : 716반지름

보다시피, 여기 나오는 다섯 가지 계산은 모두 새 별이 달보다 훨씬 멀리에 있다고 나와. 내가 조금 전에 말한 것을 이제 검토해 보세. 거리가 아주 먼 경우는, 각을 조금만 바꿔도(바로잡아도) 별이 엄청난 거리를 움직이게 된다.

예를 들어 첫 번째 계산의 경우, 2′의 시차가 새 별이 지구 중심에서 60반지름 떨어지도록 만들었어. 만약 다른 별들이 있는 위치로 새 별을 옮기고 싶으면, 시차를 2′ 또는 그 이하로만 바꾸면 돼. 그렇게 작게 바꾸더라도, 시차는 0이 되거나 또는 아주 작아져서, 새 별이 엄청나게 먼 거리에 놓이게 돼. 다른 별들이 놓여 있는 하늘은 엄청나게 먼 거리에 있다고 우리 모두 동의하고 있지.

두 번째 계산의 경우는 4′ 또는 그 이하로만 바꾸면 돼. 세 번째, 네 번째는 첫 번째와 마찬가지로, 2′ 이하만 바꾸면, 다른 별들이 놓여 있는 곳으로 가지. 네 번째의 경우는 불과 1/4′, 즉 15″만 바꾸면, 같은 결과가 나와.

그러나 달의 궤도보다 더 가까이 있을 때는 그렇지가 않아. 어떤 거리라도 좋으니까 설정해 놓고, 이 사람이 계산해 놓은 경우들을, 관측 수치를 바꿔서 다시 계산해서, 거리가 일치하도록 만들려고 해 봐. 그렇게 만들려면, 값을 고쳐야 하는 정도가 훨씬 더 큼을 알게 될 걸세.

사그레도 우리가 이것을 완전히 이해하려면, 방금 자네가 말한 것을, 실제로 예를 들어서 계산한 것을 보았으면 좋겠군.

살비아티 어떤 거리라도 좋으니까, 달 궤도 아래에서 새 별의 위치를 잡게. 새 별을 다른 별들이 있는 곳으로 보내기 위해서는 시차를 약간만 고치면 되었는데, 이 경우도 그렇게 약간만 고치면, 새 별이 우리가 원하는 위치로 가게 되는지 확인해 보세.

사그레도 이 사람이 행한 열두 가지 계산 중에 제일 큰 값을 잡도록 하세. 그게 아마 이 사람에게 가장 유리할 것 같은데. 이 사람과 천문학자들은 새 별의 위치를 놓고 싸우고 있고, 천문학자들은 달보다 더 멀리, 이 사람은 달보다 더 가까이 있다고 주장하고 있거든. 그러니 달보다 조금이라도 더 가까이에 있다고 증명하면, 이 사람이 이기는 게 되지.

살비아티 그렇다면 튀코와 하예크의 관측을 바탕으로 계산한 일곱 번째 것을 기준으로 삼으세. 이 사람은 새 별이 지구 중심에서 32반지름 떨어져 있다고 계산했네. 이 거리가 이 사람 입장에서 보아 가장 유리해 보이는군. 이 사람에게 유리하도록 하고, 우리에게 불리하도록 하기 위해서, 우리는 새 별이 천문학자들조차 꺼리는 곳에 놓이도록 만들어 보세. 즉 무한히 먼 곳에 놓이도록 만들어 보세.

이러한 것들을 염두에 두고, 이 사람이 다룬 열한 가지 경우에서 새 별의 위치를 32반지름으로 끌어올리려면, 관측 수치를 전부 얼마나 바꿔야 하는지 알아보세.

우선 첫 번째 것부터 보세. 하인첼과 마우로리쿠스의 관측 수치를 가지고 이 사람이 계산한 결과, 지구 중심에서 새 별까지의 거리는 4반지름이 나왔네. 시차는 4°42′30″이었지. 시차를 싹 줄여 보세. 시차가 20′이 되면, 새 별이 32반지름까지 올라가는지 보세.

계산 방법은 다음과 같아. 짤막하지만 아주 정확하게 결과가 나오지. 현 BD의 길이에다 각 BDC의 사인을 곱한 다음에, 시차의 사인으로 나누어. 그다음에 100,000으로 나누어야지. 결과는 28반지름이 나와. 원래 시차 4°42′30″에서 4°22′30″나 줄였는데도, 새 별이 32반지름까지 올라가지 않았어. 심플리치오, 잘 기억해 두게. 자그마치 262.5′이나 바꿨네.

하인첼	극 48°22′	새 별 76°34′30″
마우로리쿠스	극 38°30′	새 별 62°
차이	9°52′	14°34′30″
시차		4°42′30″

각 BAD	9° 52′	현 17200
각 BDC	108° 21′ 30″	사인 94910
각 BCD	20′	사인 582

$17200 \times 94910 = 1632452000$

$16324 \div 582 = 28$

답: 28반지름

두 번째 계산은 하인첼과 슐러의 관측을 바탕으로 한 것이지. 시차는 8′30″이었고, 새 별은 25반지름 정도 떨어져 있는 걸로 나왔었지. 계산 방법을 아래에 적어 놓았네.

각 BAD 현 6166

각 BDC 사인 97987

각 BCD 사인 247

6166 × 97987 = 604187842

6041 ÷ 247 = 24

답: 24반지름

원래 시차는 8′30″인데, 이것을 7′으로 바꿔 봐. 7′의 사인은 204야. 그러면 새 별은 30반지름 정도까지 올라가게 돼. 그러니 1′30″를 고치는 것으로는 약간 부족하네.

6041 ÷ 204 = 29.6

답: 30반지름

세 번째 것은 하인첼과 튀코의 관측을 바탕으로 계산했어. 시차는 10′이었고, 새 별은 19반지름 정도 떨어져 있는 걸로 나왔었지. 이 사람이 사용한 각도, 현, 사인을 적어 놓았네. 이 값들을 쓰면, 이 사람이 계산한 것처럼 19반지름 정도가 나와. 거리를 늘이기 위해서는 시차를 줄여야 하네. 이 사람도 아홉 번째 계산을 할 때 이 방법을 언급했어. 시차가 6′으로 줄었다고 생각해 보세. 그러면 사인은 175가 돼. 이것으로 나누면, 새 별이 31반지름에 못 미치는 것으로 나와. 그러니 4′이나 고쳤는데도 아직 부족하네.

각 BAD $7° 36′$ 현 13254

각 BDC $155° 52′$ 사인 40886

각 BCD $10′$ 사인 291

$13254 \times 40886 = 541903044$

$5419 \div 291 = 18.6$

답: 19반지름

각 BCD $6′$ 사인 175

$5419 \div 175 = 30.9$

답: 31반지름

네 번째 것과 나머지 것들도 같은 방식으로 계속 조사해 보세. 이 사람이 구한 현과 사인값을 사용하도록 하지. 네 번째 것을 보면, 시차는 14′이고, 거리는 10반지름 이하로 나왔어. 시차를 14′에서 4′으로 줄여도, 새 별은 31반지름까지 채 올라가지 못해. 즉 14′에서 10′이나 고쳤는데도 부족하네.

각 BAD $4° 40′$ 현 8142

각 BDC $154° 23′$ 사인 43235

각 BCD $14′$ 사인 407

8142 × 43235 = 352019370

3520 ÷ 407 = 8.6

답: 9반지름

각 BCD 4′ 사인 116

3520 ÷ 116 = 30.3

답: 30반지름

다섯 번째 계산을 보세. 시차는 42′30″이었고, 새 별의 거리는 4반지름 정도 나왔어. 시차를 싹 줄여서 5′이라 놓아도, 새 별이 28반지름까지 올라가지도 않아. 즉 37′30″나 고쳤는데도 부족하네.

각 BAD 2° 28′ 현 4034 (4304가 맞다. — 옮긴이)

각 BDC 101° 29′ 사인 97998

각 BCD 42′ 30″ 사인 1236

4034 × 97998 = 395323932

3953 ÷ 1236 = 3.2

답: 3반지름

각 BCD 5′ 사인 145

3953 ÷ 145 = 27

답: 27반지름

이제 여섯 번째 계산을 보세. 시차는 8′이고, 거리는 4반지름 정도 나왔었네. 시차를 싹 줄여서 1′이라고 놓아 보세. 그렇게 해도, 새 별은 27반지름까지 채 올라가지 않아. 그러니 8′에서 7′이나 고쳤는데도 부족하네.

각 BAD　　1°　6′　현 1920

각 BDC　156°　16′　사인 40248

각 BCD　　　　8′　사인 233

1920 × 40248 = 77276160

772 ÷ 233 = 3.3

답: 3반지름

각 BCD　　　　1′　사인 29

772 ÷ 29 = 26.6

답: 27반지름

여덟 번째 계산을 보도록 하세. 시차는 43′이고, 거리는 0.5반지름이 나왔었네. 시차를 1′으로 줄여도, 별은 24반지름까지 올라가지도 않아. 그러니 42′이나 고쳤는데도 부족하네.

각 BAD　　1°　2′　현 1804

각 BDC　158°　31′　사인 36643 (36623이 맞다. — 옮긴이)

각 BCD　　　43′　사인 1250

1804 × 36643 = 66103972

661 ÷ 1250 = 0.5

답: 0.5반지름

각 BCD 1′ 사인 29

661 ÷ 29 = 22.8

답: 23반지름

이제 아홉 번째 계산을 보도록 하세. 시차는 15′이고, 이 사람이 계산한 결과로는, 새 별이 지표면에서 1/47반지름 이내의 거리에 있는 걸로 나왔어. 그러나 이 계산은 틀렸네. 실제로 계산해 보면, 1/5보다 조금 더 크게 나와. 여기 적어 놓은 것을 보게. 90/436 정도 나오지? 이건 1/5보다 커.

각 BAD 8′ 현 232

각 BDC 157° 1′ 사인 39046

각 BCD 15′ 사인 436

232 × 39046 = 9058672

90 ÷ 436 = 0.2

답: 0.2반지름

이 사람이 그다음에 언급한 것은 맞는 말이야. 즉 이 관측 수치를 바로잡기 위해서는, 시차를 단 1′으로 줄이거나 1′의 8분의 1이 되도록 줄여도 충분하지가 않아. 내가 자네들에게 일러 주겠는데, 시차가 1′의 10분의 1이라고 놓더라도, 새 별이 32반지름까지 올라가지 않아. 1′의 10분의 1은 6″이고, 이것의 사인은 3이지. 우리의 계산 과정에 따르면, 90을

3으로 나누어야 하네. 좀 더 정확하게 말하면, 9,058,672를 300,000으로 나누어야 해. 그러면 30 $\frac{58672}{300000}$ 이 돼. 이것은 30.2보다 약간 작아.

이제 열 번째 계산을 보도록 하세. 시차는 4°30′이고, 거리는 1/5반지름 정도 나왔어. 4°30′인 시차를 2′으로 싹 줄여도, 새 별은 29반지름 높이까지 올라가지도 않네.

각 BAD　1°　현 1746

각 BDC　113°　사인 92050

각 BCD　4° 30′　사인 7846

1746 × 92050 = 160719300

1607 ÷ 7846 = 0.2

답: 0.2반지름

각 BCD　2′　사인 58

1607 ÷ 58 = 27.7

답: 28반지름

열한 번째 계산을 보도록 하세. 시차는 55′이고, 새 별은 13반지름 떨어져 있는 걸로 나왔었지. 시차를 20′으로 줄이면 충분한지 보세. 여기 계산을 해 놓았네. 새 별이 33반지름에 약간 못 미치게 되는군. 그러니 55′에서, 35′보다 약간 더 적게 고치면 충분하겠군.

각 BAD　11° 20′　현 19748

각 BDC　105° 55′　사인 96166

각 BCD 55′ 사인 1600

19748 × 96166 = 1899086168

18990 ÷ 1600 = 11.8

답 : 12반지름

각 BCD 20′ 사인 582

18990 ÷ 582 = 32.6

답: 33반지름

마지막으로, 열두 번째 계산을 보세. 시차는 1°36′이고, 새 별은 6반지름보다 더 낮게 있는 것으로 나왔었지. 시차를 20′으로 줄여도, 새 별은 30반지름까지 올라가지 않아. 그러니 1°16′이나 고쳤는데도 부족하네.

각 BAD 9° 54′ 현 17257

각 BDC 105° 57′ 사인 96150

각 BCD 1° 36′ 사인 2792

17257 × 96150 = 1659260550

16592 ÷ 2792 = 5.9

답: 6반지름

각 BCD 20′ 사인 582

16592 ÷ 582 = 28.5

답: 29반지름

새 별의 위치를 32반지름으로 일치하도록 만들기 위해서, 이 사람이 계산한 경우들 중 값을 바꾼 열 가지들을 더해 보세.

	원래 시차	값을 바꾼 정도
	4° 42′ 30″	4° 22′ 30″
	10′	4′
	14′	10′
	42′ 30″	37′ 30″
	8′	7′
	43′	42′
	15′	14′ 50″
	4° 30′	4° 28′
	55′	35′
	1° 36′	1° 16′
합계	9° 296′	9° 216′
	9 × 60 = 540	9 × 60 = 540
	836′	756′

이것을 보게. 새 별을 32반지름 높이로 올리기 위해서는, 총 836′의 시차에서 756′을 빼야 하네. 그래서 80′으로 줄여야 해. 사실, 이것으로도 충분하지가 않아.

이제 자네들도 알겠지? 나는 이걸 순식간에 알아차렸어. 이 사람이 새 별의 실제 높이를 32반지름으로 만들고 싶으면, 위의 열 가지 계산한 값이 모두 그 거리가 나오도록 하려면, 시차를 자그마치 756′이나 빼야 하네. 사실, 그러고도 조금 부족하지. 두 번째 계산한 것은 생략했네. 두 번째 계산은 값이 원래부터 크게 나왔기 때문에, 2′ 정도만 고치면 충분했지.

내가 계산한 다섯 가지 경우는 새 별이 달보다 더 멀리에 있었고, 불과 $10\frac{1}{4}$′만 바꾸면, 새 별의 위치가 모두 똑같이 다른 별들이 있는 하늘이 되도록 만들 수 있었어. 그뿐만 아니라 다른 어떤 다섯 가지 쌍의 경우는, 처음부터 시차가 아예 없어서, 다른 별들이 있는 하늘에 새 별이 놓여 있다는 계산 결과가 나와. 즉 10개의 계산이 일치하도록 만들기 위해서는 불과 $10\frac{1}{4}$′만 바꾸면 돼.

반면에, 이 사람이 계산한 경우들은, 836′ 중에 756′이나 바꿔야, 새 별의 위치가 32반지름에 일치하도록 만들 수 있네. 바꿔 말하면, 새 별의 위치가 32반지름이 되도록 하려면, 전체 836′ 중에서 756′을 빼야 하네. 사실, 이 정도로는 부족하지.

시차가 아예 없어서, 새 별이 다른 별들과 같은 위치, 또는 그보다 더 먼 곳에 놓인다는 계산 결과가 나오는 경우들을 보세. 어쩌면 새 별은 극과 같이 무한히 먼 곳에 있어야 할 걸세. 여기 다섯 가지 경우가 있네.

카메라리우스	극의 고도 52° 24′	새 별의 고도 80° 26′
보이커	극의 고도 51° 54′	새 별의 고도 79° 56′
차이	30′	30′
헤세 영주	극의 고도 51° 18′	새 별의 고도 79° 30′
하인첼	극의 고도 48° 22′	새 별의 고도 76° 34′
차이	2° 56′	2° 56′
튀코	극의 고도 55° 48′	새 별의 고도 84°

보이커	극의 고도 51° 54′	새 별의 고도 79° 56′
차이	4° 4′	4° 4′

라인홀트	극의 고도 51° 18′	새 별의 고도 79° 30′
하인첼	극의 고도 48° 22′	새 별의 고도 76° 34′
차이	2° 56′	2° 56′

카메라리우스	극의 고도 52° 24′	새 별의 고도 24° 17′
하예크	극의 고도 48° 22′	새 별의 고도 20° 15′
차이	4° 2′	4° 2′

이 관측 자료들을 갖고 짝을 맺어 계산할 수 있는 나머지 경우들을 모두 살펴보면, 새 별이 무한히 먼 곳에 있다고 나오는 경우가, 새 별이 달보다 더 가까이에 있다고 나오는 경우보다 훨씬 더 많아. 서른 번 정도 더 많이 나오지.

우리가 이미 동의했듯이, 이 천문학자들이 관측을 할 때 오차가 있기는 하지만, 그 오차들은 작은 값일 걸세. 새 별이 무한히 먼 곳에 있다는 계산을 놓고, 관측 수치를 약간 바꿔 새 별을 끌어내리면, 값을 아주 작게 바꾸었을 때, 새 별은 다른 별들이 있는 하늘에 위치하게 되며, 달 궤도 아래로 내려올 리는 없어. 그러니 다른 별들이 있는 곳에 위치하고 있다는 이론이 훨씬 더 그럴듯해 보여. 우리가 이미 예를 통해서 보았듯이, 새 별을 거기에 위치하도록 하려면, 관측 수치를 약간만 고치면 되지만, 이 사람이 원하는 장소로 옮기려면, 수치를 많이 바꿔야 하네.

다음 세 쌍의 경우는 계산을 해 보면, 지구 중심에서 새 별까지의 거리가 지구 반지름보다 더 짧게 나와. 그러니 새 별이 땅속에서 돌아다니게 돼. 이건 물론 불가능하지. 이런 결과가 나오는 경우는, 한 관측자가 다른 관측자에 비해 극의 고도는 더 높으면서, 새 별의 고도는 더 낮게 나온 경우이지.

여기에 그 세 가지 경우를 적어 놓았네. 첫 번째 것은 헤세 영주와 게마를 짝을 지은 경우일세. 헤세 영주의 극의 고도는 51°18′이어서, 게마의 극의 고도 50°50′보다 더 높아. 그런데도 헤세 영주가 보았을 때, 새 별의 고도는 79°30′이어서, 게마가 관측한 새 별의 고도 79°45′보다 오히려 낮아.

헤세 영주	극의 고도 51° 18′	새 별의 고도 79° 30′
게마	극의 고도 50° 50′	새 별의 고도 79° 45′
부슈	극의 고도 51° 10′	새 별의 고도 79° 20′
게마	극의 고도 50° 50′	새 별의 고도 79° 45′
라인홀트	극의 고도 51° 18′	새 별의 고도 79° 30′
게마	극의 고도 50° 50′	새 별의 고도 79° 45′

내가 지금까지 보인 것을 가지고 잘 생각해 보게. 이 사람은 새 별이 달보다 더 가까이에 있다는 것을 보이기 위해서 이 방법을 써서 거리를 계산했지만, 이 방법은 이 사람에게 오히려 불리한 결과를 낳으며, 새 별이 다른 별들과 마찬가지로 까마득히 먼 하늘에 놓여 있을 가능성이 훨씬 더 크다는 것을, 자네들도 알게 되었을 걸세.

심플리치오 이 사람의 증명이 무의미함은 명백하게 드러났군. 그러나 이 사람이 쓴 책에서, 이 방법은 겨우 몇 장만 차지하고 있네. 이 첫 번째 방법에 비해 다른 방법들은 좀 더 확실한 결론을 이끌어 낼 걸세.

살비아티 아니, 더 불확실한 말들만 있을 거야. 앞에서 다룬 것을 보면 알 수 있네. 앞에서 계산한 게 확실한 결론이 나오지 않은 까닭은, 관측할 때 오차가 생겼기 때문이지. 이 사람은 극의 고도와 새 별의 고도가 정확한 값인 것처럼 써 놓았지만, 사실 그 관측 수치들은 모두 틀릴 수가 있어.

극의 고도는 천문학자들이 수백 년에 걸쳐 여유 있게 잴 수가 있네. 어떤 별의 자오선 고도도 관측하기에 가장 쉬운 것이지. 어떤 값으로 딱 확정이 되기 때문이지. 뿐만 아니라 그것은 충분한 시간의 여유를 갖고 잴 수 있어. 자오선에서 멀리 떨어져 있을 때는 고도가 계속 바뀌지만, 자오선에 놓여 있을 때는 고도가 그렇게 짧은 시간 동안에 바뀌는 게 아니기 때문이지.

그러니 이것은 가장 확실한 관측 방법일세. 이것조차 믿을 수가 없는데, 어떻게 다른 방법을 신뢰할 수 있겠는가? 온갖 종류의 관측들, 더 어려운 관측들, 갖가지 종류의 오차들, 더 불편하고 믿을 수 없는 기구들로 잰 관측 수치들, 이것들을 바탕으로 계산한 것을 믿을 수 있겠는가?

이 사람이 증명해 놓은 것을 대충 훑어보았는데, 여러 종류의 수직원을 사용해서 잰 관측값들을 바탕으로 하고 있네. 즉 방위각을 사용했어. 이것을 관측하려면, 수직으로 움직이는 원뿐만 아니라 동시에 수평으로 움직이는 원도 사용해야 하네. 즉 수직원을 사용해 별의 고도를 구하면서, 동시에 수평원을 사용해 별이 자오선에서 얼마나 벗어나 있는지 관측해야 하네. 뿐만 아니라 일정한 시간 간격으로 관측을 되풀이해야 해. 시간도 정확하게 재야 해. 시계를 보고 재든가, 또는 다른 별들의 움직임을 보고 재든가.

이 사람은 이런 식의 얼기설기 뒤엉킨 관측 결과들을 서로 비교를 했어. 여러 나라에서, 여러 천문학자들이, 여러 종류의 관측기구를 사용하여서, 제각각 다른 시각에 관측한 것들을 말일세. 어떤 시각을 고정한 다음에, 새 별의 수직 고도와 수평 위도를 그에 맞춰 뜯어고치고 있어. 이런 식으로 관측 수치들을 뜯어고치고 난 다음에, 그것들을 바탕으로 거리를 계산했어. 이런 식의 방법을 써서 계산한 것을 얼마나 믿을 수 있겠는지, 자네가 판단해 보게.

그리고 만약 누구든 실제로 그런 복잡한 계산을 끈기 있게 해내면, 결과는 앞에서와 마찬가지로 이 사람에게 오히려 불리하게 나오고, 상대편에게 유리하게 나올 게 틀림없다고 나는 믿네. 하지만 그렇게 복잡한 계산을 할 값어치가 없어 보이는군. 이게 우리의 주된 관심사는 아니기 때문이지.

사그레도 나도 그렇게 생각하네. 그런데 이 문제에 이토록 혼란과 불확실, 오차들이 가득한데, 많은 천문학자들은 어떻게 해서, 새 별이 까마득히 먼 곳에 있다고 자신 있게 주장하는가?

살비아티 두 가지 쉽고, 간단하고, 정확한 관측을 통해서, 새 별이 다른 별들처럼 멀리에 있음을 확인할 수 있네. 최소한 달보다 훨씬 멀리 있다는 것은 확실하지.

한 가지는, 자오선에서 최저점에 놓여 있는 경우와 최고점에 놓여 있는 경우, 극으로부터의 거리가 완전히 같거나, 차이가 거의 없다는 사실일세. 다른 한 가지는, 주위에 있는 고정된 별들과의 거리가 전혀 바뀌지 않는다는 사실이지. 특히 카시오페이아자리의 카파(κ) 별을 보면 알 수 있어. 둘은 겨우 1.5° 정도 떨어져 있거든. 이 두 가지를 바탕으로, 새 별은 시차가 전혀 없거나, 아주 작음을 확실하게 추론할 수 있네. 그러니 아무리 엉성하게 계산을 해 보아도, 새 별이 지구로부터 엄청나게 먼 거리에 있음을 알 수 있지.

사그레도 이 사람은 그 사실을 몰랐단 말인가? 만약 알고 있었다면, 그것들에 대해 뭐라고 변명을 했는가?

살비아티 어떤 사람이 자신의 실수에 대해 변명할 여지가 없자 온갖 시시껄렁한 핑계만 댄다면, 우리는 그 사람을 가리켜 손바닥으로 하늘을 가리려 한다고 비웃지. 지금 이 사람은 손바닥이 아니라 손톱으로 하늘을 가리려 하고 있네. 이 두 가지 사실을 자세히 검토해 보면 알 수 있어.

극과의 거리를 서로 비교해서 알아낸 것에 대해서는, 여기에 짤막하게 계산을 해서 써 놓았네. 이것을 완벽하게 이해하려면, 우선 알아야 할 게 있네. 새 별이든 또는 다른 어떤 현상이든, 지구 가까이에 있어서 극을 따라 회전을 하면, 그게 자오선을 지날 때, 극 아래에 있는 경우가 극 위에 있는 경우보다, 극과의 거리가 더 멀어 보인다. 그림을 그려서 설명해 주겠네.

이 그림에서 T는 지구의 중심이고, O는 관측자가 있는 곳이고, 호 VPC는 다른 별들이 있는 곳이고, P는 극이다. 어떤 현상이 원둘레 FS를 따라 움직인다고 하자. 한 번은 극 아래에 있어서, 시

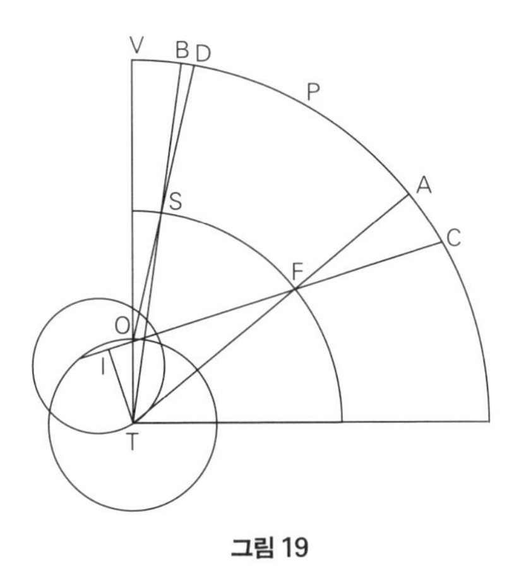

그림 19

선 OFC에 놓이고, 다른 한 번은 극 위에 있어서, 시선 OSD에 놓인다고 하자. 그러면 다른 별들의 위치와 비교해 보면, 이 현상이 C와 D에서 일어난 것처럼 보인다.

그러나 지구 중심 T의 입장에서 보면, 이것은 A와 B에 있는 것처럼 보인다. 즉 극으로부터 같은 거리에 놓여 있다. 그러나 관측자의 눈으로 보기에는, 이 현상이 S에 있을 때 D에 있는 것처럼 보여서, F에 있을 때 시선 OFC에 놓여서 C에 있는 것처럼 보이는 경우보다, 극에 더 가까워 보인다. 이게 자네들이 알아야 할 첫 번째 사항일세.

또 하나 알아야 할 사항이 있는데, 아래에 있을 때 극과의 겉보기 거리가, 위에 있을 때 극과의 겉보기 거리보다 더 큰 정도는, 아래의 시차보다 더 크다. 바꿔 말하면, 호 CP(극 아래에 있을 때 극과의 겉보기 거리)에서 호 PD(극 위에 있을 때 극과의 겉보기 거리)를 빼면, 그 결과는 호 CA(극 아래의 시차)보다 더 크다.

이것은 쉽게 보일 수 있어. 호 PB는 호 PD보다 더 크다. 그러니 CP에서 PD를 빼면, CP에서 PB를 뺀 것보다 더 크다. 그런데 PB와 PA는 같다. 그리고 CP에서 PA를 뺀 것은 CA이다. 그러므로 CP에서 PD를 뺀 것은, CA보다 더 크다. 그런데 CA가 바로 F에 있는 현상의 시차이다. 이게 바로 우리가 알려고 했던 사항이지.

가능한 한 이 사람에게 유리하도록 만들기 위해서, CP에서 PD를 뺀 것이, F의 시차라고 가정하세. 즉 극 아래에 있을 때 극과의 겉보기 거리에서, 극 위에 있을 때 극과의 겉보기 거리를 뺀 것을, 시차라고 놓으세.

이 사람이 인용한 모든 천문학자들의 관측 기록을 검토해 보았더니, 이 사람의 목적에 불리하도록 나오지 않는 게 단 하나도 없었네.

우선 부슈의 기록을 보세. 새 별이 극보다 위에 있을 때 극과의 거리는 28°10′이고, 아래에 있을 때는 극과의 거리가 28°30′이다. 그러니 20′

차이가 난다. 이 사람에게 유리하도록, 이것이 F에 있는 새 별의 시차라고 하자. 즉 각 TFO가 20′이라고 하자. 천정에서 새 별까지의 거리 CV는 67° 20′이다.

이 두 각을 알았으니, 직선 CO를 긋고, 점 T에서 이 직선에 수직이 되도록 선분 TI를 긋자. 그다음에 삼각형 TOI에 대해서 생각해 보자. 각 I는 직각이다. 각 IOT는 각 VOC와 크기가 같다. 즉 천정에서 새 별까지의 각이다. 그리고 삼각형 TIF는 직각삼각형이고, 각 F의 크기는 알려져 있다. 바로 시차이다.

두 직각삼각형에는 각 IOT와 각 IFT가 있는데, 이들의 사인을 계산해 보자. 내가 여기에 적어 놓았네. 삼각형 IOT에서 각 IOT의 사인을 계산해 보면, 변 TI의 길이가 92,276이다. 여기서 반지름 TO는 100,000이라고 가정하고 있다. 삼각형 TIF에서 각 IFT의 사인을 계산해 보면, 582이다. 즉 변 TF가 100,000이라면, 변 TI는 582이다. 세 숫자의 비례식을 생각해 보자. TI가 582이면, TF는 100,000이다. 만약 TI가 92,276이면, TF는 얼마가 될 것인가?

92,276에다 100,000을 곱해라. 그러면 9,227,600,000이 된다. 이것을 582로 나누어라. 그러면 15,854,982가 된다. 즉 TO의 길이가 100,000이면, TF의 길이가 그렇게 된다. TF의 길이 속에 TO가 몇 개나 들어 있는지 알려면, 15,854,982를 100,000으로 나누어 보자. 그러면 약 158.5가 된다. 즉 새 별 F는 지구 중심 T에서 158.5반지름 정도 떨어져 있다.

이 계산 과정은 조금 더 간단하게 만들 수 있어. 92,276과 100,000을 곱한 다음에 582로 나누었고, 그 결과를 다시 100,000으로 나누었잖아? 그러니 92,276에다 100,000을 곱할 필요가 없네. 사인 값인 92,276을 사인 값인 582로 바로 나누면 돼. 이것을 아래에 적어 놓았네. 92,276을 582로 나누면, 마찬가지로 158.5 정도 나오네.

이것을 염두에 두게. 각 TOI의 사인을 구한 다음에, 각 IFT의 사인으로 나누면, 반지름 TO를 단위로 해서 거리 TF를 나타낼 수 있다.

각 IOT	67°20′	사인	92276
각 IFT	20′	사인	582

TI	TF	TI	TF	
582	100000	92276	?	세 숫자의 비례식

9227600000 ÷ 582 = 15854982

15854982 ÷ 100000 = 158.5

답: 158.5반지름

92276 ÷ 582 = 158.5

답: 158.5반지름

보이커의 관측 기록을 갖고 계산하면 어떻게 되는지 보세. 극의 아래에 있을 때 그 거리는 28°21′이고, 극의 위에 있을 때 그 거리는 28°2′이다. 시차는 19′이고, 천정과의 거리는 66°27′이다. 이것을 바탕으로 계산해 보면, 새 별은 지구 중심에서 166반지름 정도 떨어진 것으로 나온다.

각 IOT	66°27′	사인	91672
각 IFT	19′	사인	553

91672 ÷ 553 = 165.7

답: 166반지름

튀코의 기록 중에 이 사람에게 유리한 것을 택해서 계산하도록 하세. 아래에 있을 때 극과의 거리는 28°13′이고, 위에 있을 때 극과의 거리는 28°2′이고, 시차는 기껏해야 11′이다. 천정에서의 거리는 62°15′이다. 계산한 것을 아래에 써 놓았네. 지구 중심에서 새 별까지의 거리는 276.5반지름 정도 나온다.

각 IOT	62°15′	사인	88500
각 IFT	11′	사인	320

88500 ÷ 320 = 276.5

답: 276.5반지름

라인홀트의 기록을 갖고 계산해 보면, 지구 중심에서 새 별까지의 거리가 793반지름 정도 나온다.

각 IOT	66°58′	사인	92026
각 IFT	4′	사인	116

92026 ÷ 116 = 793

답: 793반지름

헤세 영주의 기록을 갖고 계산해 보면, 지구 중심에서 새 별까지의 거리는 1,057반지름 정도 나온다.

각 IOT	66°57′	사인	92012
각 IFT	3′	사인	87

92012 ÷ 87 = 1057

답: 1057반지름

카메라리우스의 관측 기록 중에 이 사람에게 가장 유리한 것을 갖고 계산해 보면, 지구 중심에서 새 별까지의 거리는 3,143반지름이 나온다.

각 IOT	65°43′	사인	91152
각 IFT	1′	사인	29

91152 ÷ 29 = 3143

답: 3143반지름

뮤뇨스의 관측 기록을 보면, 시차가 전혀 없다. 그러니 새 별이 무한히 먼 곳에 놓이게 된다. 이건 관측 수치를 0.5′ 정도 고치면, 다른 별들 사이에 놓이게 돼. 하인첼의 관측 기록을 보면, 시차가 극히 작아서, 새 별이 가장 멀리 떨어져 있는 별들의 영역에 놓이게 돼. 우르시누스의 기록을 12′ 정도 고치면, 역시 그렇게 되지.

다른 천문학자들은 극 위의 거리와 극 아래의 거리 중에 하나만을 관측해 놓았어. 그것들에 대해서는 이 방법을 적용할 수 없네. 이 모든 관측 기록들이, 이 사람의 주장과 어긋나게, 새 별을 하늘의 가장 먼 곳에 놓이도록 만드는 것을 자네들도 잘 봤지?

사그레도 이런 명백한 반론에 대해서, 이 사람은 뭐라고 변명을 했는가?

살비아티 손톱으로 해를 가리고 있지. 빛이 굽기 때문에 시차가 줄어들었다고 주장하고 있네. 시차는 새 별이 낮은 곳에 놓이도록 만들었을 텐데, 빛이 굽어서 새 별이 하늘 높이 올라가 버렸다는 거야. 이 변명이 얼마나 하잘것없는지 생각해 보게.

최근에 일부 천문학자들이 빛이 굴절된다고 주장하고 있는데, 그들의 주장을 최대한 받아들이더라도, 고도 23° 내지 24°에 있는 별은, 기껏 3′ 정도 올라가는 게 고작일세. 시차를 그 정도 고치더라도, 새 별이 달 아래로 내려오지는 않아.

그리고 우리는 새 별이 극 아래에 있을 때 극과의 거리가, 극 위에 있을 때 극과의 거리보다 더 큰 정도가 시차라고 허락을 했지. 빛이 굴절하는 것에 비해 우리가 이렇게 너그럽게 허락한 것이 이 사람에게 더 큰 도움이 돼. 빛이 굴절하는 것에 비해서, 이것은 더욱 명백하고 뚜렷하게 득이 되네. 빛이 굴절하는 정도는 약간 의심스러워.

그리고 이 사람은 여러 천문학자들의 관측 수치들을 사용했는데, 이 사람은 그 천문학자들이 빛이 굽는 것을 알았다고 생각하는가? 아니면 몰랐다고 생각하는가?

만약 그들이 이것을 알고 있어서, 이것을 고려했다면, 그들이 별의 고도를 기록할 때, 관측기구에 나타난 수치에다 굴절에 따른 오차를 보정해서, 별의 진짜 고도를 기록했을 게 아닌가? 그러니까 겉보기 고도를 사용하지 않고, 실제 올바른 고도를 발표했을 걸세.

만약 그들이 빛의 굴절을 몰랐을 거라고 이 사람이 믿고 있다면, 그들의 관측 기록 모두가 빛의 굴절로 인한 오차를 보정해 주지 않았으므로 마찬가지로 약간씩 틀렸을 거라고 시인해야 하네. 즉 극의 고도도 마찬가지로 틀렸을 걸세. 극의 고도는 어떤 고정된 별의 위, 아래 자오선 고도를 재어서 구하거든. 이 고도도 빛의 굴절 때문에 새 별의 고도와 똑같은 방식으로 틀리게 될 게 아닌가?

이렇게 구한 극의 고도도 틀리는데, 그 틀리는 정도는 이 사람이 새 별에 대해서 부여한 오차와 똑같아. 즉 극의 고도와 새 별의 고도, 둘 다 실제보다 높게 기록되었으며, 오차는 둘이 똑같다. 그러니 이 오차는, 지금 우리 입장에서 보면, 없는 것이나 마찬가지일세. 지금 우리에게 필요한 것은, 새 별이 극의 위에 있을 때와 극 아래에 있을 때의 극과의 거리 차이이고, 극과 새 별, 둘 다 빛의 굴절 때문에 똑같은 오차가 생겼다면, 이 차이는 그로 인한 영향을 조금도 받지 않네.

만약 극의 고도는 오래전부터 관측해 온 것이어서, 이 오차를 보정해 놓았고, 새 별의 경우는 천문학자들이 기록을 할 때, 굴절로 인한 오차를 보정하는 것을 잊었다면, 이 사람의 주장이 약간은 설득력이 있겠지. 그러나 이 사람이 그걸 밝혀 놓지는 않았어. 아마 그럴 리는 없을 걸세. 내가 보기에, 관측자들은 그런 것을 미리 알고 신경을 쓰거든.

사그레도 이 변명은 완전히 물거품이 된 것 같군. 이 사람의 다른 변명을 들어 보세. 새 별이 주위의 다른 별들과 늘 같은 거리를 유지하는 것은, 어떻게 설명해 놓았는가?

살비아티 이 사람은 두 가지 핑계를 대려고 하는데, 앞에서의 주장에 비해 더욱 형편없는 것들이지.

하나는 빛의 굴절인데, 앞의 경우보다 설득력이 더 떨어져. 이 사람 말에 따르면, 빛이 굽기 때문에 새 별이 실제보다 더 높아 보이고, 따라서 주위에 있는 고정된 별들과 거리를 비교하려 해도, 그게 불확실하게 된다는군. 이 사람 거짓말에 감탄하지 않을 수 없어. 새 별이든 주위에 있는 다른 별이든, 빛이 같이 굽어서 같이 올라갈 테니까, 둘 사이의 거리는 바뀌지 않음을 이 사람도 잘 알고 있을 텐데 …….

또 다른 핑계는 더 한심하고 어처구니없어. 관측자가 눈동자를 육분의의 축에 놓을 수 없기 때문에, 관측 수치에 오차가 생긴다는 거야. 육분의는 별들 사이의 거리를 잴 때 쓰는 관측기구이지. 육분의의 머리 부분을 관측자의 볼이나 다른 어떤 부분에 닿도록 놓았을 때, 거기에서 눈동자까지 거리가 있으니까, 육분의의 변에서 만드는 각보다 눈으로 보는 각이 더 작다고 주장하고 있네. 그 차이도 제각각이라는 거야. 같은 별이라도 지평선에서 그리 높지 않은 곳에 있을 때 보는 경우와 아주 높이 있을 때 보는 경우는 달라진다는 거야. 관측자의 머리는 고정되어 있는데, 육분의는 점점 높아지니, 차이가 생긴다는 것이지.

하지만 육분의를 높이면서, 고개를 뒤로 젖혀 머리가 육분의를 따라가도록 하면, 각이 바뀌지를 않네. 그러니 이 사람 말에 따르면, 관측자들이 육분의를 올리면서, 그들 머리는 올리지 않고 고정된 채로 있다는 것이지. 실제로 그럴 리가 있겠는가? 설령 그렇다 하더라도, 두 이등변삼각형이, 하나는 변의 길이가 4야드이고, 다른 하나는 변의 길이가 그보다 콩알만큼 더 짧다면, 두 삼각형의 각이 얼마나 차이가 나겠는가? 이 사람이 주장하는 경우에 생기는 각의 차이는, 이보다 더 작을 게 확실하네. 눈금을 새겨 놓은 육분의의 테두리는 엄지손가락 굵기 정도밖에 안 돼. 한 줄기 빛이 육분의의 축에서 테두리로 수직으로 떨어지고, 육분의를 올리고 머리는 올리지 않았을 때, 같은 빛이 거기에 수직으로 떨어지지 않고 비스듬하게 떨어진다 하더라도, 그 때문에 각이 작아지는 정도는 이보다 더 작을 걸세.

이 사람은 천체 관측기구들에 대해 잘 모르는 게 확실하네. 이런 좋렬하고 비천한 핑계에서 해방시켜 주지. 육분의나 사분의에 보면, 2개의 가늠자가 있어. 하나는 중심점에 있고, 다른 하나는 반대편 끝에 있어. 이들은 둘레 테두리가 만드는 평면에 비해서, 손가락 한 마디 정도 뾰족하게 튀어나와 있어. 별을 관찰할 때, 시선이 2개의 가늠자 끝을 지나야 하네. 눈동자는 이 기구에서 어느 정도 떨어져 있어야 하지. 한 뼘이나 두 뼘 정도 말일세. 관측자의 눈동자든 뺨이든 다른 어떤 부분이든, 이 기구와 닿아 있는 게 아니고, 이 기구에 기대고 있지도 않네. 이 기구를 사람이 떠받쳐 들고 있는 것도 아닐세. 이 기구는 대개의 경우 상당히 커. 무게가 수십, 수백, 수천 파운드가 되지. 그러니 튼튼한 기초 위에 받쳐 놓지. 따라서 이 핑계는 완전히 쓸모가 없어.

이것들이 바로 이 사람의 핑계일세. 이 핑계들은 바탕이 건실하다 하더라도, 이 사람에게 100분의 1분 정도 허락할 수 있을지 몰라. 그런데 이 사람은 이 핑계들을 대면서 100′ 이상의 차이를 상쇄할 수 있다고 떠들고 있거든. 내가 이미 말했지만, 다른 고정된 별들과 새 별은 같이 움직였으며, 그들 사이 거리가 조금도 달라지지 않았네.

만약 새 별이 달처럼 가까이에 있었다면, 아무런 관측기구를 사용하지 않고 맨눈으로 보아도, 거리가 달라지는 게 보였을 걸세. 카시오페이아자리에 있는 카파(κ) 별과 새 별은 1.5° 이내의 거리에 있었는데, 그 둘은 적어도 달 지름의 두 배 정도는 멀어졌다 가까워졌다 했어야 하네. 오늘날 현명한 천문학자들은 누구나 다 이것을 알고 있어.

사그레도 불쌍한 사람. 농부가 풍성한 수확을 기대하고 있었는데, 폭풍우가 몰아쳐 곡식이 절단난 것과 같은 상황이군. 얼굴이 창백해진 채 고개를 푹 숙이고 이삭을 줍고 있어. 병아리 모이 거리나 될지 모르겠군.

살비아티 하늘의 절대 불변성을 공격하는 사람들에 대항해서, 이 사람이 싸우려고 덤볐지만, 탄환이 너무 부족했어. 까마득하게 하늘 높이 있는 카시오페이아자리의 새 별을, 지구의 미천한 원소들의 영역으로 끌어내리려고 했지만, 이 사람의 밧줄이 너무 약했어. 천문학자들과 이 사람 사이의 커다란 의견 차이에 대해서는 내가 분명하게 설명을 했으니, 이제 이 문제는 그만하고, 우리의 주제로 돌아가세.

연주 운동(공전)에 대해서 생각해 보세. 대부분의 사람들은 이 운동을 해에게 부여했네. 그러나 사모스의 아리스타르코스가 처음으로, 그 후 코페르니쿠스가 이 운동을 해에게서 빼앗아 지구에게 주었어. 이 이론에 대해서 심플리치오가 강하게 반대하고 있음을 나도 잘 알고 있네. 심플리치오가 갖고 있는 책들이 바로 칼과 방패이지. 어디, 자네가 갖고 있는 책에 나오는 반론들로 공격을 시작해 보게.

심플리치오 이것들은 가장 최근의 발견들을 담고 있으니까, 맨 끝에 가서 제기하는 것이 좋을 것 같은데.

살비아티 좋아. 그럼 우리가 지금까지 해 온 방식대로, 아리스토텔레스와 다른 옛날 사람들이 제기한 반론을 자네가 제시하도록 하게. 나도 그것들을 제시하겠네. 그래야 우리가 단 하나도 빠뜨리지 않고, 모든 것을 조심스럽게 연구하고 고려할 수 있지. 사그레도, 늘 그러하듯이, 자네는 날카로운 지혜를 갖고 마음껏 비판을 하고, 자네 생각을 개진해 주게.

사그레도 내가 뭐 지혜라고 내세울 게 있나? 자네 부탁대로 할 테니, 혹시 어리석은 말을 하더라도 용서해 주게.

살비아티 용서라니? 나는 자네에게 감사하고 있네. 심플리치오, 반론을 시작해 보게. 왜 지구는 다른 행성들처럼 어떤 고정된 중심에 대해서 회전(공전)하지 않는단 말인가?

심플리치오 첫째, 가장 큰 난점은, 중심에 있으면서 동시에 중심에서 멀리 떨어져 있어야 하니, 이것은 양립할 수 없다는 점이네. 만약 지구가 원둘레를 그리며 1년에 한 바퀴씩 돈다면, 즉 황도대를 따라 회전한다면, 지구는 황도대의 중심이 될 수 없다. 그러나 아리스토텔레스, 프톨레마이오스를 비롯한 많은 사람들이 여러 가지 방법을 써서, 지구는 황도대의 중심임을 증명했네.

살비아티 아주 잘 주장했네. 지구가 원둘레를 따라 움직이는 것을 증명하려면, 우선 지구가 원의 중심에 놓여 있지 않음을 보여야 하는 게 당연하지. 그다음에 우리가 할 일은, 지구가 이 중심에 놓여 있는지 여부를 판단하는 것이지. 자네는 중심에 놓여 있다고 말하고 있고, 나는 둘레를 따라 회전한다고 주장하고 있으니까.

그러나 그전에 먼저 해야 할 일이 있네. 이 중심에 대해서 우리가 같은 개념을 가지고 있는지 판단해야 하네. 자네는 이 중심을 무슨 뜻으로 생각하고 있는지 말해 보게.

심플리치오 '중심'이라는 말은 우주의 중심을 뜻하네. 온 세상의 중심이며, 별들의 천구의 중심이며, 하늘의 중심이라는 뜻이지.

살비아티 자연계에 과연 그러한 중심이 존재하는지, 의문을 제기할 수도 있네. 자네는 물론이고 그 어떤 사람도, 이 우주가 유한하고 어떤 형태로 생겨 있는지, 아니면 이 우주가 무한하고 끝이 없는지, 여부를 밝힌 적이 없어. 그렇지만 당분간 자네 말이 옳다고 치세. 우주가 자네 말처럼 유한한 크기이며, 공 모양으로 둥글게 생겼다면, 중심이 존재하지. 어떤 다른 물체가 아니라 지구가 그 중심에 놓여 있다는 이론이, 얼마나 그럴 법한지 살펴야 하겠군.

심플리치오 우주의 크기가 유한하며, 끝이 있고, 공 모양으로 생겼다는 사실은, 아리스토텔레스가 수백 가지 방법으로 증명했네.

살비아티 그 방법들은 한 가지로 줄어들어 버릴 걸세. 그 한 가지마저 없어지게 될 걸. 아리스토텔레스는 우주가 움직인다고 가정했는데, 이것을 부인하면, 모든 증명들이 무너져 버리지. 그가 증명한 것은, 우주가 움직인다면 유한한 크기이어야 함을 보인 것이거든. 그렇기는 하지만, 우리의 토론이 너무 복잡해지지 않도록 하기 위해서 당분간 자네 의견을 받아들이겠네. 우주는 유한한 크기이며, 공처럼 둥글게 생겼으며, 중심이 있다고 하세.

이 모습과 중심은 움직이는 것으로부터 추론해 냈으니까, 우주의 물체들이 원운동을 하는 것으로부터 중심이 과연 어디에 있는지 따져 보는 것이 올바른 연구 방법이지. 아리스토텔레스 자신도 이런 방법으로 추론을 해서 결론을 내렸어. 모든 천체들이 회전하는 중점이 우주의 중심이라고 했고, 그 중심에 지구가 놓여 있다고 그는 믿었네.

심플리치오, 내가 묻는 말에 대답해 보게. 아리스토텔레스는 이런 식으로 우주의 물체들을 배치하고 규칙을 주었는데, 실제로 관측을 해 보니 이게 틀렸음이 확실하다고 해 보세. 아리스토텔레스가 제안한 두 법칙 중에 어느 하나가 틀렸다고 해 보세. 지구가 중심에 있다는 것이 틀렸거나, 천구가 중심에 대해 회전한다는 것이 틀렸거나. 이 둘 중 어느 하나가 틀렸음을 아리스토텔레스가 시인해야 한다면, 그는 어느 것이 틀렸다고 말할 것 같은가?

심플리치오 만약 그래야만 한다면, 소요학파 철학자들은 …….

살비아티 아니, 소요학파 철학자들 말고, 아리스토텔레스 본인 말일세. 소요학파 철학자들이 어떻게 말할지는 이미 알고 있네. 그 사람들은 아리스토텔레스의 충실한 종이니까, 이 세상의 온갖 실험과 관찰 결과 들을 부인할 걸세. 그것들을 시인하지 않기 위해서 보지도 않으려고 할 거야. 그 사람들은 우주 구조는 아리스토텔레스가 써 놓은 것과 똑같다고 말할 걸세. 자연이 써 놓은 것과 같은 것이 아니고 말일세. 아리스토텔레스의 권위로부터 나온 법칙들을 없애면, 남는 게 뭐가 있겠는가? 그러니 아리스토텔레스 자신이 뭐라고 말할지에 대해서 이야기해 주게.

심플리치오 이 두 가지 곤란한 일들 중에 어떤 것이 그나마 덜 곤란하다고 그가 판단할지, 나로서는 짐작하기 어렵군.

살비아티 곤란하다니? 어쩌면 필연적으로 그래야 할지도 모르는 일에 대해서 곤란하다고 말해서야 되겠는가? 천구가 회전하는 중심에다 지구를 놓으려 하는 것이 오히려 곤란한 일이지. 아리스토텔레스가 어느 편으로 기울게 될지, 자네가 짐작을 못 하는 모양인데, 아리스토텔레스는 아주 뛰어난 지성을 갖고 있었네. 그러니 두 경우 중에 어떤 것이 더 이치에 맞는지 판단하도록 하세. 아리스토텔레스가 그것을 포용했을 게 확실하니까.

처음부터 다시 한 번 추론을 해 보세. 우주의 크기에 대해서는, 별들보다 더 멀리에 뭐가 있는지, 우리는 아는 바가 없네. 아리스토텔레스를 존경하는 의미에서, 우주는 그 운동에 대한 중점을 가진다고 하세. 공 모양으로 생겼으면서 회전하는 다른 모든 물체들과 마찬가지로 말일세. 천구는 그 속에 더 작은 천구들을 많이 내포하고 있네. 각각의 천구마다 별들이 박혀 있어서, 회전하고 있네.

이렇게 질문을 던져 보세. 내포되어 있는 많은 천구들도 우주의 중심에 대해서 회전하고 있는가? 아니면 다른 어떤 점을 중심으로 회전하고 있는가? 어느 편이 더 그럴듯하고, 이치에 맞는 이론인가? 심플리치오, 자네 생각을 말해 보게.

심플리치오 우리가 이 가설 하나만 다루고, 다른 골치 아픈 것들과 부딪치지 않을 것이 확실하다면, 그릇과 그 속에 담긴 것들이 모두 같은 중심에 대해 회전하는 것이, 제각각 다른 중심에 대해 회전하는 것보다 더 이치에 맞다고 보네.

살비아티 우주의 중심이 모든 천구들과 모든 행성들이 도는 중점이라면, 지구가 아니라 해가 우주의 중심에 놓여 있는 게 확실하군. 자, 이제 첫 번째 일반적인 개념으로서, 해가 중심에 놓여 있고, 지구는 해로부터의 거리만큼 중심에서 떨어져 있다.

심플리치오 행성들이 지구를 중심으로 회전하는 것이 아니고, 해를 중심으로 회전한다는 것을 어떻게 추론해 낼 수 있는가?

살비아티 가장 명백하고, 따라서 가장 설득력이 있는 관찰들을 통해서 추론할 수 있네. 지구가 중심에 있지 않고, 해가 중심에 있다는 가장 확실한 증거는, 모든 행성들이 지구와 가까워졌다가 멀어졌다가 한다는 사실일세. 거리 차이가 아주 크지. 예를 들어 금성의 경우 가장 멀 때는 가장 가까울 때와 비교해서, 그 거리는 여섯 배가 되네. 화성의 경우는 거의 여덟 배가 되지. 아리스토텔레스는 행성들이 늘 지구로부터 같은 거리에 놓여 있다고 말했는데, 이건 매우 크게 틀린 말이지.

심플리치오 그렇지만 그들이 해를 중심으로 회전한다는 증거는 어디 있는가?

살비아티 행성들의 움직임을 보면 알 수 있네. 바깥에 있는 세 행성들, 즉 화성, 목성, 토성은 해와 반대편에 있을 때는 지구에 가까이 있고, 해와 같은 편에 있을 때는 지구에서 아주 멀리 떨어져 있어. 이렇게 가까워지고 멀어지는 정도는 하도 커서, 화성의 경우 가장 가까이 왔을 때, 가장 멀리 떨어진 경우보다 육십 배나 더 커 보여.

금성과 수성도 해의 둘레를 회전하는 게 확실하네. 이들은 해로부터 얼마 이상 떨어지는 일이 없으니까. 그리고 금성의 모양 변환이 확실하게 증명하고 있듯이, 이들은 어떤 때는 해의 뒤편으로 갔다가, 어떤 때는 이쪽 앞으로 왔다가 하니까.

달은 어떤 경우든 지구에서 떨어지지 못하는 게 사실이야. 우리가 이야기를 진행해 나가면, 그 까닭이 분명하게 드러날 걸세.

사그레도 지구가 자전하는 것에 따라서 나타나는 현상보다 공전하는 것에 따라서 나타나는 현상들이 더 신기하고 재미있겠지?

살비아티 기대하게. 절대 실망하지 않을 걸세. 자전의 경우 그에 따라서 천체들이 움직이는 것은, 우주 전체가 반대 방향으로 엄청난 속력으로 달려가는 것뿐이지. 그러나 공전의 경우는 다른 행성들이 제각각 움직이는 것과 섞여서 여러 가지 기묘한 현상들을 낳고 있네. 과거에 많은 위대한 학자들이 이 현상들 때문에 당혹해 했지.

첫 번째 일반적인 개념으로 돌아가세. 내가 다시 말하겠는데, 토성, 목성, 화성, 금성, 수성, 이 다섯 행성들은 해를 중심으로 회전(공전)하고 있다. 지구도 마찬가지이다. 우리가 지구를 무사히 하늘에 올려놓으면 말일세. 달은 지구를 중심으로 원운동을 하고 있다. 내가 이미 말했듯이, 달은 지구에서 떨어져 나갈 수가 없다. 그러니 달은 지구와 더불어, 해의 둘레를 1년에 한 바퀴씩 회전하게 된다.

심플리치오 어떤 식으로 배치되어 있다는 말인지, 이해를 못 하겠는데. 그림을 그려서 보여 주게. 그림을 보면, 토론하기가 더 쉬워지겠지.

살비아티 그렇게 하는 게 좋겠군. 자네가 더욱 만족할 수 있도록, 또 자네가 깜짝 놀라도록, 자네 스스로 이 그림을 그려 보게. 자네는 이걸 이해하지 못하고 있다고 굳게 믿고 있지만, 자네도 이것을 완벽하게 알고 있음을 곧 깨닫게 될 걸세. 내가 묻는 말에 답하기만 하면, 이것을 정확하게 그릴 수 있네.

종이와 컴퍼스를 꺼내 오게. 이 종이가 광대한 우주라고 하세. 여기에 온갖 천체들을 이치에 맞도록 배치하고, 정리해 보게. 내가 자네에게 일러 주지 않더라도, 지구가 이 우주에 들어 있음을 확실하게 알고 있지? 그러니 우선 지구를 그려 보게. 어떤 지점이라도 좋으니까, 원하는 곳에 지구를 표시하게. 문자를 써서 나타내도록 할까?

심플리치오 여기에 지구가 있다고 하세. 문자 A로 나타내도록 하지.

살비아티 좋아. 두 번째로, 지구가 해 속에 들어 있지 않음은 자네도 잘 알고 있지? 해에 바싹 붙어 있지도 않지. 어느 정도 거리를 두고 떨어져 있어. 그러니 적당히 떨어진 곳에 해를 그리게. 지구에서 얼마나 떨어져 있든 괜찮으니까, 자네 마음대로 그리게. 해라고 표시를 해 놓아야지.

심플리치오 여기에다 그렸네. 해는 여기에 있네. 문자 O로 표시하세.

살비아티 지구와 해를 그렸으니, 이제 금성을 그리게. 금성의 위치와 움직임이, 실제로 우리가 관측한 것과 맞아떨어지도록 만들어야 하네. 자네 스스로 관측한 내용이든 토론을 통해서 알게 된 내용이든, 금성에 대해서 알고 있는 모든 것들을 기억해 내야 하네. 그것을 바탕으로, 적당한 위치를 지정해 주게.

심플리치오 자네가 이야기해 준 모습들과 이 책들에서 읽은 금성에 관한 내용이 옳다고 가정하겠네. 즉 금성은 해로부터 40° 정도의 일정한 거리 밖으로 나가는 일이 없다. 그러니 해의 반대편에 놓이는 것은 불가능할 뿐만 아니라 4등분 위치에 놓일 수도, 6등분 위치에 놓일 수도 없다.

그리고 어떤 때에는 다른 어떤 때에 비해서 마흔 배 이상 커 보인다고 가정하겠네. 금성이 초저녁에 보이며, 역행을 하면서 해에 가까이 갈 때는, 매우 커 보인다. 반대로 새벽에 보이며, 순행을 하면서 해에 가까이 갈 때는, 매우 작아 보인다. 금성이 매우 커 보일 때는, 그 모습이 초승달처럼 생겼다. 금성이 아주 조그마하게 보일 때는, 완전히 둥근 모습이 된다. 이러한 모습들이 옳다고 치면, 금성은 해의 둘레를 회전하는 수밖에

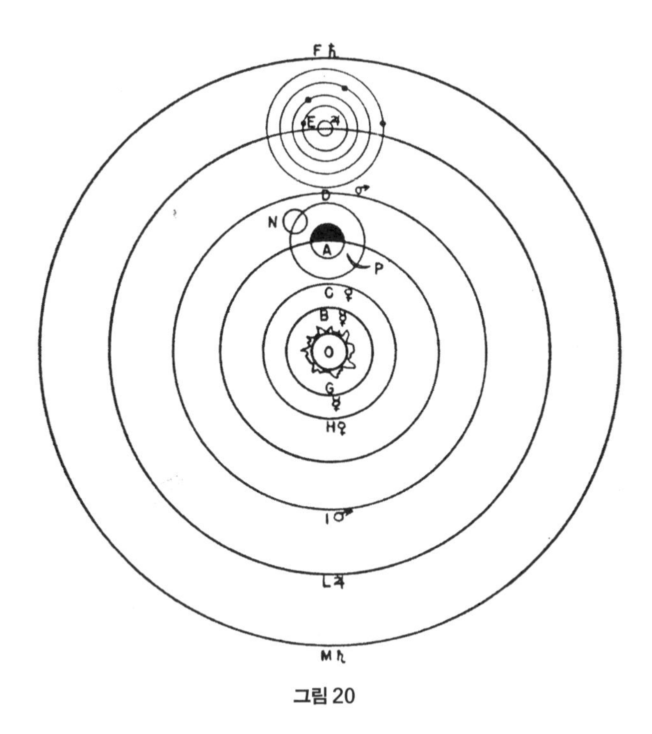

그림 20

없겠는데.

이 원(공전 궤도)은 절대 지구를 그 속에 넣을 수가 없다. 해보다 더 아래에, 그러니까 해와 지구 사이에 원이 놓일 수도 없다. 또는 해의 뒤편에 원이 놓일 수도 없다. 금성의 궤도가 지구를 그 속에 넣을 수 없는 까닭은, 만약 그렇다면, 가끔씩 금성이 해의 반대편에 놓이기 때문이다. 궤도가 해와 지구 사이에서 원을 그리지 않는 까닭은, 만약 그렇다면, 해에 가까이 가는 두 경우 모두 낫 모양의 가는 형태로 보이기 때문이다. 궤도가 해의 뒤편에 놓일 수 없는 까닭은, 만약 그렇다면, 항상 둥글게 보여서 초승달 모양이 될 수 없기 때문이다.

그러니 금성이 있어야 할 곳은, 해의 둘레에 이렇게 원 CH를 그리는 길 뿐이다. 지구는 그 바깥에 놓여 있다.

살비아티 금성은 됐고, 이제 수성을 고려해 보게. 자네도 잘 알고 있듯이, 수성도 해의 주위에 머무르며, 금성만큼도 벗어나지 않네. 수성을 어떤 곳에 놓아야 할지 생각해 보게.

심플리치오 수성은 금성과 비슷하니까, 금성이 그리는 원의 안쪽에서 해를 중심으로 더 작은 원을 그릴 것이 확실하다. 이렇게 해와 가까이 있음은, 수성의 광채가 밝게 빛나는 정도가 금성이나 다른 어떠한 행성보다 더함을 보면 알 수 있다. 이것을 바탕으로 생각해 보면, 여기 이렇게 조그마한 원을 그려야 한다. 이것을 BG로 나타내자.

살비아티 화성은 어디에다 놓을까?

심플리치오 화성은 가끔 해의 반대 방향에 나타나니까, 그 궤도가 지구를 감싸고 있어야 한다. 해도 그 궤도 속에 들어가야 한다. 만약 화성의 궤도가 해에 못 미쳐 원을 그린다면, 화성이 해에 가까이 갈 때, 그 모습이 달이나 금성처럼 낫 모양의 가느다란 형태가 되어야 한다. 그러나 화성은 늘 둥글게 보인다. 그러니 지구는 물론이고 해도 화성의 궤도 속에 들어가 있다.

화성이 해와 반대 방향에 있는 경우에, 해와 나란히 있는 경우보다, 예순 배 더 커 보인다고 자네가 말했지. 화성이 해를 중심으로 원을 그리며, 그 원이 지구를 감싸고 있다면, 이 현상을 잘 설명할 수 있다. 여기, 화성의 궤도를 DI로 표시하자. 화성이 D에 있을 때는, 해와 반대 방향에 놓이며, 지구에 매우 가깝다. 반대로 I에 있을 때는, 해와 같은 방향에 놓이며, 지구에서 아주 멀리 있다.

목성과 토성도 화성과 마찬가지로 변화한다. 목성은 그 변화하는 정도가 화성보다 더 적고, 토성은 그 변화하는 정도가 목성보다 더욱 적기는 하지만 말일세. 그러니 이 2개의 행성들도 해를 중심으로 2개의 원을 그리도록 하면, 깔끔하게 해결이 된다. 이 원은 목성의 궤도이다. EL로 표시하자. 여기 더 큰 원은 토성의 궤도이다. FM으로 표시하자.

살비아티 아주 잘 그렸네. 이 그림을 보면 알겠지만, 3개의 바깥 행성들은 지구에 가까이 왔을 때와 멀리 갔을 때, 그 거리 차이가 지구에서 해까지 거리의 두 배가 돼. 이 차이 때문에 화성은 목성보다 더 심하게 변화하게 되는데, 그 까닭은 화성의 궤도 DI가 목성의 궤도 EL보다 훨씬 작기 때문이지. 마찬가지로, 목성의 궤도 EL이 토성의 궤도 FM보다 더 작으니까, 토성의 변화는 목성보다 더 작지. 이것은 실제 관측 결과와 일치하고 있네.

그런데 달이 빠졌군. 달은 어디에 그려 넣어야 할까?

심플리치오 이 방법은 정말 납득이 가는군. 달은 해와 나란하게 놓이기도 하고, 반대 방향에 놓이기도 하니까, 그 궤도가 지구를 감싸고 있어야 한다. 그렇지만 해를 감싸고 있을 수는 없다. 만약 달의 궤도 속에 해가 들어간다면, 달이 해와 같은 방향에 있을 때, 가는 초승달이 되는 것이 아니라 완전히 둥근 모습으로 밝게 빛이 날 것이다. 뿐만 아니라 해와 지구 사이에 절대 놓일 수가 없으니 일식이 일어나지 않게 된다. 그러나 실제로는 일식이 자주 일어난다. 그러니 달의 궤도는 지구를 중심으로 원을 그려야 한다. 이 원을 NP로 나타내자.

달이 P에 있을 때, 여기 지구에서 보면, 해와 나란하게 놓인다. 달이 이 위치에 있을 때, 가끔 일식이 일어난다. 달이 N에 있을 때는 해의 반대 방향에 있게 된다. 이 위치에서는 달이 가끔 지구의 그림자 속에 들어가서, 월식이 일어난다.

살비아티 심플리치오, 고정된 별들은 어떻게 할 텐가? 우주의 무한한 심연에 이르도록 별들을 흩뿌려 놓아서, 어떤 지점에서 별까지 거리를 재어 보면, 온갖 거리가 다 나오도록 만들 텐가? 아니면 어떤 점을 중심으로 공을 그리고, 그 공의 면에 별들이 놓이도록 만들어서, 이들이 모두 중점으로부터 일정한 거리가 되도록 만들 텐가?

심플리치오 그 두 방법의 중간을 택하겠네. 어떤 정해진 점을 중심으로 2개의 구면을 그린 다음, 그 사이에 놓이는 공간에 별을 그려 놓겠네. 매우 멀리 맨 바깥에 있는 구면의 오목한 안쪽, 그보다 더 가까이 있는 구면의 볼록한 바깥쪽, 그 둘 사이에 수많은 별들을 온갖 거리가 되도록 흩뿌려 놓겠네. 이것을 우주의 천구라 불러야 할 걸세. 우리가 이미 그린 행성들의 천구는 이 속에 놓여 있지.

살비아티 심플리치오, 우리가 지금까지 한 일을 보면, 우주의 온갖 물체들을 코페르니쿠스가 주장한 이론에 따라서 배치했네. 이건 자네가 직접 한 것일세. 뿐만 아니라 해, 지구, 별들의 천구를 제외한 다른 모든 물체들에 대해서 올바른 움직임을 자네가 부여해 주었네. 수성과 금성은 해를 중심으로 원을 그리며, 그 원들은 지구를 포함하지 않도록, 자네가 그려 놓았어. 또한 바깥에 있는 세 행성들, 화성, 목성, 토성이 같은 해를 중심으로 원을 그리며, 지구가 그 속에 놓이도록, 자네가 그려 놓았어. 그다음, 달은 지구를 따라 돌 수밖에 없으며, 그 궤도 속에 해는 들어갈 수 없다고 했어. 자네가 그린 이 모든 움직임들은 코페르니쿠스가 부여한 것과 일치하네.

이제 해, 지구, 별들의 천구, 세 가지가 남았어. 이들에게 세 가지 운동 상태를 적절하게 할당해 주어야 하네. 정지해 있는 상태, 이건 언뜻 보면 지구의 몫인 것처럼 보이네. 황도대를 따라 1년에 한 바퀴씩 도는 연주 운동, 이건 해에게 부여해야 할 것 같지. 매일 한 바퀴씩 도는 일주 운동, 이건 별들의 천구에게 속하는 것 같아 보여. 지구를 제외한 우주의 모든 물체들은 이 운동을 공유하지.

그러나 곰곰이 생각해 보게. 수성, 금성, 화성, 목성, 토성, 이 다섯 행성들은 모두 해를 중심으로 회전하고 있어. 그러니 지구가 가만히 있는 것이 아니라 해가 가만히 있다고 생각하는 것이 이치에 맞지 않겠는가? 어떤 구를 돌린다고 생각해 봐. 그때 구의 중점이 제 위치에 그대로 남아 있겠는가, 아니면 중점에서 멀리 떨어진 어떤 점이 제 위치에 그대로 남아 있겠는가?

그다음, 지구에 대해서 생각해 보세. 지구는 움직이는 물체들 사이에 놓여 있네. 즉 금성과 화성 사이에 놓여 있다. 금성은 9개월에 한 바퀴 회전하고, 화성은 2년에 한 바퀴 회전한다. 그러니 지구가 1년에 한 바퀴 회전한다고 하면, 가만히 있다고 하는 것보다 훨씬 더 깔끔하게 맞아떨어진다. 해더러 가만히 있으라고 하면 되지.

이렇게 되면, 매일 한 바퀴씩 도는 일주 운동도 지구에 속하게 된다. 해가 가만히 있다고 하자. 만약 지구가 자전하지 않으면서, 해의 둘레를 1년에 한 바퀴씩 공전하기만 한다면, 1년은 하루 낮, 하루 밤으로 구성되게 된다. 즉 6개월 동안 낮이 계속되다가, 6개월 동안 밤이 계속된다. 이건 이미 앞에서 말한 적이 있어.

이것 보게. 우주의 온갖 물체들이, 24시간 동안 매번 엄청난 속력으로 회전하던 것이 말끔히 사라져 버렸어. 별들은 해와 똑같은 것들인데, 그들은 우리 해와 마찬가지로 영원히 휴식을 즐길 수 있게 되었네. 이렇게 그려 놓은 것이 얼마나 단순하고 간단한가 보게. 그러면서도 천체들 사이에서 일어나는 온갖 중요한 현상들을 잘 설명해 주고 있어.

사그레도 내가 보기에도 분명히 그렇군. 그런데 자네는 이 체계가 단순하다는 것으로부터 이 이론이 실제로 옳을 가능성이 크다고 유추했지만, 다른 사람들은 그것으로부터 반대가 되는 결론을 유추할지도 몰라.

피타고라스가 만들어 낸 이 오래된 이론이, 실제 눈에 보이는 현상과 그렇게 잘 맞아떨어진다면, 왜 수천 년 내려오는 동안, 이 이론을 믿고 따른 사람의 수가 그렇게 적었는가? 이건 당연한 의문 같아. 아리스토텔레스도 이 이론을 반박했고, 근래에 코페르니쿠스도 추종자가 거의 없었지.

살비아티 사그레도, 대부분의 사람들이 이 혁신적인 이론에 동의하기는 고사하고, 이것에 반감을 가져 듣는 것조차 거부하도록 만들기 위해서, 온갖 어리석은 말들을 퍼부어 대는 자들이 있네. 나는 여러 번 고역을 겪어야 했어. 자네가 그런 말들을 한 번이라도 들어 보았다면, 이 이론을 믿는 사람의 수가 그렇게 적은 것에 대해 놀라지 않을 걸세.

콘스탄티노플에서 점심을 먹고, 일본에서 저녁을 먹을 수 없기 때문에, 지구가 해의 아래로 곤두박이쳤다가 다시 해 위로 떠오르기에는 너무 무겁기 때문에, 지구는 움직이지 않고 가만히 있는 게 확실하다고 믿는 사람들이 있네. 이런 먹통들을 신경 쓸 필요가 있겠는가? 이런 사람들은 수없이 많이 있네. 그들의 어리석은 짓거리에 관심을 보일 필요가 있겠는가?

모든 것을 뭉뚱그려 놓고 구별을 할 줄 모르는 사람들을 전향시키려고 애를 쓸 필요가 있겠는가? 그런 사람들이 우리의 동료가 되어서, 이런 미묘한 이론을 이해하게 될 것 같은가? 이 세상의 모든 증명 방법들을 제시하더라도 사람이 머리가 나빠서 이해를 못 하면, 어쩔 수가 없네.

사그레도, 나는 자네와 반대 의미로 놀라고 있네. 자네는 피타고라스의 이론을 믿는 사람들의 수가 적은 것에 놀랐지. 나는 오늘날까지 그 이론을 믿고 따르는 사람들이 있다는 것에 놀랐네. 그리고 이 이론을 사실이라고 받아들이고 믿는 그들의 뛰어난 통찰력에 놀랐어.

이 사람들은 예지의 힘을 써서, 그들 자신의 감각을 눌러 이겼네. 일상 경험은 그들에게 반대되는 것을 보여 주었지만, 그들은 사색으로 이치를 따졌지. 우리가 이미 살펴보았지만, 지구가 돈다는 이론을 반박하는 예증들은 정말 그럴듯하거든. 프톨레마이오스, 아리스토텔레스, 그리고 그들을 추종하는 사람들이 그 예증들이 확실하다고 받아들인 것을 보면, 그것들이 얼마나 효과적인지 알 수 있네.

그러나 지구가 1년에 한 바퀴씩 도는 것을 반대하는 예증들은 설득력이 더욱 강하네. 내가 다시 한 번 강조하지만, 아리스타르코스와 코페르니쿠스가 사색을 통해서, 감각을 눌러 이기고 이성을 믿음의 배우자로 택한 사실에 대해서는 감탄을 금할 수 없어.

사그레도 지구의 공전 운동에 대해서는 더욱 강한 반론들이 있단 말인가?

살비아티 그래. 곧 보게 될 걸세. 이것들은 하도 명백하고 옳아 보여서, 보통의 자연스러운 감각을 가지고는 못 당해. 훨씬 더 뛰어나고 우수한 감각과 이성이 힘을 합치지 않았더라면, 나 자신도 코페르니쿠스의 이론에 대해서 그 이상으로 거부감을 가졌을 걸세. 보통의 경우보다 더 밝은 빛이 나를 밝혀 주었다고 할까.

사그레도 살비아티, 그렇다면 즉시 그 반론들을 다루세. 다른 것에 시간을 허비할 필요가 있겠는가?

살비아티 좋아. 그것들을 보면 …….

심플리치오 잠깐만. 지금 내 마음이 평온을 잃어버렸네. 조금 전에 살비아티가 이야기한 것이 내 마음을 뒤엎어 놓았어. 이 폭풍이 가라앉아야, 자네의 이론을 좀 더 신경을 써서 들을 수 있게 될 것 같군. 거울이 흔들리면, 얼굴을 비춰 볼 수 없지. 라틴 시인이 우미하게 표현하지 않았던가?

> 바람이 잠들어 바다가 잔잔할 때
> 여기 해변에서 내 얼굴을 비춰 보네.

살비아티 자네 말이 맞네. 무엇이 문제인지 말해 보게.

심플리치오 사람의 몸이 페르시아로, 일본으로 저절로 옮겨지지 않으니까 지구가 자전하지 않는다고 주장하는 사람들, 지구가 만약에 해의 둘레를 돈다고 하면, 지구라는 엄청나게 크고 무거운 물체가 위로 올라갔다 아래로 내려갔다 해야 할 텐데, 그건 불가능하니까 지구가 공전하지 않는다고 주장하는 사람들, 이런 사람들은 먹통이라고 했지.

나는 아마 먹통인 것 같네. 지구의 공전 운동에 대해서 나도 그런 식으로 거부감을 느끼거든. 어떤 물체를 평지 위로 들어 올리려고 할 때, 물체가 저항하는 것을 보면, 그런 생각이 더해지네. 돌멩이 하나라도 그럴진대 산 하나는 어떻겠는가? 그렇다면 알프스 산맥 전체는 어떻겠는가?

그러니 이런 반론을 경멸하지 말고, 해명을 해 주게. 나뿐만 아니라 이게 실제로 그럴 법하다고 믿는 사람들을 위해서 말일세. 어떤 사람들이 어리석다 하더라도, 남들이 그들을 보고 어리석다고 말하는 것만 듣고, 스스로 어리석다고 시인하지는 않을 걸세.

사그레도 어리석으면 어리석을수록, 그들이 자신의 단점을 깨닫도록 만들기가 어려워. 그러니 이것은 물론이고, 이와 비슷한 반론들을 해명해 주는 게 좋겠어. 그래야 심플리치오가 만족할 것이고, 또 그에 못지않게 중요한 이유가 있네.

철학과 다른 여러 종류의 과학에 정통한 사람들 중에, 천문학이나 수학을 잘 몰라서인지, 아니면 진리를 통찰할 수 있도록 생각을 날카롭게 다듬는 어떤 훈련이 부족해서인지, 이런 식의 어리석은 이론에 집착하는 사람들이 있네.

내가 보기에, 이 때문에 코페르니쿠스의 처지가 통탄스럽게 되었어. 그의 이론은 비난만 들었거든. 어떤 사람들이 그것을 접하든 그것은 매우 미묘하기 때문에 이해하기가 어렵네. 그러니 겉으로 드러난 어떤 모습을 보고, 그게 틀렸다고 확신을 하고서, 그건 엉터리이며 실수투성이라고 선언하거든. 그의 이론은 너무 심오하니까 받아들이기 어렵다 하더라도, 이런 반론들이 맥이 빠진 것임은 사람들이 알아차리도록 만들어야 하네. 그래야 사람들이 그의 이론을 놓고서 무조건 틀렸다고 하지 않고, 좀 더 유화적으로 판단할 게 아닌가.

그런 의미에서, 나도 지구의 자전에 대해 두 가지 반론을 소개하겠네. 어떤 저명한 학자가 비교적 최근에 제기한 것들이지. 이것들을 다룬 다음에, 지구의 공전에 대해서 생각하세.

첫 번째 반론은, 만약 해와 다른 별들이 동쪽 지평선으로 떠오르는 게 아니라 그들은 가만히 있고 지구의 동쪽 부분이 아래로 내려가는 것이라면, 지구가 도는 것을 따라서 산이 아래로 내려갈 테니까, 어느 정도 시간이 지나면 산이 아래에 놓여 있어서, 사람들이 산꼭대기로 등산을 해 올라가는 게 아니라 아래로 엉금엉금 기어 내려가야 산꼭대기에 닿을 것이다.

두 번째 반론은, 만약 지구가 자전을 한다면, 엄청나게 빠른 속력으로 움직일 테니까, 깊은 우물 밑바닥에서 위를 쳐다보면, 머리 위에 있는 별들이 너무 순식간에 지나가 버리니 볼 수가 없을 것이다. 우물의 폭이 2~3야드 남짓하니, 지구가 그 거리를 지나는 극히 짧은 시간 동안만 별을 볼 수 있을 것이다. 그러나 실제로 관측해 보면, 별이 우물을 지나는 데 상당한 시간이 걸린다. 그러니 우물의 입구가 지구 자전에 따른 그런 엄청난 속력으로 움직이는 게 아니며, 따라서 지구는 제자리에 가만히 있다.

심플리치오 이 반론들 중에 두 번째 것이 더 설득력이 있어 보이는군. 첫 번째 반론은, 나도 해명할 수 있네. 지구가 돌기 때문에 산이 지구와 더불어 동쪽으로 움직이는 것은, 지구는 가만히 둔 채 산의 밑바닥을 떼어내어 지표면을 따라 산을 끌고 가는 것과 같다. 지표면을 따라 산을 끌고 가는 것은 해수면을 따라 배가 항해하는 것과 같다. 그러니 산을 가지고 한 반론이 유효하다면, 항해하는 배도 마찬가지가 된다.

배가 여기 항구를 떠나 상당히 멀리 항해했다면, 위로 올라가기 위해서 돛대를 기어 올라가는 것이 아니라 옆으로 가기 위해서 돛대를 기어 올라가야 한다. 그러다가 배가 더 멀리 항해를 하면, 결국에는 아래로 내려가기 위해서 돛대를 기어 올라가야 할 것이다. 그러나 이런 일은 생기지 않는다. 지구를 따라 한 바퀴 항해한 선원들도 이런 경험은 없다. 선원들의 말을 들어 보면, 배가 어떠한 장소에 있든 돛대를 올라가는 것은 물론, 배에서 행하는 어떠한 행동도 조금도 달라지지 않는다.

살비아티 아주 잘 설명했네. 이 반론을 제기한 사람은, 지구가 돈다면 자신의 동쪽에 있는 산이 어느 정도의 시간이 흐른 뒤에 지금 올림푸스 산이나 카르멜 산이 놓여 있는 자리에 가게 됨을, 한 번이라도 생각해 보았는가? 이 사람이 제기한 논리에 따르자면, 지금 올림푸스 산이나 카르멜 산에 오르려면 아래로 기어 내려가야 하겠네? 이런 식으로 생각하자면, 지구 반대편에 있는 사람들은 머리가 아래로 내려가 있고 발이 천정에 닿아 있는데, 어떻게 걸어 다닐 수 있겠는가?

어떤 사람들은 옳은 개념을 생각해 내고, 그것을 완벽하게 이해하면서도, 그것을 써서 자신들의 문제를 간단하게 해결할 줄 몰라. 이걸 보게. 중력으로 인해 아래로 내려간다는 말은 지구의 중심을 향해서 가는 것이고, 위로 올라가는 것은 중심에서 멀어지는 것임을 잘 이해하고 있거든. 그럼에도 불구하고, 지구 반대편에 있는 사람들이 우리와 마찬가지로 서 있거나 걸어 다니는 데 아무런 지장이 없다는 사실을 이해하지 못하고 있어. 그들도 우리와 마찬가지로 발바닥은 지구 중심을 향하고 있고, 머리는 하늘을 향하고 있잖아?

사그레도 다른 어떤 분야에 탁월한 능력을 가진 사람들이, 이런 개념에 대해서 도무지 모르는 경우가 없잖아 있어. 그러니 내가 한 말이 옳아. 아무리 하찮은 반론이라도 해명을 해야 하네. 우물을 이용한 반론에 대해 해명해 주게.

살비아티 두 번째 반론은, 언뜻 보면 약간 설득력이 있어 보여. 그렇지만 이것을 생각해 낸 사람을 붙잡아 놓고 따지면, 어떻게 될 것 같은가? 이 사람은 일주 운동이 없다고 믿는 모양인데, 만약 일주 운동이 있다면, 어떤 결과가 생길지 설명해 보라고 해 봐야지. 그러면 이 사람은 자신의 질문과 그에 따른 결과를 설명하다가, 뒤죽박죽이 되어 큰 혼란에 빠질 거야. 그러지 말고, 이 질문에 대해 다시 한 번 생각해 보아서, 뒤엉킨 것을 푸는 게 좋을 것 같은데.

심플리치오 솔직히 말해서, 내가 생각해도 아마 그렇게 될 것 같네. 하지만 지금 당장은, 나도 같은 혼란 속에 빠져 있네. 언뜻 보기에, 이 반론은 설득력이 있는 것 같아. 그러나 이런 식으로 따져 보면, 다른 문제가 생기게 됨을 깨닫게 되네. 지구가 돈다고 하면, 별이 엄청나게 빨리 움직이는 것처럼 보이겠지만, 반대로 별이 움직인다고 하면, 더욱더 빨리 움직이는 것처럼 보일 걸세. 지구보다 수천 배 이상 빨리 움직여야 하니까.

그렇기는 하지만, 우물의 폭은 불과 2야드이고, 우물은 지구와 같이 1시간에 수백만 야드를 움직이니, 별은 우물의 입구를 순식간에 지나가서, 시야에서 사라져 버리겠지. 상상조차 못 할 정도로 짧은 순간에 지나가 버릴 걸세. 이 문제를 어떻게 해결해야 할지 모르겠군.

살비아티 이 사람이 반론을 제기하면서 무엇을 착각하고 있는지 확실하게 알았네. 심플리치오, 자네도 마찬가지야. 자네가 뜻하는 게 무엇인지 명확하게 알지 못하고, 정확하게 무슨 말을 해야 하는지 감도 못잡고 있어. 이 문제에서 가장 핵심이 되는 사항을 빠뜨린 것을 보니 알겠어.

우물 속에 앉아서, 별이 우물 위로 지나는 것을 관찰해 볼 때, 우물의 깊이에 따라서 차이가 생기는지 말해 보게. 즉 사람이 우물의 입구 가까이에 있느냐, 아니면 우물 속 깊이에 있느냐에 따라서 차이가 생기는가? 자네는 이것을 언급하지 않고 넘어갔네.

심플리치오 나는 깊이에 대해 생각하지 않았는데. 지금 그 말을 듣고서 깨닫게 되었네. 깊이를 구별하는 게 꼭 필요하군. 별이 지나는 데 걸리는 시간을 결정하는 요인으로서, 깊이가 폭 못지않게 중요하다는 것을 깨달게 되었어.

살비아티 그래? 그렇다면 우물의 폭이 중요하단 말인가? 그게 시간을 결정한단 말인가?

심플리치오 응? 그렇지 않은가? 10야드 폭을 지나려면, 1야드 폭을 지나는 것에 비해서 열 배의 시간이 걸리지. 10야드 길이의 보트와 100야드 길이의 갤리선이 눈앞으로 지나가면, 보트가 훨씬 빨리 사라질 걸세.

살비아티 다리가 우리를 나르지 않으면 우리는 움직이지 못한다는, 뿌리 깊은 편견에 사로잡혀 있군. 가엾은 심플리치오.

만약 어떤 물체가 움직이고 있고, 자네가 가만히 앉아서 그것을 관찰하고 있다면, 자네가 말한 것이 사실이지. 그러나 자네가 우물 속에 들어앉아 있을 때에는, 자네와 우물이 같이 지구를 따라 돌고 있네. 1시간 아니라 1,000시간 또는 무한한 시간이 흘러도, 우물 입구가 자네를 앞질러 갈 수는 없어. 그런 상황에서 지구가 움직이는가 움직이지 않는가 하는 것은, 우물의 입구를 보고 판단할 수 없네. 같은 운동을 공유하고 있지 않은 물체를 보아야 하네. 정지해 있는 것을 보아야 하지.

심플리치오 그건 나도 알고 있네. 그러나 내가 우물 속에 들어앉아 있어서 지구의 자전을 따라 움직이면, 별들은 가만히 있는 상태로 보이겠지. 나는 우물의 입구를 통해서만 볼 수 있는데, 우물의 입구는 기껏해야 3야드 정도일세. 반면에 지표면의 수백만 야드 길이는 내 시야를 막고 있네.

그런데 어떻게 볼 수 있는 시간이 볼 수 없는 시간과 비교해서 상당한 정도가 될 수 있는가?

살비아티 여전히 같은 말장난에 빠져 있군. 자네를 거기에서 꺼내 주려면, 누군가가 도와주어야 할 것 같군. 심플리치오, 별이 시야에 들어오는 시간을 결정하는 것은 우물의 폭이 아닐세. 만약 우물의 폭이 결정한다면, 자네는 영원히 계속 별을 볼 수 있네. 우물은 늘 열려 있어서 시야를 제공해 주고 있잖아? 그러니 이 시간은 하늘 전체 중에 우물의 입구를 통해서 볼 수 있는 부분의 비율이 결정하네.

심플리치오 하늘 전체 중에 우물 속에서 볼 수 있는 부분의 비율은, 지표면 전체 중에 우물의 입구가 차지하는 비율과 같은 게 아닌가?

살비아티 자네 스스로 답해 보게. 우물의 입구가 지표면 전체에서 차지하는 비율은 늘 일정한가?

심플리치오 그럼. 늘 일정하지. 이건 의심할 여지가 없네.

살비아티 우물 속에 들어앉은 사람이 볼 수 있는 하늘의 부분은 어떤가? 하늘 전체 중에 늘 일정한 비율만을 볼 수 있는가?

심플리치오 아! 머릿속에 든 깜깜한 어두움을 이제야 쓸어 낼 수 있겠군. 조금 전에 말한 것을 이제 이해하겠네. 우물의 깊이가 이 문제와 관계가 있군. 우물의 입구로부터 깊으면 깊을수록 하늘의 작은 부분만을 눈으로 볼 수 있다. 그러니 우물의 밑바닥에서 보면, 별이 그만큼 빨리 지나가 시야에서 사라지겠군.

살비아티 그런데 지표면에서 우물의 입구가 차지하는 비율이 있을 텐데, 우물 속의 어떤 지점에서 하늘을 볼 때 하늘 전체 중에서 볼 수 있는 부분의 비율이, 그것과 같아지는 곳이 있는가?

심플리치오 우물을 지구 중심에 닿도록 깊게 판 다음, 지구 중심에 앉아서 하늘을 쳐다보면, 볼 수 있는 부분의 비율이 지표면에서 우물 입구의 비율과 같게 되겠군. 그러나 지구 중심을 떠나서 지표면으로 올라오면 올라올수록, 하늘의 볼 수 있는 부분이 점점 넓어지지.

살비아티 마지막에 가서 눈이 우물의 입구에 놓이면, 하늘의 절반을 볼 수 있지. 거의 절반이라고 할까. 그 지점에서는 별이 12시간 동안 시야에 들어오지. 우리가 적도 지방에 있다고 가정하면 말일세.

조금 전에 나는 코페르니쿠스의 체계에 대해서 대충 설명했는데, 화성이 이것을 강하게 공격하고 있어. 만약 화성과 지구 사이의 최소 거리와 최대 거리가 지구에서 해까지 거리의 두 배만큼 차이가 난다면, 화성이 가장 가까이 있을 때는, 가장 멀리 있을 때에 비해서 예순 배 커 보여야 한다. 그러나 실제로 그런 차이는 발견할 수 없었다. 화성이 해의 반대편에 놓여서 지구와 가까울 때는, 화성이 해와 나란히 있어서 햇빛 속에 숨으려 할 때에 비해서 네댓 배 커 보이는 게 고작이다.

금성은 더 큰 난점을 제기하고 있어. 코페르니쿠스의 말처럼 금성이 해를 중심으로 돌고 있다면, 해의 뒤로 갔다가, 앞으로 왔다가 하면서, 지구에서 멀어졌다, 가까워졌다 해야 한다. 그 거리의 차이는, 금성이 그리는 원의 지름과 같다. 만약 그렇다면, 금성이 해의 아래에 있어서 우리 지구에 가까이 왔을 때 그 크기는, 해의 뒤로 가서 해와 나란하게 되기 직전의 크기에 비해서 거의 마흔 배가 되어야 한다. 그러나 실제로는 차이를 거의 감지할 수 없었다.

금성은 또 다른 난점을 제기하지. 만약 금성이 본질적으로 빛을 못 낸다면, 달과 마찬가지로 햇빛을 받아 반사하기 때문에 밝게 보이는 것이다. 그럴 가능성이 크다. 만약 그렇다면, 해의 아래에 있을 때, 낫처럼 가는 모습으로 보여야 한다. 달이 해에 가까이 가면, 그런 모습으로 보이잖아? 금성의 경우는 이런 현상이 명백하지가 않았다.

이 이유 때문에, 코페르니쿠스는 금성이 스스로 빛을 내거나, 아니면 특수한 물질로 구성되어 있어서 햇빛을 빨아들여 통과시키기 때문에 찬란하게 빛난다고 설명을 했지. 금성의 모양이 바뀌지 않는 것은, 이런 식으로 해명하려 했네. 그러나 크기가 거의 변화하지 않는 것에 대해서는, 설명을 하지 않았어. 화성의 경우도 마찬가지였지. 겉으로 드러나는 모습이 자신의 이론과 너무 어긋나기 때문에, 만족스러운 답을 찾을 수가 없었던 것 같아. 그러나 다른 여러 이유들에 설복되어서, 자신의 이론이 옳다고 주장했네.

이들 이외에도 문제점이 있네. 지구를 비롯한 모든 행성들은 해를 중심으로 돌고 있는데, 달은 홀로 이 규칙을 어기고, 지구를 중심으로 돌고 있다. 물론, 지구, 지구의 원소들의 천구와 더불어, 1년에 한 바퀴 해를 감싸고 회전하기는 하지만 말일세. 이런 예외는 전체의 질서를 뒤엎고, 이 이론이 틀린 게 아닌가 하는 의구심을 불러일으키지.

이런 난점들을 보면, 아리스타르코스와 코페르니쿠스를 존경하지 않을 수 없어. 그들도 이런 난점들을 주목하지 않을 수 없었고, 이것들을 해결할 수도 없었네. 그렇지만 그들은 다른 놀라운 관측 결과들을 갖고 있었고, 그것들을 바탕으로 추론을 한 결과에 대해 확신하고 있었어. 우주의 구조는 그들이 묘사한 것 이외의 형태가 될 수 없다고, 자신 있게 주장했지. 다른 심오하고 멋진 문제들이 있는데, 보통 사람들의 능력으로는 해결할 수 없는 것들이지. 그러나 코페르니쿠스는 이 문제들을 통찰하고, 설명해 놓았어. 이것들은 잠시 뒤로 미루세. 우선은 이 이론에 적의를 품고 있는 사람들이 제기한 반론들을 해명해 주겠네.

내가 말한 세 가지 중대한 반론들을 해명하고 답해 주겠네. 앞의 두 가지 반론은 코페르니쿠스의 이론에 어긋나지 않을 뿐만 아니라 그의 이론을 강하게 뒷받침해 주고 있네. 화성, 금성, 둘 다 그런 비율로 크기가 변화하고 있어. 그리고 금성은 해의 아래에 있을 때, 실제로 가는 모양이 돼. 달과 똑같은 방식으로 모양이 바뀌고 있네.

사그레도 코페르니쿠스는 이걸 몰랐던 모양인데, 자네는 어떻게 이 사실을 알게 되었는가?

살비아티 이런 현상은 눈으로 보고 알아내는 수밖에 없네. 그러나 인간의 눈은 완벽하지 않기 때문에, 그것을 구별해 낼 수가 없었어. 보는 데 쓰는 기구 자신이 오히려 방해가 될 수도 있지.

다행히도, 우리의 시대에 이르러서, 하느님께서 우리 인간의 지혜를 사용해 망원경을 발명하도록 허락하셨네. 이 탁월한 발명품을 쓰면, 보는 능력이 네 배, 여섯 배, 열 배, 스무 배, 서른 배, 마흔 배로 증가하네. 망원경을 쓰면, 너무 멀리 있거나 너무 작아서 볼 수 없었던 물체들을 무수히 많이 볼 수 있네.

사그레도 그러나 금성과 화성은 너무 멀리 있거나 너무 작아서 볼 수 없는 물체들이 아닐세. 맨눈으로도 볼 수 있네. 그런데 왜 우리 눈으로는 그들의 크기와 모양 변환을 볼 수 없단 말인가?

살비아티 내가 방금 말했지만, 우리 눈이 그것을 방해하고 있네. 멀리에 있는 물체가 밝게 빛나면, 그 모습 그대로 보이는 게 아니라, 바깥으로 길고 진하게 뻗어나가는 빛살들이 술처럼 붙어 있기 때문에, 이 빛의 관을 제거하고 난 맨덩어리에 비해서 열 배, 스무 배, 백 배, 천 배 더 커 보이지.

사그레도 이와 비슷한 것을 읽은 기억이 나는군. 우리의 동료 학자가 쓴 『해의 검은 점에 대한 편지』에 있었거나, 아니면 『시금저울』에 있었던 것 같아. 심플리치오는 아마 이 책들을 읽지 않았겠지? 내 기억을 되살리기 위해서, 또 심플리치오에게 이것을 알려 주기 위해서, 이게 어떻게 되는지 자네가 자세히 설명해 주게. 이것을 자세히 알아야 지금 우리가 토론하는 것을 이해할 수 있지.

심플리치오 살비아티가 제기한 모든 것들이 나에게는 정말 새로운 것들일세. 나는 그 책들을 읽고 싶은 마음이 없었네. 그리고 새로 개발한 그 광학 기구를 그렇게 신뢰하지 않고 있네. 다른 사람들은 그것을 가리켜 위대한 성취라고 찬양하고 있지만, 나는 동료 소요학파 철학자들과 마찬가지로, 그것이 렌즈로 인한 속임수라고 여기고 있지. 만약 내가 실수를 범하고 있다면, 거기에서 벗어나도록 하겠네. 지금까지 자네에게서 들은 다른 새로운 일들에 매료되었으니, 나머지 이야기도 더 정신을 바짝 차리고 듣도록 하겠네.

살비아티 소요학파 사람들이 자신들의 통찰력을 과신하는 정도는, 그들이 남의 판단을 거의 존중하지 않는 것만큼이나 불합리하군. 어떤 기구를 단 한 번도 만져 보지 않았으면서, 그 기구를 매일 다루고, 그것을 갖고 수만 번 관측을 한 사람들보다 그 기구에 대해서 더 잘 판단할 수 있다고 생각하다니. 그 따위 고집불통인 사람들 이야기는 하지 마세. 그들을 책망하는 것조차 그들에게는 영광스러운 일이니까.

우리의 주제로 돌아가세. 어떤 물체가 반짝반짝 빛이 나면, 그 빛이 눈동자를 덮고 있는 물방울에서 굴절이 되거나, 또는 눈꺼풀 가장자리에서 굴절이 되어서, 그 빛이 눈동자 위로 흩어지거나, 또는 다른 어떤 이유 때문에, 우리 눈으로 보기에는 새로운 빛에 둘러싸인 것처럼 보이지. 빛의 방사가 없는 경우에 그 물체를 보는 것보다 훨씬 더 커 보이네. 빛나는 물체가 작아지면 작아질수록 커 보이는 비율은 점점 커지지. 예를 들어 어떤 원의 지름이 4인데, 그 둘레에다 길이가 4인 밝은 빛살을 붙이면, 크기가 아홉 배가 되지. 그렇지만 …….

심플리치오 세 배 아닌가? 지름이 4인 원의 양쪽에 길이가 4인 것을 덧붙였으니, 크기가 세 배가 되지. 아홉 배가 될 수는 없지.

살비아티 심플리치오, 기하학을 알아야지. 지름이 세 배가 되는 건 사실일세. 그러나 지금 우리는 넓이에 대해 이야기하고 있네. 넓이는 아홉 배가 돼. 원의 넓이는 지름의 제곱에 비례한다. 지름이 4인 원과 지름이 12인 원의 넓이의 비율은, 4의 제곱과 12의 제곱의 비율과 같다. 즉 16 대 144가 된다. 그러니 세 배가 아니고 아홉 배가 된다. 심플리치오, 이제 알겠지?

이야기를 계속해서, 길이가 4인 이 가발을 지름이 2인 원에다 씌워 보세. 전체 지름은 10이 되어서, 이것과 맨덩어리의 크기 비율은 100 대 4가 된다. 10의 제곱과 2의 제곱은 각각 100과 4가 되니까. 그러니 스물다섯 배나 커졌어. 마지막으로, 길이가 4인 가발을 지름이 1인 조그마한 원에다 씌워 보세. 그러면 여든한 배나 커져 보이네. 실제 물체가 작아지면 작아질수록 커 보이는 비율은 점점 더 커져.

사그레도 나로서는 심플리치오가 던진 질문은 전혀 문제가 되지 않았네. 그러나 자네가 좀 더 분명하게 설명해 주었으면 싶은 일들이 몇 가지 있네. 눈에 보이는 모든 물체들이 같은 정도로 커 보이게 된다고 말한 근거가 무엇인가?

살비아티 내가 이미 약간은 설명했네. 밝게 빛나는 물체만 커져 보이고, 어두운 물체는 그렇지 않다고 말했잖아? 이제 남은 것들을 설명해 주지. 빛을 내는 물체들 중에 제일 강하게 빛나는 것들이 우리 눈동자에서 제일 크게 반사가 돼. 그것들은 덜 밝은 물체들에 비해서 훨씬 더 커 보여.

이것에 대해 지나치게 세세하게 따지지 말고, 우리의 가장 위대한 스승이 제시하는 것을 보게. 오늘 밤에 하늘이 깜깜해지면, 목성을 쳐다보게. 매우 밝게 빛나며, 상당히 커 보일 거야. 그다음에 어떤 관을 통해서 목성을 보거나, 아니면 주먹을 쥐어서 눈에 대고 손가락 사이로 조그마한 틈새를 만들어서 거기로 보거나, 아니면 카드에 바늘로 구멍을 뚫어서 그 구멍을 통해서 보거나 해 보게. 그러면 목성의 빛살이 사라져서, 아주 작아져 보일 걸세. 맨눈으로 보던 경우 빛이 밝게 퍼져서 커 보였는데, 그것과 비교하면, 6분의 1 이하로 크기가 준 것 같을 걸세.

그다음에 큰개자리에 있는 시리우스를 쳐다보게. 시리우스는 다른 어떠한 별보다도 크고 밝게 빛나지. 맨눈으로 보면, 목성과 거의 같은 크기로 보여. 그러나 위에서 설명한 방법을 써서 시리우스의 장식을 벗기면, 시리우스는 하도 작아져서, 목성 크기의 20분의 1도 되지 않을 걸세. 실제로 그런 식으로 눈을 가리면, 시리우스를 찾기조차 어려워. 이 사실을 통해서, 시리우스는 목성보다 더 강하게 빛을 내며, 그 때문에 커 보임을 추론할 수 있네.

해와 달의 경우는, 그들의 크기 때문에, 빛이 퍼지는 게 별다른 역할을 못 하네. 그들은 우리 눈에서 아주 큰 공간을 차지하기 때문에, 그런 빛살이 차지할 자리가 없어. 그러니 해와 달은 깔끔하게 둥근 원 모양으로 보이지.

이 사실은 내가 여러 번 행한 다른 실험을 통해서 확인할 수 있네. 강하게 빛을 뿜어내는 물체는, 으슴푸레하게 빛을 내는 물체보다 훨씬 더 커 보여. 목성과 금성이 해로부터 25° 또는 30° 정도 떨어진 위치에 나란히 있으면서, 깜깜한 밤에 보이는 경우가 있네. 맨눈으로 보면, 금성이 목성보다 여덟 배 내지 열 배 정도 더 커 보여. 그러나 망원경으로 보면, 목성이 금성보다 네 배 이상 더 커 보여. 그렇지만 금성의 찬란한 광채는, 목성의 으슴푸레한 빛에 비해서 훨씬 더 밝아 보여. 목성은 해와 지구로부터 매우 멀리 떨어져 있고, 금성은 해와 지구에 매우 가깝게 있기 때문이지.

이 사실들을 설명했으니, 화성은 해의 반대편에 있는 경우가 망에 가까운 경우보다 일곱 배 이상 지구에 가깝게 있지만, 전자의 경우가 후자보다 겨우 네댓 배 더 커 보임을 이해할 수 있을 걸세. 광채 때문에 그렇게 되는 것이지. 화성에서 퍼져 나오는 광채를 없애면, 화성의 크기는 이론과 똑같은 비율로 변하게 돼. 화성의 빛 장식을 없애는 가장 좋은 방법이자 유일한 방법은, 망원경으로 보는 것일세. 화성의 둥그런 모습이 백 배, 천 배로 커지니, 달과 마찬가지로 깔끔하게 둥근 모습이 되어 보이지. 이렇게 보면, 서로 다른 위치에 있을 때 크기의 비율이 이론과 꼭 맞아떨어지게 변하거든.

금성이 해의 아래에 있어서 삭이 되는 경우 초저녁에 보는 그 크기가, 해의 위에 있어서 망이 되는 경우 새벽에 보는 것보다 마흔 배 정도 더 커야 하지. 그런데 맨눈으로 보면, 두 배도 안 되는 것처럼 보여. 광채가 퍼지는 현상에 덧붙여서, 그 위치에 있을 때는 초승달 모양으로 가는 모습이 되고, 햇빛을 비스듬하게 받기 때문에, 약하게 빛이 나거든. 빛을 내는 부분이 작아지고, 망인 경우에 반구 전체가 밝게 빛나는 것과 비교해서, 빛이 약해져 으슴푸레하게 돼. 망원경으로 보면, 낫처럼 가는 모습이 초승달과 마찬가지로 분명하게 보이며, 매우 큰 원에 속하는 것을 볼 수 있네. 그 원의 크기는, 금성이 해의 위에 있어서 망인 경우 해가 뜨기 직전에 본 모습과 비교해서, 마흔 배 정도가 돼.

사그레도 아, 니콜라우스 코페르니쿠스여! 당신의 이론이 실제 관측하는 것과 이렇게 분명하게 맞아떨어지는 것을 당신이 보았더라면, 얼마나 기뻤겠습니까?

살비아티 맞아. 그러나 지식인들이 그의 탁월한 지성에 대해서 감탄하는 정도는, 상당히 줄어들게 될 걸세. 내가 이미 말했지만, 자신의 이론이 실제 관측과 어긋나는 듯했지만, 그는 이치를 따져 본 다음에, 자신의 이론을 굳게 믿고 있었네. 금성이 해를 따라 돌기 때문에, 우리에게서 여섯 배 정도 가까워졌다 멀어졌다 한다고 줄기차게 주장한 것을 보면, 찬탄을 금할 수 없어. 금성이 마흔 배 정도 커졌다 작아졌다 해야 하는데, 맨눈으로 보면 거의 달라지지 않거든.

사그레도 목성, 토성, 수성도 거리가 달라지면, 그것과 꼭 맞아떨어지게 크기가 변화하겠지?

살비아티 지난 22년간 관측을 했는데, 바깥의 두 행성은 늘 정확하게 맞아떨어졌네. 수성의 경우는 제대로 관측을 할 수 없었어. 수성은 해로부터 가장 멀리 떨어져 있는 경우에만 볼 수 있으니, 그런 위치에서는 지구와의 거리가 거의 달라지지 않아. 그러니 크기의 변화는 관측할 수 없었네. 모양이 달라지는 것도 관측하기 어려웠어. 금성과 마찬가지로 모양이 바뀌는 것은 확실하지만 말일세. 우리가 수성을 보았을 때, 그게 반달 모양으로 보여야 하는 것은 확실하네. 금성이 해와 가장 큰 각을 이룰 때와 마찬가지로 말일세. 그러나 수성은 너무 작고 너무 밝게 빛나기 때문에, 망원경의 힘을 빌려도, 빛의 털을 완전히 뽑아 버리고, 깔끔한 모습이 되도록 만들 수 없네.

지구가 움직인다는 이론에 대해 강한 반증처럼 보이는 것을 해명할 때가 되었군. 모든 행성들이 해를 중심으로 공전하고 있지만, 지구는 그들과 달리 혼자서 움직이는 게 아니다. 달과 더불어, 그리고 지구 원소들의 천구와 더불어, 해를 중심으로 공전하고 있다. 그와 동시에, 달은 지구를 중심으로 1개월에 한 바퀴씩 돌고 있다.

이것에 대해 생각해 보면, 코페르니쿠스의 통찰력에 다시 한 번 감탄하지 않을 수 없네. 오늘날 그가 살아 있다면 얼마나 좋을까! 지구만이 예외적으로 달과 더불어 움직여서 이상했는데, 목성이 그것을 해소해 주고 있네. 목성은 12년에 한 바퀴씩 해를 중심으로 공전하고 있는데, 마치 지구처럼 동행을 거느리고 있네. 1개가 아니라, 자그마치 4개의 달을 거느리고 움직이고 있어. 4개 위성의 궤도 안에 놓이는 모든 것들도 같이 움직이고 있겠지.

사그레도 목성에 딸린 네 행성들을 '달'이라고 부를 수 있는가?

살비아티 목성에 사는 사람들이 보면, 그것들은 '달'이지. 그들 스스로는 빛을 못 내지만, 햇빛을 받아 반사하기 때문에 보여. 그들이 목성 그림자의 원뿔 속에 들어가면 식이 되어 보이지 않게 된다는 사실로부터, 이것을 알 수 있네. 그들의 표면 중에 해를 향하고 있는 반구만이 밝게 빛나기 때문에, 우리처럼 그들의 궤도에서 멀리 떨어져서, 해 가까이에 있는 사람들이 보면, 늘 전체가 밝게 빛나지만, 목성에 사는 사람들이 보면, 그들이 궤도의 가장 높은 지점에 있을 때에만 전체가 밝게 보여. 궤도의 가장 낮은 지점에 있을 때, 즉 목성과 해 사이에 놓여 있을 때는, 목성에서 보면, 초승달처럼 가늘게 보여. 지구에 사는 우리가 달을 보면, 그 모습이 바뀌는 것처럼, 목성에 사는 사람들이 그것들을 보면, 모습이 그와 똑같이 바뀌고 있네.

이 세 가지 사항들이 처음에 언뜻 보았을 때는 코페르니쿠스의 이론과 어긋나는 것 같았지만, 사실은 이것들이 그의 이론과 기가 막힐 정도로 잘 맞아떨어지고 있네. 이것들을 보면, 행성들이 공전할 때 그 중심은 지구가 아니라 해일 가능성이 훨씬 더 큼을, 심플리치오도 알 수 있을 걸세. 해를 중심으로 움직이고 있음이 의심할 여지가 없는 물체들 사이에, 이제 지구가 놓이게 되었네. 수성, 금성의 위에, 화성, 목성, 토성의 아래에 놓이게 되었어. 그러니 지구도 해를 따라 도는 게 더 그럴듯하지. 어쩌면 꼭 그래야 하지 않겠는가?

심플리치오 이런 일들은 너무 엄청나고 똑똑히 보이니까, 프톨레마이오스와 그의 추종자들이 몰랐을 리가 없네. 그들이 이 일들을 알았다면, 관측했을 때 이렇게 보이는 까닭을 설명해 놓았을 걸세. 이것과 일치하는 그럴 법한 이유를 대 놓았을 걸세. 그렇게 오랜 세월 동안, 그렇게 많은 사람들이, 프톨레마이오스의 이론을 지지해 오지 않았던가?

살비아티 자네 말이 맞기는 하지만, 순수한 천문학자들은 고작 천체들의 관측 모습을 설명해 줄 원인을 제공할 수 있을 뿐이네. 별들의 움직임과 이런 현상들을 설명하려면, 원을 이렇게 저렇게 얼기설기 배치해 구조를 만들어서, 그것에 따라 계산한 움직임이 이런 관측 결과와 일치하면 그만이지. 이상한 모습들이 나타나면, 다른 관점에서는 문제가 되지만, 그들은 신경 쓰지 않네.

코페르니쿠스도 처음에 연구할 때는 프톨레마이오스의 가설들을 바탕으로 천문학 이론들을 바로잡으려고 노력했네. 이론을 갖고 계산한 것과 실제로 관측한 것이 서로 일치하도록 만들기 위해서, 행성들이 움직이는 방식을 뜯어 고쳐 보았지. 그러나 그렇게 하려면, 행성들 하나하나를 따로따로 고쳐 놓아야 했어. 각각을 고친 다음에 합쳐서 전체를 만들어 놓고 보면, 각 부분들이 조화를 이루지 않으니, 전체적으로 보면, 키메라와 같은 괴물이 되어 버려. 천문학자들이 단순히 결과만 계산하려 한다면, 이런 모습에 만족할 수 있지만, 천문학자가 과학자라면, 이런 것에 만족해서 다리를 쭉 뻗고 잘 수는 없네.

천체들의 겉으로 드러나는 모습을, 근본적으로 거짓인 가설들을 바탕으로 설명할 수도 있지만, 올바른 가설들을 바탕으로 설명하는 게 훨씬 더 좋음을, 코페르니쿠스는 잘 알고 있었지. 대부분의 사람들은 프톨레마이오스의 체계를 받아들이고 있었지만, 코페르니쿠스는 옛날 유명한 사람들 중에 혹시 우주에 다른 어떤 구조를 부여한 사람은 없었는지 열심히 찾아보았네. 피타고라스 학파 사람들 중에 누군가가 매일 한 바퀴씩 도는 우주의 운동을 지구로부터 유래한 것으로 설명해 놓은 것을 알게 되었지. 1년에 한 바퀴씩 도는 운동을 그렇게 설명한 사람들도 있었고.

코페르니쿠스는 이 두 가설을 받아들이면, 행성들의 움직임과 특이

한 현상들을 설명할 수 있는지 따져 보았네. 행성들의 움직임은 그가 이미 알고 있었으니까. 그랬더니 전체 구조와 각 부분들이 간단명료하게 조화를 이루었어. 그래서 그는 이 새로운 구조를 받아들였고, 그제야 비로소 마음의 평온을 얻을 수 있었네.

심플리치오 프톨레마이오스의 이론으로 설명하려면 매우 이상하게 되지만, 코페르니쿠스의 이론을 쓰면 자연스럽게 생기는 현상들은 무엇인가?

살비아티 프톨레마이오스의 이론은 병에 걸려 있네. 치료약은 바로 코페르니쿠스의 이론일세. 자연스럽게 원운동을 하는 물체가 자신의 중점에 대해서 불규칙하게 움직이면서, 다른 어떤 점에 대해서 규칙적으로 움직이는 것은 매우 이상하다고, 모든 학파의 철학자들이 주장하고 있지? 프톨레마이오스의 우주 체계는 불규칙한 운동들로 구성되어 있네. 반면에 코페르니쿠스의 체계에 따르면, 모든 운동은 자신의 중점에 대해 규칙적으로 움직이고 있어. 프톨레마이오스의 이론에 따르자면, 모든 천체들에게 반대되는 운동을 부여해 주어야 하네. 모든 물체들은 동쪽에서 서쪽으로 움직이면서, 동시에 서쪽에서 동쪽으로 움직여야 해. 그러나 코페르니쿠스 이론에 따르면, 모든 물체들은 서쪽에서 동쪽으로, 한 방향으로만 돌고 있네.

행성들의 겉보기 운동은 어떠한가? 하도 불규칙하게 움직여서, 어떤 경우는 빨리 움직이고, 어떤 경우는 느리게 움직일 뿐만 아니라 심지어 어떤 경우는 완전히 멈췄다가, 오히려 뒤쪽으로 상당한 거리를 움직이기도 하잖아? 이런 현상을 설명하기 위해서, 프톨레마이오스는 굉장히 큰 주전원들을 도입했네. 행성들 하나하나에 맞추어 이런 원을 부여한 다음에 여러 불규칙한 운동들에게 제각각 규칙을 주었어. 이런 것들은 다 쓸데없네. 지구가 단순하게 움직이기만 하면 돼.

프톨레마이오스의 체계에 따르면, 모든 행성들은 나름대로의 궤도가 있네. 하나하나 층층이 있으며, 화성은 해의 위에 있지. 그럼에도 불구하고 화성은 가끔 훨씬 아래쪽으로 내려와서, 해의 궤도의 안으로 들어와야만 해. 이렇게 아래로 내려와서, 해보다 더 가까이에 놓였다가, 얼마 후에는 해보다 훨씬 더 위에 놓이도록 솟아올라야 하거든.

심플리치오, 이런 터무니없는 일이 실제로 일어날 것 같은가? 이것을 비롯한 여러 이상한 일들은, 지구가 공전한다고 하면 말끔히 사라져.

사그레도 행성들이 어떻게 해서 멈추었다가, 뒤로 갔다가, 앞으로 갔다가 하는지 알고 싶군. 이런 일은 도무지 있을 법하지 않아 보이거든. 코페르니쿠스는 이것을 어떻게 설명해 놓았는가?

살비아티 사그레도, 코페르니쿠스는 이것을 아주 깔끔하게 설명해 놓았네. 고집이 세거나 말을 듣지 않는 사람을 제외하고, 나머지 사람들은 이 설명 하나만 보고도, 이 이론이 옳다고 받아들일 걸세.

내가 자네들에게 일러 주겠네. 토성은 30년, 목성은 12년, 화성은 2년, 금성은 9개월, 수성은 80일에 한 바퀴씩 공전하고, 이들은 조금의 변화도 없이 늘 일정하게 움직이네. 지구가 화성과 금성 사이에 놓여서 공전을 하기 때문에, 이 다섯 행성들이 그런 식으로 불규칙하게 움직이는 것처럼 보일 뿐이지.

자네들이 이것을 쉽게, 완벽하게 이해할 수 있도록 그림을 그려서 설명해 주겠네. 중점 O에 해가 놓여 있다고 하자. 해를 중심으로 지구가 공전하는 궤도를 BGM으로 나타내자. 목성이 공전하면서 그리는 원을 bgm으로 나타내자. 별들이 놓여 있는 황도대를 원 PUA로 나타내자. 그

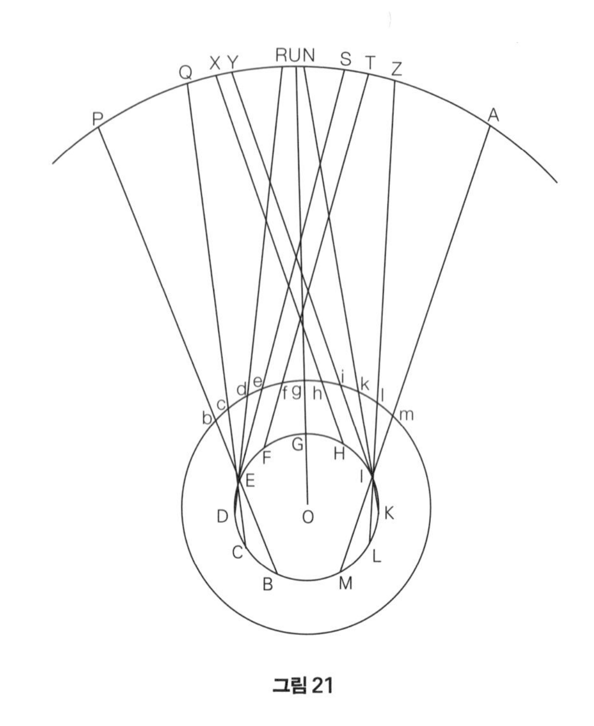

그림 21

리고 지구가 공전하는 궤도를, 일정한 길이의 호 BC, CD, DE, EF, FG, GH, HI, IK, KL, LM으로 갈라 보자. 지구가 이 호들을 지나가는 그 시각에 목성이 있는 위치를 궤도에 나타내 보자. 목성은 호 bc, cd, de, ef, fg, gh, hi, ik, kl, lm을 지나간다. 이들은 지구 궤도의 호보다 그 비율(대응하는 각)이 더 작다. 지구가 공전하는 것에 비해서 목성이 더 느리게 황도대를 지나가기 때문이다.

지구가 B에 있을 때, 목성이 b에 있다고 하자. 관측자의 시선은 직선 BbP를 이루니, 목성은 황도대의 P 지점에 있는 것처럼 보인다. 지구가 B에서 C로 가면, 그때 목성은 b에서 c로 간다. 우리가 보기에, 목성은 황도대의 Q 지점에 도착한 것처럼 보인다. 황도대를 따라 P에서 Q로 움직인 것이다. 지구가 D로 가면, 목성은 d로 간다. 황도대의 R 지점에 있는 것처럼 보인다. 지구가 E로 가면, 목성은 e로 간다. 그때 보면, 목성은 황도대의 S 지점에 있다. 목성은 계속 앞으로 나아가고(순행하고) 있다.

이제 지구가 목성과 해의 중간에 끼려고 한다. 지구가 F에 닿고, 목성이 f에 닿으면, 목성은 황도대에서 뒤로 움직이기 시작하는 것처럼 보인다. 지구가 EF 구간을 지나는 동안, 목성은 황도대의 ST 구간을 지나며, 목성의 속력은 아주 느려져 거의 정지한 것처럼 보인다. 지구가 G로 가면, 목성은 해의 반대편인 g로 가며, 황도대에서는 U의 위치에 있는 것처럼 보인다. 즉 지구가 FG 구간을 지나는 동안, 목성은 황도대에서 TU 구간을 따라 거꾸로 움직인(역행한) 것처럼 보인다. 그러나 실제로는 목성은 자신의 궤도를 따라 늘 일정하게 앞으로 나아가고 있다. 자신의 궤도를 따라 앞으로 나아갔을 뿐만 아니라 황도대의 중심인 해에서 보면, 황도대에서도 앞으로 나아갔다.

지구와 목성은 계속 일정한 속력으로 움직이고 있고, 지구가 H에 닿으면, 목성은 h에 닿게 된다. 목성은 황도대에서 UX 구간을 따라 거꾸로 움직인 것처럼 보인다. 그러나 이때 속력은 갈수록 느려져서, 나중에 가면 거의 정지한 것처럼 보인다. 지구가 I로 가면, 목성이 i로 가고, 이 구간을 지나는 동안, 목성은 황도대의 XY 구간을 따라 약간 앞으로 나아간 것처럼 보인다. 지구가 K로 가면, 목성은 k로 가며, 그동안 황도대의 YN 구간을 따라 앞으로 나아간 것처럼 보인다. 계속 움직여서 지구가 L에 가면, 목성은 l로 가고, 황도대의 Z 지점에 있는 것처럼 보인다. 마지막으로, 지구가 M으로 가면, 목성은 m으로 가고, 황도대의 A 지점에 있는 것처럼 보이며, 목성은 여전히 순행하고 있다.

즉 목성은 황도대에서 TX 구간을 따라 뒤로 움직인 것처럼 보이지만, 실제로 그동안 목성은 fh 구간을 따라 정상적으로 움직이고 있었고, 지구도 FH 구간을 따라 정상적으로 움직이고 있었다.

여기서는 목성에 대해서 설명했지만, 토성과 화성도 마찬가지일세. 토성은 이렇게 뒤로 움직이는 일이 목성보다 더 자주 일어나네. 토성은 목성보다 느리기 때문에, 지구가 더 짧은 시간에 따라잡기 때문이지. 화성의 경우는 이런 일이 드문드문 일어나네. 화성은 목성보다 더 빨리 움직이기 때문에, 지구가 따라잡는 데 시간이 많이 걸리기 때문이지.

금성과 수성의 경우는 궤도가 지구 안쪽에 있지만, 이들도 멈추었다가 뒤로 가는 걸 볼 수 있네. 이들도 물론 실제로 그렇게 움직이는 게 아니고, 지구의 공전 때문에 그렇게 보이는 것이지. 이것은 코페르니쿠스가 예리하게 증명해 놓았네. 그가 쓴 책 『천구의 회전』 5권의 35장에 보면, 아폴로니오스의 도움을 받아서 이것을 증명해 놓았어.

자, 보게. 토성, 목성, 화성, 금성, 수성, 이 다섯 행성들이 겉으로 보기에는 이상하게 움직이고 있는데, 지구가 공전한다고 하면, 이것을 쉽고 간단하게 해명할 수 있네. 모든 이상한 움직임이 사라지고, 이들은 일정한 속력으로 한결같이 움직이게 돼. 이 놀라운 현상이 생기는 까닭을 명쾌하게 밝힌 것은 코페르니쿠스가 처음일세.

이것 못지않게 놀라운 현상이 있네. 이 현상도 1년에 한 바퀴씩 도는 운동이 지구에 속함을 인간의 지성에게 알려 주고 있네. 그러나 이 현상의 수수께끼는 풀기가 더욱 어려워. 이 새롭고 선례가 없는 이론은 바로 해 자체에 바탕을 두고 있네. 이렇게 중요한 결론을 확인하는 일에 해가 혼자 빠질 리가 있는가? 해는 가장 중요한 증인으로서 참석하고 있네. 이 새롭고 대단히 놀라운 현상에 대해 들어 보게.

우리의 절친한 동료이자 린체이 학회의 회원인 학자가 해의 검은 점을 처음 발견해 관찰했네. 그는 하늘에서 일어나는 다른 신기한 일들도 많이 발견했어. 그가 이것을 처음 발견한 것은 1610년이지. 당시에 그는 파도바 대학에서 수학을 강의하고 있었네. 여기 베네치아에 사는 많은 사람들은 그에게서 이 이야기를 들었어. 상당수는 지금도 살아 있지.

1년 뒤에 그는 『마르크 벨저에게 보내는 편지』를 통해서 많은 로마 사람들에게 이 사실을 알렸네. 대부분의 사람들은 하늘의 절대 불변성에 겁을 먹고 있었거나, 또는 그것에 동조하고 있었지만, 그는 사람들의 생각을 뒤엎고, 그 점들은 실제로 어떤 물질들이 짧은 시간 동안 생겼다가 흩어졌다가 하는 것이라고 주장했네. 그 점들은 해에 바싹 붙어 있어서, 해를 중심으로 회전한다고 했어. 아니, 그게 아니라, 해 위에 놓여 있어서, 해와 같이 회전한다고 했어. 즉 해는 1개월에 한 바퀴 정도 자전한다고 주장했지.

처음에 그는 해가 자전을 할 때 그 축이 황도면과 수직이 된다고 판단했어. 검은 점들의 움직임을 관찰해 보면, 마치 황도면과 나란한 직선을 따라 움직이는 것 같았기 때문이지. 그러나 검은 점들은 장소에 따라서 약간씩 불규칙하고 혼란스럽게 움직이는 경우가 있네. 그들은 뚜렷한 순서 없이, 제멋대로 위치를 바꾸며 모였다가 흩어졌다가 하곤 했지. 하나가 여럿으로 갈라졌다가 모양이 심하게 바뀌었다가 하는데, 정말 이상한 움직임이었어.

이런 식으로 일정치 않은 변화 때문에 그 점들의 원래 움직이던 궤적이 약간씩 달라졌지만, 그는 이런 변화가 어떤 본질적이고 정해진 이유로 인해 생긴다고 생각하지는 않았네. 달에서 지구를 보면 구름의 움직임이 그런 식이지 않을까 생각한 것이지. 구름은 지구의 자전 때문에 24시간에 한 바퀴씩 적도와 나란한 원을 그리며 빠른 속력으로 돌지만, 한편으로 바람 때문에 불규칙하게 움직이게 되지. 바람은 구름을 사방으로 날려 보내니까.

그때 벨저가 그에게 답장을 보냈지. 벨저는 '아펠레'라는 가명을 사용해서, 이 검은 점들에 대해 이야기했는데, 우리 동료 학자에게 편지 내용에 대한 그의 생각과, 검은 점들의 본질에 대한 그의 의견을 솔직히 말해 달라고 졸라대었어. 우리의 동료 학자는 이 편지에 대해, 세 번의 『편지』를 통해서 응답을 했네. 우선 아펠레의 생각은 아무 쓸모가 없는 어리석은 것임을 보였고, 그다음에 자신의 의견을 밝혔으며, 차차 세월이 가면 아펠레도 이것에 대해 더 잘 알게 될 것이고, 그러면 아펠레도 자신의 의견에 동의하게 될 거라고 예언했어. 실제로 그렇게 되었지.

우리의 동료 학자가 보기에도 그랬고, 이 자연 현상에 대해 이야기를 들은 사람들이 보기에도 그랬고, 그가 『편지』를 통해서 이 문제에 대해 인간이 이성으로 얻을 수 있는 모든 사항을 조사하고 증명한 것 같았어. 물론, 인간이 호기심으로 찾아보려고 원했던 모든 사항은 아니겠지만. 어쨌든, 그는 다른 것들을 연구하느라 바빠서, 당분간 관찰을 중단했어. 가끔씩 절친한 친구들이 요청을 하면, 그들을 즐겁게 해 주려고, 같이 관찰을 한 적은 있지만 …….

몇 년이 지난 뒤, 셀바 언덕에 있는 내 별장에서 그가 나와 같이 지낸 일이 있었네. 그 지역은 하늘이 특히 맑고 고요했어. 그것에 이끌려 관찰을 다시 시작했는데, 아주 크고 진한 검은 점을 하나 발견했지. 그는 내 부탁을 받고, 그 점을 끝까지 관찰하기로 결심했네.

매일 해가 자오선에 놓였을 때, 그 점의 위치를 조심스럽게 기록해 놓았지. 우리는 그 흑점이 움직이는 궤적이 직선이 아니고, 약간 굽어 있다는 것을 알아차렸네. 때때로 관측을 해 보았는데, 다른 흑점들도 곡선을 그리며 움직이고 있었네. 우리가 이것을 유심히 관찰한 까닭은, 우리의 동료 학자가 문득 매우 중요한 개념을 생각해 냈기 때문이지. 그는 나에게 이렇게 자신의 생각을 말해 주었네.

"필리포, 이것이 우리에게 새로운 길을 열어 주는군. 아주 중요한 결말을 이끌어 낼 수 있겠는데. 검은 점이 움직이는 궤적이 굽은 것을 보니, 해의 자전축이 황도면과 수직인 것이 아니고, 약간 기울어진 것 같아. 만약 그렇다면, 지금까지 나온 그 누구의 어떠한 이론보다도, 해와 지구에 대해 더 확실하고 믿을 수 있는 이론을 이끌어 낼 수 있겠어."

그렇게 중대한 결과가 나온다니 흥분하지 않을 수 없었네. 나는 그의 생각을 좀 더 알기 쉽게 설명해 달라고 졸랐지. 그러자 그가 답했어.

"지구가 황도를 따라, 해를 중심으로, 1년에 한 바퀴씩 회전(공전)한다고 가정해 보세. 그리고 해가 황도의 가운데에 놓여 있는데, 해는 황도면에 수직인 축(지구의 공전축)을 따라 자전하는 게 아니고, 약간 기울어진 축을 따라 자전한다고 가정해 보세. 그러면 우리가 관찰을 할 때, 해의 검은 점들이 움직이는 궤적이 아주 특이하게 변화해야 하네. 해의 자전축이 영원히 변화하지 않고, 우주의 어떤 지점을 향해 기울어진 상태를 계속 유지한다면 말일세.

첫째, 지구가 해의 둘레를 돌 때, 우리도 같이 움직이니까, 검은 점들이 직선을 따라 움직이는 것처럼 보이는 경우는, 1년에 단 두 번 있어야 한다. 다른 경우는 모두 약간 굽은 곡선을 따라 움직이는 것처럼 보여야 한다.

둘째, 1년의 절반 동안 그 곡선이 굽은 방향은, 1년의 다른 절반 동안 그 곡선이 굽은 방향과 반대가 되어야 한다. 바꿔 말하면, 6개월 동안 그 곡선이 해의 위쪽으로 볼록하게 굽어 있었다면, 다른 6개월 동안은 그 곡선이 해의 아래쪽으로 볼록하게 굽어 있어야 한다.

셋째, 우리가 보기에, 검은 점들은 해의 왼쪽에서 나타나, 해를 가로질러 움직인 다음, 해의 오른쪽에서 사라지는데, 6개월 동안은 검은 점들이 처음 동쪽에 나타나는 지점이, 그들이 반대편에 가서 사라지는 지점보다 낮아야 한다. 그다음, 6개월 동안은 반대가 된다. 즉 검은 점들이 나타나는 지점이 더 높으며, 거기에서 비스듬하게 내려온 다음 사라지는데, 사라지는 지점은 그 궤적에서 가장 낮은 점이다. 1년에 단 두 번(2일)은 그들이 뜨는 지점과 지는 지점의 높이가 같아 보인다. 검은 점들이 지나가는 자취(궤적)는, 그다음부터 조금씩 기울기 시작한다. 마치 천칭처럼. 하루하루 지날수록 기우는 게 점점 커져서, 3개월이 지나면 가장 크게 기울게 된다. 그때부터 기울기가 줄기 시작해서, 다시 3개월이 지나면, 원래처럼 평형이 된다.

네 번째 놀라운 일은, 가장 크게 기운 날은, 그 점들이 지나는 자취가 직선이 되는 날이다. 그리고 평형을 이루는 날은, 그 자취가 가장 크게 굽는 날이다. 다른 날들은, 자취가 기운 정도가 줄어들면서 평형 상태에 가까워지면, 그 자취가 굽은 정도는 점점 커진다."

사그레도 살비아티, 자네 이야기를 중간에서 끊어 미안한데, 자네 이야기를 한쪽 귀로 듣고 한쪽 귀로 흘리는 것은 더 나쁘니 어쩔 수가 없군. 솔직히 말해서, 자네가 지금 이야기한 결론들에 대해 나는 어떤 뚜렷한 개념을 잡을 수가 없네. 혼동이 되어 잘은 모르겠지만, 뭔가 중요한 결론을 이끌어 낼 수 있는 것처럼 보이는군. 그러니 이것들을 좀 더 자세히 설명해 주었으면 좋겠네.

살비아티 우리의 학자가 나에게 이런 말을 던졌을 때, 나도 지금 자네와 마찬가지로 혼동이 되어서 이해할 수 없었네. 그러자 그는 내가 이해하기 쉽도록 물체를 사용해서 이 현상들을 설명해 주었네. 그 물체는 천문학에서 사용하는 공이었는데, 거기에 원을 그려서 설명해 주었어. 물론, 그것을 원래 사용하는 용도와 약간 다르게 사용한 것이지. 지금 우리에게는 공이 없으니, 종이에다 그림을 그려서 설명해 주겠네.

내가 소개한 첫 번째 현상은, 검은 점들이 움직이는 자취가 직선이 되

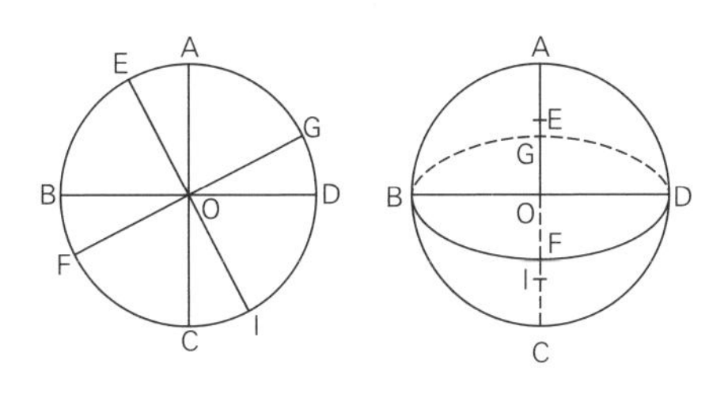

그림 22

는 경우는, 1년에 단 두 번뿐이라는 것이지. 여기 점 O가 지구의 공전 궤도의 중점이라고 하자. 황도의 중점이라고 해도 같은 말이지.

이 원은 해를 나타낸다고 하자. 해는 지구에서 매우 멀리 떨어져 있으니, 지구에서 보면 해의 절반이 보인다고 가정해도 된다. O를 중심으로 원 ABCD를 그리자. 이 원이 바로 우리가 볼 수 있는 해의 반구와 우리가 볼 수 없는 해의 반구를 구별하는 바깥 경계선이라고 하자. 우리의 눈은 지구 중심과 마찬가지로 황도면에 놓여 있다. 해의 중심도 마찬가지이다.

만약 황도면을 따라 해를 절반으로 자르면, 그 잘린 단면은 우리 눈에 직선처럼 보인다. 이것을 BOD로 나타내자. 이것과 수직인 직선을 AOC로 나타내자. AOC는 바로 황도의 축이다. 또한 지구의 공전축이기도 하다.

해의 중점은 움직이지 않고 제자리에 있으면서, 해가 자전한다고 가정해 보자. 황도면과 수직인 AOC를 축으로 자전하는 게 아니고, 어느 정도 기운 직선 EOI를 축으로 자전한다고 가정해 보자. 이 축은 고정되어 있어서, 절대 바뀌지 않고, 같은 기울기를 유지하며, 우주 끝의 어느 한 부분을 계속 가리킨다고 가정해 보자.

해가 자전을 하면, 양 극점을 제외한 표면의 모든 점들은 원을 그리게 된다. 그 점이 극에서 멀리 있느냐 가까이 있느냐에 따라서, 큰 원 또는 작은 원을 그리게 된다. 양극에서 같은 거리에 있는 점 F를 잡아라. 그리고 지름 FOG를 잡아라. 이 지름은 자전축 EI와 수직이 되며, E와 I를 양극으로 가지는 대원의 지름이 된다.

우리는 지구와 같이 움직이고 있는데, 황도의 어떤 위치에서 해를 보았을 때, 해의 반구 중에 우리 눈에 보이는 것은 원 ABCD로 둘러싸여 있다고 가정하자. 이 원은 양극 A와 C를 지나고(항상 지난다), 자전축의 극 E와 I를 지난다. FG를 지름으로 가지는 대원이 만드는 평면은, 원 ABCD와 수직이 되는 게 확실하다. 중점 O에서 우리 눈으로 들어오는 광선은, 원 ABCD와 수직이 되기 때문이다. 그러니 이 광선은 FG를 지름으로 가지는 대원이 만드는 평면과 나란하고, 따라서 그 대원은 우리가 보기에 직선처럼 보인다. 지름 FG와 같아 보인다는 말이다.

그러므로 이때 검은 점이 F에 나타나면, 그 흑점은 해의 자전으로 인해 해의 표면에 원을 그리지만, 우리 눈에는 그 원이 직선처럼 보인다. 즉 그 점의 자취가 직선처럼 보인다. 다른 흑점들은 자전을 할 때 더 작은 원을 그리는데, 그들도 역시 직선처럼 보인다. 왜냐하면 이 작은 원들은 모두 대원과 나란하고, 우리 눈은 그들로부터 엄청나게 먼 거리에 놓여 있기 때문이다.

이제 6개월이 지났다고 가정해 보자. 지구는 궤도를 따라 절반만큼 움직였을 테니, 현재 우리가 볼 수 없는 해의 반대쪽 반구를 바라보는 위치에 놓이게 된다. 그러니 볼 수 있는 반구는 역시 원 ABCD에 둘러싸여 있다. 이 원은 자전축의 극 E와 I를 지나니까, 흑점들이 움직이는 자취는 마찬가지로 직선이 된다. 흑점들은 모두 직선을 따라 움직이는 것처럼 보인다.

그러나 이런 일은 반구의 가장자리가 극 E와 I를 지나는 경우에만 생긴다. 반구의 가장자리는 지구의 공전 때문에 늘 바뀐다. 그게 극 E와 I

를 지나는 것은 한순간일 뿐이고, 따라서 검은 점들이 움직이는 자취가 직선인 것처럼 보이는 것도 한순간이다.

지금까지 설명해 준 것을 자세히 보면, 검은 점들이 처음에 F 쪽에서 나타나서, G 쪽을 향해, 왼쪽에서 오른쪽으로 비스듬하게 올라감을 알 수 있다. 지구가 반대편에 놓여 있다고 가정하면, G가 왼쪽이 되고, F가 오른쪽이 된다. 검은 점들은 G 쪽에서 나타나서, F 쪽을 향해 비스듬하게 내려가게 된다.

지구가 그 위치에서 4분의 1만큼 움직였다고 상상해 보자. 여기 두 번째 그림에서, 가장자리를 ABCD로 나타내고, 황도면과 수직인 축을 AC로 나타내자. 우리의 자오선 면이 이 축을 지난다. 해의 자전축도 역시 이 면을 지나는데, 한 극점은 우리가 볼 수 있는 반구에 놓여 있고, 다른 한 극점은 우리가 볼 수 없는 반구에 놓여 있다. 우리 눈에 보이는 극점을 E로 나타내고, 보이지 않는 극점을 I로 나타내자.

자전축 EI는 윗부분 E가 우리를 향해서 기울어 있고, 해의 자전으로 인해 생기는 대원은 BFDG이다. 이 대원의 절반 BFD를 볼 수 있는데, 이것은 직선으로 보이지 않고, 굽은 곡선으로 보인다. 왜냐하면 자전축의 극 E와 I가 가장자리 ABCD에 놓여 있지 않기 때문이다. 이 곡선은 아래쪽 C를 향해 볼록한 모양을 하고 있다. 더 작은 원들도 대원 BFD와 나란하니까, 마찬가지 모양이 된다.

만약 지구가 이것과 정반대 위치에 놓인다면, 지금 가려져 있던 해의 반대쪽 반구를 볼 수 있게 된다. 그 위치에서 보면, 대원의 DGB 부분을 볼 수 있는데, 이것은 위쪽 A를 향해서 볼록하게 굽어 있다. 검은 점들은 호 BFD를 따라 움직인 다음에, 호 DGB를 따라 움직인다. 그들이 처음 나타나는 곳과 나중에 사라지는 곳은 B 또는 D이며, 이 두 지점은 높이가 같다. 어느 한 지점이 다른 한 지점에 비해 높거나 낮지가 않다.

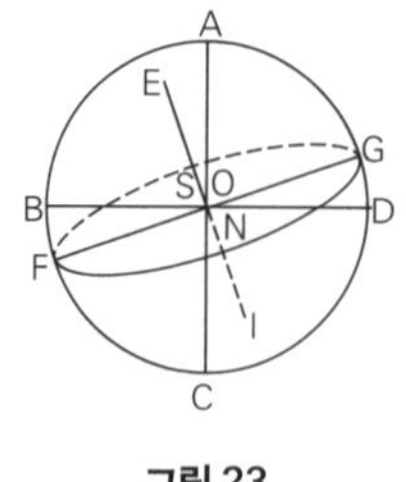

그림 23

이제 지구가 황도의 다른 어떤 지점에 있어서, 자전축의 극점 E와 I가 가장자리 ABCD에도, 자오선 면 AC에도 놓여 있지 않다고 가정하자. 여기에 세 번째 그림을 그렸네. 우리가 볼 수 있는 극점 E는 가장자리 AB와 자오선 면 AC 사이에 놓이고, 대원의 지름은 FOG이며, 대원에서 우리가 볼 수 있는 부분은 반원 FNG이고, 우리가 볼 수 없는 부분은 반원 GSF이다. 전자는 N 부분이 아래로 볼록하게 굽어 있고, 후자는 S 부분이 위로 볼록하게 굽어 있다. 검은 점이 생기고 사라지는 F, G 지점은, 앞서의 B, D와는 달리, 높이가 같지가 않다. F는 낮고, G는 높다. 이 높이의 차이는 첫 번째 그림보다는 작다. 호 FNG는 굽어 보이지만, 굽은 정도는 앞에 나온 그림의 BFD보다 덜하다. 이 상태에 있을 때, 검은 점은 왼쪽 F 지점에서 나타나서, 오른쪽 G 지점을 향해 비스듬하게 굽어 올라간다.

지구가 이것과 정반대 위치에 놓여 있다고 가정해 보자. 그러면 지금 가려져 있던 해의 반대편 반구를 볼 수 있고, 그것은 역시 같은 원 ABCD로 둘러싸여 있다. 검은 점이 움직이는 자취는 호 GSF이다. 이때는 G가 왼쪽이고, F가 오른쪽이다. 검은 점은 왼쪽 위 G에서부터 오른쪽 아래 F를 향해 비스듬하게 내려간다.

내가 설명한 것을 이해했다면, 해의 반구의 가장자리가 자전축의 극을 지나느냐, 아니면 극과 가까운 지점, 먼 지점을 지나느냐에 따라서, 검은 점들이 지나는 궤적이 온갖 형태로 다양하게 변하는 까닭을 쉽게 알 수 있을 걸세.

극이 가장자리에서 멀면 멀수록, 검은 점들의 궤적은 더 심하게 굽고, 덜 경사진다. 극이 자오선 면에 있을 때 거리가 가장 먼데, 이때 궤적이 가장 심하게 굽고, 가장 덜 경사진다. 두 번째 그림에서 보듯이, 궤적이 평형 상태가 되었기 때문이다.

반대로 극이 가장자리에 놓였을 때는, 경사진 정도가 가장 심하고, 굽은 정도는 가장 덜하다. 첫 번째 그림에서 보듯이, 궤적은 직선이 되기 때문이다. 가장자리가 극에서 떠나면, 궤적은 굽기 시작한다. 멀어지면 멀어질수록, 굽은 정도는 점점 더 심해지는 반면에 경사진 정도는 점점 줄게 된다.

검은 점들이 움직이는 궤적은, 시간이 흐름에 따라서 이런 식으로 이상하게 변화해야 해. 나의 절친한 동료 학자가 일러 준 사실일세. 물론, 이런 변화는 지구가 공전을 하고, 해는 황도의 가운데에 놓여 있으면서, 황도면과 수직이 아니고 약간 기운 축을 따라 자전을 할 때 생기지.

사그레도 실제로 이런 결과가 나오게 될 거라고 나는 확신하네. 이것들을 염두에 두고, 공을 적당하게 기울여 놓고, 여러 각도에서 따져 보면, 이해하는 데 도움이 되겠군.

실제로 관측을 해 보니 어떻게 되던가? 이렇게 추론해 낸 결과와 실제로 맞아떨어지던가?

살비아티 실제로 그렇게 되었네. 우리는 여러 달에 걸쳐 꾸준하게 관측을 했지. 매우 조심스럽게 관측을 했고, 검은 점들이 움직이는 궤적을 날짜에 따라 매우 정확하게 기록했어. 그 결과는 우리가 예상한 것과 정확하게 일치했네.

사그레도 심플리치오, 방금 살비아티가 이야기한 것이 사실이라면(살비아티는 정직한 사람이니 거짓말을 할 리가 없지), 프톨레마이오스와 아리스토텔레스

편인 사람들이 아주 대단한 이론과 탄탄한 논리와 확실한 실험을 제시해야 할 걸세. 만약 그러지 못하면, 이 중대한 발견 때문에 그 사람들은 패배를 면하기가 어려울 걸세.

심플리치오 김칫국부터 마시지 말게. 아직 결론을 내리기는 이르네. 살비아티가 설명한 내용을 내가 완전히 이해하지는 못했지만, 그 논리 전개를 고려해 볼 때, 이런 식으로 된다고 해서 반드시 코페르니쿠스의 가설이 옳다고 결론을 내려야 하는 것은 아닐세. 즉 반드시 해가 황도의 중심에 있고, 지구가 그 둘레에서 원을 그린다는 보장이 없네.

물론, 해의 자전과 지구의 공전을 가정하면, 방금 설명한 것과 같은 이상한 변화들이 반드시 일어나게 되지. 그러나 역으로 그런 변화들이 일어난다고 해서, 지구가 황도를 따라 움직이고 있고, 해가 그 중심에 놓여 있다고 결론을 내려야 하는 것은 아닐세. 해가 황도를 따라 움직이고, 지구가 가운데에 가만히 있다고 해서, 그런 변화들이 일어나지 말라는 법이 있는가? 지구가 가만히 있고 해가 움직일 때, 그런 변화가 생길 수 없음을 증명하면 몰라도, 그렇지 않으면 내 마음은 바뀌지 않을 걸세. 지구는 가만히 있고, 해가 움직인다고, 나는 믿네.

사그레도 심플리치오, 용기가 대단하군. 아리스토텔레스와 프톨레마이오스 편을 위해서 교묘하게 잘 싸우는군. 솔직히 말해서, 살비아티와 짧은 시간이나마 이야기를 나눈 덕분에, 심플리치오가 논리적으로 따지는 능력이 커진 것 같아. 살비아티와 이야기를 나눈 사람들은 누구나 다 그렇게 되더라고.

살비아티도 아마 이 의문과 그에 따른 결론을 생각해 봤겠지? 지구가 가만히 있고 해가 움직인다고 가정했을 때, 검은 점들이 그런 식으로 이

상하게 움직이는 까닭을 설명하는 게 과연 가능한지. 살비아티, 자네 생각을 말해 주게. 이것에 대해 생각해 보고, 그랬을 경우 그게 과연 가능한지, 검토해 보았겠지?

살비아티 나도 여러 번 생각해 보았네. 내 절친한 동료 학자와도 여러 번 이야기를 나눴어. 철학자들과 천문학자들이 옛 이론을 지키기 위해서 어떤 식으로 나올까 생각해 보았는데, 한 가지 방법은 확실하더군. 순수한 소요학파 철학자들은, 그들이 보기에 공허한 거짓인 것에 매달리는 사람을 비웃을 테니까, 이 모든 현상들은 렌즈에서 생긴 헛것에 불과하다고 그러겠지. 그러면 이 문제에 대해 골치 아프게 생각할 필요가 없으니까.

그러나 과학적인 천문학자들은 이 문제를 어떻게 설명하려 할지, 우리들은 매우 자세히 검토해 보았는데, 옛날 이론을 따르면, 어떻게 하더라도 검은 점들이 움직이는 궤적이 이치와 맞아떨어지도록 만들 수가 없었네. 우리가 생각한 것을 자네들에게 말해 줄 테니, 각자 신중하게 이것을 판단해 보게.

해의 검은 점들이 움직이는 모습은 내가 앞에서 말한 방식과 같다고 가정하세. 만약 지구가 황도의 중심에 놓여서 움직이지 않고 있고, 지구를 중심으로 하는 원둘레에 해가 놓여 있다면, 앞에서 말한 온갖 다양한 변화들이 모두 해 혼자만의 움직임에서 유래해야 하네.

첫째, 해는 자전을 하면서, 검은 점들을 움직여야 한다. 검은 점들은 해의 표면에 붙어 있음을 가정하고 있으니까. 아니, 이건 이미 증명된 사실이다.

둘째, 해의 자전축은 황도면의 축과 나란하지 않음을 인정해야 한다. 바꿔 말하면, 해의 자전축은 황도면과 수직이 되지 않는다. 만약에 수직이라면, 검은 점들이 움직이는 궤적은 늘 황도면에 나란한 직선이 된다.

그런데 실제로 그들은 거의 모든 경우에 곡선을 그리고 있으니, 자전축은 기울어져 있다.

셋째, 해의 자전축이 고정되어 있어서 우주의 어느 한 지점을 늘 가리키는 게 아니고, 자전축이 가리키는 방향이 계속 바뀌어야 한다. 만약에 자전축이 늘 같은 방향을 가리키고 있다면, 검은 점들이 지나가는 궤적의 모습이 절대 달라지지 않는다. 쭉 곧든 굽어 있든, 위로 굽었든 아래로 굽었든, 올라가든 내려가든, 늘 똑같은 모습으로 움직이게 된다. 그러니 자전축이 움직인다고 가정해야 한다.

검은 점들이 직선을 따라 움직이고, 기울기가 가장 심해 보이는 1년 중 2일은, 자전축이 해의 반구를 감싸는 원이 만드는 평면에 놓여 있어야 한다. 관측자의 자오선 면에 자전축이 놓이는 경우에는, 한 극이 보이는 반구에 놓이고, 다른 한 극이 보이지 않는 반구에 놓이게 된다. 두 경우 모두, 황도면에 수직인 축의 극들과 자전축의 극들은 멀리 떨어져 있다. 해의 자전축이 기운 정도만큼 떨어져 있다.

그리고 어떤 경우는 북극이 보이는 반구에 놓이고, 다른 어떤 경우는 남극이 보이는 반구에 놓이게 된다. 검은 점들이 움직이는 궤적이 좌우가 평형을 이루었고, 가장 심하게 굽은 때에 보면 알 수 있다. 어떤 경우는 위로 굽었고, 다른 어떤 경우는 아래로 굽었으니, 이 조건이 필요하다.

이런 상태가 계속 바뀌고 있다. 기운 정도와 굽은 정도가 커졌다 작아졌다 한다. 기운 정도가 점점 줄어서 좌우가 평형이 되기도 하고, 반대로 굽은 정도가 점점 줄어서 곧은 직선이 되기도 한다.

그러니 해의 검은 점들은 1개월에 한 바퀴씩 회전을 하는데, 그 축은 또 나름대로 회전을 해야 한다. 자전축의 극들은 황도면에 수직인 축을 중심으로 2개의 원을 그린다. 그 원의 반지름은 자전축이 기운 정도에 따라 결정된다. 이 주기는 1년이 되어야 한다. 검은 점들의 궤적이 다양하게 모양이 바뀌는 것이 1년을 주기로 되풀이되기 때문이다. 자전축의 극들이 황도면에 수직인 축을 중심으로 회전하며, 이들 이외의 다른 어떤 것을 중심으로 회전하는 것이 아니라는 사실은, 가장 크게 굽은 정도와 가장 심하게 기운 정도가 같은 각이 됨을 보면 알 수 있다.

이것들을 다 종합해 보자. 지구가 중심에 놓인 채 움직이지 않는다면, 해는 자신의 중심에 대해 두 축이 있어서, 두 가지 운동을 해야 한다. 1년 주기로 한 바퀴 도는 운동이 있고, 1개월보다 약간 짧은 주기로 한 바퀴 도는 운동이 있다.

내가 보기에, 이런 일은 너무 어려워 보여. 불가능할 게 확실하네. 우리는 이미 해에게 지구를 중심으로 회전하는 두 가지 운동을 부여했네. 이 운동들은 거기에 덧붙여서 일어나는 것일세. 해는 어떤 축에 대해 회전을 해서, 1년에 한 바퀴씩 황도를 따라 돌고 있고, 또 다른 어떤 축이 황도면에 대해 소용돌이금이나 원을 그리고 있는데, 그것에 대해 하루에 한 바퀴씩 회전을 하고 있지.

해에게 부여해야 하는 세 번째 운동에 대해서 생각해 보세. 약 1개월에 한 바퀴씩 자전하는 운동 말고, 이 자전축과 극을 이쪽저쪽으로 기울게 하는 운동 말일세. 이 운동의 주기가 꼭 1년이어야 할 까닭이 없네. 1년이라면, 해가 황도를 따라 1년에 한 바퀴씩 도는 것에 따라서 결정된다는 말인데, 한편으로 해는 황도를 따라 하루에 한 바퀴씩 돌고 있으니, 이 주기가 24시간이 될 수도 있어.

내가 지금 이야기한 것이 조금 불명확해 보이지? 내가 잠시 후에, 코페르니쿠스가 지구에게 부여한, 1년을 주기로 하는 세 번째 운동에 대해서 설명해 주겠네. 그 설명을 들으면, 이게 분명해질 걸세.

해의 몸뚱어리는 하나인데, 이 네 가지 제각각인 운동을 해야 하네. 이것들을 싹 없애고, 하나의 불변인 축에 대해 자전하는 운동 하나만 남길 수 있어. 많은 천문학자들의 여러 가지 관측을 통해서, 지구가 움직인다는 지동설이 제기되었는데, 이 이론을 조금도 바꾸지 않고서, 해의 검은 점들이 움직이는 궤적의 다양한 변화를 쉽게 설명할 수 있다면, 이 이론을 거부하기가 어려울 걸세.

심플리치오, 나와 내 절친한 동료 학자가 코페르니쿠스의 지동설을 프톨레마이오스의 천동설에 맞서서 변호하기 위해서, 해의 검은 점들의 궤적의 변화를 써서 이끌어 낸 증거들은 이게 전부일세. 이것에 대한 판결은 자네 스스로 내리게.

심플리치오 이런 중요한 판결을 내리기에는, 내 능력이 너무 부족하군. 나는 중립을 지키겠네. 우리 인간의 이성보다 수준이 높은 어떤 예지가 있어서, 그 빛으로 우리를 밝혀 줄 때가 올 걸세. 그렇게 되면, 마음을 흐리게 만드는 안개들이 말끔하게 걷히겠지.

사그레도 심플리치오의 충고는 아주 뛰어나고 경건하군. 누구나 다 이것을 받아들여야 할 걸세. 가장 탁월한 예지와 최고의 권위를 토대로 이끌어 낸 결론이 아니라면, 완전히 확신을 갖고 받아들일 수 없지. 그러나 나는, 인간의 이성으로 통찰할 수 있는 범위 내에서, 법칙들과 그럴 법한 원인들에 국한해 생각해서, 심플리치오보다 조금 더 용감하게 결론을 내리겠네.

나는 지금까지 온갖 심오한 이론들을 많이 보아 왔지만, 순수한 기하학과 대수학의 증명을 제외하고는, 그 어떠한 것도 이 두 가지 설명처럼 내 지적 호기심을 자극하고, 내 마음을 완전히 사로잡은 것이 없었네. 다섯 행성들이 순행하다 멈추었다 역행하다 하는 일. 해의 검은 점들의 궤적이 이상하게 변화하는 일.

지동설은 이런 이상한 현상들이 생기는 원인을 아주 쉽고 분명하게 설명해 주고 있네. 각각의 물체들은 모두 단순하게 움직이고 있는데, 그것들이 다른 물체와 섞이니까, 그 운동들이 제각각 달라서 복잡한 변화가 일어나는 것이지. 게다가 이 이론은 그런 변화들을 아무런 어려움 없이 보여 주고 있네. 아니, 다른 이론을 적용할 때 생기는 온갖 난점들을 말끔하게 해소해 주고 있지. 이 이론에 대해 적의를 품고 있는 사람들은, 아마 이런 현상들에 대한 설명을 들어 보지 못했거나, 아니면 이 설명을 이해하지 못했기 때문일 걸세. 이 예증들은 그 수도 많고, 결론을 분명하게 보여 주고 있네.

살비아티 나는 천동설과 지동설, 두 가지 이론 중에 어떤 것이 옳고, 어떤 것이 틀렸다고 결론을 내리려는 게 아닐세. 여러 번 말했지만, 내가 의도하는 것은, 이런 중요한 문제에 대해 결론을 내리려는 것이 아니고, 각각의 이론을 지지하는 사람들이 내놓을 수 있는 물리학적, 천문학적 이유들을 제시하려는 것이지. 결론은 다른 사람들이 내리도록 남겨 두겠네. 결국에 가서는 명확하게 결론이 내려질 걸세. 한 이론은 반드시 옳고, 다른 한 이론은 반드시 틀리니까. 인간 지식의 범위에서 판단해 보면, 옳은 편에서 제시하는 이유들은 모두 다 명확하고 확실할 것이고, 틀린 편에서 제시하는 이유들은 모두 헛것이고 무의미할 테니까.

사그레도 이제 반대편에서 제시하는 이유들을 들어 보세. 이 책이나, 아니면 심플리치오가 다시 갖고 온 『새로운 천문학 현상에 대한 논란과 수학적 토론』에 적혀 있는 이유들을 보세.

심플리치오 여기 그 책이 있네. 이 저자는 우선 코페르니쿠스의 이론에 따르는 우주의 체계에 대해 간략하게 언급했네. 이것을 보게. "지구와 달은 화성과 금성 사이에서, 동쪽에서 서쪽으로 움직인다. 지구의 중심은 지구의 공전 궤도를 따라 움직인다."

살비아티 심플리치오, 잠깐만. 이 사람이 처음 한 말을 보니, 이 사람은 자기가 반박하려고 하는 이론에 대해 잘 모르고 있음이 탄로 났군. 지구와 달이 공전 궤도를 따라 동쪽에서 서쪽으로, 1년에 한 바퀴 회전한다고 코페르니쿠스가 주장했다고? 이런 일은 불가능해. 이건 틀렸어. 코페르니쿠스가 그렇게 말했을 리가 없네.

코페르니쿠스는 그와 반대 방향으로 움직인다고 말했네. 즉 지구는 서쪽에서 동쪽으로, 황도 12궁의 순서를 따라 공전한다고 말했어. 해는 황도의 가운데에 고정되어 있기 때문에, 우리가 보기에는 해가 그런 식으로 공전하는 것처럼 보여.

이 사람은 지나치게 자만하고 있군. 다른 사람의 이론을 반박하려고 나섰으면서, 가장 근본이 되는 것조차 모르고 있다니. 이 이론 체계에서 핵심이 되는 중요한 사항들은 모두 여기에 바탕을 두고 있는데 말일세. 시작부터 이래서야 어디 독자들이 이 사람을 믿으려고 하겠는가? 어쨌든 계속해 보게.

심플리치오 이 사람은 우주 체계에 대해서 설명한 다음, 지구의 공전 운동에 대한 반론들을 제기하기 시작했네. 처음에 나오는 반론들은 냉소적이군. 코페르니쿠스와 그 추종자들을 비웃으면서, 우주의 질서가 그런 식으로 멋진 것이라면, 아주 터무니없는 어리석은 일들을 시인해야 한다고 써 놓았네.

해, 수성, 금성은 지구의 아래에 놓여 있다. 무거운 물체들은 자연히 위로 올라가고, 가벼운 물체들은 자연히 아래로 내려간다. 우리의 구세주 예수 그리스도께서 해에 가까이 가시면, 예수께서는 지옥으로 올라가고 계시며, 동시에 천국으로 내려가고 계신다. 여호수아가 해를 보고 멈추라고 명령했을 때, 해가 멈춘 것이 아니고, 지구가 멈추었다. 아니, 어쩌면 해가 지구와 마주 보고 움직였을지도 모른다. 해가 게자리(Cancer)에 있을 때, 지구는 염소자리(Capricorn)를 지나고 있다. 그러니 겨울의 별자리가 뜨면 여름이 되고, 봄의 별자리가 뜨면 가을이 된다. 별들이 지구를 위해서 뜨고 지는 것이 아니고, 지구가 별들을 위해서 뜨고 진다. 동은 서에서 시작하고, 서는 동에서 시작한다. 한마디로 말해서, 우주의 모든 질서가 뒤바뀌어 버린다.

살비아티 이 말들을 받아들이기는 하겠지만, 유감스러운 부분도 많이 있군. 숭엄하고 위대한 성경 말씀을 어리석고 유치한 말장난과 섞어 놓다니 ……. 친구들과 어울려 가설을 만들고 진지하게 토론을 하려고 하는데, 이 사람은 아무런 결론도 내리지 않는 채, 그저 장난삼아 성경을 써서 공격하려고 하는군.

심플리치오 사실, 이 사람 때문에 나도 부끄럽구먼. 그다음에 보면, 더 심한 말을 써 놓았거든.

코페르니쿠스 학파 사람들은 이런 논증들에 대해서 교묘하게 왜곡해 답을 할지도 모르지만, 앞으로 나올 논증들에 대해서는 만족스러운 답을 제시할 수 없을 것이다.

살비아티 으아! 너무 악랄하군! 성경의 권위보다 더 효과적이고 확실한 증거를 갖고 있는 것처럼 이야기하다니 ……. 그러나 우리는 성경을 공경하는 뜻에서, 그다음으로 넘어가세. 물리적인 증거들을 바탕으로 한 논증을 보세. 만약 이 사람이 지금까지 제시한 반증들보다 더 나은 물리적 예증들을 제시하지 못하면, 이 사람을 더 이상 거들떠볼 필요도 없네. 나는 이런 하찮은 엉터리 말장난에 답을 하느라 시간을 허비하고 싶지는 않아. 이 사람은 코페르니쿠스 학파 사람들이 자신의 반론에 대해 해명을 해야 한다고 요구할지 모르지만, 그건 부당한 요구일세. 이런 쓸데없는 일에 시간을 허비할 필요가 있는가?

심플리치오 나도 그 의견에 동의하네. 이 사람의 그다음 반론들을 보세. 이것들은 바탕이 좀 더 튼튼하거든. 여기 이걸 보게. 코페르니쿠스는 지구의 공전 궤도가, 별들의 천구가 가진 엄청난 크기와 비교하면, 감지할 수 없을 정도로 작다고 했네. 만약 그렇다면, 별들은 우리가 감지할 수 없을 정도로 먼 거리에 있어야 하네. 이 사람이 아주 정확하게 계산을 해 냈는데, 별들이 우리 눈에 보이려면, 어떤 것들은 지구의 궤도보다 더 커야 하고, 어떤 것들은 토성의 궤도보다 더 커야 하거든. 그러나 그건 너무나 엄청나게 큰 부피일세. 별이 그렇게 크다는 것은 도저히 이해할 수 없으며, 도저히 믿을 수 없는 일이지.

살비아티 튀코가 코페르니쿠스의 이론을 반박하면서, 이와 비슷한 이야기를 한 적이 있네. 그러니 내가 이런 논리의 거짓을 폭로하는 것은, 지금이 처음이 아닐세. 이것은 틀린 가설을 바탕으로 만든 것이네. 코페르니쿠스가 한마디 말한 것을 놓고, 상대방들이 글자 그대로 받아들여서 떠드는 것이지. 말싸움을 좋아하는 사람들은 늘 이런 식이지. 근본 문제에 대해 자기들이 틀렸으면서, 남의 말 한마디를 물고 늘어져서 절대로 놔 주지 않고, 큰 문제라도 되는 양 떠들거든.

자네가 이해할 수 있도록 내가 차근차근 설명해 주지. 코페르니쿠스는 우선 지구의 공전 운동에서 나오는 여러 행성들의 놀라운 움직임들을 설명했네. 특히 3개의 바깥 행성들이 순행, 역행하는 것을 자세히 설명했지. 이 이상한 움직임은 화성이 목성보다 더 크게 일어나지. 목성은 화성보다 더 멀리 있기 때문일세. 토성은 목성보다 더 작게 일어나지. 토성은 목성보다 더 멀리 있기 때문일세. 그리고 별들은 목성이나 토성에 비해 너무 멀리 있기 때문에, 감지할 수 없다고 말했네. 상대방들은 이걸 물고 늘어졌지.

코페르니쿠스가 "감지할 수 없다."라고 말한 것을, 이 별빛을 전혀 감지할 수 없다고 코페르니쿠스가 말한 것처럼 받아들인 것이지. 그러고는 이 사람들은 아무리 조그마한 별이라도, 그 빛이 우리 눈에 들어오니까, 감지할 수 있다고 언급하고는, 또 다른 엉터리 가설들을 세운 다음에, 그것들을 바탕으로 계산을 했네. 그러고는 한다는 말이, 코페르니쿠스의 이론에 따르면, 별들이 지구 궤도보다 훨씬 더 크게 된다고 시인해야 한다는 것이지.

이 사람들이 쓴 방법이 엉터리임을 내가 폭로하겠네. 6등급 밝기의 별이 해보다 크지 않다 하더라도, 올바른 계산 방법을 쓰면, 그 별이 지구로부터 워낙 멀리 떨어져 있기 때문에, 지구 공전에 따른 위치 변화를 감지할 수 없음을 증명할 수 있네. 행성들의 경우는 그렇게 많이 변하면, 관찰할 수 있지만 말일세. 내가 이것을 보여 줌과 동시에, 코페르니쿠스의 상대편들이 가정한 것이 얼마나 큰 거짓인지, 폭로해 보여 주겠네.

우선 이 사람이 가정한 것을 따라서, 지구 공전 궤도의 반지름, 즉 지구에서 해까지의 거리가 지구 반지름의 1,208배라고 하세.(실제로는 23,500배이다. — 옮긴이) 그다음에 해가 평균 거리에 있을 때, 그 크기를 관측해 보면, 0.5° 정도 되는 것을 알 수 있네. 즉 30′ 정도 돼. 이것은 1,800″이지. 그리고 1등급인 별의 크기는 5″ 이하인 게 확실하네. 그리고 6등급인 별의 크기는 이것의 6분의 1일세.

코페르니쿠스의 상대편들은 이 부분에서 큰 실수를 했어. 해의 지름은 6등급 별의 지름의 2,160배가 되었네. 따라서 6등급인 별이 해보다 더 크지 않고 해와 똑같은 크기라면, 해가 지구에서 아주 멀어져서 그 지름이 지금의 2,160분의 1이 되려면, 그 거리는 지금 거리의 2,160배가 되어야 하네. 바꿔 말하면, 6등급인 별은 지구 궤도 반지름의 2,160배만큼 떨어져 있어야 하네.

지구에서 해까지의 거리는 지구 반지름의 1,208배라고 하고, 별까지의 거리는 공전 궤도 반지름의 2,160배라고 했으니까, 지구 반지름과 궤도 반지름의 비율은, 궤도 반지름과 별들의 천구 반지름의 비율의 거의 두 배가 되는군. 그러니 지구 공전 궤도의 크기 때문에 생기는 별들의 모습 변화는, 지구의 크기 때문에 생기는 해의 모습 변화보다 더 작아.

사그레도 첫걸음부터 잘못 디뎠군.

살비아티 아주 엉터리가 되었지. 코페르니쿠스의 언명이 맞다면, 6등급인 별이 지구 궤도만큼 커야 한다고 이 사람이 주장했지. 6등급인 별이 해와 같은 크기라면, 이 사람의 주장에 비해 1,000만분의 1이 되는데, 그런 크기일 때, 별들의 천구는 하도 크고 멀리 있어서, 이 사람의 반론을 제거하기에 충분하네.

사그레도 어떻게 해서 그런 계산이 나오는지 보여 주게.

살비아티 아주 간단하고 쉽게 계산할 수 있네. 해의 지름은 지구 반지름의 11배이지.(실제로 해는 지구의 109배다. — 옮긴이) 그리고 지구 궤도의 지름은 지구 반지름의 2,416배이지. 이건 양측 다 동의하고 있네. 따라서 지구 궤도의 지름은 해의 지름의 220배이지. 공 모양인 입체의 부피는 지름의 세제곱에 비례하니까, 궤도 크기의 공은 해의 부피에 비해 10,648,000배가 돼. 그런데 이 사람은 6등급인 별이 지구 공전 궤도와 크기가 같아야 한다고 주장하고 있거든.

사그레도 그쪽 사람들이 별의 겉보기 지름을 너무 크게 잡은 모양이군.

살비아티 거기에서 실수를 한 것이지. 그러나 실수는 그것만이 아닐세. 수많은 천문학자들이 별과 행성들의 크기를 잴 때 실수를 한 것을 보면 놀라워. 유명한 천문학자들도 마찬가지일세. 물론, 가장 크고 밝게 빛나는 두 천체는 예외이지. 이들 유명한 천문학자들을 나열해 보면, 아부 알바스 아마드 이븐 무함마드 이븐 카티르 알파르가니(Abū al-ʿAbbās Aḥmad ibn Muḥammad ibn Kathīr al-Farghānī, ?~870년), 아부 아부드 알라 무함마드 이븐 자비르 이븐 시난 알라키 알하라니 알사비 알바타니(Abū ʿAbd Allāh Muḥammad ibn Jābir ibn Sinān al-Raqqī al-Ḥarrānī al-Ṣābiʾ al-Battānī, 858~929년), 타비트 이븐 쿠라(Thabit ben Korah, 826~901년), 최근의 천문학자들로는 튀코, 크리스토퍼 클라비우스(Christopher Clavius, 1537~1612년)가 있네. 내 동료 학자 이전의 모든 천문학자들이 실수를 했다고 해도 과언이 아닐세.

빛살이 사방으로 퍼지기 때문에, 그런 광채가 없는 경우에 비해서 별은 백 배 이상 커져 보이는데, 사람들은 그걸 고려하지 않았거든. 이 사람들의 부주의를 용서해 줄 수는 없네. 그들도 별이 맨몸뚱이로 있는 것을 볼 기회가 얼마든지 있었지. 초저녁에 별이 처음 나타날 때나, 해뜰 무렵에 별이 사라지기 직전의 모습을 보면 되니까.

다른 것은 다 제쳐 두고, 금성의 모습을 보기만 했더라면, 자기들의 실수를 깨달을 수 있었을 텐데 ……. 금성은 흔히 낮에 조그마한 모습으로 나타나는데, 눈이 밝아야만 그걸 볼 수 있거든. 그런데 밤에는 커다란 횃불처럼 밝게 빛나잖아? 횃불의 실제 크기는, 깜깜한 밤중에 보이는 그 크기가 아니라 주위가 밝을 때 보이는 그 크기임을, 이 사람들도 알았을 걸세. 우리가 횃불을 환하게 밝혀 놓고, 먼 곳에서 횃불을 보면 매우 커 보이지만, 가까이에서 보면 실제 불꽃의 크기는 작아 보이고, 둘러싸인 것처럼 보이거든. 이 현상을 보았더라면, 좀 더 조심했을 텐데.

솔직히 말해서, 이 사람들 중에 누구도 별들의 겉보기 크기를 재 보려고 시도한 것 같지가 않네. 물론, 해와 달은 예외이지만. 튀코도 마찬가지야. 튀코는 엄청나게 많은 돈을 들여서, 매우 크고 정밀한 천체 관측 기구들을 만들었고, 그 기구들을 아주 능숙하게 잘 다루었지만 말일세. 이 사람들은 제멋대로 적당히 말한 것 같아. 아주 옛날에 어떤 천문학자가 별들의 크기는 이러저러하다고 지껄였겠지. 후세 사람들은 자세히 관측해 보지도 않고서, 그 사람이 한 말을 따라서 했겠지. 그들 중 누구라도 이것을 관측하려고 시도를 했다면, 분명 실수를 발견해 냈을 걸세.

사그레도 하지만 그 사람들은 망원경이 없었잖아? 우리의 동료 학자는 망원경을 사용해서, 이 문제를 알게 된 것이지. 그러니 그 사람들이 부주의했다고 탓할 수는 없어. 그 사람들을 용서해 주어야 하네.

살비아티 망원경 없이 결과를 이끌어 낼 수 없다면, 그래야 하겠지. 망원경을 사용하면, 별들의 맨몸뚱이가 여러 배 더 커져 보이니, 쉽게 결론을 이끌어 낼 수 있는 것은 사실일세. 그러나 망원경 없이도 관측을 할 수 있네. 물론, 정확도는 약간 떨어지지만. 나는 그렇게 관측을 해 보았어.

내가 쓴 방법을 설명해 주지.

우선 가는 줄을 별이 있는 방향에 내다 걸었어. 이 관측은 거문고자리(Lyra)에 있는 베가(Vega)를 대상으로 했네. 베가는 북쪽과 북동쪽 사이에서 뜨지. 줄이 내 눈과 별 사이에 놓이도록 하고, 줄에 다가갔다 물러섰다 하면서, 줄이 그 별을 가려서 보이지 않게 되는 지점을 찾았어. 그다음에 줄과 내 눈 사이의 거리를 구했지. 즉 내 눈과 줄의 폭이 만드는 각의 한 변의 길이를 잰 것이지. 내 눈과 줄의 폭이 만드는 각은, 별의 천구에서 별의 지름이 만드는 각과 크기가 같아. 줄의 굵기와 내 눈 사이 거리의 비율을 구해서, 호와 현에 대해 나와 있는 표를 보고 각의 크기를 구했어.

나는 매우 조심스럽게 계산을 했지. 이렇게 작은 각을 계산하는 방법은 따로 있네. 나는 빛이 내 눈의 가운데에서 만난다고 놓지를 않았어. 빛이 굴절하지 않았다면, 내 눈의 가운데에서 만나지 않았을 거잖아? 눈동자의 폭을 계산한 다음, 빛이 굴절하지 않았다면, 얼마 뒤에서 만나게 되는지 구해서, 그 지점을 기준으로 각을 계산했지.

사그레도 그 계산 방법은 수긍할 수 있어. 그렇지만 다른 문제점이 있겠군. 만약 깜깜한 밤중에 이 실험을 했다면, 별의 맨몸뚱이의 크기를 잰 게 아니고, 별빛이 퍼져서 커져 보이는 모습을 잰 것이 될 거잖아?

살비아티 아니, 그렇지 않네. 줄은 별의 맨몸뚱이만을 가리지만, 우리 눈에는 둘레의 광채도 같이 사라져. 별의 맨몸뚱이가 가려지는 순간, 이것도 같이 사라지는 것이지. 실제로 관측을 해 보면, 매우 가는 줄이 커다란 별빛을 가릴 수 있음을 보고 놀라게 될 걸세. 언뜻 생각해 보면, 그런 큰 별빛을 가리려면 장애물이 더 커야 할 것 같지만 말일세.

줄의 굵기가 얼마인지 정확하게 재어야만 줄에서 빛이 만나는 지점까지의 거리가 줄 굵기의 몇 배인지 구할 수 있지. 나는 줄 하나의 굵기를 잰 것이 아니고, 똑같은 줄 여러 개를 탁자 위에 놓고, 그것들을 붙여 놓은 다음에 재었어. 15개나 20개를 바싹 붙여 놓은 다음에, 컴퍼스로 그 폭을 재었어. 또 그것으로 줄에서 빛이 만나게 되는 지점까지의 거리를 재서 다른 어떤 줄에 표시해 놓았지.

이런 식으로 매우 정확하게 재 보았더니, 1등급인 별의 크기는 5″ 미만이었네. 그런데 대부분의 사람들은, 그 크기가 2′ 정도라고 믿고 있거든. 튀코가 쓴 책 『천문학 서간(*Epistolae Astronomicae*)』에 보면, 자그마치 3′이라고 되어 있어. 즉 그들이 생각한 것에 비해서, 24분의 1 또는 36분의 1에 불과하네. 그들의 주장이 얼마나 큰 실수에 바탕을 두고 있는지, 이제 알겠지?

사그레도 잘 알겠네. 이제 완전히 이해를 했어. 그런데 한 가지 궁금한 게 있군. 매우 작은 각을 만드는 두 줄기 빛이 만나는 지점 말일세. 그 지점이 우리가 바라보는 물체의 크기에 따라서만 결정되는 건 아닐 거야. 같은 크기의 물체를 보더라도, 다른 어떤 요인으로 인해 빛이 만나는 지점이 눈에서 가까울 수도 있고, 멀 수도 있을 것 같은데.

살비아티 사그레도, 자네의 통찰력이 자네를 어디로 인도하고 있는지, 나는 잘 알고 있네. 자네는 자연 현상을 매우 예리하게 관찰하고 있어. 밝은 매질을 통해서 보느냐, 아니면 어두운 매질을 통해서 보느냐에 따라서, 고양이의 눈동자가 커지고 작아지는 것을 관찰한 사람이 천 명이라 하더라도, 사람의 눈동자가 커지고 작아지는 것을 관찰한 사람은 한 명도 되지 않을 걸세.

낮에는 눈의 동그라미가 매우 작아지지. 해를 쳐다보면, 눈동자가 기장 낱알보다도 작아지네. 그러나 깜깜한 밤에 어떤 물체를 보려고 하면, 눈동자는 완두콩보다 더 커져. 이런 식으로 커지고 작아지는 것은, 열 배 이상 차이가 나지. 어두운 곳에서 물체를 보려고 하면 눈동자가 커지는데, 그때는 두 빛이 눈에서 더 멀리 떨어진 지점에서 만날 게 확실하지.

사그레도가 나에게 이 사실을 방금 알려 주었어. 매우 작은 각을 정확하게 측정하는 것이 아주 중요하다면, 빛이 만나는 지점이 어디인지, 실험을 해서 알아낼 필요가 있음을 우리에게 충고해 주고 있어. 그러나 지금 우리가 천문학자들의 실수를 폭로하기 위해서는, 그렇게 정확한 결과가 필요한 것은 아닐세. 그들에게 유리하도록 빛이 눈동자에서 만난다고 가정하더라도, 문제가 안 돼. 그 사람들의 실수는 워낙 크니까. 사그레도, 자네가 원한 것이 이것인가?

사그레도 그래, 맞아. 내가 제기한 의문이 이치에 맞는 것이라니 기쁘군. 자네가 내 말에 동의하는 것을 보니 기운이 나네. 그러나 이 기회에, 두 빛이 만나는 지점을 어떻게 구할 수 있는지 알면 좋겠군.

살비아티 그 방법은 아주 간단해. 내가 설명해 주지. 종이띠를 2개 준비하게. 하나는 검고, 하나는 희고. 검은 띠의 폭이 하얀 띠의 절반이 되도록 해. 하얀 띠를 벽에 붙인 다음, 검은 띠를 거기에서 15야드 내지 20야드 떨어진 곳에 있는 막대에 붙여 놔. 같은 방향으로 같은 거리만큼 뒤로 물러나서 이것들을 보면, 하얀 띠의 가장자리에서 나오는 빛이 검은 띠의 가장자리를 스치고 와서, 그 지점에서 만나지. 그러니 눈이 그 지점에 놓여 있으면, 중간에 있는 검은 띠가 하얀 띠를 아슬아슬하게 덮는 것처럼 보일 거야.

그러나 실제로 보면, 그렇지가 않아. 하얀 띠의 가장자리 근처가 약간 보여. 두 줄기 빛이 그 지점에서 만나는 게 아니기 때문이지. 하얀 띠가 검은 띠 뒤에 완전히 숨도록 만들려면, 좀 더 가까이 가서 보아야 해. 가운데 있는 검은 띠가 뒤에 있는 하얀 띠를 완전히 가리는 지점으로 간 다음, 얼마나 앞으로 움직였는지, 그 거리를 재어. 이 거리가 바로 빛이 눈 뒤 얼마 거리에서 만나게 되는가를 나타내는 거리이지.

이것을 통해서 눈동자의 크기도 구할 수 있네. 즉 빛이 쏟아져 들어오는 구멍의 크기 말일세. 눈동자의 크기와 검은 띠의 폭의 비율은, 앞으로 움직인 거리와 두 종이띠 사이 거리의 비율과 같지. 앞으로 움직인 거리란, 종이띠의 가장자리를 지나는 빛이 만나는 지점에서, 하얀 띠가 검은 띠에 가려서 보이지 않게 되는 지점까지의 거리이지.

그러므로 별의 겉보기 크기를 정확하게 재고 싶으면, 이런 식으로 관찰을 한 다음에 줄의 지름과 눈동자의 지름을 비교해 주어야 해. 예를 들어 줄의 지름이 눈동자의 네 배라고 하면, 그리고 줄에서 눈까지의 거리가 30야드라고 하면, 별의 가장자리에서 줄의 가장자리를 스쳐 지나는 빛은 줄에서 40야드 떨어진 곳에서 만나는 거야. 이런 식으로, 빛이 만나는 지점과 줄 사이의 거리가, 빛이 만나는 지점과 눈 사이의 거리와 적당한 비율이 되도록 해야 해. 이 비율은 줄의 굵기와 눈동자의 크기의 비율과 같아.

사그레도 잘 알겠네. 심플리치오, 코페르니쿠스의 이론에 반대하는 사람들을 변호해 보게.

심플리치오 코페르니쿠스의 상대편이 지적한 거대한 불균형이 살비아티의 설명 덕분에 많이 줄어들기는 했지만, 이게 코페르니쿠스의 이론을 뒤엎지 못할 정도로 완전히 힘을 잃은 것은 아닐세. 내가 이해하기로, 최종적인 결론을 보면, 6등급인 별이 해와 같은 크기라 하더라도(사실, 이것도 믿기 어려운 가설이지만), 지구가 궤도를 따라 공전하면, 별들의 천구가 모양이 변화하는 정도는, 지구의 반지름에 따라 해의 모습이 변화하는 정도와 비슷하다. 그러나 고정되어 있는 별들은 그런 식의 변화가 일어난 적이 없다. 그 어떠한 변화도 측정된 것이 없다. 그러니 지구는 공전하지 않는 게 확실하며, 이 이론은 버려야 한다.

살비아티 심플리치오, 코페르니쿠스 편에서 더 이상 할 말이 없다면, 그렇게 해도 되겠지. 그러나 아직 할 말이 많이 남아 있네. 자네의 요구에 대해 답하겠는데, 별들의 거리가 지금 우리가 가정한 것보다 더 멀지 말라는 법은 없네. 자네 자신도 그렇고, 프톨레마이오스의 추종자들이 받아들이는 비율을 해치지 않으려는 사람은 누구나 다 마찬가지인데, 별들의 천구의 크기가 지금 우리가 가정한 것보다 훨씬 더 크다고 해야 편리하게 돼.

행성들의 궤도가 더 커지면 더 느리게 회전한다고, 모든 천문학자들이 이구동성으로 주장하고 있어. 그렇기 때문에 토성은 목성보다 더 느리게 회전하고, 목성은 해보다 더 느리게 회전하지. 토성은 목성보다 더 큰 원을 그리고, 목성은 해보다 더 큰 원을 그리니까. 예를 들어 토성은 해보다 9배 더 멀리 있어. 그 결과 토성은 한 바퀴 회전하는 데 해보다 30배의 시간이 걸려. 프톨레마이오스의 이론에 따르면, 천구는 36,000년에 한 바퀴 회전하지. 토성은 30년에 한 바퀴 돌고, 해는 1년에 한 바퀴 돌지. 이 비율을 구해 보세.

토성의 궤도는 해에 비해 9배 더 큰데, 한 바퀴 도는 데는 30배의 시간이 걸린다. 같은 비율로 따져서, 36,000배의 시간이 걸리려면, 궤도의 크기가 몇 배가 되어야 하는가? 이걸 계산해 보면, 별들의 천구는 그 반지름이 궤도 반지름의 10,800배가 돼. 우리가 조금 전에 6등급인 별이 해와 같은 크기라고 가정하고 계산한 것의 5배가 돼. 그러니 지구의 공전에 따른 별들의 모습 변화가 그만큼 더 작아지는 것이지.

별들의 천구까지의 거리를 달리 계산할 수도 있어. 목성이나 화성과의 비례식을 써서 구하면, 지구 궤도 반지름의 15,000배와 27,000배가 각각 나와. 즉 우리가 별의 크기가 해와 같다고 놓고 계산해서 구한 크기의 7배, 12배가 돼.

심플리치오 이 주장에 대해서는 다음과 같이 반박할 수 있네. 프톨레마이오스 이후 사람들이 관측해 보니, 별들의 천구는 그가 생각했던 것보다 더 빨리 회전한다는 것을 알게 되었네. 내가 듣기로는, 코페르니쿠스 자신도 이것을 확인했다고 그러던데.

살비아티 그 말은 맞아. 그러나 자네 말은 프톨레마이오스 편인 사람들에게 조금도 도움이 되지 않네. 주기가 36,000년이면 매우 느리게 움직이고, 별들의 천구가 너무 광대하게 되지만, 그 사람들은 그 주장을 버린 적이 없네. 만약 그런 엄청난 크기가 자연계에 존재할 수 없다면, 그 사람들은 그렇게 느리게 움직인다는 주장을 진작 버렸어야지. 그런 느린 회전을 비율에 맞춰 계산하면, 엄청난 크기가 나올 수밖에 없지.

사그레도 살비아티, 그 사람들을 상대로 비율을 따지는 것은 괜한 시간 낭비일세. 그 사람들은 가장 심한 불균형을 받아들이지 않았던가? 이런 식으로 그들과 논쟁을 해 봐야 얻을 게 없네. 그 사람들이 아무런 이의도 없이 받아들인 것보다 더 심하게 비율이 어긋나는 것을 상상할 수 있는가?

그 사람들은 우리에게, 모든 천구들은 주기에 따라 배치해야 한다고 주장하고 있네. 빠른 것은 가까이에, 느린 것은 더 멀리에. 이렇게 차례차례 놓은 다음에, 별들의 천구는 가장 느리고, 가장 멀리 놓여 있다고 하거든. 그다음에 그들은 움직이는 주천구를 그 바깥에 놓아. 이건 더 멀고, 더 크거든. 그런데 이 천구는 24시간에 한 바퀴씩 돌고 있네. 그 바로 밑에 있는 것은 36,000년에 한 바퀴 도는데 말일세! 이런 엉터리 비율에 대해서는 어제 충분히 이야기했지.

살비아티 심플리치오, 자네의 주장에 동조하는 사람들에 대한 애정을 잠시 접어 두고, 솔직히 말해 보게. 그러한 크기는 너무나 광대하기 때문에, 우주에 부여할 수 없다고 말하는데, 과연 그 사람들은 그러한 크기를 제대로 이해하고 있다고 생각하는가? 내 생각에 그 사람들은 이해하지 못하고 있어. 우리가 수백억, 수천억이란 숫자를 이해할 수 있는가? 그 숫자들은 너무 커서, 혼동이 되어, 어떤 뚜렷한 개념이 생기지 않네.

이 엄청나게 먼 거리를 이해해 보려고 할 때에도, 마찬가지 일이 일어나지. 고요한 밤중에 별을 쳐다보고는 그 거리가 얼마나 될까 추측해 보면, 겨우 몇 십 마일 밖에 안 떨어진 듯한 느낌이 들어. 별들이 목성, 토성, 심지어 달보다 더 멀지 않은 곳에 있는 듯한 느낌이 들기도 해. 사색을 하려 해도 이런 식의 현상이 일어나네.

이 모든 것을 제쳐 두고, 카시오페이아자리와 궁수자리에 나타난 새로운 별들의 거리를 놓고, 천문학자들과 소요학파 철학자들이 내세운 논리들을 생각해 보게. 천문학자들은 그것들이 별들 사이에 있다고 했는데, 소요학파 철학자들은 그것들이 달보다 더 가까이 있다고 주장했어. 먼 거리를 엄청나게 먼 거리와 구별하기에는, 우리의 감각이 너무 약해. 후자가 전자보다 수천 배 더 멀더라도 말일세.

어리석은 사람들 같으니라고.(샤이너와 그의 제자 로허를 가리킨다. — 옮긴이) 내가 마지막으로 묻겠는데, 어떤 크기가 우주의 크기로서 너무 크다고 자네가 판단할 때, 자네의 상상력으로 그 크기를 이해할 수 있는가? 만약 이해할 수 있다면, 자네의 이해력이 신의 전능한 힘을 능가한단 말인가? 신이 만들 수 있는 것보다 더 큰 어떤 것을 자네가 상상할 수 있단 말인가? 만약 이해할 수 없다면, 자네는 왜 이해할 수 없는 것에 대해 판단을 내리려고 덤비는가?

심플리치오 아주 탁월한 논리이군. 우주의 크기가 우리의 상상력을 벗어날지도 모른다는 점은 누구나 다 인정하고 있네. 신이 마음만 먹었다면, 우주를 지금 크기의 천 배로 만들 수도 있었을 테니까. 그러나 우주에 있는 모든 것들은, 다 나름대로 쓸모가 있기 때문에 창조되었음을 시인해야 하네. 행성들은 멋지게 조화를 이루고 있지. 지구를 중심으로 돌면서, 그 주기와 거리가 순서에 잘 맞아서, 우리에게 큰 이득이 되네. 행성들 중에 가장 멀리 있는 토성의 궤도와 별들의 천구 사이에, 아무것도 없는 무익한 공간이 쓸데없이 광대하게 펼쳐져 있을 이유가 무엇인가? 누구를 위해 그게 존재한단 말인가?

살비아티 심플리치오, 우리는 자신을 너무 과대평가하고 있네. 신의 지혜와 권능은 우리 인간을 보살펴 주기 위해서 일하는 것이 전부란 말인가? 그 이외의 용도로는 아무것도 창조하거나 소멸시키는 것이 없단 말인가? 우리가 신의 손을 그런 식으로 묶을 수 있겠는가?

신과 자연은 우리 인류를 아주 잘 보살펴 주고 있네. 인류 이외에는 보살펴 주는 게 없다 하더라도, 인류를 지금보다 더 잘 보살펴 줄 수는 없을 걸세. 이걸 알았으면, 만족할 줄 알아야지. 안 그런가?

내가 적절한 예를 들어서, 내 말의 뜻을 설명해 주지. 햇볕의 역할로부터 이끌어 낸 비유이지. 햇볕은 여기에서 증기를 만들기도 하고, 저기에서 나무를 따뜻하게 만들기도 하네. 햇볕이 증기를 만들고, 나무를 따뜻하게 데우고 하는 행동을 보면, 마치 그 일 이외의 다른 할 일이 없는 것처럼 보이지. 포도송이를 영글게 만들거나, 포도알 하나를 영글게 만들더라도, 햇볕은 온 정성을 다해 그 일을 하는 것처럼 보여. 포도알 하나를 영글게 만드는 것 이외에 다른 할 일이 없다 하더라도, 그 일을 그보다 더 잘 할 수는 없을 걸세. 이 포도알은 햇볕을 받을 수 있을 만큼 받고 있네. 햇볕은 동시에 수천, 수만 가지 일을 하고 있지만, 그렇다고 해서 이 포도알에게 손해가 되는 것은 조금도 없어. 만약 이 포도알이, 햇볕은 자신만을 위해서 존재해야 한다고 요구하거나, 또는 그렇게 믿는다면, 이 포도알은 질투심이 지나치거나, 또는 자만심이 지나치다고, 욕을 먹지 않겠는가?

신의 섭리는 우리 인간을 보살피는 데 필요한 것을 하나도 빠뜨리지 않고 챙겨 주고 있다고, 나는 확신하네. 그렇다고 하더라도, 신의 무한한 지혜에 의지하는 것이, 그 이외에 아무것도 없다고 생각하지는 않네. 내가 이성을 갖고 생각하는 바로는 그러하네. 그러나 만약 그렇지 않다면, 나는 신의 섭리를 받아들이고, 그 뜻에 따라 믿겠네.

우선, 행성의 궤도와 별들의 천구 사이의 광대한 공간이 아무 쓸모가 없으며 거기에는 별도 없다고 주장한다면, 우리의 이해력을 넘어서는 광대한 크기는 별들을 박아 두기 위해서 필요한 게 아니라고 주장한다면, 신의 행위를 판단하기에는 우리 인간의 능력이 너무 약하다고 반박하겠네. 우리에게 필요하지 않은 모든 것은 쓸데없는 헛것이라고 주장하는 것은 경솔한 짓일세.

사그레도 아니, 그렇게 말하지 말고, "우리가 보기에 우리에게 필요하지 않은 것"이라고 말하는 것이 더 나을 것 같아. 이 세상에서 가장 무식한 주장, 아니 가장 미친 주장은 "목성이나 토성은 우리에게 아무 필요도 없어 보인다. 그러니 그들은 쓸데없고, 그들은 존재하지 않는다."라고 말하는 것이겠지.

어디 그뿐인가? 나는 혈관이 왜 나에게 필요한 것인지 모르고 있네. 연골도 마찬가지일세. 지라, 쓸개도 마찬가지이지. 아니, 시체를 해부해서 그것들을 보여 주지 않았다면, 나는 쓸개, 연골, 콩팥이 있다는 사실조차 몰랐을 걸세. 있다는 것을 안다 하더라도, 연골이 어떤 역할을 하고 있는지는, 연골을 제거해 보아야 알 수 있지.

심플리치오, 자네는 모든 천체들의 행동이 우리를 위해서 있다고 생각하는가? 그들이 실제로 우리에게 어떤 일을 하고 있는지 알고 싶으면, 그 천체들을 상당한 시간 동안 제거해 보게. 그러고 나서 우리가 뭔가 부족한 듯이 느껴지는 게 있으면, 그게 바로 그 천체에게 의존하는 것임을 알 수 있지.

그리고 토성과 별들 사이의 광대한 공간이 아무 쓸모가 없이 크기만 하다고? 거기에는 아무런 물체도 없다고? 물체가 없다는 것을 어떻게 안단 말인가? 우리 눈에 보이지 않기 때문이란 말인가? 목성의 네 위성들과 토성에 딸린 것들도, 우리가 그것들을 보게 되자 존재하기 시작했고, 그전에는 존재하지 않았단 말인가? 무수히 많은 별들도 사람들이 쳐다보기 전에는 존재하지 않았단 말인가? 성운들은 원래 조그마하고 하얀 부스러기에 불과했지. 우리가 망원경으로 그것들을 수많은 밝고 아름다운 별들의 집단으로 만들었단 말인가? 아! 인간의 무지함이 성마르고 주제 넘는군.

살비아티 사그레도, 그 사람들의 무의미한 과장을 갖고 쓸데없이 따질 필요가 없어. 우리는 원래 계획한 대로 계속 나아가세. 양측이 제시하는 온갖 주장들에 대해서, 그것들이 과연 유효한지 검토하는 일이지. 결론은 우리가 내릴 수 있는 게 아닐세. 이것에 대해 우리보다 더 잘 아는 사람들에게 미루도록 하세.

우리 인간의 자연스러운 사색으로 돌아가서, 내 생각으로는 '크다', '작다', '거대하다', '하찮다' 따위의 말들은 절대적인 게 아니라 상대적인 거야. 한 물체가 다른 물체들과 비교해서 '거대'하면서, 동시에 또 다른 어떤 물체들과 비교해 보면, '작다'는 정도가 아니라 아예 '감지할 수 없다'고 할 정도가 되기도 하지.

그러니 내가 이 사람들에게 물어보겠네. 코페르니쿠스가 주장한 별들의 천구가 너무 크다고 말했는데, 무엇과 비교해서 그렇단 말인가? 내 생각으로는, 그 천구는 그와 비슷한 종류의 것과 비교를 해서 크다느니 작다느니 말해야 하네. 그 비슷한 종류 중에 가장 작은 것을 보세. 그건 바로 달의 궤도이지. 별들의 천구가 달의 궤도에 비해서 너무 크다면, 다른 무엇이든지 간에 자신과 비슷한 종류의 것과 비교해서 그보다 더 크다면, 지나치게 큰 것이지. 이런 식으로 생각하면, 그런 것들은 이 우주에 존재하지 말아야지.

그렇다면 코끼리나 고래는 시인들이 상상해 낸 괴물에 불과하겠군. 코끼리는 육상 동물인 개미에 비해 지나치게 크잖아? 그리고 고래는 물고기인 송사리에 비해 지나치게 크군. 그들이 만약 자연계에 실제로 존재한다면, 그들은 측량할 수 없을 정도로 크겠군. 코끼리와 고래를 개미나 송사리와 비교했을 때 그 비율은, 별들의 천구와 달 궤도의 비율보다 훨씬 더 크거든. 별들의 천구가 코페르니쿠스 이론 체계가 요구하는 만큼 크다고 하더라도 말일세.

그뿐만이 아니지. 목성의 천구는 얼마나 큰가! 토성의 천구는 토성 하나만이 놓여 있는 공간으로서 얼마나 큰가! 토성은 별들보다 더 작은데도 말일세. 모든 별들에게 그런 비율로 공간을 배분해 주면, 수없이 많은 모든 별들을 포함하는 천구는 코페르니쿠스가 필요로 한 것에 비해서 수천 배 더 커질 게 확실하네.

그리고 자네는 별들이 매우 조그마하다고 말했지. 우리 눈에 보이지 않는 별들은 물론이고, 아주 똑똑히 보이는 별들도 작다고 말했지. 그건 물론 주위 공간과 비교해서 한 말이지. 이제 별들의 천구 전체가 거대하고 밝은 불덩어리라고 생각해 보게. 공간이 무한하다고 치고 이 천구에서 엄청나게 먼 거리를 떨어져서 그것을 보면, 이 거대하고 밝은 천구도 지금 지구에서 보는 별처럼, 아니 그보다도 더 작게 보일 수 있음을 누구나 인정하겠지? 우리는 천구를 측량할 수 없을 정도로 거대하다고 말하고 있는데, 그 위치에서 보면, 아주 작아질 게 아닌가?

사그레도 신이 이 우주를 만들 때, 신의 무한한 힘과 섭리에 맞도록 만든 게 아니고, 인간의 보잘것없는 사고 능력에 맞도록 만들었다고 주장하는 사람들이 있네. 정말 어리석은 사람들이지.

심플리치오 무슨 말인지 잘 알겠네. 그러나 이쪽에서 제기하는 반론은, 별들의 크기가 해와 같은 정도가 아니라 해보다 훨씬 더 커야 한다고 시인해야 한다는 점일세. 둘 다 별들의 천구 속에 놓여 있는 각각의 물체들인데도 말일세. 이 사람이 다음과 같이 의문을 제기할 만도 해.

"이렇게 거대한 틀이 존재하는 이유와 용도는 무엇인가? 지구를 위해서인가? 보잘것없는 조그마한 점을 위해서란 말인가? 그들은 왜 그렇게 멀리 있어서, 그렇게 작아 보이는가? 그래서야 지구에 아무런 영향도 끼치지 못하고 있지 않는가? 토성과 그들 사이에 그렇게 엄청나게 큰 심연이 있는 까닭은 무엇인가? 이 모든 것들은 수수께끼이다. 이것들은 이치에 맞도록 설명할 수가 없다."

살비아티 이 사람이 묻는 것을 보니, 이 사람은 하늘과 별들, 그들의 거리가 그가 지금까지 믿어 온 범위 안에 있어야만(물론, 이 사람이 하늘과 별에 대해 어떤 적당한 거리를 상상해 본 일도 없겠지만), 그것들을 완전히 이해하고, 그것들이 지구에게 주는 이득에 대해 만족하게 되겠군. 지구도 더 이상 보잘것없는 물체가 아니겠지. 이 사람 말에 따르면, 별들도 그렇게 작아 보이게 멀리 있지 말고, 지구에 어떤 영향을 끼칠 수 있도록 커져야 하겠군. 별들과 토성 사이의 거리도 적당한 비율이 되야겠군. 그러면 모든 것을 이치에 맞도록 설명할 수 있겠군.

그 설명이 뭔지 꼭 들어 보고 싶군. 그러나 그가 여기 써 놓은 몇 마디 말들이 온통 모순되고 뒤죽박죽인 것을 보니, 그 사람이 설명을 매우 아끼거나, 아니면 설명을 못 해 곤경에 빠질 것 같군. 그 사람이 설명하는 것은 아마 거짓말일 거야. 어리석은 공상의 그림자이겠지.

내가 이 사람에게 질문을 던지겠네. 천체들은 실제로 지구에 어떤 영향을 끼치는가? 천체들이 이만저만한 크기로 되어 있고, 이러저러한 거리에 놓여 있는 것은, 다 그 때문인가? 아니면 천체들은 지구에서 일어나는 일과 아무런 상관이 없는가?

만약 천체들이 지구와 아무 상관이 없다면, 우리가 그것들의 크기를 조정하려 덤비고, 그들이 놓여 있는 위치를 통제하려 하는 것은, 매우 어리석은 일일세. 우리는 그것들이 왜 있는지, 뭘 하는지도 모르고 있잖아? 만약 영향을 끼친다고 말하면, 그것들이 존재하는 목적이 이것을 위해서라고 말하면, 이 사람은 조금 전에 부인한 것을 인정하는 게 되는군. 방금 비난한 것을 놓고서 찬양을 하고 있네. 천체들이 그렇게 멀리 있으면, 지구에서 보아 너무 작기 때문에, 아무런 영향도 미치지 못한다고 말했잖아?

자, 이걸 보세요. 별들의 천구는 그 거리가 얼마든지 간에 그 거리에 존재하고 있습니다. 당신은 방금 이게 지구에 영향을 끼치기에 알맞도록 적당한 비율로 되어 있다고 결론을 내렸어요. 그런데 상당수의 별들은 매우 작아 보이는군요. 이들 개수의 수백 배가 되는 많은 별들은 아예 우리 눈에 보이지도 않는군요. 그러니 매우 작은 것보다도 더욱더 작군요. 이것들은 지구에 아무런 영향도 끼치지 못함을 시인하겠지요? 당신이 한 말과 모순이 되는군요. 그렇지 않다면, 아무리 작은 모습으로 나타나더라도, 지구에 영향을 끼치는 힘이 줄지 않는단 말인가요? 여전히 당신이 한 말과 모순이 되는군요. 아니, 그러지 말고 솔직하게 고백을 하세요. 당신이 그것들의 크기와 거리에 대해 판단을 내린 것은 어리석었습니다. 주제넘고 무모했다는 말은 아닙니다.

심플리치오 솔직히 말하자면, 나도 이 부분을 읽고 즉시 알아차렸네. 코페르니쿠스의 별들은 하도 조그마해서, 지구에 아무런 영향도 끼치지 못한다고 해 놓고, 프톨레마이오스와 이 사람 자신의 별들은 지구에 영향을 끼친다고 했으니, 분명히 모순이지. 그 별들도 매우 작을 뿐만 아니라 거의 보이지 않을 지경이거든.

살비아티 또 다른 문제점을 제기해야 하겠군. 이 사람은 무슨 근거로 별들이 그렇게 작아 보인다고 말하는가? 우리가 보기에 작아 보이기 때문에 그렇게 말하는 게 아닌가? 그건 우리가 별들을 볼 때 쓰는 기구 때문이 아닌가? 즉 우리 눈 때문이 아닌가? 우리가 기구를 바꾸면, 별들을 우리가 원하는 만큼 얼마든지 더 크게 볼 수 있지 않은가? 지구는 눈을 사용하지 않고 그 별들을 보니, 그 별들이 실제 크기만큼 크게 보일지도 모를 일이지.

이런 시시한 말장난은 그만두고, 더 중요한 문제들을 생각해 보세. 나는 이미 두 가지를 보여 주었네. 우선, 해가 그 거리에 있을 때, 지구의 크기에 따른 모습 변화보다 지구의 공전에 따른 별들의 변화가 더 크지 않으려면, 별들은 얼마나 먼 곳에 놓여 있어야 하는지를 보였네. 그다음에 별이 우리 눈에 보이는 크기가 되려면, 그 별이 해보다 더 크지 않아도 됨을 보였어.

이제 다음으로 넘어가세. 지구의 공전을 자신 있게 인정하거나 부인할 수 있는 별들의 어떤 변화를 관찰하려고, 튀코와 그의 추종자들이 노력한 적이 있는가?

사그레도 내가 대신 답하겠는데, "아니오."야. 그 사람들은 그런 시도를 할 필요가 없었네. 코페르니쿠스 스스로 그런 변화는 없다고 시인했거든. 그러니 그 사람들은 코페르니쿠스 **개인을 상대로**(ad hominem) 변화가 없다고 결론을 내린 것이지. 그러고 나서 이것을 바탕으로 추론을 해 낸 것들이 도저히 있을 법하지 않음을 보인 걸세. 즉 별들이 하도 멀리 있어서, 별들이 우리 눈에 보이는 그런 크기가 되려면, 실제로 지구의 궤도보다 더 커야 할 지경이 되는 걸세. 그런 굉장한 크기는 도저히 믿을 수가 없다는 것이지.

살비아티 내가 보기에, 이 사람들은 진리를 찾으려는 마음이 없었어. 단지 어떤 개인의 입장을 지키기 위해서 다른 어떤 사람을 공격했을 뿐이지. 이 사람들은 그런 관측을 하려는 시도조차 하지 않은 게 확실하네.

별들이 너무 멀리 있기 때문에, 하도 작아 보여서 아무런 변화도 나타나지 않는데, 만약에 별들이 가까이 있다 하더라도, 이 사람들은 지구 공전 때문에 어떠한 변화가 생기는지조차 모를 거야. 그런 관측을 아예 하지도 않고서, 코페르니쿠스가 한 말을 물고 늘어지면, 코페르니쿠스 개인을 반박할 수는 있지만, 그렇다고 해서 문제가 해결되는 건 아니지.

실제로 어떤 변화가 있을지도 몰라. 다만 그것을 관측하지 않은 것이겠지. 어쩌면 변화가 너무 작기 때문에, 어쩌면 정밀한 관측 도구가 없었기 때문에, 코페르니쿠스는 그걸 몰랐던 것이겠지. 관측기구가 없었거나 다른 어떤 것이 모자라서, 그가 알아차리지 못한 것은 이것만이 아닐세. 그러나 그는 확고한 근거에 바탕을 두고 있었기에, 그가 이해하지 못하는 현상들이 자신의 이론을 반박하는 것 같았지만, 자신의 이론을 굳게 믿었지.

내가 이미 말했지만, 망원경 없이는 화성과 금성이 그 위치에 따라서 예순 배, 마흔 배 커지는 것을 확인할 수 없네. 맨눈으로 보면, 실제보다 훨씬 변화가 적어 보이거든. 그러나 망원경을 발명한 이후에 보니, 그 변화는 코페르니쿠스의 이론 체계가 요구한 것과 정확하게 맞아떨어졌어. 그러니 지구가 공전한다면 별들에 어떤 변화가 일어날지 생각한 다음, 가능한 한 정밀하게 그 변화를 관측해 보려고 시도하는 게 좋아.

내 생각에는, 지금까지 누구도 그런 시도를 해 본 적이 없네. 뿐만 아니라 내가 이미 말했듯이, 과연 어떤 변화를 찾으려 해야 하는지 이해하고 있는 사람도 거의 없어. 이건 내가 억측해서 말하는 게 아닐세.

코페르니쿠스에 반대하는 어떤 사람(프란체스코 인골리를 가리킨다. — 옮긴이)이 쓴 글을 보면, 만약 코페르니쿠스의 이론이 맞다면, 극이 6개월을 주기로 계속 올라갔다 내려갔다 해야 한다는 거야. 6개월 동안, 지구가 공전 궤도의 지름만큼 북쪽으로 갔다 남쪽으로 갔다 하기 때문이라고.

이 사람이 보기에는, 우리도 지구를 따라 움직이니까, 북쪽으로 갔을 때는 남쪽에 있을 때에 비해 극의 고도가 더 높아야 한다고 생각한 것 같아.

코페르니쿠스 편인 매우 뛰어난 수학자 한 명도 같은 실수를 범했지. 튀코가 쓴 책 『새로운 천문학 입문(*Astronomiae Instauratae Progymnasmata*)』 684쪽에 보면 나와. 이 사람은 실제로 극의 고도가 여름과 겨울에 달라지는 것을 관측했다고 주장했어. 튀코는 이 사람의 주장을 반박했지만, 그 방법을 탓하지는 않았네. 즉 튀코는 이 사람이 극의 고도 변화를 관측했다는 것을 반박했지만, 그 방법이 우리가 알아내려고 하는 사실과 관계가 없다는 것은 전혀 눈치채지 못하고 있어. 즉 튀코 자신도 극의 고도가 6개월을 주기로 변화하는가 변화하지 않는가 하는 것이, 지구의 공전 운동이 실제로 있는지 없는지를 판단하는 좋은 방법이라고 생각한 것이지.

심플리치오 솔직히 말해서, 내가 보기에도 그런 변화가 일어날 것 같은데. 우리가 북쪽으로 60마일 걸어가면, 극의 고도가 1° 올라가네. 이 사실을 부인하지는 않겠지? 북쪽으로 또 60마일 걸어가면, 극의 고도는 1° 더 올라가네. 불과 60마일을 올라가거나 내려가더라도 그렇게 큰 변화가 일어나는데, 지구와 우리 모두가 60마일이 아니라 자그마치 60,000마일이나 그 방향으로 움직이면, 얼마나 큰 변화가 일어날지 생각해 보게.

살비아티 같은 비율로 따지면, 극이 1,000° 올라가겠군. 심플리치오, 뿌리 깊은 편견이 어떤 결과를 낳는지 보게. 자네 머릿속에는, 하늘이 24시간에 한 바퀴씩 돌고 있고, 지구는 제자리에 가만히 있다는 편견이 수십 년간 뿌리를 내리고 있네. 그러니 회전운동의 극이 지구에 있는 게 아니라 하늘에 있다고 생각하는 거야. 잠시라도 좋으니 이 습관을 떨쳐 버리고, 지구만이 움직인다고 상상해 보게. 자네의 적으로 변장을 한 다음에, 이 가면무도회가 사실이라면, 어떤 결과가 생기는지 생각을 해 보게.

심플리치오, 만약 지구가 24시간에 한 바퀴씩 자전을 하고 있다면, 자전축, 극, 적도면이 모두 지구에 놓여 있네. 적도면이란 두 극으로부터 같은 거리에 놓여 있는 점들이 그리는 대원을 말하지. 다른 모든 위선들도 지구에 놓여 있네. 큰 원, 작은 원. 극으로부터 어떤 거리에 놓여 있는 점들이 그리는 원 말일세. 이 모든 것들이 하늘에 있지 않고, 지구에 놓여 있어.

하늘은 움직이지 않으니, 이런 것들이 전혀 없어. 다만 지구의 자전축을 무한히 연장한다고 상상해 보면, 하늘 끝의 두 점에 가서 닿을 텐데, 그 두 점은 지구의 두 극 위에 있으며, 그것들을 하늘의 극점이라 생각하는 것이지. 마찬가지로, 지구의 적도면을 무한히 연장한다고 상상해 보면, 하늘 끝에 닿아 대원을 그릴 텐데, 그게 하늘의 적도면이라고 생각하는 걸세.

진짜 축, 진짜 극, 진짜 적도는 바뀌지 않네. 그러니 자네가 지구 표면의 같은 지점에 머문다면, 지구를 통째로 다른 곳에 옮겨 놓더라도, 자네의 위치는 극, 위도 등 지구의 모든 사항에 대해서 조금도 바뀌지 않아. 자네와 지구의 모든 것들이 똑같이 옮겨졌기 때문이지. 공통되는 움직임은 없는 것이나 마찬가지일세. 지구상의 극에 대해서, 자네의 위치는 조금도 바뀌지 않았어. 즉 극이 올라가거나 내려가지 않았단 말일세. 따라서 하늘에 있는 극에 대해서도, 자네의 위치는 바뀌지 않아. '하늘의 극'이라는 말이, 앞에서 정의한 것처럼, 지구의 자전축을 무한히 연장해서, 하늘의 끝과 만나는 점을 뜻한다면 말일세.

지구를 다른 곳으로 옮겨 놓았을 때, 자전축이 원래와 다른 어떤 지점을 가리키도록 놓으면, 천구상에서 극의 위치가 바뀌는 것은 사실이야. 그러나 우리가 위치하는 장소가, 그 지점들에 대해 바뀌어서, 한 번은 고도가 높고, 다른 한 번은 고도가 낮고 하는 것은 아닐세. 지구의 극에 대응하는 천구상의 그 두 지점의 고도를 높이거나 낮추려면, 지구상에서 극을 향해 가까이 가거나 극으로부터 멀어지도록 움직여야 하네. 내가 여러 번 말했지만, 지구와 우리 모두를 같이 옮겨서는, 아무것도 달라지는 게 없어.

사그레도 살비아티, 잠깐만. 적당한 예를 들어서, 이것을 알기 쉽게 설명할 수 있네. 이 예는 그렇게 세련된 것은 아니지만 ……. 심플리치오, 자네가 배를 타고 있다고 상상해 보게. 고물에 서서 사분의나 다른 어떤 기구로 돛대 꼭대기를 재 보게. 그 고도를 재었더니, 40°가 되더라고 하세. 자네가 갑판 위를 25보 내지 30보 걸어서 앞으로 간 다음, 돛대의 고도를 다시 재면, 고도가 훨씬 높아졌을 거야. 예를 들어 10° 증가했다고 치세. 그러나 자네가 25보 내지 30보 앞으로 걸어가는 대신에, 자네는 고물에 가만히 있고, 배 전체가 그만큼 앞으로 움직였다고 해 보세. 그러면 25보 내지 30보 움직였으니, 돛대의 고도가 10° 더 높아져 보이겠는가?

심플리치오 30보 아니라 1,000마일을 항해하더라도, 고도는 조금도 높아지지 않음을 잘 알고 있네. 그렇지만 돛대 꼭대기를 보았더니, 어떤 별이 바로 거기에 있더라고 상상해 보세. 사분의를 고정시킨 다음, 별이 있는 방향으로 배가 60마일을 항해했다고 하세. 그러면 사분의는 여전히 돛대 꼭대기를 가리키지만, 별을 가리키지는 못하네. 별은 1° 더 높은 곳에 있지.

사그레도 자네 생각에는, 관측자의 시선이 돛대 꼭대기 방향과 다르단 말인가?

심플리치오 같은 방향이지. 그러나 별들의 천구에서는 그 지점이 달라지네. 처음 관찰한 별의 아래에 놓이게 되지.

사그레도 맞아, 바로 그렇게 돼. 이 예에서 돛대 꼭대기의 고도는 그 방향에 있는 별에 대응하는 게 아니고, 관측자의 눈과 돛대 꼭대기를 잇는 직선이 가리키는 천구상의 어떤 지점에 대응하는 것이지. 이와 마찬가지로, 지금 우리가 따지는 경우도, 지구의 극에 대응해 천구상에 별이나 다른 어떤 고정된 물체가 있는 게 아니고, 지구의 자전축을 길게 연장했을 때 천구에 닿게 되는 어떤 상상의 지점을 가리키는 것일세. 이 지점은 고정된 것이 아니라 지구의 극에 따라서 바뀔 수 있네. 그러니 튀코든 누구든 이 반론을 올바르게 제시하려면, 지구가 공전을 하면 극의 고도가 올라가거나 내려가는 게 아니고, 지구의 극에 대응하는 지점 근처에 있는 어떤 별의 고도가 올라가거나 내려가야 한다고 주장했어야지.

심플리치오 그 사람들이 말을 애매하게 했음을 깨달았네. 그렇지만 그 사람들이 제기한 반론은 여전히 유효해 보이는데. 극이 아니라 별의 고도 변화를 뜻한다고 하면, 여전히 유효할 걸세. 배가 겨우 60마일을 움직이면, 내가 보기에, 별의 고도는 1° 올라가네. 그런데 배가 지구 공전 궤도의 지름만큼 그 별을 향해서 움직였는데, 어떻게 별의 고도가 그만큼, 또는 그 이상 변화하지 않을 수가 있는가? 그 거리는 지구에서 해까지 거리의 두 배나 되네.

사그레도 심플리치오, 이건 자네가 말을 애매하게 하기 때문이야. 자네가 의식하지 못하고 있지만, 자네도 이것을 알고 있네. 자네가 이걸 깨닫도록 만들어 주지. 내가 묻는 말에 답해 주게. 사분의로 재어 보니 별의 고도가 40°가 나왔다고 하세. 그다음에 자네의 위치는 옮기지 않은 채, 사분의의 밑면을 기울였다고 하세. 그러면 사분의가 가리키는 방향보다 더 위에 별이 놓이겠지. 자네는 이때 별의 고도가 더 높아졌다고 말하겠는가?

심플리치오 아니지. 달라진 게 없지. 이건 기구의 방향이 바뀌었을 뿐, 관측자가 별을 향해 움직인 게 아니니까.

사그레도 자네가 항해를 하거나 여행을 해서 지표면 위를 움직이면, 그때 사분의는 조금도 기울지 않고, 여전히 하늘의 같은 고도를 가리킨다고 말할 수 있는가? 자네가 그걸 기울이지 않고, 원래 있던 곳에 고정시켜 놓았다면 말일세.

심플리치오 음, 생각 좀 해 보세. 같은 기울기를 유지할 리가 없군. 항해를 하는 동안, 배는 평면을 따라 움직인 것이 아니라 둥그런 지구 표면에서 움직인 것이니까. 배가 움직일 때마다, 사분의는 하늘에 대해 약간씩 기울게 되네. 그러니 계속 경사가 바뀌게 되는 것이지.

사그레도 잘 알고 있군. 더 큰 원을 그리며 항해하는 경우, 별의 고도를 1° 올리기 위해서 더 먼 거리를 항해해야 하는 것도 알고 있겠지? 만약 그 별을 향해 직선을 따라 움직이면, 그 아무리 큰 원을 따라 움직이는 경우보다도 더 먼 거리를 움직여야 하네.

살비아티 암, 그래야지. 무한히 큰 원의 둘레가 바로 직선이니까.

사그레도 어, 그런가? 난 몰랐는데. 심플리치오도 아마 몰랐을 거야. 뭔가 깊은 수수께끼가 숨어 있는 것 같군. 살비아티는 말을 함부로 하는 사람이 아니니까, 어떤 분야에 대해 모순 되는 듯한 말을 할 때는 어떤 심오한 개념에서 그게 나왔기 때문일 거야. 나중에 적당한 때에, 직선이 무한히 큰 원의 둘레와 같다는 말을 설명해 달라고 해야지. 그러나 지금은 우리가 토론하는 주제에서 벗어나지 말도록 하세.

요점을 말하겠네. 심플리치오, 극 근처에 어떤 별이 있다고 하면, 지구가 그 별에 가까이 가거나 멀어지는 운동은, 직선을 따라 움직이는 것처럼 생각해야 하네. 지구 궤도의 지름은 직선이니까. 그러니 지구의 공전에 따른 북극성 고도의 변화를, 지구 둘레라는 조그마한 원을 따라 움직일 때의 고도 변화와 비교하려 하면 안 돼. 잘못 이해하고 있기 때문에 그런 실수를 범하는 것이지.

심플리치오 그렇다 하더라도 난점은 여전히 남아 있네. 매우 작은 변화라도 있어야 하는데, 전혀 발견된 게 없거든. 변화가 전혀 없다면, 지구 공전 궤도를 따라 움직인다는 운동도 없다고 시인을 해야 하네.

사그레도 살비아티, 자네가 다시 떠맡도록 하게. 북극성이든 다른 어떤 별이든, 고도가 올라가거나 내려간 것을 관측한 일이 없는데, 자네는 이것을 웃어넘기지 않겠지. 이 현상은 누구도 관측한 적이 없고, 코페르니쿠스 자신도 밝힐 수 없었지만, 그게 전혀 없지는 않을 거야. 아마 너무 작아서 관측하지 못한 것이겠지.

살비아티 내가 앞에서 말했지만, 지구의 공전 운동으로 인해 계절에 따라 별의 위치가 달라지는 것을 관측하려고 시도한 사람은 아무도 없네. 구체적으로 어떤 별이 어떤 식으로 위치가 바뀌어야 하는지 분명하게 이해하고 있는 사람도 거의 없어. 그러니 우선 이걸 자세히 따져 보는 것이 좋겠네.

별들의 위치가 바뀌는 것을 관측할 수가 없으니 지구는 공전 운동을 하지 않는다고, 그저 막연하게 글을 쓴 사람들은 여러 명 있지. 그러나 어떤 별이 어떤 식으로 변화해야 하는데, 그런 변화를 볼 수 없다고, 구체적으로 말을 한 사람은 아무도 없네. 그러니 별들의 위치가 바뀌지 않는다고 막연하게 말하는 사람들은, 그 변화의 본질이 뭔지, 그들이 찾으려고 하는 변화가 무엇인지, 모르는 게 확실하네. 아마 알아내려고 노력하지도 않았을 걸세.

내가 이렇게 생각하는 이유는, 코페르니쿠스의 주장처럼 지구가 공전을 해서 별들의 천구에 모양의 변화가 나타나면, 그 변화는 모든 별들에 똑같이 나타나지 않기 때문일세. 어떤 별들은 많이 변화하고, 어떤 별들은 적게 변화하고, 어떤 별들은 더욱더 적게 변화하고, 어떤 별들은 아예 변화가 없어야 하네. 지구의 공전 궤도가 아무리 크더라도 말일세.

별들의 모습의 변화는 두 종류로 나타나야 하네. 하나는 별의 크기가 변화하는 것이고, 다른 하나는 별의 자오선 고도가 변화하는 것이지. 자오선 고도가 변화함에 따라 별이 뜨고 지는 위치, 천정에서의 거리 등등도 달라지지.

사그레도 지금 내 앞에 놓여 있는 실타래는 하도 심하게 뒤엉켜 있어서, 신의 도움이 없다면, 나로서는 도저히 풀 수 없을 것 같네. 살비아티를 못 믿어서가 아니라, 이 문제에 대해 가끔 생각해 보았지만, 실타래의 한쪽 끝을 잡을 엄두조차 못 냈기에 하는 말일세. 별들에 딸린 여러 가지 사항들을 생각해 보니 그랬는데, 자네는 별들의 자오선 고도, 또는 위도, 천정에서의 거리 등을 언급해 문제를 더욱 끔찍하게 만드는군. 내 머릿속이 이렇게 어지럽게 된 근원을 설명해 주지.

코페르니쿠스는 별들의 천구가 움직이지 않는다고 가정했어. 해는 그 중심에 놓여 있으며, 역시 움직이지 않고 있지. 그러니 해나 별들이 어떤 식으로 변화하는 것은 다 지구 때문일세. 즉 지구가 움직이기 때문이지. 그런데 해는 자오선의 매우 큰 호를 따라 올라갔다 내려갔다 하거든. 거의 47°나 움직이네. 이렇게 올라갔다 내려갔다 하는 변화는, 비스듬한 지평선에서 더욱 크게 나타나지. 즉 지구는 해에 대해서 매우 크게 기울어져 있네.

그러나 별들에 대해서는 조금도 기울어져 있지 않네. 혹시 기울어져 있는지 몰라도, 그건 측정할 수 없을 정도로 작거든. 도대체 어떻게 이런 일이 일어날 수 있는가? 나는 아무리 노력을 해도, 이 매듭을 말끔하게 풀 수가 없었어. 자네가 만약 이 매듭을 말끔하게 풀면, 자네는 알렉산더보다 더 위대한 인물일세.

살비아티 이 난점을 발견한 것을 보면, 자네는 정말 총명하네. 코페르니쿠스 자신도 이것을 이치에 맞도록 설명할 수가 없어서 절망에 빠졌지. 그는 이게 불명료하다고 시인을 했어. 이걸 설명하려고 시도한 적이 두 번 있었는데, 서로 다른 방법을 썼지. 솔직히 말해서, 나도 처음에는 그의 설명을 이해할 수가 없었네. 하지만 또 다른 쉽고 간단한 방법을 써서, 이게 조리에 맞도록 만들 수 있었네. 그러나 그 방법을 찾기까지 오랜 시간 끙끙거리며 고민을 해야 했지.

심플리치오 아리스토텔레스도 이 반론을 알고 있었네. 옛날 사람들이 지구가 행성이라고 말한 것을, 이것을 써서 반박했지. 아리스토텔레스는 만약 지구가 행성이라면, 다른 행성과 마찬가지로 두 가지 운동을 해야 하며, 그러면 별들이 뜨고 지는 위치와 자오선 고도가 변화해야 한다고 주장했네. 아리스토텔레스가 이 문제를 제기했으면서도 해결하지 못한 것을 보면, 이 문제의 답은 매우 어려울 것 같은데. 가능하다 하더라도 말일세.

살비아티 매듭이 더 강하고 단단할수록 그걸 푸는 건 더 멋지고 흥미로운 일이지. 그러나 오늘 이걸 하지는 않겠네. 내일 풀어 주지. 지금 당장은 지구의 공전에 따른 별들의 모양 변화를 따져 보도록 하세. 내가 그걸 설명하려던 참이었지. 그걸 설명하려고 해 보면, 가장 어려운 난점의 해결 방안이 무엇인지가 저절로 나타나게 돼 있네.

지구의 두 가지 운동에 대해서 다시 생각해 보세. 내가 두 가지 운동이라고 말한 까닭은 세 번째 운동은 실제 운동이 아니기 때문일세. 이건 나중에 설명해 주겠네.

지구는 공전과 자전, 두 가지 운동을 한다. 공전 운동이란, 지구의 중심이 궤도 둘레를 따라서 움직이는 것이다. 궤도란, 황도면에 놓여 있는 거대한 원이며, 이 원은 고정되어 있어서 절대 바뀌지 않는다. 자전 운동이란, 지구가 자신의 중심과 축에 대해서 팽이처럼 뱅글뱅글 도는 것이다. 이 축은 황도면과 수직을 이루는 게 아니고, 약 23.5° 기울어져 있다. 기울어진 정도는, 1년 내내 바뀌지 않는다. 특히 명심해야 할 사항은, 축은 이렇게 기울어 있으면서, 하늘의 같은 지점을 늘 가리키고 있다. 즉 자전축은 늘 원래와 평행한 상태를 유지한다.

이 축을 별들이 있는 곳까지 연장했다고 상상해 보면, 지구가 황도를 따라 1년에 한 바퀴 공전하는 동안, 이 축은 약간 비스듬한 원통 표면을 그리게 된다. 이 원통의 밑변은 공전 궤도이고, 위쪽 끝은 별들 사이에서 지구의 극이 그리는, 공전 궤도와 같은 크기인 상상의 원이다. 이 원통을 그리는 자전축이 황도면과 비스듬하게 만나니까, 이 원통도 황도면과 비스듬하게 만난다. 즉 이 원통은 23.5° 기울어져 있다. 이건 늘 그 상태를 유지한다. 사실, 수천 년 지나면 약간의 변화가 생기지만, 그건 지금 우리가 다루는 것과 관계가 없으니, 신경 쓰지 않아도 된다.

그러므로 지구는 더 기울지도 않고, 바로 서지도 않고, 계속 그 상태를 유지한다. 따라서 지구의 공전 운동 때문에 별들의 모습에 어떤 변화가 일어나면, 그 변화는 지표면의 어떤 곳에서 보더라도, 지구 중심에서 보는 것과 똑같이 일어난다. 그러니 지금 이것을 설명하기 위해서라면, 지구의 중심이 지표면의 어떤 점인 것처럼 다뤄도 아무런 상관이 없네.

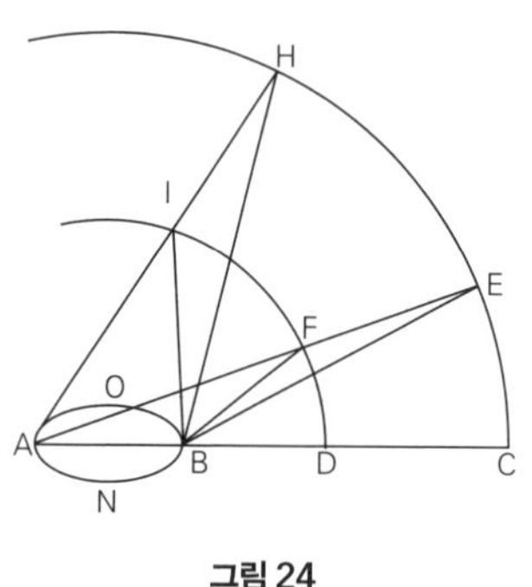

그림 24

이것을 이해하기 쉽도록 그림을 그려서 설명해 주겠네. 황도면에 원 ANBO를 그리고, 이게 바로 지구의 공전 궤도라고 하자. 여기서 A는 북쪽 끝, B는 남쪽 끝이라고 하자. 즉 A는 게자리를 가리키고, B는 염소자리를 가리킨다고 하자. 지름 AB를 길게 연장해서, D와 C를 지나 별들의 천구에 닿도록 하자.

이 그림을 보면, 우선 황도면에 놓여 있는 별들은, 지구가 황도면에서 어떻게 움직이더라도, 고도가 달라지지 않음을 알 수 있네. 그들은 늘 같은 평면에 놓여 있는 것처럼 보이지. 비록 지구가 공전 궤도의 지름만큼 가까이 갔다 멀어졌다 하지만 말일세. 이건 그림을 보면 쉽게 알 수 있네. 지구가 A에 있든 B에 있든, 별 C는 같은 직선 ABC 방향에 놓여 있거든.

비록 BC의 거리는 AC의 거리에 비해 지름 AB만큼 짧지만 말일세. 그러므로 C를 비롯한 황도면에 있는 별들은, 지구가 가까이 갔다 멀어졌다 하는 것에 따른, 겉보기 크기의 변화를 찾으려고 해야 하네.

사그레도 아니, 잠시만 멈추게. 조금 이상한 점이 있네. 별 C는 지구가 A에 있든 B에 있든, 같은 직선 ABC 방향에 놓여 있지. 그건 나도 잘 알고 있네. C뿐만 아니라 직선 AB에 놓여 있는 모든 점들은, 지구가 A에서 B로 움직이더라도, 여전히 같은 직선 방향에 놓여 있지. 그러나 지구는 곡선 ANB를 따라 움직이니까, 지구가 N에 있거나, 또는 A, B를 제외한 다른 어떤 점에 위치할 때, 그 별은 직선 AB 방향으로 볼 수 있는 게 아닐세. 무수히 많은 다른 어떤 직선 방향이 되겠지. 다른 어떤 직선 방향으로 보면, 보는 게 달라지니까, 어떤 변화를 감지할 수 있을 걸세.

한마디 덧붙일까? 우리는 철학을 하는 동료들이니까, 우리 사이에는 철학적인 생각을 자유롭게 개진해도 되겠지. 내가 보기에, 지금 자네가 말한 것은, 바로 오늘 자네가 우리에게 설명해 준 사실과 어긋나는 것 같아. 조금 전에 자네는 우리에게 아주 놀랍고 신기한 것을 완벽한 진실이라고 증명해 주었잖아? 행성들의 움직임 말일세. 특히 바깥에 있는 세 행성의 움직임이 놀라웠지. 황도 가까이에 놓여 있으면서, 지구에서 보았을 때 가까워졌다 멀어졌다 할 뿐만 아니라 그들의 움직이는 모습이 하도 다양하게 바뀌어서, 어떤 경우는 가만히 있다가, 어떤 경우는 뒤로 갔다가 하지. 그게 모두 지구의 공전에서 유래하는 움직임이거든.

살비아티 자네의 명민함은 이미 수백 번 경험해 보아서 잘 알고 있네. 그러나 지금 이 문제를 다루어 보면, 자네 지혜가 얼마나 대단한지, 내가 새삼 깨닫게 될 것 같네. 나로서는 다행스러운 일이지. 내 법칙이 자네가 가하는 망치질과 고열을 견디어 내면, 그건 아주 품질이 좋은 강철이며, 어디에 내놔도 손색이 없다고 자신할 수 있겠지.

나는 이 반론을 일부러 모르는 척 지나쳤네. 내가 자네들을 속여서, 거짓인 것을 참인 것처럼 설득하려고 그랬던 것은 절대 아닐세. 내가 무시했고, 자네가 간과했을지도 모를 이 반론이 아주 강하고 확실하다면, 나는 그런 비난을 들어야 하겠지. 그러나 이 반론들은 그렇지 않네. 오히려 자네들이 이 반론의 무의미함을 눈치채지 못하는 척 해서, 나를 시험하려는 게 아닌가 싶어. 이것에 관해서는, 내가 자네들보다 좀 더 교활하게 처신하고 싶네. 자네들이 교묘히 숨기고 있는 것을, 자네들의 입을 통해서 실토하도록 만들 걸세.

행성들이 멈추고 역행하고 하는 것이 어떻게 지구의 공전에서 유래하는지 설명해 보게. 그리고 이와 비슷한 현상이 황도에 놓여 있는 별들에게도 나타날 정도로 지구의 공전 궤도가 충분히 큰지 설명해 보게.

사그레도 자네가 요구하는 것은 두 가지 질문으로 나타낼 수 있군. 내가 답을 하겠네. 우선, 자네는 내게 위선자라는 오명을 덮어씌웠군. 그다음은 별들의 모습이 어떻게 되는가 하는 것이지. 첫 번째 것에 대해 답하겠는데, 나는 이 반론이 무의미함을 모르는 체한 게 아닐세. 내가 이것을 강조하는 뜻에서 말하겠는데, 이 반론이 무의미함을 나도 잘 알겠네.

살비아티 거 참 ……. 자네는 이게 무의미함을 몰랐다고 말했지. 그런데 이게 무의미함을 잘 알겠다고 ……. 이게 위선적으로 말한 게 아니라면, 도대체 뭐가 위선이겠나?

사그레도 내가 지금 안다고 고백한 것을 보면, 내가 조금 전에 몰랐다고 한 것이 거짓이 아님을 확인할 수 있네. 내가 알면서도 모르는 체했다면, 계속 모르는 체하지, 무엇 때문에 이제 알겠다고 말하겠는가? 조금 전에는 정말로 이해를 못 했어. 그러나 지금은 분명하게 이해를 하겠어. 자네가 나를 일깨워 준 덕분이지.

우선, 자네는 내게 거짓이 숨어 있다고 분명하게 말했지. 그다음, 자네는 행성들이 멈추고 역행하고 하는 것을 어떻게 아느냐고 따지려고 했지. 그 말을 듣자 깨닫게 되었어. 행성들의 움직임은 고정되어 있는 별들과 위치를 비교해서 알게 되는 것이지. 별들을 배경으로 행성들이 서쪽으로 갔다, 동쪽으로 갔다, 거의 움직이지 않고 멈추었다 하는 걸세.

그러나 별들의 천구 바깥에, 다른 어떤 천구가 훨씬 더 멀리 놓여 있으며, 우리 눈에 보여서, 별들의 움직임을 그것과 비교할 수 있느냐 하면, 그렇지가 않네. 그러니 행성들과는 달리, 별들의 경우는 그 변화를 발견할 수 없네. 내가 실토하도록 만들려고 했던 게, 바로 이 말을 듣고 싶었기 때문이지?

살비아티 바로 그것일세. 자네의 깊은 통찰력이 덤으로 딸려 나왔군. 내가 이런 사소한 말장난으로 자네가 깨닫게 만들었지만, 자네의 말은 내가 훨씬 더 중요한 것을 깨닫도록 만들어 주는군.

고정되어 있는 별들의 경우도, 지구의 공전 운동이 어떤 변화를 주는 것을 관측하는 게 가능할지도 몰라. 만약 그렇다면, 별들도 행성이나 해와 마찬가지로 재판정에 나타나서, 지구의 공전 운동에 유리하도록 증언을 해 줄 수 있겠지. 나는 모든 별들이 어떤 중심에 대해 거리가 같은 공의 표면에 놓여 있다고 생각하지 않네. 여기서 별들이 있는 곳까지 거리를 재면, 별들에 따라 그 거리는 제각각이어서, 두세 배 이상 차이가 날 거라고 믿네. 어떤 큰 별에 이웃해 있는 조그마한 별을 망원경으로 발견했다면, 그리고 그 조그마한 별이 실제로 엄청나게 더 멀리 있다고 하면, 그들 사이에 어떤 변화가 일어나는 것을 발견할 수 있을지도 몰라. 바깥 행성들의 경우처럼 말일세.

별들이 황도면에 놓여 있는 특수한 경우는 잠시 제쳐 두고, 황도면 밖에 있는 별들에 대해서 생각해 보세. 황도면에 수직이 되도록 굉장히 큰 원을 그려 봐. 예를 들어 그림 24에서 보듯이 천구상에 하지·동지 경선에 대응하는 원을 그리고, 이것을 CEH로 나타내자. 이것은 바로 하지·동지일 때의 자오선을 나타낸다.

황도면 밖에서 이 원에 놓여 있는 어떤 별을 E라고 나타내자. 이 별은 실제로 지구의 공전에 따라서 고도가 달라진다. A에서 보면, 시선이 AE가 되니, 고도는 각 EAC이다. 그러나 B에서 보면, 시선이 BE가 되어, 고도는 각 EBC이다. 이 각은 EAC보다 더 크다. 각 EBC는 삼각형 EAB의 외각이고, 각 EAC는 삼각형 EAB의 내각이기 때문이다.

그러므로 황도면을 따라 움직이면서 별 E를 볼 때, 그 거리가 바뀔 뿐만 아니라 자오선 고도도 바뀐다. A에 있을 때보다, B에 있을 때 고도가 더 크고, 그 차이는 각 EBC에서 각 EAC를 뺀 것이다. 즉 각 AEB만큼 더 크다. 왜냐하면 삼각형 EAB에서 변 AB를 연장하면 점 C가 나오고, 외각 EBC는 두 내각 E와 A를 더한 것과 같으니, 각 EBC에서 각 A를 빼면, 각 E가 남기 때문이다.

같은 자오선을 따라, 황도면에서 더 멀리 떨어진 곳에 어떤 별이 있다고 하자. 이것을 H로 나타내자. 별 H는 두 지점 A와 B에서 보았을 때, 고도의 변화가 더 크다. 각 AHB가 각 E보다 더 크기 때문이다. 이 각은 별이 황도면에서 멀어지면 멀어질수록 점점 더 커진다. 별이 황도면의 극에 놓이면, 가장 크게 변화한다. 이걸 완전히 이해할 수 있도록, 내가 새 그림을 그려서 설명해 주겠네.

지구 궤도의 지름을 AB라 하고, 그 중점을 G라고 하자. 이 지름을 길게 연장해서, 별들의 천구와 만나는 점을 C와 D로 나타내자. 중점 G에서 황도면에 수직이 되도록 축 GF를 세워라. F는 이 축이 별들의 천구와 만나는 점이라고 하자. 황도면에 수직이 되도록, 자오선 DFC를 별들의 천구에다 그리자. 호 FC에 두 점 H와 E를 잡아서, 거기에 별들이 놓여 있다고 하자. 직선 FA, FB, HA, HG, HB, EA, EG, EB를 그어라.

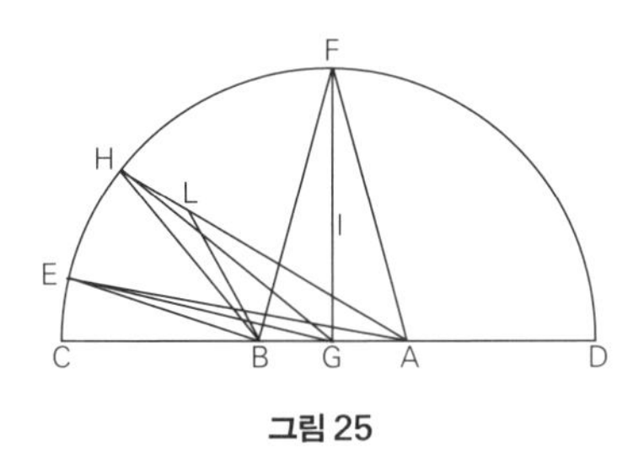

그림 25

각 AFB는 극 F에 놓여 있는 별의 고도 차이를 나타낸다. 즉 시차를 나타낸다. 별 H의 시차는 각 AHB이고, 별 E의 시차는 각 AEB이다. 극에 놓여 있는 별 F의 시차가 최대임을 증명하겠다. 다른 별들도 극에 가까우면, 극에서 먼 별에 비해서, 시차가 더 크다. 즉 각 F는 각 H보다 더 크고, 각 H는 각 E보다 더 크다.

삼각형 FAB에 외접하는 원을 생각하자. 변 AB의 길이는 반원 DFC의 지름 DC보다 짧고, 따라서 삼각형 FAB에 외접하는 원을 변 AB로 자르면, 그중 큰 부분이 F 쪽에 놓인다. 선분 FG는 밑변 AB의 중점을 수직으로 지나니까, 외접원의 중점은 FG에 놓이게 된다. 그 점을 I로 나타내자.

점 G에서 외접원의 둘레로 무수히 많은 선분들을 그었다고 해 보자. 점 G는 외접원의 중점이 아니기 때문에, 그 선분들 중 가장 긴 것은 바로 중점을 지나는 선분이다. 즉 G에서 외접원의 둘레로 그은 선분들 중에 FG가 가장 길다. 그런데 선분 GH의 길이는 선분 GF와 같다. 따라서 이 외접원은 선분 GH를 자르고 지나간다. 그리고 선분 AH도 자르고 지나간다.

외접원이 AH를 자르는 지점을 L로 나타내자. 선분 LB를 그어라. 그러면 두 각 AFB와 ALB는 크기가 같다. 왜냐하면 한 원에서 같은 현에 대응하는 원주각이기 때문이다. 그런데 각 ALB는 삼각형 HLB의 외각이니까, 내각 H보다 더 크다. 그러므로 각 F는 각 H보다 더 크다.

비슷한 방법으로, 각 H는 각 E보다 더 큼을 보일 수 있다. 삼각형 AHB에 외접하는 원을 그리면, 그 원의 중점은 선분 GF에 놓인다. 선분 GF에서 거리를 재 보면, 점 H는 점 E보다 더 가까이에 있다. 따라서 외접원은 선분 GE를 자르고 지나가고, 선분 AE도 자르고 지나간다. 이제 앞에서와 마찬가지로 증명할 수 있다.

이것을 보면 별들의 모습 변화, 즉 시차의 크기는, 별이 극에 가까우냐 황도면에 가까우냐에 따라 커졌다 작아졌다 함을 알 수 있다. 별이 황도면에 놓여 있으면, 시차는 없어져 버린다. 그리고 지구가 자전함에 따라 별에 가까이 갔다 멀어졌다 하는 정도는, 황도면에 놓여 있는 별들의 경우, 지구 궤도의 지름만큼 가까워졌다 멀어졌다 한다. 이것은 이미 앞에서 보였다. 극 가까이에 있는 별들은 이렇게 가까워졌다 멀어졌다 하는 것이 거의 없다. 별들이 황도면에 가까우면 가까울수록 이 거리 변화는 크다.

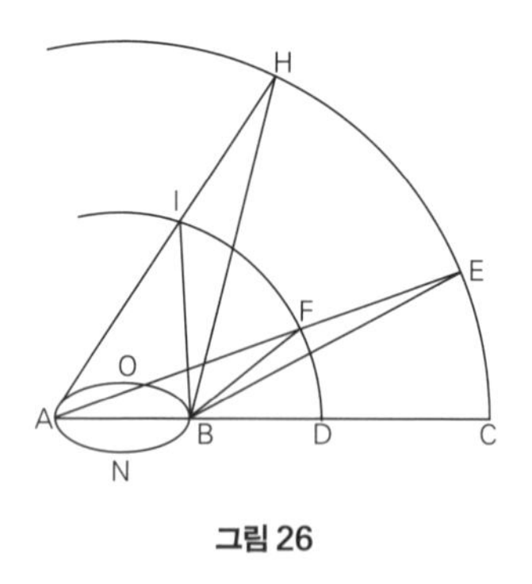

그림 26

세 번째로 알아야 할 것은, 시차의 크기는 그 별이 가까이 있느냐 멀리 있느냐에 따라 커졌다 작아졌다 한다는 것이다. 지구와 가까운 거리에 자오선 DFI를 그려 보자. 이 자오선의 어떤 점 F에 별이 놓여 있다고 하고, 지구가 A에 있을 때 보면, AFE가 일직선이 된다고 하자. 지구가 6개월 후 B에 갔을 때 보면, 그 별은 직선 BF에 놓여 있다. 별 F의 시차 BFA는 별 E의 시차 AEB보다 더 크다. 각 BFA는 삼각형 BFE의 외각이기 때문이다.

사그레도 자네 설명을 매우 즐겁게 들었네. 들은 보람이 있어. 내가 모든 것을 완벽하게 이해했음을 확인하기 위해서, 자네가 내린 결론의 핵심 부분을 말해 보겠네.

지구의 공전 운동에 따라서 별들의 모습에서 발견할 수 있는 변화는 두 가지로 나눌 수 있다. 하나는 별들의 크기 변화이다. 우리 지구가 별들에게 가까이 갔다 멀어졌다 하기 때문이다. 다른 하나는 별들의 자오선 고도가 높아졌다 낮아졌다 하는 것이다. 이것도 물론 우리가 가까이 갔다 멀어졌다 하기 때문에 생기는 변화이다. 그리고 이 두 변화는 모든 별들에게 똑같이 일어나는 것이 아니다. 나도 물론 잘 이해하고 있네. 어떤 별들은 많이 변화하고, 다른 어떤 별들은 적게 변화하고, 또 어떤 별들은 아예 변화하지 않기도 한다.

지구가 가까이 갔다 멀어졌다 하기 때문에 별의 크기가 커졌다 작아졌다 하는 변화는, 극 근처에 있는 별들의 경우, 거의 나타나지 않는다. 그 변화는 황도면에 놓여 있는 별들에게 가장 잘 나타난다. 그 중간에 놓여 있는 별들은 변화하는 정도도 중간이다. 다른 변화의 경우 그 반대로 된다. 즉 황도면에 놓여 있는 별들의 경우, 고도가 높아졌다 낮아졌다 하는 변화가 전혀 없다. 극 가까이에 있는 별들이 시차가 가장 크고, 그 중간에 놓여 있는 별들은 시차의 크기가 중간이 된다.

뿐만 아니라 이 두 가지 변화 모두, 가까이 있는 별들의 경우는 크고, 멀리 있는 별들의 경우는 더 작다. 매우 멀리 있는 별들의 경우, 변화를 볼 수 없다.

나는 완전히 이해했네. 그다음에 할 일은 심플리치오가 수긍하도록 만드는 것이지. 심플리치오는 아마 이런 변화를 감지할 수 없다는 것에 대해 동의하지 않을 걸세. 이런 변화는 지구의 공전이란 엄청난 운동에서 유래하는 것이니까. 지구에서 해까지 거리의 두 배를 움직이는 것이니, 얼마나 대단한 운동인가!

심플리치오 솔직히 말하겠는데, 별들이 그렇게 엄청나게 멀리 있어서, 방금 설명한 이런 변화들을 감지할 수 없다는 의견에 대해, 강한 거부감이 생기는군.

살비아티 심플리치오, 그렇게 단정하지 말게. 자네의 어려움을 누그러뜨릴 방안이 있을 걸세. 우선, 별들의 겉보기 크기가 달라지지 않는 것은 그리 이상하게 여기지 않겠지? 사람들이 그런 물체의 크기를 판단하는 데에는 오차가 너무 크게 생기니까. 밝게 빛나는 물체의 경우 특히 그렇지.

예를 들어 200보 멀리에서 환하게 타오르는 횃불을 보게. 그 횃불이 3~4보 더 가까이 오면, 그 횃불이 더 커져 보이는 것을 감지할 수 있겠는가? 나는 그게 20보, 30보 가까이 오더라도 감지하지 못할 것 같아. 어떤 경우는 멀리서 불빛이 움직이는 것을 보았는데, 그게 내게 가까이 다가오고 있는지, 아니면 멀어지고 있는지, 판단을 내리지 못한 적도 있었네. 사실, 그때 불빛은 가까이 다가오고 있었어.

이 변화를 어떻게 알아차릴 수 있겠는가? 토성이 가까워졌다 멀어졌다 하는 것은 거의 감지할 수 없어. 그 거리는 지구에서 해까지 거리의 두 배나 되는데도 말일세. 목성의 경우도 간신히 알아차릴 수 있지. 별들의 경우는 어떻겠는가? 별들이 토성보다 적어도 두 배 이상 멀리에 있음은, 자네도 수긍하겠지? 화성이 우리에게 가까이 다가올 때 …….

심플리치오 그만하게. 이걸 애써 설명할 필요는 없네. 별들의 겉보기 크기가 달라지지 않는 것에 대한 설명은, 나도 수긍하고 있네. 그렇지만 그들의 고도가 바뀌는 것을 전혀 관측할 수 없는데, 이 문제는 어떻게 해명할 건가?

살비아티 좋아, 지금 이 시점에 자네가 만족해할 말을 하지. 한마디로 말해서, 지구의 공전 운동에 수반해 나타날 것으로 보이는 별들의 변화를 실제로 관측했다면, 자네는 만족하겠는가?

심플리치오 그럼. 이 문제에 관한 한 만족해할 걸세.

살비아티 만약 그런 변화를 관측했다면, 지구의 공전 운동은 의심할 여지가 없다고 답하기를 바랐는데 ……. 그런 현상을 뒤엎을 수 있는 것은 없으니까. 그러나 우리가 이 변화를 관측할 수 없다고 해서, 지구의 공전을 부인하고, 지구가 움직이지 않는다고 결론을 내려야 하는 건 아닐세.

코페르니쿠스가 말했듯이, 별들이 너무 멀리 있기 때문에 그 변화가 너무 작아서 감지할 수 없는 것인지도 모르지. 내가 여러 번 말했지만, 지금까지 누구도 이 변화를 관측하려고 시도하지 않았기 때문인지도 모르지. 관측하려고 시도했다 하더라도, 그 방법에 문제가 있었겠지. 이 변화를 관측하려면, 아주 작은 각을 매우 정밀하게 재어야 하거든. 이 관측이 요구하는 만큼 정밀하게 재는 것은 매우 어려운 일일세.

우선, 천체 관측기구들이 불완전할 수 있네. 그 기구들에 여러 종류의 오차가 잠재할 수 있어. 그 기구들을 다루는 사람의 주의가 부족한 탓일 수도 있지. 천문학자들이 별들의 거리를 계산한 값이 서로 어긋나는 것을 보면, 이런 관측 결과를 신뢰하기가 어려움을 알 수 있네. 새 별이나 혜성들은 물론이고, 고정되어 있는 별들도 마찬가지일세. 심지어 극의 고도조차 몇 분 정도 차이가 나곤 하거든.

한번 따져 보세. 사분의나 육분의는 팔의 길이가 3~4야드 정도 되는데, 그걸 갖고 수직이나 조준기를 맞출 때, 2′~3′ 정도 오차가 생기지 않는다는 보장이 어디 있나? 그런 기구의 둘레에서 보면, 기장 낱알 정도의 폭이 그 정도 오차를 낳거든. 그리고 이 기구들을 아주 정확하도록 만든 다음에 계속 그 상태를 유지하도록 건사하는 게 가능하겠는가? 해가 춘분·추분에 들어가는 지점을 재기 위해서 아르키메데스가 직접 천구의를 만든 적이 있는데, 프톨레마이오스는 그 기구를 믿지 않았네.

심플리치오 기구들을 그렇게 믿을 수가 없고, 관측 결과들도 미심쩍다면, 도대체 어떻게 해야 오차 없이 관측 결과를 얻을 수 있단 말인가? 튀코가 자신의 관측기구들을 자랑하는 것을 본 일이 있네. 엄청나게 많은 돈을 들여서 만들었고, 튀코의 관측 기술도 일품이던데.

살비아티 다 맞는 말이야. 그러나 이런 중대한 일은, 어떤 한 가지 사실을 바탕으로 결론을 내릴 수가 없네. 튀코가 사용한 것보다 훨씬 더 큰 관측기구가 있어야 하네. 매우 정밀하면서도 만드는 데 돈이 적게 들어야 해. 둘레 길이가 4마일, 6마일, 20마일, 30마일 또는 50마일이 되고, 1°의 폭이 1마일이나 되며, 1′은 50야드가 되고, 1″가 거의 1야드가 되는, 그런 기구가 있어야 하네. 바꿔 말하면, 얼마든지 큰 관측기구를 돈 한 푼 들이지 않고 만들어야 해.

피렌체 근처에 내 별장이 있는데, 거기에 머무르면서, 해가 하지 지점에 닿았다가 다시 멀어지는 것을 관측한 일이 있네. 어느 날 저녁 해가 지는 것을 보니까, 피에트라파나 산맥에 있는 절벽에 가려져서 북쪽의 아주 가는 부분만 모습이 보이더군. 그 폭은 지름의 100분의 1도 채 되지 않았을 걸세. 피에트라파나 산맥은 60마일 정도의 거리에 있네. 그다음 날 해가 지는 것을 보니까, 역시 아주 가는 부분만 가리지 않고 보였는데, 그 폭은 전날에 비해 더 좁아진 것을 알 수 있었네. 해가 북회귀선에서 멀어지기 시작했다는 확실한 증거이지. 첫날과 그다음 날, 해가 지평선에서 진 지점들의 각도 차이는 1″도 채 되지 않을 걸세. 그 후에 성능 좋은 망원경으로 해의 크기를 천 배 이상으로 확대해서 관찰했는데, 아주 쉽고 편안하게 관찰할 수 있었어.

이와 비슷한 기구를 써서, 별들을 관측하는 방법을 설명해 주지. 우선, 변화가 가장 클 것 같은 별을 관측 대상으로 정해야지. 내가 이미 설명했지만, 황도면에서 가장 멀리 떨어진 별을 택해야 해. 거문고자리에 있는 베가가 적당할 걸세. 베가는 황도의 극 가까이에 있는 커다란 별이기 때문이지. 내가 지금 자네들에게 설명해 주려는 관측 방법을 실제로 적용하려면, 더욱 북쪽에 있는 나라들의 경우는, 베가가 제일 편리할 걸세. 그렇지만 나는 다른 별에 적용해 보려고 마음먹고 있네.

나는 이미 이걸 관측하기에 적당한 장소를 물색해 놓았네. 넓게 트인 평야 지대인데, 북쪽에 보면 높은 산이 하나 있고, 그 산꼭대기에 조그마한 수도원이 있어. 수도원 건물은 동서 방향으로 놓여 있어. 즉 평야의 어떤 지점에서 보면, 건물의 용마루가 자오선을 직각으로 자르게 돼.

쭉 곧은 막대기 하나를 용마루 위에 고정시켜 놓아. 그래 놓고서, 평야의 적당한 지점에서 보면, 북두칠성의 별들 중 하나가 자오선에 이르렀을 때, 그 막대에 가려져서 보이지 않게 돼. 바로 그 지점을 찾아야 하네. 만약 그 막대가 너무 가늘어서, 별빛을 완전히 가리지 못하면, 별의 원판이 막대로 인해 정확하게 같은 크기로 나눠지는 지점을 찾게. 성능이 좋은 망원경을 쓰면, 이걸 분명하게 확인할 수 있네.

만약 이 현상을 관찰할 수 있는 지점에 집이 한 채 있다면, 참 편리하겠지. 그러나 그런 게 없다면 그 지점에 말뚝 하나를 단단히 박아서, 관찰을 되풀이할 때마다 눈이 놓여야 할 위치를 나타내도록 하게. 하지일 때 첫 관측을 해야 하겠지. 그다음에 1개월 간격으로 또는 편리한 대로 관측을 하게. 최종적으로, 동지일 때 관측을 해야 하겠지.

이런 식으로 관측을 하면, 별의 고도가 높아지고 낮아지는 변화가 아무리 작다 하더라도 감지할 수 있네. 이렇게 관측을 해서, 실제로 고도 변화를 알아내면, 그건 천문학이 이룩한 엄청난 성과가 되겠지! 이것을 써서 지구의 공전 운동을 확인할 수 있을 뿐만 아니라 그 별의 거리와 크기에 대해서도 알아낼 수 있네.

사그레도 나는 이 방법과 그 과정을 완전히 이해했네. 이 방법은 아주 쉬우면서도, 우리가 찾고자 하는 것에 매우 적합해 보이는군. 코페르니쿠스 자신이나 다른 어떤 천문학자들이 실제로 이 방법을 써 보지 않았는지 모르겠군.

살비아티 그랬을 것 같지는 않네. 누구든 이 방법을 실제로 써 보았다면, 그 결과가 어느 편에 유리하게 나왔든지 간에 그 결과를 언급하지 않았을 리가 없지. 그러나 이 목적을 위해서든 또는 다른 어떤 목적을 위해서든, 이 방법을 실제로 적용한 것으로 알려진 사람은 없어. 그리고 성능이 좋은 망원경 없이는 이 방법을 제대로 쓸 수 없거든.

사그레도 자네 답은 아주 만족스러워.

밤이 되기까지는 아직 시간이 많이 남았군. 오늘밤에 두 다리 쭉 뻗고 편안하게 자려면, 자네가 내일로 미루려고 했던 문제들의 설명을 오늘 들었으면 좋겠군. 자네에게 너무 크게 폐를 끼치는 것은 아니겠지? 내일까지 유예해 주려고 했지만, 그걸 거두어야 하겠어.

다른 이야기는 다 제쳐 두고, 코페르니쿠스가 주장한 것처럼, 지구가 움직이고, 해와 다른 별들이 가만히 있다고 가정하면, 그에 따라서 온갖 변화들이 어떻게 일어나는지 설명해 주게. 해의 고도는 왜 높아졌다 낮아졌다 하는가? 계절은 왜 바뀌는가? 낮과 밤의 길이는 왜 달라지는가? 프톨레마이오스의 이론 체계로 이것들을 쉽게 설명할 수 있는데, 코페르니쿠스의 이론 체계로도 매한가지로 간단하게 나오는가?

살비아티 사그레도가 원하는 것을 거절할 수가 있나? 내가 이 설명을 내일로 미룬 까닭은, 마음속에서 이것들을 잘 정리해서, 알기 쉽고 분명하게 설명할 수 있도록 하기 위해서였지. 이런 일들은 프톨레마이오스의 체계에서는 물론이고, 코페르니쿠스 체계에서도 마찬가지로 일어나네. 사실, 전자에 비해 후자의 경우 더 쉽고 간단하게 일어나지. 그러니 코페르니쿠스의 지동설이 우리가 이해하기는 어렵지만, 자연이 이런 현상을 낳기는 더 쉬워. 나는 코페르니쿠스와는 다른 방법으로 이것을 설명해서, 이해하는 것도 쉬워지도록 만들어 보겠네. 그러기 위해서 우선 몇 가지 가설들을 공리로 받아들여야 하네.

첫째. 지구는 공 모양으로 둥글게 생겼으며, 자전축과 극이 있어서, 그것에 대해 회전하고 있다. 지표면의 모든 점들은 원둘레를 그리게 되는데, 그 점이 극에 가까우냐 머냐에 따라서, 그 원은 작아지거나 커진다. 이 원들은 모두 서로 평행하다. 이것들을 '평행원'이라고 부르자.

둘째. 지구는 공 모양으로 둥글게 생겼으며, 지구를 구성하는 물질은 투명하지 않다. 따라서 지표면의 절반은 빛을 받아 밝으며, 나머지 절반은 빛을 못 받아 어둡다. 이렇게 밝은 부분과 어두운 부분을 구별하는 경계선은 대원이 된다. 이 대원을 '빛의 경계선'이라고 부르자.

셋째. 빛의 경계선이 지구의 양극을 지날 때, 빛의 경계선은 모든 평행원들을 같은 길이로, 둘로 자른다. 빛의 경계선이 대원이기 때문이다. 그러나 빛의 경계선이 양극을 지나지 않을 때에는, 가운데 원을 제외한 모든 평행원들을 길이가 다르게, 둘로 자른다. 가운데 원, 즉 적도원은 자신이 대원이기 때문에, 항상 같은 길이로 둘로 잘린다.

넷째. 지구는 자전축을 따라 돌고 있으니, 낮과 밤의 길이는, 평행원들이 빛의 경계선에 의해 잘린 호에 따라서 결정된다. 빛을 받고 있는 반구에 놓여 있는 호는 낮의 길이를 결정하고, 나머지 호는 밤의 길이를 결정한다.

이것들을 공표했으니, 그다음에 나올 것들을 이해하기 쉽도록 그림을 그려서 보여 주겠네. 우선 원둘레를 그려서, 지구의 공전 궤도를 나타내도록 하세. 이 원은 황도면에 놓여 있네. 두 지름을 그어서, 이 원을 네

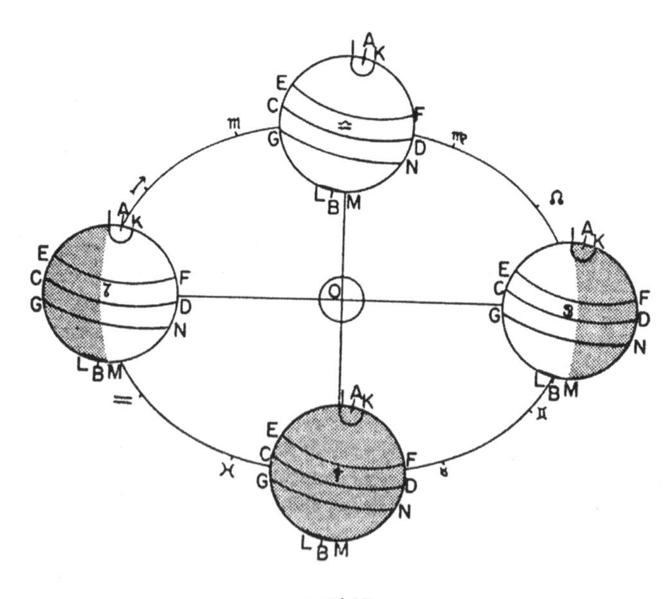

그림 27

부분으로 나누세. 염소자리, 게자리, 천칭자리, 양자리, 이들은 여기에서 네 절기를 나타낸다고 하세. 즉 하지·동지와 춘분·추분을 나타낸다고 하세. 이 원의 중심에 해 O가 놓여 있으며, 해는 움직이지 않는다고 하세.

염소자리, 게자리, 천칭자리, 양자리의 네 점을 중심으로, 같은 크기의 원을 그리자. 이 원들은 사계절의 지구를 각각 나타낸다. 지구의 중심은 궤도를 따라 서쪽에서 동쪽으로, 염소자리, 양자리, 게자리, 천칭자리의 순서로, 황도 12궁을 지나 1년에 한 바퀴씩 회전한다. 지구가 염소자리에 있으면, 해는 게자리에 나타날 게 확실하다. 지구가 염소자리에서 양자리로 호를 따라 움직이면, 해는 그때 게자리에서 천칭자리로 호를 따라 움직이는 것처럼 보인다. 한마디로 말해서, 해도 황도 12궁의 순서대로, 1년에 한 바퀴씩 회전하게 된다. 이 가설에 따라서, 해가 황도대를 따라 1년에 한 바퀴씩 회전하는 운동은 명백하게 설명이 된다.

이제 다른 운동에 대해서 생각해 보세. 지구의 자전 말일세. 자전축과 극을 정해야지. 자전축은 황도면에 수직으로 서 있는 게 아니다. 바꿔 말하면, 공전 궤도의 축과 평행하지 않다. 수직에서 약 23.5° 기울어져 있다.

지구가 염소자리에 있어서 하지일 때, 북극이 지구 공전축을 향해, 즉 해를 향해 기울어져 있다. 지구의 중심이 그 지점에 놓여 있다고 하고, 지구의 양극과 자전축을 AB로 나타내자. 이 자전축은 염소자리·게자리 지름에 수직인 직선에서 23.5° 기울어져 있다. A, 염소자리, 게자리를 잇는 각은, 그 각의 여각이니까, 66.5°가 된다. 이렇게 기운 것은 절대 바뀌지 않는다고 가정해야 한다. 위쪽에 있는 극 A를 북극이라고 하고, 아래쪽에 있는 극 B를 남극이라고 하자.

지구가 AB를 축으로 24시간에 한 바퀴씩, 서쪽에서 동쪽으로 자전한다고 가정해 보자. 그러면 지표면의 모든 점들은 평행원들을 그리게 된다. 지구가 처음 이 위치에 있을 때, 적도 대원을 CD로 나타내자. 적도에서 23.5° 위, 아래에 있는 두 평행원들을 EF, GN으로 나타내자. 극 A와 B에서 23.5° 떨어져 있는 두 평행원들을 IK와 LM으로 나타내자. 이 5개의 원들 이외에도 평행원들을 얼마든지 많이 그릴 수 있다. 지표면의 모든 점들이 평행원을 그리고 있기 때문이다.

이제 지구가 공전 운동을 해서 우리가 표시해 놓은 다른 지점으로 옮겨졌다고 가정해 보자. 이때 다음 법칙이 성립한다고 가정하자. 자전축 AB는 황도면에 대해 기운 정도가 바뀌지 않을 뿐만 아니라 기운 방향도 바뀌지 않는다. 자전축은 늘 원래와 평행한 상태를 유지하며, 우주의 어느 한 부분을 늘 가리킨다. 즉 하늘의 같은 부분을 늘 가리킨다. 지구의 자전축을 길게 늘였다고 상상해 보면, 지구의 궤도가 천칭자리, 염소자리, 양자리, 게자리를 지나며 원을 그리듯이, 그 위쪽 끝도 이와 평행하고 같은 크기인 원을 그린다. 즉 길게 늘인 자전축은 공전 운동을 통해 23.5° 기운 원기둥 면을 그리며, 그 원기둥의 아랫부분은 지구가 천칭자리, 염소자리, 양자리, 게자리를 지나며 그리는 원이고, 그 원기둥의 윗부분은 자전축의 위쪽 끝이 그리는 원이다.

이렇게 기운 것이 바뀌지 않기 때문에, 지구가 양자리, 게자리, 천칭자리에 가게 되더라도, 염소자리에 있던 것과 똑같은 모양을 유지하게 된다. 여기 지구를 3개 더 똑같은 모습으로 그리자.

처음에 그린 지구에 대해 검토해 보자. 자전축 AB는 해를 향해 23.5° 기울어져 있고, 호 AI도 역시 23.5°이니까, 햇빛은 지표면의 절반을 밝게 비추고 있고(이 그림에서는 빛을 받는 부분 중 절반만이 보이고 있음), 빛을 못 받아 어두운 부분과의 경계선은 곡선 IM이 된다. 평행원 CD는 대원이니까, 빛의 경계선에 의해 같은 길이인 두 부분으로 잘리게 된다. 그러나 다른 평행원들은 빛의 경계선이 같은 길이로 둘로 자르지를 않는다. 빛의 경계선 IM이 양극 A, B를 지나지 않기 때문이다. 평행원 IK와 북극 A 사이에 놓이는 모든 평행원들은, 빛을 받는 부분에 완전히 놓이게 된다. 반대로 평행원 LM과 남극 B 사이에 놓이는 모든 평행원들은, 어둠 속에 완전히 놓이게 된다.

그리고 호 AI는 호 FD와 같고, 호 AF는 IKF와 AFD에 공통이 되니까, 호 IKF와 호 AFD는 길이가 같다. 둘 다 원둘레의 4분의 1이다. 그리고 호 IFM은 반원이니까, 호 MF도 역시 원둘레의 4분의 1이며, IKF와 길이가 같다. 그러므로 지구가 이 위치에 있을 때, 해 O는 F에 사는 사람들을 수직으로 내리쬐게 된다. 그런데 지구는 축 AB에 대해 자전을 하니까, 평행원 EF에 있는 모든 점들은 F 지점을 지나게 된다. 즉 평행원 EF에 사는 모든 사람들에게, 이 날 정오에는 해가 바로 머리 위에 놓이게 된다. 이 사람들이 보기에, 해는 북회귀선을 따라 움직이는 것 같다.

평행원 EF와 북극 A 사이에 사는 모든 사람들에게는, 해가 천정보다 아래 남쪽에 놓이게 된다. 반대로, 평행원 EF의 남쪽으로, 적도원 CD와 남극 B 방향에 사는 모든 사람들에게는, 정오에 보면, 해가 천정보다 위 북쪽에 놓이게 된다.

평행원들 중에 대원 CD만이 빛의 경계선 IM에 의해 같은 길이로 둘로 나뉘고, CD의 위와 아래에 있는 모든 평행원들은 길이가 다르게 둘로 나뉘게 된다. 위에 있는 평행원들은 낮의 호(빛을 받는 부분에 놓이는 호)가 밤의 호(빛을 못 받아 어두운 부분에 놓이는 호)보다 더 길다. 대원 CD의 아래에 있는 평행원들은 반대로 된다. 즉 낮의 호가 밤의 호보다 더 짧다.

낮의 호와 밤의 호의 차이는, 평행원이 극에 가까이 가면 갈수록 점점 더 커진다. 마침내 평행원 IK는 전부가 빛을 받는 부분에 놓인다. 거기에 사는 사람들은, 24시간 햇빛을 보게 되니 밤이 없다. 반대로 평행원 LM은 전부가 어둠 속에 놓여 있다. 거기에 사는 사람들은, 24시간 내내 밤이 계속된다.

이제 세 번째로 그린 지구를 놓고 생각해 보자. 여기서는 지구가 게자리에 놓여 있다. 해는 반대 방향인 염소자리에 놓여 있는 것처럼 보인다. 이 그림을 보면, 자전축 AB는 기운 상태가 조금도 바뀌지 않고, 원래와 평행함을 알 수 있다. 지구의 모습과 상태는 처음 그림과 똑같은데, 해가 반대편에 놓여 있기 때문에, 처음 그림에서 햇빛을 받았던 부분은 이 그림에서 어둠 속에 놓여 있고, 처음 그림에서 어둠 속에 놓였던 부분은 이 그림에서는 햇빛을 받아 밝게 된다. 그러니 첫 번째 그림에서 말한 낮과 밤의 길이가, 이 그림에서는 뒤바뀌게 된다.

첫 번째 그림에서 평행원 IK는 전부 빛을 받고 있었는데, 이 그림에서는 전부 어둠 속에 놓여 있다. 첫 번째 그림에서 평행원 LM은 전부 어둠 속에 놓여 있었는데, 이 그림에서는 반대로 전부 빛을 받고 있다. 대원 CD와 북극 A 사이에 놓이는 평행원들은, 이 그림에서는 낮의 호가 밤의 호보다 더 짧다. 즉 첫 번째 그림과 반대이다. 남쪽에 있는 평행원들의 경우는, 이제 낮의 호가 밤의 호보다 더 길어졌다. 지구가 반대편에 놓여 있던 때와 비교해서, 반대로 된 것이다.

해는 남회귀선 GN에 사는 사람들에게 수직으로 내리쬔다. 북회귀선 EF에 사는 사람들이 보면, 해는 호 ECG만큼 아래로 내려갔다. 즉 47°만큼 아래로 내려갔다. 한마디로 말해서, 북회귀선에서 남회귀선으로, 적도를 지나 움직인 것이다. 그동안, 자오선 고도는 47° 올라가거나 내려가게 된다. 이 엄청난 고도 변화는, 지구가 올라가거나 내려가기 때문에 생기는 것이 아니다. 오히려 지구가 올라가거나 내려가지 않기 때문에 생긴다. 지구는 이 우주에서 늘 같은 방향을 가리킨다. 해 주위를 도는 운동은 단순히 돌기만 할 뿐이다. 해는 지구가 공전 운동을 하는 궤도면의 중심에 놓여 있다.

이것을 보면, 놀라운 현상을 알 수 있다. 지구의 자전축이 이 우주에서 늘 같은 방향을 가리키면(즉 까마득히 멀리 있는 한 별은 늘 가리키면), 별들은 고도가 높아지거나 낮아지지 않지만, 해는 자그마치 47°나 높아지거나 낮아진다.

반대로 지구의 자전축이 해를 향해 늘 같은 정도로 기울어져 있다면(즉 황도의 축에 대해 기울어져 있다면), 해의 고도는 조금도 올라가거나 내려가지 않게 된다. 그렇게 되면, 지구의 어떤 지점이든 낮과 밤의 길이가 늘 그 상태를 유지하고, 늘 같은 계절이 계속된다. 즉 어떤 지방은 늘 겨울만 계속되고, 어떤 지방은 늘 여름, 어떤 지방은 늘 봄이 계속된다.

반대로 별들의 고도는 엄청나게 변화하게 된다. 자그마치 47°나 높아졌다 낮아졌다 한다. 이것을 이해하기 위해서 첫 번째 지구 그림을 다시 보자. 자전축 AB의 북쪽 A가 해를 향해 기울어 있다. 세 번째 그림을 보면, 자전축이 평행한 상태를 유지하기 때문에, 우주 끝의 같은 지점을 가리키고 있다. 그러니 북쪽 A는 해를 향해 기운 게 아니라, 해와 반대 방향으로 기울어져 있다. 첫 번째 그림과 비교해서, 47° 차이가 난다. 북극 A가 해를 향해 같은 정도로 기울도록 만들려면, 지구를 둘레 ACBD를 따라 47° 돌려야 한다. 즉 A를 E 쪽으로, 47° 돌려야 한다. 그러면 자오선에 놓여 있는 모든 별들은, 고도가 그만큼 높아지거나 낮아진다.

이제 남은 것들을 설명해 주겠네. 지구가 네 번째 위치인 천칭자리에 놓였을 때를 생각해 보자. 해는 반대편 양자리에 놓인 것처럼 보인다. 지구의 자전축은 첫 번째 그림에서 염소자리, 게자리를 잇는 지름 방향으로 기울어 있다고 했다. 바꿔 말하면, 지구의 궤도를 수직으로 잘라서, 염소자리, 게자리를 잇는 선을 만드는 평면에 놓여 있다.

자전축을 늘 평행한 상태를 유지하며, 각각의 지구 그림에 옮겨 놓으면, 자전축은 지구의 궤도면과 수직인 평면에 놓이게 된다. 그 평면은 염소자리·게자리 지름을 따라 지구 궤도면과 직각으로 만난 평면과 나란하게 된다. 따라서 해의 중심에서 지구의 중심으로 그은 선(O에서 천칭자리로 그은 선)은 자전축 AB와 수직으로 만나게 된다. 그런데 해의 중심에서 지구의 중심으로 그은 선은 늘 빛의 경계선과 수직이 된다. 그러므로 네 번째 그림에서, 빛의 경계선은 양극 A와 B를 지나게 된다. 즉 축 AB는 그게 만드는 평면에 놓이게 된다.

그런데 양극을 지나는 대원은, 평행원들을 같은 길이의 두 부분으로 자르게 된다. 즉 호 IK, EF, CD, GN, LM은 모두 반원이 된다. 햇빛을 받는 반원은, 지금 이 그림에서 해와 우리를 향하고 있는 이 부분이고, 빛의 경계선은 바로 둘레 ACBD가 된다. 지구가 이 위치에 있을 때, 지구상의 모든 지점에서 낮과 밤의 길이가 같아진다. 이때가 춘분이다.

두 번째 그림도 이와 비슷하게 된다. 여기서는 해를 향한 반구가 밝게 되니까, 우리에게 보이는 부분은 어두운 밤의 부분이다. 여기 보이는 밤의 호들도 모두 반원이다. 그러니 밤과 낮의 길이가 같아진다. 해의 중심에서 지구 중심으로 그은 선은 자전축 AB와 수직이 된다. 따라서 평행원들 중에 대원 CD와 수직이 된다.

O에서 양자리로 그은 선은 평행원 CD가 만드는 평면을 지나고, 낮의 호 CD의 한가운데를 지나가게 된다. 그러니 그 지점에 사는 사람들이 보면, 해가 바로 머리 위에 놓이게 된다. 그런데 적도에 사는 사람들 모두는 지구의 자전에 의해서 그 지점을 지나게 된다. 따라서 정오에 보면, 해가 바로 머리 위에서 내리쬐게 된다. 지구에 사는 사람들이 보면, 해는 적도 위에서 움직이는 것처럼 보인다.

지구가 하지 또는 동지일 때는, 북극원 IK나 남극원 LM 중의 어느 하나는 전부 빛을 받고, 다른 하나는 완전히 어둠 속에 놓인다. 지구가 춘분 또는 추분일 때는, 이들의 절반은 빛을 받고, 나머지 절반은 어둠 속에 놓이게 된다.

지구가 그 사이에 놓일 때, 예를 들어 게자리에서(이때는 평행원 IK 전부가 어둠 속에 놓인다.) 사자자리(Leo)로 움직일 때를 생각해 보면, 평행원 IK 중에 I에 가까운 부분이 빛을 받기 시작한다. 빛의 경계선 IM은 양극 A와 B를 향해 움직이기 시작하고, 원 ACBD와 점 I, M에서 만나는 것이 아니고, I와 A의 사이, M과 B의 사이에 있는 두 점에서 만나게 된다. 즉 북극원 IK에 사는 사람들이 빛을 볼 수 있게 되고, 남극원 LM에 사는 사람들도 조금씩 어둠을 맛보게 된다.

자, 보게. 지구에게 부여한 이 두 가지 간단한 운동은 서로 어긋나지 않네. 운동 주기도 그 크기에 어울리고, 우주의 모든 움직이는 물체들과 마찬가지로, 서쪽에서 동쪽으로 움직이고 있어. 이 두 운동이 우리가 보게 되는 모든 현상을 잘 설명해 주고 있네.

만약에 지구가 움직이지 않는다고 하고 이 모든 현상들을 설명하려 하면, 움직이는 물체들의 크기와 속력의 조화가 모두 깨져야 하네. 모든 천구들의 가장 바깥에 놓여 있는 거대한 주천구는 상상도 못 할 정도의 엄청난 속력으로 돌아야 하고, 그 속에 있는 작은 천구들은 느리게 돌아야 해. 뿐만 아니라 가장 바깥의 주천구는 그 속에 있는 천구들과 반대 방향으로 움직이면서, 그 속에 있는 모든 천구들을 그들이 움직이는 것과 반대 방향으로 움직이도록 만들어야 하네. 이게 과연 가능하겠는가? 어떤 이론이 더 그럴듯한지 자네들 스스로 판단해 보게.

사그레도 내가 보고 판단하기로는, 이 새로운 우주 체계는 아주 쉽고 간단하게 이런 현상들을 낳는군. 대부분의 사람들이 받아들이고 있는 옛날 우주 체계는 너무 복잡하고 어려우며 혼란스러워. 둘은 크게 차이가 나는군. 만약 우주가 그런 식으로 복잡하게 생겼다면, 모든 철학자들이 받아들이고 있는 여러 가지 격언들을 버려야 할 걸세. 자연은 쓸데없는 일을 하지 않는다, 자연은 어떤 결과를 낳기 위해서 가장 간단한 방법을 사용한다, 자연은 일을 불필요하게 복잡하게 만들지 않는다. 등등.

이 이론보다 더 찬탄할 만한 것은 아직 들어 보지 못했네. 사람의 지혜가 이보다 더 깊은 통찰력을 발휘한 적은 없을 걸세. 심플리치오가 보기에는 어떨지 모르겠군.

심플리치오 내 생각을 솔직하게 말하겠네. 이것은 아주 미묘한 기하학 이론이구먼. 아리스토텔레스는 플라톤이 기하학에 너무 깊이 빠져서, 건전한 철학에서 벗어나게 되었다고 비판했지. 나는 위대한 소요학파 철학자들을 여러 명 알고 있는데, 그들은 제자들에게 수학을 공부하지 말라고 충고하고 있네. 수학을 공부하면 궤변이 늘게 되어서, 진짜 철학을 할 수 없게 된다고 했지. 이건 물론 플라톤의 생각과는 어긋나네. 플라톤은 철학을 공부하려면, 먼저 기하학을 알아야 한다고 말했지.

살비아티 소요학파 철학자들이 제자들에게 기하학을 공부하지 말라고 충고하는 것은 아주 현명한 일일세. 기하학을 공부하면, 그들의 이론이 거짓임이 탄로 날 테니까. 그들과 수학적 철학자들이 얼마나 크게 차이가 나는지 보게. 수학적 철학자들은 논쟁을 할 때, 상대방이 소요학파 철학 전부에 대해 잘 알기를 바라네. 그게 근본적으로 잘못되었기 때문에, 비교가 안 된다는 사실을 잘 알고 있기 때문이지.

그러나 이런 것들은 다 제쳐 두세. 자네 생각에는, 코페르니쿠스의 이론이 어떤 면에서 불합리하고, 너무 어려워 보인단 말인가?

심플리치오 솔직히 말해서, 나는 그 이론을 완전히 이해하지 못하고 있네. 그 우주 체계에 따라서 생기는 여러 현상들을, 프톨레마이오스 체계의 경우처럼 자세히 설명을 듣지 않아서 그런지도 모르지. 행성들이 멈추고, 역행하고, 가까워지고, 멀어지고, 밤낮의 길이가 길어지고, 짧아지고, 계절이 바뀌고 등등의 변화 말일세. 그리고 근본 가설들에서 생기는 문제를 보면, 나는 이 가설들 자체가 커다란 난점들을 안고 있다고 보네. 이 가설들이 무너져 내리면, 그 위에 지은 건물 전체가 무너져서, 폐허가 되어 버리지.

코페르니쿠스의 이론 체계는 기초 공사가 부실하네. 지구가 움직인다는 것에 바탕을 두고 있으니까. 이것을 없애 버리면, 더 이상 논쟁할 것도 없지. 이것을 없애기 위해서는, 단순한 물체는 한 가지 단순한 운동만 자연스럽게 할 수 있다는, 아리스토텔레스의 격언을 쓰면 충분하네.

이 이론은 지구라는 단순한 물체에게 운동을 세 가지나 부여했어. 어쩌면 네 가지일지도 모르지. 게다가 이 운동들은 성격이 완전히 다르거든. 중심을 향해 아래로 내려가려는 운동이 있지. 무거운 물체에게서 이 운동을 부인할 수는 없네. 그리고 해를 중심으로 공전 궤도를 따라 1년에 한 바퀴 도는 운동이 있지. 또 지구 스스로 24시간에 한 바퀴 도는 운동이 있지.

그리고 어쩌면 자신을 중심으로 1년을 주기로 해서 자전과 반대 방향으로 한 바퀴 돌아야 할지도 모르지. 이 운동이 가장 터무니없어 보이는데, 그 때문에 이걸 언급하지 않은 게 아닌가? 나는 이것에 대해 강한 거부감을 갖고 있네.

살비아티 아래로 내려가는 운동은 지구 전체에 속하는 게 아님을 이미 증명했잖아? 지구 전체는 그렇게 움직인 적이 없고, 앞으로도 절대 그렇게 움직일 리가 없어. 그 운동은 일부분에 딸린 것이지. 지구의 일부분이 지구와 떨어졌을 때, 전체와 합치기 위해서 움직이는 운동일 뿐이지.

공전 운동과 자전 운동은 같은 방향이니, 서로 어긋나지 않네. 경사면을 따라 공을 굴리면, 공은 아래로 내려가면서 동시에 회전하잖아? 그것과 마찬가지이지.

1년을 주기로 하는 세 번째 운동은, 지구의 자전축이 우주의 같은 곳을 늘 가리키도록 하기 위해서, 코페르니쿠스가 부여한 것이지. 자네에게 이걸 설명해 줄 참인데, 이건 매우 신경을 써서 들어야 해. 이 운동은 공전 방향과 반대이기는 하지만, 이것에 대해 거부감을 느끼거나, 이런 운동은 어려울 거라고 생각할 필요가 없네. 허공에 매여 균형을 잡고 있는 물체는 모두 자연스레 이 운동을 가지지. 아무런 운동의 원인도 필요 없어. 그런 물체를 원둘레를 따라 움직이면, 그 물체는 즉시 돌아가는 것과 반대 방향으로, 자신을 중심으로 회전하려는 움직임이 생겨. 이 운동의 주기는, 두 종류의 운동이 정확히 같은 시간에 한 바퀴 돌도록, 서로 일치하게 돼 있어.

이 놀라운 현상을 눈으로 확인해 보고 싶지? 지금 우리가 따지는 경우와 딱 맞아떨어지는 실험이 있네. 그릇에 물을 담은 다음에, 그 위에 공을 하나 띄워 놓아. 그릇을 손으로 잡고 서 봐. 발을 살살 옮기며, 한 바퀴 돌아보게. 공은 즉시 그릇과 반대 방향으로 움직이기 시작하지. 그릇이 한 바퀴 돌면, 공도 완전히 한 바퀴 돌지.

지구란 커다란 공이잖아? 엷고 저항이 약한 공기 중에 매달려 있으니, 공전 궤도를 따라 1년에 한 바퀴씩 돌면, 달리 움직이게 만드는 힘이 없다 하더라도, 자신을 중심으로 공전하는 것과 반대 방향으로 1년에 한 바퀴씩 돌 게 아닌가? 이 현상은 자네 눈으로 볼 수 있네.

그러나 이것에 대해 곰곰이 생각해 보면, 이 공은 실제로 움직이는 게 아니고, 겉으로 보기에 그럴 뿐이야. 언뜻 보기에 그 공은 자신을 중심으로 회전하는 것 같았지만, 사실 그건 자네와 물그릇을 제외한 모든 물체들에 대해서 움직이지 않고 가만히 제 방향을 유지하고 있었던 것이지.

그 공에다 뭔가 적당한 표시를 해서 어떤 방향을 가리키도록 해 보게. 자네가 있는 방의 어떤 벽 방향이라도 좋고, 들판이나 하늘의 어떤 방향이라도 좋아. 그러면 자네와 물그릇이 도는 동안에도, 공은 늘 같은 방향을 가리킴을 알 수 있네. 자네와 물그릇은 움직이고 있으니까, 자네와 물그릇이 보기에는 공이 반대 방향으로 회전하면서 모든 방향을 다 가리키는 것 같겠지. 그러나 엄밀하게 말하면, 움직이지 않고 있는 공에 대해서 자네와 물그릇이 돌고 있는 것이지, 공이 물그릇 속에서 돌고 있는 것이 아닐세.

지구도 이와 마찬가지로, 허공에 매달린 채 공전 궤도를 돌고 있네. 지구의 어느 한 부분, 예를 들어 북극이 하늘의 어떤 별을 가리킨다고 하세. 북극은 계속 같은 방향을 유지하기 때문에, 늘 그 별을 가리키게 돼. 공전 궤도를 따라 움직임에도 불구하고 말일세.

이것만 보더라도, 자네의 의혹과 모든 난점들을 해소할 수 있네. 이것을 돕는 요인이 아무것도 없어도 상관이 없지만, 지구 내부에 어떤 힘이 있어서, 지구의 한 부분이 우주의 어느 한 부분을 늘 가리킨다고 하면, 뭐라고 말할 텐가? 자석의 힘 말일세. 자철광 부스러기들은 이런 힘을 갖고 있지. 자철광의 조그마한 부스러기도 이런 힘을 갖고 있는데, 지구 전체에는 이 힘이 더 크게 존재할 게 아닌가? 지구는 그런 물질로 가득하잖아? 어쩌면 지구 전체가 자석일지도 모르지. 지구 내부의 중요한 구성 성분이 거대한 자철광일지 누가 알겠는가?

심플리치오 윌리엄 길버트가 주장한 자석 이론을 믿고 있는 모양이군?

살비아티 그럼, 믿고말고. 그 사람이 쓴 책을 꼼꼼히 읽어 보고, 그가 한 실험을 되풀이해 본 사람은 누구나 다 그의 이론을 믿네. 자네의 호기심도 나 못지않을 테니까, 나처럼 이 실험을 해 보게. 그러면 자네도 믿게 될 걸세.

자연계에 일어나는 일들 중에는 인간의 지성으로 이해하지 못하는 게 많이 있네. 심플리치오, 자연 현상에 대해 어느 한 사람이 주장한 이론에 노예처럼 얽매이지 말게. 자네의 사색의 고삐를 풀어 주게. 자네가 직접 눈으로 보는 사실들을 완고하게 부인하지 말게. 공허한 소리에 귀를 기울여서, 언제까지나 그것들을 부인해서야 되겠는가?

이런 낱말을 써서 혹 실례가 될지도 모르겠지만, 대부분의 사람들은 너무 겁쟁이라서, 처음 공부를 할 때 그들의 선생들이 찬양한 인물이 쓴 글이면, 눈 딱 감고 찬성표를 던지지. 찬성을 봉물로 바친다는 편이 맞을 거야. 그러나 어떤 새로운 법칙이나 문제는, 검토하는 것은 고사하고 아예 들으려고 하지도 않아. 그들의 권위자가 그것을 반박하기는 고사하고 검토하거나 고려한 적도 없는 경우에도 마찬가지이지.

이러한 문제들 중의 하나는, 우리가 살고 있는 이 지구를 구성하는 근본 물질이 무엇이며, 그 성질이 무엇인가 하는 것이지. 길버트는 지구가 자철광일지도 모른다고 생각했는데, 길버트 이전에는 그 누구도 그런 의견을 고려해 본 적도 없네. 아리스토텔레스나 다른 누군가가 그 의견을 반박한 것은 고사하고, 생각조차 해 본 일이 없단 말일세.

그럼에도 불구하고, 이 의견을 꺼내면, 어떤 사람들은 말이 자신의 그림자라도 밟은 양 펄쩍 뛰며 놀라거든. 이 의견에 대해서 아예 토론하려 들지를 않아. 마치 허깨비를 본 듯이 여기거나, 아니면 완전히 미쳤다고 여기거든. 길버트의 책은 유명한 소요학파 철학자가 내게 선물로 준 덕분에 내 손에 들어왔는데, 그 사람은 아마 자신의 서재를 더럽히지 않으려고 그랬을 걸세.

심플리치오 나도 사실 보통 사람에 불과하네. 지난 며칠간 이야기를 나눈 덕분에, 대부분의 사람들이 믿는 케케묵은 생각에서 약간은 벗어나게 되었지. 그러나 이 새롭고 신기한 의견은 아직 다듬지 않은 것이라서, 내가 보기에는 이해하기가 너무 힘들고 어려울 것 같군. 나는 아직 그 정도로 진보하지 못했네.

살비아티 만약 길버트가 쓴 것이 사실이라면, 그건 의견이 아니라 과학의 한 분야이지. 그건 새로운 게 아니라, 지구 자체만큼 오래되었네. 만약 그게 사실이면, 그건 어렵거나 다듬지 않은 게 아니라, 매우 쉽고 깔끔한 거지. 자네가 원한다면, 지금 자네가 스스로 어둠을 만들고 있음을 깨닫도록 해 주지. 자네는 조금도 무섭지 않은 것에 대해 겁을 먹고 있네. 마치 어린애들이 도깨비에 대해 아무것도 모르면서, 도깨비라는 말에 겁을 먹는 것처럼. 도깨비란 이름 이외에는 아무것도 존재하는 것이 없는데 말일세.

심플리치오 나도 진실을 깨달아 두려움에서 벗어나고 싶네.

살비아티 그렇다면 내가 자네에게 묻는 말에 대답해 주게. 첫째, 우리는 '지구'라는 땅덩어리 위에 살고 있는데, 이 지구는 하나의 단순한 물질로 되어 있는가? 아니면 여러 종류의 다른 물질들이 모여서 된 것인가? 자네 생각을 말해 보게.

심플리치오 지구는 여러 종류의 다양한 물질들로 구성되어 있네. 우선,

물과 흙을 2개의 주성분으로 꼽을 수 있어. 이 둘은 서로 완전히 다르지.

살비아티 지금은 바다나 기타 물들을 잊어버리게. 단단한 고체 부분만 생각하세. 고체 부분은 한 물질로 되어 있는지, 아니면 여러 종류의 물질로 되어 있는지 말해 보게.

심플리치오 겉모습만 보더라도 여러 종류가 있네. 메마른 모래땅이 넓게 펼쳐진 곳도 있고, 비옥하고 기름진 옥토도 있고, 거칠고 황량한 산도 수없이 많이 눈에 띄지. 단단한 바위나 돌멩이도 온갖 종류가 있지. 반암, 설화 석고, 벽옥, 여러 종류의 대리석들, 갖가지 금속을 낳는 광상 ……. 물질들이 하도 다양해서, 하루 종일 해도 다 나열하지 못할 걸세.

살비아티 이런 온갖 다양한 물질들은 이 거대한 지구에 같은 비율로 들어 있는가? 아니면 이들 중 어느 한 물질이 다른 물질에 비해 훨씬 더 큰 비율을 차지해서, 이 거대한 지구의 주된 성분이 되는가?

심플리치오 내가 보기에 돌멩이, 대리석, 금속, 보석, 기타 여러 다양한 물질들은 한갓 장식품에 불과하네. 이 지구에 곁달려 있는 껍데기에 불과하지. 지구 본체는 이것들과 비교가 안 될 정도로 엄청나게 크지.

살비아티 그렇다면 이 거대한 덩치에서 자네가 말한 것들은 군더더기 장식품에 불과하네. 이 거대한 덩치는 도대체 무엇으로 구성되어 있는가?

심플리치오 단순하고 순수한 흙의 원소로 되어 있네.

살비아티 자네가 '흙'에 대해 아는 게 뭐가 있는가? 들판에 깔려 있는 그것 말인가? 쟁기나 가래로 갈면, 부서지고 흩어지는 그것 말인가? 곡식과 과일의 씨앗을 뿌리고, 울창한 수풀이 저절로 생겨나는 그것 말인가? 한마디로 말해서, 모든 식물의 모태가 되고, 모든 동물의 보금자리가 되는 그것 말인가?

심플리치오 그래, 맞네. 그게 바로 이 지구의 가장 중요한 구성 성분일세.

살비아티 글쎄, 내 생각에는 그게 맞는 답 같지가 않은데 ……. 밭을 갈고, 씨를 뿌리고, 나무를 심고, 열매를 맺고 하는 흙이라는 것은 지구 겉부분의 일부일 뿐일세. 그것도 아주 얕은 부분일 뿐이지. 지구 중심까지의 거리를 생각해 보면, 흙의 깊이는 별 게 아니야.

실제로 땅을 파 보면, 약간만 깊게 파 보아도, 거죽과 완전히 다른 물질들이 나오지. 훨씬 더 단단한 물질이 나와서 식물들이 자라기에 적당치가 않네. 그리고 더 안쪽의 물질들은, 그 위에 있는 무거운 물체들이 내리누르고 있으니 압축이 되어서, 아주 강한 바위처럼 단단하게 뭉쳐져 있을 거라고 짐작할 수 있네. 그 물질들은 땅속 깊숙이 어둠 속에서 영원히 잠을 잘 운명일세. 그 물질들로 곡식을 기를 수가 없는데, 비옥하다느니 어떻다느니 말하는 것은 우습잖아?

심플리치오 중심 가까이 내부의 부분이 불모의 흙이라고 어떻게 장담할 수 있는가? 우리가 모르는 어떤 것들을 생산하고 있을지도 모르지.

살비아티 심플리치오, 자네와 자네의 동료들은 이 우주의 모든 것들이 인류만을 위해서 만들어진 것임을 잘 알고 있잖아? 그렇다면 지구에서 일어나는 모든 일들도 우리 인류를 위해서 일어나야 하지 않겠는가? 땅 속 깊숙이 있는 것들은 우리가 절대 꺼내서 쓸 수가 없을 텐데, 거기에서 무엇이 생긴다 해서 우리에게 득이 될 게 뭐가 있겠는가?

그러니 이 지구의 속을 구성하는 물질은, 지표면의 '흙'과는 달리 부드럽지도 않고, 갈 수도 없고, 흩을 수도 없을 걸세. 아마 매우 단단하고 조밀한 물질로 되어 있을 거야. 한마디로 말해서, 매우 단단한 바위덩어리이지. 만약 그렇다면, 지구가 자철광이 아니라는 법이 있는가? 꼭 반암, 벽옥 또는 다른 어떤 종류의 돌이 되어야 하는가? 만약 길버트가 지구의 내부는 사암 또는 옥수로 되어 있다고 써 놓았다면, 자네는 그것을 듣고 이상하게 여기지 않았을 건가?

심플리치오 내 생각에도 지구의 가장 안쪽에 있는 물질은 단단하게 압축이 되었을 것 같네. 그러니 아주 단단하게 뭉친 고체가 되어 있겠지. 깊어지면 깊어질수록 더욱 단단해져 있을 걸세. 아리스토텔레스도 시인했어. 그러나 그렇다고 해서 그 구성 성분이 달라져서 지표면에 있는 것과 완전히 다른 물질이 될 까닭은 없네.

살비아티 내가 이런 이야기를 불쑥 꺼낸 것은, 실제로 우리 지구를 구성하는 주성분이 자철광임을 분명하게 증명하려고 그러는 것이 아닐세. 다만 지구의 구성 성분이 다른 어떤 물질이 아니고 자철광이라고 해서, 거부감을 가질 이유는 없음을 보여 주려는 것이지.

곰곰이 생각해 보게. '지구'라는 이름 때문에, 그 구성 성분이 흙이라고 누군가가 멋대로 주장했을지도 몰라. '지(地)'라는 글자는 우리가 밭을 갈고 씨를 뿌리는 흙을 뜻하니까. 다른 사람들은 별 생각 없이 그 의견을 받아들였겠지. 그러나 지구의 이름을 흙에서 따와 꼭 그렇게 불러야 할 필요는 없네. 돌에서 이름을 따와 '석구(石球)'라고 불러도 돼. 만약 그렇게 된다면, 그 구성 성분이 돌이라는 의견에 대해 사람들이 거부감을 느끼거나 반박하려 들지 않을 걸세. 실제로 그럴 가능성이 커. 이 거대한 지구의 껍질을 벗길 수 있다면, 1,000길 내지 2,000길 깊이까지 파헤친 다음에 돌과 흙을 가려내면, 비옥한 흙보다 돌무더기가 훨씬 더 클 것이 확실하네.

지구가 자철광으로 되어 있음을 확실하게 증명하는 증거를 내가 제시한 것은 아닐세. 지금은 그러고 싶지가 않네. 자네가 한가할 때, 길버트의 책을 보면 될 테니까. 내가 지금 설명하려고 하는 것은, 그 사람이 사색을 하는 방법일세. 나도 그런 방법을 좋아하는데, 내 설명을 들으면, 자네도 그 책이 읽고 싶어질 걸세. 어떤 현상들에 대해 잘 알아야만, 그 일의 본질과 정수를 연구할 수 있음은, 자네들도 익히 알고 있겠지. 그러니 자철광에 관한 여러 가지 현상들과 성질들을 자네들에게 자세히 알려 주도록 하지.

자철광은 우선 쇠붙이를 끌어당기는 성질이 있네. 뿐만 아니라 쇠붙이가 옆에 있으면, 그 힘을 쇠붙이에게 전해 줄 수도 있지. 극을 가리키는 능력이 있고, 마찬가지로 그런 성질을 쇠붙이에게 전해 줄 수도 있어. 자철광으로 조그마한 공을 만들어서 극과 자오선을 표시해 놓으면, 나침반의 바늘이 자오선을 따라 수평으로 움직여서 극을 가리키게 돼. 이건 물론 오래전부터 알려진 사실이지.

그리고 이건 최근에 발견해 낸 사실인데, 나침반의 바늘은 수직으로 내려가는 성질이 있네. 즉 나침반을 어떤 위치에서부터 움직이면, 그게 극에 가까워지면 가까워질수록 바늘이 점점 더 기울게 돼. 마침내 극에 가면, 바늘이 수직으로 꼿꼿하게 서게 돼. 적도 부분에 놓았을 때는, 바늘이 축에 평행하게 되지. 자네도 한번 실제로 실험을 해 보게.

그다음, 자철광이 쇠붙이를 당기는 힘이 어느 부분이 센지 실험을 해 보면, 극 근처가 가운데 부분보다 힘이 더 세며, 어느 한 극이 다른 한 극보다 힘이 더 세. 힘이 더 센 극은 남쪽을 가리키는 극이지. 더 크고 강한 자철광의 북극을 옆에 놓고 실험을 해 보면, 원래 자철광의 남극이 쇠붙이를 당기는 힘이 훨씬 약해지지. 길게 설명할 것 없이, 자네도 길버트의 책을 읽어 보고, 이런 여러 성질들을 배운 다음, 실험을 통해 확인해 보게. 이런 성질들은 자철광에만 딸린 성질일세. 다른 물질들은 이런 성질들을 가지지 않네.

심플리치오, 지금 자네 앞에 천여 가지 물질들이 놓여 있는데, 그것들을 모두 천으로 싸서 속을 볼 수가 없다고 가정해 보세. 그 천을 풀지 말고, 바깥에서 어떤 성질을 확인해서, 그 물질이 뭔지 알아내고 싶네. 자네가 이것을 시도하고 있는데, 한 물질이 자철광에만 있고 다른 어떤 물질에도 없는 성질들을 모두 보여 주더라고 해 보세. 그러면 그 물질의 본질이 무엇이라고 판단하겠는가? 흑단일까? 설화 석고일까? 주석일까?

심플리치오 그렇다면 그건 자철광이라고 답하겠네. 의심할 여지가 없지.

살비아티 그래? 그렇다면 이 지구의 겉을 덮고 있는 흙, 돌, 금속, 물 등등을 벗겨 내면, 그 속에 거대한 자철광이 놓여 있다고 답하게. 누구든 조심스레 관찰을 해 보면 발견할 수 있지만, 자철광의 공에서 일어나는 모든 현상이 지구에서 일어나고 있네. 나침반을 지구 둘레를 따라 움직이면, 극에 가까워질수록 심하게 기울고, 적도에 가까워질수록 덜 기울어. 적도에서는 수평이 되지. 이 현상을 제외한 다른 현상은 알려진 것이 없다 해도, 아무리 완고한 사람이라도 이것만으로 설득시킬 수 있네.

뿐만 아니라 또 다른 놀라운 현상이 있네. 우리 북반구에 사는 사람들이 보면, 모든 자철광들은 남극이 북극보다 쇠붙이를 당기는 힘이 더 세. 이 차이는 적도에서 멀어지면 멀어질수록 더 커져. 적도에서는 양극이 힘이 같아. 남극의 힘은 상당히 약해졌지. 그러나 남반구에서는 이게 반대가 돼. 적도에서 멀어지면 멀어질수록 자철광의 북극의 힘이 남극보다 더 강해지지.

이 현상은 커다란 자철광 옆에 작은 자철광이 놓여 있으면, 큰 자철광의 힘이 작은 자철광의 힘을 눌러서, 복종하도록 만드는 현상과 일치하네. 작은 자철광이 큰 자철광의 적도 가까이 있느냐 멀리 있느냐에 따라 힘이 변하듯이, 모든 자철광은 지구의 적도 가까이 있느냐 멀리 있느냐에 따라 힘이 변하지. 내가 방금 설명해 준 것처럼 말일세.

사그레도 나는 길버트의 책을 숙독하고 나니 바로 확신을 갖게 되었어. 마침 좋은 자철광 하나를 손에 넣게 되었는데, 그걸 갖고 오랜 기간 여러 종류의 실험을 해 보았지. 여러 가지 놀라운 결과들이 나왔네.

그러나 뭐니뭐니해도 가장 놀라운 것은, 이 사람이 가르쳐 준 대로 자철광에 갑주를 덮어씌우면, 쇠붙이를 당기는 힘이 훨씬 더 강해진다는 사실일세. 내 자철광으로 실험을 해 보니, 힘이 여덟 배로 세졌어. 원래는 9온스 무게의 쇳조각을 간신히 들 정도였는데, 갑주를 씌웠더니 6파운드 무게의 쇳덩어리를 들어 올리더라고. 자네도 혹시 봤을지 모르겠군. 코시모 대공의 화랑에 보면, 그게 2개의 조그마한 닻을 들어 올린 채 있네. 내가 기부한 것일세.

살비아티 나도 여러 번 보았네. 아주 감탄스럽더군. 그런데 내 절친한 동료 학자가 갖고 있는 자철광은 더 놀라워. 그 무게는 겨우 6온스에 불과한데, 갑주를 씌우지 않으면, 2온스 무게의 쇳조각을 간신히 들 수 있어.

그러나 갑주를 씌우면, 자그마치 160온스 무게의 쇳덩어리를 들 수 있어. 즉 힘이 여든 배로 커져. 게다가 자기 무게의 스물여섯 배나 되는 것을 들어 올리잖아. 길버트 본인도 이런 놀라운 일은 관찰한 적이 없네. 그가 쓴 책에 보면, 자철광이 자기 무게의 네 배 이상 나가는 것을 들어 올리게 만들 수 없었다고 쓰여 있거든.

사그레도 이 돌멩이가 사람들의 지성에게 새로운 사색의 분야를 활짝 열어 준 것 같군. 쇠는 자철광이 원래보다 훨씬 더 강한 힘을 갖도록 만들 수 있는데, 그런데 어떻게 자철광이 쇠에게 자신의 힘을 나누어 줄 수 있는지 참 신기하군. 나는 이걸 여러 번 곰곰이 생각해 보았지만, 만족스러운 답을 찾을 수 없었네. 길버트가 이것에 대해 써 놓은 것도 더 나아 보이지가 않아. 자네가 보기에는 어떤가?

살비아티 나는 이 사람을 최고로 존경하고, 찬양하며, 부러워한다네. 수없이 많은 탁월한 식자들이 이 현상을 보았으면서도 별 신경을 쓰지 않았거든. 그런데 이 사람은 이것에 대해서 뛰어난 개념을 고안해 냈어. 뿐만 아니라 여러 가지 새롭고 확실한 관찰들을 했으니, 이 사람을 높이 찬양해야 마땅하네. 상당수의 거짓말 잘하고 어리석은 사람들은 글을 쓸 때, 그들이 아는 것은 물론, 전해 들은 엉터리 일들도 써 놓는다니까. 그것들이 사실인지 여부를 실험을 해 보아 확인할 생각은 안 하고 ……. 아마 책의 부피가 커지도록 만들기 위해서 그러겠지.

길버트에게 부족한 점이 있다면, 수학을 좀 더 잘 알았으면 좋겠어. 특히 기하학을 철저하게 잘 알아야지. 이 사람은 자신이 관찰한 현상에 대해서 이러저러한 것이 **진짜 원인**(verae causae)이라고 성급하게 결론을 내리고 있네. 엄밀하게 증명을 하지도 않은 채 말일세. 기하학을 잘 알면, 이런 나쁜 습관을 버리게 될 걸세. 솔직히 말해서, 이 사람의 추론은 엄밀하지가 않고, 필수 불가결한 과학적 결론을 이끌어 내는 데 필요한 힘이 부족하네.

시간이 지남에 따라 더 많은 관찰을 통해서, 이 새로운 과학이 더욱 개선되겠지. 확실하고 옳은 증명을 통해서 더욱 발달하겠지. 그렇다고 해서 처음 발견한 사람의 영예가 줄어들지는 않네. 하프가 처음 나왔을 때, 그것은 요즈음의 하프에 비해 조잡하고, 그것을 연주하는 실력은 조악했겠지만, 그렇다고 해서 하프를 발명한 사람이 덜 존경스럽게 되지는 않지. 그 후에 이걸 완벽한 예술로 승화시킨 수백 명의 연주가보다, 나는 그 발명자를 더 찬양하네.

옛날 사람들은 어떤 예술을 처음 발명한 사람을 신의 대열에 올려놓았는데, 아주 이치에 맞는 일일세. 우리 보통 사람들은 호기심이 적고, 귀하고 미묘한 일에 대해 관심을 기울이지도 않으니까, 전문가들이 그런 것들을 완벽하게 연주하는 것을 보고 듣더라도, 그것을 배우고 싶은 마음이 생기지를 않아. 그런데 거북의 마른 힘줄이 떨리는 소리나 망치 4개가 내려치는 소리에 매혹되어서, 수금을 만들거나 음악을 발명한 사람이 있으니, 자네의 마음으로는 그런 일을 엄두라도 낼 수 있겠는가? 위대한 발명은 사소한 일에서 유래하네. 아주 단순하고 유치한 일 속에 멋진 예술이 숨어 있음을 발견해 내는 건, 보통 사람이 할 수 있는 게 아닐세. 사람의 수준을 넘는 탁월한 정신만이 그런 걸 생각해 낼 수 있어.

자네의 질문에 대해 답하겠는데, 자철광과 쇠갑주, 그리고 거기에 붙여 놓은 쇠붙이 사이에 존재하는 강한 힘의 원인이 뭔지, 나도 오랫동안 궁리해 왔어. 우선, 내 생각으로는, 자철광의 힘이 쇠갑주로 인해 더 강해지는 것 같지는 않아. 더 먼 거리에 있는 쇳조각을 당길 수 있게 되지는 않거든. 그리고 얇은 종이를 자철광과 갑주 사이에 넣으면, 쇳조각을 당기는 힘이 약해지지. 매우 얇은 금박을 사이에 넣어도, 갑주의 힘은 자철광 맨덩어리보다 약해지지. 그러니 이때, 힘이 바뀌는 것 같지는 않고, 뭔가 새로운 현상이 나타나는 것이지.

새로운 현상은 뭔가 새로운 원인 때문에 생겼겠지. 쇠붙이를 갑주를 통해 잡아당기면, 무엇이 달라질까 생각해 보니, 그게 접하는 방법이 달라졌을 뿐, 다른 차이는 발견할 수 없어. 원래는 쇠붙이가 자철광과 닿아 있었는데, 이제는 쇠붙이가 쇠갑주와 닿아 있잖아. 이렇게 서로 닿는 게 달라졌기 때문에, 다른 결과가 나오게 된 것 같아.

내가 보기에, 이렇게 닿는 게 다른 이유는, 쇠의 입자들이 자철광보다 더 잘고, 순수하고, 빽빽하기 때문인 것 같아. 자철광의 입자들은 더 거칠고, 불순하고, 성기어 있으니까. 2개의 쇠붙이를 완벽하게 갈고 닦아 놓았다면, 그 둘이 서로 맞붙을 때, 표면이 완벽하게 딱 붙어서, 한 쇠붙이의 무한히 많은 점들이 다른 쇠붙이의 무한히 많은 점들과 접하게 되지. 이것들이 실처럼 쇠붙이를 이어주게 되는데, 자철광과 쇠붙이가 닿을 때에 비해, 수가 훨씬 더 많지. 자철광 물질을 보면, 구멍이 많고 덜 밀집돼 있으니, 쇠붙이 표면의 모든 점들과 실들이 그에 대응하는 짝을 자철광 표면에서 찾을 수 있는 게 아니거든.

쇠의 입자들이 자철광의 입자들보다 훨씬 더 곱고, 순수하고, 빽빽하다는 사실은, 쇠로 매우 얇은 띠를 만들어 보면 알 수 있네. 면도날처럼 얇게 만들 수 있잖아? 정련한 강철의 경우 특히 그러하지. 자철광은 그렇게 만들 수가 없네.

자철광에는 다른 종류의 돌들이 섞여 있어서 순수하지 않음을, 자세히 관찰해 보면 확인할 수 있어. 우선 보면, 회색빛을 띤 조그마한 점들이 많이 보이지. 그다음, 바늘에 실을 꿰어 들고, 바늘을 그 점들 가까이에 가도록 해 보면, 알 수 있네. 그 조그마한 점들 위에 바늘이 멎도록 만들 수가 없거든. 주위 다른 부분이 당기기 때문이지. 바늘은 그 점들을 피해 옆으로 튄다니까. 이런 이질적인 점들이 눈에 띌 정도로 크니, 더 많은 이물질들이 눈에 보이지 않을 정도의 작은 크기로, 전체에 흩어져 있을 걸세.

쇠붙이와 쇠붙이가 닿을 때, 그 접하는 면이 넓어서 더 강하게 붙는다고 내가 말했지? 이건 실험을 통해 확인할 수 있네. 바늘의 날카로운 끝을 자철광의 쇠갑주에 붙이면, 바늘은 자철광에 직접 붙이는 것과 마찬가지 강도밖에 나타내지 않네. 두 경우 모두 한 점에서 접하기 때문이지.

다음 실험을 해 보게. 자철광 위에 바늘을 올려놓아서, 바늘의 한쪽 끝이 약간 밖으로 나가도록 해 놓아. 못을 그 끝 쪽에 가까이 가져가 봐. 그러면 바늘의 한쪽 끝이 그 못에 달라붙게 되네. 못을 약간 위로 올리면, 바늘의 한쪽 끝은 못에 붙고, 다른 한쪽 끝은 자철광에 놓인 채 서게 돼. 못을 더 위로 올려 봐. 만약 바늘의 귀 부분이 못에 붙어 있었고, 뾰족한 끝이 자철광에 놓여 있었다면, 바늘은 자철광에서 떨어져 버리네. 반대로 바늘의 뾰족한 끝이 못에 붙어 있었고, 귀 부분이 자철광에 놓여 있었다면, 못을 올릴 때, 바늘은 자철광에 붙은 채 남아 있네. 이렇게 되는 까닭은, 바늘은 귀 부분이 뭉툭해서, 뾰족한 끝보다 접하는 면적이 더 넓기 때문이라고 판단했네.

사그레도 이 추론은 확실해 보이는군. 바늘로 행한 이 실험은 수학적 증명과 거의 맞먹을 것 같군. 자력에 관한 과학 전부를 뒤져 보아도, 다른 놀라운 현상들을 이처럼 그럴듯하게 설명해 놓은 것은 발견할 수 없네. 그 원인들을 이처럼 알기 쉽게 설명할 수 있다면, 우리 지성에 그보다 더 즐겁고 유쾌한 일이 또 있겠는가!

살비아티 우리가 내린 결론의 원인은 알려지지 않았는데, 이것을 연구하려 할 때, 운이 좋으면 처음부터 진실을 향한 길을 따라 사색의 방향을 잡을 수 있지. 그 길을 따라 가다가 보면, 여러 가지 법칙들을 만날 텐데, 이치를 따지거나 실험을 해 보아서 그 법칙들이 옳음을 확인할 수 있을 걸세. 그 법칙들이 확실하다면, 우리가 택한 길이 옳다는 유력한 증거가 되지. 지금 이 경우, 바로 그런 일이 일어나고 있네.

내가 골라낸 원인이 실제로 옳다는 것은, 다른 관찰을 통해 확인할 수 있어. 자철광을 구성하는 물질이 쇠붙이나 강철에 비해 고르지 않다는 이야기 말일세. 코시모 대공의 박물관에서 일하는 기술자 한 사람이 자철광의 한 면을 매끄럽게 갈고 닦아 준 일이 있네. 그건 이전에 자네 것이었던 그 자철광일세. 그 덕분에 내가 원했던 실험을 할 수 있게 되었어. 참 다행스러운 일이었지.

거기에 보면 많은 점들이 있는데, 그 점들은 나머지 부분과 색깔이 달라. 단단한 보석과 마찬가지로 밝게 빛나고 있었어. 나머지 부분은, 만져 보니 다듬어 놓은 것은 확실한데, 조금도 윤기가 나지 않았어. 마치 안개로 덮인 듯했어. 이게 바로 자철광을 구성하는 물질일세. 밝게 빛나는 점들은 다른 돌이 섞여 있는 것이지. 이 면을 쇳가루 무더기에 가까이 대면, 쉽게 확인할 수 있네. 많은 양의 쇳가루들이 자철광에 달라붙게 되거든. 그러나 단 하나도 검은 점에 붙지는 않네. 검은 점들은 매우 많이 있어. 큰 것은 손톱의 4분의 1 정도이고, 대개는 그보다 더 작고, 아주 작은 것들도 많이 있어. 눈에 보일락 말락 하는 미세한 것들은 무수히 많이 있어.

자철광을 구성하는 물질이 고르고 빽빽하지 않고 구멍이 많이 뚫려 있다고 생각했는데, 내 생각이 옳았음을, 이것을 보고 확인할 수 있었네. 스펀지 모양이라고 하는 게 좋겠군. 물론 차이가 약간 있지. 스펀지의 구멍에는 공기나 물이 차 있지. 그러나 자철광의 구멍에는 단단하고 무거운 돌들이 박혀 있지. 그들이 밝은 광채를 내는 것을 보면 알 수 있어.

내가 처음에 말했듯이, 쇳조각을 자철광의 표면에 닿게 했을 때, 쇠의 미세한 입자들 전부가 자철광과 닿는 게 아닐세. 그들 중 극소수만이 닿게 되지. 쇠의 입자들은 아마 다른 어떠한 금속보다도 고를 걸세. 다른 어떠한 금속보다도 밝게 빛나는 것을 보면 알 수 있어. 자철광에 닿는 입자의 수가 적으니까, 붙어 있는 힘이 약하지. 자철광에 씌운 쇠갑주의 경우는, 표면의 넓은 부분이 닿을 뿐만 아니라 닿지 않는 부분도 가까이에 놓여 있으니, 힘을 쓸 수 있지. 쇳조각도 잘 갈아 놓았다면, 평평한 면끼리 붙게 되니까, 표면의 매우 많은 입자들이 서로 붙게 되지. 무한하지는 않다 하더라도 말일세. 그러니 붙는 힘이 매우 강하게 되지.

길버트는 쇳조각의 표면을 평평하게 갈아서 붙여 보는 실험을 하지 않았네. 그는 볼록한 쇳조각으로 실험을 했거든. 그러니 접하는 넓이가 작았고, 쇠들이 서로 붙어 있으려는 힘이 훨씬 더 약해진 것이지.

사그레도 내가 이미 말했지만, 자네가 제시한 원인은 순수한 기하학 증명과 거의 맞먹을 정도로 만족스럽네. 이건 물리학 문제이니까, 심플리치오도 아마 자연 과학의 범위 내에서 최대한 수긍을 하겠지. 이런 경우에 기하학적으로 증명할 수는 없으니까 말일세.

심플리치오 이 현상의 원인을 아주 알기 쉽도록 살비아티가 유창하게 설명을 했군. 아무리 평범한 사람이라 하더라도, 과학에 대해 아는 게 없다 하더라도, 설득이 될 걸세.

철학 용어를 써서 표현하면, 이 현상이나 이와 비슷한 현상의 원인을 동조(sympathy)라고 부르지. 사물들이 서로 성격이 비슷하면, 그들 사이에 공통이 되는 욕구나 일치감이 생기는 것이지. 이와 반대되는 것으로, 사물들이 서로 맞지 않아서, 물과 기름처럼 섞이지 않고, 밀어내려고 하고, 어울리지 않는 것을 반감(antipathy)이라고 부르지.

사그레도 그래? 단 2개의 낱말로 자연계에서 일어나는 온갖 놀라운 일들과 현상들의 원인을 설명한단 말인가? 내 친구 중에 이런 사색 방법과 비슷한 방법으로 그림을 그리는 사람이 있네. 화폭에다 말로 그림을 그리지. "여기에 연못이 있네. 디아나와 시녀들이 목욕을 하고 있어. 여기에 사냥개가 몇 마리 있고, 여기에 사냥꾼이 사슴 머리를 하고 있네. 나머지 부분은 평야이고, 숲이고, 언덕이지." 그다음은 화가가 물감을 써서 채워 넣도록 하지. 이 친구는 이렇게 말하고는, 자기가 직접 악타이온 이야기를 그림으로 그렸다고 떠들거든. 이 친구가 한 것은 제목을 붙인 것뿐이잖아?

어쩌다가 이렇게 이야기가 벗어나 버렸는가? 이건 우리가 약속한 것과 어긋나는데. 자석 이야기로 빠지기 전에 무엇에 대해 이야기하고 있었던가? 그것에 대해 뭔가 이야기하고 싶은 것이 있었는데.

살비아티 코페르니쿠스가 지구에게 부여한 세 번째 운동은, 사실 운동이 아니라 정지해 있도록 만든 것임을 증명하고 있었네. 그건 지구의 어느 한 부분이 우주의 같은 부분을 늘 가리키도록 만드는 것이니까. 즉 자전축을 늘 원래와 평행한 상태로 유지하면서, 어느 한 별을 가리키는 것이니까. 이렇게 같은 위치를 유지하는 것이, 저항이 약한 유체로 된 매질 속에 매달려 있는 모든 물체들에게 딸린 자연스러운 성질이라고 말했네. 유체를 돌리더라도, 그 물체는 외부의 사물들에 대해서 방향을 바꾸지 않네. 물그릇을 들고 도는 사람이 보기에는 그것이 스스로 도는 것처럼 보이지만 말일세.

이 단순하고 자연스러운 현상에다 한 가지 덧붙이면, 이 지구가 갖고 있는 자석의 힘 때문에, 방향이 더욱더 바뀌지 않는 것인지도 모르지.

사그레도 이제야 모든 것이 기억나는군. 내가 머릿속으로 생각했고, 이야기하고 싶었던 것은, 심플리치오가 지구의 운동에 대해 제기한 반론과 난점들에 대해 고려해 본 것일세. 심플리치오의 반론은 단순한 물체가 여러 가지 운동을 할 수 없다는 것에 바탕을 두고 있었지. 한 가지 단순한 운동만이 자연스럽다고, 아리스토텔레스가 주장했으니까.

내가 고려해 보기를 원한 것은 바로 자철광의 움직임일세. 이것이 세 가지 운동을 자연스럽게 갖고 있음을 볼 수 있으니까. 첫 번째로, 무거운 물체로서 지구 중심을 향해 내려가려는 운동이 있지. 두 번째로, 수평으로 회전하면서 그 축을 우주의 어느 한 방향으로 유지하려는 운동이 있지. 세 번째로, 길버트가 발견한 운동인데(로버트 노만(Robert Norman, ?~?년)이 처음 발견했다. — 옮긴이), 그 축을 자오선 면을 따라 지표면으로 기울게 만드는 운동이 있지. 적도에서는 지구의 자전축과 평행하게 놓여 있지만, 적도에서 멀어지면 멀어질수록 더 크게 기울게 돼. 이 세 가지 운동뿐만 아니라 어쩌면 자신을 축으로 도는 네 번째 운동이 있는지도 몰라. 공기나 또는 다른 어떤 저항이 약한 매질 속에 떠 있도록 만들고, 바깥의 모든 힘을 없앤다면 말일세. 길버트 본인도 이 개념에 수긍을 했어. 심플리치오, 아리스토텔레스의 이론이 얼마나 허약한가 보게.

심플리치오 이게 아리스토텔레스의 이론을 무너뜨리지는 못하네. 이건 아무런 상관도 없는 일이니까. 아리스토텔레스가 말한 것은 단순한 물체에 딸린 자연스러운 운동일세. 지금 자네가 말한 것은 여러 물질로 구성된 물체일세. 자네가 말한 것은 새로운 것도 아닐세. 복합된 물체는 복합된 운동을 한다고, 아리스토텔레스가 시인을 했으니까.

사그레도 심플리치오, 잠깐만. 내가 묻는 말에 대답해 보게. 자네는 자철광이 단순한 물체가 아니고 복합된 물체라고 말했는데, 자철광을 구성하고 있는 단순한 물질들은 무엇인가?

심플리치오 그 성분과 정확한 비율은 말할 수 없지만, 기본 물질들로 구성되어 있음은 분명하지.

사그레도 그 답이면 충분하네. 그런데 기본 물질들이 갖는 자연스러운 운동은 무엇인가?

심플리치오 두 가지 직선운동이 있네. 위로 올라가고, 아래로 내려가고.

사그레도 그다음 질문에 답해 보게. 복합된 물체에 딸린 자연스러운 운동은, 그 물체를 구성하고 있는 단순한 물질들에게 딸린 두 가지 운동을 복합해서 만들어진 것인가? 아니면 이 운동들을 복합한 것과 상관이 없는 새로운 운동인가?

심플리치오 그 물체를 구성하고 있는 단순한 물질들에게 딸린 운동을 복합해서 나온 운동에 따라 움직여야 하네. 그것들을 복합해서 만들 수 없는 운동을 할 수는 없지.

사그레도 심플리치오, 2개의 직선운동으로 원운동을 만들 수는 없네. 자철광은 두세 가지의 원운동을 하고 있잖아? 자, 보게. 근본 원리가 잘못 되었으니, 이런 문제가 생기지. 아니, 원리는 옳았는데, 결론을 잘못 이끌어 냈군. 지구의 물질들은 직선운동만 하고, 하늘의 물체들은 원운동만 한다면, 자철광에는 지구의 물질과 하늘의 물질이 섞여 있겠군. 심플리치오, 사색을 확실하게 하려면, 이 우주의 중요한 구성 성분들 중에 움직이는 것은 모두 자연스레 원운동을 한다고 말하게. 그러면 자철광도 우리 지구를 구성하는 중요한 성분의 하나로서 빼놓을 수 없으니, 자철광도 그런 본성을 가지지.

자네는 자철광을 복합된 물체라 부르면서, 지구는 단순한 물체라 부르고 있네. 자네의 추론이 얼마나 어처구니없는지 깨닫지 못하겠는가? 지구는 수만 배 더 복합된 물체일세. 지구는 서로 다른 수만 가지 물질들을 포함하고 있을 뿐만 아니라 자네가 복합된 물체라고 부르는 자철광을 엄청나게 많이 포함하고 있네. 이건 마치 빵은 복합된 물체이고, 만찬 음식은 단순한 물체라고 부르는 꼴이군. 만찬 음식에는 빵도 잔뜩 있고, 수백 가지 음식들이 빵과 같이 나오는데도 말일세.

지구가 실제로 수없이 많은 다양한 물질들로 복합되어 있다고 소요학파 철학자들이 시인한다면, 정말 놀라운 일이겠지. 그러나 이걸 부인할 수는 없네. 그다음은, 복합된 물체들은 복합된 운동을 해야 한다고 시인해야 하겠지. 그런데 복합할 수 있는 운동은 직선운동과 원운동일세. 두 가지 직선운동은 서로 반대가 되니까, 양립할 수 없네. 그들은 순수한 흙(지구)의 원소를 발견할 수 없다고 시인하고 있어. 그들은 지구가 어떠한 부분 운동도 한 일이 없다고 시인하거든.

마지막으로, 그들은 발견할 수 없는 물체를 자연계에 집어넣은 다음, 그 물체가 절대 따라 하지 않았고, 앞으로도 절대 따라 하지 않을 운동을 한다고 주장하거든. 그러나 실제로 존재하고 있고, 존재해 온 이 물체에 대해서는, 그들이 원래 자연스러운 운동이라고 시인했던 운동을 부인하고 있거든.

살비아티 사그레도, 이 문제를 놓고 더 이상 왈가왈부하지 마세. 자네도 잘 알다시피, 우리는 어느 한 이론이 옳고, 다른 이론이 틀렸다고, 성급하게 결론을 내리려는 게 아닐세. 이쪽이 제시하는 주장들과 저쪽이 맞받아 제시하는 주장들을 보며 즐기고 있을 뿐이지. 심플리치오는 자기가 믿고 있는 소요학파 철학을 대변해 답하고 있지. 우리는 아무런 판단도 내리지 않고 있네. 우리보다 더 잘 아는 사람들이 나중에 판단을 내리겠지.

사흘에 걸쳐 우주의 체계를 아주 자세하게 다루었네. 이제 우리 토론의 시발점이 된 중요한 현상에 대해서 생각해 보세. 바다의 밀물과 썰물 말일세. 그건 어쩌면 지구의 운동에서부터 유래하는 것일지도 모르네. 그러나 오늘은 너무 늦었으니, 내일로 미루어야 하겠군. 자네들도 동의하겠지?

혹시 내가 잊지 않도록, 지금 자네들에게 한 가지 일러 줄 게 있네. 길버트가 이걸 들으면 조금 곤란한데 ……. 자철광으로 조그마한 공을 만들어서 허공에 띄워 놓으면, 그게 저절로 돈다는 의견에, 길버트는 동의했어. 그러나 그렇게 될 까닭이 없네. 지구 전체가 24시간에 한 바퀴씩 도는 자연 본성이 있다면, 각 부분들도 지구 전체와 더불어 24시간에 한 바퀴씩 도는 본성이 있겠지만, 그 부분들은 지구에 있는 한 이미 실제로 지구와 더불어 돌고 있잖아?

물체들이 자신을 중심으로 돈다고 하면, 그건 지구 자전과 완전히 다른 별개의 운동이 돼. 즉 그 물체는 두 가지 다른 운동을 하는 것이지. 하나는 지구의 자전축에 대해 24시간에 한 바퀴 회전하는 운동, 다른 하나는 자기 스스로 도는 운동. 이 두 번째 운동은 멋대로 만든 것일 뿐, 그런 운동이 생길 이유가 없네.

만약 자철광 조각을 전체 무더기에서 떼어 냈을 때, 그게 전체와 더불어 움직이던 운동을 박탈당하고서 지구를 따라 돌지 못하게 된다면, 혹시 그게 자신을 중심으로 새로이 돌게 될지도 모르지. 그러나 그게 전체 무더기에 붙어 있든 떨어져 있든, 마찬가지로 원래의 자연스러운 운동을 계속하고 있는데, 그게 새로이 어떤 운동을 할 리가 있는가?

사그레도 무슨 말인지 잘 알겠네. 이것과 비슷한 어떤 논리가 거짓임을 깨닫게 되었네. 내가 기억하기로, 구형 천문학에 관해 글을 쓴 사람들이 이런 주장을 내세우지. 요하네스 데 사크로보스코도 그랬던 것 같아.

물과 뭍은 우리 지구를 구성하고 있네. 물의 원소들이 땅과 더불어 둥그런 공 모양을 이룸을 증명하기 위해서, 그는 물의 조그마한 입자들이 둥글게 뭉쳐짐을 증거로 제시하고 있네. 풀잎에 매일 맺히는 이슬을 보면 그렇게 되지. 그런데 이는 우리가 흔히 쓰는 격언 중에 "전체에 대해 성립하는 원리는 부분에 대해서도 적용할 수 있다."라는 말마따나, 부분이 이런 모양을 만드니까 전체도 이런 모양을 만든다는 논리이지. 여기에 숨어 있는 명백한 거짓을 알아차리지 못하다니, 이 사람들은 참 멍청하군.

만약 그들의 주장이 옳다면, 조그마한 물방울은 물론이고, 얼마든지 더 많은 양의 물도 전체에서 분리되어 있을 때, 그들끼리 뭉쳐 둥근 공 모양이 되어야 할 게 아닌가? 이건 사실과 거리가 멀어. 누구든 눈으로 보고 논리적으로 생각해 보면 알 수 있지만, 물의 원소들은 모든 무거운 물체들이 향하고 있는 중력의 중심에 대해서 공 모양을 만들려고 하고 있네. 즉 지구의 중심에 대해서 공 모양을 만들려는 것이지. 격언에 따라서, 모든 부분들도 이 성질을 가지지. 그러므로 바다, 호수, 연못 등등 온갖 형태로 담겨 있는 모든 물들이, 공 모양이 돼. 그러나 이 공은 지구의 중심을 중점으로 한 공일세. 물 무더기들이 제각각 공 모양을 만드는 것이 아니야.

살비아티 어린애같이 그런 실수를 하다니 ……. 만약 사크로보스코 혼자만 이런 실수를 했다면, 너그럽게 봐 주겠네. 그러나 그의 비평가들이나 다른 유명한 사람들이 이런 실수를 했다면, 프톨레마이오스 본인이라 하더라도 용서해 줄 수 없네. 그들의 명성에 흠이 되겠구먼.

아, 오늘은 너무 늦었군. 떠날 때가 되었어. 내일 다시 늘 만나는 시간에 만나세. 우리가 지금까지 토론한 모든 것은 내일의 주제를 위해서라네.

—셋째 날 대화 끝—

넷째 날 대화

※

사그레도 오늘은 자네가 평소보다 실제로 늦게 왔는지, 아니면 내 느낌에 자네가 늦게 온 것 같은지 모르겠군. 이런 중요한 문제에 대해서 자네의 설명을 들을 생각을 하니, 기대가 커서 그렇게 느껴지는 것 같아. 자네를 데리고 오라고 곤돌라를 보냈는데, 그게 언제나 돌아오는지, 창밖을 내다보고 이제야 저제야 하며 초조하게 기다리고 있었네.

살비아티 우리가 늦게 온 건 아닌데, 자네가 너무 초조하게 기다렸기 때문에, 늦은 것처럼 느끼는 것이겠지. 필요 없는 말로 더 이상 시간을 끌지 말고, 우리가 다루려던 주제로 바로 들어가세.

여러 가지 이유들을 써서 지구가 움직임을 알아냈는데, 바닷물의 조수는 이 이유에 포함되지 않았었지. 이제 밀물과 썰물이 지구의 운동과 관계가 있는지, 그런 식으로 정확하게 설명할 수 있는지 살펴보세. 자연이 과연 우리에게 그것을 제시해 주는지. 실제 사실이 그렇든 아니면 우리의 상상력을 자극하기 위해 그런 것처럼 변덕을 부리든지 간에 말일세. 역으로, 밀물과 썰물이 지구의 운동을 확인하는 증거가 될 수 있는지도 살펴보세.

지금까지 우리는 지구가 움직인다는 사실을 천체들의 현상으로부터 유추해 냈네. 지구에서 일어나는 일들은 어떤 것도, 어느 한 이론이 다른 이론보다 옳음을 보여 주기에는 설득력이 약했어. 지구가 가만히 있고 해와 별들이 움직일 때 일어나는 모든 일들이, 지구가 움직이고 해와 별들이 움직이지 않더라도 마찬가지로 일어난다고 길게 설명했지.

달 궤도 아래에 있는 물체들 중에 어쩌면 바닷물만은 지구의 운동 상태와 정지 상태에 따라서 약간 다르게 움직여서, 표시가 날지도 모르네. 바닷물은 그 양이 엄청나게 많으며, 고체와 달리 땅에 완전히 붙어 고정된 게 아니니까. 땅덩어리와 떨어져 있어서, 제멋대로 자유롭게 움직이거든.

나는 이와 관련된 현상들과 결과들을 여러 번 꼼꼼히 검토해 보았네. 바닷물의 움직임에 대해서 남들에게서 전해 들은 이야기들, 내가 직접 본 것들. 밀물과 썰물의 원인이라고 많은 사람들이 제시한 엉터리 답들에 대해서도 읽고 들어 봤어. 마침내 나는 두 가지 결론을 내렸네. 이 결론들은 결코 가벼이 이끌어 내고 승인한 게 아닐세.

몇 가지 필요한 가정을 하면, 만약 지구가 움직이지 않으면, 바닷물의 밀물과 썰물은 저절로 일어날 수가 없다. 우리가 지구에게 부여한 그런 운동을 하면, 바닷물은 실제로 우리가 관찰하는 것과 똑같이 밀물·썰물이 일어나야 한다.

사그레도 이건 아주 중요한 법칙이군. 이 자체로 중요한 것은 물론, 여기서 생기는 결과들도 매우 중요하군. 그러니 이걸 설명해 주고, 입증해 주게. 정신 바짝 차리고 듣겠네.

살비아티 이런 종류의 자연 과학 문제를 다룰 때는, 그 결과들을 잘 알아야, 그 원인을 발견하고 조사할 수 있네. 결과들을 모르면, 눈을 감고 여행하는 것과 마찬가지이지. 아니, 그보다 더 불확실할 걸세. 눈을 감고 여행하더라도 목적지가 무엇인지는 알지만, 우리는 어떤 결과가 나와야 하는지조차 모르잖아? 그러니 우리가 찾고자 하는 원인의 결과에 대해 잘 알아야 하네.

사그레도, 밀물과 썰물에 대해서는, 자네가 나보다 훨씬 더 잘 알고 있겠지. 자네는 여기 베네치아에서 태어나서 오랫동안 여기에서 살았으니까. 베네치아의 조수는 그 규모가 대단하기로 유명하지. 그리고 자네는 시리아로 항해한 적도 있네. 자네는 영리하고 호기심이 많으니까, 여러 가지 관찰을 했겠지.

그러나 나는 여기 아드리아 해의 끝에서 일어나는 현상을 관찰한 지 얼마 되지 않네. 그리고 이 바다 아래쪽 티레니아 해변에서 일어나는 일들은 다른 사람의 말을 통해서 듣게 되는데, 대개의 경우 말들이 서로 어긋나서 믿을 수가 없어. 우리가 사색하는 데 도움이 되기보다 오히려 혼란만 불러일으킬 수 있네.

그렇지만 주된 현상을 비롯해 우리가 확실하게 알고 있는 것들을 바탕으로 진짜 근본 원인이 뭔지 찾을 수 있을 것 같아. 내가 미처 생각해 볼 시간이 없었던 새로운 현상들에 대해 꼭 맞는 원인을 찾아내서 충분히 설명할 수 있다고 주장하는 건 아닐세. 다만 나는 아직 아무도 걸어 보지 못한, 새로운 길로 통하는 문을 열어 주려는 것뿐이네. 나는 지금

이 길을 드러내는 데 그치겠지만, 나보다 더 날카로운 통찰력을 가진 사람이 이 길을 넓히고, 더 멀리까지 탐험해 나갈 걸세.

우리에게서 멀리 떨어진 다른 바다에서는 여기 지중해와 다른 일들이 일어날지도 몰라. 그렇지만 내가 제시할 이유와 원인이 여기 지중해에서 일어나는 현상들을 잘 설명하고 확실하게 입증한다면, 그것들은 다른 곳에서도 사실로 성립할 걸세. 비슷한 종류의 현상들에 대해서는 궁극적으로 단 하나의 진짜 근본 원인이 있을 테니까. 그러니 내가 알기로 실제 존재하는 현상들에 대해 이야기해 주겠네. 그러고 나서 그 현상들의 근본 원인이라고 내가 생각하는 것을 말하겠네. 자네들은 자네들이 알고 있는 현상들을 제시해 보게. 내가 제시한 원인이 그 현상들도 설명할 수 있는지 살펴보도록 하세.

우선, 바닷물의 밀물과 썰물에는 세 가지 주기가 있다. 가장 중요한 첫 번째 주기는 매일의 조수이다. 즉 바닷물이 몇 시간 간격으로 밀려 들어왔다가 빠져나갔다가 하는 현상이다. 여기 지중해의 대부분의 지역에서는 각각이 6시간 정도 지속된다. 즉 6시간 동안 밀려 들어왔다가, 그다음 6시간 동안 빠져나간다. 두 번째 주기는 1개월 길이인데, 이것은 달의 움직임에서 유래하는 것 같다. 이것은 새로운 종류의 조수를 낳지는 않지만, 앞에서 말한 조수의 크기를 바꾼다. 달이 초승이냐 보름이냐 상현·하현이냐에 따라, 조수의 크기가 엄청나게 달라진다. 세 번째 주기는 1년 길이인데, 아마 해에서 유래하는 것 같다. 이것 역시 조수의 크기를 바꾸는 것인데, 춘분·추분인 때와 하지·동지인 때에 따라 크기가 달라진다.

우선 매일의 밀물·썰물에 대해서 이야기하겠네. 이것이 가장 중요한 거야. 달과 해의 영향은 각각 1개월, 1년을 주기로, 여기에 부수적으로 작용할 뿐이지. 조수는 세 가지 종류로 나눌 수 있다. 어떤 장소에서는 바닷물이 단순히 위로 올라가고 아래로 내려가고 할 뿐, 어떤 방향으로 움직이지는 않는다. 다른 어떤 장소에서는 높이는 바뀌지 않으면서, 동쪽으로 갔다 서쪽으로 갔다 하기만 한다. 또 다른 어떤 장소에서는 높낮이와 흐르는 방향이 둘 다 바뀌기도 한다. 여기 베네치아에서는 그렇게 된다. 물이 밀려 들어오면서 높아졌다가 빠져나가면서 낮아진다.

이런 현상은, 동서로 펼쳐진 만의 끝부분에 해변이 넓게 있어서, 물이 올라오면서 퍼질 공간이 있으면 일어난다. 만약에 산이나 둑이 물길을 막으면, 물은 앞으로 나아가지 못하고, 이에 대해 올라갔다 내려갔다 할 뿐이다. 가운데 부분에서는 물의 높이가 바뀌지 않으면서, 이리로 갔다 저리로 갔다 하며 움직이게 된다.

스킬라와 카리브디스 사이의 메시나 해협(이탈리아 본토와 시칠리아 섬 사이에 있는 해협 — 옮긴이)을 보면, 이 현상이 특히 두드러진다. 해협이 좁아서 바닷물이 매우 사납게 흐르기 때문이다. 탁 트인 지중해와 섬들 근처에서도 이런 현상이 일어난다. 발레아레스, 코르시카, 사르디니아, 엘바, 시칠리아(아프리카 방향), 몰타, 크레타 등등의 섬에서 보면, 높이 변화는 아주 작지만, 바닷물의 흐름은 상당하다. 섬들 사이나 섬과 대륙 사이에 바다가 좁아지는 곳을 보면 특히 그러하다.

이렇게 알려져 있는 실제 현상만 놓고 보면, 다른 현상들은 모른다 하더라도 자연의 범위 내에서 생각하는 사람은 누구나 다 지구가 움직인다는 사실에 설득당하게 될 걸세. 지중해의 밑바닥이 그렇게 단단히 붙어 있으면서, 거기에 담긴 물이 그런 식으로 움직이도록 만든다는 것은, 정말이지 내 상상력을 뛰어넘어. 이 문제에 대해 곰곰이 생각해 본 사람은 누구나 다 동의할 걸세.

심플리치오 이런 현상들은 최근에 생긴 게 아닐세. 까마득한 옛날부터 있었으며, 수없이 많은 사람들이 보아 왔네. 상당수의 사람들은 이것을 설명하기 위해서 이러저러한 이유를 고안해 내곤 했지. 여기서 멀지 않은 곳에 위대한 소요학파 철학자 한 명이 살고 있는데, 그가 최근에 아리스토텔레스의 책에서 이 현상에 대한 원인을 끌어냈네. 기존의 학자들은 아리스토텔레스 책의 내용을 제대로 이해하지 못했던 것이지.

이 현상은 바로 바다의 깊이 차이에서 생긴다는 것을, 그는 아리스토텔레스의 책에서 이끌어 냈네. 가장 깊은 곳에 있는 물은 양이 많고 무겁기 때문에, 물을 더 얕은 곳으로 밀어낸다. 이 물들이 올라갔다가 다시 내려가려고 하는데, 이런 끊임없는 싸움으로부터 바닷물의 조수가 생긴다.

밀물과 썰물이 달에서 유래한다고 생각하는 사람들도 많이 있네. 달은 바닷물을 통솔하는 특별한 능력이 있다는 것이지. 최근에 어떤 성직자가 쓴 조그마한 책에 보면, 달이 하늘에서 돌아다니면서, 물을 자신에게로 끌어당겨서, 자기를 따라 움직이도록 만든다고 씌어 있네. 그렇기 때문에 달 바로 아래 부분은 늘 밀물이 되지. 그런데 달이 지평선 아래로 내려가고 난 다음에 다시 밀물이 되는 것에 대해서는 제대로 설명하지 못하고 있어. 달이 물을 자연스레 끌어당기는 힘이 있을 뿐만 아니라 그 힘을 황도대의 반대편 별들에게 전해 주는 게 아닌가 하고 써 놓았네. 잘 알고 있겠지만, 어떤 사람들은 달이 물에 열을 가하기 때문에, 물의 온도가 올라가서 부피가 커져 밀물이 된다고 설명해 놓았네. 또 어떤 사람들은 …….

사그레도 심플리치오, 그만하게. 그들을 일일이 손꼽는다고 해서 득이 될 게 뭐가 있겠는가? 그들을 반박할 필요도 없네. 이런 식의 하찮은 말장난에 고개를 끄덕인다면, 자네의 판단력에 해를 끼치게 되네. 우리가 알기로, 자네는 이제 막 실수의 굴레에서 벗어난 참인데 …….

살비아티 사그레도, 그렇게 닦달하지 말게. 심플리치오, 자네가 방금 말한 이런 것들이 실제로 가능성이 있다고 보는가? 내가 자네를 위해 짤막하게 설명해 주지.

심플리치오, 물의 표면이 더 높으면, 낮은 위치에 있는 물을 몰아내지. 그러나 물이 더 깊다고 해서, 다른 물을 몰아낼 수는 없네. 높은 물이 낮은 물을 몰아내더라도, 그들은 곧 평형을 이뤄서 가만히 있게 돼. 자네가 말한 소요학파 철학자가 생각하기로는, 이 세상의 모든 호수들과(호수들은 밀물·썰물이 없으니까) 조수의 변화가 없는 바다들은 바닥이 완전히 평평한 모양이지? 설령 깊이를 재는 방법이 없다 하더라도, 섬들이 물 위로 올라와 있는 것을 보면, 바닥이 고르지 않다는 것을 알 수 있네. 달은 매일 전체 지중해 위를 지나지만, 물이 올라가는 것은 동쪽 끝과 여기 베네치아에서만 일어나는 현상이라고, 그 성직자에게 일러 주게.

달이 열을 가해 바닷물이 부풀어 오른다고? 병에다 물을 담은 다음에 불로 데워 보라고 그래. 병의 물이 손톱만큼이라도 올라갈 때까지 병을 잡고 있으라지. 그러고 나서 바닷물이 부풀어 오르는 것에 대해 글을 쓰라지. 달이 왜 어떤 부분의 물은 부풀어 오르게 하면서, 다른 어떤 부분은 그냥 놔두는지 물어보게. 여기 베네치아에서는 간만의 차가 크지만, 안코나, 나폴리, 제노바에서는 그 차가 작거든.

감성이 풍부한 사람들은 두 부류로 나눌 수 있네. 하나는 이야기를 꾸며 내는 사람들이고, 다른 하나는 그것들을 믿는 사람들이지.

심플리치오 지어낸 이야기임을 안다면, 믿을 사람이 없겠지. 밀물과 썰물의 원인에 대해 여러 가지 이론들이 많이 있지만, 진짜 주된 원인은 단 하나만 있을 테니까, 이것들 중 기껏해야 하나만이 옳고, 나머지는 모두 터무니없는 거짓말임을, 나도 잘 알고 있네. 어쩌면 지금까지 제시된 이론들 중에 정답이 없을지도 모르지. 내가 보기에는 그런 것 같네. 만약 진짜 원인이 있다면, 그게 더 밝게 빛을 내서, 다른 거짓 원인들의 어둠과 구별이 되겠지.

우리 사이니까 솔직하게 말하겠는데, 지구의 움직임 때문에 조수가 생긴다는 것은, 내가 지금까지 들은 다른 이론들과 마찬가지로 엉터리 같네. 이 자연 현상에 잘 어울리는 그럴 법한 설명이 제기되지 않는 한, 나는 이게 초자연적인 현상이라고 주저 없이 말하겠네. 이것은 기적이며, 사람들의 머리로는 헤아릴 수 없다. 신의 전능한 손길이 닿은 것들 중 상당수가 그렇지.

살비아티 자네는 너무 신중하군. 그리고 자네가 한 말은 아리스토텔레스의 주장에서 벗어나지 못하고 있네. 자네도 알다시피, 그가 쓴 『역학(*Mechanics*)』의 시작 부분에 보면, 원인이 밝혀지지 않은 일들은 모두 기적이라고 치부해 놓았거든.

그러나 내가 보기에, 자네가 밀물·썰물의 원인을 알 수 없다고 생각하는 가장 큰 이유는, 지금까지 진짜 원인이라고 제기한 이론들을 가지고는, 우리가 적당한 기구를 갖고 실험을 해서 이 현상이 나타나도록 할 수가 없었기 때문인 것 같아. 햇빛이든 달빛이든, 열을 가하든 밑바닥의 깊이가 다르게 하든, 그릇에 담긴 물이 한 곳에서만 오르내리고, 이리저리로 왔다 갔다 하도록 만들 수는 없네. 그릇이 움직이지 않는다면 말일세. 그러나 그릇을 움직이기만 하면, 다른 어떤 재주를 부리지 않아도, 바닷물에서 일어나는 온갖 변화들이 똑같이 일어나게 돼. 그러니 이 원인을 부인하고 기적이라 부르지 말게.

심플리치오 나는 차라리 기적이라고 생각하겠네. 그릇을 움직이지 말고,

뭔가 다른 방법을 써서 설명해 주게. 바닷물을 담고 있는 지구라는 그릇은 움직이지 않고 있으니까.

살비아티 그러나 신이 전능한 힘을 쓰면, 이 지구가 초자연적으로 움직이도록 만들 수 있지 않겠는가?

심플리치오 그거야 의심할 여지가 없네.

살비아티 심플리치오, 바닷물에 밀물과 썰물이 생기도록 하기 위해서 기적을 도입해야만 한다면, 지구에 기적이 일어나 움직여서 바닷물에 조수가 자연스럽게 생기도록 만드세. 이렇게 하는 것이 기적들 중에 쉽고 자연스러운 편에 속하지. 많은 천체들이 돌고 있으니 지구도 돈다고 하는 편이 물이 움직인다고 하는 것보다 쉬워. 엄청난 양의 물이 이쪽저쪽으로 움직이고, 어떤 곳에서는 더 빨리 움직이고, 어떤 곳에서는 아예 움직이지 않고, 이런 모든 변화가 한 물그릇 안에서 일어나야 한다니……. 이건 여러 개의 기적이 일어나는 것이잖아? 지구가 움직이면, 기적이 하나만 일어나면 충분하지.

뿐만 아니라 만약에 물이 움직인다면, 또 다른 기적이 지층에 일어나야 하네. 물의 힘에 대항해서 땅거죽을 단단히 붙들고 있어야 하니까. 만약 지층이 땅거죽을 기적적으로 붙들고 있지 않으면, 물의 움직임에 따라서 땅거죽이 이리저리로 왔다 갔다 할 테니까.

사그레도 살비아티가 제시한 이 새로운 의견이 거짓인지 아닌지 판단하는 일은 잠시 뒤로 미루세. 심플리치오, 이것을 자네가 제시한 터무니없는 의견과 같은 것으로 분류하려 하지 말게. 기적이란 말은 함부로 쓰면 안 돼. 자연의 범위에서 모든 주장들을 다 검토하고 난 다음에야 기적을 찾아야 하네. 비록 신이 창조한 자연과 이 모든 것이, 내게는 기적으로 여겨지기는 하지만 …….

살비아티 나도 그렇게 생각하네. 밀물과 썰물이 지구의 움직임 때문에 자연히 생긴다고 해서, 그게 기적이 아니라는 말은 아니지.

우리가 토론하던 것으로 돌아가세. 내가 다시 한 번 강조하겠는데, 지중해에서 관찰할 수 있는 온갖 종류의 바닷물의 움직임들은, 지금까지 누구도 그 원인을 제대로 설명하지 못했어. 물을 담고 있는 땅바닥이 움직이지 않는다면 말일세. 매일 관찰할 수 있는 여러 현상들 때문에, 이 문제는 깊은 수수께끼 속에 빠졌네. 내가 이런 현상들을 설명할 테니 귀 기울여 듣게.

우리는 여기 베네치아에 있는데, 지금은 물이 빠졌네. 바다는 잔잔하고, 바람도 잠들었어. 물은 이제 막 올라오기 시작하려는 참인데, 5~6시간 후에는 지금보다 열 뼘 이상 높이 올라와 있을 걸세. 이렇게 올라오는 까닭은, 원래 있던 물이 부풀어 오르기 때문이 아니고, 새 물이 여기로 몰려오기 때문일세.

물론, 새 물은 원래 물과 똑같은 물이지. 염도도 같고, 밀도도 같고, 무게도 같아. 그 위에 떠 있는 배는 머리카락 굵기만큼도 더 잠기지 않네. 물을 한 통 떠내면, 같은 양의 원래 물과 비교해서, 무게가 조금도 더 나가지 않네. 차가운 것도 마찬가지일세. 한마디로 말해서, 리도 해협의 입구를 통해 최근에 들어오는 걸 본, 바로 그 물이지.

자, 이 물이 어떻게 여기로 오게 되었는지 설명해 주게. 바다 밑바닥에 거대한 구멍이 뚫려 있어서, 엄청나게 큰 고래가 숨을 쉬듯이, 지구가 그 구멍을 통해 물을 빨아들이고 내뿜기 때문에 그렇게 된 건가? 만약 그렇다면, 안코나, 두브로브니크, 코르푸 섬에서는 왜 6시간 동안 물이 올라가지 않는가? 왜 그런 곳에서는 거의 눈에 띄지 않을 정도로 적게 올라가는가? 새 물을 거대한 물그릇에다 부어서, 한 장소에서는 물이 올라가고 다른 장소에서는 물이 올라가지 않도록 만들다니, 도대체 누가 이런 재주를 가졌단 말인가?

이 새 물을 대서양에서 빌려 오기라도 했단 말인가? 지브롤터 해협을 통해서? 그렇다고 해서 이런 난점들이 사라지지는 않네. 오히려 더 어렵게 되지. 우선, 물이 지브롤터 해협으로 들어온 다음, 어떤 길을 따라서 움직이기에, 불과 6시간 만에 지중해의 반대쪽 끝에 닿을 수 있는가? 자그마치 2,000~3,000마일이나 되는 거리가 아닌가? 되돌아가는 것은 또 어떻고? 바다에 떠 있는 배들이 어떻게 될 것 같은가? 그 해협은 어떻게 되겠는가? 엄청난 양의 물이 폭포를 이루며 끊임없이 흐를 텐데 ……. 불과 8마일 폭의 해협이, 6시간 동안에 수백 마일 너비, 수천 마일 길이인 넓이에 홍수가 일어나도록 물을 쏟아 부어야 한다니 ……. 호랑이나 송골매라 할지라도, 그렇게 빨리 달리거나 날지는 못할 걸세. 시속 400마일의 속력으로 말일세.

해협을 가로질러 흐르는 물살이 있기는 있네. 하지만 매우 느리게 흐르기 때문에, 보트를 타고 노를 저으면, 물살을 이길 수 있어. 물론, 보트의 속력이 약간 떨어지기는 하지.

그리고 만약 물이 해협을 통해서 들어온다면, 또 다른 난점이 생기네. 왜 거기에서 멀리 떨어진 여기는 물이 그렇게 높이 올라가는데, 해협 가까이에 있는 곳에서는 이 정도 또는 이 이상 올라가지 않는가? 요약하면, 아무리 억지를 부리거나 아무리 교묘하게 머리를 써도, 이런 난점들을 극복하고, 지구가 움직이지 않음을 주장할 수는 없네. 자연의 범위 내에서 생각하면 말일세.

사그레도 지금까지 말한 것들은 잘 알겠는데, 만약 지구가 움직인다고 가정하면, 이 놀라운 현상들이 어떻게 해서 자연스럽게 생기게 되는지 정말 궁금하군. 어서 설명해 주게.

살비아티 이러한 현상들은 지구의 움직임에 따라서 저절로 생기게 돼. 어떤 장애나 저항도 없이 쉽게 생기게 되네. 쉽게 딸리는 정도가 아니라, 반드시 딸려야 하네. 그리고 이 방법 이외의 다른 어떠한 방법으로도 이런 현상들이 생기지 않네. 자연스럽고 사실인 일들은 반드시 그런 조건과 성질을 가지니까.

우리가 감지하는 물의 움직임은 그 물을 담고 있는 그릇이 움직이지 않는 한 불가능하네. 이것을 확립했으니, 물그릇을 움직이면, 실제로 관찰한 것과 같은 현상이 일어나도록 만들 수 있는지 따져 보세.

그릇에 담긴 물이 이쪽 끝으로 움직였다 저쪽 끝으로 움직였다 하도록 그릇을 움직이는 방법에는 두 가지가 있네. 한 가지는, 그릇의 한쪽을 다른 쪽보다 낮추는 것이지. 그렇게 하면, 물이 낮은 쪽으로 흐를 테니까, 양쪽 끝에서 각각 올라가고 내려가고 하지. 그러나 이렇게 그릇이 내려가고 올라가고 하는 것은 지구 중심에 가까이 가고 멀어지고 하는 것이니, 이 지구를 커다란 물그릇이라고 생각했을 때, 지구의 바닥이 움푹하다고 해서 이런 움직임을 낳을 수는 없네. 지구가 어떻게 움직이든 밑바닥의 일부분은 중심으로 가까이 가고, 일부분은 중심에서 멀어지는 일은 절대 일어나지 않네.

다른 한 가지는, 그릇을 기울이지 않은 채 움직이는 것이지. 일정한 속력으로 움직이는 것이 아니라 속력을 바꾸면서 말일세. 즉 가속을 했다 감속을 했다 하면서. 물은 그릇에 담겨 있지만, 고체와 달라서 단단히 붙어 있는 게 아니니까, 물은 비교적 자유롭게 움직일 수 있기 때문에, 그릇의 변화를 좇아 그대로 변화하지는 않네. 그릇의 속력이 느려지면, 물은 이미 전해 받은 힘을 간직하고 있으니 앞으로 계속 움직여서, 그 부분에서 물이 올라가지. 반대로 그릇의 속력이 빨라지면, 물은 느린 상태를 계속 지니고 있으니, 이 새로운 속력에 익숙해지기까지는 뒤로 처져 버리지. 뒤쪽 끝으로 몰리게 되니까, 그 부분에서 물이 올라가지.

이 도시에서 쓸 물은 푸시나에서 거룻배에 싣고 여기로 나르는데, 물을 가득 담은 배를 자세히 보면, 이 현상을 분명하게 확인할 수 있네. 물을 담은 배가 얕은 바다를 적당한 속력으로 움직이고 있다고 상상해 보게. 배에 담긴 물은 잔잔히 수평을 이루고 있겠지. 그러다가 배가 어떤 장애물에 부딪혔거나, 또는 장애물을 피해 돌기 위해서 배의 속력이 갑자기 뚝 떨어졌다고 생각해 봐. 물은 원래 전해 받았던 힘을 배와 같이 단숨에 잃어버리지 않네. 힘을 계속 지니고 있기 때문에, 물은 앞으로 움직여서 이물 쪽으로 쏠리게 돼. 이물 쪽에서는 물이 올라가고, 반대로 고물 쪽에서는 물이 내려가지.

만약 배가 평온한 바다 위를 움직이다가 갑자기 속력이 빨라지면, 배에 담긴 물은 그 속력을 전해 받을 때까지 느린 상태를 유지하니까, 물은 고물 쪽으로 처져 버려. 고물 쪽에서는 물이 올라가고, 이물 쪽에서는 물이 내려가지. 이 현상은 하도 명백해서 의심할 여지가 없네. 언제라도 실험을 통해 확인할 수 있어. 이 현상에 대해서 특히 주목해야 할 사항이 세 가지 있네.

첫째, 그릇의 한쪽 끝에서 물이 올라가지만, 물을 새로 더해 주어야 하는 것은 아니다. 그리고 물이 반대편에서 그쪽으로 흘러가야 하는 것도 아니다.

둘째, 가운데 부분에서는 물이 높아지거나 낮아지는 것을 거의 알아차리기 어려울 정도로 변화가 작다. 물론, 배가 아주 빨리 움직였고, 장애물이 아주 강하게 배에 부딪혀 진행을 막았다면, 변화를 알아차릴 수도 있겠지. 그런 경우에는 물이 앞으로 쏠리는 정도가 아니라 배 밖으로 쏟아져 나가겠지. 배가 느리게 움직일 때, 갑자기 큰 힘을 가해 주어도 그렇게 되겠지. 그러나 배가 보통으로 움직이고 있을 때, 약간 가속이 되거나 감속이 되어도 가운데 부분의 높낮이 변화는 거의 없어. 다른 부분들은 가운데와 가까우냐 머냐에 따라 높낮이 변화의 정도가 달라지지. 가운데에서 멀면 멀수록 변화가 더 커.

셋째, 가운데 부분은 양 끝에 비해 높낮이 변화는 거의 없지만, 물이 이리저리로 흐르는 정도는 양 끝에 비해 훨씬 더 심하다.

자, 이것을 보게. 배가 그 속에 담긴 물에게 하는 일, 물이 자신을 담고 있는 배에게 하는 일은, 바로 지중해 밑바닥이 그 속에 담긴 바닷물에게 하는 일, 바닷물이 자신을 담고 있는 지중해 밑바닥에게 하는 일과 완전히 똑같네. 그다음에 우리가 할 일은, 지중해를 비롯한 모든 바다의 밑바닥, 즉 지구의 모든 부분들이 분명히 불규칙하게 움직이는 게 사실임을 보여야지. 그리고 어떤 식으로 불규칙하게 움직이는지 밝혀야지. 비록 지구 자체는 고르고 일정하게 움직이고 있지만 말일세.

심플리치오 나는 비록 수학자나 천문학자가 아니지만, 내가 보기에 이건 커다란 모순 같은데. 전체는 일정하게 움직이는데, 거기에 늘 붙어 있는 각 부분들은 불규칙하게 움직인다니 ……. 전체에 대해 성립하는 원리는 부분에 대해서도 적용할 수 있다는 격언에 어긋나는군.

살비아티 심플리치오, 내가 이 모순이 옳음을 증명하겠네. 이것에 대항해 그 격언을 변호하든 아니면 둘이 조화를 이루도록 만들든, 그건 자네가 알아서 하게. 아주 쉽고 간단하게 증명할 걸세. 우리가 지난 며칠간 길게 다루었던 지구의 움직임에 바탕을 두고 있네. 우리는 밀물 · 썰물에 도움이 될 듯한 말은 조금도 하지 않았지만 말일세.

우리가 이미 말했듯, 지구는 두 종류의 움직임을 갖고 있네. 하나는 공전 운동일세. 지구의 중심이 궤도를 따라 황도 12궁의 순서대로, 서쪽에서 동쪽으로 움직이는 운동이지. 다른 하나는 자전 운동일세. 지구가 자신을 중심으로 24시간에 한 바퀴씩, 역시 서쪽에서 동쪽으로 움직이는 운동이지. 자전축은 약간 기울어 있어서, 공전축과 평행하지 않네.

이 운동은 둘 다 고르지만, 이 둘을 더하면, 지구의 각 부분의 운동이 고르지 않게 되네. 이것을 더 쉽게 이해할 수 있도록 그림을 그려서 설명해 주겠네.

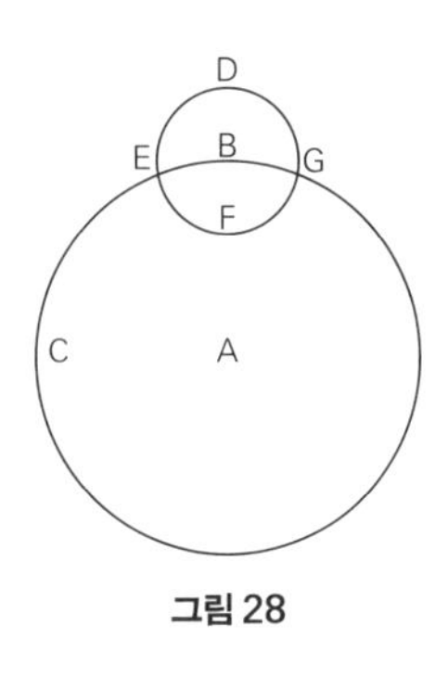

그림 28

점 A를 중심으로 지구의 궤도 BC를 그리겠네. 그 궤도에서 점 B를 잡도록 하세. B를 중심으로 작은 원 DEFG를 그린 다음, 이게 지구를 나타낸다고 하세. 지구의 중심 B가 궤도를 따라 서쪽에서 동쪽으로 움직인다고 하세. 즉 B에서 C로 말일세. 그리고 지구는 B를 중심으로 서쪽에서 동쪽으로 자전한다고 하세. 즉 24시간에 한 바퀴씩, D, E, F, G 방향으로 회전한다고 하세.

이것을 자세히 보자. 원이 자신의 중점에 대해 자전을 하면, 원의 각 부분들은 시간이 달라지면 반대되는 운동들을 하게 된다. 이건 명백하다. 점 D 근처의 부분은 왼쪽으로 E를 향해 움직이며, 반대쪽 F 근처의 부분은 오른쪽으로 G를 향해 움직인다. 그러니 점 D가 F로 가면, 그 움직임은 원래 D에 있을 때의 움직임과 반대가 된다. 그리고 점 E가 아래로 F를 향해 내려갈 때, 점 G는 위로 D를 향해 올라가게 된다.

지구가 자신의 중점에 대해 자전을 할 때, 각 부분들이 서로 반대되게 움직이니까, 자전 운동과 공전 운동을 더한 실제 움직임은, 때에 따라서 표면의 각 부분이 가속이 되었다가, 또 그만큼 감속이 되었다가 한다. 우선 D 근처에 있던 부분을 보자. 여기서는 실제 움직임이 상당히 빠르다. 두 운동의 방향이 같기 때문이다. 즉 공전과 자전, 둘 다 왼쪽으로 하고 있기 때문이다. 왼쪽으로 움직이는 공전 운동은 지구의 모든 부분에 공통이 된다. 자전 운동의 경우 점 D 근처에서는 왼쪽으로 움직인다. 그러니 여기서는 자전 운동이 공전 운동과 합쳐져서 더 빨라진다.

D의 반대쪽인 F 부근에서는, 이것이 반대로 된다. 공전 운동은 지구 전체에 공통이 되니까, 이 부분도 왼쪽으로 움직이는데, 자전 운동은 이 부분을 오른쪽으로 옮기고 있다. 즉 공전 운동에서 자전 운동을 빼야 한다. 그렇기 때문에, 이 둘을 합친 실제 움직임은 상당히 느려진다.

점 E와 G 근처에서는 실제 움직임이 공전 운동과 같다. 자전 운동이 공전 운동에 거의 아무런 영향도 끼치지 않기 때문이다. 자전 운동에 의해서 왼쪽이나 오른쪽으로 움직이는 것이 아니라, 위아래로 움직이고 있기 때문이다.

이것을 보면, 다음과 같이 결론을 내릴 수 있다. 지구가 공전이든 자전이든 어느 한 운동만 하면, 지구 전체는 물론 모든 부분들이 일정한 속력으로 고르게 움직이지만, 이 두 운동을 섞으면, 지구의 각 부분들이 이런 식으로 고르게 움직이지 않고, 공전 운동에다 자전 운동을 더하거나 빼야 하니까, 가속이 되었다가 감속이 되었다가 한다.

물그릇의 경우 속력이 빨라졌다 느려졌다 하면, 거기에 담긴 물이 전체 길이를 따라 뒤로 쏠렸다 앞으로 쏠렸다 하면서, 양 끝에서 물이 높아졌다 낮아졌다 하는 것이 사실이다. 이건 실험을 통해 확인했다. 그렇다면, 바닷물의 경우도 이런 현상이 나타날 수 있지 않겠는가? 아니, 반드시 나타나야 하지 않겠는가? 밑바닥이 그런 식으로 움직이고 있잖은가? 특히 동서로 펼쳐진 바다가 더 심할 것이다. 밑바닥이 바로 동서 방향으로 움직이고 있기 때문이다.

이게 바로 밀물·썰물을 일으키는 가장 근본적인 실제 원인일세. 이게 없다면, 밀물과 썰물은 생기지 않네. 그렇지만 많은 장소에서 시간에 따라 온갖 종류의 특별한 현상들이 일어나지. 이런 온갖 현상들은 여러 가지 부수적인 요인들로 인해 결정이 되네. 그렇지만 이들 모두 근본 원인과 어떤 관계가 있어. 그러니 이제 이런 다양한 현상들의 원인이 될 수 있는 여러 가지 것들을 제시하고 검토해 보세.

첫째, 물그릇의 속력이 상당히 느려지거나 빨라져서, 물이 앞으로 쏠리거나 뒤로 쏠리게 되었다면, 그 근본 원인이 사라진 다음에 물은 그 상태로 머무르지 않는다. 물 자신의 무게가 있고, 물은 늘 수평이 되어 평형 상태가 되려는 성질이 있으니, 물은 다시 수평이 되려고 되돌아가게 된다. 물은 유체이고 무게가 있으니 수평 상태로 돌아갈 뿐만 아니라 그 이상 나아가게 된다. 자신의 힘 때문에 계속 움직여서 원래 내려갔던 부분이 오히려 올라가게 된다. 물론, 그 상태로 계속 머물지도 않는다. 물은 계속 진동하게 된다. 이것을 보면, 물이 얻은 속력이 갑자기 사라져 정지 상태로 돌아갈 리가 없음을 알 수 있다. 속력은 차츰차츰 줄어들어서, 약간씩 약간씩 느려진다. 줄에다 무거운 추를 매단 다음, 가만히 있는 상태(수직 상태)에서 줄을 당겼다가 놓으면, 추는 상당히 오랫동안 왔다 갔다 진동을 한다. 수직 상태를 지나 계속 움직였다 되돌아왔다 한다. 그러다가 한참 후에야 수직 상태에 가만히 머물게 된다. 물의 움직임도 이와 마찬가지이다.

둘째, 이런 식의 진동을 얼마나 더 자주 하느냐(주기가 짧으냐), 아니면 띄엄띄엄 하느냐(주기가 기냐) 하는 것은, 물을 담고 있는 그릇의 길이에 달려 있다. 물그릇이 짧으면, 더 자주 진동을 하게 된다. 물그릇이 길면, 진동을 띄엄띄엄 하게 된다. 이건 진자와 마찬가지이다. 더 긴 줄에 추를 매달면, 짧은 줄에 매단 추에 비해서 진동을 더 드물게 하게 된다.

셋째, 물그릇이 얼마나 기냐 짧으냐가 물이 진동하는 주기를 달라지게 하는 것과 마찬가지로, 물그릇의 깊이도 그 주기를 달라지게 한다. 물그릇의 길이가 같더라도 깊이가 다르면, 깊은 물은 더 자주 진동을 하게 된다. 얕은 물의 경우, 같은 시간 동안 진동하는 횟수가 더 적다.

넷째, 이런 진동은 물에 두 가지 다른 모습으로 나타나는데, 이것들을 알아차리고 자세히 관찰을 해야 한다. 하나는 양쪽 끝이 번갈아 가며 올라갔다 내려갔다 하는 것이다. 다른 하나는 물이 수평으로 이쪽 저쪽으로 흐르는 것이다. 물의 각 부분은 이 두 가지 운동을 서로 다르게 지니고 있다. 가운데 부분은 위로 올라가거나 아래로 내려가는 움직임이 전혀 없다. 다른 부분들은 끝으로 가면 갈수록, 그에 비례해서 오르내리는 정도가 더 커진다. 반대로 가운데 부분은 다른 운동을 심하게 한다. 즉 물이 앞으로 갔다 뒤로 갔다 하면서 흐르는 운동을 많이 한다. 양 끝 지점은 이 운동을 전혀 하지 않는다. 물론, 양 끝에서 물이 너무 높이 올라가서 그릇 밖으로 넘쳐 흐르면, 이 운동도 하게 될 것이다. 그러나 양 끝에서 그릇의 둘레가 높아서 물을 막아 주면, 물은 다만 위아래로 오르내릴 뿐이다. 그렇다고 해서 가운데 부분의 물이 앞뒤로 흐르지 못하는 것은 아니다. 다른 부분에서도 마찬가지이다. 가운데와 가까우냐 머냐에 따라 더 많이 흘렀다 더 적게 흘렀다 한다.

다섯째, 이건 특히 조심스럽게 따져 보아야 한다. 이건 실험을 해서 재현할 수가 없기 때문이다. 나는 다음 사항을 말하고 싶다. 우리가 앞에서 말한 거룻배처럼 물을 담고 있는 그릇의 경우는, 속력이 빨라지든 느려지든, 그 그릇 전체와 모든 부분들이 똑같이 빨라지거나 느려진다. 예를 들어 배가 어디에 부딪혀 속력이 줄어들면, 배의 앞부분이든 뒷부분이든, 마찬가지로 속력이 줄어든다. 가속이 될 때도 마찬가지이다. 어떤 새로운 힘이 가해져 속력이 빨라지면, 이물이든 고물이든, 똑같이 가속이 된다. 그러나 바다의 밑바닥이라는 거대한 물그릇의 경우는(바다의 밑바닥은 고체인 지구에서 패인 부분에 불과하지만), 양 끝 부분에서 속력이 빨라지고 느려지는 것이 동시에, 똑같이 일어나지 않을 수 있다. 지구의 두 운동인 공전과 자전을 더했을 때, 이 거대한 그릇의 한쪽 끝은 속력이 매우 느려지는데, 반대쪽 끝은 오히려 속력이 빨라질 수도 있다.

자네들이 쉽게 이해할 수 있도록 앞에서 나온 그림을 다시 그려서 설명해 주겠네. 어떤 바다의 길이가 4분의 1이라고 하자. 예를 들어 호 BC가 바다라고 하자. 내가 이미 말했듯이 B 부근에서는 공전과 자전이 같은 방향이니, 둘을 더하면, 매우 빠르게 움직이게 된다. 그때 C 부근의 속력은 약간 느려진다. B와는 달리 자전에 의해서 앞으로 움직이지 않기 때문이다. 예를 들어 바다의 밑바닥이 호 BC만큼 길다면, 양쪽 끝은 같은 시각에 움직이는 속력이 서로 다르다. 바다의 길이가 매우 길어서 반원이 되면, 그 바다가 호 BCD 위치에 놓여 있다면, 속력이 전혀 딴판이 된다. 한쪽 끝 B에서는 매우 빨리 움직이고, 반대쪽 끝 D에서는 매우 느리게 움직이게 된다. 가운데 부분 C에서는 중간 속력으로 움직이게 된다. 바다의 길이가 짧아지면 짧아질수록, 각 부분들이 어느 때에 제각각으로 빨리 움직이거나 느리게 움직이거나 하는 이상한 현상은 점점 줄어든다.

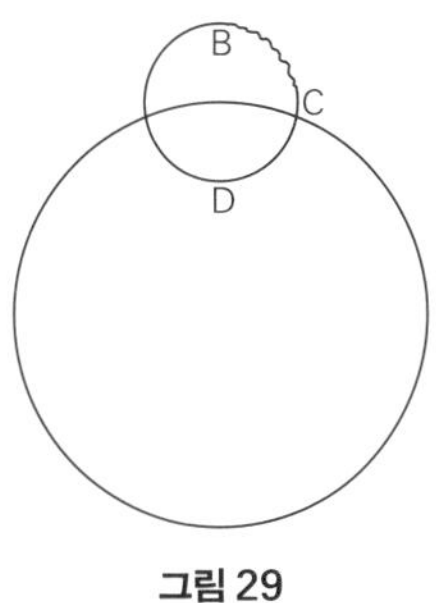

그림 29

그릇 전체가 똑같이 빨라지거나 느려지는 것이, 그릇에 담긴 물이 앞뒤로 쏠리게 만드는 원인이 될 수 있음을, 실험을 통해 확인해 보았다. 그렇다면 그릇이 매우 이상한 위치에 놓여 있어서, 각 부분들이 서로 다르게 가속이 되거나 감속이 되면, 물은 도대체 어떻게 되겠는가? 물의 움직임이 더 이상야릇해지고, 더 심하게 요동칠 것이 당연하지 않은가?

대부분의 사람들은 이때 생기는 현상을 인공적인 실험 기구를 갖고 재현할 수 없다고 생각하겠지만, 그게 완전히 불가능한 것은 아닐세. 이 놀라운 움직임의 결합을 자세하게 관찰할 수 있는 실험 기구를 나는 갖고 있네. 그러나 지금 우리가 하려는 일의 경우는, 우리가 지금까지 머리를 써서 생각해 낸 것만 하더라도 충분하네.

사그레도 내 생각을 말해 볼까? 바다 밑바닥에서 이런 놀라운 일이 일어나야 함은 잘 알겠네. 동서로 길게 펼쳐진 바다의 경우 특히 심하겠지. 지구는 동서 방향으로 움직이니까. 이때 생기는 현상은 꿈도 꾸기 어렵고, 우리가 인공적인 도구들을 사용해 이에 대응하는 움직임을 만들 수도 없네. 그러니 이때 생기는 현상은 우리가 실험을 통해 재현하기가 불가능할 걸세.

살비아티 이런 것들을 염두에 두고, 밀물과 썰물에 관계되는 온갖 종류의 다양한 현상들을 검토해 보세. 우선, 작은 바다나 호수, 연못에는 왜 밀물과 썰물이 뚜렷하게 생기지 않는지 쉽게 알 수 있네. 두 가지 강한 이유가 있지.

한 가지는, 그들 밑바닥은 길이가 그리 길지 않으니, 각 시간에 따라 다른 속력으로 움직이기는 하지만, 각 부분들의 속력 차이가 거의 없기 때문이다. 앞부분이든 뒷부분이든, 똑같이 가속이 되거나 감속이 된다. 즉 동쪽이나 서쪽이나 마찬가지이다.

그리고 속력의 변화는 매우 작게 조금씩 조금씩 일어난다. 어떤 장애물에 부딪쳐서 속력이 갑자기 줄거나, 어떤 강한 힘이 갑자기 가해져서 급격히 빨라지거나 하는 것이 아니다. 물을 담고 있는 그릇의 모든 부분이 같은 속력으로 똑같이 느리게 속력이 변화하면, 그 속에 담긴 물도 거의 저항을 하지 않고, 이런 일정한 힘을 전달받는다. 그러니 양쪽 끝에서 물이 오르내리거나 이리저리로 흐르는 현상은 거의 관찰하기 어려울 지경이다. 이것은 인공적인 작은 물그릇에서도 확인할 수 있다. 매우 느리게 일정한 정도로 가속을 하거나 감속을 하면, 그 속에 담긴 물도 같은 정도로 가속이 되거나 감속이 되기 때문이다. 그러나 동서로 길게 펼쳐진 바다에서는, 가속이나 감속이 훨씬 더 두드러지고, 고르지가 않다. 한쪽 끝에서는 매우 느리게 움직이고, 다른 쪽 끝에서는 매우 빠르게 움직이기 때문이다.

두 번째 이유는, 물이 전해 받은 힘에 따라서 왕복 운동을 되풀이하는 데 있다. 내가 이미 말했듯이, 조그마한 그릇에서는 진동이 더 자주 되풀이된다. 지구의 운동은 물에게 12시간을 주기로 하는 두 가지 힘을 주려는 경향이 있다. 물을 담고 있는 이 지구는, 날마다 12시간씩 가속이 되었다 감속이 되었다 하기 때문이다.

이 두 번째 원인은 물의 무게에 의존하고 있다. 평형 상태로 돌아가려는 과정에서 물은 진동을 하게 된다. 1시간, 2시간, 3시간, ……. 이건 물그릇의 길이에 달려 있다. 이 진동이 주된 움직임과 결합되면, 전체 움직임이 감지하기 어려워진다. 조그마한 물그릇의 경우, 주된 움직임도 매우 작기 때문이다. 주된 힘은 12시간을 주기로 작용하는데, 그 힘의 작용이 끝나기도 전에 이렇게 물의 무게로 인한 진동이 겹쳐진다. 진동 주기는 1시간, 2시간, 3시간, 4시간, 이런 식으로 어떤 길이가 될 텐데, 이것은 그 밑바닥의 길이와 깊이에 따라서 결정된다. 주된 힘과 어긋나게 작용하면서, 이 진동은 물이 원래 올라가려던 높이만큼 올라가지 못하게 막게 된다. 원래의 절반도 못 될 것이다. 이런 상충하는 힘에 의해서, 밀물과 썰물은 흔적조차 사라진다. 찾아볼 수도 없게 되는 것이다. 바람이 계속 바뀌는 것은 또 어떠한가? 물결이 일면, 물이 약간 올라가거나 내려가는 것은 알아차릴 수 없게 된다. 물을 담고 있는 호수의 길이가 1° 미만이라면, 높이의 변화는 손가락 한마디 정도일 것이다.

그다음, 밀물과 썰물의 주된 원인은 12시간을 주기로 작용할 것 같은데(12시간 동안 빨리 움직이고, 12시간 동안 느리게 움직이니까), 왜 실제로는 6시간을 주기로 나타나는 것처럼 보이는지 설명해 주겠네.

이런 식으로 나타나는 까닭은, 이것이 주된 요인 하나에서만 유래하는 것이 아니기 때문이다. 부수적인 요인을 도입해야만 설명할 수 있다. 즉 밑바닥이 얼마나 기냐 짧으냐, 그리고 거기에 담긴 물이 얼마나 깊으냐 얕으냐를 따져야 한다. 이러한 요인들이 물을 움직이게 만들지는 않지만(물의 움직임은 주된 원인에서만 나온다. 그게 없으면, 물은 움직이지 않는다.), 이들이 진동의 지속 시간을 결정하게 된다. 그 역할은 하도 중요해서 주된 요인도 이들에게 고개를 숙여야 한다. 그러니 6시간은 다른 어떠한 시간 길이보다도 진동을 하기에 가장 알맞고 자연스러운 주기일 것이다.

어쩌면 그것이 여기 지중해에서 가장 흔하게 관찰되는 주기이기 때문일지도 모른다. 사실, 지중해 이외의 장소에서는 수세기에 걸쳐 자세하게 관찰한 적이 없다. 게다가 지중해의 모든 곳에서 이 주기를 관찰할 수 있는 것도 아니다. 에게 해나 헬레스폰투스 해협과 같이 좁은 곳에서는 주기가 훨씬 짧다. 그리고 주기들이 서로 제각각인 경우가 많다. 이렇게 차이가 생기는 까닭을 알 수가 없기 때문에, 아리스토텔레스가 오랜 세월 동안 에비아 절벽에서 그것을 관찰하다가, 절망에 빠져 자살하기 위해서 바다에 뛰어들었다고 말하는 사람도 있네.

세 번째로, 홍해와 같은 곳에서는 왜 밀물과 썰물이 생기지 않는지 알 수 있다. 비록 길기는 하지만, 그 길이가 동쪽에서 서쪽으로 뻗은 것이 아니고, 남동쪽에서 북서쪽으로 뻗어 있기 때문이다. 바닷물의 힘은 늘 자오선에 부딪히며 작용한다. 위선에 부딪히며 작용하는 일은 없다. 그러니 극 방향으로 길게 뻗어 있으면서 동서 방향이 좁은 바다는, 밀물·썰물이 일어날 수 없다. 물론, 그게 다른 바다와 이어져 있고, 다른 바다가 크게 움직여서, 그 힘을 전해 받는다면 예외가 될 것이다.

네 번째로, 밀물과 썰물이 일어날 때, 만의 끝부분에서 물의 높낮이 변화가 크고, 가운데 부분에서는 변화가 작은 까닭을 알 수 있다. 베네치아는 아드리아 해의 한쪽 끝에 있는데, 우리가 매일 경험하고 있지만, 높낮이 변화는 5~6피트가 된다. 그러나 끝부분에서 멀리 떨어진 지중해 영역에서는 그 변화가 훨씬 작다. 코르시카 섬이나 사르디니아 섬, 또는 로마나 리보르노의 해변에서는 변화가 0.5피트 정도에 불과하다. 반대로 높낮이 변화가 작으면, 물이 이쪽저쪽으로 흐르는 정도가 심하다.

내가 말했지만, 이러한 현상들의 원인을 설명하는 것은 간단한 일이다. 온갖 종류의 물그릇들을 만들어서, 이런 현상들을 관찰해 볼 수 있다. 그릇을 움직이는 속력을 바꾸면, 이런 현상들은 자연히 생겨난다. 즉 물그릇을 빨리 움직였다 느리게 움직였다 하면 된다.

다섯 번째로, 일정한 양의 물이 넓은 해협을 지날 때는 느리게 움직이지만, 좁은 곳을 지날 때는 왜 격렬하고 사납게 흐르는지 생각해 보자. 이것을 알면, 칼라브리아와 시칠리아 섬 사이의 좁은 해협에서 왜 격류가 생기는지 이해하게 될 것이다. 바다의 동쪽 부분은, 광대한 섬과 이오니아 해 사이에 물이 갇혀 있다. 그 부분은 넓으니까, 물이 느리게 서쪽으로 움직이지만, 스킬라와 카리브디스 사이의 메시나 해협은 아주 좁으니까, 물살이 엄청나게 빨라져서 커다란 소용돌이가 생긴다. 이것과 비슷하지만 좀 더 규모가 큰 물살이 아프리카와 마다가스카르 섬 사이에서 생긴다고 한다. 2개의 거대한 바다인 인도양과 남대서양 사이에 놓여 있으니, 물이 흐르다가 아프리카와 마다가스카르 섬 사이의 좁은 공간을 빠져나가려면, 제약을 받게 되기 때문이다. 마젤란 해협의 격류는 특히 엄청날 것이다. 남대서양과 남태평양을 이어주고 있기 때문이다.

여섯 번째로, 이 분야에서 관찰할 수 있는 좀 더 심오하고 흥미로운 현상들을 설명하려면, 조수의 두 가지 근본 원인에 대해 좀 더 깊이 생각해 보아야 한다. 그 둘을 서로 합치고 섞으면 과연 어떻게 되는지 알아보자.

내가 여러 번 말했지만, 가장 간단한 첫 번째 원인은, 지구의 각 부분들이 가속이 되거나 감속이 되는 운동을, 물이 일정한 시간을 주기로 전달받는다는 것이다. 물은 24시간 동안에 동쪽으로 갔다가 서쪽으로 되돌아왔다가 한다. 두 번째 원인은, 물의 무게에서 나온다. 주된 원인에 의해서 일단 움직이게 되면, 평형 상태로 돌아가려 하기 때문에, 계속 진동을 하게 된다. 이것은 어떤 주기가 미리부터 정해져 있는 것이 아니다. 그 물을 담고 있는 바다 밑바닥의 길이와 깊이에 따라서 주기가 달라진다. 이 두 번째 원인에 따라서 달라지기 때문에, 어떤 경우는 1시간을 주기로 되돌아오고, 어떤 경우는 2시간, 4시간, 6시간, 8시간, 10시간 등등을 주기로 되돌아온다.

첫 번째 원인은 12시간을 주기로 작용하는데, 여기에다 두 번째 원인을 더한다고 생각해 보자. 예를 들어 두 번째 원인이 5시간을 주기로 작용한다고 가정해 보자. 주된 원인과 부수적인 원인이 우연히 같은 방향으로 힘을 가하게 되면, 그때 밀물은 매우 커질 것이다. 만장일치로 음모를 꾸민 것과 같다. 때에 따라서, 주된 힘과 부수적인 힘이 서로 반대 방향으로 작용할 수도 있다. 그런 경우에는 서로가 힘을 빼앗으니까, 바닷물의 움직임이 약해져서, 거의 움직이지 않고 평온한 상태를 유지할 것이다. 또 다른 어떤 때에는, 두 힘이 서로 반대로 작용하지도 않고, 완전히 일치하지도 않아서, 바닷물이 오르내리는 것이 또 다른 어떤 식으로 변화하기도 할 것이다.

2개의 거대한 바다가 좁은 해협을 통해 서로 이어져 있는 경우, 2개의 운동 원인들이 뒤섞여 작용하다가 보면, 마침 한 바다에서는 밀물이 되는데, 다른 바다에서는 반대가 될 수도 있다. 이런 경우는 그 둘을 잇는 해협에서 엄청난 격류가 생길 것이다. 서로 반대되는 움직임에 의해서, 소용돌이가 일고, 아주 위험하게 파도가 칠 것이다. 이런 현상에 대한 이야기도 많이 들을 수 있다. 이런 식의 혼란스러운 움직임은, 그 해협의 길이와 상태에 따라 달라질 뿐만 아니라 이어져 있는 바다의 깊이 차이에 따라서 달라진다. 여러 가지 종류의 복잡한 소용돌이가 일어나서, 선원들이 당혹해 하는 경우가 많다. 바람도 전혀 없고, 대기도 잠잠해서, 그런 물살이 일어날 까닭이 없는데도 생겨난다.

이런 현상들을 설명할 때, 바람으로 인한 움직임도 고려해야 한다. 주된 원인과 부수적인 원인 때문에 온갖 현상들이 생기지만, 바람은 세 번째 원인으로서, 우리가 관찰하려 하는 것을 크게 뒤바꿔 놓을 수 있다. 예를 들어 바람이 동쪽에서 서쪽으로 강하게 계속 불면, 물을 막아 주어서, 썰물이 되지 않도록 만들 수 있다. 그때 정해진 시간이 되어 두 번째 밀물 또는 심지어 세 번째 밀물이 주된 밀물에 더해지면, 물은 매우 높이 부풀어 오를 수 있다. 이런 식으로 며칠 동안 바람의 힘이 물을 막으면, 물이 평소보다 훨씬 높이 올라가서, 엄청난 해일이 일어날 수 있다.

바닷물을 움직이게 하는 요인으로서, 또 하나 고려해야 할 것이 있다. 이게 일곱 번째 문제가 될 것이다. 바다가 그리 크지 않은 경우, 강물이 바다로 쏟아져 들어오는 것이 바닷물의 흐름을 좌우한다. 바다를 서로 잇는 해협에서, 물이 늘 한 방향으로 흐르는 경우는 이 이유 때문이다. 콘스탄티노플 아래에 있는 보스포루스 해협이 이런 경우이다. 거기에서는 바닷물이 항상 흑해에서 마르마라 해로 흘러 들어간다. 흑해는 너무 짧아서, 밀물과 썰물의 주된 원인이 큰 힘을 발휘하지 못한다. 반면에, 여러 개의 커다란 강들이 흑해로 흘러 들어가니, 흑해는 이 엄청난 양의 물을 보스포루스 해협을 통해 배출해 내야 한다.

보스포루스 해협의 물살도 상당히 유명한데, 거기서는 물이 늘 남쪽으로 흐른다. 보스포루스 해협은 매우 좁기는 하지만, 스킬라와 카리브디스 사이의 해협과는 달리, 물살이 심하게 요동치지는 않는다. 보스포루스 해협의 경우, 북쪽에 흑해가 있고, 남쪽으로는 마르마라 해, 에게해, 지중해가 이어져 있다. 그것들이 길기는 하지만, 내가 이미 언급했듯이, 바다가 남북 방향으로는 아무리 길어도, 조수는 생기지 않는다. 그러나 시칠리아 해협은 지중해의 부분들 사이에 놓여 있고, 지중해는 동서로 길게 펼쳐져 있으니, 조수의 흐름 방향과 일치하며, 따라서 매우 센 물살이 생긴다. 만약 지브롤터 해협이 더 좁다면, 헤라클레스의 관문에서 지금보다 더 센 물살이 일어날 것이다. 마젤란 해협의 격류는 엄청나게 강한 것으로 알려져 있다.

1일을 주기로 한 조수의 근본 원인이라고 내가 생각해 낸 것과, 그에 따라서 생기는 온갖 다양한 현상들을, 내가 자네들에게 설명해 주었네. 이것과 관련해 하고 싶은 말이 있으면, 지금 하도록 하게. 이걸 다 다루고 난 다음에, 다른 두 주기에 대해서 생각해 보세. 즉 1개월과 1년을 주기로 한 움직임 말일세.

심플리치오 자네의 주장이 정말 그럴 법하다는 것은 인정하네. 그러나 그건 가정을 했기 때문일세. 즉 코페르니쿠스가 지구에게 부여한 두 가지 운동에 따라서, 지구가 움직인다고 가정했기 때문일세. 만약 이 운동들을 배제하면, 이 주장은 말짱 헛것이 되지. 자네의 논리 전개를 자세히 보면, 이 가설들을 배제해야 함을 잘 드러내 보이고 있네. 지구가 두 가지 운동을 하기 때문에, 밀물과 썰물이 생긴다고 설명했지. 그리고 역으로 생각하면, 밀물과 썰물을 통해, 지구가 두 가지 운동을 하는 것을 알 수 있다고 주장했지. 좀 더 구체적으로, 물은 유체이기 때문에 땅에 단단히 붙어 있지 않고, 그 때문에 지구의 모든 운동을 꼭 그대로 따르지 않아도 된다고 주장했지. 이것으로부터 밀물과 썰물을 추론해 냈지.

자네의 주장을 그대로 따라서, 나는 다음과 같이 반박하겠네. 공기는 물보다 더 엷으며, 더 유동성이 강하다. 그리고 지구의 표면에 붙어 있는 정도도 덜하다. 물은 그래도 자신의 무게 때문에, 지표면에 붙어서 무겁게 내리누르고 있지. 그러니 공기는 지구의 운동을 따라 하는 정도가 그만큼 덜할 것이다. 그러므로 지구가 실제로 그렇게 움직인다면, 지구에 살고 있는 우리는 지구와 같은 속력으로 움직이고 있기 때문에, 동풍이늘 엄청난 힘으로 우리를 때리게 될 것이다. 우리가 매일 겪는 경험을 통해서, 반드시 이렇게 되리라는 것을 알 수 있다.

예를 들어 공기가 잔잔할 때, 말을 타고 시속 8마일 내지 시속 10마일의 속력으로 달리면, 바람이 상당한 속력으로 우리 얼굴을 때리는 듯한 느낌이 든다. 그러니 우리가 1시간에 800마일 내지 1,000마일의 거리를 움직이면, 공기는 그렇게 움직이지 않고 있으니, 얼마나 강한 바람이 생길지 상상해 보자. 그러나 실제로는 이런 일이 일어나지 않고 있다.

살비아티 이 반론은 설득력이 있어 보이지만, 나는 다음과 같이 반박하겠네. 공기가 물보다 가볍고 엷기 때문에, 무겁고 거추장스러운 물에 비해 땅에 잘 붙어 있지 않은 것은 사실이지. 그러나 자네가 이것을 바탕으로 이끌어 낸 결론은 잘못되었네. 공기는 가볍고, 엷고, 땅에 달라붙어 있지 않기 때문에, 물보다 더 자유로워서 지구의 움직임을 따르지 않는다. 그렇기 때문에, 우리처럼 지구와 완전히 같이 움직이는 사람들은, 공기의 움직임을 분명히 느낄 수 있다. 그러나 사실은 이와 정반대일세. 기억을 곰곰이 되살려 보게.

바닷물에 밀물과 썰물이 생기는 원인은, 물이 자신을 담고 있는 용기의 불규칙한 움직임을 따라 하지 않고, 원래 받은 힘을 그대로 지니고 있기 때문일세. 즉 용기의 속력이 빨라지거나 느려지는 것과 똑같이 빨라지거나 느려지지 않기 때문이다. 새로이 속력이 빨라지거나 느려지는 것에 따르지 않는 성질은 원래 받은 힘을 보존하는 것에서 나온다. 그러니 움직이는 물체들 중에 이것을 잘 보존하는 물체가 이에 따라서 생기는 현상을 가장 잘 나타낸다.

물이 한번 요동치기 시작하면, 그렇게 되도록 만든 원인이 사라지고 난 다음에도 그 움직임을 보전하려는 성질이 강하다. 바람이 강하게 불어서 물결이 이는 것을 보면 알 수 있다. 바람이 잠들어서 잔잔해진 다음에도 오랜 시간 계속 물결이 인다. 시성이 이것을 다음과 같이 표현했지.

> 에게 해는 깊어,
> 휘몰아치던 북풍은 잠이 들었지만,
> 바다는 잠들지 않네.
> 파도는 여전히 소리치며 일고 있네.

이런 식의 동요가 계속되는 정도는 물의 무게에 달려 있다. 내가 다른 기회에 이야기했듯, 가벼운 물체들은 무거운 물체들보다 쉽게 움직이도록 만들 수 있지만, 일단 움직이도록 만들던 힘이 사라지면, 가벼운 물체들은 자신들에게 가해진 움직임을 보전하기가 어렵다. 공기는 매우 희박하고 가볍기 때문에, 작은 힘만 가해도 움직이게 된다. 그러나 움직이게 만들던 힘이 사라진 다음에는 그 운동을 유지하는 능력이 거의 없다.

공기는 이 지구를 둘러싸고 있으니, 물이나 마찬가지로 지구와 접하고 있어서, 지구와 같이 움직이게 된다. 특히 용기에 담긴 부분이 그렇게 될 것이다. 공기를 담고 있는 용기란, 바로 산맥들에 둘러싸인 평야이다. 그 부분에 있는 공기가 지구의 우둘투둘함에 휩쓸려 같이 움직인다고 주장하는 것은, 소요학파 철학자들이 공기의 윗부분이 천체의 움직임에 휩쓸려 따라 움직인다고 주장하는 것보다 훨씬 더 이치에 맞다.

지금까지 내가 말한 것들이 심플리치오의 반론에 대한 해명으로 충분해 보이는군. 그렇지만 내가 또 다른 반론을 제기하고, 그것을 해명해서, 심플리치오가 더욱더 만족하도록 만들어 주지. 이건 아주 놀라운 관찰 결과에 바탕을 두고 있네. 또한 이것은 지구가 움직인다는 사실을 뒷받침해 주고 있지.

공기들 중 특히 가장 높은 산봉우리보다 더 낮은 곳에 위치하는 공기들은, 지표면의 울퉁불퉁함에 의해서 따라 움직이게 된다고 말했지. 그러니 만약 지구가 울퉁불퉁하지 않고 아주 평평하고 매끄럽다면, 공기가 따라 움직일 이유가 없네. 아니, 공기가 그렇게 고르게 움직이도록 만들기는 어려울 걸세.

이 지구의 표면 전부가 우둘투둘한 산맥으로 덮여 있는 것은 아니지. 아주 평평한 부분도 상당히 넓게 펼쳐져 있네. 바로 커다란 바다의 표면이지. 그 부분은 그들을 둘러싼 산맥들과 매우 멀리 떨어져 있으니, 그 위에 있는 공기를 같이 움직이도록 만드는 힘이 약할 것 같아. 그러니 공기를 같이 움직이도록 만들지 못하는 데에서 파생되는 결과들을 감지할 수 있겠지.

심플리치오 나도 이 반론을 제기하려던 참이었네. 이건 아주 강력해 보이는데.

살비아티 심플리치오, 자네가 이렇게 말한 까닭은, 지구가 도는 것에 따라 생기는 그런 공기의 움직임을 감지할 수 없으니, 지구는 움직이지 않는다고 주장하려는 것이겠지. 그렇지만 지구의 운동에 따라서 반드시 파생된다고 자네가 주장하는 이 현상이 실제로 생긴다고 하면, 뭐라고 말하겠는가? 이 지구가 움직인다는 유력한 증거라고 수긍을 하겠는가?

심플리치오 만약 그렇다면, 나 혼자만을 상대로 이야기하려 하지 말게. 만약 실제로 그렇다면, 내가 그 원인을 모른다 하더라도, 다른 사람들은 그 원인을 알고 있을지도 모르니까.

살비아티 자네를 상대로 이기는 것은 불가능해 보이는군. 늘 지기만 하겠어. 이런 경기는 아예 할 필요도 없겠군. 그렇지만 지금 심판이 지켜보고 있으니, 이야기를 계속하겠네.

내가 방금 말한 것에다 몇 마디 덧붙여서 다시 말하겠네. 공기는 엷은 유체이고, 지표면에 단단히 붙어 있지 않으니까, 지구의 움직임을 꼭 따라서 할 이유가 없네. 그렇지만 지표면이 울퉁불퉁하니까, 그 속에 담겨 있는 공기들은 같이 움직여야 하지. 가장 높은 산꼭대기에서 그렇게 멀리 떨어지지 않은 공기들도 아마 같이 움직여야 할 걸세. 이 부분에 있는 공기는 지구의 움직임을 거역하려는 성질이 아주 약해. 이 공기는 지표면에서 나오는 증기, 연기, 김으로 가득 차 있고, 이들은 땅덩어리의 성질을 지니고 있는 물질들이니, 자연히 지구와 마찬가지로 움직이게 돼.

그러나 이 운동의 원인이 사라지면, 즉 표면의 넓은 부분이 평평하게 펼쳐져 있고, 땅에서 나오는 증기들이 섞인 양이 적다면, 공기가 지구의 움직임을 똑같이 따라 할 이유가 어느 정도 사라져. 그러니 지구는 서쪽에서 동쪽으로 움직이니까, 그런 곳에서는 바람이 늘 동쪽에서 서쪽으로 부는 것을 감지할 수 있을 걸세. 이 바람은 아마 지구가 가장 빠르게 도는 곳에서 가장 강하게 불 거야. 즉 극에서 가장 멀리 떨어져 있고, 지구 자전의 대원과 가장 가까운 곳에서 말일세.

나는 사색을 통해 이렇게 주장했는데, 실제 경험이 이것을 강하게 뒷받침하고 있네. 열대 지방(회귀선들 사이의 지역)의 넓은 바다 가운데는 육지와 멀리 떨어져 있으니, 땅에서 나는 증기도 포함하지 않고 있고, 따라서 늘 동풍이 끊이지 않고 계속 불고 있네. 그 덕분에 서인도 제도로 가는 배들은 쉽게 항해할 수 있지. 마찬가지로, 멕시코 해변을 떠난 배들은 태평양을 가로질러 동인도 제도로 편안하게 항해할 수 있지. 동인도 제도는 지금 우리가 있는 곳에서 동쪽에 놓여 있지만, 멕시코에서 보기에는 서쪽에 놓여 있거든.

반대로 동쪽으로 항해하는 것은 매우 어렵고 불확실하게 돼. 같은 항로를 따라 되돌아오는 게 아니고, 육지에 가까운 항로를 잡아서 항해하는 게 보통일세. 그래야만 여러 가지 다른 원인으로 인해 생기는 온갖 다양한 바람의 도움을 받을 수 있거든. 뭍에 살고 있는 우리는 매일 경험하잖아? 여러 가지 다양한 원인들에 의해서 그런 바람들이 생겨나는데, 지금 그것들을 제시할 필요는 없겠지? 이런 부차적인 바람은 지구의 모든 방향으로 제멋대로 불어. 적도에서 멀리 떨어져 있고, 거친 지표면과 가까이 있는 바다들을 특히 휘젓게 돼. 이런 혼란스러운 바람이 주된 바람을 방해하고 훼방 놓게 되는데, 그것이 이런 바다에 작용을 하게 되니까. 부수적이고 혼란스러운 바람이 없는 넓은 바다에서는 끊임없는 동풍이 주된 바람으로 불지.

이것을 보게. 물과 공기의 움직임이 이 지구가 움직인다는 사실을 뒷받침하고 있군. 천체 관측을 통해 얻은 결과와 꼭 일치하는군.

사그레도 이보다 더 멋진 예를 소개해 주지. 이건 아마 자네가 모르고 있는 듯한데, 이것도 역시 이 결론을 확인해 주고 있네. 살비아티, 자네는 열대 지방에서 선원들이 부딪히는 현상들에 대해 이야기했지. 동풍이 끊임없이 부는 것 말일세. 나도 항해를 자주 하는 사람들로부터 이 이야기를 여러 번 들었네. 심지어 선원들은 이것을 '바람'이라고 부르지도 않아. 뭐라고 부르는 말이 있는데, 지금 그 낱말이 떠오르지 않는군. 그게 매우 고르게 부는 것에서 따온 이름 같았어.

이 바람을 만나면, 돛대의 밧줄을 묶어 놓고는, 다시 건드릴 필요조차 없네. 누워서 잠을 자도 항해하는 데 지장이 없어. 이 영원한 미풍을 사람들이 알아차릴 수 있었던 것은, 다른 바람의 방해를 받지 않고 계속 불기 때문이지. 다른 바람이 이 바람을 방해한다면, 이 바람을 하나의 특이한 바람이라고 구별해 낼 수 없었을 걸세.

이 생각을 바탕으로, 나는 지중해에도 이 현상이 나타날지 모른다고 추측했네. 늘 다른 바람과 뒤섞여서, 그것을 알아차리지 못했을 뿐일 거라고. 나는 심사숙고한 끝에 이런 말을 하는 걸세. 내가 우리나라의 영사로서 알레포에 부임한 일이 있는데, 시리아로 가는 항해를 통해 배운 것을 바탕으로 얻은 이론이 이것을 뒷받침하고 있네. 배가 알렉산드리아, 알렉산드레타, 그리고 여기 베네치아의 항구에 도착하고 떠난 날짜와 시각을 정확하게 기록해 두었지. 그 기록을 검토해 보면, 매우 흥미 있는 결과를 거듭 확인할 수 있어. 여기로 돌아오는 항해에(즉 동쪽에서 서쪽으로 지중해를 지나는 데) 걸린 시간은 반대 방향으로 움직일 때에 비해서 25퍼센트 정도 적게 걸렸네. 그러니 대체로 보아서, 동풍이 서풍보다 더 강함을 알 수 있네.

살비아티 이렇게 자세한 사항을 알게 되어서 기쁘군. 지구가 움직이고 있다는 것을 확인하는 데 적잖이 기여하고 있네. 많은 강들이 지중해에 물을 쏟아 붓고 있으니, 그 물을 비우기 위해서 지중해는 늘 지브롤터 해협으로 흐르고 있을지도 몰라. 그러나 물살의 힘이 그렇게 큰 차이를 만들 정도로 강하다고는 생각하지 않네. 파로스 섬에서 보면, 바닷물이 서쪽으로 흐르는 것 못지않게 동쪽으로도 흐르거든.

사그레도 나는 심플리치오와 달라서 나 자신 이외의 다른 사람을 설득하려는 마음이 없네. 나는 이 첫 부분에 대해 만족스럽게 생각하네. 살비아티, 이제 그다음으로 넘어가도록 하세.

살비아티 자네 뜻에 따르겠네. 그렇지만 심플리치오가 어떻게 생각하는지 듣고 싶군. 심플리치오가 하는 말을 들으면, 소요학파 철학자들이 내 주장에 대해 어떻게 생각할지 알 수 있지. 내 주장이 그들의 귀에 들어간다면 말일세.

심플리치오 내 의견을 갖고 다른 사람들의 판단을 짐작하려 하는 것은 부당하네. 내가 여러 번 말했지만, 나는 이런 종류의 공부를 이제 막 시작한 풋내기에 불과하거든. 철학의 가장 깊은 곳까지 통찰한 사람들이 생각해 낼 수 있는 것들을, 나는 도저히 생각해 내지 못할 걸세. 나는 이제 막 대문에 들어선 참이거든.

그렇지만 나에게도 번득이는 기지가 있음을 보여 주겠네. 자네가 나열한 여러 현상들, 특히 맨 나중의 것은, 하늘이 움직인다고 가정하기만 하면 충분히 설명할 수 있네. 즉 자네가 제시한 것과 정반대가 되는 것을 쓰면 되며, 그 이외의 다른 신기한 이론은 필요 없네.

소요학파 철학자들에 따르면, 상당한 양의 공기와 불의 원소들이 하늘의 움직임에 의해서 동쪽에서 서쪽으로 움직이고 있네. 그들을 담고 있는 달의 천구와 접하기 때문이지. 나는 자네의 발자국에서 조금도 벗어나지 않으면서 주장하겠는데, 천구에서부터 가장 높은 산봉우리의 꼭대기에 이르기까지 높이의 공기들은 이 운동을 하며, 산봉우리들이 이 운동을 방해하지만 않으면, 여기 지표면에 이르기까지의 모든 공기들이 그렇게 움직일 것이다. 자네는 산봉우리들에 둘러싸인 공기들은 지구의 우둘투둘함 때문에 지구와 같이 돌게 된다고 주장했는데, 나는 역으로, 그 공기들을 제외하고 산봉우리보다 더 높이 있는 공기들은 하늘의 움직임을 따라서 같이 돌게 된다고 주장하겠네.

산봉우리 아래에 놓인 공기들은 지구의 우둘투둘함이 움직임을 방해하고 있네. 이런 우둘투둘함을 없애면, 공기들이 자유롭게 된다고 주장했는데, 나는 지표면이 평평하게 되면, 모든 공기들이 하늘의 움직임을 따라서 움직이게 된다고 주장하겠네. 넓은 바다의 표면은 평평하고 부드러우니까, 그런 곳에서는 동풍이 쉬지 않고 계속 불게 될 걸세. 특히 적도 근처의 열대 지방이 심할 걸세. 하늘은 적도에서 가장 빨리 움직이고 있으니까.

하늘의 움직임이 그 속에 자유롭게 놓여 있는 공기가 따라 움직이도록 만들 정도로 강하다면, 물도 이와 마찬가지로 움직이도록 만들 수 있다고 말하는 것이 이치에 맞네. 지구는 움직이지 않지만, 물은 유체이니까 지구에 단단히 붙어 있지 않거든. 이런 움직임은 그것을 유발하는 원인에 비해 훨씬 느리다고 말했으니, 내 주장을 뒷받침하는 셈이 되는군. 하늘은 지구 전체를 감싸며 하루에 한 바퀴 돌아야 하니, 1시간에 수천 마일의 거리를 움직여야지. 적도 근처에서 특히 빨리 움직여야 하네. 반면에 탁 트인 바다에서 해류는 기껏해야 1시간에 몇 마일 거리를 흐르거든. 이 때문에 서쪽으로 항해하는 게 더 편하고 빠르게 되네. 동풍이 계속 불 뿐만 아니라 바닷물도 그 방향으로 흐르니까.

이런 해류 때문에 밀물과 썰물이 생길지도 모르지. 해안이 곳곳에 놓여 있으니, 물살이 해안을 때린 다음에 반대 방향으로 움직일지도 모르지. 강물이 흐르는 것을 보면, 흔히 그렇게 되거든. 강둑이 불규칙하기 때문에, 물살은 가끔 튀어나온 부분이나 밑바닥이 우묵하게 패인 부분과 만나거든. 그런 부분에서는 물이 소용돌이쳐서 항상 뒤로 흐르게 되네.

자네는 지구가 움직이기 때문에 이 모든 현상들이 생긴다고 설명했지만, 내가 보기에는 지구가 가만히 있고 하늘이 움직인다고 해도, 이 모든 현상들을 마찬가지로 설명할 수 있네.

살비아티 자네의 주장이 매우 현묘하고, 어느 정도 그럴듯해 보이는 것은 사실일세. 그러나 언뜻 보기에만 그럴 뿐, 실제로는 그렇지가 않네. 자네의 주장은 두 부분으로 나눌 수 있어. 첫째, 자네는 동풍이 계속 불고 바닷물이 흐르는 이유를 제시하려고 했네. 둘째, 자네는 밀물과 썰물도 마찬가지 이유로 설명하려고 했어. 내가 말했듯이, 첫 번째 부분은 어느 정도 가능성이 있어 보여. 그렇지만 지구가 움직일 때 생기는 것에 비하면 훨씬 부족하네. 두 번째 부분은 그럴 법하지 않을 뿐만 아니라 완전히 불가능하고 거짓인 주장일세.

첫 번째 부분을 보세. 달의 천구 안쪽의 오목한 부분이, 불의 원소들과 가장 높은 산봉우리 위에 있는 모든 공기들을 따라 움직이도록 만든다고 했지. 내가 반박하겠는데, 우선 불의 원소라는 게 있는지 의심스러워. 그게 있다 하더라도, 달의 천구라는 게 있는지 정말 의심스럽네. 아니, 다른 어떠한 '천구'들도 실제로 있는지 의심스럽네. 바꿔 말하면, 과연 그렇게 거대한 고체인 물체가 실제로 존재하는지 여부 말일세. 어쩌면 공기가 없는 그 너머에는 공기보다도 훨씬 더 엷고 순수한 어떤 것이 계속 펼쳐져 있어서, 행성들이 그 속을 돌아다니고 있는지도 모르지. 이 철학자들도 대부분, 이제는 이 의견을 믿기 시작했네.

그게 어떻게 되었든지 간에 불의 원소들이 그것의 표면에 닿아 있다고 해서, 자신의 본성과 이질적인 그 운동을 완전히 따라서 할 것 같지는 않네. 그 표면은 매우 매끄럽고 고르다고, 자네도 생각하고 있지. 이건 우리의 절친한 동료 학자가 쓴 책인 『시금저울』에 증명해 놓았네. 실제 실험을 통해 증명해 놓았지. 뿐만 아니라 불의 원소들은 가장 엷은데, 그들이 그 운동을 공기에게 전하기는 어려울 걸세. 공기가 물에게 전하는 것도 마찬가지이고.

그렇지만 표면이 거칠고 우둘투둘한 물체는 회전할 때 튀어나온 부분이 공기를 때리니, 인접한 공기들이 같이 움직이는 게 그럴듯한 정도가 아니라 반드시 그렇게 되게 마련이지. 이건 경험을 통해서도 알 수 있네. 직접 보지 않더라도, 이걸 의심할 사람은 아마 없을 걸세.

남은 부분을 따져 보세. 하늘의 움직임에 의해서 공기와 물이 움직인다 하더라도, 그런 움직임은 밀물·썰물과 아무런 상관이 없네. 한 가지 일정한 원인으로부터 한 가지 일정한 현상만 나타날 수 있으니, 바닷물은 동쪽에서 서쪽으로 늘 일정하게 움직일 수 있을 뿐이지. 그것도 지구를 한 바퀴 휘감고 도는 바다에서나 나타나게 되지. 지중해는 육지로 둘러싸여 동쪽이 막혀 있으니 그렇게 움직일 수가 없지. 만약 하늘의 움직임을 따라 계속 서쪽으로 흐른다면, 이미 수백 년 전에 말라 버렸겠지. 그리고 여기 바닷물은 서쪽으로만 흐르는 게 아니고, 규칙적으로 동쪽으로 다시 흐르곤 하네.

강물의 예를 든 것처럼, 바닷물은 원래 동쪽에서 서쪽으로만 흐르지만, 여러 해안의 갖가지 차이가 물이 거꾸로 흐르도록 만든다고 자네가 계속 우기면, 나도 이것을 인정하겠네. 그렇지만 그 때문에 물이 거꾸로 흐르는 경우는, 물은 곧 다시 돌아오게 돼 있네. 물이 똑바로 흐르는 경우는, 계속 같은 방향으로 흐르지만 말일세. 자네가 말한 강물의 예를 보면 알 수 있지. 바닷물의 경우는 같은 곳에서 이쪽 방향으로 움직였다 저쪽 방향으로 움직였다 하는 이유를 발견해서 제시해야 하네.

이 현상들은 서로 반대되고 불규칙하니까, 하나의 일정한 원인에서 유래하는 게 아닐세. 이것은 바닷물의 밀물·썰물이 하늘의 움직임에서 유래한다는 이론을 뒤엎을 뿐만 아니라 지구가 자전만 하며, 자전만으로 밀물·썰물을 설명할 수 있다는 이론도 뒤엎고 있네. 이 현상이 불규칙하니까, 그 원인도 불규칙하고 변해야 하네.

심플리치오 뭐라 할 말이 없군. 나는 창의력이 부족하니 뭐라 할 말이 없고, 이것이 워낙 새로운 이론이니, 남들이 뭐라 말할지 짐작하지도 못하겠네. 그렇지만 만약 이런 주장을 학회에 나가서 제시하면, 이것의 의문점을 들춰낼 철학자들은 얼마든지 많이 있을 걸세.

사그레도 그건 그때 가서 보면 되지. 지금 당장은 살비아티가 계속 이야기하도록 하게.

살비아티 지금까지 말한 모든 것들은 밀물·썰물의 매일의 주기와 관계가 있네. 우선 주된 원인에 대해서 증명을 했지. 이게 없으면, 이런 현상이 아예 나타나지 않네. 그다음, 매일의 주기들이 약간씩 변하고, 어떤 의미로 보면 불규칙하게 되는데, 그에 따른 여러 가지 현상들을 고려해 보면, 부수적인 원인들로 인해 이런 현상들이 생김을 알 수 있네.

부수적으로 2개의 주기가 생기는데, 1개월 주기와 1년 주기가 있네.

이것들은 이미 검토해 본 1일을 주기로 일어나는 밀물·썰물과 다른 새로운 현상이 아니라, 1일을 주기로 하는 조수에 작용해서, 그게 커지도록 또는 작아지도록 만드는 현상일세. 이건 달의 위치에 따라서, 또 양력 계절에 따라서 달라지지. 마치 달과 해가 이런 현상을 낳는 요인인 것처럼 보이네.

하지만 내 생각으로는, 이런 개념은 이치에 맞지 않아. 이런 현상은 어느 한 장소에서 바닷물이 눈에 띄게 움직이는 것인데, 그렇게 엄청난 양의 물이 움직이는 것을, 빛이나 따뜻한 온도, 신비스러운 지배력 등등의 공상을 그 원인이라고 주장하는 것에 수긍할 수 있겠는가? 이것들은 사실과 너무 거리가 멀어서, 이들이 조수의 원인인 게 아니라 오히려 반대로 조수가 이들의 원인이 돼.

자연의 깊이 숨겨진 비밀을 조사하고 심사숙고하기보다 수다 떨고 과시하기를 좋아하는 마음에서 그런 일이 일어나는 것이지. 그 사람들은 혀를 나불거리고, 펜을 놀려서, 참으로 터무니없는 말을 지껄이기에 바쁘거든. 현명하고 겸손한 사람이라면, "모르겠습니다."라고 솔직하게 말할 걸세.

조그마한 부피의 물에 대해서는, 해나 달이 빛, 움직임, 강하고 약한 열 등등의 방법으로 작용하지 않음을 알 수 있네. 즉 열을 가해 물이 올라오도록 만들려면, 물이 거의 끓을 정도가 되도록 만들어야 하네. 한마디로 말해서, 물그릇을 움직이지 않고는, 다른 어떠한 인공적인 방법을 써도, 물이 밀물·썰물의 경우처럼 움직이도록 만들 수가 없네. 이것들을 관찰해 보면, 이 현상의 원인이라고 제시한 다른 모든 것들은 헛된 망상이며, 사실과 거리가 멀다는 것을 알 수 있지.

한 가지 현상은 단 한 가지 근본 원인을 갖는다면, 그리고 원인과 그 결과로 나타나는 현상 사이에는 어떤 일정한 관계가 있다면, 그 현상이 고정된 틀에 따라 변화할 때마다 그 원인도 고정된 틀에 따라 변화하게 마련이지. 양력 계절과 음력 날짜에 따라서 밀물·썰물이 달라지는 것을 보면, 그 일에는 어떤 일정한 주기가 있네. 그러니 밀물·썰물의 근본 원인도 마찬가지로 일정한 주기에 따라서 변하는 게 확실하네.

그다음, 이런 밀물·썰물의 변화는, 그들의 크기만이 달라질 뿐일세. 즉 물이 높아지거나 낮아지는 정도가 더 커지거나 더 작아지고, 물살의 세기가 더 강해지거나 더 약해지지. 그러니 밀물·썰물의 근본 원인이 무엇이든지 간에 그 힘이 이렇게 때에 따라서 강해졌다 약해졌다 해야 해. 그런데 바닷물을 담고 있는 그릇이 불규칙하고 고르지 않게 움직이는 것이 밀물·썰물의 근본 원인이라고 이미 결론을 내렸지. 그러니 이런 불규칙한 정도가 때에 따라서 더 커지거나 더 작아지며 변화해야 해.

바닷물을 담고 있는 지표면의 움직이는 속력이 일정하지가 않고 달라지는 까닭은, 그게 두 가지 운동을 결합한 형태로 움직이기 때문임을 기억하게. 즉 지구 전체에 공통이 되는 공전 운동과 자전 운동을 합쳤기 때문일세. 이 두 가지 운동 중, 공전 운동에다 자전 운동을 더하거나 빼기를 번갈아 가며 하니까, 합친 운동이 고르지 않게 되지. 즉 밀물·썰물의 근본 원인, 다시 말해 물을 담고 있는 그릇이 고르지 않게 움직이는 근본 원인은, 공전 운동에다 자전 운동을 더하거나 빼는 데에 있네.

이렇게 더하거나 빼는 것이 공전에 대해서 늘 같은 정도로 행해지면, 밀물·썰물의 원인은 여전히 존재하지만, 그것들은 늘 같은 정도로 존재하게 돼. 우리는 때에 따라서 밀물·썰물이 더 크게 또는 더 작게 되는 이유를 찾아야 하네. 그러니 우리가 그 원인을 계속 유지하려면, 이렇게 더하거나 빼는 것이 변화해야 하네. 그들에 따라 좌우되는 이런 현상을 낳는 게 좀 더 강해지거나 좀 더 약해져야 해. 그렇게 되려면, 더하거나 빼는 정도가 더 커지거나 작아지는 수밖에 없지. 그래야만, 결합해서 나온 운동이 가속 또는 감속이 되는 정도가 더 커지거나 더 작아지겠지.

사그레도 내 손을 잡고 가볍게 끌면서 길을 인도하는 듯한 느낌이군. 길에 돌부리는 없는 것 같지만, 나는 장님과 마찬가지여서, 나를 어디로 인도하는지 알 수가 없군. 이 길에 과연 끝이 있는지조차 알 수 없어.

살비아티 내가 느리게 사색하는 것과 자네가 재빠르게 간파하는 것 사이에는 큰 차이가 있네. 그렇지만 지금 우리가 다루고 있는 이 문제의 경우, 지금 우리가 여행하는 목적지가 짙은 안개로 가려져 있어서, 자네의 통찰력으로도 알아낼 수 없는 게 놀라운 일은 아니지. 내가 이 문제를 놓고 얼마나 많은 시간, 얼마나 많은 낮과 밤을 고민하며 보냈는지 알면, 자네의 놀라움이 사라질 걸세.

이것을 도저히 이해할 수가 없어서, 마치 불행한 올랜도처럼, 믿을 수 있는 많은 사람들의 증언을 통해 내 눈앞에 제시된 이런 현상들이 참일 리가 없다면서 자위하기도 했지. 그러니 지금 이 문제의 경우, 평소와 달리 목적지가 눈에 보이지 않는다고 해서 의아해할 필요는 없네. 그럼에도 자네가 절망에서 헤어나지 못하고 있다면, 그 결과를 볼 때까지 기다리게. 그 결과는 정말이지 선례가 없는 것인데, 자네의 의구심을 완전히 해소해 줄 걸세.

사그레도 자네가 절망에 빠졌을 때, 불쌍한 올랜도처럼 끝나지 않았다니, 정말 다행일세. 믿기 어려운 아리스토텔레스의 마지막도 마찬가지이고. 만약 자네가 그런 식으로 되었다면, 나를 포함한 모든 사람들이 이것의 비밀을 영영 알지 못하게 되었을 게 아닌가. 그렇게 열심히 찾고 있었지만, 또 그만큼 깊이 숨어 있는 비밀이니까. 그러니 내 궁금증을 빨리 해소해 주게.

살비아티 기꺼이 자네 뜻을 따르겠네. 우리는 지금 지구의 공전 운동에다 자전 운동을 더하거나 빼는 정도가 왜 커졌다 작아졌다 하는지 밝히고 싶어하지. 밀물·썰물의 크기가 1개월, 1년을 주기로 변하는 까닭은 이런 변화에서 나오며, 다른 어떠한 원인도 있을 수가 없지. 이렇게 공전 운동에다 자전 운동을 더하거나 빼는 정도가 달라지는 데에는 세 가지 이유가 있네.

첫째, 자전 운동을 더하거나 빼는 크기가 같더라도, 공전하는 속력이 빨라지거나 느려질 수 있다. 자전 운동은 적도 지방에서 가장 빠른데, 공전 운동은 그보다 세 배 정도 빠르니까, 만약 공전 운동이 훨씬 더 빨라지면, 자전 운동을 더하거나 빼도 변화가 상대적으로 적어진다. 반대로, 만약 공전 운동이 느려지면, 자전 운동을 더하고 뺄 때, 그 차이가 훨씬 더 큰 것처럼 된다. 속력이 20인 것에다 속력이 4인 것을 더하거나 빼면, 그것은 속력이 10인 것에다 속력이 4인 것을 더하거나 빼는 것에 비해서, 움직이는 궤적이 받는 영향은 적어진다.

둘째, 공전 속력은 그대로인데, 더하거나 빼는 속력이 커지거나 작아질 수 있다. 이것은 명백하다. 예를 들어 속력이 20인 것에다 속력이 10인 것을 더하거나 빼면, 그것은 속력이 20인 것에다 속력이 4인 것을 더하거나 빼는 것에 비해서 더 크게 영향을 받는다.

셋째, 이 둘을 결합한 것이 있다. 즉 공전 속력이 작아지고, 더하거나 빼는 자전 속력은 빨라지는 경우가 있다.

자네도 보다시피 여기까지는 쉬워. 하지만 자연이 어떻게 이런 일을 하는지 알아내기 위해 엄청나게 애를 써야만 했네. 마침내 나는 찬탄할 만한 것을 발견했네. 어떻게 보면 믿기 어려울 지경일세. 우리가 보기에는 놀랍고 대단한 일이지만, 자연이 보기에는 그렇지 않네. 우리 머리로는 한없이 복잡한 일이라도, 자연은 아주 쉽고 간단하게 그 일을 하거든. 우리가 매우 어렵게 간신히 이해하는 것도, 자연은 쉽게 행할 수 있지.

이야기를 계속하겠네. 공전 운동에다 자전 운동을 더하거나 뺄 때, 그 비율이 달라지는 것에는 두 가지 종류가 있네. (세 번째 것은 둘을 합친 것이니, 두 가지라고 말했네.) 자연은 실제로 이 두 방법을 쓰고 있네. 만약 자연이 둘 중 한 가지 방법만 쓴다면, 밀물과 썰물의 변화를 나타내는 두 주기 중에 하나는 사라져야 하네. 공전 운동의 변화가 없어지면, 1개월을 주기로 변화하는 게 사라져 버리네. 그리고 자전 운동을 더하거나 빼는 것의 변화가 없어지면, 1년을 주기로 변화하는 게 사라지네.

사그레도 그렇다면 1개월을 주기로 변화하는 것은 공전 운동의 변화에서 나왔단 말인가? 1년을 주기로 하는 밀물과 썰물의 변화는 자전 운동을 더하거나 빼는 것의 변화에서 나왔고? 나는 오히려 더 혼란스럽네. 이렇게 복잡한 것을 어떻게 이해할 수 있을지, 희망이 오히려 사라지는군. 고르디우스의 매듭보다 더 복잡하게 얽혀 있어. 심플리치오, 자네가 부럽네. 조용히 있는 것을 보니 모든 것을 이해한 모양이지? 나는 혼동이 되어서 제대로 상상할 수가 없네.

심플리치오 내가 부럽다고? 사그레도, 정말로 혼란에 빠진 모양이군. 자네가 어리둥절해 하는 까닭을 알겠네. 살비아티가 말한 것의 절반은 이해하는데, 다른 절반은 이해하지 못해서 그러는 것이지? 내가 혼동 속에 빠지지 않은 것은 사실일세. 그러나 그 까닭은 자네가 생각하는 것과 반대이기 때문일세. 내가 모든 것을 이해하기 때문에 혼란스럽지 않는 것이 아니고 아무것도 모르기 때문일세. 아는 게 있어야 혼동이 되든지 말든지 하지. 아는 것이 아무것도 없으니 혼동이 될 것도 없네.

사그레도 살비아티, 지난 몇 시간 동안 심플리치오의 고삐를 너무 바싹 당긴 모양일세. 까불며 설치던 망아지가 얌전하게 느릿느릿 걷고 있군.

여보게, 더 이상 지체하지 말고, 우리 두 사람의 궁금증을 풀어 주게.

살비아티 최선을 다해서 알기 쉽도록 설명해 주지. 자네의 날카로운 지혜가 내 부족한 면을 채워 주고, 어두운 부분을 비춰 주기 바라네.

우리가 조사해야 할 것은 두 가지 현상일세. 하나는 밀물과 썰물이 1개월을 주기로 변화하는 것이고, 다른 하나는 1년을 주기로 변화하는 것이지. 먼저 1개월을 주기로 하는 것을 다루겠네. 그다음에 1년을 주기로 하는 것을 다루지. 모든 문제들을 우리가 이미 확립한 공리와 가설들을 바탕으로 풀어야 하네. 천문학이나 우주로부터 어떠한 새로운 것도 밀물·썰물을 위해서 끌어들이면 안 돼. 밀물과 썰물에서 일어나는 온갖 종류의 다양한 현상들의 원인을, 우리가 이미 사실이라고 의심할 여지가 없이 확인하고 받아들인 것들을 바탕으로 보여 주겠네.

어떤 물체가 일정한 힘에 의해서 회전할 때, 그게 더 큰 원을 그리면, 작은 원을 그릴 때보다 시간이 더 많이 걸린다는 건 분명하고, 자연스럽고, 필연적인 사실이지. 모든 사람들이 이것을 사실이라고 받아들이고 있으며, 이는 실험 결과와도 일치하네. 실험 방법은 여러 가지가 있네.

커다란 바퀴 시계를 만드는 기술자들은, 빠르기를 조절할 수 있도록, 바퀴에다 막대기를 수평으로 움직일 수 있도록 붙여 놓고, 그 막대 끝에는 납추를 달아 놓거든. 만약 시계가 너무 느리게 가면, 납추를 가운데로 약간 옮겨서 빨리 가도록 만들 수 있네. 반대로 시계가 더 느리게 가도록 만들고 싶으면, 납추를 약간 가장자리로 옮겨. 그러면 더 느리게 돌아가니, 시간의 길이가 길어지지. 여기서 움직이도록 만드는 힘은 일정한데, 그건 무거운 추의 힘이지. 그리고 움직이는 물체의 무게도 같아. 그렇지만 납추가 중심 가까이로 가면, 시계는 더 빨리 돌게 돼. 더 작은 원을 그리며 돌기 때문이지.

같은 무게의 추들을 길이가 제각각인 줄에 묶은 다음에 당겼다가 놓아 봐. 그러면 짧은 줄에 매달린 추는 짧은 시간 동안에 진동하는 것을 볼 수 있네. 더 작은 원을 그리기 때문이지. 줄에다 추를 묶은 다음에, 그 줄이 천정에 박아 놓은 못을 지나도록 해 봐. 그 줄의 반대쪽 끝을 손으로 잡아. 그 추가 움직이도록 한 다음, 손으로 줄을 잡아당기면, 그 추는 계속 진동을 하면서, 천정으로 당겨 올라가지. 추는 올라가면서, 점점 더 빨리 진동하게 돼. 줄이 짧아져서 더 작은 원을 그리게 되니까.

이런 현상에서 특히 주목해야 될 사항이 두 가지 있네. 하나는, 진자가 진동하는 주기는 딱 정해져 있다는 사실일세. 줄을 길게 만들거나 짧게 만들지 않는 한, 추가 다른 주기에 따라 진동하도록 만들기는 불가능하네. 이것은 실제로 실험을 해서 확인할 수 있네. 줄에다가 돌멩이를 묶은 다음에 손으로 줄의 끝을 잡아. 줄을 흔들어서 돌멩이가 앞뒤로 왔다 갔다 하도록 만들어 봐. 아무리 애를 써도 어떤 정해진 주기 이외에는 성공할 수 없네. 줄을 짧게 만들거나 길게 늘이지 않는다면 말일세. 이건 절대 불가능하네.

또 다른 하나는 정말 놀라워. 한 진자가 진동을 할 때, 그게 주어진 원둘레에서 큰 호를 그리며 진동하든 작은 호를 그리며 진동하든, 진동 주기가 같아. 차이가 거의 없어. 알아차리기 어려울 정도이지. 진자를 수직 상태에서 1°, 2°, 10°를 당겼다가 놓든 70°, 80°를 당겼다가 놓든 심지어 사분원만큼 당겼다가 놓든, 그걸 놓았을 때 진동하는 주기가 모두 같아. 줄을 살짝 당겼다가 놓아서 4°, 6°의 호를 그리든 많이 당겼다가 놓아서 160° 이상의 호를 그리든, 마찬가지이지.

이 사실을 분명하게 확인하려면, 같은 무게의 두 추를 같은 길이의 두 줄에 묶은 다음, 하나는 수직 상태에서 살짝 당겼다가 놓고, 다른 하나는 많이 당겼다가 놓아 봐. 둘 다 왔다 갔다 하는 데 같은 시간이 걸려. 하나는 작은 호를 그리고, 다른 하나는 큰 호를 그리지만 말일세.

이것으로부터 아주 놀라운 결과가 나오지. 사분원을 그려 보자. 내가 여기에 그림을 그리겠네. 이 사분원을 AB로 나타내자. 이게 수직으로 놓여 있어서, 지평선과 점 B에서 접한다고 하자. 테의 우묵한 안쪽을 매끄럽게 갈아서, 그 곡선이 원둘레 ADB가 되도록 만들어라. 체의 테두리가 이 실험을 하기에 딱 알맞다.

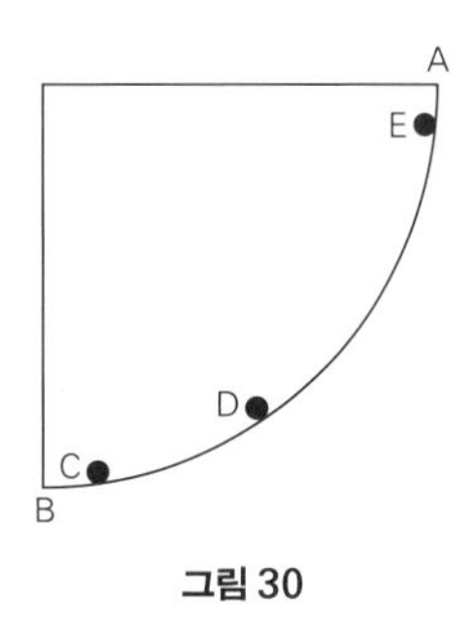

그림 30

그다음에 완벽하게 둥글고 매끄러운 공을 이 곡선을 따라 굴려 보자. 이 공을 맨 밑의 점 B와 가까운 곳에 놓든 먼 곳에 놓든, 점 C에 놓든 점 D에 놓든 점 E에 놓든, 어디에 놓더라도 공에서 손을 떼어 저절로 굴러가도록 하면, 점 B에 도달하는 데 모두 같은 시간이 걸린다. 차이가 약간 있을지도 모르지만, 감지하기 어려울 정도로 작다. 공이 C에서 출발하든 D에서 출발하든 E에서 출발하든 또는 다른 어떠한 점에서 출발하든, 상관이 없다. 정말 신기한 일이다.

또 다른 놀라운 일이 있다. 이것도 방금 말한 것 못지않게 멋진 일이다. 밑점 B에서 다른 점으로 선분을 그어 보자. 점 C로 긋고, 점 D, 점 E, 어떠한 점이라도 좋으니, 그 점으로 선분(현)을 그어 보자. 꼭 사분원 AB의 점들만 잡을 필요도 없다. 원 전체에서 어떠한 점이라도 좋으니, 마음대로 잡아라. 그러면 이런 선분(현)들을 따라 내려오는 데 완전히 똑같은 시간이 걸린다. 이 시간은 점 B에서 수직으로 세운 지름을 따라 물체가 떨어지는 데 걸리는 시간과 같다. 현 BC가 아무리 작더라도, 그에 대응하는 각이 1° 이하라 하더라도, 그 현을 따라 내려오는 데 같은 시간이 걸린다.

또 한 가지 놀라운 사실이 있다. 사분원 AB의 호를 따라 떨어지면, 그 호에 대응하는 현을 따라 떨어지는 것보다 시간이 적게 걸린다. 즉 어떤 물체가 점 A에서 B로 떨어지는 가장 빠른 길은 원둘레 ADB를 따라 떨어지는 것이다. A에서 B로 가는 가장 짧은 길은 두 점을 잇는 선분(현) 임에도 불구하고 말일세.

이 호에서 어떠한 점이라도 좋으니, 한 점을 잡아 보자. 예를 들어 점 D를 잡은 다음, 2개의 현 AD와 DB를 그어라. 어떤 물체가 A에서부터 B로 갈 때, 2개의 현 AD와 DB를 따라가면, 1개의 현 AB를 따라가는 것보다 더 빨리 갈 수 있다. 가장 빨리 가는 길은 호 ADB를 따라가는 것이다. 제일 밑에 있는 점 B의 위쪽에서 이보다 더 작은 어떠한 호를 잡더라도, 이 성질이 성립한다.

사그레도 그만하게. 이제 충분하고도 남아. 멋진 결과들이 너무 많아서 혼동이 되는군. 이 모든 것들을 신경 쓰려면, 정작 우리가 다루는 주제에 대해 신경 쓸 여력이 없겠군. 우리의 주제만 놓고 보더라도, 너무 모호하고 알기가 어렵거든. 밀물과 썰물에 대한 이론을 다 다룬 이후에 또 시간을 내도록 하지. 여기 내 집 아니면 자네 집에 모여서 우리가 지금까지 제쳐 두었던 여러 문제들을 다루도록 하세. 우리가 지난 며칠간 다루었고, 오늘 끝마치려고 하는 이 이야기들 못지않게 흥미롭고 멋진 것들이 많이 나올 걸세.

살비아티 기꺼이 자네 뜻에 따르겠네. 그렇지만 하루 이틀 이야기하는 것으로는 부족할 걸세. 우리가 따로 다루려고 제쳐 둔 문제들뿐만 아니라 물체들의 여러 가지 운동을 다루고 싶거든. 부분적인 운동, 허공으로 던진 물체의 자연스러운 운동 등등. 린체이 학회의 회원이자 우리의 절친한 동료인 학자가 이 문제를 길게 다루어 놓았네.

우리의 주제로 돌아가세. 어떤 힘에 의해서 원운동을 하는 물체는 늘 일정하게 회전하며, 한 바퀴 도는 데 걸리는 시간은 딱 정해져 있어서, 그 시간을 길게 늘이거나 짧게 줄일 수 없다는 것을 검토하고 있었지. 이런 예를 몇 가지 들었고, 실제로 실험을 해서 확인해 볼 수도 있네. 우리가 지금까지 관측한 것을 보면, 하늘의 행성들의 움직임도 이 법칙을 만족함을 알 수 있네. 큰 원을 그리면 한 바퀴 도는 데 더 많은 시간이 걸린다.

목성의 위성들이 움직이는 것을 보면, 이것을 쉽게 확인할 수 있네. 그 위성들은 아주 짧은 시간 동안에 한 바퀴 돌거든. 예를 들어 달이 늘 같은 힘으로 움직이는데, 더 작은 원을 그리도록 안으로 끌어당기면, 달이 도는 주기가 짧아질 게 확실하네. 진자가 진동하고 있을 때, 그 줄을 잡아당겨 짧아지도록 만들면, 주기가 짧아지는 것과 마찬가지이지. 추가 왕복하는 원둘레의 반지름이 짧아지기 때문이지.

내가 말한 달의 이런 움직임은 실제로 일어나고 있으며, 확인된 사실일세. 코페르니쿠스의 이론에 따르면, 달은 지구와 헤어질 수가 없네. 달이 지구를 중심으로 1개월에 한 바퀴씩 돌고 있음은 의심할 여지가 없는 사실일세. 지구는 달과 함께 해를 중심으로 궤도를 따라 1년에 한 바퀴씩 돌고 있으며, 그동안 달은 지구를 중심으로 열세 바퀴 정도 돌게 돼.

달이 이렇게 돌고 있으니, 달은 해에 더 가까이 갈 때(즉 달이 해와 지구 사이에 놓일 때)도 있고, 더 멀리 갈 때(즉 지구가 해와 달 사이에 놓일 때)도 있네. 즉 삭이거나 초승달일 때는 해에 가깝고, 보름달일 때는 그 반대 위치에 놓여 있어서 해로부터 멀어. 가장 가까이 있는 경우와 가장 멀리 있는 경우의 거리 차이는, 달 궤도의 지름과 같아.

지구와 달이 해를 중심으로 공전하도록 만드는 힘이 늘 같은 크기라면, 그리고 같은 힘에 의해서 물체가 움직일 때 작은 원을 그리는 경우에는 큰 원을 그리는 경우에 비해서 같은 각도만큼 지나는 데 시간이 적게 걸린다면, 달이 해에 가까이 있는 경우(삭인 경우)는 멀리 있는 경우(반대편에 놓여 있어서, 보름달이 되는 경우)보다 지구 궤도상의 더 큰 호를 지날 게 확실하네. 그리고 달의 이런 불규칙한 운동을 지구도 공유해야만 하네.

지구를 중심으로 달의 궤도를 그려라. 해의 중심에서 지구의 중심으로 선분을 그어라. 이 선분이 바로 지구 공전 궤도의 반지름이며, 만약 지구가 혼자 움직이고 있으면, 이 궤도를 따라 일정한 속력으로 움직인다. 그러나 또 다른 물체가 지구와 같이 움직이고 있으며, 이 물체는 지구와 해 사이에 놓여 있어서 해에 가까워졌다가, 반대편에 놓여서 해에서 멀어졌다가 하면서 변화한다. 후자의 경우 달의 거리가 멀어졌으니, 지구와 달이 공전 궤도를 따라 움직이는 속력이 전자에 비해 약간 느려진다. 전자의 경우는 달이 지구와 해 사이에 놓여 있으니, 거리가 짧다. 그러니 여기서 일어나는 현상은 바퀴 시계에서 일어나는 현상과 똑같다. 달은 납추처럼 붙어 있으면서, 중심에서 멀어지면 더 느리게 돌도록 만들고, 중심에 가까워지면 더 빨리 돌도록 만든다.

이것을 보면, 지구가 그 궤도를 따라 황도대 위를 움직일 때, 그 속력이 일정하지 않음을 알 수 있다. 이런 불규칙한 운동은 달 때문이며, 한 달을 주기로 원상태를 회복하게 된다. 우리가 이미 말했듯이, 밀물과 썰물이 1개월이나 1년을 주기로 변화하는 것은, 공전 운동에다 자전 운동을 더하거나 뺄 때, 그 비율이 변화하는 것에서 유래한다. 그 이외의 다른 원인은 없다.

이런 변화는 두 가지 방법으로 일어날 수 있다. 공전 운동의 속력이 변하고 자전 운동은 변하지 않을 수 있고, 반대로 공전 운동은 일정하게 유지되면서 자전 운동의 속력이 변할 수 있다. 이 둘 중 첫 번째 방법으로 변하는 것을 발견해 냈다. 이것은 달에 의해서 결정되는 것이고, 그 주기는 1개월이다. 그러므로 이 원인 때문에 밀물과 썰물은 1개월을 주기로 그 규모가 커졌다 작아졌다 해야 한다.

1개월을 주기로 변화하는 원인은 공전 운동에 있음을 알았다. 이것은 달과 관계가 있다. 달은 바다나 물과 아무런 상관이 없음에도 불구하고, 이런 일을 하고 있다.

사그레도 계단에 대해서 아는 게 없는 사람에게, 아주 높은 탑을 보여 주고 올라갈 용기가 있느냐고 물으면, 그는 올라갈 수 없다고 답할 게 확실하네. 그런 엄청난 높이는 훨훨 날아서 올라가는 수밖에 없다고 생각할 테니까. 그러나 그 사람에게, 0.5야드 정도 높이의 돌을 가리키며, 거기에 올라갈 수 있느냐고 물으면, 올라갈 수 있다고 답할 게 확실하지. 한 번 아니라 열 번, 스무 번, 백 번이라도 쉽게 올라갈 수 있다고 말할 걸세. 그 사람에게 계단을 보여 주면, 자신이 올라갈 수 없다고 믿었던 곳에, 그런 식으로 쉽게 도달할 수 있음을 깨닫게 되겠지. 아마 그 사람은 웃으면서, 자신의 상상력이 부족했음을 시인할 걸세.

살비아티, 자네는 나를 한 계단, 한 계단 아주 쉽게 이끌어 주었어. 내가 오를 수 없어 보이던 곳에, 이렇게 쉽게 올라오다니, 정말 놀랍군. 계단이 어두워서, 내가 꼭대기에 이르는 것을 감지하지 못했던 것은 사실일세. 그렇지만 이제 꼭대기에 닿아서 밝은 햇빛 아래에 펼쳐진 바다와 들판을 내려다 볼 수 있군. 한 계단, 한 계단 올라오는 게 어렵지 않듯이, 자네가 하나하나 제시한 법칙들은 아주 쉬워 보였어. 새로운 것을 보탠 게 거의 없어 보였기에 새로운 것을 얻는 게 없을 줄 알았지. 그렇기 때문에 이런 뜻밖의 결론이 나왔을 때 더욱 놀랐네. 도저히 납득할 수 없어 보였던 일들을 이해하게 되었네.

이제 한 가지 난점만 해소하면 되겠군. 지구가 달과 더불어 황도대 위를 움직이는 운동이 불규칙하다면, 천문학자들이 이런 불규칙한 운동을 감지해 냈을 게 아닌가? 그런데 나는 그런 말을 들어 본 적이 없네. 자네는 이런 문제에 대해서 나보다 더 잘 알고 있으니, 이게 어떻게 된 연유인지 해명해 주게.

살비아티 그런 의문을 제기하는 게 당연하네. 내가 답하겠는데, 지난 수 세기 동안 천문학이 크게 발달해서, 천체들의 움직임과 배열에 대해 자세히 알게 된 것은 사실이지만, 아직도 확실하게 알지 못하는 사항들이 많이 있으며, 전혀 알려지지 않은 것들도 많이 있을 걸세. 아마 처음에 하늘을 관찰한 사람들은 모든 별들이 공통되게 움직이는 것만 알아차렸을 거야. 하루에 한 바퀴씩 도는 운동 말일세. 그렇지만 달이 모든 별들과 다르게 움직인다는 사실은 곧 발견했겠지. 그러나 행성들을 모두 구별해 내기까지는 상당한 시간이 걸렸을 걸세. 특히 토성의 경우는 너무 느려서 구별하기가 어려웠을 것이고, 수성의 경우는 보기가 어려우니, 이 둘은 아마 방랑하는 별로서 판명된 게 가장 늦었을 걸세.

그 후 세월이 많이 흐른 뒤에야 3개의 바깥 행성들이 멈추고, 역행하고 하는 것을 발견했겠지. 그들이 지구에 가까워졌다 멀어졌다 하는 것도 마찬가지이지. 이런 운동들 때문에 이심원과 주전원을 도입하게 되었지. 심지어 아리스토텔레스조차 이런 것들을 몰랐었네. 이런 것들을 언급한 적이 없거든. 다른 것들을 다 제쳐 두고라도, 수성과 금성에 딸린 여러 가지 놀라운 현상들 때문에, 천문학자들은 그것들의 위치조차 제대로 판단하지 못한 채 오랜 세월을 보냈잖아?

사람들이 발견해 낸 우주의 여러 물체들을 배열하여 그 근본 구조를 결정하는 일이, 코페르니쿠스의 시대가 될 때까지 해결되지 않은 채 있었네. 마침내 코페르니쿠스가 그것들을 올바르게 배열하고, 그 배열에 따라서 올바른 체계를 확립해 주었지. 덕분에 우리는 수성, 금성을 비롯해 다른 행성들이 해를 중심으로 돌고 있고, 달은 지구를 중심으로 돌고 있음을 확실히 알게 되었네. 그렇지만 각각의 행성들 궤도의 구조와 그들이 공전하는 규칙을 완전히 결정하지는 못하고 있네. 이런 것들을 연구하는 것이 행성학일세. 화성을 보면 알 수 있네. 현대 천문학자들은 화성의 움직임 때문에 골머리를 앓고 있거든. 코페르니쿠스가 프톨레마이오스의 이론을 뒤엎기 전에는, 달의 움직임에 대해서도 수많은 이론들이 제시되고 있었지.

이제 우리가 다루는 문제로 돌아가 보세. 즉 해와 달의 겉보기 운동에 대해서 생각해 보세. 해의 경우는 아주 커다란 불균형이 발견되었네. 황도를 춘분점·추분점에서 갈라 두 반원으로 나누면, 해는 그 반원들을 지나는 데 걸리는 시간이 서로 다르네. 한 반원을 지나는 데, 다른 반원을 지나는 것보다 9일 더 걸려. 눈에 띄고도 남을 정도로 큰 차이일세. 해가 아주 조그마한 호를 지날 때, 그 속력이 일정한지 아닌지는 아직 밝혀지지 않았네. 예를 들어 한 별자리를 지날 때 과연 약간 빨리 움직이다가 약간 느리게 움직이다가 하는지 여부 말일세. 공전 운동이 겉으로 보기에는 해에 딸려 있지만, 실제로는 달을 동반한 지구에게 딸려 있다면, 그런 변화가 나타나겠지. 아마 이건 관측하려고 시도하지를 않았을 걸세.

달의 경우는 일식이 주된 관심사여서 그 주기를 연구해 왔지. 일식에 대해서는 달이 지구를 한 바퀴 도는 데 시간이 얼마나 걸리는지 정확하게 알기만 하면 되니까. 그 때문에, 달이 황도대 위의 어떤 부분을 지나는 데 시간이 얼마나 걸리는지, 철저하게 관측하지는 않고 있네.

그러니 그런 불규칙한 움직임을 관측한 적이 없다고 해서, 지구와 달이 황도를 따라 움직이는 속력이 초승달일 때 가속이 되고, 보름달일 때 감속이 되는 것을 의심할 수는 없네. 지구 궤도를 따라서 공전하는 속력 말일세. 이것을 관측하지 못한 것은 두 가지 이유 때문이지. 첫째, 이것을 관측하려고 시도한 일이 없다. 둘째, 이 차이는 아마 매우 작을 것이다.

밀물과 썰물의 규모가 바뀌는 것을 살펴보면, 그런 현상을 낳기 위해서 엄청나게 큰 변화가 있어야 하는 것은 아님을 알 수 있네. 규모가 바뀌는 것뿐 아니라 밀물과 썰물 자체도 그게 일어나는 물질의 크기와 비교하면, 아주 작거든. 우리는 너무 작아서, 우리가 보기에는 대단한 현상이지만 말일세.

원래 700 내지 1,000의 속력으로 움직이는 것에다 1을 더하거나 빼는 것은 그리 큰 변화가 아니지. 그것을 주는 입장이든 받는 입장이든 마찬가지이지. 원래 바다의 물은 지구의 자전으로 인해 돌고 있으니 시속 700마일 정도의 속력으로 움직이고 있네. 이 운동은 바닷물과 지구에게 공통이 되기 때문에, 우리는 감지할 수 없네. 우리가 감지할 수 있는 바닷물의 흐름은 기껏 시속 1마일이 될까 말까 하거든. 좁은 해협 말고, 넓은 바다에서 말일세. 이런 정도의 속력을 원래 근본적으로 있는 엄청나게 빠른 속력에다 더하거나 빼는 것이지.

그렇지만 배들과 우리에게는 그 차이가 엄청나지. 예를 들어 어떤 배가 잔잔한 바다에서 노를 저어 시속 3마일로 움직인다고 하세. 만약 조류가 배와 같은 방향으로 흐르면, 반대로 흐르는 경우보다 두 배의 거리를 갈 수 있네. 그러니 배의 움직임에 큰 차이가 생기지. 바닷물의 움직임은 불과 700분의 1이 바뀐 것에 불과하지만 말일세. 바닷물이 몇 피트 올라갔다 내려갔다 하는 것도 마찬가지이지. 기껏해야 4~5피트 올라갈 뿐이잖아? 바다는 2,000마일 길이이고, 깊이도 수백 피트 되는데 말일세. 여기로 민물을 싣고 오는 거룻배들이 갑자기 속력이 줄었을 때, 이물에서 물이 나뭇잎 두께만큼 올라가는 것보다도 더 작은 변화일 걸세. 즉 바다의 엄청난 크기와 속력에 비해서, 매우 작은 변화만 일어나도, 우리가 보기에는 아주 큰 변화가 일어나는 것이지.

사그레도 이제 완전히 알겠네. 자전 운동을 더하거나 빼는 것이 왜 크기가 달라지는지 설명을 듣는 것만 남았군. 그것에 따라서 1년을 주기로 밀물과 썰물의 크기가 달라진다고 자네가 말했지.

살비아티 자네들이 이해할 수 있도록, 내가 아는 것을 다 동원해서 설명하겠네. 그러나 이 현상은 워낙 어려워서 난해한 추상적인 개념을 써야만 이해할 수 있으니, 자네들이 과연 이해할 수 있을지 걱정이 되는군.

공전 운동에다 자전 운동을 더하거나 빼는 정도가 달라지는 까닭은, 지구의 자전축이 궤도에 대해, 즉 황도면에 대해 기울어져 있기 때문이야. 이렇게 기울어져 있으니, 적도는 황도면을 뚫고 지나가며, 그게 비스듬히 기운 정도는 자전축이 기운 정도와 같아. 지구가 하지·동지인 경우, 더하는 크기는 적도의 지름과 같아. 그러나 지구가 춘분이나 추분으로 가까이 가면 갈수록, 더하는 크기가 점점 작아지지. 춘분·추분일 때 더하는 크기가 제일 작아. 이게 내가 이야기할 전부이네. 그렇지만 자네도 보다시피, 이건 어둠에 휩싸여 있네.

사그레도 아무것도 보이지 않는데. 나는 조금도 이해하지 못하겠네.

살비아티 그럴 줄 알았지. 그렇지만 내가 그림을 그려서 보여 주면, 약간은 감을 잡게 될 걸세. 그림보다도 어떤 물체를 놓고 설명하면 더 알기가 쉽지만, 그림을 그려도 분석하는 데 도움이 될 걸세.

지구의 공전 궤도를 여기에 그리겠네. 하지일 때 지구의 중심이 A에 놓여 있다고 하자. 하지·동지 경선과 지구 궤도면(황도면)이 만나는 선이 지름 AP이다. 지구의 중심이 A에 놓여 있다고 가정하자. 지구의 자전축 CAB는 지구의 궤도를 향해서 기울어져 있다. 자전축은 하지·동지 경선이 만드는 평면에 놓이게 된다. 그 경선이 만드는 평면은 자전축과 황도의 축을 지난다. 헛갈리지 않도록, 여기에는 적도원만 그렸다. 적도원을 DGEF로 나타내자. 적도면과 지구 궤도면이 만나는 선이 DE이다. 적도의 절반 DFE는 지구 궤도면 아래에 놓이고, 절반 DGE는 지구 궤도면 위에 놓인다.

지구의 적도가 D, G, E, F 방향으로 자전한다고 가정하자. 그리고 지구 중심은 E를 향해서 간다고 하자. 지구 중심이 A에 있을 때, 자전축 CB는(이것은 적도 지름 DE와 직각임) 앞에서 말한 하지·동지 경선에 놓이게 된다. 그 경선과 지구 궤도면이 만나는 선이 AP이다. 따라서 AP는 DE와 직각으로 만난다. 그 경선이 지구 궤도면과 수직이 되기 때문이다. 그

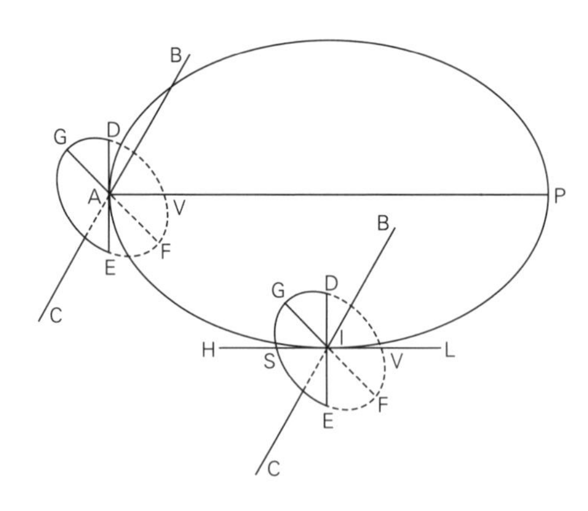

그림 31

러므로 DE는 점 A에서 지구 궤도에 접하게 된다. 즉 이 지점에 있을 때, 지구 중심은 AE 방향으로 호를 따라 움직이며, 하루에 1° 정도 움직인다. 아니, 아예 접선 DAE를 따라 움직인다고 말해도 별 상관이 없다.

지구의 자전 방향은 점 D에서 G, E 쪽으로 회전하는 것이고, 지구 중심의 움직임(사실상 이 선분 DE를 따라 움직이고 있음)과 비교해 보면, 지름 DE만큼 더 움직인 셈이다. 반면에 아래쪽 반원 EFD를 따라 움직이면, 이만큼 덜 움직인 셈이 된다. 즉 지구가 이 지점에 있어서 하지인 경우, 더하거나 빼는 정도는 지구의 지름 DE와 같아.

이제 춘분·추분일 때, 더하고 빼는 정도가 어떻게 달라지는지 알아보자. 지구의 중심이 A로부터 사분원만큼 움직여서, 점 I의 위치에 갔다고 하자. 지구의 적도는 역시 GEFD로 나타내자. 황도면과 적도면이 만나는 선을 DE로 나타내고, 지구의 자전축을 CB로 나타내자. CB는 이전과 마찬가지로 기울어져 있다. 점 I에서 선분 DE는 지구 궤도에 접하지 않는다. DE와 직각으로 만나는 직선이 궤도에 접하게 된다. 이 직선을 HIL로 나타내자. 지구 중심은 궤도를 따라 움직이니까, 점 I에 있을 때 바로 이 방향으로 움직이게 된다. 이때는 하지인 경우와 달라서, 자전을 더하거나 뺄 때, DE만큼 더하거나 빼는 것이 아니다. 이 경우는 지름이 공전 운동 방향인 HL로 뻗어 있는 것이 아니라, 그것과 직각으로 만나니, D와 E 방향은 더하거나 뺄 것이 전혀 없다.

이때 더하거나 빼는 것은, 지구 궤도와 수직이고 직선 HL을 포함하는 평면을 잡은 다음, 그 평면이 적도면과 만나는 선분을 찾아야 한다. 이 선분(지름)을 GF로 나타내자. 운동을 더하는 것은 점 G에서 반원 GEF를 따라 움직인 경우이고, 운동을 빼는 것은 다른 반원 FDG를 따라 움직인 경우이다. 이 지름은 지구가 공전하는 방향인 HL과 같은 방향이 아니다. 이 둘은 점 I에서 만난다. 점 G는 지구 궤도 위에 놓여 있고, 점 F는 지구 궤도 아래에 놓여 있다.

이때 더하거나 빼는 것은, 지름 전체 길이가 아니다. 점 G와 F에서 HL에 수직이 되도록 선을 그었을 때, 그 두 선 사이에 놓이는 부분이 바로 더하거나 빼야 할 양이다. 즉 선분 GS와 FV를 긋고, 이때 생기는 선분 SV가 바로 더하거나 빼야 할 양이다. 이것은 GF나 DE보다 더 짧다. 하지인 경우는 DE를 더하거나 뺐었다.

이런 식으로 생각하면, 지구의 중심이 사분원 AI 위의 다른 어떤 지점에 놓여 있다면, 그 점에서 접선을 그은 다음, 이 접선을 포함하고 황도면에 수직인 평면을 그려서, 그 평면이 적도면과 만나는 선분(지름)을 찾아야 한다. 그 선분의 양 끝에서 접선에 수직이 되도록 선을 그어라. 그 두 선 사이에 놓이는 부분이 바로 우리가 찾는 양이다. 춘분·추분에 가까이 가면 이것이 작아지고, 하지·동지에 가까이 가면 이것이 커진다. 이게 바로 더하거나 빼야 할 양이다.

이게 가장 클 때와 가장 작을 때, 얼마나 차이가 나는지는 쉽게 구할 수 있다. 지구 자전축의 길이(또는 지름)와, 자전축의 길이 중에 북극권·남극권에 놓이는 부분의 비율만큼 차이가 난다. 이 길이는 전체 길이에 비해 12분의 1 이하가 된다. 적도 지방에서 더하거나 뺀다면 말일세. 위도가 달라지면 지름이 작아지니 이 비율도 작아진다.

이 문제에 관해 내가 자네들에게 말할 수 있는 것을 모두 다 말했네. 우리의 지식으로 알 수 있는 것은 이게 전부일 것 같아. 그 원인은 고정되어 있고 일정해야 하네. 밀물·썰물의 일반적인 세 가지 주기가 그렇기 때문이지. 이것들은 어떤 통일되고 영원불변인 원인에서 유래하니까.

그러나 이런 근본적이고 일반적인 원인이 다른 부수적이고 특별한 원인들과 섞여서 온갖 다양한 변화를 낳게 되네. 이런 부수적인 원인들은 변하기 때문에, 관찰할 수 없는 경우가 있네. 예를 들어 바람으로 인한 물살 말일세. 그게 정해져 있어서 변하지 않는다 하더라도, 너무 복잡해서 관찰하기가 어려워. 바다의 길이도 그렇지, 이리저리로 복잡하게 뻗어 나가지, 바다의 깊이도 제각각이지. 오랜 세월 관찰하고 믿을 만한 자료가 있어야 이 모든 것들을 완전히 설명할 수 있는 이론을 만들 수 있네. 이런 것들이 없다면, 무엇을 바탕으로 가설들을 세우고, 그것들을 결합해서, 이런 현상들을 설명할 수 있겠는가? 바닷물의 움직임을 보면, 온갖 특이하고 이상한 움직임들도 많이 있는데 말일세.

자연계에 부수적인 원인들이 있고, 그것들이 여러 가지 다양한 변화를 낳을 수 있다는 것을 알아차린 것으로 나는 만족하겠네. 이런 세세한 변화를 관찰하는 것은 여러 바다를 여행하는 사람들이 할 일이지.

이제 이 이야기를 끝맺을 때가 되었군. 내가 자네들에게 다시 일러 주겠는데, 밀물과 썰물이 지속되는 정확한 시간은 바다의 길이와 깊이에 따라서 달라질 뿐만 아니라 여러 다양한 크기의 바다들이 서로 만나는 것에 따라서 상당히 달라지네. 바다의 방향도 상당히 중요하네.

이런 차이는 여기 아드리아 해에서 생기고 있네. 아드리아 해는 지중해 전체에 비해 아주 작으며, 완전히 다른 방향으로 놓여 있거든. 지중해는 동쪽 끝이 막혀 있네. 시리아의 해변이 있는 곳 말일세. 반면에 아드리아 해는 서쪽 끝이 막혀 있어. 밀물과 썰물이 가장 크게 일어나는 곳은 바다의 한쪽 끝이지. 사실, 다른 곳에서는 밀물과 썰물이 크게 일어나지 않아. 베네치아에서 밀물이 될 때, 어쩌면 다른 바다에서는 썰물이 될지도 모르지.

지중해는 훨씬 더 크고, 동서 방향으로 뻗어 있으니, 아마 아드리아 해를 지배하고 있을 걸세. 그러니 여기는 지중해의 다른 지역과 차이가 날 수 있네. 주된 원인에 따른 현상들이 이론상의 주기와 시간에 맞춰 나타나지 않더라도 이상하게 여길 것은 없네. 그러나 이것은 오랜 세월 관찰해야만 확인할 수 있네. 나는 이런 관찰을 한 일이 없고, 앞으로도 할 수 있을 것 같지가 않군.

사그레도 이 고상한 이론으로 통하는 첫 대문을 열었으니, 그것만 해도 아주 장한 일일세. 자네의 첫 번째 일반적인 법칙은 반박할 길이 없어 보이는군. 물을 담고 있는 바다의 밑바닥이 움직이지 않으면, 자연의 질서 내에서 우리가 관찰하는 밀물과 썰물이 일어날 수가 없다. 반면에 코페르니쿠스가 지구에게 부여한 그런 운동을 한다면, 바다의 밑바닥이 그런 식으로 움직이게 된다. 코페르니쿠스가 그런 운동을 주장한 것은 전혀 다른 이유에서였는데 말일세.

자네가 다른 것들을 제시하지 않더라도, 이것 하나만으로도 다른 사람들이 제시한 하잘것없는 설명들을 큰 차이로 눌러 이기겠어. 그것들을 생각하면 뱃속이 메스꺼워지거든. 뛰어날 지성인들도 얼마든지 많이 있는데, 물이 왕복하며 움직이는 것과 물을 담고 있는 그릇이 움직이지 않고 있는 것이 서로 양립할 수 없음을 그들이 왜 깨닫지 못했는지 정말 이상하군. 내가 보기에는 너무나 명백히 모순이 되는데 말일세.

살비아티 그러나 그들이 밀물과 썰물의 원인을 지구의 움직임에서 찾으려 해도(통찰력이 매우 뛰어난 사람들만이 시도할 수 있는 일이지), 이 문제의 경우, 그들은 텅 빈 헛것을 잡기가 십상이지. 왜냐하면 지구의 자전 운동처럼 단순하고 일정하게 움직이는 것만 갖고는 충분하지 않으니까. 때로는 더 빨라지고 때로는 더 느려지는 식으로 불규칙하게 움직여야 하네. 만약 물을 담고 있는 그릇이 늘 일정하게 움직이면, 물은 그 움직임에 익숙해져서, 조금도 변화하지 않게 돼.

옛날 어떤 수학자는 밀물과 썰물이 지구와 달의 천구의 움직임이 서로 상충하는 것에서 생겨난다고 주장했는데, 완전히 헛된 말이지. 그게 명백하지 않을 뿐더러, 어떻게 해서 그렇게 되는지 설명해 놓지도 않고 있거든. 이게 거짓임이 명백한 까닭은, 달과 지구는 서로 반대 방향으로 도는 게 아니라, 같은 방향으로 돌고 있기 때문이지.

내가 보기에, 지금까지 다른 사람들이 제안한 모든 설명들은 몽땅 헛것일세. 이 현상에 대해서 숙고를 한 위대한 과학자들이 많이 있지만, 그 사람들 중에 케플러가 가장 안타깝네. 케플러는 날카로운 지혜를 갖고 있고, 마음이 열린 사람이지. 게다가 지구의 움직임을 손금 들여다보듯 환하게 알고 있거든. 그럼에도 불구하고, 달이 바닷물을 통솔한다는 이론에 귀를 기울이고, 고개를 끄덕이고 있거든. 그런 유치한 요술에 신경을 쓰다니 …….

사그레도 그런 사려 깊은 사람들은, 지금 내가 느끼고 있는 이런 당혹감을 느꼈을 것 같아. 즉 세 주기 상호간의 관계, 1년, 1개월, 1일, 그리고 이들의 원인이 해와 달과 관계가 있는 것처럼 보이는데, 사실은 해나 달이 물과 직접적인 관계가 없다는 것. 이런 것들을 완전히 이해하려면, 좀 더 오랜 시간 집중을 해서 사색을 해야 하겠지. 이것들은 하도 신기하고 어려워서, 나에게는 아직 모호하게 보이는군. 하지만 혼자 조용히 앉아서 이것들을 다시 검토해 보고, 잘 모르는 것들은 되새김질해 씹어 보면, 완전히 이해할 수 있게 될 걸세.

지난 나흘간 이야기한 것들을 종합해 보면, 코페르니쿠스의 지동설이 옳아 보이는군. 세 가지 유력한 증거가 있네. 첫째 증거로, 행성들이 멈추고 역행하고 하는 것과, 행성들이 지구에 가까이 왔다 멀리 갔다 하는 것. 두 번째로, 해의 자전과 검은 점들의 움직임을 관찰한 내용. 세 번째로, 바닷물의 밀물과 썰물.

살비아티 네 번째, 다섯 번째 증거를 덧붙일 수 있을지도 모르지. 네 번째 증거는 고정된 별들을 관측하면 나올 걸세. 코페르니쿠스는 그 변화가 너무 작아서 감지할 수 없다고 말했지만, 매우 정밀하게 관측을 하면, 그런 조그마한 변화를 관측할 수 있을 걸세.

지구가 움직임을 증명하는 새로운 증거가 하나 있네. 최근에 체사레 마실리(Cesare Marsili, 1592~1633년)가 명쾌하게 밝혀 놓은 것일세. 마실리는 볼로냐의 귀족이며, 린체이 학회의 회원이지. 그는 경선이 바뀌는 것을 관찰했다고 논문에 써 놓았네. 비록 매우 느리게 바뀌기는 하지만. 나는 최근에 이 논문을 읽고는 깜짝 놀랐네. 이 사람이 이걸 널리 보급해서, 모든 사람들이 자연의 신비에 대해 알게 되었으면 좋겠군.

사그레도 그의 학식이 탁월함은 이미 오래전부터 알고 있었네. 그는 과학자들과 문필가들의 든든한 수호자이지. 그가 쓴 이 논문이나 다른 어떤 글들을 출판해서 대중들에게 알리면, 그는 상당히 유명해질 걸세.

살비아티 우리의 토론을 끝맺을 때가 되었군. 나중에 자네들이 내가 제시한 것들을 다시 검토하다가 어떤 어려운 문제나 해결할 수 없는 난점에 부딪히면, 이 개념은 새로운 것이고 나의 능력이 부족해서 그런 것이니 너그럽게 이해해 주게. 게다가 이 분야는 너무 광대하니까. 마지막으로, 나는 이 새로운 학설이 옳다고 주장하는 게 아닐세. 남들보고 이 학설을 받아들이라고 강요하는 것도 아닐세. 이건 어쩌면 엉터리 망상이며, 터무니없는 거짓말이라고 판명될 수도 있네.

사그레도, 우리가 토론을 하던 중에 내가 제시한 몇 가지 개념들을 자네는 높이 칭찬하고 만족해했는데, 그건 아마 그것들이 확실해서가 아니라 새롭고 신기해서 그랬던 것 같네. 그리고 누구든 자신의 주장에 동조하고 칭찬하면 기뻐할 테니, 나를 기쁘게 하려는 친절한 마음에서 그랬던 것 같아. 자네의 세련미가 나로 하여금 이 일을 기꺼이 하도록 만들었다면, 심플리치오의 현명함이 나를 기쁘게 만들었네. 아리스토텔레스의 학설을 그렇게 용감하게 지켜 내다니. 심플리치오의 지조와 불요불굴함에 감탄을 했네.

사그레도, 이런 좋은 기회를 만들어 주어서 정말 고맙네. 심플리치오, 혹시 내가 자네의 기분을 상하게 했다면, 용서해 주게. 열렬하게 논쟁하다 보니 그렇게 된 것이니 너무 언짢게 생각하지 말게. 내가 무슨 다른 불순한 의도에서 그런 것은 절대 아닐세. 이 고귀한 이론에 대해 내가 자네보다 더 잘 알고 있는 듯해서, 이것을 가능한 한 잘 소개하려 하다가 그렇게 된 것이네.

심플리치오 별말을 다 하는군. 그렇게 변명하지 않아도 다 이해하네. 사람들이 모여서 토론하는 것을 많이 보았는데, 토론자들이 흥분하며 화를 내며, 서로 욕을 퍼붓고, 주먹질 직전까지 가는 것도 여러 번 보았네.

우리가 토론한 여러 가지들을, 나는 완전히 수긍하지는 못하겠네. 오늘 다룬 밀물과 썰물의 원인이 특히 그러하네. 나는 이것에 대해 잘 알지는 못하지만, 내가 들은 다른 어떠한 설명보다 자네의 주장이 더 현묘함은 인정하네. 그렇다고 해서 이게 분명한 사실이라고 할 수는 없네. 옛날에 어떤 저명하고 학식 있는 분에게서 들은 격언이 있는데, 나는 이것을 늘 염두에 두고 있네. 이것 앞에서는 누구나 말문을 열 수 없게 되네.

물의 원소들이 우리가 관찰하는 그런 모습으로 움직이도록, 전지전능하신 신이 만들려 했다면, 신은 물을 담고 있는 그릇을 움직이지 않고, 다른 방법을 써서도 얼마든지 그렇게 만들 수 있을 걸세. 이걸 부인하지는 않겠지? 신은 우리가 상상조차 못 할 여러 가지 방법들을 써서 마음대로 할 수 있네. 사실이 이러하니 나는 주저 없이 다음과 같이 결론을 내리겠네.

누구든 자신의 이상한 상상을 갖고 신의 전지전능하심을 제한하려 하는 것은 참람한 짓이다.

살비아티 감복해야 할 신성한 격언일세. 이것과 조화를 이루는 또 다른 신성한 격언이 있네. 신은 우리에게 이 우주의 구조에 대해서 토론을 하도록 허락하셨지만(사람들이 게을러지는 것을 막고, 머리를 얼마든지 쓸 수 있도록 하기 위해서), 그의 손이 일하시는 것을 보지 못하도록 하셨다. 그러니 우리는 신이 정하신 범위 내에서 우리에게 허락된 활동을 하세. 그렇게 함으로써 신의 위대함을 더 깊이 깨닫고 찬양하게 될 걸세. 신의 무한한 지혜를 꿰뚫어 보기에는 우리가 너무나 미약한 존재이지만 말일세.

사그레도 나흘에 걸친 토론을 이제 끝맺을 때가 되었군. 살비아티, 푹 쉬도록 하게. 우리의 호기심은 끝이 없지만, 자네가 쉬도록 허락을 해 주겠네. 나중에 자네가 편할 때에 다시 돌아와서 우리가 원하는 것을 충족시켜 주게. 특히 내가 원하는 것이 많이 있네. 우리가 제쳐 둔 문제들과 내가 따로 적어 둔 문제들을 하루나 이틀 정도 시간을 내어서 다루기로 약속했지. 무엇보다도 우리의 동료 학자가 자연스럽게 떨어지는 물체와 힘을 가한 물체의 움직임을 연구해서 확립했다는 새로운 과학에 대해서 꼭 듣고 싶네.

이제 밖으로 나가 곤돌라를 타고 바람이나 쐬도록 하세.

—넷째 날 대화 끝—

찾아보기

※

바

사

아

자

옮긴이 이무현

서울 대학교 자연대 수학과를 졸업하고, 미국 퍼듀 대학교 대학원에서 수학과 박사 학위를 받았다. 저서로는 『위대한 과학자들의 위대한 실수』가 있으며, 번역서로는 에우클레이데스의 『기하학 원론』, 카르다노의 『아르스 마그나』, 갈릴레오 갈릴레이의 『새로운 두 과학』, 아이작 뉴턴의 『프린키피아』를 비롯해 『지동설과 코페르니쿠스』, 『물리학의 탄생과 갈릴레오』 등이 있다.

사이언스 클래식 26

대화

1판 1쇄 펴냄 2016년 4월 15일

1판 5쇄 펴냄 2024년 6월 15일

지은이 갈릴레오 갈릴레이

옮긴이 이무현

펴낸이 박상준

펴낸곳 (주)사이언스북스

출판등록 1997. 3. 24.(제16-1444호)

(06027) 서울특별시 강남구 도산대로1길 62

대표전화 515-2000, 팩시밀리 515-2007

편집부 517-4263, 팩시밀리 514-2329

www.sciencebooks.co.kr

ISBN 978-89-8371-766-5 93400